Erich Rutschke
Wildenten

Prof. Dr. rer. nat. habil. Erich Rutschke

# Die Wildenten Europas

Biologie · Ökologie · Verhalten

32 Farbtafeln mit 4 Grafiken und 48 Fotos,
42 Karten, 96 Zeichnungen
und 23 Tabellen

VEB Deutscher
Landwirtschaftsverlag
Berlin

Die Zeichnungen fertigte Gisela Jahrmärker, Berlin

1. Auflage 1989

DDR – 1040 Berlin, Reinhardtstraße 14
Lizenznummer 101-175/60/89
LSV 4565
Lektor: Waltraud Düber
Grafische Gestaltung: Erhard Bellot
Titelfoto: Hans Reinhard
Printed in the GDR
Klischeeherstellung: GGV Dresden
Satz und Druck: Druckerei Markneukirchen III-23-3
Buchbinderei: Maxim Gorki Altenburg
Bestellnummer: 559 462 3

ISBN 3-331-00320-4

03985

# Vorwort

Wildenten gehören zusammen mit den anderen Wasservögeln zum schönsten Schmuck der Gewässer. Der Reichtum an Farben, Formen und Verhaltensweisen vermag den Naturfreund in gleicher Weise zu fesseln wie den Ornithologen und Zoologen. Allgemein bekannt ist die weit verbreitete Stockente, und nicht wenige setzen den Begriff »Wildente« mit dieser Art gleich. In Europa ist jedoch mit dem Auftreten von 22 verschiedenen Entenarten zu rechnen. Wenn man bedenkt, daß sich bei jeder Art die Geschlechter im Aussehen mehr oder minder unterscheiden, daß zweimal im Jahr das Federkleid gewechselt wird und auch Jugend- und Alterskleider verschieden sind, dann wird die Vielfalt des Begriffs »Wildenten« deutlich.

Wildenten sind an das Wasser als Lebensraum angepaßt. Auf dem Wasser paaren sie sich, am Wasser oder in dessen Nähe brüten sie und ziehen ihre Jungen auf. Sie reagieren empfindlich auf Veränderungen ihrer Lebensstätten, der Seen, Teiche, Sümpfe und anderer Feuchtgebiete. Gerade diese Lebensräume unterliegen rasch fortschreitender Industrialisierung und Technisierung, tiefgreifendem Wandel, der sich in unterschiedlicher Weise auf die Wildenten-Populationen auswirkt. Sie sind zu Bioindikatoren der Feuchtgebiete geworden.

Neben Wildentenarten, die in Europa in Millionen Individuen vorkommen, gibt es andere, die vom Aussterben bedroht sind. Enten brüten an den Gestaden des Nordmeeres und an den Küsten des Mittelmeeres. Auf ihren Wanderungen legen sie große Entfernungen zurück. Einige Arten ziehen bis nach Äquatorialafrika zur Überwinterung. Balz und Paarung sind mit auffälligen Posen und Gesten verbunden, die frühzeitig die Aufmerksamkeit der Zoologen erregten. Ihre Erforschung trug zur Entstehung der Verhaltenskunde als neuer Wissenschaftsdisziplin bei.

Wildenten sind gleichermaßen Modelle für funktionell-anatomische, ökologische und verhaltenskundliche Untersuchungen. Sie haben wie kaum eine andere Tiergruppe dazu beigetragen, diese Richtungen zoologischer Forschung voranzubringen. Nur wenige Tiergruppen sind so gut erforscht. Wildenten sind jagdbar. Von der Anzahl der geschossenen Tiere her stehen sie weit an der Spitze des jagdbaren Wildes.

Das Buch soll den Zoologen und Ornithologen eine Quelle zur raschen Information sein und zu weiterer Forschung anregen. Dem Jäger soll es helfen, die Artenkenntnis zu erweitern und biologische und ökologische Zusammenhänge zu erkennen, die Voraussetzungen für die

Hege der Entenarten und den Schutz seltener und bestandsbedrohter Arten sind. Es wendet sich aber gleichermaßen an die vielen Menschen, die sich bei bloßer Naturbetrachtung an der Buntheit und den auffälligen Verhaltensweisen der Wildenten erfreuen.

Mein Interesse an den Wildenten geht zurück auf die Zeit des Beginns eigener wissenschaftlicher Arbeit vor mehr als 30 Jahren, als mich ERWIN STRESEMANN dazu anregte, die Wasserfestigkeit des Gefieders der Schwimmvögel zu untersuchen. Obwohl später andere Themen Gegenstand wissenschaftlicher Betätigung wurden, haben mich die Wildenten, insbesondere ihre Biologie und Ökologie, bei Exkursionen im In- und Ausland immer wieder besonders fasziniert. Nach Gründung der »Zentrale für die Wasservogelforschung der DDR« war es möglich, eigene Untersuchungen durchführen oder veranlassen zu können. Auf diese und auf die bei den Auswertungen der Wasservogelzählungen gesammelten Erfahrungen zurückgreifen zu können, war wichtig für das Entstehen des Buches.

Wichtige Voraussetzung für die Arbeit am vorliegenden Buch war der seit mehr als zwei Jahrzehnten bestehende enge fachliche Kontakt mit Fachleuten im In- und Ausland, vor allem mit dem »*International Wildfowl Research Bureau*« in Slimbridge/Großbritannien.

Zu den Anliegen gehört auch die Sichtung und zusammenhängende Darstellung des weit zerstreuten Schrifttums über die in Europa vorkommenden Entenarten. Dabei waren Begrenzung und Konzentration auf Wesentliches unerläßlich, um die Gedankenführung zu wahren und die Lesbarkeit des Textes zu sichern.

Ohne die Hilfe meiner Mitarbeiter wäre es nicht möglich gewesen, das Manuskript fertigzustellen. Vielen habe ich zu danken. Besonderer Dank gilt HELGA LIEBHERR, die viele Tabellen und Karten erarbeitete, das Schrifttum ordnete und sichtete und in mühevoller Arbeit Fehler ausmerzen half. Zu danken habe ich ferner Dr. sc. LOTHAR KALBE, der das Manuskript durchsah und in vielen Diskussionen zum kritischen Durchdenken ökologischer Probleme anregte.

Verständnis und Entgegenkommen fand ich bei der Lektorin, Frau WALTRAUD DÜBER. Ihr gilt ebenfalls mein Dank.

Erich Rutschke
Potsdam, Februar 1988

# Inhaltsverzeichnis

# 1

# Biologie

Die Enten werden innerhalb der Ordnung der *Anseriformes* in der Familie der *Anatidae* zusammengefaßt. Vom Habitus her, insbesondere dem gedrungenen Körperbau mit den kurzen Beinen und dem watschelnden Gang, sind Enten so unverkennbar, daß sie trotz der Vielfalt der Formen, Farben und Farbmuster auf den ersten Blick als solche erkannt werden.

Außer den morphologischen und anatomischen Merkmalen, die die Zusammengehörigkeit der Enten als eigenständige Familie beweisen, gibt es Gemeinsamkeiten in der Lebensweise und im Verhalten. Alle Enten sind Wasservögel. Sie sind zeitweilig oder gänzlich auf das Vorhandensein eines Gewässers angewiesen. Die von außen gut fühlbare Bürzeldrüse, die ein für den Gefiederzustand unerläßliches Sekret absondert, ist bei allen Arten gut entwickelt. Ihr Ausführungsgang liegt zwischen winzigen Federn versteckt.

Zu den anatomischen Besonderheiten der Erpel ist weiterhin der sehr lange, an der linken ventrolateralen Wand der Kloake sitzende Penis zu rechnen. Bei der Begattung wird das weiche, umstülpbare, mit einer Längsrinne und vielen Querfalten versehene Begattungsorgan in die Kloake des Weibchens eingeführt. Nach erfolgter Kopulation wird es nicht sofort eingezogen. Aus- und Einstülpung erfolgen mittels eines Pro- und Retraktormuskels. Weitere Merkmale sind Hornleisten am inneren Schnabelrand und Hornkappe (Nagel) an der Schnabelspitze sowie Schwimmhäute zwischen den Vorderzehen. Der Schnabel funktioniert als Seihschnabel. Die Jungen tragen nach dem Schlupf ein dichtes Dunenkleid und sind Nestflüchter, die schon wenige Stunden nach dem Schlupf auf das Wasser gehen können.

Enten gibt es in Europa mindestens seit dem Oligozän. Nachweise von Vertretern der Familie reichen bis in das Eozän zurück (*Eonessa anaticulata* Wetmore, Nordamerika). Die Feingliederung wird von den Systematikern unterschiedlich gehandhabt. Die in Europa lebenden Arten gehören zu vier Gruppen, die gut voneinander unterscheidbar sind:

- Gründelenten *(Anatinae)*,
- Tauchenten *(Aythyinae)*,
- Meeres-Tauchenten *(Somaterinae)* und
- Säger *(Merginae)*.

Eine Sonderstellung haben die Weißkopfruderente *(Oxyura leucocephala)*, die zur Gruppe der Ruderenten gehört, und die Brand- und Rostgans (Gattung *Tadorna)*, die ebenfalls in eine besondere Gruppe *(Tadorninae)* gestellt werden, inne, weil sie die einzigen Vertreter ihres Verwandtschaftskreises sind.

Ein wichtiges anatomisches Unterscheidungsmerkmal ist die trommelartige Ausweitung an der Gabelungsstelle der Bronchien. Bei den Gründelenten ist sie völlig verknöchert, bei den Tauchenten besteht sie nur aus Knochenspangen, die von einer Haut überzogen sind (Ausnahmen Eider- und Eisente).

Zur Gruppe der Tauchenten gehören mehrere Gattungen, die sich in Aussehen und Lebensweise zum Teil erheblich voneinander unterscheiden. Die systematische Gliederung ist problematisch und nicht unstrittig. In den ökologischen Ansprüchen weichen die in den Gattungen *Melanitta* und *Somateria* zusammengefaßten Arten von denen der anderen Gattungen ab. Die relativ kurzen Flügel liegen beim Tauchen in den Tragtaschen verborgen und sind dadurch gegen Durchnässung geschützt. In den Flügeln fehlen die bunten Spiegel, die für Gründelenten kennzeichnend sind.

# Körperbau und Leistung

## Bewegungsweisen

Enten verbringen eine mehr oder minder lange Zeit ihres Lebens auf dem Wasser und sind im Körperbau und vielen Lebensäußerungen an diese Lebensweise angepaßt. Sie können ohne besondere Anstrengung auf der Wasseroberfläche schwimmen, halten sich also nicht durch aktive Bewegung wie der Mensch, sondern durch ihre spezifische Masse, die leichter ist als Wasser, auf und in diesem. Zur spezifischen »Leichtigkeit« der Enten trägt ganz wesentlich die im Gefieder eingeschlossene Luft bei. Das wird deutlich, wenn man die spezifische Masse eines befiederten Stockerpels mit der eines gerupften vergleicht. Die des ersteren liegt bei 0,6, die des letzten bei 0,9. Zur Angepaßtheit an die aquatische Lebensweise gehören ferner die höhere Pneumazität der Knochen als bei Landvögeln, der Verlust des stromlinienförmigen Körpers (Tropfenform), der für gewandte Flieger typisch ist, und das Weithintenansetzen der Beine, wobei die Tauchenten die Gründelenten übertreffen. Die Unterschiede bei den Arten, die zu den verschiedenen Gruppen gehören, sind beträchtlich. Tauchenten sind spezifisch schwerer als Gründelenten.

Die Bezeichnung »Gründelenten« ist dem gleichfalls üblichen Terminus »Schwimmenten« vorzuziehen, weil alle Enten schwimmen, aber nur die Gründelenten in der aus dem Namen ableitbaren Körperhaltung Nahrung aufnehmen. Gewissermaßen »stehen sie Kopf« dabei. Im Wasser sind Vorderleib und Kopf, der Hinterleib mit den Beinen ragt heraus. Nicht nur durch das Gründeln, auch durch die Körperhaltung beim Schwimmen sind Gründelenten leicht von den Tauchenten unterscheidbar. Sie liegen höher als diese im Wasser, insbesondere das Heck ragt stärker hervor, eine Folge des zur Körpermitte verlagerten Schwerpunkts (Abb. 1/1).

Der Habitus schwimmender Tauchenten

**Abb. 1/1**

Vergleich der Körperformen und Füße sowie des Auffliegens vom Wasser zwischen Tauch- und Gründelenten

Tauchente: Gerundeter Rücken, fallendes »Heck«; Füße mit verdickter Hinterzehe; dem Wind entgegen laufen sie auf der Wasseroberfläche ehe sie sich abheben; je nach Körpermasse ist der Weg kürzer oder länger, den sie zum Auffliegen benötigen

Gründelente: Rücken horizontal; »Heck« angehoben; Füße mit dünner Hinterzehe; senkrechtes Auffliegen aus dem Wasser

Tauchente
Gründelente

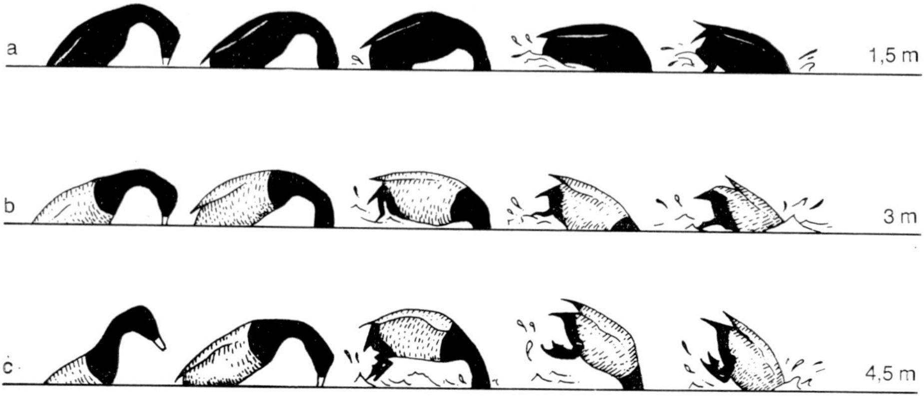


wird vom gedrungen wirkenden Körper mit dem fallenden Heck bestimmt. Die relativ großen Füße lassen sich als Anpassung an den Nahrungserwerb durch Tauchen verstehen (große Ruder). Beim Schwimmen auf der Wasseroberfläche werden die Beine abwechselnd bewegt. Unter Wasser bewegen Enten beide Füße zugleich, schwimmen also stoßweise. Die Flügel bleiben in den Tragtaschen.

Nicht nur Tauchenten, alle Entenarten sind in der Lage zu tauchen. Die zur Gruppe der »Tauchenten« gehörenden tun das regelmäßig zum Zwecke des Nahrungserwerbs. Gründelenten tauchen in der Regel nur gezwungenermaßen, am ehesten, um einer Gefahr auszuweichen. Die zum Eintauchen erforderliche Energie wird durch rasche Beinbewegungen gewonnen, wodurch der Vorderkörper angehoben – er liegt ohnehin etwas höher als der Hinterkörper – und der Kopf bei leicht gekrümmtem, aber gestrecktem Hals eingetaucht wird (Abb. 1/2). Die Abwärtsbewegung erfolgt durch den Schlag der Füße, die gleichzeitig weit über den Schwerpunkt des Körpers hinaus nach hinten bewegt werden. Die Fußbewegung liefert nicht nur die erforderliche Kraft, sondern steuert zugleich die Bewegung, so daß der tauchende Vogel die Bewegungsrichtung beliebig ändern kann. Entsprechend der für

**Abb. 1/2**
Bewegungsablauf beim Nahrungstauchen der Tafelente (nach Willi 1970, verändert)
a – Intensive Beinbewegungen bewirken das Anheben des Vorderkörpers. Durch Eintauchen von Kopf und Hals wird der erzielte Schub in die Abwärtsbewegung umgelenkt
b, c – Um größere Tiefen zu erreichen, wird der Körper stärker angehoben und der Eintauchwinkel verändert

das Tauchen erforderlichen spezifischen Bewegungsform ist der Schwerpunkt weit nach hinten verlagert, was auch in der weit schwanzwärts verlagerten Beinstellung bei Tauchenten zum Ausdruck kommt. Das geschieht auf Kosten guter Bewegungsmöglichkeit an Land. Mit Ausnahme der Eiderente bewegen sich Meerenten, und in noch stärkerem Maße die Säger, an Land ungeschickt.

Hinsichtlich der Tauchdauer und der Tauchtiefe unterscheiden sich die einzelnen Arten nicht unbeträchtlich voneinander. Meerenten können bis in 30 m Tiefe tauchen. Die Eiderente soll ausnahmsweise sogar 50 m erreichen (Gjøsaeter und Saetre, 1974). Für Trauer- und Samtente gibt Madsen (1954) 30 m als regelmäßig erreichte Tiefe an. Schmidt (1966) stellte bei Eisenten in der Kieler Bucht 28 m Tauchtiefe fest. Gewöhnlich suchen sie jedoch weniger tiefe Gewässer auf und vermeiden energieaufwendige große Tauchtiefen. Reiher- und Tafelenten erreichen ebenfalls Tiefen bis 10 m und darunter. Sie halten sich jedoch bevorzugt in Gewässern auf, in denen sie nur 2 bis 3 m tief zu tauchen brauchen. Entsprechend der zu erreichenden Tiefe ist auch die Tauchdauer verschieden lang: Samtenten können bis zu 2 Minuten unter Wasser bleiben. Reiher- und Tafelenten tauchen nur ausnahmsweise länger als 20 bis 30 Sekunden.

Zwischen Tauchtiefe und Tauchzeit besteht ein eindeutiger Zusammenhang, den WILLI (1970) bei Tafel- und Reiherente näher untersucht hat (Abb. 1/3). Bei der Tafelente besteht bis zu Tiefen von 3 m eine lineare Beziehung zwischen Tauchtiefe und Zeit. Tieferes Tauchen erfordert relativ mehr Zeit. Die Tauchfähigkeit ist begrenzter als die der Reiherente, die auch in größeren Tiefen schnell vorankommt. Reihererpel benötigen weniger Zeit, um in eine bestimmte Tiefe zu gelangen, als Tafelerpel. Bei gleicher Tauchzeit bleibt ihnen mehr Zeit für den Aufenthalt am Gewässergrund und damit für die Nahrungsaufnahme.

Unterschiede bestehen auch zwischen den Geschlechtern. Die Weibchen tauchen im flacheren Wasser nach Nahrung. Auf die bemerkenswerte Fähigkeit frisch geschlüpfter Entenküken von höhlenbrütenden Arten, an der Innenwand der Höhle emporzuklimmen, wurde erstmals von HEINROTH (1910) aufmerksam gemacht. Von SIEGFRIED (1974) ist mit experimenteller Technik untersucht worden, welche Kletterleistung höhlenbrütende Entenarten vollbringen können. Geprüft wurden Dunenjunge der Braut- und Mandarinente, der Schell- und Stockente sowie des Haubensägers. Er brachte 24 Std. alte Küken in einen Versuchskäfig. Zum Klettern wurden die Jungtiere durch die Stimmen ihrer Geschwister veranlaßt, die sie hören konnten. Brautentenküken erwiesen sich als die gewandtesten Kletterer. Sie benutzen beim Klettern die Schwanzfedern in gleicher Weise wie Spechte. Als Anpassungen an die Kletterbewegung sind auch die relativ kurzen Beine, die stark gebogenen Zehenklauen und der breite Schaft der Schwanzdunen zu werten (Abb. 1/4).

## Sinnesleistungen

Bei den Enten stehen wie bei vielen Vögeln Gesichts- und Hörsinn im Vordergrund. Spezielle Untersuchungen über die Leistungen des Gesichtssinnes fehlen,

**Abb. 1/3**
Beziehungen zwischen Tauchtiefe und Tauchdauer bei Tafel- und Reiherente (nach WILLI 1970)

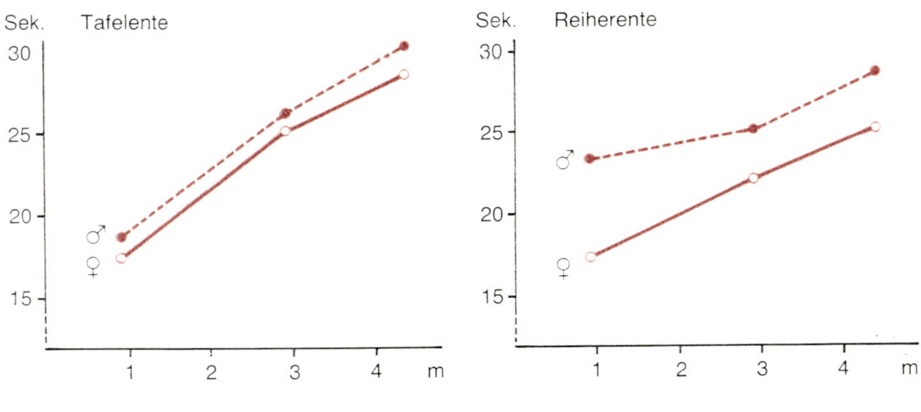

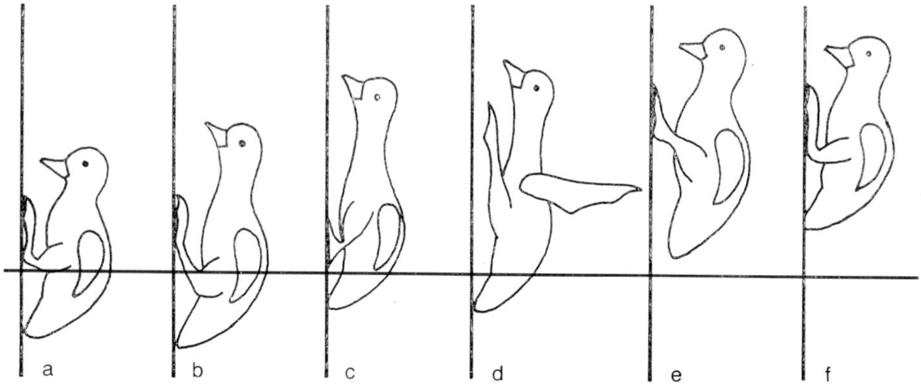


**Abb. 1/4**
Bewegungsablauf eines eintägigen Baumentenkükens beim Klettern in der Baumhöhle. Die Aufwärtsbewegung wird durch den Schwanz unterstützt;
a – f Sequenzen des Bewegungsfortschritts nach Filmaufnahmen (nach SIEGFRIED 1974, verändert)

doch aus dem Verhalten darf auf erstaunliche Feinheit des Bewegungssehens geschlossen werden. Will man sich Entenschwärmen unbemerkt nähern, dann gelingt das nur bei bester Deckung. Bei Beobachtungen aus dem Versteck heraus genügen selbst leichte Bewegungen, um den Abflug zu bewirken. Die laterale Augenstellung ermöglicht weitgehende Rundumsicht.

Der Hörbereich dürfte etwa mit dem des Menschen zusammenfallen, in der Empfindlichkeit wird der Mensch übertroffen (HEISE, 1953; SCHWARTZKOPFF, 1960). Damit könnte zusammenhängen, daß Enten auch nachts aktiv sind. Leistungsparameter des Gehörsinns der Vögel wurden von SCHWARTZKOPFF (1952) beschrieben.

Der strittigste Sinn ist nach wie vor der Geruchssinn. Die älteren Angaben sind widersprüchlich. Neben Autoren, die das Vorhandensein eines leistungsfähigen Riechsinnes für erwiesen halten (z. B. NOLTE, 1927), gibt es andere, die das bestreiten (z. B. SOUDEK, 1927). Diese Unsicherheit, die die Beurteilung des Riechvermögens der Vögel insgesamt betrifft, ist durch neuere Untersuchungen zwar nicht beseitigt, jedoch entschärft worden. FINK (1965) und NEUHAUS (1957) wiesen nach, daß sich bei Gänsen der Atemrhythmus verändert, wenn ihnen unter definierten Versuchsbedingungen Duftstoffe dargeboten werden, was das Vorhandensein des Geruchsvermögens beweist. Das gut entwickelte Riechepithel der Hausente deutet in die gleiche Richtung. Elektronenmikroskopische Untersuchungen ergaben strukturelle Besonderheiten, die bislang funktionell nicht erklärt sind (GRAZIADEI und BANNISTER, 1967).

Eine einleuchtende Erklärung für die Diskrepanz zwischen dem Vorhandensein eines gut entwickelten Riechepithels und den schlechten Ergebnissen bei dem Versuch, Vögel (auch Enten) auf Gerüche zu dressieren, hat DRENCKHAHN (1970) gegeben. Der Geruchssinn steht im Dienst vegetativer Leistungen (Nahrung, Nahrungsaufnahme). An Leistungen, die Lernen voraussetzen (Feindreaktionen, Orientierung u. a.), ist er nicht gebunden.

Diese Erklärung stimmt mit feldbiologischen Beobachtungen überein. Enten bemerken das Vorhandensein eines gut versteckten, sich nicht bewegenden potentiellen Feindes selbst in unmittelbarer Nähe nicht. Beim Prüfen der Nahrung und der Präferenz für bestimmte Nahrung dürfte der Geruchssinn eine wichtige bisher nicht untersuchte Rolle spielen.

## Lauterzeugung und Stimme

Enten gehören zwar nicht zu den Vögeln, denen stimmlicher Wohlklang nachgesagt werden kann, trotzdem verfügen viele Arten über eine erstaunliche Vielfalt an Lautäußerungen, deren Bedeutung nur wenig erforscht ist.

Die Laute werden in der Syrinx erzeugt, die sich am Ende der Luftröhre befindet und zu einer ansehnlichen Trommel *(Bulla ossa)* erweitert ist, die bei den Gründelenten vollständig, bei den Tauchenten teilweise verknöchert ist. An der Stimmbildung beteiligt sind auch bauchartige Auftreibungen im mittleren oberen Teil der Luftröhre (Heinroth, 1928).

Wie der jeweilige anatomische Bau zur artspezifischen Stimmbildung führt, ist bisher nicht geklärt. Die von zahlreichen Arten bekannten extremen Unterschiede zwischen den Stimmen der Männchen und Weibchen sind immer mit anatomischen Unterschieden im Bau des Kehlkopfes korreliert. Je stärker die Stimmorgane im Bau übereinstimmen, desto ähnlicher sind auch die Stimmen. Heinroth (a. a. O.) hat am Beispiel des Stimmapparates der Eisente, bei der die Luftröhre über der Knochentrommel erweitert ist und im verbreiterten Anteil zwischen querverlaufenden Knochenspangen fünf Häutchen gespannt sind, auf den Zusammenhang zwischen anatomischem Bau und Stimmbildung hingewie-

**Abb. 1/5**
Sonagramm von Entenlauten (aus Bergmann u. Selb 1982)

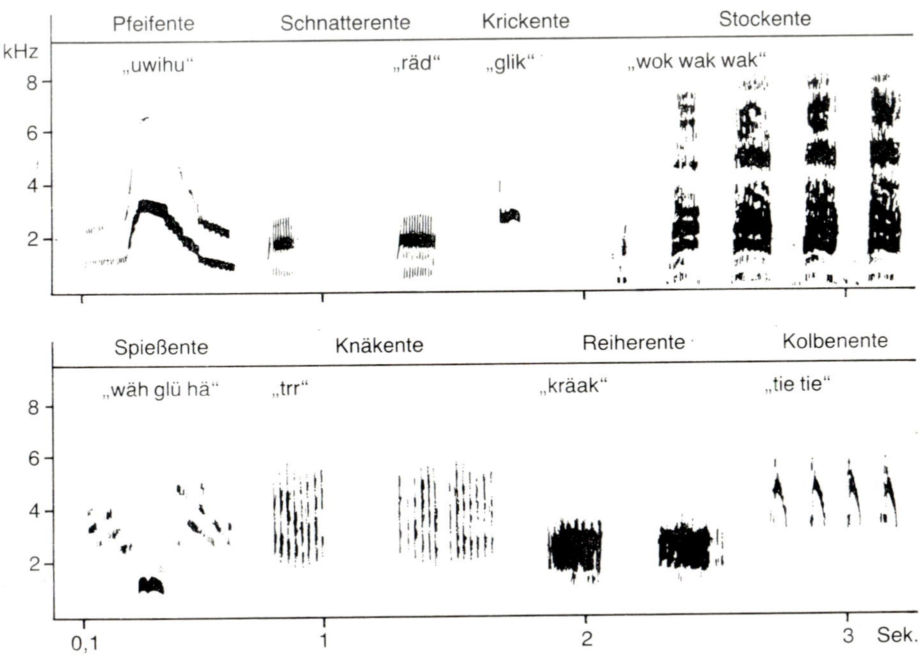

vögel ist wie überall im Tierreich evolutionsbiologisch erklärbar. Das Zustandekommen des Prachtkleides der Erpel dürfte vor allem auf geschlechtlicher Zuchtwahl beruhen, zumal die Weibchen die Männchen aktiv wählen (s. S. 63). Die Entstehung der unauffälligen Brutkleider der Weibchen dürfte demgegenüber der natürlichen Auslese zu danken sein. Die erdfarbenen, wenig gemusterten Kleider der Weibchen sind als Schutzfärbungen bodenbrütender Vögel zu werten. Unter diesem Aspekt läßt sich auch das Schlichtkleid der Erpel verstehen. Sie tragen es, wenn die Schwingen gemausert werden, was mit Flugverlust einhergeht. In dieser Zeit begeben sich die Männchen in den Schutz der Vegetation oder suchen unzugängliche Plätze auf, wobei die unauffällige Färbung die Schutzwirkung verstärken dürfte.

Für die einzelnen Kleider, die im Lauf der Jugendentwicklung aufeinanderfolgen bzw. im Jahresverlauf gewechselt werden, waren lange Zeit unterschiedliche Namen in Gebrauch, bis durch STRESEMANN (1940) eine Nomenklatur vorgeschlagen wurde, die sich inzwischen durchgesetzt hat. Es folgen beim Männchen auf Dunen- und Jugendkleid das Prachtkleid, das dann regelmäßig mit dem Schlichtkleid wechselt. Beim Weibchen folgen auf Dunen- und Jugendkleid das Brutkleid, das vom Ruhekleid abgelöst wird, dem erneut ein Brutkleid folgt.

## Dunengefieder

Das aus dem Ei schlüpfende Entenküken umhüllt ein flaumweiches Dunenkleid, das bei allen Arten ähnlich gemustert, aber unterschiedlich getönt ist. In den Dunenkleidern der Enten dominieren graue bis schwärzliche, braune und hell- bis dunkelgelbe unscharfe Bänderungen und Flecken. Die Erstlingsdunen weichen in der Bauweise von den später im Konturgefieder verborgenen Dunen ab. Sie besitzen nämlich einen zwar kurzen, aber deutlich ausgebildeten Schaft, von dem locker angeordnete Äste mit langen Strahlen abzweigen. Bei den Dunen im Jugend- und Adultkleid entspringen die Äste direkt aus der kurzen Spule, mit der sie in der Federpapille sitzen (Abb. 1/7 a u. b). Die Äste und Strahlen sind von der Basis zur Spitze der Dunenfeder hin in unterschiedlicher Weise räumlich geordnet (Abb. 1/7 b–e), was mit den wasserabweisenden Eigenschaften des Dunenkleides zusammenhängt. Lange Zeit wurde angenommen, daß sich die Küken am Federkleid der Mutter einfetten und das Dunenkleid auf diese Weise wasserdicht wird. Die räumliche Struktur, insbesondere die Beschaffenheit der Oberfläche, ist jedoch für diese Eigenschaft von maßgeblicher Bedeutung (RUTSCHKE, 1960). Ansonsten erfüllen die Dunenfedern die Funktion des Wärmeschutzes. An der Färbung sind Melanine beteiligt. Die hellgelben Töne beruhen auf Einlagerung von Phaeomelanin, die grauen und schwärzlichen auf Eumelanin.

## Jugendgefieder

Bereits im Alter von 14 Tagen beginnen neue Federn zu wachsen, die die Erstlingsdunen aus ihren Papillen herausschieben und sie ersetzen. Diese Entwicklung setzt zuerst im Flankenbereich, an den Schultern und im Schwanzbereich ein. Die neuen Federn sind entsprechend ihrer späteren Funktion unterschiedlich gebaut. Am Körper erscheinen Konturfedern, an den Flügeln Schwingen und zugehörige Decken, am Schwanz die Steuerfedern. Die Hand- und Armschwingen sind bereits im Alter von 5 Wochen sichtbar. Sie wachsen sehr rasch (täglich bis zu 4 mm), so daß ab 7. Woche die Flugfähigkeit erreicht wird. Schon in der 5. Lebenswoche ist das Dunenkleid fast vollständig ersetzt. Nur am Nacken und im Bürzelbereich bleiben einzelne Dunen oder kleine Dunenpartien länger stehen.

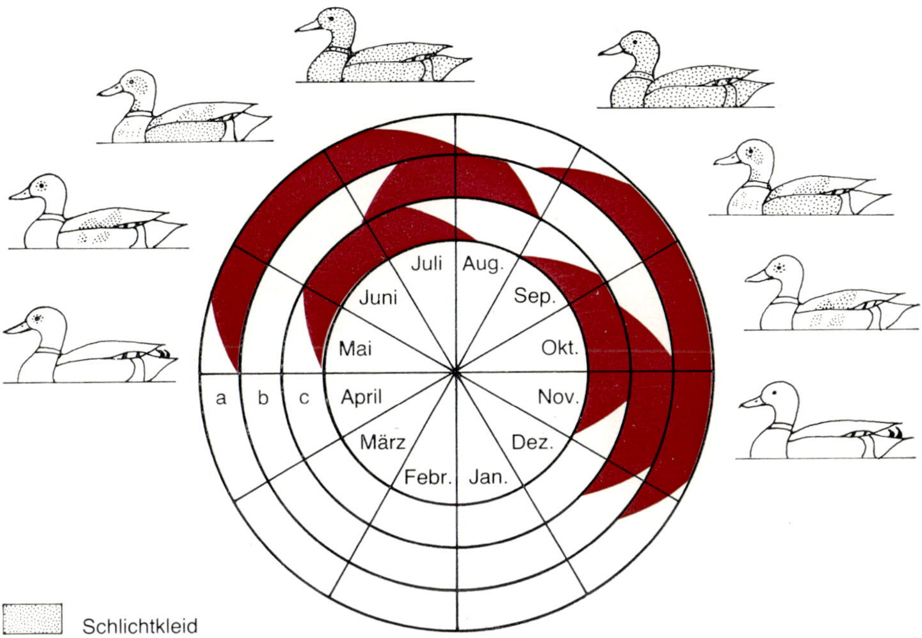


**Abb. 1/6**
Ablauf der Post- (Prachtkleid → Schlichtkleid) und Pränuptialmauser (Schlichtkleid → Prachtkleid) bei der Stockente (nach ENDLER 1985, verändert)
a – Stockerpel,
b – brütende Stockente,
c – nichtbrütende Stockente

Die Erstlingsdunen sind zwar mit den nachwachsenden Federn verwachsen, doch die Verbindung ist wenig fest. Sehr bald brechen die Dunen ab oder verschleißen. Federn des Jugendkleides sind an der leichten Einkerbung, die vom Abbrechen der Dunen herrührt, erkennbar (Abb. 1/8). In den Jugendkleidern aller Entenarten überwiegen graubraune Töne. Die Musterung wird durch variable Streifungen und Fleckungen erreicht. Insgesamt sind die Jugendkleider wenig auffällig, was als Anpassung an die hohe Gefährdung zu werten ist. Die Muster entsprechen weitgehend dem Schlichtkleid des Weibchens. Federn des Jugendkleides sind jedoch immer daran erkennbar, daß sie stumpf enden, weil sie ursprünglich an der Spitze die Erstlingsdune trugen. Bei der Stockente sind die bauchseitigen Konturfedern des Jugendkleides dunkler gefärbt als die des weiblichen Ruhekleides und in verschiedenen Körperpartien schmaler als jene.

Die Jugendkleider der Männchen und der Weibchen stimmen weitgehend überein. Bei der Stockente lassen sich die Geschlechter lediglich daran unterscheiden, daß die Weißfärbung an den Spitzen der großen Flügeldeckfedern bei den Weibchen bis zur 15. (inneren) reicht, bei den Männchen nur bis zur 12. Bei den anderen Arten sind ähnliche, wenig auffallende Unterschiede vorhanden.

## Gefieder erwachsener Enten

Das Gefieder des erwachsenen Vogels dient unterschiedlichen Aufgaben und besteht dementsprechend aus Federn ver-

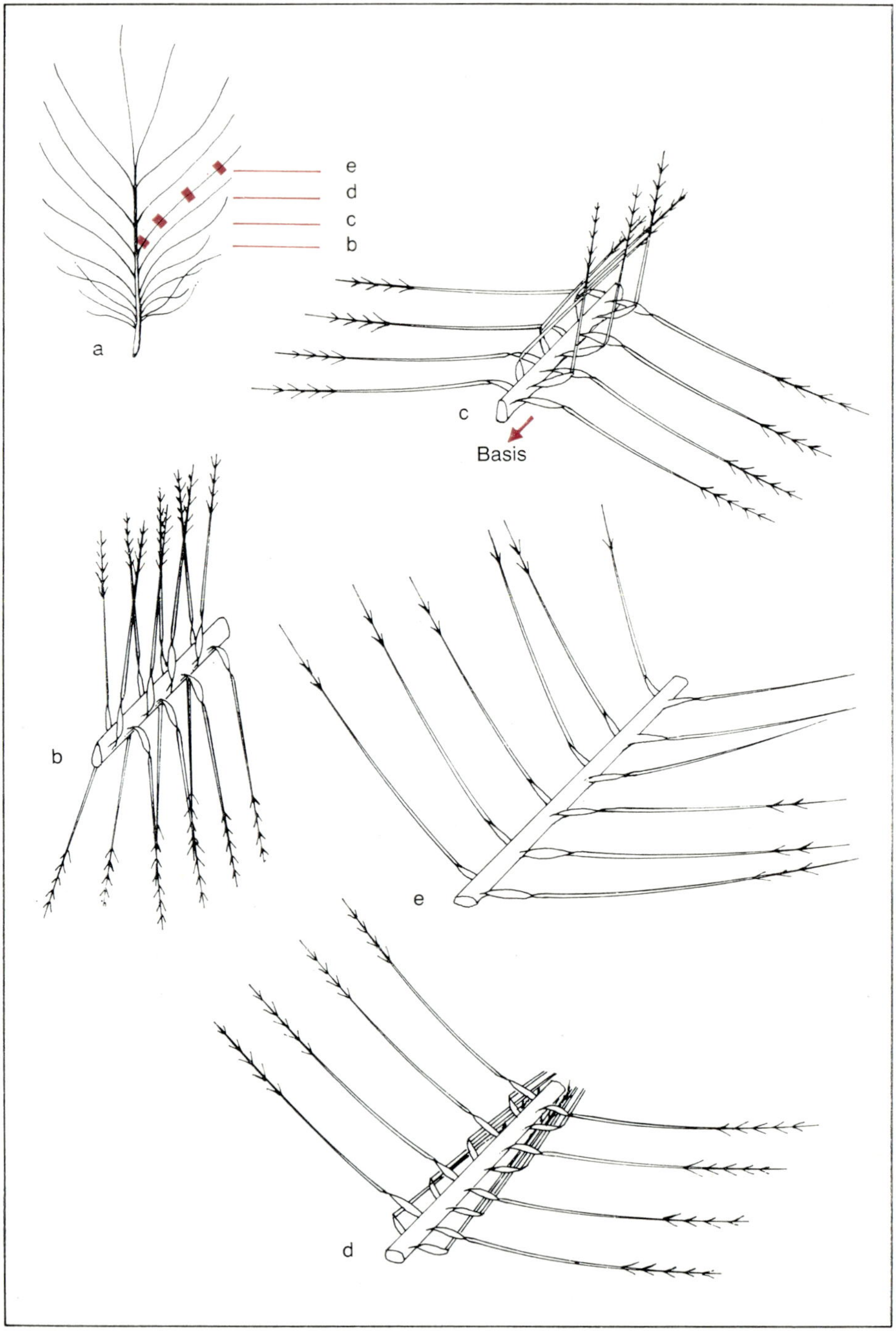
e
d
c
b
a
c
Basis
b
e
d

schiedener Form und Beschaffenheit. Den Umriß des Körpers bilden die Konturfedern (Kleingefieder). Auf der Körperunterseite wurzeln sie senkrecht in die Haut, sind in der Federmitte stark gekrümmt und dachziegelartig übereinander gespannt. Auf der Körperoberseite liegen sie flach übereinander. Die Konturfedern schließen die Dunen (Daunen) ein. Das sind schaftlose Federn, deren dünne und weiche Äste mit zahllosen mikroskopisch kleinen dunenartigen Fortsätzen besetzt sind, die sich vielfältig verhaken. Im dichten Dunenpelz befindet sich Luft, die durch die Konturfedern nach außen abgeschlossen wird. Sie erhöht die für das Leben auf und am Wasser erforderliche thermische Isolation. Sämtliche Konturfedern besitzen an der Papille mehrere winzige nervös versorgte Muskeln, die es erlauben, die Stellung der Federn zu verändern. Bei Kälte werden die Schäfte senkrechter gestellt, wodurch der Rauminhalt des Federkleides zunimmt (Aufplusterung). Die damit verbundene Vergrößerung des im Gefieder eingeschlossenen Luftvolumens trägt dazu bei, die thermische Isolation zu verbessern. Werden Kontur- und Dunenfedern entfernt, dann bleiben haarige, an der Spitze pinselartig erweiterte Federn stehen, die Fadenfedern. Deren Funktion ist bei Rutschke (1987) besprochen.

Die Konturfedern haben in den verschiedenen Körperpartien unterschiedliche Form und Größe. Sie tragen zur Formgebung des Körpers (schlank oder gedrungen wirkend) bei. Die Flügelbefiederung besteht aus mehreren Reihen sich überdeckender Federn (Deckfedern) und den Schwungfedern, die nach ihrer Anordnung als Arm- und Handschwingen bezeichnet werden. Sie bilden zusammen mit den Schwanzfedern das Großgefieder.

Die äußeren Schwungfedern sind meist schmal und zugespitzt. Bei einigen Arten sind sie so geformt, daß beim Flug weithin hörbare Geräusche entstehen (z. B. Schallschwingen der Schellente).

Die Schwanzfedern, in der Anzahl variabel, sind bei den meisten Arten wenig auffällig ausgebildet. Einen Sonderfall stellen die Ruderschwanzenten dar, bei denen sie aufstellbar sind.

Eine Reihe von Arten bildet im Prachtkleid spezielle Schmuckfedern aus, die von der Form her höchst auffällig sein können, so die bogenförmigen langen Schulterfedern der Mandarinente und die Schopffedern beim Mittelsäger.

**Abb. 1/7**
Feinbau der Erstlingsdune (nach Rutschke 1960)
a – Im Unterschied zu den Dunen anderer Vögel ist bei Entendunen bereits ein Schaft vorhanden
b–e – Anordnung und Feinbau der Strahlen an einem Ast aus der Dunenmitte von der Basis zur Spitze
Die Anordnung der Strahlen sichert festen Zusammenhalt im Dunengefieder und trägt zur Wasserfestigkeit bei.

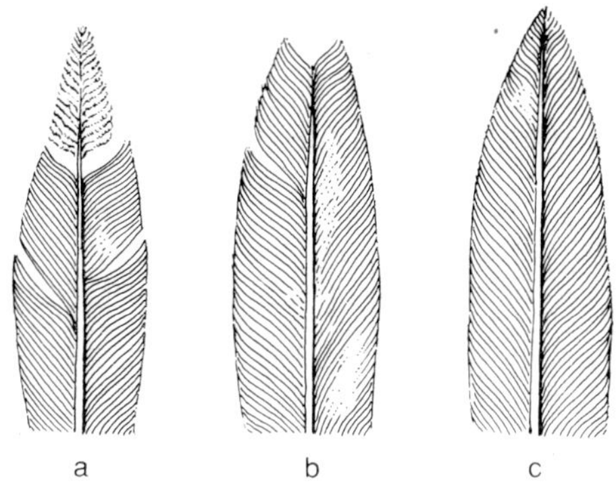


**Abb. 1/8**
Schwanzfedern alter und junger Enten sind am Bau der Federspitze erkennbar (nach Barwell 1973)
a – die Jungvogelfeder trägt noch Reste der Dune
b – Spitze der Feder gekerbt, Dune abgebrochen (Feder eines Jungvogels)
c – Feder zugespitzt: Altvogel

## Formen und Verlauf der Mauser

Das Federkleid wird bei den meisten Entenarten jährlich zweimal gewechselt mit erheblichen Unterschieden zwischen männlichen und weiblichen Tieren. Besonderheiten bei den Arten lassen sich aus deren Biologie und Ökologie erklären. Für viele Entenarten fehlen allerdings eingehende Mauserstudien. Selbst die Mauser der Stockente, die zweifellos am besten untersucht und die der nachfolgenden Darstellung zugrunde gelegt wurde, läßt Fragen offen.

### Mauser ins Schlicht- (♂) und Ruhekleid (♀) (postnuptiale Mauser)

Beide Geschlechter wechseln nach der Brutzeit das Gefieder (postnuptiale Mauser): Die Erpel tauschen das Prachtkleid gegen das Schlichtkleid, die Weibchen das Brutkleid gegen das Ruhekleid.

Die Männchen beginnen die Postnuptialmauser, wenn die Weibchen noch brüten. Bereits kurze Zeit nach Beginn der Brut verlassen sie die Brutgebiete und suchen entlegene, geschützte Plätze auf, um die Federn zu wechseln. Was die Größe der Mauserscharen, die Lage der Plätze und die Mauserzeit anbetrifft, so gibt es bei den einzelnen Arten beträchtliche Unterschiede. Das gilt auch für die Entfernungen zwischen Brutgebiet und Mauserplatz. Selbst innerhalb einer Art kann es regionale Unterschiede geben. Der Tausch des Prachtkleides gegen das unauffällige Schlichtkleid kündigt sich im Augenbereich an, wo anstelle der winzigen grün schillernden Federn andere erscheinen, die einen schmalen braunen Ring bilden, der sich rasch erweitet. Parallel dazu erscheinen auch an Kopf und Wange Schlichtfedern, was dem Kopf ein gesprenkeltes Aussehen verleiht. Noch bevor der Federwechsel am Kopf augenfällig hervortritt, zeigen sich auch auf dem Rücken und an den Flanken schlicht gefärbte Federn. Schulterfittich und Tragfedern eilen den benachbarten Federn voraus, und die cranialen und caudalen Rückenfedern werden rascher durch andere ersetzt als die mittleren (Abb. 1/9). An der Unterseite erscheinen die neuen Federn regellos.

Der Wechsel der Steuerfedern setzt erst ein, nachdem die Mauser der Oberschwanzdecken weit fortgeschritten und

**Abb. 1/9**
Zeitlicher Verlauf der Post- und Pränuptialmauser in den verschiedenen Körperbereichen der Stockente (nach ENDLER 1985). USD – Unterschwanzdecken, OSD – Oberschwanzdecken

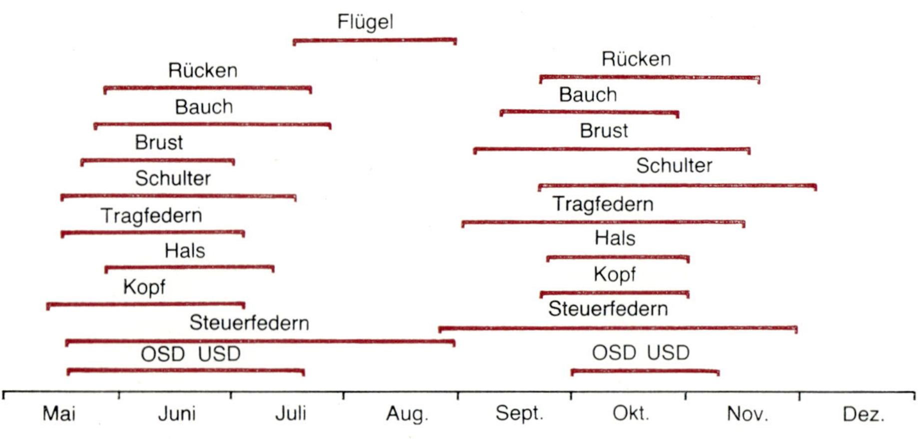

die der Unterschwanzdecken eingeleitet ist. Mit der Sequenz der Steuerfedermauser hat sich STRESEMANN (1940) ausführlich beschäftigt. Seine Annahme, daß der Wechsel, mit dem zentralen Federpaar beginnend alternierend nach außen voranschreitet, hat sich jedoch nicht bestätigt. Gewöhnlich folgen auf das 1. (zentrale) Federpaar das 2. und 3. und dann in wechselnder Reihung nach außen hin die anderen (ENDLER, 1985), wobei zu berücksichtigen ist, daß normalerweise 10 und nicht 8 Paare vorhanden sind, wie fälschlicherweise im Schrifttum häufig angegeben wird. Schon bevor alle Steuerfedern ausgefallen sind, ist die Mauser der Ober- und Unterschwanzdecke abgeschlossen. Wenn das mittlere Schwanzfederpaar fast ausgewachsen ist, sind alle Tragfedern und weite Bereiche des Brust- und Bauchgefieders und der gesamte Kopf von neuen Federn bedeckt. Vorderrücken und Bürzel bleiben zeitlich zurück.

Der Mauserverlauf bei den weiblichen Tieren ist schwerer zu ermitteln als der der männlichen, weil sich die Federn im Farbton und in der Musterung ähneln. Der Ablauf scheint jedoch bei beiden Geschlechtern dem gleichen Rhythmus zu folgen. ENDLER (1985) fand in keinem Körperabschnitt geschlechtsspezifische Unterschiede.

### Mauser ins Pracht- (♂) und Brutkleid (♀) (pränuptiale Mauser)

Die Mauser ins Prachtkleid wird mit dem Wechsel der Hand- und Armschwingen sowie des gesamten, den Flügel bedeckenden Gefieders eingeleitet, also jener Federn, die bei der Mauser ins Schlichtkleid nicht erneuert wurden. Entgegen der im Schrifttum verbreiteten Auffassung erfolgt der Schwingenwechsel nicht synchron, sondern wird mit dem Ausfall der 10.–8. Handschwinge eingeleitet (ENDLER, 1985). Die Vögel bleiben zu Beginn des Schwingenwechsels noch kurzzeitig flugfähig und erlangen diese schneller wieder zurück als allgemein angenommen wird, weil die äußeren Schwingen bereits gereift sind, wenn die anderen noch wachsen. Die Flügelbefiederung wird ebenfalls zeitlich gestaffelt ersetzt (vgl. Abb. 1/9). Bevor die Schwingen ausgewachsen sind, erscheinen im Körpergefieder neue Prachtfedern. Über die Reihenfolge des Wechsels in den verschiedenen Körperpartien fehlen Angaben, was wohl vor allem daran liegt, daß sich der Vorgang über mehrere Monate bis weit in den Herbst hinzieht und noch anhält, wenn der Kleiderwechsel vom optischen Eindruck her abgeschlossen erscheint. Auffällig spät, nämlich erst im Herbst, werden die »Lockenfedern« am Schwanz gewechselt.

Die Weibchen beginnen mit der Schwingenmauser erst nach der Jungenaufzucht. Haben sie nicht gebrütet, dann setzt der Schwingenwechsel eher ein, jedoch immer später als bei den Erpeln. Die Erneuerung des Kleingefieders beginnt wie bei den Männchen nach der Schwingenmauser, ist jedoch erst im Oktober und November augenfällig.

### Zeitlicher Ablauf der Mauser

Für den zeitlichen Ablauf der Mauser lassen sich nur grobe Anhaltspunkte geben, weil es beträchtliche individual- und populationsspezifische Unterschiede gibt. Die Schlichtkleidmauser beginnt bei den Erpeln bereits im April und ist im Laufe des Monats Mai abgeschlossen.

## Regulation des Sexual- und Saisondimorphismus

Der sich jahreszyklisch wiederholende Wechsel der Federkleider und der damit verbundene Sexualdimorphismus vollzieht sich unter dem Einfluß der Sexualhormone. Obwohl die experimentellen Ergebnisse (Kastration, Behandlung mit

Hormonen und Anti-Hormonen) nicht eindeutig sind, scheint festzustehen, daß die Kleider der Weibchen unter dem Einfluß von Östradiol angelegt werden. Für diese Ansicht sprechen Experimente mit kastrierten Erpeln, denen Östradiol appliziert wurde. Unter dem Einfluß dieses Hormons wandelt sich das Farbmuster des Prachtkleides in Richtung auf das Schlichtkleid auch außerhalb der Zeit, in der es üblicherweise getragen wird (spätes Frühjahr und Frühsommer). Das Prachtkleid der Männchen bildet sich aus, wenn kein Östradiol vorhanden ist. Dementsprechend verändert sich das Federkleid kastrierter Weibchen allmählich in Richtung auf das männliche Prachtkleid. Dieser Wechsel vollzieht sich jedoch nicht plötzlich wie bisher angenommen und beschrieben wurde, sondern allmählich und verstärkt sich von Mauser zu Mauser. Zunächst werden Mischkleider getragen. Es entstehen sowohl Federn von weiblichem als auch von männlichem Charakter. Mit zunehmendem Alter dominieren die männlichen Federanteile, und nur wenige eindeutig weibchenfarbene Federn oder Federpartien bleiben im Federkleid zurück (ENDLER, 1985; RUTSCHKE et al., i. Dr.).

Wahrscheinlich sind außer dem weiblichen Sexualhormon andere Hormone an der Regulation des Sexualdimorphismus beteiligt. Die jahreszeitliche Einpassung der Mauser erfolgt unter Mitwirkung des Schilddrüsenhormons, und es scheint ein gewisser Antagonismus zwischen Sexual- und Schilddrüsenhormon zu bestehen.

Experimentelle Untersuchungen zum Sexual- und Saisondimorphismus erfolgten bisher nur an Haus- und Stockenten. Da es neben Arten, bei denen dieser stark ausgeprägt ist, andere gibt, die fast identisch aussehen (z. B. Moorente), und Übergänge verschiedenster Art vorhanden sind, bleiben noch viele Fragen offen.

## Farben und Farbmuster

In der Buntheit der Färbung reichen die Enten zwar nicht an die Pracht tropischer Vögel heran, trotzdem überrascht die Vielfalt der Farbigkeit und der Muster. Das ist besonders deshalb erstaunlich, weil als Farbstoff nur das Melanin dient, das in die Federn eingelagert wird. Es tritt allerdings in zwei Typen auf: dem alle schwarzen, schwärzlichen, grauen und dunkelbraunen Töne hervorrufenden Eumelanin, das weit verbreitet ist, und dem seltenen rötlichgelbe und rostfarbene Töne hervorrufenden Phaeomelanin, das in reiner Form im Gefieder der Brand- und Löffelente enthalten ist.

Farbmuster entstehen als Ergebnis besonderer Verteilungsformen des Melanins in den Federelementen. Die aschgrauen Töne, wie wir sie beispielsweise vom Gefieder der Schnatterente her kennen, kommen dadurch zustande, daß das Melanin häufchenweise abgelagert ist und dazwischen Stellen pigmentfrei (weiß) bleiben. Grau entsteht also durch Zusammenwirken von Schwarz und Weiß.

Auffälligstes Merkmal in der Gefiederfärbung vieler Entenarten sind die schillernden Flügelspiegel und die Schillerfarben in bestimmten Körperpartien. Sie kommen dadurch zustande, daß die sonst regellos im Keratin verteilten Melaninstäbchen in spezifischer Weise angeordnet sind. Die Verteilungsmuster sind durch elektronenmikroskopische Untersuchungen aufgeklärt worden. Dadurch war es möglich, die physikalischen Gesetzmäßigkeiten, die den Schillereffekt bewirken, zu erkennen und das Phänomen zu erklären (RUTSCHKE, 1966). An schillernden Federpartien sind die feinsten Federelemente (Strahlen, Radii) in ihrem die Federoberfläche bildenden Abschnitt extrem stark seitlich abgeflacht (Abb. 1/10b). Die flache Seite ist der Oberfläche zugekehrt. In diesen Strukturteilchen sind die Melaninstäbchen zu

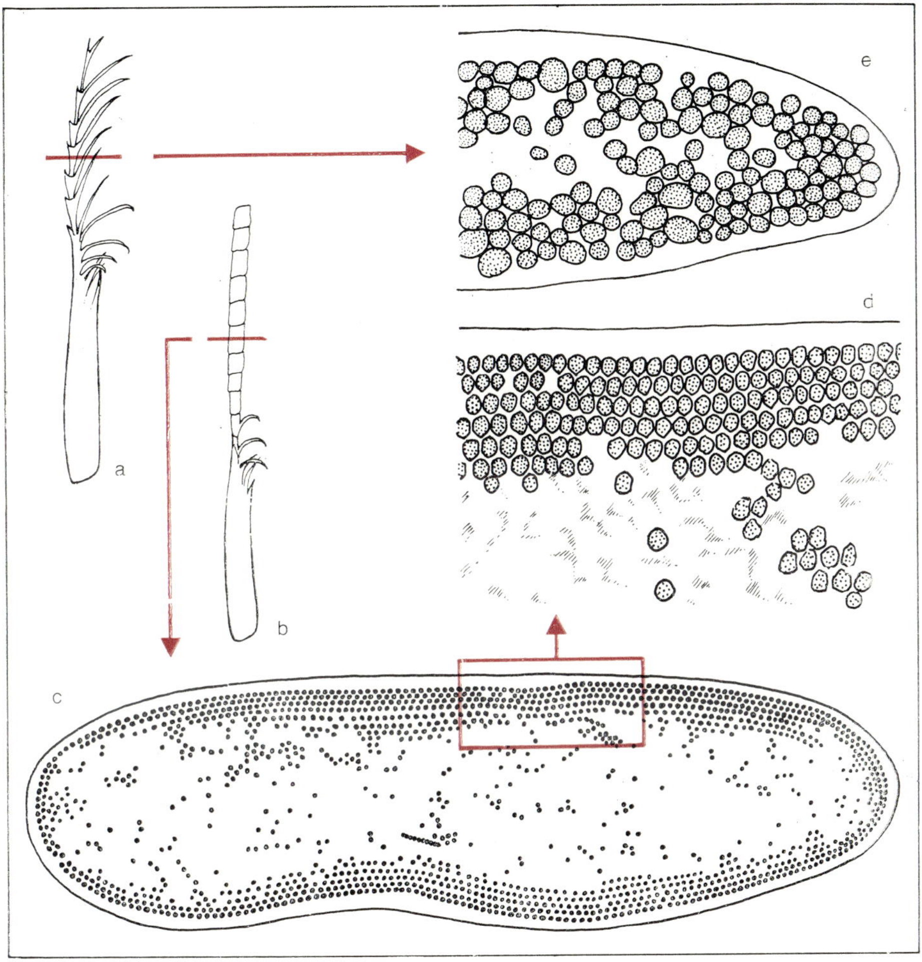


**Abb. 1/10**
Ultrastruktur schillernder Entenfedern (Spiegel der Stockente), (nach RUTSCHKE 1966)
a – Feinbau eines nicht schillernden Hakenstrahls,
b – umgewandelter schillernder Hakenstrahl,
c – Anordnung der Melaninstäbchen in dünnen Schichten. Querschnitt eines schillernden Hakenstrahls (6000fach)
d – Ausschnitt aus c (14 000fach)
e – Regellose Anordnung der Melaninstäbchen in einer nicht schillernden Feder (16 000fach)

Schichten angeordnet, die übereinander liegen (Abb. 1/10d). Jede Schicht ist etwa $^{1}/_{1000}$ mm dick. Die Schichtdicke und der Umstand, daß das schichtbildende Material (Melanin) in einem anderen Material (Keratin) mit anderem Lichtbrechungsvermögen angeordnet ist, bewirken Interferenzerscheinungen. Bestimmte Wellenlängen des vom Keratin reflektierten Lichtes weisen Gangunterschiede auf und werden durch Interferenz ausgelöscht, so daß die verbleibenden Lichtwellen farbig erscheinen. Die Farbigkeit ist abhängig von der Schichtdicke des Keratins und des Melanins, der Anzahl übereinanderliegender Melaninschichten und vom Einfallswinkel des Lichtes (Abb. 1/10e). Je nach dem Winkel, aus dem man sie betrachtet, sehen die schillernden Kopffedern des Stockerpels im Prachtkleid grün oder blau aus. Der Schillereffekt beruht auf dem Prinzip der Dünnblattfarben.

## Wasserfestigkeit des Gefieders

Die Bedeutung der im Gefieder eingeschlossenen Luftmenge für die Schwimmfähigkeit wird sichtbar, wenn sie entfernt wird, etwa durch eindringendes Wasser. Die Ente sinkt sofort bis zum Kopf ein und kann sich nur durch aktiv schwimmende Bewegungen vor dem Ertrinken bewahren.

Ein wichtiges Problem für das Leben auf und im Wasser ist deshalb die ständige Wasserfestigkeit des Gefieders. Früher glaubte man, daß ein feiner Fettfilm die Oberfläche des Gefieders überzieht, dessen wasserabweisende Eigenschaft vor der Durchnässung schützt. In der Tat verwenden Enten viel Zeit auf die Gefiederpflege. Dabei wird der Schnabel an die Bürzeldrüse geführt, mit Drüsensekret benetzt und dann durch die Federn gezogen. Dieser Vorgang wiederholt sich so lange, bis alle Federn »beschnäbelt« sind. Die Technik des Einfettens läßt erkennen, daß es nicht darum geht, einen oberflächlichen »Fettfilm« zu erzielen, sondern um die Pflege der ganzen Federn. Mit Hilfe des Bürzeldrüsenfettes werden Schmiegsamkeit und Elastizität des spröden Federkeratins erzielt und aufrechterhalten. Das Sekret ist gewissermaßen ein Kosmetikum. Fehlt es, dann werden die Federn spröde und brüchig und verlieren die wasserabweisende Eigenschaft. Den Beweis für diesen Sachverhalt lieferten Experimente, bei denen die Bürzeldrüse operativ entfernt oder die Tiere längere Zeit daran gehindert wurden, sich einzufetten.

Bei dem von der Bürzeldrüse abgesonderten Sekret handelt es sich chemisch gesehen um ein Wachs, das sich bei gaschromatografischer Analyse als in komplizierter Weise aus zahlreichen organischen Komponenten (organische Säuren, langkettige verzweigte Alkohole) zusammengesetzt erwies (ODHAM und STENHAGEN, 1971).

Die wasserabweisende Eigenschaft des Gefieders beruht auf Baueigentümlichkeiten der Konturfeder, die erst nach genauer mikroskopischer Untersuchung erkannt wurden (RUTSCHKE, 1958, 1960). Die glatt geschlossene Oberfläche wird durch die Anordnung der Federn erreicht. Durch starke Krümmung im Distalbereich werden sie dachartig aufeinander »gespannt«. Der Blick durch das Mikroskop lehrt, daß die dem unbewaffneten Auge homogen erscheinende Flä-

**Abb. 1/11**
Beziehungen zwischen Oberflächenspannung des Wassers und Wasserfestigkeit des Gefieders (nach RUTSCHKE 1960)
a – Ente auf Wasser üblicher Oberflächenspannung
b – und c – Durchnässung des Gefieders nach Herabsetzen der Oberflächenspannung mit einem Detergens (b – bei Versuchsbeginn, c – kurze Zeit nach Versuchsbeginn)

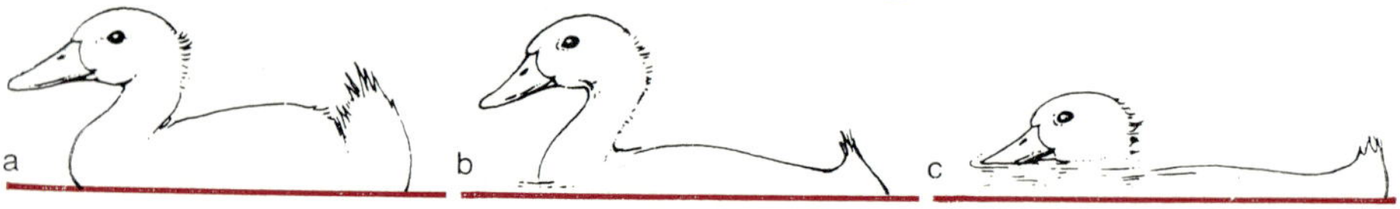

che in Wirklichkeit porös ist. Die Strahlen im Spitzenbereich sind abgeflacht und so orientiert, daß sie sich kreuzend übereinanderliegen. Die feinsten Strukturteilchen, die Wimperfortsätze an den Haken- und Bogenstrahlen, sind nach innen gerichtet und stabilisieren den Zusammenhalt der sich überdeckenden Federn. Auf diese Weise erhält die Federoberfläche eine Gitterstruktur mit wasserabweisenden Eigenschaften. Es besteht ein Zusammenhang zwischen der Oberflächenspannung des Wassers und der von den feinsten Federelementen geschaffenen Textur, der sich leicht nachweisen läßt. Setzt man die Oberflächenspannung des Wassers durch ein Detergens herab, dann durchnäßt das Gefieder fast momentan, auch wenn es gut eingefettet ist (Abb. 1/11a–c). Wenn man in einem anderen Versuch das Gefieder durch Waschung mit einem Fettlösungsmittel entfettet, es anschließend sorgfältig trocknet und glättet und die erneute Einfettung verhindert (Halsmanschette), dann dringt das Wasser nicht ein, womit nachgewiesen ist, daß primär die Federstruktur den wasserabweisenden Effekt hervorruft. Das Bürzeldrüsenfett wirkt doppelt. Es erhält die Geschmeidigkeit der feinen Strukturelemente, die ungefettet schnell spröde und brüchig werden, und wirkt außerdem wasserabweisend. Die Flügel, deren Schutz vor Vernässung lebenswichtig ist, sind in besonderer Weise geschützt. Sie liegen beim schwimmenden Vogel zwischen aufwärtsgebogenen, vergrößerten Konturfedern wie in einer Tasche, so daß nur die Spitzen der Schwingen zu sehen sind.

# Lernen und Prägung

Enten sind überaus gesellige Vögel, die ganzjährig, die Brutzeit ausgenommen, in mehr oder minder großen Scharen zusammenhalten, und selbst während der Brutzeit sammeln sich bei vielen Arten die Männchen oder vorjährige, noch nicht brutfähige Tiere und bilden Trupps und Ansammlungen. Dieser hohe Grad an Soziabilität bezogen auf Artgenossen und andere Entenarten setzt Anpassungsvermögen und damit Lernfähigkeit voraus.

## Lernen

Mit den zum Aufenthaltsgebiet gehörenden Lebewesen sind Enten gewöhnlich schnell vertraut und wissen Freund und Feind gut zu unterscheiden. In dieser Hinsicht stehen sie zwar hinter den Gänsen zurück, doch der mit der Lebensweise der Enten Vertraute weiß, wie sensibel sie auf Veränderungen im Gelände, unvorsichtige Annäherung oder das Erscheinen von Predatoren (Seeadler) reagieren. Umgekehrt werden sie schnell vertraut, wenn die Gefahrlosigkeit der Situation erkannt ist.

Keine andere Entenart schließt sich so leicht dem Menschen an wie die Stockente. Das gilt sowohl für die Brutzeit als auch für Herbst und Winter. Diese Anpassungsfähigkeit und opportunistische Nutzung günstiger Gelegenheiten war die wohl wichtigste Voraussetzung für die Haustierwerdung. Sie fehlt selbst inmitten belebter großstädtischer Parkanlagen nicht als Brutvogel, wenn etwas Wasser vorhanden ist, auf das die Jungen geführt werden können. Dabei profitiert sie einerseits vom Fehlen von Feinden und andererseits davon, daß die Jungen ihrer Possierlichkeit wegen reichlich gefüttert werden und dadurch Ernährungsprobleme entfallen.

Im Winter ergeben sich ebenfalls verschiedene Vorteile aus der Vertrautheit mit dem Menschen. Obenan steht die sich aus der Fütterung ergebende leichte Erlangbarkeit von Nahrung. Weitere Vorteile sind das lange Eisfreibleiben innerstädtischer Fließgewässer und das Fehlen von Predatoren. So nimmt es nicht wunder, daß es wohl kaum eine europäische Großstadt ohne überwinternde Stockenten gibt. Auf die Bedeutung der Großstadt und der Industrieballungsgebiete für die Überwinterung der Stockente ist durch Rutschke (1975) hingewiesen worden.

Überaus lernfähig sind viele Arten auch beim Auffinden von Nahrungsquellen und in der Nahrungswahl. An der Spitze steht die Stockente, die bei entsprechendem Angebot praktisch jede verwertbare Nahrung findet und verwertet.

Im Unterschied zur Lernfähigkeit in bezug auf Veränderungen im Aufenthaltsgebiet und in der Flexibilität bei der Nahrungswahl sind Enten in der Habitatwahl enge Grenzen gesetzt (Ausnahme Stockente). Die Strukturmerkmale, die zum Habitatschema (Ökoschema) einer Art gehören, sind zwar nur ungenau untersucht, doch zur Brut wird nur geschritten, wenn das Gebiet alle zum genetisch fixierten Habitatschema gehörenden Strukturmerkmale bietet. Nur so ist die sehr unregelmäßige, vielfach sporadische Brutverbreitung vieler Arten erklärbar. Lernfähigkeit im Sinne von Anpassungsfähigkeit an veränderte Landschaftsformen (nach Trockenlegung, Grünlandumbruch u. a. m.) gibt es kaum. Das gilt in weitaus geringerem Maße für den Neststandort. Entspricht das Gebiet den Anforderungen, dann wird gewöhnlich auch ein Nistplatz gefunden (Ausnahme Höhlenbrüter). Flexibler sind Enten in der Wahl der Aufenthaltsorte im Herbst und Winter.

In diesen Jahreszeiten steht die Erlangbarkeit der Nahrung und das Nahrungsangebot im Vordergrund.

## Prägung

Obwohl Entenküken bereits kurze Zeit nach dem Schlupf recht beweglich sind und sich gut zu orientieren wissen, ist es für sie lebensnotwendig, die Mutter und die Geschwister möglichst rasch kennenzulernen und auf deren Bewegungen und Lautäußerungen zu reagieren. Die Bindung an die Mutter erfolgt nicht als angeborene Reaktion, sondern in Form eines spezifischen Lernvorgangs. Er wurde von Lorenz (1935) in seiner Bedeutung erkannt und als Prägung bezeichnet.

In einer kurzen unmittelbar auf den Schlupf folgenden Periode ist das Zentralnervensystem des Kükens darauf vorbereitet, einen Eindruck von einem »sich bewegenden Etwas« bestimmter Mindestgröße zu empfangen. Geschieht das, dann wird zu diesem Objekt eine Beziehung hergestellt, die in der Nachfolgereaktion sichtbaren Ausdruck findet und sich auch in anderen Verhaltensweisen äußert, die zur »Mutter-Kind-Beziehung« gehören (Sich-wärmen-lassen, Einfetten am Gefieder der Mutter, Im-Gefieder-verstekken u. a. m.). Unter natürlichen Bedingungen wird »das sich bewegende Etwas« immer die Mutter sein. Im Experiment kann diese durch andere Objekte ersetzt werden, auf die dann die Prägung (Herstellung der Mutter-Kind-Beziehung) erfolgt. Dem Prägungslernen ist es zu verdanken, daß Entenküken durch Hühner- oder Putenglucken aufgezogen werden können. Die sensible Phase für die Prägung dauert gewöhnlich nicht länger als 24 Std. Lorenz (1935) war der Auffassung, daß Prägungen nicht umkehrbar sind.

Das Phänomen der Prägung gehört zu den zentralen Problemen verhaltenskundlicher Forschung (Lit. bei Hess, 1973). Bischof (1979) erklärte das Zustandekommen mit einem aus der Neurophysiologie stammenden Modell. Lorenz (1935) beschrieb die Prägung zunächst

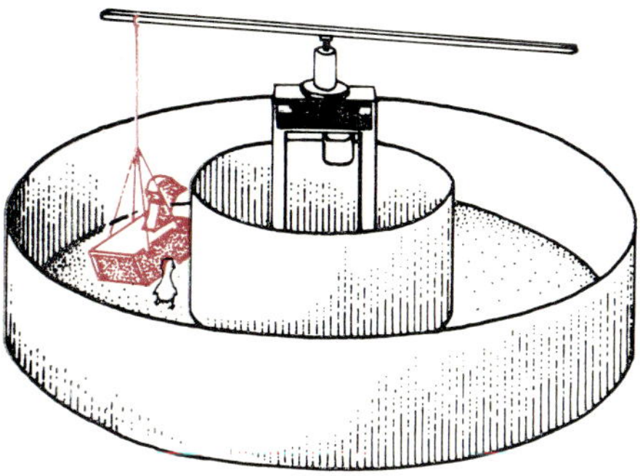

**Abb. 1/12**
Apparatur nach Hess zur Untersuchung der Nachlaufprägung bei Entenküken (aus Stokes und Immelmann 1976, verändert). In einer ringförmigen Arena wird das Objekt bewegt, auf das die Prägung erfolgen soll. (Die Apparatur erlaubt Geschwindigkeitsregelung, Vor- und Rücklauf, Abstrahlung von Tönen.) Vor Versuchsbeginn werden die geschlüpften Enten im Dunkeln gehalten

für Grauganskküken. Die nähere Untersuchung des Phänomens erfolgte vornehmlich an Entenküken (Abb. 1/12).

Zweifel am starren Ablauf und der Zwangsläufigkeit des Vorgangs meldeten sich erstmals in den 50er Jahren. Weidmann (1958) kam zu der von Lorenz (1935) abweichenden Ansicht, daß es keinen Beweis für die Irreversibilität und Augenblicklichkeit des Vorgangs gibt. Mit der Prägung soll lediglich die Bereitschaft verbunden sein, einem bestimmten Objekt zu folgen und sich diesem anzuschließen. Gottlieb (1961) prüfte Prägung und Nachfolgeverhalten bei 223 Dunenjungen von Stockenten und domestizierten Enten. Aus beiden Gruppen erwies sich nur ein Teil der Küken als auf die Attrappe geprägt und zeigte Nachfolgeverhalten. Neben solchen, die die Attrappe mieden, gab es andere, die sich unentschieden zeigten.

Bei der Prägung der Nachfolgereaktion spielen nicht nur optische, sondern auch akustische Eindrücke eine Rolle. Johnston und Gottlieb (1981a, b) wiesen nach, daß Stockentenküken Attrappen mit geringer Artähnlichkeit, die bei ausschließlich optischer Prägung artähnlichen unterlegen sind, vorziehen, sobald sie mütterliche Laute von sich geben (eingebauter Lautsprecher). Selbst Küken, die bereits visuell auf eine der Mutter ähnliche Attrappe geprägt sind, bevorzugen eine der Mutter optisch unähnliche Attrappe, wenn diese mit dem mütterlichen Lockruf »ausgestattet« ist.

Über die Dauer der »sensitiven Phase« für die Prägung auf die Mutter (Nachfolgereaktion) gibt es ebenfalls unterschiedliche Befunde. Sie reichen von wenigen Stunden über einige Tage bis hin zu mehreren Wochen (Eiserer, 1980).

Außer der Prägung auf die Mutter soll auch eine Prägung auf die Geschwister stattfinden. Klint (1978) gelangte nach entsprechenden Versuchen zu der Auffassung, daß die Farbe der Geschwister bei der späteren Partnerwahl mitbestimmend sein soll.

Durch Prägung erfolgt auch die Bindung an den arteigenen Sexualpartner. Die sexuelle Prägung unterscheidet sich jedoch in mehrfacher Hinsicht von der Prägung auf die Mutter. Im Unterschied zu der Nachfolgeprägung, die sich allerhöchstens in wenigen Tagen vollzieht, erfolgt die sexuelle Prägung in einem mehrwöchigen Prozeß (Schutz, 1965). Es erfolgt nicht die Prägung auf ein bestimmtes Tier, sondern auf die Art, also auf das Objekt der sexuellen Reaktion. Deshalb erfolgen Fremdverpaarungen häufig unter Gefangenschaftsbedingungen. Wenn Enten mit artfremden Tieren aufwachsen, dann richtet sich ihre spätere sexuelle Aktivität nicht nur auf Artgenossen, sondern auch auf jene, mit denen sie aufwuchsen. Im Verlaufe der Jugendentwicklung wurden sie auf das Schema der anderen Art geprägt. Sexuelle Fehlprägungen sind weniger stabil als »falsche« Mutter-Kind-Beziehungen (Schutz, 1971).

Fehlprägungen lassen sich experimentell nur mit Männchen erzielen. Damit ist ein Hinweis auf die biologische Bedeutung des Prägungslernens gegeben. Es trägt unter natürlichen Bedingungen dazu bei, artgerechte Verpaarungen zu sichern. Die Weibchen vieler Entenarten sehen recht ähnlich aus, und auch die Balzposen sind ähnlich, was artfremde Verpaarungen begünstigt. Dem wird durch das ererbte Arterkennungsschema und die Prägung, die ja unter natürlichen Bedingungen auf die Mutter und Geschwister (Schlichtkleid!) erfolgt, begegnet. Beide ergänzen sich und sind eine doppelte Sicherung für die artgerechte Verpaarung.

Die Weibchen reagieren angeborenermaßen auf das männliche Prachtkleid. Die heranwachsenden Weibchen können im Freiland auf dieses nicht geprägt werden, weil die Männchen zur Zeit der Jungenaufzucht bereits ins Schlichtkleid mausern und nicht an der Aufzucht teilnehmen.

# Ernährungsbiologie

## Technik der Nahrungsaufnahme

Die Technik des Nahrungserwerbs umschließt ein weites Spektrum von Möglichkeiten. Enten besitzen lange, flache Schnäbel. Der Oberschnabel greift seitlich über den Unterschnabel. An den Schnabelrändern befinden sich Hornlamellen, die bei den Sägern zahnartig ausgebildet sind. In Bau und Anzahl der Lamellen gibt es beträchtliche artspezifische Unterschiede. Die sich carnivor ernährenden Arten haben weniger Lamellen als die sich herbivor ernährenden. Besonders viele Lamellen haben Löffel-, Krick- und Brandente (Lüttschwager, 1955). Bei diesen Arten ist der Lamellenfilter so fein, daß auch planktische Organismen aus dem Wasser abfiltriert werden. Die Schnäbel dienen zum Ergreifen und Festhalten von Nahrung oder sind als Seihapparat ausgebildet, der in Verbindung mit der Zunge wirksam ist. Er erreicht hohe Vollkommenheit bei all jenen Arten, die sich teilweise oder gänzlich von Plankton ernähren (Abb. 1/13).

Die breite, fleischige Zunge, die den Schnabel füllt, ist seitlich, wo sie den Schnabelrändern anliegt, mit Doppelreihen kurzer, horniger Borsten besetzt, die nach innen zahnartig ausgebildet sind. Bei der Nahrungsaufnahme bewegen die Enten den Schnabel seihend durch das Wasser, das durch kontrahierendes Pressen der Zunge nach dem Saugstempelprinzip eingesaugt und gefiltert wird. Das Wasser gelangt durch die geöffnete Schnabelspitze in die Mundhöhle, und die zunächst saugende Zunge preßt es dann durch die seitlichen Hornleisten. Die festen Teilchen bleiben zurück und werden verschluckt. Die bei einigen Arten messerscharfen Borsten bilden zusammen mit dem Schnabelrand den Seihapparat. Die Zunge wird beim Durchschnattern des Wassers gegen den Schnabel gepreßt, so daß die organische Substanz aus dem abfließenden Wasser gewissermaßen abfiltriert wird. Außerdem ist die Oberfläche der Zunge dicht mit Geschmacksknospen in Form von Papillen besetzt. Der gesamte Apparat, bestehend aus Tastsinneszellen am Schnabelrand und auf der Zunge, Geschmacksknospen und Zungenmuskulatur ist ungewöhnlich gut nervös versorgt, erkennbar an der Ausbildung des 5. Hirnnerven, dessen zahlreiche Fasern bis in die Schnabelränder ziehen.

Die beim Einsaugen des Wassers entstehenden Geräusche haben dem Vor-

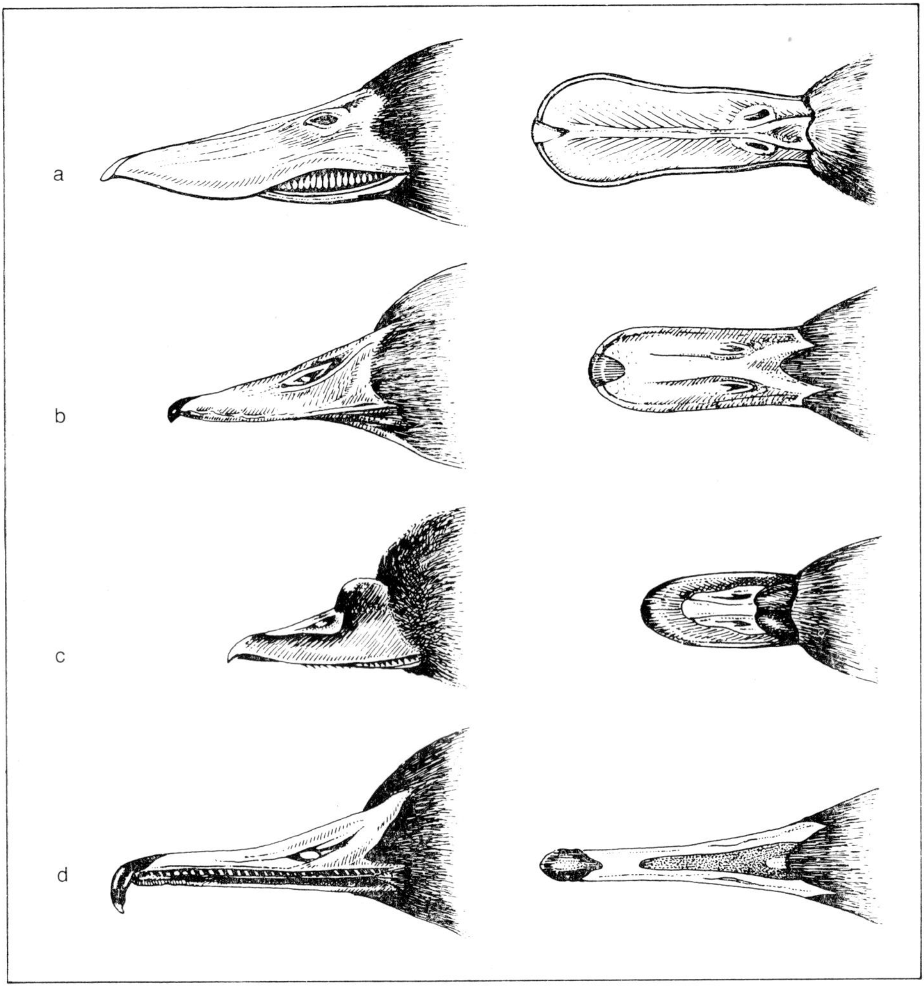


**Abb. 1/13**
Form des Schnabels bei sich unterschiedlich ernährenden Arten
a – Löffelente: Seihschnabel mit seitlichen Lamellen (Detritus, Vegetabilien),
b – Moorente: »typischer« Entenschnabel (pflanzliche und tierische Nahrung),
c – Trauerente: kurzer kräftiger Schnabel (Aufnahme und Zerkleinerung von Schnecken und Muscheln),
d – Gänsesäger: flacher bezahnter Schnabel (Fischfresser)

gang die Bezeichnung »Schnattern« eingetragen. Abweichend vom üblichen Sprachgebrauch bezieht sich der Begriff auf die Technik der Nahrungsaufnahme.

Der klobige, löffelartig verbreiterte Schnabel der Löffelente verrät bereits durch die äußere Form seine Eignung als Seihschnabel. Doch auch Stock-, Krick-, Knäk-, Spieß- und Schnatterenten nehmen die Nahrung schnatternd, richtiger seihend, auf. Neben der Größe gelten die Anzahl und Dichte der Lamellen als Hinweis auf die Feinheit der Seihapparatur.

Der Schnabel dient allen Arten außerdem zum Ergreifen und Festhalten gröberer Nahrungsteilchen, die durch Beknabbern zerkleinert, bei geeigneter Konsistenz und Größe auch als Ganzes verschluckt werden. Tauchenten holen ihre Nahrung vom Grunde der Gewässer, indem sie sie mit dem Schnabel ergreifen und nach dem Auftauchen verschlucken.

Getaucht wird in kurzen Zeitabständen, unterbrochen von Rastpausen. Phasen intensiven Tauchens wechseln mit längeren Unterbrechungen, in denen die Tiere das Gefieder pflegen oder sich ausruhen. Über die Tiefen, aus denen Tauchenten Nahrung heraufholen, gibt es unterschiedliche Angaben. Reiherenten tauchen bis in 7 m Tiefe (Huber, 1956). Nach Nilsson (1972) wurden in schwedischen Binnengewässern in Netzen erstickte Reiherenten auch in 11 m Tiefe gefunden. Wann immer möglich, suchen Reiher- und Tafelenten Gewässer auf, in denen sie bereits in 2 bis 4 m Tiefe Nahrung finden. Insbesondere die Weibchen beider Arten bevorzugen geringere Wassertiefe (Bezzel, 1959). Tafelenten können wahrscheinlich nur 4,3 m tief tauchen (Bauer und Glutz v. Blotzheim, 1969). Schellenten suchen in Tiefen um 6 bis 7 m nach Nahrung (Nilsson, a. a. O.), Olney und Mills (1963) berichten über Tiefen bis 9 m. Weitaus tiefer tauchen die Meerenten. Tiefen von 22 m sind für die Eisente nicht ungewöhnlich. Trauer- und Eiderenten holen die Nahrung aus 10 bis 15 m Tiefe, Gänsesäger bevorzugen Tiefen bis 5 m, Mittelsäger dringen bis in Tiefen von 15 m vor. Der Zwergsäger taucht nur bis in Tiefen von etwa 2 m. Für die Tauchdauer spielen Tauchtiefe und die Zeit, in der nach Beute gesucht werden muß, eine Rolle. Normalerweise bleiben Enten nicht länger als 20 bis 40 Sek. unter Wasser, doch die Unterschiede sind beträchtlich, wobei Tauchtiefe und Verfügbarkeit des Futters entscheidend sind. Rekordzeiten liegen bei 2 Min. (Zusammenstellung bei Bauer und Glutz v. Blotzheim, 1969).

Die mechanische Zerkleinerung aufgenommener pflanzlicher Nahrung, insbesondere Getreidekörner und andere Pflanzensamen, erfolgt durch die kräftige

**Abb. 1/14**
Nahrungsaufnahmetechnik bei Enten (nach Szijj 1965)
a – zu Fuß (äsend, nur Gründelenten),
b – von der Wasseroberfläche (schnatternd),
c – im Schwimmen mit dem Kopf unter Wasser,
d – gründelnd
e tauchend

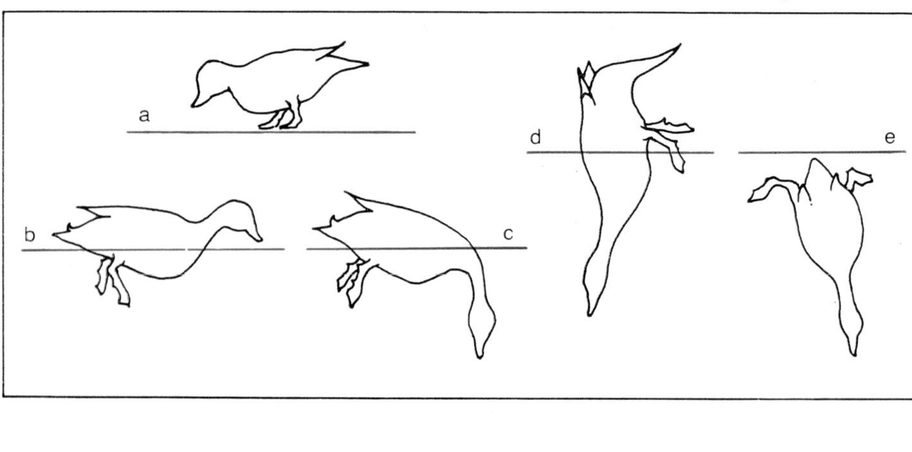

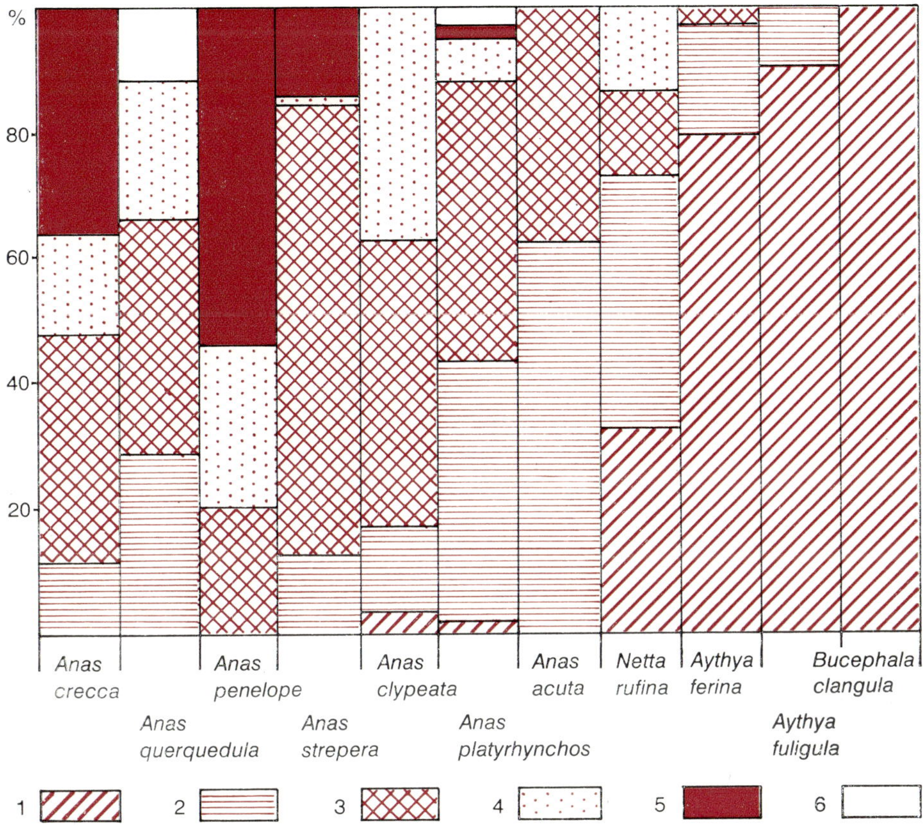


**Abb. 1/15**
Häufigkeitsverteilung der verschiedenen Techniken der Nahrungsaufnahme bei Entenarten (nach Szijj 1965)
a – Tauchen,
b – Gründeln,
c – Nahrungsaufnahme im Schwimmen,
d – Nahrungsaufnahme von der Wasseroberfläche,
e – Nahrungsaufnahme zu Fuß,
f – Jagen nach einzelnen Individuen

Muskulatur des Vormagens, wirksam unterstützt durch den sogenannten Grit (fein- bis grobsandiger Kies). Thomas et al. (1977) untersuchten die Beschaffenheit des Grits bei 8 Entenarten. In der Menge und Beschaffenheit gibt es beträchtliche individuelle und artspezifische Unterschiede. Gründelenten enthielten feinkörnigen, die Reiherente grobkörnigen Grit (über 5 mm Durchmesser) im Muskelmagen. Gewöhnlich besteht das Material aus Quarz, jedoch kommen auch andere Materialien vor. Der außerordentlich kräftige Muskelmagen, ausgekleidet mit rauher, widerstandsfähiger verhornter Schicht, dient der mechanischen Zerkleinerung größerer Nahrungsbestandteile (Muscheln, Schnecken, Insekten, Pflanzensamen, Getreidekörner u.ä.). Die Muskelmägen der Enten gehören zu den kräftigsten, die bei Vögeln vorkommen. Die Hornschicht bildet funktionell betrachtet zwei sich gegenüberliegende harte Reibplatten.

Bei allen Enten sind lange paarige

Blinddärme vorhanden. Am schwächsten sind sie bei den Sägern ausgebildet. Sie dienen der Zelluloseverdauung. Dementsprechend besitzen herbivore Arten längere als carnivore.

Die übliche Einteilung der einheimischen Entenarten in Gründel- und Tauchenten deutet auf charakteristische Unterschiede in der Ernährungsweise hin. Sie darf jedoch nicht zu wörtlich genommen werden, denn Gründelenten können auch tauchen, und in beiden Gruppen gibt es verschiedene Techniken der Nahrungsaufnahme. Gründelenten gehören zur Gattung *Anas,* Tauchenten zu verschiedenen Gattungen. Der Begriff »Gründelenten« bezieht sich auf eine spezifische Technik der Nahrungsaufnahme, das Gründeln, wobei der Rumpf mit senkrecht erhobenem Hinterteil aus dem Wasser ragt und Kopf und Hals eintauchen. Dabei wird Nahrung aufgenommen. Häufig wird für die Arten der Gattung *Anas* auch die Bezeichnung »Schwimmenten« verwendet. Sie ist irreführend, denn die Tauchenten können selbstverständlich schwimmen, aber nicht gründeln.

Von der Technik der Nahrungsaufnahme her lassen sich in Anlehnung an Szijj (1965) 5 Haupternährungstypen unterscheiden (Abb. 1/14): Futtertauchen, Gründeln, Nahrungsaufnahme im Schwimmen mit untergetauchtem Kopf, Nahrungsaufnahme von der Oberfläche (schnatternd) und Nahrungsaufnahme zu Fuß. Hinzu kommt das Erjagen fliegender Insekten, das in der Ernährung der Entenküken eine große Rolle spielt, jedoch auch von Alttieren praktiziert wird (Stock- und Knäkente, Abb. 1/15).

Krickenten sind die Hauptvertreter der »schnatternden« Nahrungsaufnahme. Im Flachwasser oder direkt im Schlamm stehend wird der Schlamm mit dem Schnabel durchwühlt, wobei besonders Insektenlarven, kleine Schnecken und Pflanzensamen aufgenommen werden. Was bei dieser Technik der Nahrungsaufnahme in den Schnabel gelangt, hängt von den örtlichen Gegebenheiten und der Jahreszeit ab, denn im Schlamm wird im Frühjahr wie im Sommer »geschnattert«, und an eine absichtliche Futterwahl ist nicht zu denken. Das Schnattern im Uferschlamm wird auch von Stock-, Pfeif- und Schnatterenten häufig praktiziert. Gegründelt wird relativ wenig. Die Stockente beherrscht sämtliche Techniken der Nahrungsaufnahme, doch Gründeln und Nahrungsaufnahme an Land stehen im Vordergrund. Beim Gründeln erreicht die Stockente bequem den Boden bis in 40 cm Wassertiefe. Die Spießente reicht mit ihrem langen Hals noch tiefer hinab. Stock- und Spießente halten dabei den Kopf bis zu 6 Sek. unter Wasser. Welche Art Nahrung beim Gründeln aufgenommen wird, hängt von den jahreszeitlichen und örtlichen Gegebenheiten ab. Es werden sowohl Teile von Unterwasserpflanzen und den an diesen sitzenden Schnecken und Insektenlarven abgeweidet und Pflanzensamen und Insektenlarven aus dem Boden herausgefiltert.

Im Flachwasser fördern Stock- und Krickenten die Nahrungsgewinnung, indem sie durch Schlammtreten und Flügelbewegungen den Schlamm aufwirbeln. Über Futtertauchen bei Stockenten gibt es im Schrifttum einige Hinweise (Schwede und Rutschke, 1978). Ringleben (1961) zitiert einige Fälle, bei denen Stockenten nach Eicheln tauchten.

## Nahrungswahl

Über die Nahrung, die die verschiedenen Entenarten aufnehmen, liegt ein kaum übersehbares Schrifttum vor (Bauer und Glutz v. Blotzheim, 1968, 1969), was in der Vielseitigkeit der Kost der meisten Entenarten begründet ist. Einige Gründelenten ziehen zwar vegetabilische animalischer Kost vor, und die Meerenten

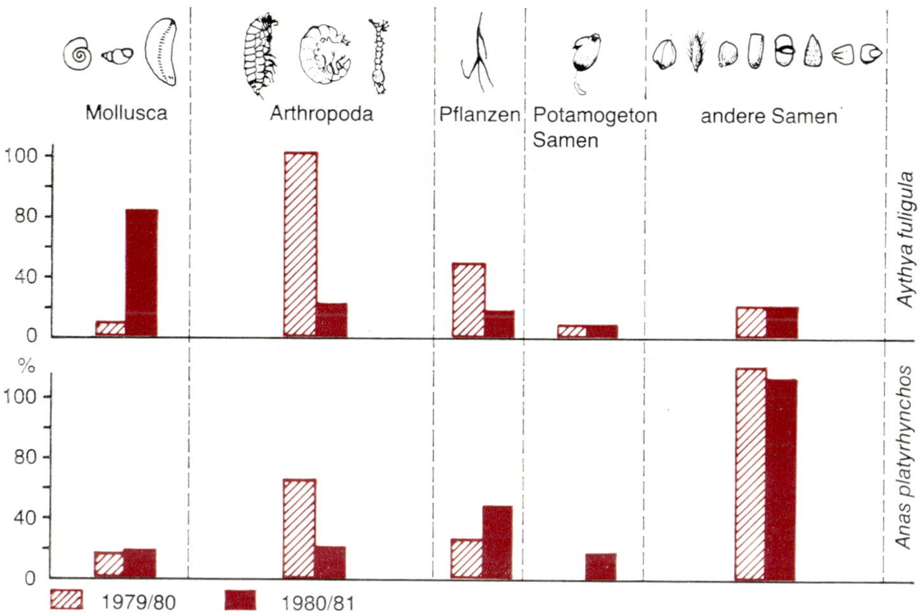


**Abb. 1/16**
Vergleich der Nahrungsbestandteile in Magen und Oesophagus von Stock- und Reiherente (Bodensee, 1979/80 und 1980/81; nach ZUUR et al. 1983, verändert)

sind fast durchgängig Fleischfresser, doch auch diese nicht so weitgehend, daß sie sich als carni- und herbivore Arten unterscheiden lassen.

Bei den sich überwiegend herbivor ernährenden Arten richtet sich die Nahrung nach dem Angebot im jeweiligen Vorkommensgebiet. Schon deshalb ergeben sich lange Listen, die sich vervielfachen, wenn man den jahreszeitlichen Wechsel der Vegetation hinzunimmt. Bei den sich vorzugsweise animalisch ernährenden Enten ist das nicht anders. Wenn kleine Muscheln zum Beuteschema gehören, dann betrifft das die ganze Palette der an der betreffenden Örtlichkeit vorkommenden Arten. Deshalb wurde auf die Wiedergabe von Listen mit den Namen von Pflanzen und Tieren, die in Entenmägen gefunden wurden, und deren prozentualer Menge verzichtet. Die Artbeschreibungen enthalten zum Thema Ernährung vorzugsweise Angaben, die dazu dienen, den Ernährungstyp und spezielle Angepaßtheiten zu verdeutlichen.

Eine bestimmte Nahrung überwiegt gewöhnlich nur dann, wenn sie überreichlich vorhanden und gut erlangbar ist. Dreikantmuscheln werden als Winternahrung von der Reiherente nicht deshalb bevorzugt, weil das Fleisch »besser schmeckt« als das anderer Muscheln, sondern weil sie in riesigen Mengen vorhanden und gut erlangbar sind. Von einer Spezialisierung auf Vorzugsnahrung kann nur gesprochen werden, wenn aus einem in gleicher Menge vorhandenen, mit gleichem Aufwand erlangbaren ähnlich verdaubaren Angebot etwas Bestimmtes ausgewählt wird. ZUUR et al. (1983) haben in einer detaillierten Studie gezeigt, daß von den Pflanzen und der Bodenfauna des Ermatinger Beckens

(Teil des Bodensees) praktisch alles Erlangbare aufgenommen wird (Abb. 1/16).

In der Weite des Nahrungsspektrums steht die Stockente erwartungsgemäß an erster Stelle, gefolgt von der Krickente. Am stärksten sind Meerenten und Säger auf bestimmte tierische Nahrung spezialisiert. Von besonderer Bedeutung sind die im Uferbereich vorkommenden Mollusken und Kleinkrebse. Jungfische und Fischbrut treten demgegenüber stark zurück. Diese spielen lediglich im Nahrungsspektrum der Säger eine größere Rolle. Wenn Eiderenten aus dem reichlichen Angebot von Kleinkrebsen und Muscheln sich auf die Miesmuschel *(Mytilus edulis)* spezialisieren (z. B. BAGGE, 1973), dann ebenfalls vor allem der guten Erlangbarkeit beim Tauchen wegen. Schnecken wie *Theodoxus fluviatilis* bleiben liegen, weil infolge der Kleinheit das Schalen-Lebendmasse-Verhältnis ungünstiger, nicht aber weil das Fleisch dieser Art ernährungsphysiologisch minderwertiger ist. Die Bevorzugung bestimmter Größenklassen von Muscheln steht in Beziehung zur Aufnahmefähigkeit (Schnabelbau) und Verdaulichkeit. Von Nahrungspräferenz sollte nur gesprochen werden, wenn eine bestimmte Kost aus ernährungsphysiologischen Gründen einer anderen vorgezogen wird, wenn also z. B. der Proteinanteil oder die Aminosäurenzusammensetzung für die Eiproduktion besonders günstig sind oder eine optimale Vitaminversorgung gewährleistet wird.

Die starke Anpassung an die jahreszeitlichen Gegebenheiten in der Nahrungszusammensetzung läßt sich an der Ernährungsweise der Stockente demonstrieren, obwohl selbst für diese häufige Art ganzjährige Untersuchungen über das Nahrungsspektrum in bestimmten Gebieten fehlen. Die meisten Angaben betreffen lediglich die Jagdsaison. In Mitteleuropa lebt sie zu Beginn und während der Brutzeit fast nur von pflanzlicher Nahrung, wobei zunächst Samen und überwinternde Grünteile, später das frische Grün bevorzugt werden. Schon nach dem Schlupf der Jungen wird diesen nicht nur die reichlich vorhandene pflanzliche Nahrung (z. B. »Entengrütze«) geboten, sondern auch die erlangbare tierische Nahrung genutzt (Insekten und deren Larven, Mollusken). Nach dem Flüggewerden der Jungen suchen Stockenten zunehmend auf Feldern Nahrung (z. B. Stoppeläcker im Sommer). Gern werden die noch nicht ausgereiften Körner in lagerndem Getreide gefressen. OLNEY (1967) wies darauf hin, daß sich in England der animalische Anteil an der Nahrung im Sommer vergrößert. In Südostengland steigt der Anteil an Kleinkrebsen von 1 % im Herbst über 16 % im Frühjahr bis auf 37 % im Sommer. Im Frühling werden hauptsächlich die Wasserassel *(Asellus aquaticus)*, im Sommer Wasserflöhe *(Daphnia spp.)* aufgenommen (STREET, 1975). Bei den Insekten überwiegen im Frühjahr Mückenlarven (Chironomiden), im Sommer Schnakenlarven (Tipuliden). Einen hohen Anteil an der Nahrung erlangen zeitweise auch Ringelwürmer (vor allem Regenwürmer). Bis weit in den Herbst hinein wird die Nahrung überwiegend in der Umgebung des Wohngewässers gesucht. Wie sehr Stockenten Gelegenheiten zu nutzen wissen, ist jedem bekannt, der sie an innerstädtischen Futterstellen beobachtet hat.

In der Ernährung der anderen Schwimmenten gibt es ebenfalls jahreszeitliche und regionale Unterschiede. Mit Ausnahme der Krickente, die im Herbst mit der Stockente auf Felder fliegt, sind sie jedoch stärker auf Nahrung am und im Wohngewässer angewiesen.

Ernährungsökologisch bedeutsam sind Nahrungspräferenzen, wenn mehrere Arten das gleiche Nahrungsgebiet nutzen. Für sich vorzugsweise herbivor ernährende Enten liegt eine vergleichbare Untersuchung aus der Camargue vor

(ALLOUCHE und TAMISIER, 1984). Dort suchen im Herbst und Winter Pfeif-, Schnatter-, Tafel- und Kolbenenten die gleichen Nahrungsgebiete (überschwemmtes Marschland) auf. Magenanalysen ergaben, daß die Arten auf bestimmte Pflanzen spezialisiert sind. Schnatter- und Pfeifenten, die pflanzliche Nahrung bevorzugen, ernähren sich überwiegend von der Grünmasse, die Laichkräuter *(Potamogeton pectinatus, P. pusillus)*, Teichfäden *(Zannichellia palustris)* und Salde *(Ruppia* sp.) bieten. Tafelenten bevorzugen die Samen vom Kammlaichkraut *(Potamogeton pectinatus)*. In der Nahrung der Kolbenente überwiegen Vegetabilien, die für die anderen Entenarten belanglos sind, nämlich die vegetativen Teile von Armleuchteralgen *(Characeen)* und die Samen der Strandsimse *(Scirpus littoralis)*. Obwohl Pflanzen der gleichen Gattung *(Potamogeton)* von verschiedenen Arten als Nahrung genutzt werden, kommt es der Spezialisierung wegen nicht zu interspezifischer Konkurrenz. Nahrungspräferenz fand auch OWEN (1973) bei der Analyse von Nahrungsresten in Därmen von Pfeifenten auf einem gut besetzten Rastplatz an der britischen Küste. Die Enten fliegen von den Schlafplätzen bis 10 km zu im Binnenland gelegenen Salzwiesen, in denen Rotschwingel *(Festuca rubra)*, Strandschwingel *(Puccinellia maritima)* und Weißes Straußgras *(Agrostis stolonifera)* die dominierenden Pflanzen sind. *Puccinellia* und *Agrostis* werden *Festuca* eindeutig vorgezogen.

Ganz anders verhalten sich die Pfeifenten in einem anderen Gebiet (New Grounds bei Slimbridge), wo Rotschwingel *(Festuca rubra)* in der Nahrung dominiert (OWEN, 1971). Die Ursache dafür ist die Höhe des Grases. In den New Grounds erfolgt eine Schafbeweidung, die in Bridgwater Bay fehlt. Der nutritive Wert ist in beiden Fällen verschieden. Die Pfeifenten nehmen neben Blättern, Wurzeln und vegetativen Ausläufern auch Grassamen auf. Letzterer verbleibt länger im Vormagen als die weichen Pflanzenteile.

Gründelenten, besonders Stock-, Krick- und Spießenten, ernähren sich im Herbst und Winter vielerorts überwiegend auf landwirtschaftlichen Kulturen. Sie halten Nachlese auf Stoppelfeldern (Weizen, Gerste, Roggen) und weiden auch die Blätter junger Saat. Veröffentlichungen zu dieser Form der Ernährung liegen besonders aus Großbritannien vor. THOMAS (1981) fand in den Mägen von 380 untersuchten Stockenten in den Monaten September bis November Weizen- und Gerstenkörner als dominierenden Nahrungsbestandteil. Pfeifenten ernähren sich im Dezember überwiegend von den Blättern der jungen Weizensaat. Kartoffeln bis zu einem Durchmesser von 3 cm werden von Stockenten unzerkleinert aufgenommen (THOMAS, 1981). Angefressen werden auch größere. Niemals wurde beobachtet, daß Enten auf frisch bestellten Äckern eingesäte Körner »ausgraben«. Während der Nahrungssuche auf den Feldern legen Stockenten bei einem Besuch bis zu 5 km laufend zurück, wobei die verstreut zwischen den Stoppeln liegenden Körner einzeln mit dem Schnabel aufgelesen werden.

Vergleichende Untersuchungen zur Nahrungspräferenz bei Entenarten sind kaum durchgeführt worden, obwohl die Unterschiede wahrscheinlich größer sind als die gegenwärtigen Kenntnisse vermuten lassen. Das zeigen Untersuchungen an drei in Europa häufigen Tauchenten, der Schell-, Reiher- und Tafelente. Sie unterscheiden sich in der Nahrungspräferenz erheblich voneinander. Obwohl alle drei Arten sowohl tierische wie pflanzliche Nahrung aufnehmen, steht die Schellente in der Nutzung tierischer Nahrung obenan, wenn man das ganze Jahr überblickt. Im Süßwasser nimmt sie Insektenlarven aller Art (Köcherfliegen,

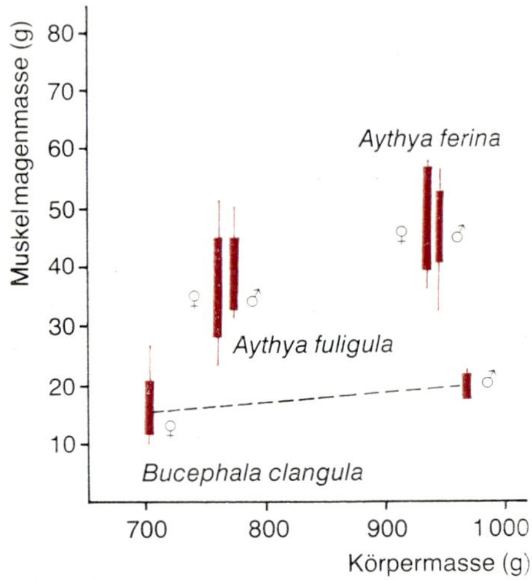


**Abb. 1/17**
Vergleich zwischen Masse des Körpers und des Muskelmagens bei Tafel-, Reiher- und Schellente (nach SUTER 1982b)

Mücken), Kleinkrebse und kleine Schnekken- und Muschelarten, verschmäht jedoch auch Pflanzensamen nicht. Im Brackwasser und an der Küste bilden Kleinkrebse (vor allem Flohkrebse) den Hauptteil der Nahrung, hinzu kommen kleine Mollusken (Wattschnecken, Muscheln wie *Mytilus* und *Cardium*). Bei der Reiherente stehen in der Winternahrung Mollusken obenan, wobei in Mitteleuropa die Dreikantmuschel *(Dreissena polymorpha)* eine besondere Rolle spielt. Von dieser Muschel besiedelte Seen sind bevorzugte Winterquartiere der Reiherente. Die Tafelente nutzt in viel stärkerem Maße pflanzliche Nahrungsquellen als die beiden anderen Arten. – An die unterschiedliche Nahrung sind die drei Arten sowohl in der Beschaffenheit des Magens als in der Form des Schnabels und der mit dieser zusammenhängenden Art der Nahrungsaufnahme angepaßt (SUTER, 1982 b). Der Muskelmagen der Schellente besitzt nur verhältnismäßig schwach ausgeprägte Ringmuskulatur, die zur Zertrümmerung größerer Molluskenschalen notwendige Drücke nicht zu erzeugen vermag, und die Magenmasse ist mit 2 % der Körpermasse relativ gering (Reiher- und Tafelente 5 %), (Abb. 1/17). Im Schellentenmagen fehlen auch die zum Zerreiben hartschaliger und anderer grober Nahrung notwendigen größeren Magensteine. Sie sind bei Reiher- und Tafelente reichlicher und grobkörniger. Der zugespitzte schmale Schnabel der Schellente erlaubt es, kleinere Beutetiere zu greifen und damit auch zwischen Spalten und Lücken im Geröll und zwischen Steine zu fassen. Dementsprechend halten sich Schellenten bevorzugt an Gewässern mit kiesigem oder steinigem Untergrund auf (STOTT und OLSON, 1973; CAMPBELL und MILNE, 1977). Die flacheren breiteren Schnäbel der Reiher- und Tafelente sind demgegenüber viel besser zum Erfassen gröberer Beute geeignet (Abb. 1/18). Beide Arten wählen beim Verzehr von Dreikantmuscheln die größeren und mittleren Stücke, wohingegen die Schellente, wenn überhaupt, nur kleine Exemplare aufnimmt (SUTER, 1982 b). – Die ausschließlich pickende Nahrungsaufnahme der Schellente erfordert die optische Ortung der Beute. Das hat zur Folge, daß diese Art nur tagsüber Nahrung aufnehmen kann. Reiher- und Tafelente sind dazu auch nachts befähigt. Einerseits erlaubt es ihnen der relativ breite Schnabel schlammigen und weichen Bodengrund auf Tubificiden und Chironomiden auch nachts zu durchseihen, und andererseits ist bei dicht mit *Dreissena* besiedelten Gewässern die genaue Ortung des Nahrungsobjektes nicht erforderlich. Kräftiges Hineinpicken in die dicht lagernden Muscheln genügt, um einzelne Exemplare zu greifen. Nach SUTER (1982 b) kommen im Untersee (Teil des Bodensees) bis zu 5 cm dicke Schichten der Dreikantmuschel vor (Frischmasse 6 bis 7 kg/$m^2$), was rein taktile Ortung und Erfassen der Muscheln nach kräftigen Schaufelbewegungen ermöglicht. Die Aufnahme kleiner Beutetiere zwingt die Schellenten zu häufigem Tauchen. Nach SUTER (1982 b) tauchen Schellenten im Laufe des Tages doppelt so oft nach Nahrung wie Reiher- und Tafelenten. Die energieaufwendige Form der Nahrungssuche wird im Vergleich zu Tafel- und Reiherente dadurch gemildert, daß die Nahrung leichter verdaulich ist. Letztere Arten müssen Energie aufwenden (Magenbewegungen), um die Muschelschalen zu zertrümmern. Hinzu kommt der Vorteil der nahezu konkurrenzlosen Nutzung einer ergiebigen Nahrungsquelle. Trotzdem führt der durch die hohe Tauchaktivität verursachte Energieaufwand zu einer Umsatzsteigerung, die über dem Vierfachen des Ruheumsatzes liegt. Das entspricht dem zur Aufzucht der Jungen erforderlichen Energieaufwand. Der Zusammenhang zwischen Nahrungsangebot und Zeitaufwand für die Nahrungsaufnahme ist in Abb. 1/19 für die Brandgans dargestellt.

Seit der Einwanderung und Massenvermehrung der Dreikantmuschel *(Dreissena polymorpha)* in die Seen am Nordalpenrand stellen sich dort Zehntausende Tauchenten zur Überwinterung ein. Sie

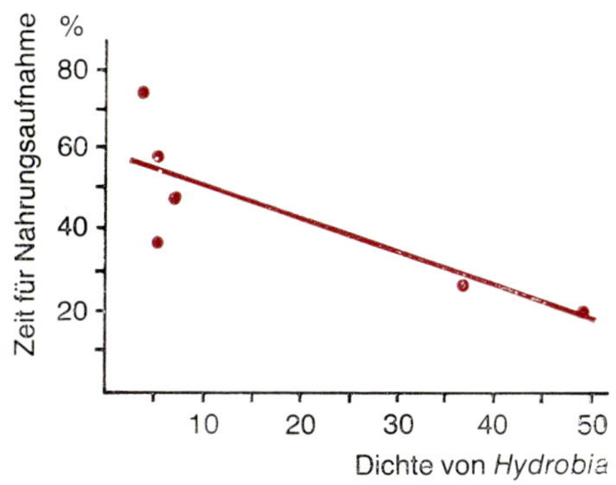


**Abb. 1/19**
Zusammenhang zwischen Zeitaufwand für Nahrungsaufnahme und Dichte der Nahrung *(Hydrobia,* $\times$1000/m²) (nach BUXTON 1981, verändert)

besiedelt die Alpenseen in einer Dichte, wie sie ansonsten aus West- und Mitteleuropa nicht bekannt ist. SUTER (1982 b) beziffert das Frischgewicht mit etwa 4500 g/m² Seeboden. Hinzu kommen als potentielle Nahrungsquelle Köcherfliegenlarven in ebenfalls hoher Dichte, Kleinschnecken, Egel und Kleinkrebse. – Hauptnutzer des energiereichen, gut erlangbaren Nahrungsangebots sind Reiher- und Tafelente sowie Bleßralle. Die etwa 2000 Schellenten, die dort jährlich überwintern, profitieren nicht davon. Die Schellente ernährt sich von den köcherlosen Köcherfliegenlarven *(Hydropsyche)*.

**Abb. 1/18**
Technik der Nahrungsaufnahme bei 3 Entenarten (nach SUTER 1982b)

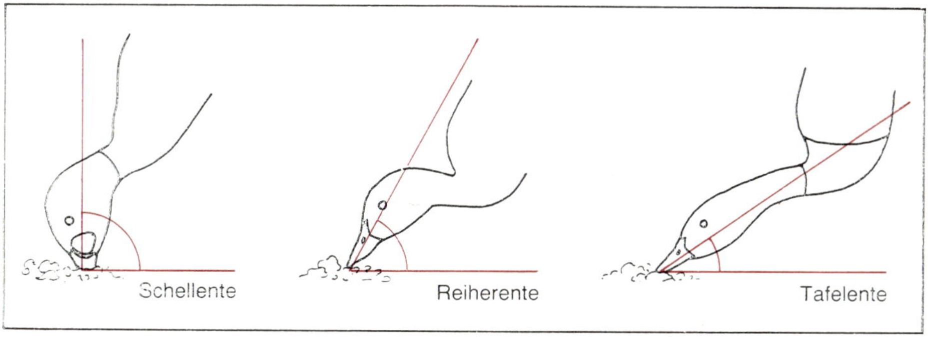

## Ernährung der Entenküken

Während der Entwicklung im Ei wird dem Embryo ausschließlich tierisches Eiweiß zugeführt. Schon aus diesem Grunde ist zu erwarten, daß nach dem Schlupf eine schnelle Umstellung auf pflanzliche Nahrung unwahrscheinlich ist. Der Nahrungsbedarf der Küken der verschiedenen Entenarten ist allerdings unzureichend bekannt. Tierische Nahrung (Evertebraten, vor allem Insekten) ist ein essentieller Bestandteil. Schellentenküken ernähren sich überwiegend von im Wasser schwimmenden Insekten und Insektenlarven (Bauer und Glutz v. Blotzheim, 1969; Eriksson, 1976). Sind diese am Brutgewässer nicht ausreichend vorhanden, dann wandern die Mütter mit den Schofen an geeignete Gewässer (Eriksson, 1978). Hofer (1983) stellte fest (untersucht wurden Stock-, Tafel-, Kolben-, Schnatter- und Reiherente), daß in den ersten Lebenstagen der Fang von Insekten überwiegt. Erst später dominiert die Aufnahme von Nahrung von der Wasseroberfläche (Gründelenten) oder durch Tauchen. Perioden mit nasser Witterung während der Hauptschlupfzeit der Entenküken sind deshalb für diese nicht nur wegen der möglichen Unterkühlung, sondern auch der fehlenden Nahrung wegen eine Quelle erhöhter Mortalität. Stockentenküken picken dicht über der Wasseroberfläche fliegende Insekten (Chironomiden) auf, und Bengtson (1975) fand bis zu 20 % tierische Nahrungsbestandteile in deren Mägen. Ähnliche Ergebnisse liegen aus Nordamerika vor (z. B. Chura, 1961). Nach Street (1977) steigt die Jungensterblichkeit, wenn Evertebraten während der ersten Lebenswochen fehlen und Insekten erst im Juni in größerer Menge schlüpfen. Die aus Spätgelegen schlüpfenden Jungen haben dann eine bessere Überlebenschance. Den experimentellen Beweis dafür erbrachte Street (1978). Er ernährte Stockentenküken mit Futter, das einen unterschiedlich hohen Anteil von Fliegenlarven enthielt. Die mit viel tierischem Protein gefütterten wuchsen schneller als die anderen (Abb. 1/20). Danell und Sjöberg (1977) vermuten, daß der Schlupf von Entenküken (Spieß-, Stock- und Krickente )zeitlich an den von Chironomiden angepaßt ist, so daß für die Jungenten in der Frühphase ihrer Entwicklung ausreichend tierische Nahrung verfügbar ist (Abb. 1/21). Auf diesen Zusammenhang ist auch von Bengtson (1975) hingewiesen worden.

Die Unterschiede im Beginn und der Dauer der Legeperiode sind also ernährungsphysiologisch bedingt. Reiherenten sind Spätbrüter, weil die Evertebratenfauna des Wasserkörpers erst gut entwickelt sein muß, bevor sich die Küken tauchend ernähren können. Das ist erst im Juni der Fall. Stockentenküken, die nicht auf bestimmte Nahrung speziali-

**Abb. 1/20**
Massenzunahme von Stockentenküken in den ersten vier Tagen bei unterschiedlich hohem Eiweißanteil in der Nahrung (nach Street 1978, verändert)

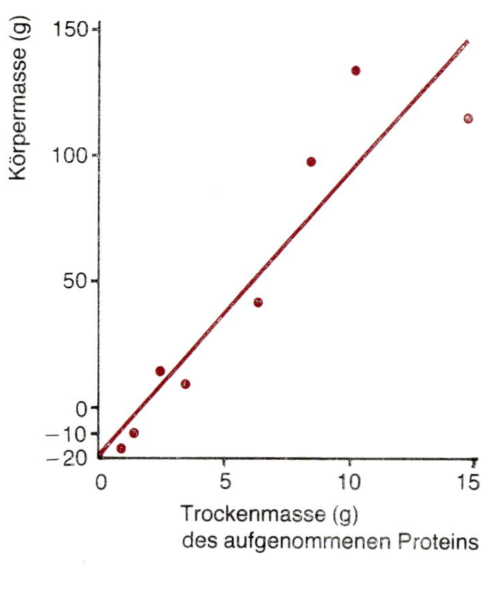

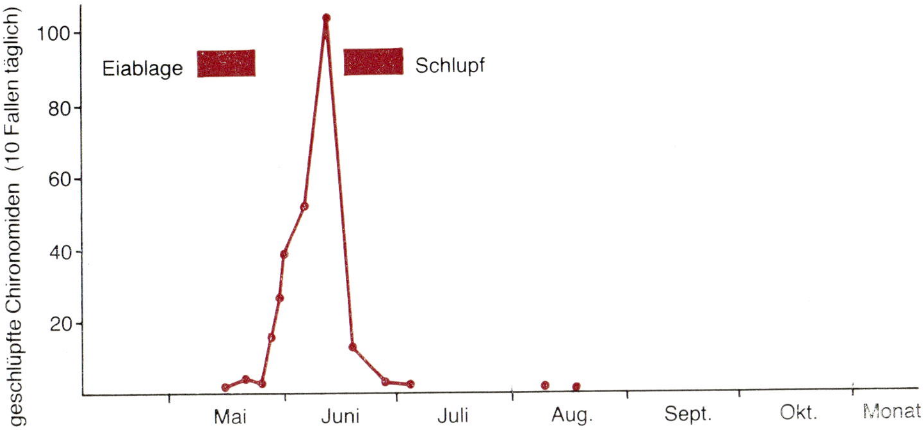


**Abb. 1/21**
Zusammenhang zwischen Zeitpunkt des Kükenschlupfes und Nahrungsmenge. Stock-, Spieß- und andere Gründelenten schlüpfen kurz nach dem Massenschlupf von Chironomiden (Veittijärvi See/ Nordschweden) (nach DANELL und SJÖBERG 1977, verändert)

siert sind, finden bereits Anfang Mai zusagende Ernährungsmöglichkeiten.

## Ernährung und Masse

FOLK et al. (1966) haben an einem umfangreichen Material nachgewiesen, daß die Masse bei beiden Geschlechtern der Stockente gesetzmäßigen Fluktuationen im Jahresverlauf unterliegt (Abb. 1/22). Im Winter verlieren sowohl Männchen wie Weibchen an Masse, was angesichts der Futterknappheit in dieser Jahreszeit

**Abb. 1/22**
Masseveränderung bei der Stockente im Jahresverlauf (nach FOLK et al. 1966)

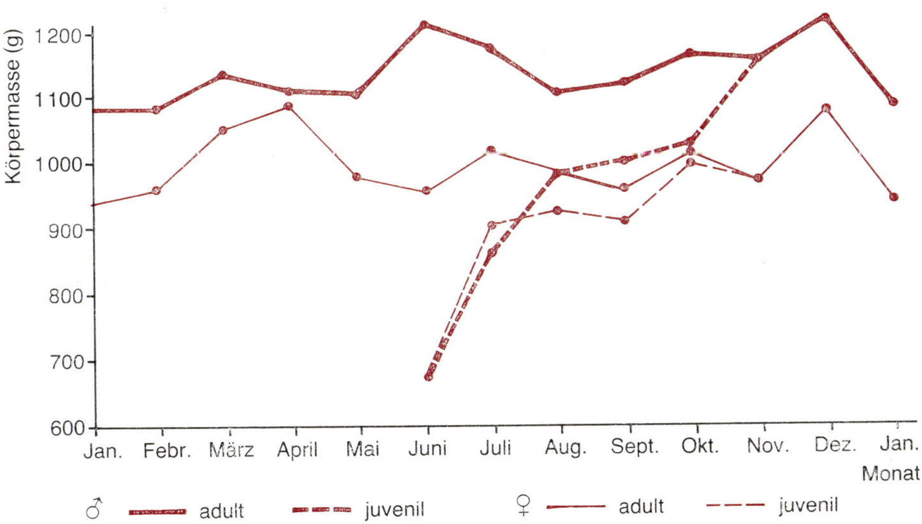

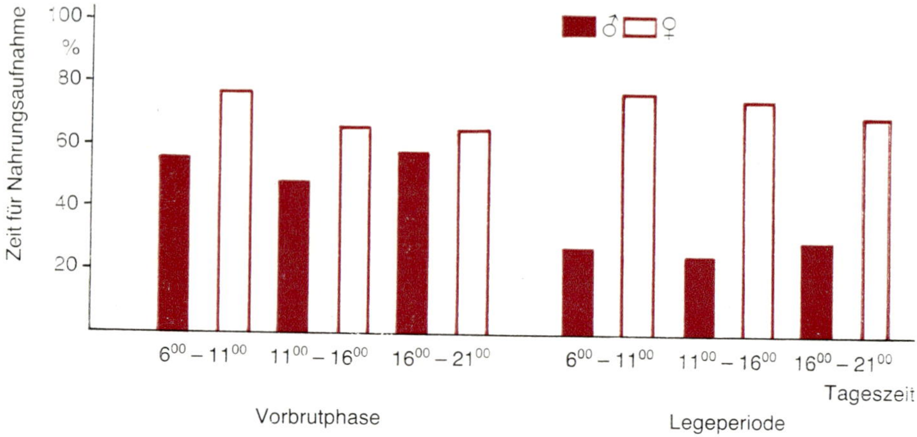


**Abb. 1/23**
Unterschiede im Zeitaufwand für Nahrungsaufnahme bei Schnatterentenpaaren während der Vorbrutphase und der Legeperiode (nach DWYER 1974, verändert)

gut verständlich ist. Im Frühjahr, unmittelbar vor Brutbeginn, erreichen die Weibchen fast die Masse der Erpel, was als Anpassung an die bevorstehende Brutperiode gedeutet werden kann. Diese bewirkt bei weiblichen Tieren eine deutliche Masseabnahme, die erst im Spätherbst aufgeholt wird. Die Massezunahme der Erpel im Mai, die nach Angabe der Autoren hoch signifikant ist, dürfte als Vorbereitung auf die energieaufwendige Schwingenmauser mit der durch die Flugunfähigkeit eingeschränkten Möglichkeit zur Nahrungsaufnahme zu werten sein.

Nach DWYER (1974) nimmt die Freßaktivität verpaarter Erpel der Schnatterente *(Anas strepera)* mit Fortschreiten der Brutperiode ab. Sie liegt am höchsten unmittelbar nach Eintreffen im Brutgebiet. Sie verwenden immer weniger Zeit für die Nahrungsaufnahme. Es steigt der Zeitfonds für die Verteidigung des Nestes und des Weibchens (Verfolgungsflüge). Bei den Weibchen nimmt die Freßaktivität bis zum Beginn der Bebrütung des Geleges nicht ab (Abb. 1/23). Zusätzliche Fütterung wirkt sich eindeutig auf die Körpermasse aus. Entsprechende Angaben verdanken wir BALAT (1969 b). Er untersuchte die Körpermasse von Enten in einem Teichgebiet, in dem die Tiere energiereiches Standardfutter zusätzlich zur natürlich vorhandenen Nahrung erhielten. Die zusätzlich gefütterten wogen im August zwischen 9 und 19 % mehr als andere.

## Nahrungsbedarf und Leistung

Über viele Jahrzehnte hinweg waren nahrungsökologische Untersuchungen an Enten auf die Erfassung des Nahrungsspektrums gerichtet. Vor allem während der Jagdzeit wurden die Mägen erlegter Enten inspiziert, der Inhalt analysiert und der prozentuale Anteil der einzelnen Nahrungsbestandteile berechnet. Demgegenüber fehlt es an Angaben über die Nahrungszusammensetzung und den Nährstoffbedarf in bestimmten Phasen des Lebens- und Jahreszyklus, insbesondere in Perioden hohen und spezifischen Energie- und Baustoffbedarfs wie der Mauser und der Eiproduktion.

Mit der ernährungsphysiologischen Bedeutung von Evertebraten als Nahrungsbestandteil bei weiblichen Tieren zu Beginn der Legeperiode haben sich KRAPU und SWANSON (1975) befaßt. Sie dienen als Protein- und Kalziumquelle, sind also für die Eibildung bedeutsam. Die pflanzliche Nahrung enthält in dieser Jahreszeit wenig Kalzium, und es fehlen auch die essentiellen Aminosäuren Lysin und Methionin. Versuche mit Spießenten, denen ausschließlich Weizen oder Weizen mit gemahlenen Muschelschalen verabreicht wurde, ergaben signifikant bessere Brutergebnisse bei Zugabe von Muschelschalen. Bei ausschließlicher Verfütterung von Weizen an legereife Weibchen geht der Bruterfolg drastisch zurück. Die Zugabe von zerkleinerten Austernschalen (Kalziumquelle!) verbesserte zwar die Legeleistung, diese blieb jedoch weit unter der der Kontrolltiere.

Ein Zusammenhang zwischen dem Protein- und Vitamingehalt der Nahrung und der Eiproduktion ist sehr wahrscheinlich. Ohne daß es entsprechende Beweise gibt, läßt sich allein aus der Zunahme des vegetabilischen Anteils in der Nahrung während der Brutzeit darauf schließen, daß dieser zur Deckung des Vitaminbedarfs beiträgt.

**Tabelle 1/1**
Der Ruheumsatz (ml $O_2$/g · h und kJ/24 Std. von regelmäßig am Öpfinger Stausee auftretenden Enten. Die Messungen wurden nachts bei 10 °C Umgebungstemperatur durchgeführt (1 Messung/Nacht) (nach HÖLZINGER, 1977)

| Art | Masse (g) $\bar{x}$ | Energie (kJ/24 h) $\bar{x}$ |
|---|---|---|
| Stockente | 1236 | 736 |
| Krickente | 250 | 163 |
| Knäkente | 289 | 193 |
| Pfeifente | 539 | 305 |
| Schnatterente | 791 | 536 |
| Spießente | 721 | 377 |
| Löffelente | 554 | 335 |
| Kolbenente | 1237 | 690 |
| Tafelente | 816 | 565 |
| Moorente | 440 | 314 |
| Reiherente | 574 | 264 |

## Nahrungsbedarf und Energieverbrauch

Der Nahrungsbedarf von Enten läßt sich aus dem Energieumsatz berechnen, der aus Grundumsatz (Ruheumsatz) und Gesamtumsatz (Ruheumsatz und Leistungszuwachs) besteht. Der Ruheumsatz ist nur für wenige Entenarten untersucht worden, läßt sich aber nach der Skala von ASCHOFF und POHL (1970) ermitteln (Tab. 1/1).Große Entenansammlungen außerhalb der Brutzeit zeigen ein gutes Futterangebot an. Um aussagen zu können, wie weit es ausgenutzt wird, muß der Energiegehalt der verfügbaren Nahrung zum Energiebedarf der vorhandenen Enten ins Verhältnis gesetzt werden. Das erfordert auch Untersuchungen des Grund- und Gesamtumsatzes. Der Gesamtumsatz liegt bei Erpeln verschiedener Entenarten je nach Aktivität 2- bis 5mal über dem Grundumsatz. HÖLZINGER (1977) berechnete den Energieverbrauch der 21 100 Schwimmvögel (Tagessumme) am Öpfinger Donaustausee/Bayern mit 11,72 Mill. kJ. In den Stausee treiben täglich als Folge starker organischer Belastung Pilzkolonien *(Leptomitus)* mit einer Masse von 360 t = 256,23 Mill. kJ Energie. Allein die Energie dieser Nahrung, die von einem Teil der Entenarten ausgiebig genutzt wird, liegt 22mal über dem Grundumsatz aller vorhandenen Enten. Sie wird also nur zu einem geringen Teil genutzt, selbst wenn man von einem 5mal höheren Gesamtumsatz ausgeht.

Bei der Stockente führt der Wechsel zwischen 98 % pflanzlicher Nahrung im Herbst und Winter und 74 % animalischer Nahrung im Sommer, der von STREET (a. a. O.) nachgewiesen wurde, ebenfalls in diese Richtung. Die Ursache für die stärkere Nutzung tierischer Nahrung im Frühjahr ist der erhöhte Proteinbedarf während der Legeperiode. Pflanzen enthalten nicht alle zu erfolgreicher Jungenaufzucht notwendigen Aminosäuren. Die Komplettierung erfolgt über Chironomidenlarven und Kleinkrebse *(Gammariden).* Für den Bruterfolg ist die körperliche Kondition bei Brutbeginn bedeutsam. Eine wichtige Rolle spielen dabei Fettreserven, die noch nach Abschluß des energiezehrenden Frühjahrszuges vorhanden sein können. Zur Deckung des Energiebedarfs dient das Depotfett, so daß das mit der Nahrung aufgenommene Protein voll zur Eibildung verwendet werden kann. Muskelprotein wird nicht abgebaut und in Eiprotein umgewandelt (KRAPU, 1981).

Den Zusammenhang zwischen Nahrungsangebot und Größe der Winterpopulation stellte NILSSON (1980) in einen noch größeren Rahmen und verglich den Nahrungsbedarf der im südlichen Ostseegebiet überwinternden Tauchenten mit dem potentiellen Nahrungsangebot. Bevorzugte Nahrungsquellen sind die Miesmuschel *(Mytilus edulis),* die in der Ostsee in gewaltigen Mengen vorkommt, die Sandklaffmuschel *(Mya arenaria),* die Herzmuschel *(Cardium edule),* der Ringelwurm *(Nereis diversicolor)* und Kleinkrebse. Vorkommen und Dichte der Nahrungstiere sind relativ gut untersucht, so daß sich das Nahrungsangebot als produzierte Biomasse an den Hauptüberwinterungsplätzen grob abschätzen läßt. Vorab erfolgten Untersuchungen über den Nahrungsbedarf der einzelnen Arten während der Überwinterung (NILSSON, 1969 a, 1972).

Die 1,5 Mill. Tauchenten, die im südlichen Teil der Ostsee überwintern, verbrauchen etwa 6,6 % (= 160 000 t) der Jahresproduktion vorhandener Miesmuscheln im Flachwasserbereich (weniger als 20 Meter Tiefe). In der Kieler Bucht beziffern ARNTZ und BRUNSWIG (1976) die Nutzung der Bodennahrung mit 100,5 kJ/m$^2$ je Jahr für die Fische und mit 29,3 kJ/m$^2$ je Jahr für Tauchenten (küstennaher Bereich).

In der westlichen und mittleren Ostsee ist der Greifswalder Bodden das einzige Gebiet, in dem sich Tauchenten über Wochen hinweg in großer Anzahl aufhalten (s. S. 143). Den Untersuchungen LEIPES (1985) ist es zu danken, daß der Kausalzusammenhang zwischen Vorkommen und Verteilung der Tauchenten, dem Nahrungsangebot und der Nahrungsverwertung erkannt wurde. Die nordischen Tauchenten ernähren sich im Frühjahr fast ausschließlich zoophag. Wichtigster Nahrungsbestandteil ist die Sandklaffmuschel *(Mya arenaria)* mit 50 % Masseanteil an der Nahrung. Es folgen die Herzmuschel *(Cardium edule)* mit 10 % und die Miesmuschel *(Mytilus edulis)* mit 9 %. Der restliche Nahrungsanteil ist ebenfalls aus Muscheln und Schnecken bestehend. Die Untersuchungen der Verteilung der Muscheln im Boddenbereich ergab eine weitgehende Übereinstimmung mit den Ansammlungen der nordischen Tauchenten.

Überschlägliche Berechnungen ergaben, daß im Bereich des optimalen Vorkommens (bis 5 m Tiefe!) etwa 37 500 t Muschelfleisch vorhanden sind. Bei großzügiger Rechnung nutzen die rastenden Tauchenten pro Rastperiode etwa 840 t, das sind 2,2 % des Angebots. Bei derartigen Überlegungen ist allerdings zu beachten, daß die Enten entsprechend ihrer Körpergröße und ihrem Nahrungsaufnahmeverhalten nur Muscheln bestimmter Größe aufnehmen. Im Falle der Eisente liegt das Maximum bei 15 mm (LEIPE a. a. O.). Obwohl Muscheln dieser Größenordnung im Frühjahr besonders reichlich vorhanden sind, repräsentieren sie nur einen Gewichtsanteil von 15 % der *Mya arenaria*-Population. Damit reduziert sich das verfügbare Nahrungsangebot auf 1400 t Muschel-

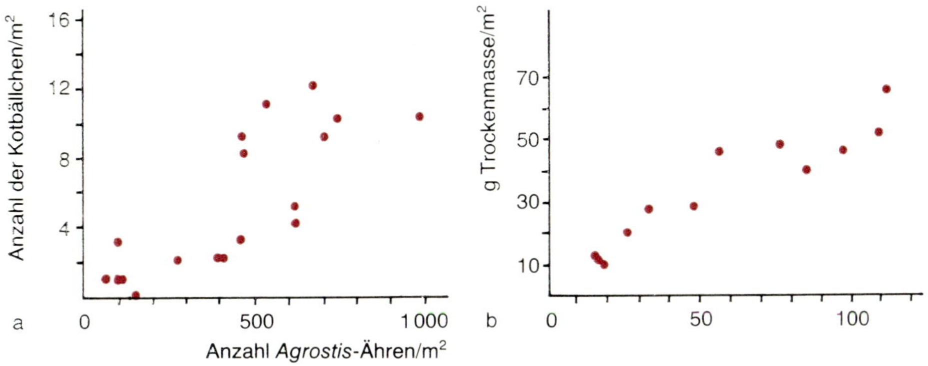


**Abb. 1/24**
Abhängigkeit der Intensität der Beweidung von der Dichte der Vegetation (Herbstuntersuchungen, Niederlande nach Van Eerden 1984)
a – Krickente,
b – Pfeifente
x-Achse = Biomasse (g/m²); g Trockenmasse/m² = Aufnahme

fleisch, von dem die Eisenten pro Rastperiode (berechnet mit 30 Tagen) 16 % nutzen, womit nochmals unterstrichen wird, daß genügend Reserven vorhanden sind und die Ausnutzung als nicht besonders hoch eingeschätzt werden kann.

Die vorliegenden Untersuchungen und die daraus abgeleiteten Überlegungen lassen den Schluß zu, daß die im Ostseeraum überwinternden Tauchenten nicht durch die Nahrung limitiert werden. Vom Nahrungsangebot her ist ein weiterer Populationsanstieg durchaus möglich.

Zu den kritischen Perioden im Leben der Enten gehört die Schwingenmauser. Für einige Wochen sind einerseits Bewegungsfähigkeit und Nahrungssuche eingeschränkt, andererseits Energiebedarf und Bedarf an spezifischen Aminosäuren erhöht. Dem wird durch erhöhte Aufnahme von tierischem Protein Rechnung getragen. Stockenten, die Hartman (1985) untersuchte, bevorzugten im Mai, also bei Mauserbeginn, tierische Nahrung (vor allem Insektenlarven), im Juni hauptsächlich Wasserlinsen und im Juli Seggensamen. Obwohl die Verfügbarkeit des Futters die Nahrungswahl einschränkt, ist die Dominanz tierischer Nahrung vor Beginn und in der ersten Phase der Schwingenmauser auffällig.

Strittig ist die Masseabnahme während der Mauser. Nach Folk et al. (1966) und Owen und Cook (1977) ist sie für die Stockente erwiesen. Young und Boag (1982) fanden keinen Masseverlust.

An einem Mauserplatz der Schellente in Dänemark ernähren sich die Enten fast ausschließlich von animalischer Kost, wobei Insekten anteilmäßig überwiegen und auch der Anteil an kleinen Fischen (vor allem Kaulbarsch) groß ist (Jepsen, 1976).

Die chemische Zusammensetzung des Keratins läßt erwarten, daß der Bedarf an schwefelhaltigen Aminosäuren eine besondere Rolle spielt.

Die Ausnutzung der Benthosbiomasse steigt mit der Anzahl vorhandener Enten. Zuur et al. (1983) stellte bei relativ geringem Besatz 1979/80 einen Ausnutzungsgrad der Chironomiden (gemessen als Rückgang während des Winters) von 13 % fest. Bei wesentlich höherem Besatz im folgenden Jahr lag er bei 56 %, also mehrfach höher. Die unterschiedliche Ausnutzung hängt jedoch nicht allein von der Anzahl überwinternder Wasservögel, sondern auch vom Jagddruck ab. Wird oft gejagt, dann weichen die Enten in andere Teile des Gewässers aus, und der Ausnutzungsgrad geht zurück.

Die Ausnutzung des Nahrungsangebots kann jedoch auch von Faktoren ganz anderer Art abhängen. *Salicornia*-Samen werden von Pfeifenten mengenmäßig am stärksten genutzt, wenn die Pflanzen nicht übermäßig dicht stehen. Der Zusammenhang zwischen Dichte der bevorzugten Nahrungspflanzen und Ausnutzung wurde für Krickenten auch an *Agrostis*-Beständen nachgewiesen. Als Maß für die Intensität der Beweidung diente die Anzahl Kotballen/m². Am intensivsten beweidet werden Flächen, wo 500 bis 700 *Agrostis*-Ähren/m² vorhanden sind (Abb. 1/24a+b).

In *Salicornia*-Fruchtständen ist der Proteingehalt abhängig von der Höhe der Pflanzen. Einen großen Proteingehalt haben Pflanzen, die zwischen 10 und 15 cm hoch sind. VAN EERDEN (1984) fand heraus, daß diese Fruchtstände anderen vorgezogen werden.

## Gewässer und Feuchtgebiete als Lebensraum

Zwar ist das Wasser ein wichtiges Lebenselement aller Entenarten, doch sie sind in unterschiedlichem Maße an dieses gebunden. Paarbildung, Balz und Jungenaufzucht vollziehen alle Arten auf dem Wasser. Die Bebrütung des Geleges erfolgt bei manchen Arten auch in einiger Entfernung vom Wasser. Die Nahrung stammt nur bei den Sägern und Tauchenten obligatorisch aus dem Wasser. Gründelenten gehen zur Nahrungssuche auch an Land. Stockenten ernähren sich außerhalb der Brutzeit überwiegend in terrestrischen Lebensräumen. Sie fliegen auf abgeerntete Getreidefelder und in Wälder, um Eicheln zu fressen. Auch andere Gründelenten (Krick-, Pfeif-, Spießente) sind Weidegänger und suchen gelegentlich oder regelmäßig ihre Nahrung abseits vom Wasser. Enten brüten an Gewässern, wenn diese folgende Grundvoraussetzungen erfüllen: Nahrung, Nistmöglichkeit und Schutz für die Jungen. Dementsprechend fehlen sie als Brutvögel an Stein- und Sandstränden der Küsten und an vegetationslosen künstlichen Gewässern.

Unabhängig von der Spezifik der Bindung an das Wasser als Lebensraum ist dieses für alle Arten bei der Jungenaufzucht unentbehrlich. In dieser Phase des Lebenszyklus sind alle obligatorisch an Wasser gebunden. Es gibt Arten, die schon mit den wenige Tage alten Dunenjungen auf der offenen Wasserfläche erscheinen, und andere, die die schützende Ufervegetation erst verlassen, wenn die Jungvögel flügge sind. Diese graduellen Unterschiede berühren nicht das zu erfolgreicher Jungenaufzucht erforderliche Grundbedürfnis.

Bei der Nistplatzwahl spielt die Bindung an das Wasser eine geringe Rolle. Die Krickente brütet gelegentlich im Heidelbeerkraut trockener Kiefernwälder, und die höhlenbewohnenden Arten (Schellente, Gänsesäger, Zwergsäger) sind in dieser Hinsicht obligatorisch auf terrestrische Lebensräume angewiesen. Die Nester von Tauchenten stehen mehr in der wasserseitigen Uferzone, die vieler Gründelenten landseitig. Scharfe Grenzen lassen sich nicht ziehen, und an regionalen Besonderheiten ist kein Mangel.

Während der Wanderungen und der Überwinterung ändern sich die Ansprüche an den Lebensraum. Zum dominierenden Faktor wird das Nahrungsangebot. Im Herbst und im Winter sind nicht selten Gewässer oder Gewässerabschnitte von Enten belebt, die während der Brutzeit gemieden werden. Ungedeckt offene Gewässerabschnitte werden unübersichtlichen, dicht bewachsenen selbst von Arten vorgezogen, die während der Brutzeit kaum die Vegetationszonen verlassen. Nahrungsangebot und Erlangbarkeit der Nahrung stehen obenan bei der Wahl des Aufenthaltsortes. Abgelegenheit und damit verbunden Fehlen von Störungen und Schutz vor Wind (Stillwasserzonen!) sind im Herbst und Winter wichtige, den Lebensraum der Enten bestimmende Faktoren.

Ernährungsgewohnheiten entscheiden auch über den Umfang der Wanderungen. Löffelenten ziehen ins tropische Afrika, weil Eis die Funktionsfähigkeit des komplizierten Seihschnabelmechanismus beeinträchtigt. Ansonsten sind sie winterhart und könnten problemlos mitteleuropäische Winter überstehen.

Die ökologischen Ansprüche der Arten sind in ihrem Habitat realisiert. Dieser Begriff betrifft den artspezifischen Lebensraum. Zum Habitatbegriff gehören abiotische und biotische Merkmale. Im Unterschied zum Biotop, dem Lebensraum von Biocoenosen, ist das Habitat der Lebensraum der Art. Für viele Arten ist es bisher nicht möglich, die Habitatunterschiede eindeutig zu benennen. Sie leben häufig im gleichen Biotop eng benachbart. Trotzdem ist davon auszugehen, daß sie die Umweltgegebenheiten qualitativ und/oder quantitativ unterschiedlich nutzen. Jede Art unterscheidet sich zumindest in einigen Lebensansprüchen von anderen Arten und benötigt eine Umwelt mit adäquaten (den Lebensansprüchen entsprechenden) Merkmalen. Beim Versuch, die Habitate charakterisieren zu wollen, ergeben sich weitere Schwierigkeiten, wenn der jahreszeitliche Aspekt einbezogen wird. Das Bruthabitat ist etwas ganz anderes als das während der Wanderung oder Überwinterung beansprucht. Die Spezifität ist geringer, weil viele in der Brutzeit bedeutsame Habitatmerkmale (Deckung, Nistplätze, spezifische Nahrung) entfallen, und das Nahrungsangebot ganz in den Vordergrund rückt.

Zur Brutzeit betreffen die Unterschiede in den Habitaten in erster Linie das Nistgebiet und den Aufenthalt der Jungvögel (Nahrung, Deckung, Ruheplätze). Es gibt Arten mit breiter und mit schmaler ökologischer Amplitude (euryöke und stenöke Arten). Zu den euryöken Arten gehört die Stockente, zu den stenöken die Kolbenente.

Verschiedentlich ist versucht worden, die Enten ihren ökologischen Ansprüchen entsprechend ökologischen Gruppen zuzuweisen, wobei ein oder wenige Umweltmerkmale als Kriterien dienten. KALBE (1978) ging vom Trophiegrad der Gewässer aus und unterschied Gründelenten-, Tauchenten- und Gänsesäger-Gewässer. Diese Einteilung ist problematisch, weil die Trophie lediglich ein Faktor innerhalb eines Faktorenkomplexes ist und für das Vorkommen von Enten nicht der wichtigste. Nach KALBES (a. a. O.) Einteilung sind Schellenten und Gänsesäger Charaktervögel für oligotrophe Gewässer. Für die Ansiedlung ist jedoch nicht nur der Trophiegrad des Gewässers ausschlaggebend, sondern die in den flachen Teichen leicht erlangbare Nahrung. Die Schellente kommt nicht nur an Klarwassern vor. Sie stellt sich an Teichen ein, wenn neben erlangbarer Nahrung ein ausreichendes Höhlenangebot vorhanden ist und andere Merkmale ihres »Ökoschemas« (MAUERSBERGER, 1978) realisiert sind.

Zu beachten ist weiterhin, daß die artspezifischen Ansprüche innerhalb des Verbreitungsgebietes unterschiedlich sein können. Die Eiderente brütet sowohl an Plätzen, wo die Nester gute Deckung finden als auch auf Inseln und Schären, wo die Nester offen und ungedeckt stehen. Beispiele ähnlicher Art lassen sich beliebig anführen. Ob sich an einem Gewässer Enten ansiedeln oder nicht und in welcher Artenkombination und Dichte, hängt von der Gesamtbeschaffenheit des Gebietes, einem Ensemble zusammengehörender Faktoren, ab. Viele Entenarten ziehen eutrophe, in Form und Vegetation vielgestaltige, nicht zu tiefe nahrungsreiche Gewässer anderen vor.

An eutrophen Gewässern sind Brutdichte und Artenzahl am größten. Dieser Sachverhalt ist gut belegt. NILSSON (1985) fand an schwedischen Seen eine Bevorzugung eutropher Seen durch die Reiherente. Andere Arten, so Stock-, Pfeif- und Schnatterente reagieren weniger eindeutig. Diese Arten verhalten sich anders als der Haubentaucher, von dem bekannt ist, daß mit leichter Eutrophierung die Besatzdichte stark ansteigt. Die Eutrophierung darf jedoch nicht so weit fortgeschritten sein, daß die Submersvegetation beeinträchtigt ist. Geschieht das, nimmt die Evertebratenfauna ab, was sich negativ auf die Brutvogeldichte auswirkt. Die Ernährungsmöglichkeiten verschlechtern sich, die Siedlungsdichte nimmt ab. Hinzu kommt die erhöhte Besatzdichte mit Fischen, was die Konkurrenz zwischen Fischen und Tauchenten verschärft. Dieser Sachverhalt ist von ERIKSSON (1983) für die Schellente, die ihre Nahrung im freien Wasser sucht, beschrieben worden. Stock- und Krickenten konkurrieren nicht mit Fischen um die Nahrung, weil sie im seichten Wasser oder außerhalb des Gewässers nach Nahrung suchen.

Die höhere Primärproduktion in eutrophen Gewässern ist die Grundlage für eine vielfältigere Flora und Fauna, wodurch die Habitatvielfalt und damit das Artenspektrum vergrößert wird. Für die Konsumption ist mehr Energie verfügbar, was sich auf die Individuendichte auswirkt. Ein Vergleich zwischen der Brutdichte an Gewässern in Südfinnland und in Finnisch-Lappland bestätigt diesen Sachverhalt. Im Norden, wo die Energieproduktion geringer ist als im Süden, sind die Brutdichten geringer (HAAPANEN und NILSSON, 1979; HAAPANEN, 1973).

In den letzten Jahren mehrten sich die Versuche, die Habitatansprüche der verschiedenen Entenarten zu charakterisieren. Das ist besonders deshalb bedeutsam, weil es nicht wenige Gewässer gibt, an denen mehrere Arten nebeneinander, nicht selten unmittelbar benachbart, vorkommen. Untersuchungen wurden z. B. von SZIJJ (1965) am Bodensee, BEZZEL (1967) an den Ismaninger Teichen, BENGTSON (1971, 1972) auf Island und von BARFKNECHT (1986) durchgeführt.

In Mitteleuropa sind die schwach eutrophen Gewässer mit ausgedehnten Schilf- und Schwimmblattzonen und noch vorhandener Unterwasservegetation ebenfalls artenreicher als andere. An Seen dieses Typs sind Krick-, Stock-, Schnatter-, Reiher-, Tafel- und seltener außerdem noch Knäk- und Schellente als Brutvögel zu erwarten, doch nur an wenigen tritt das gesamte Artenspektrum auf. Häufig fehlen Schnatter-, Krick- und Schellente. Stock-, Löffel-, Reiher- und Tafelente vertragen auch stärkere Eutrophierung (Ausfall der Submersvegetation).

## Wildenten als Bioindikatoren

Das Konzept der Bioindikation beruht auf der Annahme, daß Organismen durch ihr Vorkommen oder Fehlen Informationen über Umweltbedingungen und Umweltveränderungen liefern können. Sie ersetzen Meßinstrumente, dienen als Anzeiger für Zustände bzw. Zustandsänderungen.

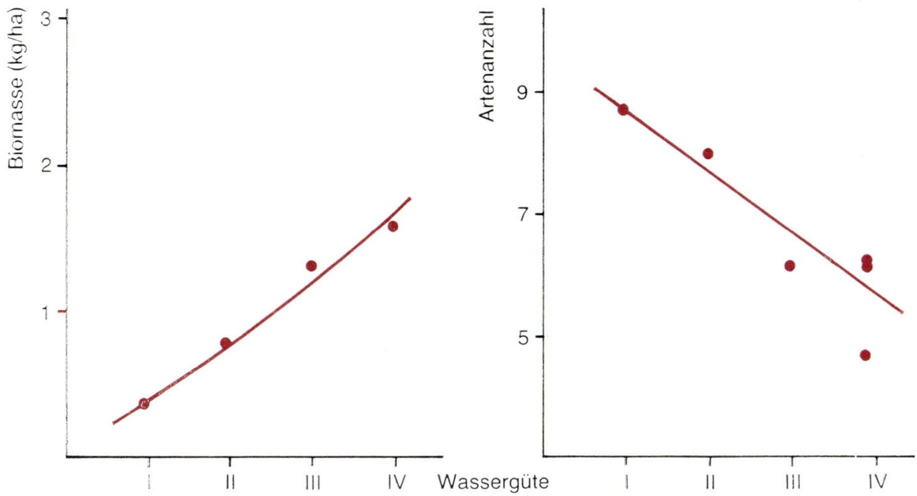


**Abb. 1/25**
Beziehung zwischen Gewässerqualität und Artenanzahl (aus Reichholf 1976)

Wasservögel eignen sich als Indikatoren für Veränderungen innerhalb der von ihnen bewohnten Ökosysteme, weil sie auf diese infolge ihrer spezifischen Angepaßtheit durch ihr Vorkommen, ihre Häufigkeit und ihr Verhalten reagieren, und zwar vielfach so eindeutig, daß sich eine Zustandsänderung der Umwelt und die Reaktion der Wasservögel eindeutig korrelieren lassen. Sie sind als Indikatoren Teilsystem des Gesamtsystems, sind mit den Prozessen und Funktionen im betreffenden Ökosystem funktionell gekoppelt, und ihre dynamische Veränderung signalisiert die Zustandsänderungen des Gesamtsystems (Reichholf, 1976).

Enten sind in unterschiedlicher Weise in Ökosysteme eingepaßt. Daraus folgt eine unterschiedliche Eignung für die Bioindikation. Das gilt insbesondere für die Stellung in Nahrungsketten und den zeitlich-räumlichen Aspekt. Brutvögel sind anders zu bewerten als Durchzügler und Überwinterer, Nahrungsspezialisten und stenöke Arten anders als omnivore Arten und Ubiquisten.

Mit den sich aus der Biologie der Arten ergebenden Unterschieden sind methodische verbunden. Überwinterer sind leichter und genauer erfaßbar, ihre Nahrung ist besser bestimmbar (Magenanalysen nach Abschuß), und das Nahrungsangebot ist gut meßbar. Daher kommt es, daß Aussagen über Beziehungen zwischen Gewässerzustand und Wasservögeln vor allem Überwinterer betreffen.

## Wildenten als Bioindikatoren für den Gewässerzustand

Beachtung hat der Versuch von Utschick (1976) gefunden, den unterschiedlichen Nährstoffreichtum in bayerischen Seen zur Menge anwesender Wasservögel in Beziehung zu setzen, also den Zusammenhang zwischen Produktivität von Gewässern und Wasservogelbiomasse zu klären. Dabei zeigte sich, daß die Biomasse der Wasservögel mit der Produktivität des Gewässers (als Ergebnis erhöhter Nährstoffzufuhr und -anreicherung, Wasserqualität, Trophiezunahme) zunimmt. Es sinkt jedoch die Diversität und damit der Artenreichtum. Die wenig produktiven oligotrophen Gewässer sind zugleich arten- und individuenarm. In oligotrophen Gewässern kommen fast nur Fischfresser (Taucher, Gänsesäger) vor, die sich von Fischen ernähren. Sie stehen am Ende mehrgliedriger Nahrungsketten (Reichholf, 1976). Dementsprechend ist der Rückgang dieser Arten Folge der Zunahme der Gewässertrophie. Mit der Verschlechterung der Gewässerqualität (=Zunahme der Eutrophierung) nimmt die Individuenanzahl (=Wasservogel-Biomasse) zu, die Artenzahl aber verringert sich drastisch (Abb. 1/25). Es kommt zur Dominanz unspezialisierter, omnivorer Arten (Stockente).

Hölzinger (1977) ist es gelungen, den Einfluß von Sulfitzellstoffabwässern auf Brut- und Rastvögel eines Donau-Stausees zu analysieren. Nach Erfassung der wesentlichen Veränderungen innerhalb des Ökosystems war es möglich, die differenzierte Reaktion der verschiedenen Wasservogelarten zu interpretieren, wobei deutlich wurde, daß extreme Eutrophierung und daraus resultierende Abnahme der animalischen Nahrung nur von wenigen Arten toleriert wird.

Im »NSG Gülper See«, Bezirk Potsdam, sammelten sich bis Anfang der 70er Jahre bis zu 2000 Reiherenten auf dem Frühjahrszug an. Seither fehlt diese Art fast vollständig. In augenfälliger Weise wird damit das Absterben der Wandermuschel *(Dreissena polymorpha)* als Folge extremer Eutrophierung angezeigt. Umgekehrt erfolgte in der Schweiz und an Stauseen in Bayern eine starke Zunahme der überwinternden Reiherenten in Zusammenhang mit der Massenvermehrung von *Dreissena polymorpha* (Hölzinger, 1977).

Die Stauseen in Südbayern sind zum Modell für derartige Untersuchungen geworden (Reichholf, 1976, 1979, 1982). Die Enten stellen sich in größeren Mengen erst nach Beginn der Sedimentbildung und der aus dieser resultierenden Entwicklung der Fauna des Bodenschlammes (Tubificiden) ein (Reichholf, 1982). Zunächst waren es die Tauchenten, die von dieser Entwicklung profitierten (Abb. 1/26), die Gründelenten blieben zahlenmäßig zurück, weil ihnen an Stauseen nur wenig Nutzungsraum zum Gründeln zur Verfügung steht. Der drastische Rückgang der Biomasseproduktion (verursacht durch Sandablagerungen im Stausee) wird sofort mit Bestandsrückgang beantwortet, wobei die Tauchenten stärker betroffen sind als die Gründelenten. Die Gründelenten werden um so stärker begünstigt, je weiter der Verlandungsprozeß fortschreitet. Die Tauchenten fallen schließlich gänzlich aus. Reichholf (1982) betrachtet die gegenläufige Entwicklung der Dynamik der Tauchenten als »ökologisches Äquivalenzsystem«, »das nicht nur die räumlich-quantitativen Veränderungen in den gruppenspezifischen Tiefenzonen (für die

**Abb. 1/26**
Verlauf der Verlandung (Sedimentbildung) am Innstausee Neuhaus-Schärding und Bestandsdynamik der Tauch- und Gründelenten. Mit der durch reichliche Sedimentbildung sich entwickelnden Bodenfauna siedeln sich zunächst die Tauchenten, später die Gründelenten an (N = Anzahl, S = Sediment) (nach Reichholf und Reichholf-Riehm 1982, verändert).

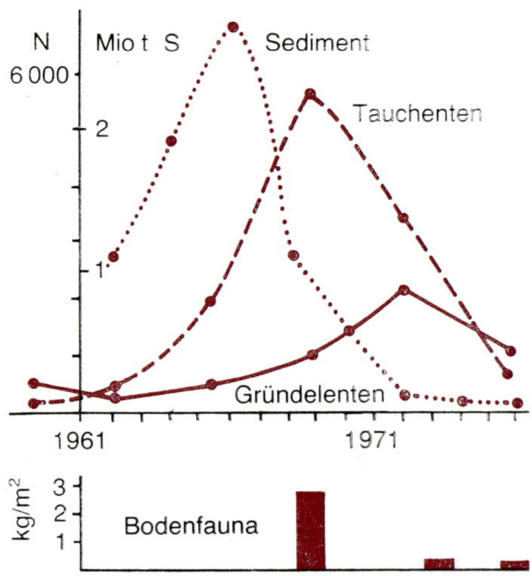

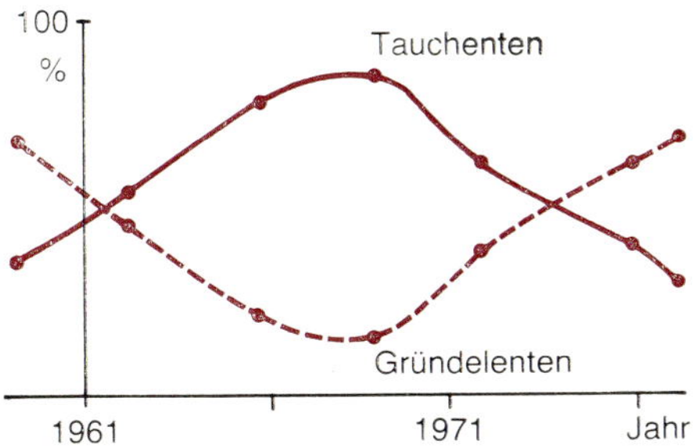


**Abb. 1/27**
Entwicklung des Verhältnisses zwischen Gründel- und Tauchenten im Zusammenhang mit der entrophierenden Entwicklung des Gewässers (Innstausee nach der Einstauung 1961) – (nach REICHHOLF und REICHHOLF-RIEHM 1982)

Nahrungssuche) ausdrückt, sondern auch das energetische Niveau, mit dem diese beiden Schwimmvogelgruppen zurechtkommen müssen.«

Ein hohes energetisches Niveau (starke Biomasseproduktion) begünstigt die Tauchenten, ein geringes die Gründelenten (Abb. 1/27). Neben der Nutzung der Schlammfauna spielen Wasserpflanzen (Laichkräuter, Characeen) als Nahrungsquelle an den Innstauseen für Enten eine Rolle, die vor allem von der Schnatterente genutzt wird.

Beobachtungen an Seen in der DDR führten zu folgenden Feststellungen. Nimmt die Trophie so weit zu, daß die Unterwasserpflanzen vernichtet werden, dann verschwinden die Gründelenten (Ausnahme Stockente), Tafel- und Reiherente werden gefördert, (*Chironomus plumosus* und Tubificiden treten in Massen im Seesediment auf). Im Zusammenhang mit der Hypertrophierung von Flachseen durch Hausentenmast konnte dieser Prozeß nachgewiesen werden (KALBE, 1969). Erst noch weitere Belastungszunahme verschlechtert die Bedingungen auch für Tafel- und Reiherente einhergehend mit der Reduzierung der Sedimentfauna.

In gleicher Weise sind die Veränderungen im Überwinterungsbestand der Reiherente an den Potsdamer Havelseen (DDR) zu werten. Hier überwinterten in den 60er Jahren noch jährlich bis zu 8000 Reiherenten (RUTSCHKE, 1983). Mit dem Verschwinden der Wandermuschel nach Hypertrophierung der Seen verringerte sich die Reiherentenanzahl drastisch.

Am Bodensee kam es nach Massenvermehrung der Wandermuschel in den Wintern 1969/70 und 1970/71 zu Ansammlungen von Tafel- und Reiherenten und der Bleßralle wie sie zuvor nicht bekannt waren (LEUZINGER und SCHUSTER 1970; JACOBY und LEUZINGER, 1972). Die Wasservögel konzentrieren sich in Bereichen bis zu knapp 3 m Wassertiefe, wo es ihnen leicht gelingt, die Muschelbänke tauchend zu nutzen. Diese Teile des Seegrundes werden total leergefressen, in größeren Tiefen bleiben die Muschelrasen ungenutzt. Die Wandermuschel erreicht in den für die Wasservögel zugänglichen Seebereichen Dichten bis 10 000 Exemplaren/$m^2$. Das sind bis 5 cm mächtige Muschelschichten, in denen je nach Anzahl der Jungtiere 70 000 – 90 000 Individuen je $m^2$ leben (SUTER, 1982). Seit dem Höhepunkt der Massenvermehrung zu Beginn der 70er Jahre nahm deren Siedlungsdichte zwar ab, doch die Anzahl der Wasservögel blieb etwa konstant; verkürzt hat sich lediglich deren Aufenthaltsdauer, und zwar in artspezifisch differenzierter Form (SUTER, 1982 b).

Kenntnisse derartiger Kausalbeziehungen gewinnen zunehmend praktische Bedeutung. In der Schweiz hat sich der Bestand überwinternder Reiherenten von 27 000 1967 auf 180 000 1981 erhöht, also in 15 Jahren versechsfacht (SCHIFFERLI, 1982). Die Reiherente reagierte in der Phase der Massenvermehrung der Wandermuschel am stärksten. Der inzwischen erfolgte Rückgang als Antwort auf das verminderte Nahrungsangebot (Bestandsabnahme der Dreikantmuschel) fiel bei dieser Art besonders deutlich aus.

Im Sinne der Bioindikation sind auch die quantitativen und qualitativen Veränderungen im Entenbestand zu werten, die in Skandinavien als Folge der sauren Niederschläge auftraten.

Die sinkenden pH-Werte der betroffenen Gewässer bewirkten zunächst eine Veränderung in der qualitativen und quantitativen Zusammensetzung der Evertebratenfauna. Da diese die Nahrungsgrundlage für verschiedene Fischarten bildet, ist ein Teil der Fischfauna betroffen, was sich letztlich auch auf fischfressende Entenvögel auswirkt. Die genaue Analyse der Zusammenhänge liefert jedoch ein komplizierteres Bild. Vom Rückgang der Fische partizipieren bestimmte Wasserinsekten, die zum Nahrungsspektrum von Stock- und Krickente gehören. Diese Arten werden also durch den sauren Regen begünstigt. Tafel- und Reiherente ernähren sich nicht von diesen Wasserinsekten. Ihre Nahrungstiere, die Mollusken, gehen mit fallendem pH-Wert zurück; somit nimmt auch der Bestand dieser Arten ab. Betroffen von der Ansäuerung der Gewässers ist auch der Gänsesäger, der auf Fischnahrung spezialisiert ist (Eriksson, 1985).

Wenig untersucht wurde der Einfluß, der von großen Entenscharen auf den Trophiegrad des Aufenthaltsgewässer ausgeht. Angaben hierzu sind bei Dobrowolski (1973) und Dobrowolski et al. (1976) zu finden. Danach ist anzunehmen, daß Massenansammlungen von Wasservögeln unter bestimmten Bedingungen den chemischen Zustand des Gewässers verändern können. In diesem Sinne äußern sich auch Brehm und Meijering (1979). Nach Ziemann (1986) ist der durch Wasservögel verursachte Phosphoreintrag der Talsperre Kelbra (DDR) so gering, daß er sich auf die Primärproduktion nicht auswirkt.

## Wildenten und Umweltkontamination

Über die Aufnahme toxischer Umweltchemikalien durch Enten, deren Akkumulation und Speicherung in Körperorganen und Eiern, letale Dosen, Verträglichkeit und Einfluß auf Eischalendicke und Schlupfrate gibt es ein umfangreiches Schrifttum. Weniger gut bekannt sind die direkten oder indirekten Folgen für die Populationsentwicklung. Oft wird Bestandsabnahme vorschnell auf Biozide oder andere toxische Substanzen zurückgeführt, und die sorgsame Analyse aller denkbaren Faktoren unterbleibt. In der Regel dürften Biozide ein Faktor von vielen sein.

### Rückstandswerte

Im Körper von Wasservögeln lassen sich wie bei anderen Wildtieren Rückstände von toxischen Umweltchemikalien feststellen. Aus dem Vorkommen, der Häufigkeit und der Menge derartiger Substanzen lassen sich Anhaltspunkte für die Umweltkontamination im Sinne einer Bioindikation gewinnen. Die höchsten Werte weisen in der Regel die piscivoren Arten auf, bei omnivoren und phytophagen liegen sie niedriger. Neben den chlorierten Kohlenwasserstoffen (Insektizide) sind vor allem PCB-Verbindungen und Schwermetalle (Quecksilber, Blei, Cadmium) als Rückstände weit verbreitet. Die Mehrzahl der Untersuchungen ist darauf gerichtet, die Belastung mit einem oder mehreren Bioziden in den verschiedenen Organen zu ermitteln. Besonders häufig wurden Stockenten untersucht. Nachstehend werden Ergebnisse derartiger Analysen mitgeteilt. Dabei wurde nicht Vollständigkeit in der Literaturauswertung angestrebt, sondern versucht, einen Überblick über die Biozidbelastung in verschiedenen Gebieten bei den einzelnen Arten zu vermitteln. Berücksichtigt sind sowohl Arbeiten älteren und jüngeren Datums. Bei der Wertung ist das zu berücksichtigen. In vielen Ländern ist seit dem DDT-Verbot die Belastung gegenwärtig weitaus geringer als vor einigen Jahren.

Für die Stockente *(Anas platyrhynchos)* liegen aus mehreren Ländern Analysenergebnisse vor, die unterschiedliche Belastung mit chlorierten Kohlenwasserstoffen anzeigen (z. B. URBAN und SCHIFFERLI, 1973 für Ungarn). Seit dem generellen DDT-Verbot ist die Tendenz rückläufig (BECKER et al., 1985; KARPPANEN et al., 1970). In der DDR war sie auch zu Beginn der 70er Jahre vergleichsweise niedrig (1,11 ppm DDT/DDE in 22 Eiern, MATTHEIS et al., 1971).

## Wirkungen von Bioziden auf den Organismus und die Eier

### Chlorierte Kohlenwasserstoffe

Die Kontamination ist zwar ein Indiz für die Belastung, der die Tiere kurzzeitig, zeitweilig oder ständig ausgesetzt sind, sie läßt jedoch keine direkten Schlüsse auf die mögliche Schädigung zu. Diese ermöglicht erst der pathologische Befund.

Von allergrößter Bedeutung als möglicher Mortalitätsfaktor ist die Akkumulation persistenter Biozide in den Eiern, was deren Qualität und Beschaffenheit nachteilig beeinflußt und auch die stoffliche Zusammensetzung verändert und zu schlechterem Bruterfolg führen kann.

Gut bekannt ist die nachlassende Schalenfestigkeit (eggshell thinning) nach Aufnahme von Organochlor-Verbindungen. Bei Stockenten wurde diese Erscheinung experimentell durch Verabfolgung von DDT (Konzentrationen von 10 ppm bis 40 ppm) hervorgerufen TUCKER und HAEGELE (1970), HEATH et al. (1969), MULLER und LOCKMAN (1972). Bis zu 25 % der aufgenommenen DDT-Menge erschienen in den Eiern. Die Schalendicke nahm unterschiedlich ab (13 % bis 25 %). Außer der Schalendicke änderte sich auch die chemische Zusammensetzung der Eischale: Der Gehalt an Magnesium nahm zu, der Kalziumgehalt ab. Veränderungen ergaben sich auch bei Natrium, Kupfer, Barium und Strontium (LONGCORE et al., 1971). Erhöhte Embryonensterblichkeit, Zerbrechlichkeit der Eier und geringer Bruterfolg waren das sicht- und spürbare Ergebnis der Behandlung. Nach LEHNER und EGBERT (1969) nimmt die Schalendicke auch nach Dieldrin-Applikation ab. MULLER und LOCKMAN (1972) wiesen nach Dieldrinbehandlung bis zu 10 ppm Dieldrin in den Eiern nach, ohne daß die Schalendicke abnahm, obwohl die Schlupfrate um 50 % zurückging.

Es gibt jedoch auch Befunde, die den mitgeteilten nicht entsprechen. So fanden DAVISON und SELL (1974 a, b) nach Verabfolgung von Dieldrin und DDT in verschiedener Dosierung keine signifikanten Veränderungen bei den Versuchstieren. Die Rückstandsmenge in den Eiern war erhöht, ohne daß sich die Schlupffähigkeit verschlechterte.

Bei aus dem Freiland stammenden Eiern wurden drastische Veränderungen der Schalendicke bisher nicht gefunden. Sie sind nur zu erwarten, wenn im Körper gespeichertes DDT plötzlich mobilisiert wird.

Durch FRIEND und TRAINER (1974) wurde die Ansprechbarkeit von Stockenten auf DDT in verschiedenen Altersstufen untersucht. Die Mortalität ist am größten bei 5 Tage alten Küken, am niedrigsten bei 30 Tage alten. Adulte Weibchen sind resistenter gegen DDT als adulte Männchen.

FRIEND et al. (1973) prüften, ob DDT die Salzausscheidung bei der Stockente beeinflußt. Das ist nicht der Fall. DAVISON und SELL (1972) untersuchten den Einfluß von Dieldrin und DDT auf mikrosomale Enzyme in der Leber von Stockenten. Diese Experimente haben wesentlich dazu beigetragen, das Verständnis für den primären Wirkungsmechanismus des DDT's zu erhöhen. Die Wirkungsweise der beiden chlorierten Kohlenwasserstoffe ist unterschiedlich.

### Quecksilber

Quecksilberverbindungen sind Substanzen mit starker Toxizität. Im Pflanzenschutz finden sie als Saatbeizmittel Verwendung. Mehrfach ist es zu Massenvergiftungen von Vögeln (Singvögel, Gänse) durch Aufnahme von Getreide gekommen, das mit Methylquecksilber gebeizt war. Wildenten waren bisher nicht betroffen, doch im Experiment wurde die Giftigkeit von Quecksilberverbindungen geprüft. So wurde für Stockenten die Dosis ermittelt, von der ab in den Eiern die ppm-Werte so groß sind, daß die Reproduktion reduziert wird (ab 3 ppm Hg in der Nahrung über längere Zeit verabfolgt, Heinz, 1976). Die geschlüpften Küken zeigten Verhaltensstörungen.

In einem Langzeitversuch wurde Stockenten über 3 Generationen hinweg Methylquecksilber in einer Konzentration von 0,5 ppm in der Nahrung verabreicht. Als Folge ergaben sich Eischalenverdünnung, kleinere Gelege und geringere Jungenanzahl. Die Weibchen änderten das Legeverhalten: Mehr Eier als üblich wurden außerhalb der Nestboxen abgelegt (Heinz, 1979). Wurden quecksilberhaltige Verbindungen nur in einer Generation verabfolgt, dann reichten die Folgen in Form von Verhaltensänderungen bis in die zweite Generation (Heinz, 1976). Bei stark herabgesetzter Dosis übertrifft der Quecksilbergehalt in den Eiern den in anderen Organen beträchtlich (Akkumulationseffekt, Heinz, 1975).

Bemerkenswert sind die Befunde von Heinz und Locke (1976), die an Stockentenküken Gehirnläsionen feststellten, nachdem die Enten mit einer Diät, die durchschnittlich 5 bis 7 ppm Methylquecksilber in zwei aufeinanderfolgenden Jahren enthielt, gefüttert worden waren.

Hohe Konzentrationen von Quecksilber wurden in Enten *(Anas platyrhynchos, Anas discors, Bucephala clangula)* an einem Gewässer in etwa 80 km Entfernung von einer größeren Industrieansiedlung gefunden (Pearce et al. 1976).

Vermeer und Armstrong (1972) entwickelten ein Verfahren, das es erlaubt, den Quecksilbergehalt in den von den Jägern für populationsbiologische Zwekke gesammelten Entenflügeln als Maß für die Gesamtkontamination zu verwenden.

### Cadmium

Da Cadmium, das sehr lange im Organismus gespeichert wird und sich dementsprechend bei Aufnahme in langlebigen Organismen um das 30 000fache anreichern kann, zu den giftigsten Schwermetallen gehört, ist angesichts der Zunahme der Cadmium-Anreicherung in der Umwelt in allen Industrieländern mit Wirkungen auf Wildtierpopulationen zu rechnen (Schubert, 1986). Akkumulation von Cadmium über die Nahrungskette wurde besonders bei Fischen und Vögeln festgestellt. Hölzinger (1977) fand in der Leber von Wasservögeln am Öpfinger Donaustausee Cadmium-Gehalte zwischen 1,7 und 3,5 ppm.

Cadmium, das 30 bis 90 Tage lang in verschiedenen Konzentrationen Stockenten mit der Nahrung verabfolgt wurde, bewirkte trotz starker Anreicherung in der Leber und der Niere keine erkennbaren Schädigungen. Lediglich die Eiproduktion war in der Gruppe, die die höchste Konzentration erhalten hatte, gesenkt (White und Finlay, 1978).

## Bleivergiftungen

Im Unterschied zu Quecksilber und Cadmium reichern sich Blei und Bleiverbindungen in der Umwelt nur ausnahmsweise und in speziellen Fällen so stark an, daß sie zu einer Gefahrenquelle für freilebende Tiere werden. Im Falle der Enten ist das anders. Der starke Jagddruck, dem Wasservögel in Nordamerika und auch in einigen Ländern Europas ausgesetzt sind, führte zu einer Akkumulation von Bleischroten in regelmäßig von Enten aufgesuchten Gewässern. Bei der Nahrungssuche nehmen die Enten Bleischrote mit auf. Die Gefahr von Bleivergiftungen resultiert aus dem Umstand, daß die Schrotkugeln wie Magensteine im Magen liegen bleiben und bei längerer Verweildauer das Blei toxische Wirkung entfaltet (JORDAN und BELLROSE, 1950; BELLROSE, 1959). Diese variiert beträchtlich. Bei experimentellen Untersuchungen in den USA stellte sich heraus, daß schon ein Bleischrot bei der Stockente eine tödliche Wirkung haben kann (THOMAS, 1982). Gewöhnlich führt erst die Aufnahme einer größeren Anzahl von Schroten zu Komplikationen. Die letale Dosis ist von der Menge des aufgenommenen Bleis, dem physiologischen Zustand des Tieres, der Tierart und der Beschaffenheit der Nahrung abhängig. Natürliches Futter und zahlreiche Magensteine setzen die Vergiftungsgefahr herab. Zu Vergiftungen durch Bleischrote kommt es am ehesten im Flachwasser in Küstennähe. Lokal hat sich daraus in Dänemark ein echtes Problem entwikkelt (CLAUSEN und WOLSTRUP, 1979).

Wie sehr die Gefahr derartiger Vergiftungen angewachsen ist, wird deutlich, wenn man von der Dichte der Bleischrote ausgeht, die mancherorts erreicht wird. In Westjütland/Dänemark wurden lokal 141 bis 1837 Schrote/m$^2$ gezählt (THOMAS, 1982). In einem stark frequentierten Entenjagdgebiet in den USA (40 ha Größe, 1300 Schußberechtigte, Strecke jährlich 2000 Enten) wurde nach Bodenproben auf 100 000 Schrotkörner je ha (= 10/m$^2$) geschlossen. Bleischrote in bemerkenswert hoher Anzahl sind auch in Entenmägen gefunden worden, die am Bodensee (Untersee, Schweiz) geschossen wurden (ZUUR, 1982, Tab. 1/2). Hinweise auf Bleischrote als Todesursache gibt es auch aus der BRD (BORKENHAGEN, 1979).

**Tabelle 1/2**
Vorkommen von Bleischroten im Magen von Stockenten (nach ZUUR, 1982)

| Land | Jahr/Zeitraum | Untersuchte Anzahl Enten | Häufigkeit des Bleis % | Autor |
|---|---|---|---|---|
| USA | | | | |
| Atlantische Zugroute | 1938...53 | 223 | 6,3 | BELLROSE, 1959 |
| Mississipi Zugroute | 1938...53 | 10 801 | 8,4 | BELLROSE, 1959 |
| Zentrale Zugroute | 1938...53 | 3 918 | 2,7 | BELLROSE, 1959 |
| Pazifische Zugroute | 1938...53 | 3 265 | 8,2 | BELLROSE, 1959 |
| England | 1957/58 | 244 | 6,6 | OLNEY, 1960 |
| | 1968...73 | 380 | 9,0 | THOMAS, 1975 |
| Frankreich | 1957...71 | 8 929 | 17,7 | HOVETTE, 1974 |
| Dänemark | 1974 | 52 | 17,3 | WIUM-ANDERSEN und FRANZMANN, 1974 |
| | 1975 | 3 149 | 2,4 | CLAUSEN und WOLSTRUP, 1979 |
| Schweden | 1972...74 | 272 | 10,3 | DANELL und ANDERSEN, 1975 |
| Schweiz | 1979...81 | 59 | 13,6 | ZUUR, 1982 |

Um der Gefahr der Vergiftung durch Bleischrote entgegenzuwirken, finden in Nordamerika und einigen westeuropäischen Ländern zunehmend Stahlschrote Anwendung für die Entenjagd. In einer vom *»U.S. Fish and Wildlife Service«* veranlaßten Testuntersuchung im Freiland erwiesen sich die Stahlgeschosse als gleichwertig (Mikula et al., 1977), und die Autoren empfehlen deren Gebrauch. Nachdem sich bleifreie Schrote auch in Europa als gleichwertig mit den gegenwärtig gebräuchlichen Bleischroten erwiesen haben, wird deren Substitution auch durch das *»International Wildfowl Research Bureau«* empfohlen (Empfehlung auf der Jahrestagung in Slimbridge, September 1986).

## Meeresverschmutzung und Entenvögel

Neben der zunehmenden Eutrophierung wird der Zustand der europäischen Meere durch keine andere Einflußgröße stärker in negativer Weise beeinflußt wie durch die Ölverschmutzung. Sie gehört in der Nordsee und der westlichen Ostsee zu den sich regelmäßig wiederholenden und stellenweise sogar dauerhaften Ereignissen.

Bei den großen Katastrophen, wie beim Schiffbruch des Riesentankers *»Torrey Canon«*, entstanden Ölfelder riesigen Ausmaßes, die an die Strände der südenglischen und der nordfranzösischen Küste trieben. Bei Enten und anderen Wasservögeln, die mit dem Öl in Berührung kommen, verschmutzt das Gefieder, was Durchnässung und Unterkühlung bewirkt. Wenn das Öl in die Nasenöffnungen gelangt, verkleben die äußeren und inneren Choanen, was den Tod zur Folge hat. Zu diesen Übeln kommen Verdauungsstörungen durch in den Verdauungstrakt aufgenommenes Öl.

Das erste Abkommen zur Verhinderung der Ölverschmutzung der Meere wurde bereits 1954 getroffen. 32 seefahrende Nationen beschlossen in London das Abpumpen verölten Bilgenwassers aus Tankern künftig zu unterlassen.

Ein weiteres folgte 1973, geändert durch ein Protokoll aus dem Jahre 1978 (Marpol-Abkommen). Wie wichtig die Einhaltung der Vereinbarungen ist, wird daraus ersichtlich, daß jährlich etwa 1,3 bis 8,8 Mio Tonnen Erdölkohlenwasserstoffe in die Weltmeere gelangen (Koopmann, 1985).

Die Ölverseuchung der für Wasservögel bedeutsamen küstennahen Meeresgebiete hat verschiedene Ursachen. Nachdem es gelungen ist, die durch den Transport auf dem Wasserwege verursachte Ölverschmutzung der Meere zurückzudrängen, erwachsen neue Gefahren aus der zunehmenden Ölförderung von Bohrinseln aus, die seeseitig (off-shore) angelegt werden. In der Nordsee sind das die Bohrplattformen vor der Küste Norwegens und Schottlands. Seit Beginn der Ausbeutung der Öl- und Erdgasvorkommen des norwegischen Kontinentalschelfs Mitte der 60er Jahre hat sich die Fördermenge vervielfacht, und weitere große und kleine Öl- und Gas-Lagerstätten wurden entdeckt. Die Ölverschmutzung des Wassers im Gebiet der Bohrungen nimmt mit einer gewissen Zwangsläufigkeit zu, und es wächst die Gefahr der Gefiederverölung für Meeresvögel. Da die expandierenden Ölfilme infolge vorherrschender Ostwanderung (Westwetterlagen) vorzugsweise küstenwärts driften, sind Wasservogel-Ansammlungen in Küstennähe besonders bedroht. In den letzten Jahren waren vor der norwegischen Küste neben Tordalken und Kormoranen besonders Eiderenten betroffen (Anker-Nilssen und Røstad, 1981; Barrett, 1982; Røv, 1982). Die Bedeutung, die der norwegischen Küste als Überwinterungsgebiet für Meeresenten zukommt, ist durch Nygård

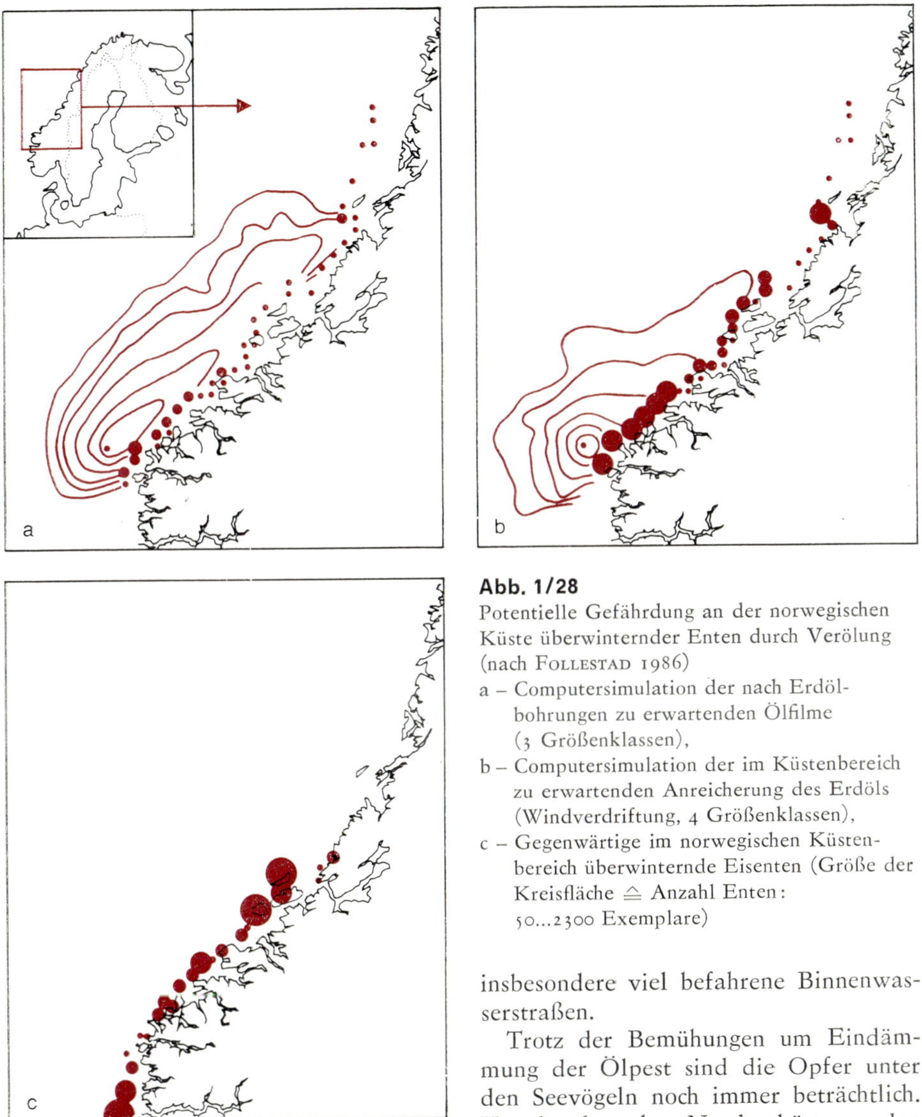


**Abb. 1/28**
Potentielle Gefährdung an der norwegischen Küste überwinternder Enten durch Verölung (nach FOLLESTAD 1986)

a – Computersimulation der nach Erdölbohrungen zu erwartenden Ölfilme (3 Größenklassen),

b – Computersimulation der im Küstenbereich zu erwartenden Anreicherung des Erdöls (Windverdriftung, 4 Größenklassen),

c – Gegenwärtige im norwegischen Küstenbereich überwinternde Eisenten (Größe der Kreisfläche ≙ Anzahl Enten: 50...2300 Exemplare)

(1985) und FOLLESTAD (1986) dargestellt worden. Die Seevögel bevorzugen ausgerechnet jene Gebiete, in denen besonders häufig driftendes Öl zu erwarten ist (Abb. 1/28).

Die Verölung ist längst nicht mehr auf die Meere beschränkt. Auch Binnengewässer sind zunehmend davon betroffen, insbesondere viel befahrene Binnenwasserstraßen.

Trotz der Bemühungen um Eindämmung der Ölpest sind die Opfer unter den Seevögeln noch immer beträchtlich. Vor der deutschen Nordseeküste wurden von November 1982 bis April 1983 neben vielen anderen Meeresvogelarten 1659 Eiderenten und 1476 Trauerenten verölt aufgefunden (REINEKING, 1984). Die Analyse des Öls ergab überwiegend Schiffsdieselrückstände. Beträchtlicher ist die Zahl der Opfer bei Katastrophen. So wird angenommen, daß 1979 30 000 Ei-

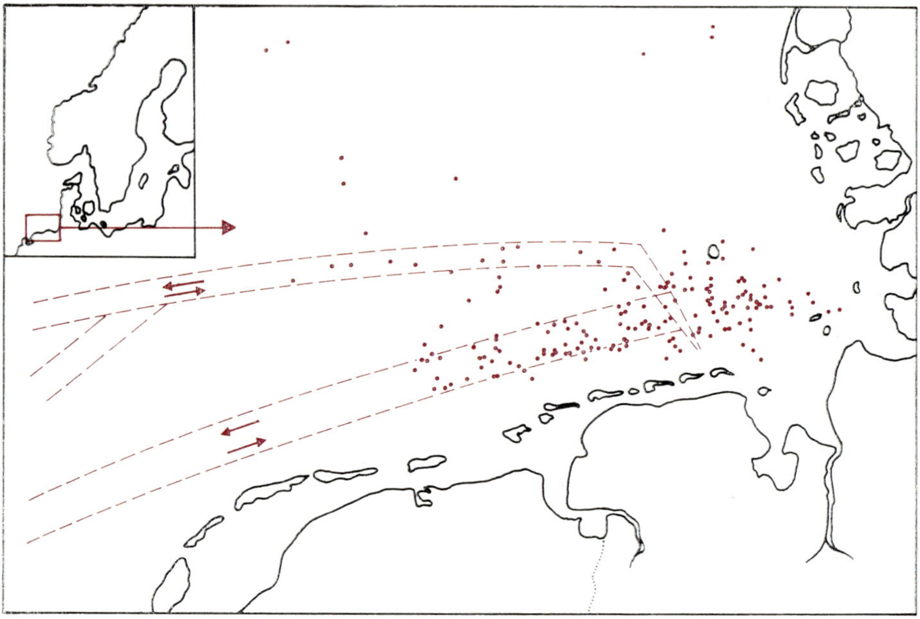

**Abb. 1/29**
Schiffahrtsroute in der Nordsee und ölverschmutzte Bereiche (Ergebnisse von 1984, nach Dahlmann, 1985, verändert)

derenten verölten, als ein schwedisches Tankschiff im Kattegat nach Schiffbruch leck schlug (Franck, 1983). Vauk (1984) hält es für sehr wahrscheinlich, daß die Ölpest ursächlich an der Abnahme der Trauerente in Skandinavien beteiligt ist.

Neben den durch Tankerunfällen verursachten Massensterben von Wasservögeln spielen die Verluste durch »schleichende Ölpest« eine nicht unerhebliche Rolle. Allein bei Helgoland wurden 1976 bis 1979 93 verölte Trauerenten gefunden, ohne direkt erkennbare Ölverschmutzung des Wassers (Vauk und Reineking, 1980). Seit von den Niederlanden aus die küstennahe Nordsee auf Ölverschmutzungen kontrolliert wird, ist der Zusammenhang zwischen den Zonen starker Verölung und den Hauptschiffahrtsrouten deutlich geworden (Abb. 1/29). Die »schleichende Ölpest« ist Folge der chronischen Ölverschmutzung, wobei auch aus den Flüssen herangeführte gelöste Erdölkohlenwasserstoffe eine Rolle spielen.

Bei der Flugbereisung eines 250 km langen Strandabschnitts an der Ostküste Jütlands (Dänemark) im März 1972 wurden 30 000 verölte Enten festgestellt (12 000 bis 15 000 Eiderenten, 10 000 Trauerenten, 7000 Samtenten), und im Dezember desselben Jahres wurde eine etwa gleich große Anzahl im dänischen Wattenmeer festgestellt, wobei Trauerenten überwogen (Joensen, 1973). Nach Joensen (1978) gingen durch zwei größere und zahlreiche kleinere Havarien allein 1972 vor der Küste Dänemarks etwa 75 000 bis 100 000 Wasservögel zugrunde. Ein Tankerunglück im Januar 1979 im südlichen Kattegat kostete etwa 50 000 Wasservögeln das Leben (Clausager, 1983). (Weitere Angaben über Verölungen von Enten in norwegischen und dänischen Küstengewässern: Vader und

BARRETT, 1982; HANSEN, 1982; NILSSEN, 1982).

Verölte Wasservögel werden vor allem im Winterhalbjahr (Oktober bis April) gefunden. HARTWIG und LÜDTKE (1985/86) belegen diesen Sachverhalt an der Zunahme der Ölpestopfer, die auf der Insel Sylt gefunden wurden.

Die Ölpest ist längst nicht mehr die einzige Quelle für Wasserverunreinigungen, die Enten gefährden. An der Spitze stehen industrielle und häusliche Abwasser mit toxischen Substanzen und ihrer detergenten, die Oberflächenspannung des Wassers verändernden Wirkung. Die nachhaltigste Wirkung resultiert aus der Veränderung der Unterwasserflora und der Evertebratenfauna. Besonders Muscheln und Kleinkrebse sowie Armleuchtergewächse *(Characeen)* reagieren äußerst empfindlich. Nur in wenigen Fällen sind die Kausalketten zwischen eingetretenen Veränderungen und Verursachung zweifelsfrei geklärt. Wasservögel sind in den seltensten Fällen durch direkte toxische Einwirkung betroffen. Sie verschwinden jedoch als Brutvögel, wenn die spezifische Nahrungskomposition, die zur Brutzeit oder für die Jungenaufzucht erforderlich ist, fehlt oder durch veränderte Vegetationsverhältnisse zusagende Neststandorte fehlen. Von dieser Entwicklung sind in erster Linie Binnengewässer betroffen. An der Spitze stehen die großen europäischen Flüsse (Rhein, Elbe, Oder), doch auch viele Nebengewässer und zahlreiche Seen gehören dazu.

Zunehmend werden auch Küstengewässer von dieser Entwicklung erfaßt, was immer dann sehr rasch folgenschwere Bedrohungen für Enten und andere Wasservögel nach sich ziehen kann, wenn die betreffenden Küstenabschnitte wichtige Überwinterungsplätze sind. Andererseits darf nicht übersehen werden, daß organische Abwässer die Biomasseproduktion steigern, die als Sedimentfauna die Überwinterung von Wasservögeln ermöglichen. Das Abwasser ist gewissermaßen das Ausgangsmaterial für die Nahrungsketten, von denen die überwinternden Wasservögel abhängen. Für die schottischen Küstengewässer hat POUNDER (1976) zu erfassen versucht, welche Abwassermengen aus welchen Quellen in das Meer geleitet werden und welche Bedrohungen für Wasservögel sich daraus ergeben. Quellen der Verunreinigung sind in Schottland häusliche Abwässer, Industrieabwässer aus Fabriken, Molkereien, Getreidespeichern, Brauereien und Brennereien. Hinzu kommen Abwässer aus Gruben, der Papierindustrie und Kühlwasser. Es wurden alle jene Gebiete mit starken Einträgen von verschmutztem Wasser kartiert, an denen in großer Anzahl Enten überwintern. In besonderem Maße gefährdet sind Zwergsäger sowie Eider- und Schellenten.

## Sexualverhalten und Brutbiologie

Obwohl sich die Entenarten in Einzelheiten ihrer Sexualbiologie erheblich voneinander unterscheiden, gibt es gewisse Grundzüge, die allen gemeinsam sind. Dazu gehören die an Gesten und Posen reichen Rituale, die mit der Paarbildung verbunden sind, die Bindung der Paare auf Zeit und die dominierende Rolle des Weibchens beim Brutgeschäft und der Aufzucht der Jungen.

Die Ausdrucksbewegungen, die mit der Paarbildung und Paarung der Enten einhergehen, wurden zu Anfang dieses Jahrhunderts von dem berühmten Berliner Zoologen HEINROTH erstmals untersucht (HEINROTH, 1911). Er erkannte, daß es sich um angeborene Merkmale handelt, denen gleiche artspezifische Bedeutung beizumessen ist wie morphologischen und anatomischen Strukturen, und daß aus deren Ähnlichkeit oder Verschiedenheit auf die nähere oder fernere stammesgeschichtliche Verwandtschaft der Arten geschlossen werden kann. Diese an Enten gewonnenen Einsichten bildeten den Ausgangspunkt der Verhaltenskunde, einer biologischen Wissenschaftsdisziplin, die zu neuem Verständnis der Lebensweise der Tiere führte.

HEINROTH hat seinen frühen Studien über das Verhalten der Entenarten weitere wichtige Erkenntnisse in seinem Werk *»Die Vögel Mitteleuropas, Bd. III«* (1928) hinzugefügt. Die Genauigkeit seiner Beschreibungen wurde noch durch die Teilanalyse von Verhaltensweisen einer Reihe von Gründelenten übertroffen, die LORENZ (1941) vornahm. Trotz dieser »klassischen« Untersuchungen sind Sexualverhalten und andere Verhaltensweisen von Entenarten immer wieder Gegenstand von Untersuchungen gewesen, so daß für die meisten Arten detaillierte Beschreibungen vorliegen (s. BAUER und GLUTZ V. BLOTZHEIM, 1968, 1969).

Enten verpaaren sich im Unterschied zu Schwänen und Gänsen, bei denen sich die Partner in der Regel lebenslänglich binden, nur für eine Saison. Die Partnerwahl erfolgt in Form einer tage- oder wochenlang dauernden Zeremonie, der Balz, die sich aus artspezifischen, oft stereotyp ausgeführten Verhaltensweisen zusammensetzt. Balz und Paarbildung vollziehen sich bei einigen Arten bereits im Herbst (z. B. Stockente), bei anderen im Winter oder erst in der Zeit unmittelbar vor Beginn der Fortpflanzung.

## Balz und Paarung

Die Balz besteht aus verschiedenen Posen, die gleichmäßig (ritualisiert) ausgeführt werden. Erpel und Enten verfügen über unterschiedliche Verhaltensweisen, die in bestimmter Zuordnung aufeinander folgen. Die Verhaltensmuster sind arttypisch. Durch das komplizierte Balzzeremoniell werden Bastardisierungen zwischen ähnlichen Arten sicherer verhindert als durch äußere Merkmale, die insbesondere bei weiblichen Tieren vielfach nur wenig differieren.

Der Begriff »Balz« wurde von HEINROTH (1911) für alle Ausdrucksbewegungen verwendet, die verschiedengeschlechtliche Tiere während des Fortpflanzungsverhaltens zeigen. Im gleichen Sinne wurde er von LORENZ (1941) verwendet. Erst durch TINBERGEN (1964) sind die mit dem Begriff verbundenen Bewegungsweisen genauer analysiert und vier Funktionen herausgestellt worden:

- Synchronisation der Sexualzyklen beider Partner,
- Einstellung der Partner aufeinander,
- Unterdrückung nichtsexueller Verhaltensweisen (Angriff, Flucht),
- Verhinderung bzw. Reduzierung artfremder Verpaarung.

Vom zeitlichen Ablauf her lassen sich bei den Enten drei Phasen unterscheiden:

- Gesellschaftsbalz, die zur Paarbildung führt;
- auf den Partner gerichtete Balz;
- Balzbewegungen, die mit der Kopulation korreliert sind.

Diese Reihenfolge ergibt sich aus der biologischen Funktion des Balzgeschehens. Sie wird immer eingehalten, was jedoch nicht bedeutet, daß Einzelpaare bereits für sich balzen und auch kopulieren, wenn für andere die Gesellschaftsbalz noch voll im Gange ist. Nur so ist verständlich, daß Kopulationen im Herbst und Winter keineswegs Ausnahmen sind und auch Gesellschaftsbalz noch im Frühjahr beobachtet werden kann.

Die Paarbildung und die Synchronisation der Partner erfolgt durch die Verhaltenselemente, die bei der persönlichen, auf einen bestimmten Partner gerichteten Balz gezeigt werden (v. WALL, 1965). Sie sind bei den Gründelentenarten sehr ähnlich. Elemente der gerichteten Balz zeigen die Partner während der gesamten Zeit ihres Zusammenseins. Die Gesellschaftsbalz ist zeitlich stärker begrenzt.

Nach v. WALL (1965) trägt die Gesellschaftsbalz, die er, LORENZ (1941) folgend, als »Gesellschaftsspiel« bezeichnet, vor allem zur Synchronisation der Sexualzyklen, also zum Zusammenführen der Partner und zur Verhinderung artfremder Verpaarung bei.

Zur Gesellschaftsbalz suchen Männchen aktiv die Nähe anderer Männchen auf, ohne daß die Individualdistanz vollständig aufgegeben wird. Die dabei ablaufenden Bewegungsformen und das Muster, nach dem sie ablaufen, unterscheiden sich bei den einzelnen Entenarten stärker voneinander als andere Elemente der Balz. Gesellschaftsbalz findet in der Regel erst statt, wenn das Prachtkleid angelegt ist. Dabei können zwar Weibchen anwesend sein, die Bewegungen sind jedoch nicht auf diese gerichtet. Die Männchen sind mit sich selbst beschäftigt, obwohl zu den Balzgruppen verpaarte Männchen genauso gehören wie unverpaarte. Die Gesellschaftsbalz hat also keine Bedeutung im Sinne eines Begattungsvorspiels. Sie trägt dazu bei, daß sich artgleiche Tiere zusammenfinden und erleichtert dadurch die Paarbildung.

Am genauesten bekannt ist das die Paarbildung begleitende Verhalten bei der Stockente, weshalb es, gewissermaßen als Modell, näher betrachtet werden soll.

## Gesellschaftsbalz

Das Sexualverhalten der Stockenten beginnt mit geselligen Balzspielen in zu Gruppen vereinten Erpeln, nachdem diese im Frühherbst das Prachtkleid angelegt haben. Kennzeichnend sind auffällige Körperhaltungen und -bewegungen: Durch Aufplustern des Bauch- und Seitengefieders und leichtes Anheben der Flügel wird der Körper optisch vergrößert (Rückengefieder bleibt glatt), die Kopffedern werden gesträubt und die Schwanzfedern kräftig geschüttelt. Sind die Schwanzfedern zur Ruhe gekommen, wird der Kopf tief eingezogen und aus dieser Lage heraus kräftig nach oben geschnellt, wonach das Tier schwanzschüttelnd zusammensinkt. Diesem häufig wiederholten Bewegungsmuster folgen Verhaltensweisen, die von LORENZ (1941) als »Grunzpfiff«, »Kurz-Hoch-Werden« und »Ab-auf-bewegung« bezeichnet wurden (Abb. 1/30). Sie werden äußerst intensiv und rasch nacheinander ausgeführt und bringen die ganze Gruppe in lebhafteste Bewegung. Der Grunzpfiff beginnt mit leicht schüttelnd-spritzendem Eintauchen der Schnabelspitze ins Wasser, dem Herausheben des Vorderkörpers aus dem Wasser folgt, wobei der Kopf gesenkt bleibt und ein scharfer Pfiff ertönt, dem ein tiefer Grunzton folgt. – Eine äußerst komplizierte Bewegung ist das »Kurz-Hoch-Werden«. Dabei werden der Kopf, begleitet von einem lauten Pfiff, nach hinten geworfen und Hinterteil und Bürzelfedern kurzzeitig nach oben gesträubt. – Beim dritten Bewegungsmuster der »Ab-auf-bewegung« reißt der Erpel den gesenkt gehaltenen Kopf (Schnabel leicht eingetaucht) so plötzlich empor, daß der Schnabel spritzend aus dem Wasser fährt, was von lauten räb-räb-Rufen begleitet wird.

Die Weibchen halten sich während der geselligen Balzspiele der Männchen in deren Nähe auf. Ihre bloße Anwesenheit wirkt aktivierend auf die Männchen. Sie tragen jedoch zu der Stimulierung auch aktiv durch das sogenannte »Nickschwimmen« (s. Abb. 1/30a) bei. Die Ente legt sich plötzlich ganz flach mit weit vorgestrecktem Kopf auf das Wasser und schwimmt äußerst behende, da-

a
b
c
d
e
f
g

bei kopfnickend, zwischen den Erpeln umher. Diese »antworten« mit heftiger Balz.

Ein wichtiger Faktor für die Intensität der Balz ist das Wetter. Maßgeblich sind Lufttemperatur und Windstärke. Bevorzugt gebalzt wird an sonnigen, windstillen Tagen. Sonnenklare Tage, wie sie sich unter Hochdruckeinfluß besonders im Hochwinter einstellen, fördern die Balz. Schon schwächerer Wellengang beeinträchtigt sie, bei stärkerem unterbleibt sie ganz. Daran dürfte es liegen, daß sich die Männchen zur Gesellschaftsbalz häufig in Buchten (Stillwasser) zurückziehen.

### Balz der Paare

Aus der Gruppe gesellig balzender Erpel lösen sich einzelne Erpel und nähern sich einem Weibchen. In dieser Hinwendung zu einer bestimmten Ente steckt bereits der »Antrag«, der positiv beantwortet oder abgelehnt werden kann. Im ersteren Fall schwimmt die Ente dem Erpel hinterher. Es wählt jedoch auch die Ente, indem sie sich ihrerseits einem bestimmten Erpel zuwendet und hinter diesem herschwimmt. Dieses, den Erpel treibende Hinterherschwimmen, wird als »Hetzen« bezeichnet. Es ist typisch für viele Entenarten. Die Stockente wendet dabei den Kopf nach hinten, hält den Schnabel bauchwärts und läßt meckernde Laute hören (s. Abb. 1/30b). – Die Weibchen werben aktiver als die Erpel, doch auch diese haben, wie erwähnt, die Möglichkeit zur Wahl der Zukünftigen, und keineswegs nehmen die Erpel den Antrag eines Weibchens sofort an. Sind sie nicht verpaarungswillig, dann weichen sie aus oder drohen sogar gegen das »hetzende« Weibchen. Der ersten Annäherung folgt oft tagelange Trennung, die mit erneuter Annäherung beendet wird, was sich wiederholt, bis schließlich nach oft mehrwöchigen Pausen die Partner ständig beieinander bleiben. Deutliche Kennzeichen der festen Bindung sind intensives Hetzen, Trinkbewegungen und gemeinsam vorgebrachte Lautäußerungen (»Palaver«). Die letzten Zweifel an einer vollzogenen Paarbildung schwinden, wenn fremde Erpel, die sich dem Paar nähern, durch den Erpel vertrieben werden und das Weibchen andere Erpel durch eine spezielle »Abweisungsgebärde« zurückweist (s. Abb. 1/30c). Die Paarbildung der Stockente wird auch als »Verlobung« bezeichnet, weil der Tretakt, das eigentliche Zeichen der vollzogenen »Hochzeit« fehlt. Nicht selten wird die Balz nach vollzogener Paarbildung bis zur Paarung fortgesetzt. Eine Spermaübertragung ist dabei jedoch nicht möglich, weil die Hoden im Herbst zurückgebildet sind.

**Abb. 1/30**
Verhaltensweisen bei der Balz der Stockente (nach Lorenz 1941)
a – Nickschwimmen,
b – hetzende Ente und »räb-räb«-rufender Erpel,
c – Ente weist einen sie verfolgenden Erpel ab,
d – Kurz-Hoch-Werden,
e – Auf-Ab-Bewegung,
f – »räb-räb«-Palaver eines Paares,
g – Grundpfiff eines Erpels

### Verhalten verpaarter Tiere

Im Herbst, Winter und im zeitigen Frühjahr sind Paare leicht erkennbar, weil die Partner zusammenhalten, oft abgesondert außerhalb von Trupps. Die Erpel verteidigen ihre Weibchen in dieser Zeit heftig gegen fremde Erpel, und auch die Weibchen wehren Annäherungsversuche ab.

Das Sexualverhalten der Enten erwies sich bei experimentellen Untersuchungen als hormonabhängig. Bestimmte Verhaltensweisen lassen sich sowohl bei Männchen als auch bei Weibchen durch Testosteron bereits im Alter von einem Monat auslösen (Etienne, 1964). Geschlechtsspezifisch ist die Hormonabhängigkeit des Balzverhaltens: Weibliche Kastratinnen sind aktiver als kastrierte Männchen (Etienne und Fischer, 1964). Testosteronapplikation stimuliert das Kampfverhalten der Erpel (Schmedemann und Haase, 1984).

Die Lebensweise der Gatten ist weitgehend synchronisiert. Sie fliegen gemeinsam zur Nahrungssuche, ruhen und schlafen zur gleichen Zeit und schwimmen einträchtig nebeneinander, wobei das Weibchen dem Männchen folgt. Wenn das Paar auffliegt, erhebt sich zuerst die Ente, und der Erpel folgt.

Bei dem mit der Balz einhergehenden Zeremoniell kommen die lebhaften Farbmuster der Erpel voll zur Geltung, wodurch die Auffälligkeit der Verhaltensabläufe noch gesteigert wird.

Trotz des mit der Paarung zusammenhängenden aufwendigen Verhaltensrituals hält die Paarbindung nur kurze Zeit an. Im späten Frühjahr, wenn das Weibchen mit dem Nestbau beginnt – noch deutlicher nach Legebeginn – lockert sich der Zusammenhalt, der mit Brutbeginn schließlich verlorengeht.

Erst im Herbst, nach erfolgter Jungenaufzucht, finden die Geschlechter wieder zusammen. Gelegentlich kann es vorkommen, daß zuvor verpaarte Tiere wieder zusammentreffen und erneut ein Paar bilden. In Gefangenschaft geschieht das häufig. Ob und wie oft sich ehemalige Partner in Wildpopulationen wieder verpaaren, wurde bisher nicht untersucht. Neuverpaarungen sind auf jeden Fall häufiger als Wiederverpaarungen. Vom Sexualverhalten der Schwimm- und Tauchenten weicht das der Brandenten ab. Sie verpaaren sich in der Regel lebenslänglich und zeigen auch bei der Jungenaufzucht arbeitsteilige Verhaltensweisen, wie sie von den Gänsen bekannt sind.

### Paarungszeremonie

Der Tretakt wird eingeleitet, indem sich die Gatten gegenüberstellen und nickende Auf- und Abbewegungen mit dem Kopf ausführen. Der ruckartigen Abbewegung des Kopfes folgt langsameres Anheben. Diese häufig wiederholten, alternierend von beiden Gatten ausgeführten Bewegungen werden als »Pumpen« bezeichnet. Nach längeren »Pumpserien« duckt sich die Ente flach auf das Wasser, und der Erpel klettert von der Seite kommend auf ihren Rücken, was verschieden schnell gelingt. Um Halt zu gewinnen, packt der Erpel die Ente mit dem Schnabel an Federn des Hinterkopfes. Der nach unten geklappte Schwanz wird an den aufwärts gerichteten Schwanz der Ente gepreßt, so daß der ausgestülpte Penis die Kloake erreichen und in diese eindringen kann. Unter rhythmischen Bewegungen wird die Kopula vollzogen. Der Tretakt endet mit einer auffälligen Kopfbewegung des Erpels nach hinten, wobei ein lauter Pfiff ertönt. Nachdem sich der Erpel von der Ente gelöst hat, umkreist er sie nickschwimmend und beendet die Paarungszeremonie mit kräftigem Flügelschütteln. Die Ente taucht im Anschluß an die Kopula den Kopf mehrfach ins Wasser. Flügelschütteln schließt wie beim Erpel die Paarung ab.

### Gemeinsamkeiten und Verschiedenheiten in der Balz und Paarung der Entenarten

Das für die Stockente beschriebene Muster der Balz und des Paarungsverhaltens in fünf gut unterscheidbare Abschnitte findet sich in abgewandelter Form bei allen Entenarten. Am Anfang steht die gesellige Balz der Männchen, zu der außer den bei einzelnen Arten stark variierten Verhaltensweisen auch das »Antrinken« (kurzes Schnabeleintauchen sich begegnender Männchen), das »Scheinputzen« des Gefieders (Schnabelbewegung längs der Schwungfederkiele hinter emporgehobenem Flügel) und andere Bewegungsweisen gehören. Den zweiten Abschnitt bilden die mit der Paarbindung

**Abb. 1/31**
Verhaltensweisen bei der Balz der Schellente (nach Bauer und Glutz v. Blotzheim 1968)
a – Mastaufrichten,
b – Bugspriet-Pose,
c – Kopf-auf-den-Rücken-Werfen,
d – Wasserspritzen,
e – Paarungsaufforderung des Weibchens, Flügel- und Beinstrecken des Männchens,
f – Begattung

zusammenhängenden Bewegungsweisen. Es gibt auch artspezifische Posen und Gesten. Auf jeden Fall werden die Verhaltenselemente unterschiedlich ausgeführt und sind in artspezifischer Weise miteinander verknüpft. Auf diese Weise wird gesichert, daß sich in Wildpopulationen nur artgleiche Tiere verpaaren. In Gefangenschaft sind die Schwellen für artfremd ausgeführte Balzhandlungen oft so stark erniedrigt, daß es zu irreversiblen Bindungen zwischen artfremden Partnern kommt.

Das Paarungsverhalten schließt bei allen Arten mit einem Nachspiel, zu dessen Bestandteilen eine »Triumphpose« des Erpels gehört, die zumeist so augenfällig ist, daß sie ohne weiteres »verstanden« wird. Zu den typischen Merkmalen des Nachspiels gehören Gefiederschütteln oder andere zum Funktionskreis Gefiederpflege gehörende Bewegungsmuster.

Der Kopula geht immer ein längeres oder kürzeres Vorspiel voraus, zu dem auffällige, stereotyp ausgeführte Bewegungsweisen gehören.

Zu den Balzposen des Schellerpels gehört das »Mastaufrichten« (der zunächst waagerecht gehaltene Kopf wird ruckartig senkrecht hochgereckt), die »Bugspriet-Pose« (steifes schräges Aufrichten von Kopf und Hals), das »Kopf-auf-den-Rücken-werfen«, das »Wasserspritzen« und das »Kopfschütteln«. Diese sehr ausgeprägten Gesten treten etwa in der genannten Reihenfolge auf, sind aber mit den Posen des Weibchens verschachtelt. Dieses zeigt das »Aufmerksamkeitsverhalten«, das »Bugspriet-Schwimmen«, das »Hetzen« und das Schwimmen hinter dem Partner her mit flach auf dem Wasser liegenden Kopf und Hals (Abb. 1/31). Das Paarungsvorspiel leitet das Weibchen ein, indem es sich flach auf das Wasser streckt und in dieser Pose ruhig verharrt. Der Erpel reagiert, indem er das Weibchen zunächst mehrfach umschwimmt. Schon dabei zeigt er das »Antrinken«, das mit leichtem Wasserspritzen verbunden sein kann, dem senkrechtes Aufrichten von Kopf und Hals folgt. Weitere Posen sind das »Flügel- und Bein-Strecken«, das »Wasserspritzen«, das mit dem Schnabel rückwärtsschwimmend ausgeführt wird, das »Kopf-auf-den-Rükken-werfen« und andere Bewegungsmuster. Die steigende Frequenz und Intensität der Ausführung signalisieren die unmittelbar bevorstehende Kopulation.

Das zur Kopulation gehörende Ritual richtet sich nach den artspezifischen anatomischen Gegebenheiten. Es wird auch innerhalb einer Art abhängig von der Jahreszeit, der Dauer der bestehenden Bindung und dem Temperament der Partner unterschiedlich praktiziert.

### Promiskuität der Erpel

Enten kopulieren bereits im Herbst recht häufig und vor Brutbeginn fast täglich, in Gefangenschaft gelegentlich sogar mehrfach täglich. Damit mag es zusammenhängen, daß verpaarte Erpel, sobald ihre Weibchen sich zum Brutgeschäft zurückziehen, mit anderen Weibchen, auch mit verpaarten, zu kopulieren versuchen. In Gefangenschaft und in Parkpopulationen kommt es durch diese ausgeprägte Neigung zur Promiskuität zu häufigen und oft heftigen Konflikten, die zu regelrechten Kämpfen zwischen rivalisierenden Erpeln ausarten können. Kämpfende Stockerpel versuchen sich am Kopfgefieder zu packen und drängen schiebend aufeinander zu. In Phasen höchster Erregung teilen die ineinander verbissenen Tiere auch Schläge mit dem Flügelbug aus.

Vergewaltigungen, das heißt versuchte oder vollzogene Begattungen fremder, gewöhnlich verpaarter Weibchen, finden in ganz verschiedenen Situationen statt. Es gibt Fälle, wo sexual stark stimulierte Männchen fremde Weibchen ohne den Versuch eines Vorspiels angreifen und die Begattung versuchen. Auslösend wirkt in diesem Falle allein der Anblick des Weibchens (Auslösung durch Weibchenschema). Vergewaltigungen werden auch versucht, wenn fremde Paare in das Brutgebiet eindringen, wo also ein verpaartes Männchen sein Weibchen bewacht. Das fremde Weibchen wird verfolgt und vergewaltigt, wenn der Erpel es zu packen bekommt. In diesem Falle besteht also ein Zusammenhang mit der Verteidigung des Brutgebietes. Stärkste auslösende Wirkung für diese Verhaltenssituation hat der Versuch einer Vergewaltigung durch einen anderen Erpel. Das kann dazu führen, daß sich mehrere Erpel auf die Ente stürzen und den Tretakt versuchen, wobei diese heftig attackiert wird.

### Reihen der Enten (Verfolgungsflüge)

Zu den auffälligsten, in ihrer Bedeutung zugleich umstrittensten Verhaltensweisen vieler Arten gehören die sogenannten Reihflüge (engl. pursuit flights), die bereits im Spätwinter, regelmäßig jedoch im Frühling zu beobachten sind. Am häufigsten sind sie im März und April zu sehen, im Mai bereits seltener. Dabei fliegen zwei oder mehrere Erpel in linearer Anordnung (Reihen) einem Weibchen hinterher, was oft einer regelrechten Hetzjagd gleicht (Abb. 1/32). Die Flüge dauern gewöhnlich nur wenige Minuten, können jedoch auch bis zu einer Viertelstunde anhalten. Der Zuschauer gewinnt den Eindruck, daß das Weibchen von den Männchen verfolgt und gejagt wird, weshalb auch von Hetz- und Verfolgungsflügen gesprochen wird. Die Wortwahl impliziert bereits eine gewisse Interpretation. Über die Bedeutung gehen die Ansichten jedoch auseinander. Am ehesten sieht man Flüge dieser Art bei der Stockente, sie gehören jedoch auch zum Verhaltensrepertoire anderer Arten (Schnatter-, Spieß-, Pfeif-, Knäkente).

Art der Ausführung und Zeitpunkt und Häufigkeit des Auftretens von Reihflügen lassen es wahrscheinlich erscheinen, daß sie unterschiedliche Funktion haben. Nach Geyr v. Schweppenburg (1953), der sich zu diesem Verhalten mehrfach äußerte, können die Flüge mit der Balz, der Revierverteidigung (Vertreibungsflüge) und versuchten Vergewaltigungen zu tun haben.

Mit dem ersten Fall ist zu rechnen, wenn vor oder am Anfang der Brutzeit, in der Phase noch stattfindender Paarbindungen, mehrere Erpel ein Weibchen bedrängen und dieses ihren »Anbetern« durch Wegfliegen auszuweichen sucht, dabei aber verfolgt wird. Dieser Anlaß kann leicht zu Reihflügen führen, bei denen mehr als zwei Erpel einer Ente folgen. Die Ente steigt dabei oft in große Höhen und legt in rasantem Flug, gekoppelt mit blitzschnellen Wendemanövern, große Strecken zurück. Der zweite Fall (Vertreibungsflüge) ist zu erwarten, wenn ein fremdes Entenpaar im Nistgebiet eines anderen Paares landet, was der ansässige Erpel mit der Attackierung des fremden Weibchens beantwortet. Es fliegt auf, der Angreifer folgt, versucht die Ente zu fassen und wird dabei seinerseits von deren Gatten verfolgt. Vertreibungsflüge enden schon nach wenigen 100 Metern.

Der dritte Fall (Hetzjagden) resultiert aus der beschriebenen Neigung der Erpel zur Promiskuität. Der Versuch, ein verpaartes Weibchen zu treten, führt zu deren Abflug, was Verfolgung durch den tretwilligen Erpel und Hinterherfliegen des Gatten der behelligten Ente zur Folge hat.

Die Männchen folgen jedem Weibchen, sobald sie eines außerhalb des Nestbereiches erblicken. Dem Weibchen bleibt nur die Möglichkeit, sich durch Auffliegen zu schützen. Sobald die Hetzjagd beginnt, werden andere Erpel aufmerksam und folgen.

Im englischen Schrifttum, in dem die deutschsprachigen Arbeiten zu diesem Thema kaum zitiert werden, hat sich zunehmend die Auffassung durchgesetzt, daß die Reihflüge der Territorialverteidigung dienen. Zwischen Vertreibungs- und Reihflügen wird nicht unterschieden (Mc Kinney, 1965; Siegfried, 1968; Seymour, 1974; Mc Kinney et al., 1978; Seymour und Titman, 1978). Die Reihflüge werden als Ausdruck zu hoher Siedlungsdichte gewertet. Es wird angenommen, daß die damit verbundene Beunruhigung letztlich zu einer stärkeren Auflockerung führt. Diese Ansicht ist auch von Amat (1983) nach Beobachtungen an Stock- und Schnatterenten geäußert worden.

## Paarbildung und Paarzusammenhalt

Bei allen europäischen Entenarten, die Brandente ausgenommen, halten die Brutpaare nur während einer Brutperiode zusammen. Die geschlechtsreifen Tie-

**Abb. 1/32**
Reihflug der Reiherente, 3 Erpel verfolgen ein Weibchen

re verpaaren sich also jährlich erneut. Nur ausnahmsweise treffen Partner zusammen, die bereits miteinander verpaart waren.

Im Unterschied zur Mehrzahl der Vögel, bei denen Verpaarung und Fortpflanzung zeitlich dicht beieinander liegen, lernen sich bei den meisten Entenarten die künftigen Partner bereits lange vor dem Brutgeschäft und der mit diesem verbundenen »Hochzeit« kennen und gehen eine feste Bindung ein. Äußere Kennzeichen der Zusammengehörigkeit sind das regelmäßige Zusammensein und Verhaltensweisen, die auf den Partner gerichtet sind.

Die Paarbildung vollzieht sich bei den Gründelenten während der sich über Wochen hinziehenden Balz. Bei der Stockente, der einzigen wirklich gut untersuchten Art (WEIDMANN, 1958), finden sich zur Zeit der Gesellschaftsbalz Männchen bei jeweils einem bestimmten Weibchen ein, wobei die beschriebenen (S. 61) Balzbewegungen vorgeführt werden, die abgelehnt oder angenommen werden können.

Die Weibchen beteiligen sich aktiv an der Paarbildung. Die Männchen »behandeln« weibliche Anträge in gleicher Weise wie diese: Sie nehmen an oder lehnen ab. Beide Geschlechter haben also die gleichen Wahlmöglichkeiten. Ablehnung wird durch Wegschwimmen, Drohen oder sogar Beißen kundgetan, ist also auch für den menschlichen Beobachter ohne weiteres verständlich. Annahme geht mit In-der-Nähe-bleiben, Mitschwimmen, Zutreiben und Scheinputzen einher. Im Verlauf der Paarbildung werden diese Verhaltensweisen immer stärker synchronisiert und durch Abwehr anderer Tiere, besonders fremder Erpel, bekräftigt. Ständiges Zusammensein, Abstand halten von anderen Enten, gemeinsames Schlafen, Putzen, Fressen, Fliegen und Schwimmen zeigen schließlich die feste Verpaarung an.

Trotz der Kompliziertheit der Paarbildung und des großen Zeitaufwandes, der damit verbunden ist, kommt es bei der Stockente im Laufe des Winters und des zeitigen Frühjahrs nicht selten zu Umpaarungen.

Zu Beginn der Fortpflanzungsperiode führen die Partner viele Verhaltensweisen gemeinsam aus. Sie treffen zusammen im Brutgebiet ein, und das Männchen folgt dem Weibchen bei der Suche nach einer Nistgelegenheit. Bei der Stockente ist das Männchen gelegentlich auch am Nestbau beteiligt. In der Regel obliegt dieser dem Weibchen. Mit Beginn des Nestbaus lockert sich die Paarbindung, denn es kommt nicht zu einer echten Arbeitsteilung, etwa in dem Sinne, daß das Männchen die ständige Bewachung des nestbauenden, eierlegenden und später des brütenden Weibchens übernimmt. Zunächst geschieht das, und die in der Nestnähe wartenden Männchen folgen dem Weibchen, wenn dieses vom Nistplatz kommt. Je länger jedoch das Weibchen am Nest bleibt, desto stärker wird die Tendenz des Männchens, sich anderen Erpeln anzuschließen und mit diesen zusammenzubleiben. Im Verlaufe der Brutperiode wird die Bindung zwischen den Partnern immer lockerer. Zur Zeit des Schlüpfens der Jungen existiert sie nicht mehr. Die Erpel verlassen die Brutgebiete und finden sich an geeigneten Plätzen zur postnuptialen Mauser ein. Zwar kehrt ein Teil der Männchen nach der Mauser in das Brutgebiet zurück, doch die Wahrscheinlichkeit, dann noch einmal mit der Partnerin zusammenzutreffen, ist gering.

Anders verhalten sich Paare, bei denen das Weibchen während der Brut gestört wird. Sie bleiben zusammen und fliegen auch gemeinsam zur Mauser. Da in gut untersuchten Populationen bereits nach der Mauser ein geringer Teil der Tiere verpaart ist, darf angenommen werden, daß es sich um Tiere handelt,

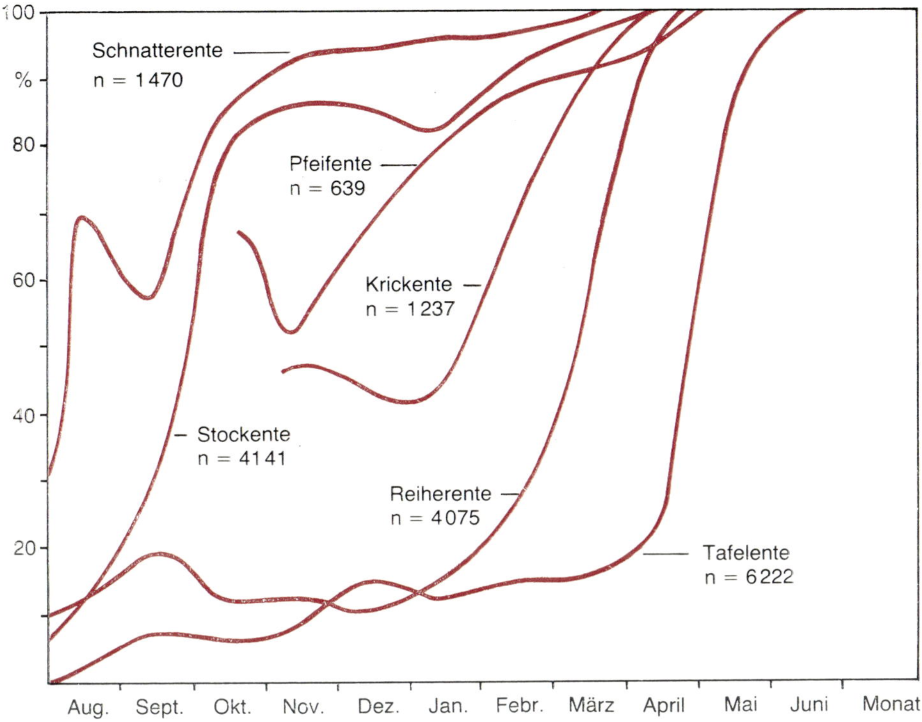


**Abb. 1/33**
Zeitlicher Verlauf der Paarbildung bei einigen Gründel- und Tauchenten (Monatsmittel) – (Zahlen in Klammern = Gesamtanzahl untersuchter Weibchen in mehreren Jahren) – (nach Bezzel 1959)

die sich nicht voneinander trennten. Durch besonders festen Paarzusammenhalt zeichnet sich die Löffelente vor den anderen Gründelentenarten aus, was auch im etwa zeitgleichen Eintreffen von Männchen und Weibchen im Brutgebiet und in der ausgeprägten Revierverteidigung durch die Männchen zum Ausdruck kommt.

Nach Bezzel (1959) sind bei Reiher- und Tafelente im Juli 1 bis 2 % der Weibchen verpaart, bei der Stockente vor Beginn der Gesellschaftsbalz bereits 13 %, woraus auf einen höheren Anteil von Dauerpaaren geschlossen werden darf.

Der Anteil verpaarter Tiere hängt vom Zeitpunkt des Beginns der Balz ab und steigt mit deren Fortschreiten an (Abb. 1/33). Im Ismaninger Teichgebiet sind schon im August 70 % der Schnatterentenweibchen verpaart (Bezzel, 1959). Bei der Krickente wird dieser hohe Anteil erst im Frühjahr erreicht. Bei der Reiher- und Tafelente verpaart sich im Herbst nur ein geringer Teil. Knäkenten verpaaren sich im Winterquartier und treffen in den Brutgebieten bereits verpaart ein. Bei den Spießenten ist die Balz noch voll im Gange, wenn sie in den Brutgebieten erscheinen.

## Gelegegröße, Eiablage

Trotz der intraspezifischen Variabilität in der Gelegegröße gelangte Lack (1967, 1968) zu der Auffassung, daß die Gelegegröße bei Enten im umgekehrten Verhältnis zur Eigröße steht, also kleine Durchschnittsgelege mit großen Eiern korreliert sind und umgekehrt. Den wichtigsten Faktor, der die Evolution in dieser Richtung vorangetrieben hat, sieht er in den Ernährungsbedingungen zur Brutzeit. Nach JOHNSGARD (1973) spielen die Ernährungsbedingungen, auf deren Bedeutung auch durch KLOMP (1970) hingewiesen wurde, nur eine untergeordnete Rolle. Wichtige die Ei- und Gelegegröße beeinflussende Faktoren sieht er in der abnehmenden Effektivität der Brutpflege mit zunehmender Gelegegröße, der Verringerung des optimalen Zeitraumes für die Bebrütung und der zunehmenden Nestpredation.

Der Rhythmus der Eiablage erfolgt bei allen Arten in übereinstimmender Form. Enten legen wie die meisten anderen Vogelarten täglich ein Ei. Zwischen dem Termin der Ablage des ersten und des letzten Eies liegen jedoch meistens mehr Tage als von der Eianzahl her zu erwarten wären. Unter natürlichen Bedingungen ist es nicht einfach, die Legefolge zu ermitteln, weil ein zu häufiges Durchstreifen des Geländes wegen der damit verbundenen Gefahren für den Brutverlauf vermieden werden muß. Bei der Stockente fand BALAT (1967) in der ersten Phase der Legeperiode zweitägige Intervalle, erst nach der Ablage mehrerer Eier wurde täglich gelegt. OGILVIE (1964) gelangte zu ähnlichen Ergebnissen.

Die Unterschiede im Legebeginn zwischen süd- und nordeuropäischen Entenpopulationen sind beträchtlich. In günstigen Jahren beginnen in Südspanien (Marismas des Guadalquivir) brütende Stockenten bereits im Januar mit der Eiablage, die sich über 18 Wochen erstrekken kann (AMAT, 1982). Weitaus geringer sind die Unterschiede bei der Tafelente. Sie beginnt auch in Südspanien erst im April mit der Legeperiode, die nur 8 Wochen dauert.

In der Gelegegröße gibt es keinen eindeutigen Bezug zur geographischen Position der Population. In den Marismas des Guadalquivir liegt die durchschnittliche Gelegegröße der Stockente unter der in Großbritannien festgestellten (AMAT, 1982), stimmt jedoch mit Feststellungen in Finnland und Island überein.

## Brutverlauf

Mit der Bebrütung wird in der Regel erst nach Ablage des letzten Eies begonnen. Dadurch wird erreicht, daß die Jungen nahezu gleichzeitig schlüpfen. Da die Eiablage eine gewisse Zeit in Anspruch nimmt, bekommen die zuerst abgelegten Eier bereits Brutwärme, so daß bei diesen Eiern die Entwicklung des Embryos schon vor dem Einsetzen der eigentlichen Bebrütung in Gang kommt. Dementsprechend und aufgrund individueller Unterschiede zieht sich die Schlupfdauer über etwa 12 bis 24 Std. hin.

Zu Beginn der Bebrütung sitzt das Weibchen noch nicht so fest und verläßt das Gelege mehrfach täglich zur Nahrungsaufnahme. Nach Auffassung vieler Autoren werden die Brutpausen vorzugsweise in den frühen Morgen- und Abendstunden eingelegt. Ob das als Regel gelten kann, läßt sich nicht entscheiden, weil es auch andere Feststellungen gibt. Das trifft auch für die Dauer der Brutpausen zu. Fest steht lediglich, daß sie mit fortschreitender Brutzeit immer kürzer werden und etwa im letzten Viertel der Brutzeit ganz entfallen. – Ausgesprochen selten kommt es vor, daß das Gelege durch den Erpel bebrütet wird. Einige Berichte dazu wurden von DANE et al. (1973) zusammengestellt, die außerdem zwei Berichte über Erpel der Stockente, die auf Eiern sitzend beobachtet wurden, hinzufügten. In einem Falle handelte es sich um einen Erpel, der zunächst neben dem brütenden Weibchen hockte und sich sofort auf das Gelege setzte, nachdem das Weibchen eine Bebrütungspause eingelegt hatte. Während der halbstündigen »Bebrütung« sank die Gelegetemperatur von 38 °C auf 32 °C. Der Erpel trug ein voll ausgebildetes Prachtkleid. Die Autoren vermuten, daß der Erpel mehr durch die Wärme der Eier als durch einen »Bruttrieb« veranlaßt wurde, sich auf das Gelege zu setzen.

Beim Verlassen des Nestes wird das Gelege mit Nestdunen, von manchen Arten überdies mit Pflanzenresten, bedeckt. Nicht selten kommt es vor, daß die Eier mit Kot bespritzt werden, weshalb die viel gebrauchte Redewendung »kein Vogel beschmutzt sein eigenes Nest« für Enten nicht zuzutreffen scheint. Das Nestbeschmutzen während des Abfluges in Gefahrensituationen war häufig Gegenstand von Diskussionen. Die abfliegende Ente spritzt eine unansehnliche kotähnliche Substanz über die Eier. Diese unterscheidet sich von gewöhnlichem Kot durch die Konsistenz und sollte deshalb vielleicht als Nestkot (nestfaeces, Swennen, 1968) bezeichnet werden. Besonders verbreitet ist dieses Verhalten bei der Eiderente. Es veranlaßte Heinroth (1931), dem es beim Besuch einer Eiderentenkolonie aufgefallen war, zu folgender Bemerkung: »Sie beschmutzen beim Abfliegen in ihrer Angst das Nest so stark, daß die Eier geradezu in einer Brühe liegen, und es fraglich ist, ob eine so entsetzt abgestrichene Ente je wieder zurückkommt und wenn, ob sie überhaupt die Fähigkeit hätte die Eier zu reinigen.« Da die Eier und mit ihnen die Dunen nur beschmutzt werden, wenn die Ente erschreckt wurde, stellen sich Dunensammler auf dieses Verhalten ein und bewegen sich in Eiderentenkolonien vorsichtig. – Swennen (1968) hat in Versuchen mit Frettchen und Ratten geprüft, ob mit Nestkot bespritzte Eier der Eiderente den Verzehr der ansonsten begehrten Eier beeinträchtigt oder nicht. Das Ergebnis ist eindeutig. Beschmutzte Eier werden nicht gefressen. Das Kotspritzen darf deshalb als reflektorisch erfolgende Maßnahme zum Schutz des Geleges gewertet werden. Da Eiderenten im Unterschied zu anderen Entenarten potentielle Predatoren nicht »verleiten«, hat sich bei ihnen das Bekoten der Eier als Ersatzreaktion entwickelt.

Auf den Zusammenhang zwischen Temperatur und Brutbeginn gibt es viele Hinweise im Schrifttum. Anhaltende Kälte im Frühjahr wirkt sich negativ auf die Ovulation und den Zeitpunkt des Nistbeginns aus. Langford und Driver (1979) haben an vier Plätzen in Kanada die Witterungsbedingungen von 1949 bis 1963 mit dem Zeitpunkt maximaler Nistbautätigkeit verglichen und eine quantitative Beziehung zwischen der Temperatur und dem Beginn des Nistens gefunden. – Den Einfluß der Witterung auf den Beginn der Brutzeit bei Stock-, Tafel- und Reiherente hat Fiala (1972) in einem Teichgebiet in Mähren in einem sechsjährigen zusammenhängenden Zeitraum untersucht. Der Beginn der Brutzeit der Stockente wird entscheidend durch die Temperatur im März, weniger durch den Zeitpunkt der Schneeschmelze bestimmt. Nach milden Spätwintern induziert eine warme erste Märzhälfte den Brutbeginn. Ist der März kalt, dann wird der Brutbeginn bis weit in den April hinein verschoben. Der Brutbeginn der Reiherente hängt stark von der Temperatur im April ab. Bei kühlem Wetter erfolgt er etwa zeitgleich mit dem der Tafelente.

Die Bebrütung des Geleges obliegt bei allen Entenarten dem Weibchen. Wenn es das Nest verläßt, was nach Ablage des letzten Eies und begonnener Bebrütung nur selten zu kurzfristiger Nahrungsaufnahme geschieht, dann wird das Gelege mit Dunen bedeckt.

Nach ANDERSSON (1978) ist es ein weitverbreiteter Irrtum, daß Eiderenten ihr Gelege ohne Unterbrechung bebrüten. Die meisten Eiderenten verlassen ihr Nest jeden Abend für eine $1/2$ bis 1 Std., um Nahrung aufzunehmen und zu trinken, wohingegen Legeunterbrechungen am Tage selten sind.

Mit fortschreitender Bebrütung verändert sich die spezifische Masse des Eies. Das kann genutzt werden, um einerseits den Entwicklungszustand des Embryos und andererseits den Termin für die Ablage des letzten Eies zu bestimmen. Die Prüfung erfolgt mit Hilfe der Schwimmprobe (Abb. 1/34). Nach dem 10. Bebrütungstag steigen die Eier an die Wasseroberfläche. Unregelmäßig pendelnde Bewegungen zeigen an, daß der Embryo lebt. Eine genaue Einstufung des Alters des Embryos, wie von MEDNIS und BLUM (1976) behauptet, ist mit dieser Methode nicht möglich (MAJEWSKI, 1980).

Vor dem Schlupf rufen die Küken bereits aus der noch unverletzten Eischale, und die Mutter antwortet mit leisem Rufen. Wahrscheinlich setzt bereits in dieser Phase die Bindung zwischen Mutter und Küken ein, die dann in Form der Prägung (s. S. 28 f.) in den auf den Schlupf folgenden Stunden zu einer festen Bindung wird.

## Führen und Aufzucht der Jungen

Bei der Stockente verlassen die nahezu synchron schlüpfenden Küken bereits wenige Stunden nach dem Schlupf das Nest und gehen mit der Mutter sofort auf das Wasser. Befindet sich das Nest auf Bäumen oder in Baumhöhlen (Stockente gelegentlich, Schellente regelmäßig), dann werden die Küken durch die Rufe der Mutter zum Sprung aus der Höhlenöffnung ermuntert. Stehen die Nester fernab vom Gewässer (Stockente, Krickente), dann führt die Mutter die frisch geschlüpften Küken in oft mehrstündiger (gelegentlich sogar 1- bis 2tägiger) Wanderung zum Wasser. – Nur wenige Tage dauert es, dann kennen sich auch die Geschwister untereinander und verwehren scharfremden Küken den Anschluß. Stockentenmütter, die ihre frisch geschlüpften Jungen hudern, nehmen bei Annäherung potentieller Feinde eine Alarmhaltung ein (Nacken gestreckt, Kopf aufgerichtet). In dieser Pose äußern sie Alarmrufe, die mit relativ geringer Amplitude aufeinander folgen. Die Alarmrufe hemmen die lokomotorische Aktivität der Jungen und deren Ruffreudigkeit (MILLER, 1985).

Entenküken sind zwar durchweg Nestflüchter, doch sie sind unterschiedlich auf das Selbständigwerden nach dem Schlupf vorbereitet. Stockentenküken verfügen nur über wenige Reserven im Dottersack und in der Leber. Sie müssen deshalb eher mit der Nahrungsaufnahme beginnen als etwa Reiherentenküken, die besser mit Vorräten ausgestattet sind (KEAR, 1970). Dieser Unterschied drückt sich auch darin aus, daß die Masse eines Stockentenkükens beim Zeitpunkt des Schlupfes etwa 3,4 % der des Weibchens beträgt, die eines Reiherentenkükens aber 4,2 %. Diese Feststellungen stimmen gut damit überein, daß Reiherentenküken während der ersten 24 Std. nach dem Schlupf im Nest bleiben, wohingegen Stockentenküken es früher verlassen, was für erstere ein Vorteil für das Überstehen der kritischen ersten Lebensstunden ist (FABRICIUS, 1964).

Entenmütter lassen ihre Jungen während der Aufzucht kaum allein. Das gilt besonders für die Gründelenten. Doch auch sie sind kurzzeitig abwesend, wie es von Eisenten (ALISON, 1976) und dem Mittelsäger (BERGMAN, 1956) bekannt ist. HÅLAND (1983) nimmt an, daß die Mütter gelegentlich zu nahrungsreichen Plätzen fliegen, um intensiv fressen zu können und den während der Bebrütung erfolgten Gewichtsverlust, der

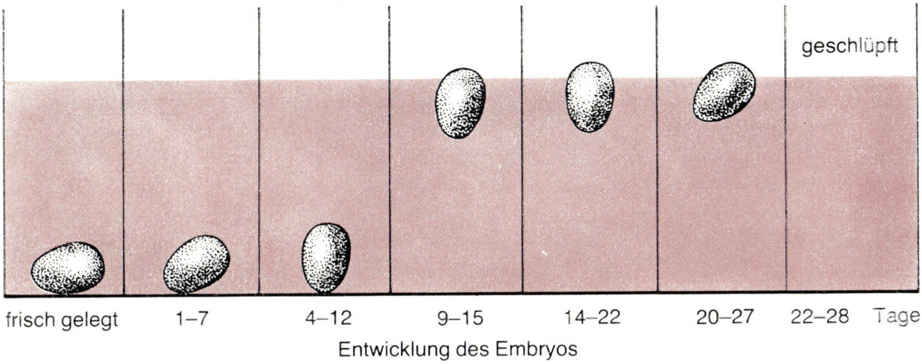


**Abb. 1/34**
Ermittlung des Entwicklungszustandes bzw. der Bebrütung des Eies durch Schwimmprobe (nach MAJEWSKI 1980)

bis zu 25 % betragen kann (KRAPU, 1981), aufzuholen. Die Jungen schließen sich während der Abwesenheit der Mütter eng zusammen und schwimmen nicht umher, was als adaptives Verhalten gelten kann.

Die ersten Lebenswochen sind die kritische Phase im Leben der Jungente. Die von der Mutter zu treffende Wahl des Aufenthaltsortes ist entscheidend für das Schicksal des Schofs. Er muß bei optimalem Nahrungsangebot Sicherheit gegenüber negativen Umwelteinflüssen und Schutz vor Feinden bieten. Bisher wurde kaum untersucht, welche Strategien die einzelnen Arten verfolgen, um eine zweckentsprechende Habitatwahl für die Jungenaufzucht zu treffen. BENGTSON (1971) nutzte die günstigen Bedingungen des Myvatn Sees auf Island (38 km²), wo eng beieinander 11 verschiedene Arten brüten, um mit der Jungenaufzucht verbundene ökologische und ethologische Fragen vergleichend zu untersuchen. Geprüft wurden die Wanderungen unmittelbar nach dem Schlupf, die Brutplatztreue, die Beschaffenheit der Aufzuchtgebiete, Techniken des Verbergens und die Beschaffenheit der Ruheplätze. Steht das Nest vom Wasser entfernt, dann führt die erste Wanderung zum Wasser, wobei unter Beachtung der Geländebeschaffenheit ein kurzer Weg gewählt wird. Bei den Ortsveränderungen unmittelbar nach dem Schlupf scheinen die Gründelenten etwas mobiler zu sein als die Tauchenten. Trotzdem entfernen sie sich allmählicher vom Brutplatz als Tauchenten, die das bei Erreichen eines bestimmten Alters sehr plötzlich tun (Abb. 1/35) (Ausnahme Spatelente). Ganz ausgeprägt trifft das für Eis- und Trauerente zu, was dadurch begünstigt wird, daß sich die jungeführenden Tiere zu Trupps vereinen.

## Bruterfolg und Alter

Im Unterschied zu den Gänsen, die erst im Alter von mehreren Jahren fortpflanzungsfähig sind, brüten die meisten Entenarten der Gattungen *Anas* und *Aythya* bereits im Alter von einem Jahr. Arten der Gattungen *Tadorna, Somateria, Clangula, Melanitta, Bucephala* und *Mergus* sind erst als Zwei- oder sogar Dreijährige fortpflanzungsfähig.

Zwar kommt es auch bei diesen bereits zu Beginn des 2. Lebensjahres zu Verpaarungen, doch sie brüten in der Regel erst im 2. oder im 3. Lebensjahr. – Von Gänsen ist bekannt, daß der Bruterfolg mit dem Alter ansteigt. Bei Enten ist dieser Zusammenhang durch Heusmann (1975), Krapu und Doty (1979), Armbruster (1982) und Baillie und Milne (1982) nachgewiesen worden. Bei Stockenten stellten Krapu und Doty (1979) fest, daß einjährige Weibchen später mit dem Brüten beginnen als ältere und der Bruterfolg schlechter ist. Zu ähnlichen Resultaten kamen Blums et al. (1985) bei der Reiher- und Tafelente (spätere Brut, kleinere Gelege, kleineres Eivolumen, schwächere Dunenjungen, geringere Überlebenschancen der Jungen). Je mehr ältere Weibchen im Gebiet brüten, desto geringer scheint die Chance für jüngere zu sein, ebenfalls mit einer Brut beginnen zu können. Der Anteil der Nichtbrüter unterliegt starken regionalen und jährlichen Schwankungen. Die Ursachen, die dies bewirken, sind sicher vielfältig. Der Sachverhalt wird häufig als »Selbstregulation« interpretiert. Jüngere Weibchen besetzen außerdem in der Regel ungünstigere Brutplätze als ältere und haben dementsprechend schlechteren Bruterfolg (Dzubin, 1969), tragen also weniger zum Reproduktionserfolg einer Population bei als ältere Weibchen. Diese sind zu Beginn der Brutzeit in besserer Kondition, wiegen mehr und haben einen höheren Gehalt an Lipidreserven (Krapu und Doty, 1979), der bei alten Stockenten den von Einjährigen um 24 % übertraf. Daß Lipidgehalt und Fortpflanzung zusammenhängen, ist daraus ersichtlich, daß er mit Beginn der Brutperiode rasch zurückgeht. Die bessere Kondition bruterfahrener Weibchen ist auch daran erkennbar, daß zum Vollgelege durchschnittlich ein Ei mehr gehört als bei jungen Weibchen.

**Abb. 1/35**
Bindung an den Brutort in den ersten 4 Wochen nach dem Schlupf bei Enten- und Sägerarten (in % der Gesamtanzahl geschlüpfter Schofe) (nach Bengtson 1971)

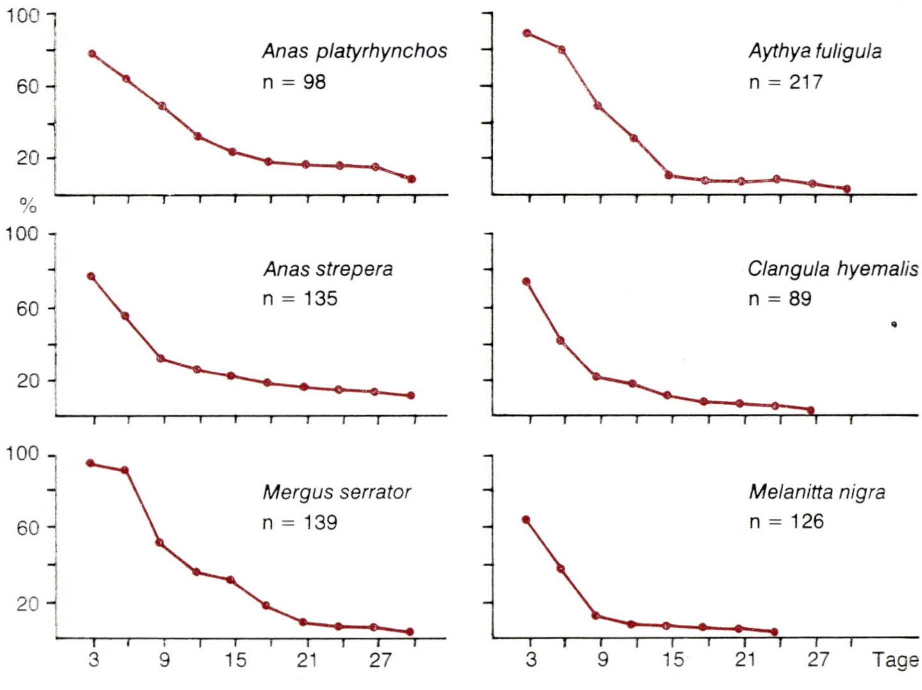

Eine plausible Erklärung für dieses Phänomen ist bereits von LACK (1968) gegeben worden: Jungen Weibchen gelingt es schwerer, die zur Eiproduktion notwendige Nahrung zu erlangen, was hemmend auf den Eibildungsprozeß wirkt. Andere Autoren wiesen darauf hin, daß verspäteter Brutbeginn auch im Verhalten begründet sein kann. HEPP (1984) vermutet, daß aus dem Sozialleben herrührende Einflüsse, die weit vor Beginn der Brutperiode liegen können, als Ursachen in frage kommen. Dazu gehören vor allem der Zeitpunkt und der Ablauf der Paarbindung. Bruterfahrene Tiere binden sich eher als Erstbrüter und beginnen unmittelbar danach mit dem Anlegen von Fettreserven, die im Frühjahr für den Eibildungsprozeß essentiell sind. Bei Eiderenten fanden BAILLIE und MILNE (1982) kein Weibchen, das bereits einjährig brütete. Bei den Zweijährigen schritten 26 % und bei den Dreijährigen 42 % zur Brut. Alle älteren Weibchen versuchten zu brüten. Die Gelege junger Weibchen enthielten weniger Eier als die älterer. Junge Weibchen wiegen bei Brutbeginn weniger als ältere. Im Schlupferfolg gibt es keinen Unterschied. Mit dem Älterwerden bleiben Gelegestärke und Schlupferfolg gleich.

Das älteste brütende Weibchen war 17 Jahre alt.

# 2

# Populationsökologie

## Methodik populationsökologischer Untersuchungen

### Siedlungsdichteuntersuchungen

Siedlungsdichteuntersuchungen bei Entenarten sind aus verschiedenen Gründen schwer durchzuführen. Oft ist die Unzugänglichkeit des Geländes ein kaum überwindbares Hindernis, das exakte Erfassungen ausschließt. Meerenten (Eiderente) brüten häufig in Kolonien oder in kolonieartiger Häufung. Inseln werden stärker bevorzugt als geschlossene Vegetationsgürtel. Die Brutplätze von Stock- und Krickente befinden sich oft fernab vom Brutgewässer. Deshalb überrascht es nicht, daß ganz unterschiedliche Methoden für die Bestimmung von Siedlungsdichten üblich sind. Es gibt Arbeiten, in denen die Brutpaaranzahl auf die Fläche des Gewässers, die Länge des Schilfgürtels, die Größe der gesamten Vegetationszone und sogar auf die Flächengröße des betreffenden Landes bezogen wird. Dadurch ist es gegenwärtig nicht möglich, von verschiedenen Autoren stammende Siedlungsdichteangaben miteinander zu vergleichen. KALBE (1965, 1978), der sich mit dieser mißlichen Situation eingehend auseinandergesetzt hat, schlug vor, über eine »reduzierte Brutdichtezahl« zu vergleichbaren Ergebnissen zu gelangen. Dabei sind sowohl freie Wasserfläche als auch der Vegetationsgürtel berücksichtigt. BEZZEL (1969) hat darauf hingewiesen, daß dieses Verfahren in der Praxis schwer handhabbar ist und empfiehlt die Einteilung der Gewässer nach Größenklassen.

Diese sich auf einzelne Gewässer oder Gewässerkomplexe beziehenden Überlegungen sind wenig hilfreich, wenn es darum geht, die Siedlungsdichte in großen zusammenhängenden Gebieten einzuschätzen. Das ist in Europa nur in Skandinavien unternommen worden, und zwar wie in Nordamerika und in der UdSSR vom Flugzeug aus. Dabei wird die Größe des untersuchten Territoriums zugrunde gelegt, allenfalls wird der Anteil an Land- und Wasserflächen angegeben.

### Zählungen außerhalb der Brutzeit

Mit den seit mehr als 20 Jahren laufenden internationalen Wasservogelzählungen, bei denen insbesondere Entenarten erfaßt werden, wurde der bisher einmalige Versuch unternommen, die Vogelbestände eines riesigen Territoriums synchron zu erfassen. Dabei müssen vielerlei

Unsicherheiten und Unwägbarkeiten in Kauf genommen werden. In den verschiedenen europäischen Ländern erfolgten die Zählungen mit unterschiedlicher Intensität und Regelmäßigkeit. In den ersten Jahren waren die Zählungen monatlich angesetzt (September bis März), weil nicht feststand, zu welchem Zeitpunkt außerhalb der Fortpflanzungsperiode eine optimale Bestandserfassung möglich ist. Sehr bald zeichnete sich ab, daß im Januar am ehesten mit einer stabilen Verteilung der Bestände zu rechnen ist, weshalb die Januarzählung (Mittwinterzählung der Wasservögel) zur wichtigsten Zählung wurde. Bedeutsam ist auch die Novemberzählung (Mitte November), weil zu diesem Zeitpunkt die in Nordeuropa brütenden Enten größtenteils in Mitteleuropa eingetroffen sind. Dabei bleiben die witterungsbedingten Unsicherheiten, denen insbesondere der Herbstzug unterworfen ist, unberücksichtigt. Unterschiedliche Ergebnisse müssen deshalb nicht Ausdruck veränderter Populationsgrößen sein. Selbst im Winter kann es zu Bestandsverlagerungen kommen, wenn plötzliche Kälteeinbrüche nach mildem Frühwinter Zugbewegungen auslösen.

Zu diesen im Prinzip des Verfahrens steckenden Problemen kommen weitere, die sich aus der Methodik der Erfassung, des Zählens selbst ergeben. Sie sind subjektiver und objektiver Art. An den Zählungen sind Tausende Personen mit unterschiedlichen methodischen Fertigkeiten, fachlichen Kenntnissen und optischer Ausrüstung beteiligt. Ein völlig unberechenbarer Faktor, der jedoch das Resultat enorm beeinflußt, ist das Wetter. Schon bei mittleren Windstärken suchen Enten schützende Uferpartien auf. Wellengang und schlechte Sicht erschweren die Registrierung. Bei Störungen fliegen Enten auf und verlassen kurzzeitig das Zählgewässer. Alles das kann falsche Resultate bewirken. Besonders problematisch sind Zählungen an großen Gewässern und an der Meeresküste.

## Methodik der Zählungen

Die quantitative Erfassung von Wasservogelbeständen außerhalb der Brutzeit erfordert fachliche Kompetenz, eine gute technische Ausrüstung, sowie Geduld und Ausdauer auch unter widrigen Witterungsbedingungen. Grundvoraussetzung ist die genaue Artenkenntnis. Zwar ist die Anzahl der in Europa vorkommenden Arten nicht groß, und je nach den Bedingungen ist nur ein Teil zu erwarten, doch die Probleme ergeben sich aus der Notwendigkeit, die Arten in den verschiedenen Kleidern (Sexual- und Saisondimorphismus, Jugendkleider) ansprechen zu können. Das ist nicht einfach, zumal die Unterscheidungsmerkmale bei ungünstigen Witterungsbedingungen und großer Entfernung oft schwer erkennbar sind. Problematisch ist auch das Abschätzen größerer Ansammlungen. Zwar wird häufig von Entenzählungen gesprochen, doch in Wirklichkeit wird in der Regel nicht gezählt, sondern geschätzt. Nur in kleinen Ansammlungen wird Tier für Tier gezählt. In großen Ansammlungen wird wie folgt vorgegangen: Es werden zunächst kleine Einheiten ausgewählt (5, 10 oder 50). Die dabei gewonnenen Informationen über Größe und Form, die 10 oder 50 Enten im Fernglas einnehmen, werden genutzt, um die Gesamtansammlung abschätzen zu können, indem Gruppen von 50 oder 100 Tieren addiert werden. Je nach den Bedingungen wird das Verfahren mehrfach in gleicher Weise wiederholt. Die Ergebnisse der einzelnen Zählungen werden gemittelt. Der Mittelwert ist das Endergebnis. Es liegt auf der Hand, daß ein derartiges Vorgehen große Erfahrung und viel Geduld voraussetzt.

Weitere Schwierigkeiten ergeben sich aus der Notwendigkeit, artspezifische

Besonderheiten zu beachten. Das soll am Beispiel der Schellente erläutert werden. Sie ist tagaktiv und taucht während der kurzen winterlichen Hellzeit rastlos nach Futter. SUTER (1982 a) hat festgestellt, daß das Verhältnis von Tauchzeit und Pause bis zu 2 : 1 beträgt, was bedeutet, daß nur ein Drittel der anwesenden Schellenten jeweils sichtbar ist. Da die Tagaktivität einer gewissen Tagesrhythmik folgt, unterliegt das Verhältnis tauchender zu sichtbaren Schellenten tageszeitabhängigen Veränderungen, die bei genauen Erfassungen berücksichtigt werden müssen. Der Beobachter muß den Faktor ermitteln, mit dem er seine Zählwerte multiplizieren muß.

## Auswertung der Zählungen

Auf Schwierigkeiten, die mit der Auswertung von Wasservogelzähldaten verbunden sind, ist bereits von MATTHEWS (1960) hingewiesen worden. ATKINSON-WILLES (1976) hat bei der Auswertung der internationalen Zählergebnisse auf statistische Bearbeitungen verzichtet. Er leitete von den realen Zahlen Schätzwerte ab. In gleicher Weise wurde von RUTSCHKE (1985) bei Auswertungen für das Gebiet der DDR verfahren. Eine Methode, die Trendanalysen ermöglicht, ist von RÜGER et al. (1986) praktiziert worden. Eines der größten Probleme bei der Auswertung der Zähldaten liegt darin, daß die Bestandsgrößen an einem Zählplatz in aufeinanderfolgenden Jahren variieren, so daß sich die Mittelwertbildung verbietet. NIEMEYER (1975) fand in 37 Januarstichproben eine Schwankung des Variationskoeffizienten zwischen 32 und 181 %. Die große Streuung ist zufällig. Die am Zähltag herrschenden Witterungsbedingungen, Störungen, die Zähltechnik und andere Faktoren beeinflussen das Ergebnis. NIEMEYER (a. a. O.) empfiehlt deshalb, bei Auswertungen von Zählreihen das geometrische Mittel zu bilden, weil es mit weniger Mängeln behaftet ist als der arithmetische Mittelwert und der Median (Mitte der nach der Größe geordneten Stichprobenwerte).

Im Vergleich zu den vielen Hinweisen zur quantitativen Ermittlung rastender und überwinternder Entenscharen gibt es nur wenige Angaben über quantitative Feststellungen an ziehenden Enten. Allerdings gibt es auch nur wenige Stellen, an denen der Entenzug regelmäßig und über längere Zeit hinweg beobachtet werden kann. Sie befinden sich hauptsächlich an markanten Küstenabschnitten. KUMARI (1980) hat die Möglichkeiten zur quantitativen Erfassung der verschiedenen Meerenten, die im Herbst längs der estnischen Küste südwärts ziehen, beschrieben. Da diese Arten am Tage wandern und flach über das Wasser fliegen, ist die Registrierung durch Sichtbeobachtungen möglich. – Genauere Resultate, bei denen auch die Enten erfaßt werden, die visuellen Beobachtungen nicht zugänglich sind, liefert der Einsatz des Radars. Es wurde besonders in Schweden und Finnland zur Untersuchung des Zuges der Meerenten eingesetzt.

## Methoden des Entenfangs

In Abhängigkeit von den örtlichen Gegebenheiten und von der zu fangenden Art sind verschiedene Fangtechniken entwickelt worden. Häufig wird mit dem Reusenprinzip gearbeitet. Dazu wird ein mit Maschendraht umspannter Käfig unterschiedlicher Größe an geeigneten Stellen aufgestellt, der einen sich reusenartig verjüngenden Eingang besitzt. Dabei empfiehlt es sich, den Käfig mit Futter zu beködern und Lockenten zu verwenden (Abb. 2/1). – Reusen dieser Art sind an Land oder in ganz flachem Wasser einsetzbar. In tieferem Wasser kommen Floß-Entenfallen zum Einsatz. Hierbei befindet sich die mit Draht über-

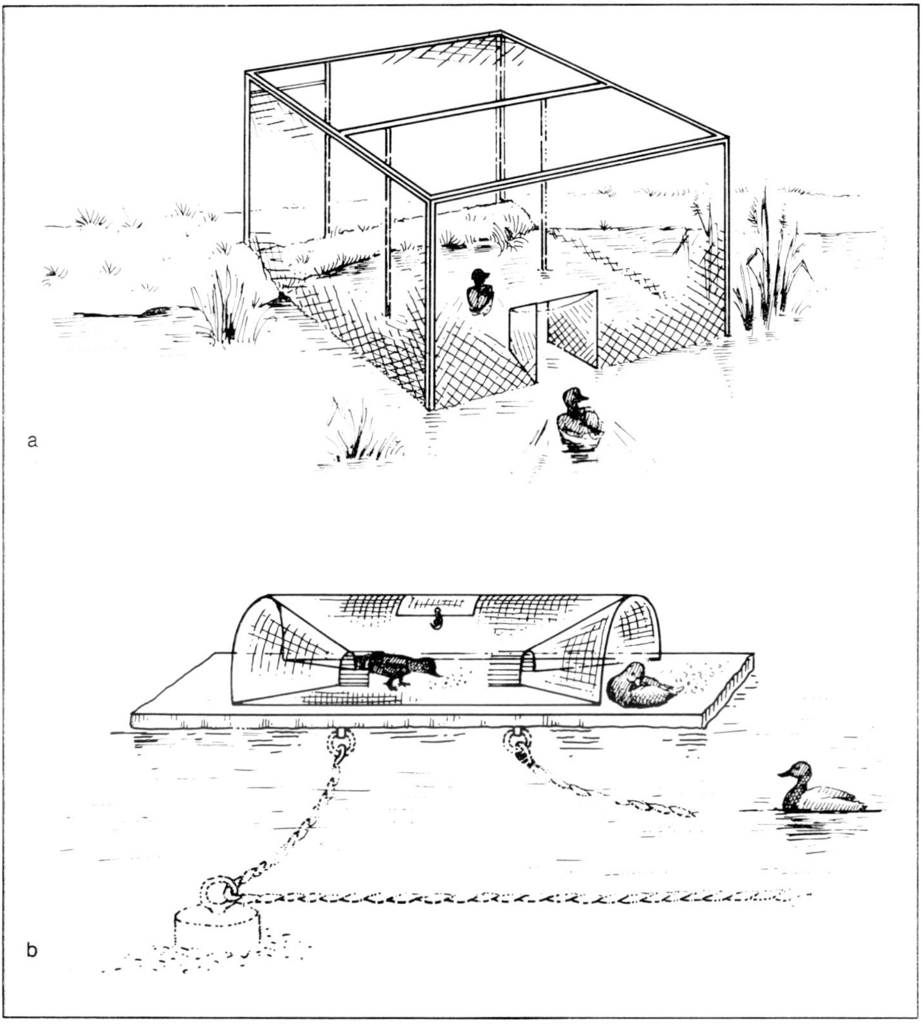


**Abb. 2/1**
Käfiganlagen für den Entenfang (nach BUB, 1967)
a – Käfig im Uferbereich mit reusenartig verjüngtem Eingang (Lockenten),
b – halbzylindrischer Käfig mit doppeltem Eingang, auf Floß mit Rastplätzen (mit Futter beködert)

spannte Reuse auf einem geeigneten im Wasser verankerten Untersatz. Auch hierbei wird mit Lockvögeln gearbeitet und der Eingang vor der sich trichterartig verjüngenden Reuse mit Futter bestreut. Wirkungsvoll ist auch die sogenannte Wasser-Trichterreuse. Hierbei wird der eigentliche Fangkäfig, der, wie in den beiden zuvor genannten Fällen, mit einem reusenartigen Eingang versehen ist, durch Netzwände ergänzt, die so aufgestellt sind, daß die Enten gewissermaßen zum Fangkäfig hingeleitet werden. Ein modifiziertes Verfahren, das überaus erfolgreich arbeitet, wurde von Mlikovsky und Buřič (1983) beschrieben. – Alle diese Fallentypen sind in erster Linie dazu gedacht, Schwimmenten zu fangen. Wesentlich komplizierter sind Techniken zum Einfangen von Tauchenten. Das Prinzip einer derartigen Falle ist bei Bub (1967) erläutert.

Eine der traditionsreichsten und interessantesten Fangtechniken, die sich im Mittelalter und bis in dieses Jahrhundert hinein in Küstengebieten der Nordsee (Dänemark, BRD, Niederlande) großer Beliebtheit erfreute, ist der Entenfang in Kojen (Abb. 2/2). Der Aufbau und die Unterhaltung der raumaufwendigen Anlagen (in Nordfriesland 4 bis 8 ha groß), erfolgte gemeinschaftlich, der Fang selbst durch einen von den Betreibern eingestellten »Kojenmann«. Das Zentrum der Koje bildete ein Teich von 0,3 bis 0,5 ha Größe, auf dem zur Fangzeit am Fliegen behinderte Enten als »Lockenten« gehalten wurden. Vom Teich führten 4 bis 6 Kanäle (Pfeifen) weg, die sich allmählich verjüngten und im sogenannten »Sack«, dem Fangbereich, endeten. Der Teich war mit Büschen und Baumbewuchs umstanden. Insgesamt kam es darauf an, die Koje so naturnahe wie möglich zu gestalten, um Wildenten zum Einfallen auf dem Teich zu veranlassen.

**Abb. 2/2**
Funktionsprinzip einer Entenkoje (nach Deppe 1983)
a – Grundriß der Kojenanlage.
In der Mitte ein Teich, von dem 6 netzbespannte Gräben (bogenförmiger Verlauf) abzweigen. Die Koje ist von Gebüsch und Bäumen umgeben (Deckung!)
b – Schema einer »Pfeife«
Seitlich sind Deckung gewährende Wände aufgestellt, von denen aus der »Kojenmann« die Enten »dirigieren« kann.
c – Fangkäfig am Ende der »Pfeife«

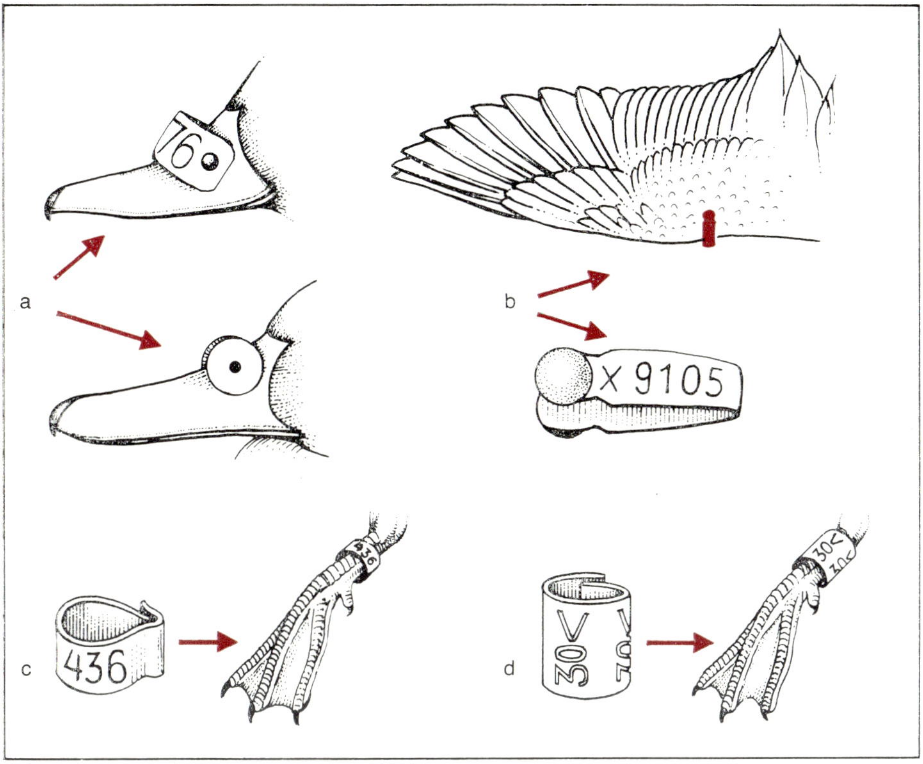


**Abb. 2/3**
Markierungsmittel zur individuellen Kennzeichnung von Enten
a – Nasenmarken
b – Flügelmarke
c – Leichtmetallfußring
d – Plastefußring mit eingraviertem Code

War das geschehen, so hing alles Weitere vom Geschick des Kojenmannes ab. Mittels Futtergerste wurden die Enten zunächst in die »Pfeifen« gelockt. Waren sie weit genug in diese hineingeschwommen, dann zeigte sich der Kojenmann, der sich zunächst hinter aufgestellten Schilfwänden versteckt hatte, von teichwärts her, so daß die Enten immer weiter in den Kanal hinein getrieben wurden. Beim Treiben der Enten half ein abgerichteter »Kojenhund«. Endstation im doppelten Sinne war der »Sack«, denn dort angekommen wurden die Enten gegriffen und durch »Gringeln« (Umdrehen des Kopfes) sofort getötet (Deppe, 1985). – Einzelheiten der Technik des Fanges mit Fallen und Reusen sind bei Bub (1967) besprochen.

An Plätzen, an denen sich regelmäßig Enten aufhalten, kann auch der Fang mit Netzwurfanlagen, wie sie für den Gänsefang eingesetzt werden, erfolgreich sein. Sie sind jedoch in der Anschaffung und Unterhaltung teuer. Der Einsatz erfordert spezielle technische und organisatorische Vorkehrungen (Rutschke, 1987).

Von wissenschaftlichen Einrichtungen werden gelegentlich auch Narkotika zum Fang von Enten eingesetzt. Häufig gelangt α-Chloralose zur Anwendung.

Nachteile sind die lange Zeit bis zum Eintritt der Wirkung und die langandauernde Narkose. Geprüft wurden verschiedene in der Human- und Veterinärmedizin verwendete Narkotika auf ihre Verwendbarkeit beim Entenfang. Als geeignet erwies sich Tribromethanol. Bereits nach 2 bis 3 Min. tritt die Wirkung ein, die etwa 1 bis 3 Std. anhält (CLINE und GREENWOOD, 1972).

## Markierungsverfahren

Wie bei anderen Vogelarten sind Fußringe die Methode der Wahl zur individuellen Kennzeichnung von Enten, und seit Beginn der Vogelzugforschung ist es üblich, Enten mit Leichtmetallringen zu markieren. Mit der Fußringtechnik war es möglich, die Wanderwege und Winterquartiere palaearktischer Entenarten zu erkunden. Für spezielle populationsökologische Fragestellungen genügt dieses Verfahren nicht, weil die Identität der gekennzeichneten Ente erst nach dem Tod festgestellt wird. Häufig ist Abschuß die Todesursache. Deshalb erfolgen Ringfundnachweise von Enten mehrheitlich während der Jagdzeit.

Untersuchungen zu Territorialität, Bruttreue, Sozialverhalten u. ä. erfordern Markierungstechniken, die die Erkennung der lebenden Ente ermöglichen. Plastehalsbänder mit eingravierten Buchstaben und Zahlen, wie sie bei populationsökologischen Untersuchungen an Gänsevögeln üblich sind, lassen sich der Kurzhalsigkeit der Enten wegen nicht einsetzen. Deshalb kommen farbige Plastemarken zum Einsatz, die am Flügel oder am Schnabel (DOTY und GREENWOOD, 1974) als Nasenmarken befestigt werden. Sie gelangen in verschiedener Ausführung zum Einsatz, haben beispielsweise die Form von Scheiben (BARTONEK und DANE, 1964) oder flachen Sätteln (SUDGEN und POSTON, 1968) (Abb. 2/3). Gelegentlich geäußerten Vermutungen über negative Auswirkungen von Nasenmarken sind BYERS und MONTGOMERY (1981) entgegengetreten. – Zur Kennzeichnung junger Gänsesäger in Großbritannien wurden schmale Plastestreifen verwendet (MEEK und LITTLE, 1980). – In der Lettischen SSR wurde eine Methode zur Fußberingung von Entenküken entwickelt (Abb. 2/4).

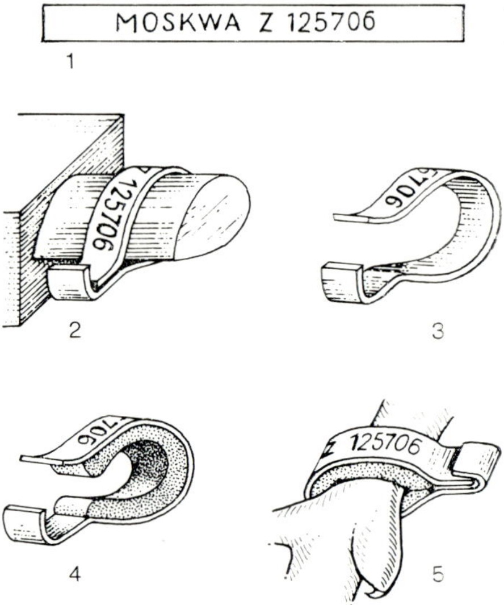


**Abb. 2/4**
Anfertigung eines Fußringes für Entenküken (aus MIHELSONS und BLUMS 1976). Nach der Formung des Ringes am Modell des Fußes eines adulten Vogels (2) wird er mit Plastilin ausgefüllt (4) und an den Fuß des Kükens angepaßt (5). Mit dem Wachstum des Fußes verliert sich das Plastilin.

# Territorialität und Brutorttreue

## Territorialität

Die Mehrzahl der Entenarten besetzt während der Nistperiode kein Revier wie es von vielen anderen Vögeln bekannt ist. Selbst im engeren Nestbereich werden unter bestimmten Bedingungen Artgenossen geduldet, so lange das brütende Weibchen nicht angegriffen oder belästigt wird. Trotzdem ist durch die Bindung an den Nestbereich eine Territorialität gegeben.

Die gesamte Lebensweise, insbesondere die nur kurzzeitige und lockere Bindung des Brutpaares, die Art der Ernährung und die Tagesrhythmik finden ihren Ausdruck in einer spezifischen Gliederung des Bruthabitats, das besonders deutlich bei den in Wassernähe brütenden Gründelenten in Erscheinung tritt. Zu unterscheiden sind der Brutplatz im engeren Sinne mit dem Neststandort im Zentrum, das Nahrungsgebiet und Ruheplätze (Abb. 2/5). Diese Teile des Bruthabitats können Hunderte Meter voneinander entfernt sein. Für das gesamte Gebiet, in dem sich der Lebensrhythmus eines Entenpaares während der Brutzeit vollzieht, ist im Englischen der Terminus »home range« üblich. Nachstehend wird für diesen Sachverhalt der Begriff »Aufenthaltsgebiet« verwendet. – In Größe und Gestalt des Aufenthaltsgebietes gibt es beträchtliche Unterschiede zwischen den einzelnen Arten und auch innerhalb einer Art häufig mehr Verschiedenheiten als Gemeinsamkeiten. Prinzipiell bedeutsam ist das Auseinanderhalten von Brutplatz (Neststandort) und Nahrungsrevier. Stockenten legen ihre Nester oft fernab vom Wasser in Wiesen oder sogar in Wäldern an, und sowohl das Weibchen als auch das Männchen, das zumeist während des Nestbaus und bis zu Beginn der Bebrütung des Geleges das Weibchen bewacht, müssen weite Flüge bis zum Nahrungsrevier unternehmen. Nahrungsreviere werden je nach Siedlungsdichte von einer mehr oder minder großen Anzahl Artgenossen, die zugleich Brutnachbarn sind, besucht. Schon daraus wird ersichtlich, daß es kein Aufenthaltsgebiet gibt, in dem nur ein Brutpaar lebt. Nahrungsplätze und auch Ruheplätze werden von mehreren Paaren aufgesucht. Die Bindung beider Partner an das Aufenthaltsgebiet besteht nur bis zum Beginn des Bebrütung des Geleges.

Die erhöhte Wachsamkeit männlicher Stockenten während der Brutzeit drückt

**Abb. 2/5**
Struktur des Aufenthaltsgebietes (»home range«) von Gründelenten während der Brutzeit

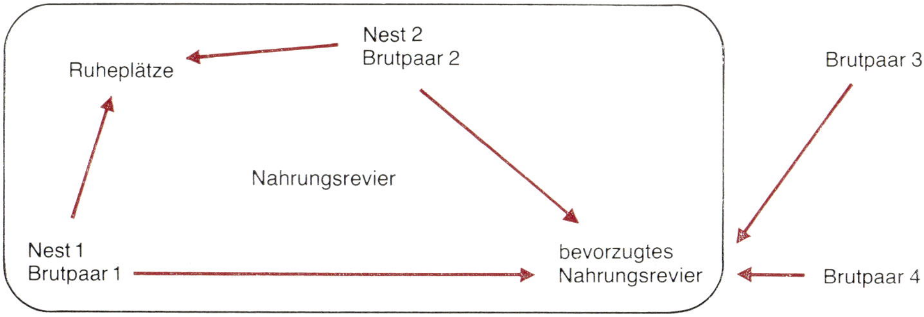

sich darin aus, daß sie häufiger »sichern«. Beim »Sichern« handelt es sich um ein kurzfristiges Öffnen des Auges, wobei der Schlafplatz auf Raubfeinde hin überprüft wird (LENDREM, 1983). Sobald das Weibchen an das Nest gefesselt ist, läßt die Wachsamkeit des Männchens nach, und es gesellt sich anderen Erpeln zu, die sich an geeigneten Plätzen als »Strohwitwer« zusammenfinden. Das Weibchen bleibt bis zum Schlupf der Jungen und wenige Tage danach an das Aufenthaltsgebiet gebunden. Dann werden je nach den Nahrungsansprüchen der Jungen Aufenthaltsorte aufgesucht, die sich auch weitab vom Brutplatz befinden können.

Diese Form der Territorialität während der Brutzeit läßt die verschiedensten Varianten für die Realisierung zu, wobei die Struktur des Habitats maßgeblich ist (Brüten im Schilfgürtel, Brut in krautiger Vegetation auf Inseln, Höhlenbrüten, Brüten in Überschwemmungsgebieten u. a. m.).

An Erklärungsversuchen für die spezifische Form der Territorialität bei Enten ist kein Mangel. HOCHBAUM (1944) sah die primäre Funktion des Territorialverhaltens in den dadurch eingeschränkten Interferenzen mit den anderen Artgenossen während der Begattung. Dieses Argument hat MC KINNEY (1965) mit dem Hinweis auf die Eiderente zurückgewiesen, bei der die Kopulationen innerhalb der Kolonien stattfinden. – Das eine schließt jedoch das andere nicht aus. Es ist notwendig, die Arten gesondert zu betrachten. Koloniebrütende Arten weichen durch die soziale Organisationsform auch in anderen Verhaltensweisen von solitär brütenden ab. Es gehört zu den Voraussetzungen für das Koloniebrüten, daß Verhaltensweisen der Brutnachbarn toleriert und nicht mit agonistischem Verhalten beantwortet werden. Bei einzeln brütenden Arten ist das anders. Das »Mitansehen« von Kopulationen löst sofort »Machmitverhalten« aus, was zwangsläufig zu Aggressionen führen muß. HORI (1969) hält diesen Gesichtspunkt nach Studien an Brandgänsen als entscheidend für die Etablierung von Plätzen, an die sich Brutpaare zurückziehen können. Diese können vom Nistplatz weit entfernt sein.

Ökologisch ist es verständlich, daß Enten keine Brutreviere, die gewöhnlich zugleich Nahrungsreviere sind, abgrenzen. Die Nahrung ist kein begrenzender Faktor. Limitierend auf die Siedlungsdichte wirkt in günstigen Brutgebieten vor allem das Nistplatzangebot. Bei der Mehrzahl der Arten sind die Erpel nur während des Nestbaus, der Eiablage und in der ersten Phase der Bebrütung territorial. Bei der Stockente lockert sich die Bindung an den Nistplatz schon wenige Tage nach Brutbeginn und wird sehr bald gänzlich aufgegeben. Damit erlischt jedoch nicht die Paarungswilligkeit. Sie richtet sich nun voll auf andere verpaarte Weibchen, woraus die hohe Anzahl von Auseinandersetzungen resultiert. – Diese Bemerkungen beziehen sich auf die Stockente, treffen jedoch in ähnlicher Form auch für andere Arten zu, sobald hohe Siedlungsdichten erreicht sind.

Auf das Problem der Territorialität im Winterquartier hat TAMISIER (1985) die Aufmerksamkeit gelenkt. In der Camargue (Südfrankreich) überwintern jährlich etwa 40 000 Krickenten. Die tagsüber genutzten Rast- und Sammelplätze befinden sich traditionell an drei Stellen, die deutlich voneinander abgegrenzt sind (Abb. 2/6). Von diesen Plätzen aus fliegen die Enten nachts zu den in der Umgebung gelegenen Nahrungsplätzen, wobei sich die Rastplatzgesellschaft relativ stark zerstreut. Telemetrische Untersuchungen ergaben eine starke Bindung der Individuen an einen bestimmten Rastplatz (TAMISIER und TAMISIER, 1981), so daß es berechtigt erscheint, den Rastplatz mit dem zugehö-

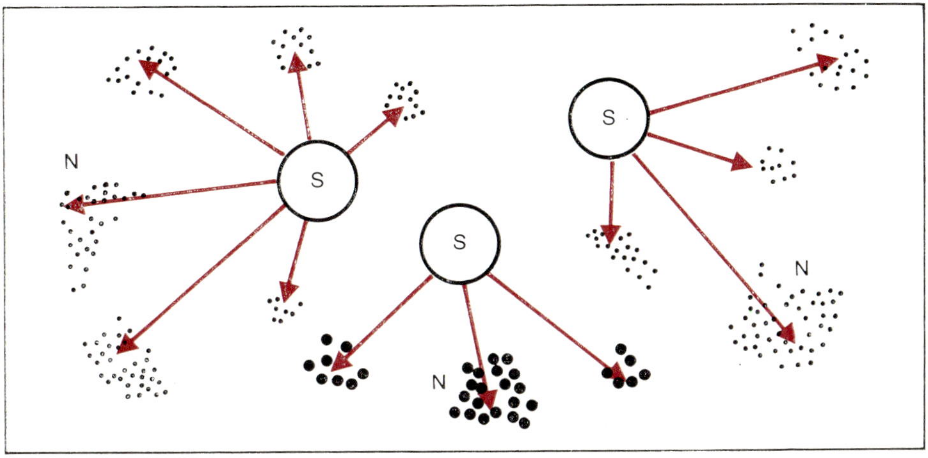


**Abb. 2/6**
Gliederung des Aufenthaltsgebietes im Winterquartier in Sammelplätze (Tageseinstände) und Nahrungsplätze. Die Enten jedes Sammelplatzes fliegen zu bestimmten (mehreren) Nahrungsplätzen (N), kehren jedoch zu »ihrem« Sammelplatz (S) zurück (nach Tamisier 1978/1979)

rigen Nahrungsgebiet als funktionelle Einheit zu betrachten. Wechseln die Krickenten den Rastplatz (nur für 3 % [!] erwiesen), dann suchen sie in der folgenden Nacht auch einen Nahrungsplatz auf, der zum neuen Rastplatz gehört. Die für die Camargue beschriebene Gliederung des Rasthabitats in Tageseinstände und Übernachtungsplätze ist auch für andere Gebiete (Senegalfluß, Louisiana/USA) beschrieben worden (Tamisier, 1978/79). Die etwa 200 000 Spieß- und Krickenten, die am Senegalfluß überwintern, zeigen ein ähnliches Verhalten wie die in der Camargue. Die an verschiedenen Tageseinständen versammelten Enten schlagen abends unterschiedliche Flugrichtungen ein und nutzen verschiedene Nahrungsgründe.

In der Intensität, mit der Entenarten die Nestumgebung verteidigen, gibt es erhebliche Unterschiede. Selbst innerhalb einer Art kann das Verhalten ganz verschieden sein. Von der Schnatterente *(Anas strepera)* ist bekannt, daß sie in Mitteleuropa gelegentlich kolonieartig gehäuft brütet. Am Krakower Obersee (DDR) stehen die Nester nur wenige Meter entfernt voneinander (Neubauer in Klafs und Stübs, 1977), ohne daß Aggressivität zwischen den Paaren bemerkbar ist. – Über ausgeprägte Aggressivität, die sich in Verjagen anderer Paare und Einzeltiere sowie in Hetzflügen ausdrückt, berichtet Dwyer (1974). Die Intensität agonistischer Verhaltensweisen nimmt von der Ankunft im Frühjahr über die Vorbrutphase zur Brutphase hin zu. Die Brutpaare halten sich in der Vorbrutphase bevorzugt innerhalb bestimmter Aktivitätszentren auf, in denen Artgenossen nicht geduldet werden. In der Vorbrutphase dürfen sich andere Tiere bis auf wenige Meter nähern. In der Brutzeit ruft bereits die Annäherung auf 20 m aggressives Verhalten hervor. Es liegt die Vermutung nahe, daß dieses Verhalten dazu beiträgt, die Brutdichte herabzusetzen. – Ein bestimmter Platzbedarf ist erforderlich, weil die brütenden Weibchen einen hohen Bedarf an energiereicher Diät haben (Holm und Scott, 1954). Sie fressen zur Brutzeit bevorzugt aquatische Evertebraten. Um die spezielle Nahrung zu finden, müssen sie weitaus mehr Zeit aufwenden als die Erpel. Die Bewachung der Weibchen durch die Männchen in der Phase vor Brutbeginn, insbesondere die Sicherung exklusiver Nahrungsgebiete, dürfte erheblich zum Bruterfolg beitragen. Die Nahrungssuche findet bevorzugt innerhalb der Hauptaktivitätszentren statt.

In der Form der Territorialität herrscht bei den meisten Arten beträchtliche Variabilität. In den Teichgebieten der Lausitz (DDR) befinden sich die bevorzugten Brutplätze für Stock-, Tafel- und Reiherenten auf Inseln, und die Nester stehen dicht benachbart. An den natürlichen Seen im Norden der DDR, der BRD, Schwedens und Dänemarks brüten die Paare weit entfernt voneinander.

Gilmer et al. (1975) untersuchten die Größe der Aktivitätsräume der Stockente an Präriegewässern im westlichen Minnesota (USA). Die Erpel benötigen durchschnittlich 240 ha, die Weibchen 210 ha. Während der Brutperiode nutzen die Weibchen nur etwa 70 ha große Gebiete. – Mit Hilfe der Telemetrie ist es Poston (1974) und Gilmer et al. (1975) gelungen, die Größe der Aufenthaltsgebiete für verschiedene Entenarten zu ermitteln. Spießenten benötigen ein Gebiet von 500 ha Größe, Stockenten von 200 ha und Löffel- und Schnatterenten weniger als 100 ha. Diese Gebiete werden jedoch nicht als Ganzes ausschließlich von einem Paar beansprucht. Es gibt sowohl intra- als auch interspezifische Überlappungen. Allerdings besitzt jedes Paar innerhalb seines Aufenthaltsgebietes ein kleines Gebiet, das es ausschließlich für sich beansprucht. Diese »Ruheecke« ist bei Löffelenten 0,9 ha groß (Seymour, 1974).

Poston (1974) stellte bei der Löffelente eine starke Überlappung der in der Brutzeit genutzten Aktivitätsräume fest, die sich auch in der Größe beträchtlich voneinander unterscheiden. Dadurch ist es möglich, daß sich innerhalb des von

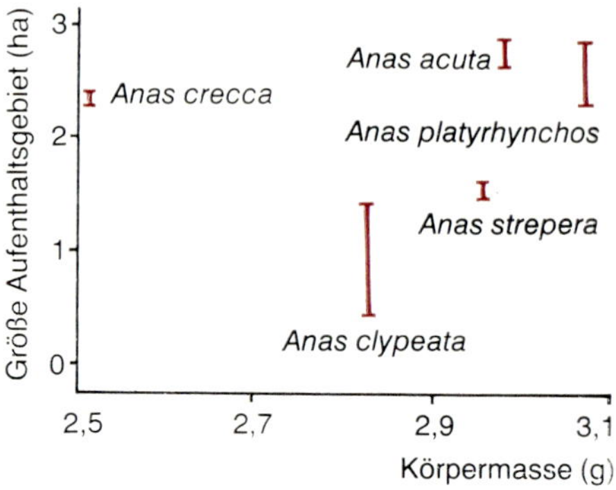


**Abb. 2/7**
Beziehungen zwischen Körpermasse und Größe des Aufenthaltsgebietes (»home range«) bei einigen nordamerikanischen Entenarten (nach Nudds und Ankney 1982). Mit steigender Körpermasse nimmt die Größe des Aufenthaltsgebietes zu (Maßangaben logarithmisch).

einem Erpel genutzten Aktionsraumes der eines anderen befindet. Nur die unmittelbare Nähe des Nestes wird verteidigt, indem fremde Erpel oder Brutpaare bei Annäherung verscheucht werden. Innerhalb der Aktionsräume gibt es bevorzugte Plätze, an denen die Erpel den größten Teil der Zeit verbringen (60 bis 90 %). In den Aktionsräumen verbleiben die Erpel in der Regel bis zum Schlupf der Jungen. Die Etablierung erfolgt innerhalb einer bis vier Wochen nach der Ankunft, jedoch immer vor Beginn der Legeperiode. Die Aktionsräume lassen sich an Flügen, die die Erpel ausführen, erkennen.

Nudds und Ankney (1982) vertreten die Auffassung, daß es einen Zusammenhang zwischen der Körpergröße der Entenart und der Größe der während der Brutzeit genutzten Territorien gibt (Abb. 2/7). Noch entscheidender soll die Verteilung von Ressourcen sein. Die räumliche und zeitliche Variabilität des Habitats bestimmt die Größe des genutzten Territoriums. Dementsprechend läßt sich die Territorialität einer Art einem Kontinuum zuordnen, das von strenger Territorialität in stabilen Habitaten bis zu fehlender oder schwach ausgeprägter Territorialität in variablen Habitaten reicht.

Obwohl diese Ansicht der Verifizierung noch Untersuchungen in sich unterscheidenden Gebieten und an verschiedenen Arten bedarf, spricht vieles für ihre Richtigkeit. Die unterschiedlichen, oft stark voneinander abweichenden Befunde, werden auf diese Weise zwanglos verständlich.

Allerdings sind möglicherweise noch weitere Gesichtspunkte zu beachten. Zumindest bei Gründelenten scheinen Paarbindung und Territorialität miteinander korreliert zu sein, und zwar gehen relativ feste Paarbindungen und intensive Verteidigung des Neststandortes einher. Zu dieser Erkenntnis gelangte SEYMOUR (1985) beim Vergleich von 7 in Kanada brütenden Gründelenten. Die Spießente ist am wenigsten territorial.

Das agonistische Verhalten der Männchen gegenüber Artgenossen, insbesondere gegenüber anderen Männchen ist von DWYER (1974) untersucht worden. Unmittelbar nach der Ankunft im Brutgebiet beschränkt es sich auf Drohgesten. Verfolgungsflüge sind üblich, wenn verpaarte Weibchen durch unverpaarte Männchen belästigt werden. Mit Beginn der Nistperiode nimmt die intraspezifische Toleranz ab, aggressives Verhalten tritt deutlich in Erscheinung. Fremde Männchen werden gejagt, wenn sie das unmittelbare Nistgebiet überfliegen oder gar zu landen versuchen. Nach Beginn der Bebrütung sind verpaarte Männchen an Sammelplätzen Artgenossen gegenüber nur dann aggressiv, wenn sie in Begleitung ihres Weibchens (in Brutpausen) erscheinen. Von Männchen begleitete Weibchen haben mehr Zeit zum Fressen als der Gatte, weil dieser einen erheblichen Teil der Zeit auf die Abwehr anderer Männchen verwenden muß.

Das andere Extrem repräsentiert die Löffelente. Sie lebt in gut abgegrenzten »Revieren«, und die Partner sind über längere Zeit fest aneinander gebunden.

Da viele Entenarten je nach den Bedingungen sowohl zerstreut als auch kolonieartig gehäuft brüten, stellt sich die Frage nach den Ursachen für die unterschiedliche Form der Territorialität und den damit verbundenen Vor- und Nachteilen. Der Vorteil des Brütens in Kolonien, wie wir es von Möwen, Seeschwalben, Kormoranen, Reihern und anderen Vogelarten kennen, wird in erster Linie im besseren Schutz gegenüber Predatoren gesehen. Bei den echten Koloniebrütern ist das gesamte Verhalten an das Leben in enger Nachbarschaft angepaßt. Es fehlen die aggressiven mit der Revierverteidigung verbundenen Verhaltensweisen wie sie für Einzelbrüter typisch sind. Entenarten, wie die Schnatterente, neigen zwar auch zu kolonieartigem Brüten, haben aber nicht die für Koloniebrüter typischen Verhaltensweisen ausgebildet. Das Zusammenrücken ganz verschiedener Arten, das FESTETICS und LEISLER (1968) bei Wasservögeln beobachteten, erweitert die Problematik (Spieß- und Löffelente, Uferschnepfe und Rotschenkel).

Bei dem höhlenbrütenden Gänsesäger kommt es zu geselligem Brüten, indem sich in alten höhlenreichen Bäumen mehrere Brutpaare ansiedeln, ohne daß sich die Paare befehden. Die Erpel der gleichfalls höhlenbrütenden Schellenten halten sich zur Brutzeit auf einem Gewässerabschnitt in Nähe der Bruthöhle auf und verteidigen das Gebiet heftig gegen Eindringlinge. – Wenn bei nahezu kolonialer Siedlungsform die auf den Artgenossen gerichtete Aggressivität beibehalten wird, dann müssen die Erpel einen erheblichen Teil ihrer Zeit auf das Fernhalten von Nachbarn und anderen Eindringlingen verwenden. Die wechselseitige Beunruhigung ist beträchtlich und trägt dazu bei, den Bruterfolg in Kolonien im Vergleich zu Einzelbrütern zu reduzieren. – Diesen unerwarteten Befund erbrachten PIENKOWSKI und EVANS (1982) bei Untersuchungen über kolonial und einzeln brütende Brandgänse. Im mehrjährigen Durchschnitt lag die Anzahl flügger Junge je Brutpaar in Kolonien zwischen 0,04 und 0,32 und bei einzeln brütenden Paaren zwischen 0,72 und 1,22. Wichtigste Ursachen für diesen Unterschied sind die höhere Jungensterblichkeit in Kolonien (ständige Beunruhigung), späteres Flüggewerden und Jungentausch mit Bildung von Großfamilien (Crêches). Hinzu kommen Verluste durch Silbermöwen, denen es relativ leicht gelingt, Jungvögel zu erbeuten, weil die Altvögel durch wechselseitige Aggressionen abgelenkt sind.

Die Vorteile nachbarschaftlichen Brütens kommen bei der Brandente nicht zum Tragen, weil das Grundmuster des Verhaltens dem Typ des Einzelbrüters entspricht. Warum sie trotzdem nicht selten halbkolonial brüten, muß unbeantwortet bleiben, zumal PIENKOWSKI und EVANS (1982) nachwiesen, daß die bei kolonialer Lebensweise produzierte Nachwuchsrate nicht ausreicht, um die »Kolonie« aus sich heraus zu erhalten.

Das Fortpflanzungsverhalten der Enten, insbesondere die Funktionsteilung zwischen Weibchen und Männchen, und die mit der Bewachung des Neststandortes und des Weibchens verbundene Aggressivität des Männchens sind dem solitären Brüten adäquat. Bemerkenswert ist allerdings, daß keine echten Reviere gebildet werden.

Über die Ursachen, die dazu geführt haben, daß Enten häufig in Laridenkolonien einwohnen, sind verschiedene Ansichten geäußert worden. Von HAARTMAN (1937) und FABRICIUS (1937) sprechen von einer echten Soziabilität der Reiherente den Lariden gegenüber. Dabei wird unterstellt, daß gewisse Merkmale der Lariden soziale Verhaltensweisen der Enten auslösen sollen. BERGMAN (1957) vertritt demgegenüber die Auffassung, daß dem Zusammenwohnen erlerntes Verhalten zugrundeliegt. Bedeutsam für die Enten sind der durch das Vorhandensein der Kolonie gegebene »Hinweis« auf ein geeignetes Brutmilieu und das Warn- und Beruhigungsverhalten der Lariden. Das Nest ist innerhalb der Kolonie stets so angelegt, daß die brütende Ente die Möwen sehen und beobachten kann. Nach BERGMAN (1957) gehen Reiherenten um so leichter in Laridenkolonien, je weniger das Gelände dem Ökoschema der Art entspricht. Bei der anlockenden Wirkung von Laridenkolonien sind für die Reiherente akustische Signale bedeutsam, wie BERGMAN (1964) mit Tonbanduntersuchungen herausfand. Die Eiderente spricht auf Klangattrappen viel weniger an.

## Brutorttreue

Von vielen Vogelarten ist bekannt, daß sie nach einer Wanderung in oft Tausende Kilometer entfernte Winterquartiere in das Brutgebiet und sogar an das vorjährige Nest (z. B. Storch, Greifvögel) zurückkehren. Diese Leistung überrascht vor allem des erstaunlichen und längst nicht bis in alle Details geklärten Orientierungsmechanismus wegen, der dahinter steht. Es drängt sich jedoch auch die Frage nach der biologischen Bedeutung der Brutorttreue auf. Sie liegt wohl einfach darin, daß das Vertrautsein mit den spezifischen Gegebenheiten eine rationellere Bewältigung des enormen Aufwandes, der mit dem Brutgeschäft zwangsläufig verbunden ist (Nestbau, Nahrungsbeschaffung), zuläßt.

Enten sind in hohem Maße brutorttreu. Umfassende Untersuchungen zu dieser Problematik wurden in der Lettischen SSR am Engure See durchgeführt (Lit. bei MICHELSON et al., 1966). Dazu wurden Tausende Jungenten gefangen und beringt (Stock-, Löffel-, Knäk-, Tafel- und Reiherenten). Die Weibchen von Löffel- und Reiherenten brüten im folgenden Jahr in der Regel in einem Gebiet, das nicht weiter als 70 m vom vorjährigen Nistplatz entfernt ist. Nur wenn das Nistgebiet durch äußere Einwirkungen stark verändert war, siedelten sie sich auch in größerer Entfernung an (bis zu 2,5 km). Der Prozentsatz überlebender Weibchen, die ins vorjährige Brutgebiet zurückkehren, liegt zwischen 55 % und 75 % bei der Reiherente und 30 % und 50 % bei der Löffelente. Es gibt jedoch auch Weibchen, die den Brutplatz verändern und in Entfernungen bis zu 3000 km nachgewiesen werden. Eiderente und Samtente verhalten sich in dieser Hinsicht ganz verschieden. ANDERSSON (1978) sieht in der unterschiedlichen Rückkehrrate beider Arten zum Vorjahresnest einen Schutz vor Predatoren, der sich aus der unterschiedlichen Legeperiode ergibt. Eiderenten haben ihr Gelege in wenigen Tagen fertiggestellt, so daß Predatoren kaum in der Lage sind, die Lage des Nestes zu erkunden. Die lange Legeperiode der Samtenten bietet dagegen Predatoren bessere Möglichkeiten zum Eierraub.

Weibchen, die erfolglos brüteten, tendieren stärker zur Suche eines neuen Brutgebietes als erfolgreiche. Weitaus geringer ist der Prozentsatz der Jungvögel, der in das Brutgebiet zurückkehrt. Das kann nicht anders sein, denn einerseits sind die Ansiedlungsmöglichkeiten infolge der Brutorttreue der Eltern eingeschränkt, und andererseits werden junge Männchen nur ausnahmsweise zum Brutort zurückkehren, weil sie ihrem Weibchen zu dessen Brutort folgen, und in den oft nach Tausenden zählenden Ansammlungen in Winterquartieren wird es nicht häufig geschehen, daß sich Tiere gleicher Herkunft verpaaren.

Nistplatztreue ist auch bei der Eiderente stark ausgeprägt (REED, 1975; KORYAKIN, 1985). Die Weibchen kehren zumindest zur gleichen Brutinsel, viele zum vorjährigen Nistareal zurück. – Übereinstimmend mit anderen Autoren (NILSSON, 1971; RAJALA und ORMIO, 1970) fand BRÄGER (1986) bei der Schellente eine hohe Brutorttreue. Die Hälfte aller Weibchen brütete drei Jahre nacheinander am gleichen Ort. Für die Ortsbindung ist entscheidend, daß die Tiere im Gebiet aufwachsen. Es erfolgt keine Prägung unmittelbar nach dem Schlupf. – Beim Mittelsäger wies NEHLS (in KLAFS und STÜBS, 1977) bis zu 11 Jahre Brutorttreue nach.

## Siedlungsdichte

Der Begriff Siedlungsdichte dient in der Populationsökologie zur Kennzeichnung der Anzahl Brutpaare, die eine Fläche bestimmter Ausdehnung bewohnen. Der damit verbundene Zahlenwert kann zur Beurteilung der Qualität eines Gebietes für eine oder mehrere Arten dienen. Außerdem kann er als Grundlage zur Errechnung von Populationsgrößen dienen, wenn in homogenen oder nahezu homogenen Landschaften Siedlungsdichten auf einer hinreichend großen Anzahl von Probeflächen ermittelt wurden.

Welche Schwierigkeiten mit Siedlungsdichteuntersuchungen von Entenarten verbunden sind, wurde bereits im Abschnitt Methodik (S. 76 f.) erläutert. Deshalb überrascht es kaum, daß Feststellungen aus lokalen Gebieten aus den im Abschnitt Methodik genannten Gründen gewöhnlich untereinander nicht vergleichbar sind.

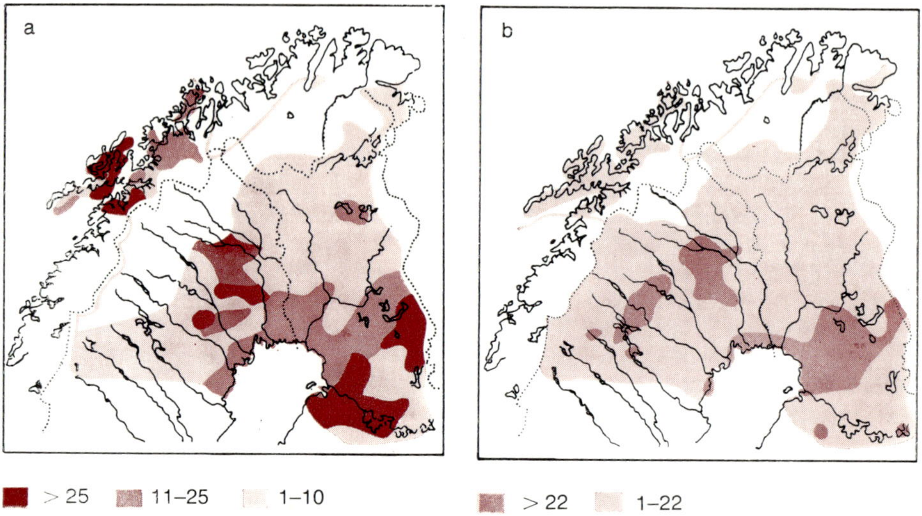


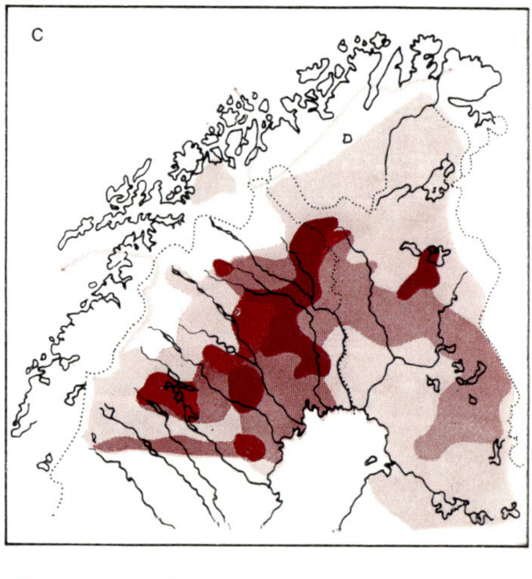


**Abb. 2/8**
Siedlungsdichte einiger Entenarten im nördlichen Schweden und Finnland (Angaben in Paare/100 km²) – (nach HAAPANEN und NILSSON 1979)
a – Stockente
b – Krickente
c – Schellente

Um über Siedlungsdichteermittlungen zu Beurteilungen von Trends der Bestandsentwicklung zu gelangen, sind mehrjährige Untersuchungen bei identischen Bedingungen (Methodik, Fläche) notwendig. Großräumige Entwicklungen setzen synchrone methodisch homogene Untersuchungen an verschiedenen Plätzen voraus. – In Europa wurden derartige Untersuchungen bisher nur in Skandinavien durchgeführt (Abb. 2/8). In Nordschweden erfolgten 1973 bis 1975 Untersuchungen zur Brutdichte der Enten an Wald- und Bergseen vom Flugzeug aus. 1974 betrug die Fläche des überflogenen, in Transekte untergliederten Gebietes ca. 1800 km². Ergänzend fanden Untersuchungen am Boden statt, wodurch es möglich war, die Genauigkeit der Erfassung vom Flugzeug aus zu prüfen. Sie ist für die einzelnen Arten naturgemäß sehr verschieden (Tab. 2/1). Trotzdem war es möglich, den Brutbestand der verschiedenen Arten zu schätzen (Tab. 2/2).

Die in Schweden erzielten Resultate stimmen gut mit denen überein, die HAAPANEN und PAASIVIRTA (1973) an eutrophen Gewässern in Südwestfinnland erzielten. Sie ermittelten in einem etwa 80 000 km² großen Gebiet (223 km²

= 183 Gewässer): 36 Brutpaare/km² (Enten, Taucher, Höckerschwan und Bleßralle = 14 Arten); (1521 Brutpaare Stockente, 1098 Brutpaare Reiherente, 934 Brutpaare Tafelente, 840 Brutpaare Krickente, 444 Brutpaare Pfeifente, 354 Brutpaare Löffelente, 502 Brutpaare Schellente, 168 Brutpaare Knäkente, 46 Brutpaare Spießente). Es handelt sich um ein Gebiet mit sehr hoher Siedlungsdichte im Vergleich zum übrigen Finnland.

Nach den Ergebnissen von ONNO (1970) erreichen Knäk-, Löffel- und Spießente in der Estnischen SSR (Flächengröße etwa 45 000 km²) etwas höhere Siedlungsdichten als in Finnland. Genau umgekehrt ist das Verhältnis bei Reiher- und Schellente.

Im Unterschied zu Mitteleuropa, wo bei großflächiger Betrachtung die Stockente überall die bei weitem dominierende Art ist, gibt es in Finnland bemerkenswerte Unterschiede. Im Schärenmeer von Åland überwiegen Reiher- und Tafelente, und an binnenländischen Gewässern ist die in Mitteleuropa seltene Krickente fast durchweg häufiger als die Stockente. Bemerkenswert ist der hohe Anteil der Schellente. Die Gesamtdichte an Wasservögeln an eutrophen Gewässern variiert im gesamten Land auffallend gering. Ausgenommen sind lediglich Åland, was lagebedingt verständlich ist, und die Seen in den Wäldern des hohen Nordens (Lappland), wo die Gesamtdichte geringer ist, was zum Teil auch an der anderen Artenkombination (Zunahme von Meerenten) liegen kann. – Der Vergleich der Siedlungsdichten an eutrophen und oligotrophen Gewässern bestätigt den Unterschied in der Produktivität. Oligotrophe Gewässer sind artenärmer als eutrophe und weitaus weniger dicht besiedelt. Künstliche Gewässer werden nach ihrer Entstehung sehr schnell besiedelt und binnen weniger Jahre steigt die Siedlungsdichte rasch an (Abb. 2/9).

Besonders hohe Brutdichte in Mitteleuropa wird im Naturschutzgebiet Słonsk im Überschwemmungsgebiet der Wartha/Nähe Odermündung erreicht. Nach MAJEWSKI (1983) brüten in dem

**Tabelle 2/1**
Effizienz von Brutbestanderfassungen an Entenarten vom Flugzeug aus in Nordschweden (aus NILSSON, 1974a)

| Art | Nachweis % |
|---|---|
| *Anas platyrhynchos* | 20 |
| *Anas crecca* | 15 |
| *Anas penelope* | 70 |
| *Anas acuta* | 10 |
| *Aythya sp.* | 70 |
| *Bucephala clangula* | 33 |
| *Clangula hyemalis* | 50 |
| *Melanitta sp.* | 80 |
| *Mergus serrator* | 40 |
| *Mergus merganser* | 30 |

**Tabelle 2/2**
Geschätzter Brutbestand an Enten im nördlichen Schweden (aus NILSSON, 1974a) in den Jahren 1973/74

| Art | Anzahl Brutpaare |
|---|---|
| *Anas platyrhynchos* | 6 740 |
| *Anas crecca* | 13 520 |
| *Anas penelope* | 4 570 |
| *Anas acuta* | 1 700 |
| *Anas sp.* | 120 |
| *Aythya marila* | 1 130 |
| *Aythya fuligula* | 12 000 |
| *Aythya sp.* | 50 |
| *Bucephala clangula* | 13 870 |
| *Clangula hyemalis* | 920 |
| *Melanitta nigra* | 1 610 |
| *Melanitta fusca* | 1 210 |
| *Melanitta sp.* | 780 |
| *Mergus serrator* | 3 280 |
| *Mergus merganser* | 2 420 |
| *Mergus sp.* | 160 |
| Nicht bestimmbar | 460 |
| Summe | 64 540 |

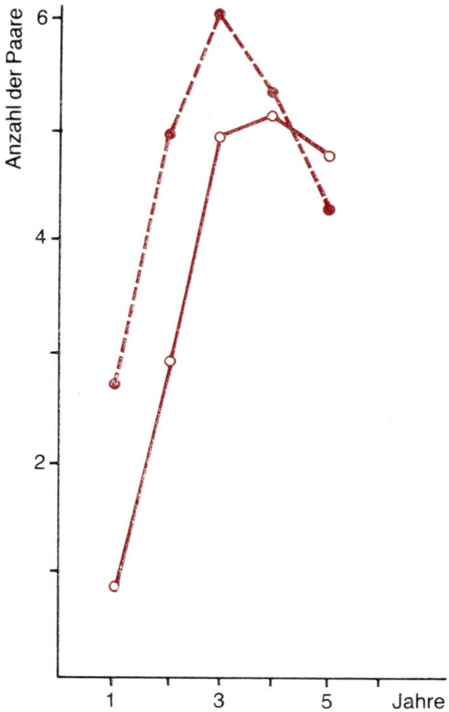


**Abb. 2/9**
Durchschnittliche Anzahl Brutpaare an 10 kleinen künstlichen Seen in Zentralschweden während der ersten 5 Jahre ihres Bestehens (nach ANDERSSON 1982)
---- Gründelenten,
—— Tauchenten und Taucher

etwa 4000 ha großen Gebiet 2000 Entenpaare in 6 verschiedenen Arten.

Mit unvergleichlich größerer Intensität als in Europa werden Siedlungsdichteuntersuchungen an Entenvögeln in Nordamerika durchgeführt. DENNIS und NORTH (1984) ermittelten eine durchschnittliche Siedlungsdichte (Enten) von 311 Brutpaaren/100 km$^2$ in einem über 90 000 km$^2$ großen Gebiet in Ontario (Kanada), (Frühjahr 1969). Dieser Wert liegt weit über dem Durchschnitt anderer Regionen in Kanada. An der Spitze steht auch im westlichen und mittleren Teil Kanadas die Stockente. ROSS et al. (1984) errechneten aus Ergebnissen derartiger Untersuchungen die Trends für die Populationsentwicklung für verschiedene Arten (Abb. 2/10). Bei Siedlungsdichteuntersuchungen, die der »US Fish- and Wildlife-Service« in den Jahren 1955 bis 1973 im nordwestlichen Ontario durchführte, wurden jährlich fast 700 000 Flugkilometer zurückgelegt (BOYD, 1984), um die Anzahl brütender Enten zu bestimmen. Die Siedlungsdichten in diesem Gebiet lagen niedriger als in anderen Teilen Ontarios. Bei diesen Untersuchungen werden Hunderttausende Brutpaare erfaßt (1968 1 318 000 Brutpaare). Von allgemeiner Bedeutung sind die Feststellungen über die enormen jährlichen Schwankungen, womit unterstrichen wird, daß Trends in der Populationsentwicklung langjährige Untersuchungen voraussetzen. Diese sollten in ausgewählten Gebieten mit gleicher Methodik und möglichst denselben Mitarbeitern länger als ein Jahrzehnt laufen.

In Europa gibt es gegenwärtig wohl

**Abb. 2/10**
Entwicklungstrends einiger Entenarten in Kanada (südliches Ontario) 1971 bis 1976 (nach ROSS et al. 1984)

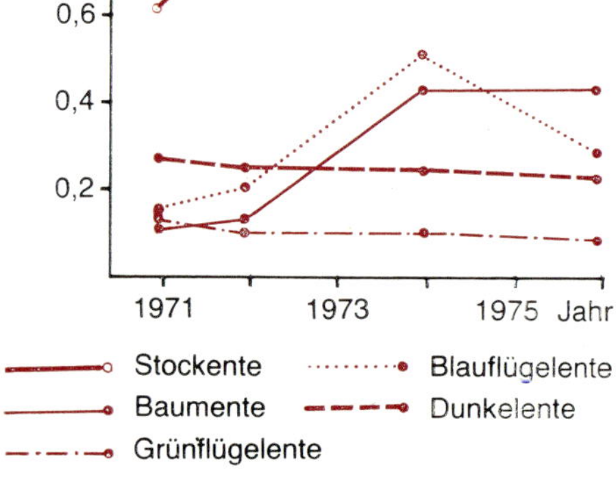

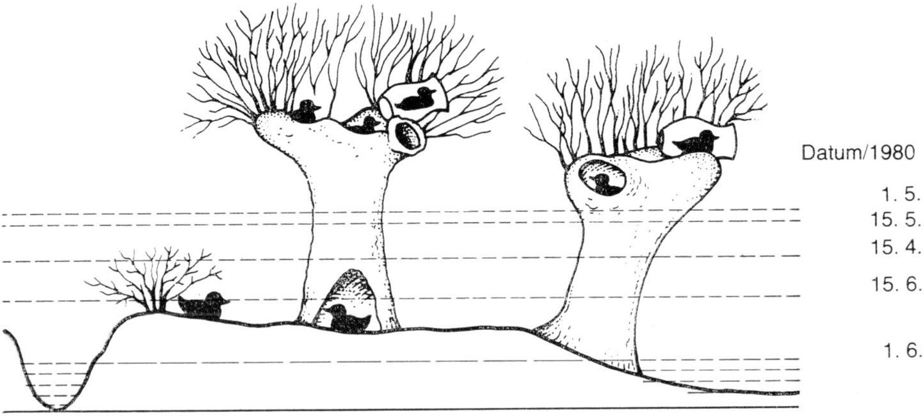


**Abb. 2/11**
Nistplatzverteilung als Anpassung an den Wasserstand. Hoher Wasserstand zwingt zum Brüten in Kopfweiden. Nach Absinken des Wasserstandes werden auch andere Nistplätze gewählt (aus MAJEWSKI 1986)

kein Land, in dem es möglich ist, derartige Programme zu realisieren. Dem steht eine kaum übersehbare Anzahl von Siedlungsdichteangaben für einzelne Gebiete gegenüber. Zu Erkenntnissen, die über das Lokale hinausgehen, tragen sie kaum bei. Je nach Größe der Bezugsfläche fallen sie ganz verschieden aus, was häufig daran liegt, daß die Nester ungleich verteilt sind, was verschiedene Ursachen haben kann. In Überschwemmungsgebieten, in denen Löffel- und Spießenten hohe Brutdichten erreichen, ergibt sich die ungleiche Verteilung aus dem Geländeprofil. Brutmöglichkeiten sind nur dort gegeben, wo Geländepartien inselartig aus dem Wasser hervorragen. Dort kommt es dann selbst bei Arten, die ansonsten in lockerer Verteilung brüten, zu kolonieartigen Anhäufungen (Abb. 2/11). Für Mitteleuropa ist die Untersuchung der Siedlungsdichte im Überschwemmungsgebiet der Wartamündung bei Słonsk (Polen) bedeutungsvoll. Dort brüten 36 bis 40 Paare/km² (NOWYSZ und WESELOWSKI, 1978). Die jährlichen Fluktuationen in Abhängigkeit vom Frühjahrshochwasser sind allerdings erheblich (MAJEWSKI, 1986).

Siedlungsdichteangaben für die Tafel- und die Reiherente liegen aus verschiedenen Gebieten Europas vor. Sie wurden von BEZZEL (1969) für die Tafelente und die Reiherente von MLIKOVSKÝ und BUŘIČ (1983) zusammengestellt. Die Werte sind wie bei synökologischen Arbeiten der unterschiedlichen Erfassungsmethoden wegen kaum miteinander vergleichbar, dennoch ist unübersehbar, daß die Siedlungsdichten in Mitteleuropa an intensiv fischereiwirtschaftlich genutzten Gewässern größer sind als an natürlichen. Besonders dicht besiedelt sind Karpfenzuchtteiche (RUTSCHKE et al., 1973). Sie heben sich in dieser Hinsicht deutlich von allen anderen Gewässern ab. Damit wird deutlich, daß nicht klimatische oder zoogeographische, sondern ökologische Faktoren für die Bestandsdichte bedeutsam sind, und zwar ist das Nahrungsangebot ein bestimmender Faktor. – Da in Mitteleuropa die Eutrophierung der Gewässer rasch voranschreitet, dürfte in den damit verbundenen besseren Ernährungsbedingungen die Hauptursache für die Ansiedlung an bisher nicht bewohnten Plätzen zu suchen sein.

Angaben über die Brutdichte der

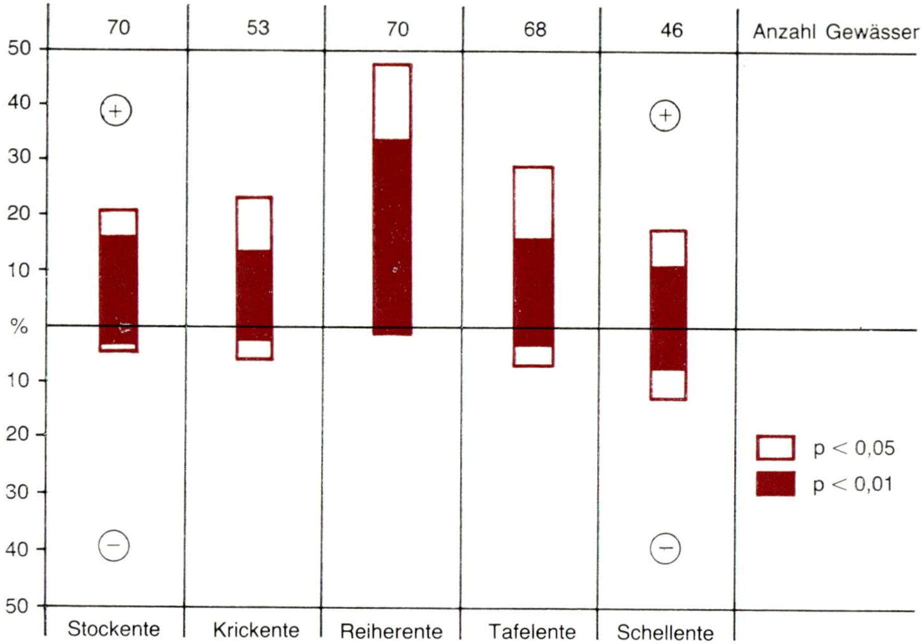


**Abb. 2/12**
Veränderungen der Wintersummenindices einiger Entenarten an bayerischen Seen (aus Bezzel und Engler 1985). Der Indexberechnung liegen Angaben aus umfangreichen Zählserien zugrunde.

Schellente sind von Bräger (1986) zusammengestellt worden. Er hält es für zweckmäßig, die Anzahl Brutpaare auf km Uferlinie zu beziehen, weil die flachen ufernahen Gewässerabschnitte, die Nahrung und Deckung bieten, für die Ansiedlung bedeutsam sind. Bei diesem Vorgehen ergibt sich eine bessere Übereinstimmung zwischen den verschiedenen Untersuchungen als beim Bezug auf $km^2$ Seefläche. (Tab. 2/3).

Regionale Zählungen außerhalb der Brutzeit, bei denen nicht die Dichte, sondern die absolute Anzahl vorhandener Enten als Meßwert dient, wurden ebenfalls zur Berechnung von Trends herangezogen. Bezzel und Engler (1985) berechneten die Entwicklungstrends für einige Entenarten auf der Grundlage der Ergebnisse 17jähriger Zählungen (Monate September bis April) für südbayerische Gewässer. Es handelt sich um ein Gebiet, das von den Alpen im Süden nordwärts bis zur Donau reicht. An bis zu 94 Zählstellen wurde ein hoher Prozentsatz der anwesenden Wasservögel erfaßt (gelegentlich vollständig). Im Gebiet überwintern bis zu 100 000 Enten insgesamt. Auf eine detaillierte statistische Bearbeitung der Zählwerte wurde verzichtet, jedoch die lineare Regression berechnet und geprüft. – Die 5 untersuchten Arten (Stock-, Krick-, Reiher-, Tafel- und Schellente) haben seit Mitte der 60er Jahre im Bestand zugenommen, die Stock- und Krickente leicht aber kontinuierlich, die Reiher- und Tafelente in stärkerem Maße (Abb. 2/12) bereits vor Beginn der Zählungen (1950 beginnend) und bis 1975 andauernd. Die Zunahme scheint sich nur noch bei der Krickente

**Tabelle 2/3**
Brutdichten der Schellente (aus Bräger, 1986)

| Untersuchungsgebiet | Anzahl der Brutpaare/km² Seefläche | Anzahl der Brutpaare/km Uferlinie | Autor |
|---|---|---|---|
| Preetz, Schleswig-Holstein | 2,4 | 0,56 | Bräger, 1986 |
| Västerbotten, Schweden | 8,5 | 0,35 | Danell und Sjöberg (in Eriksson, 1982) |
| Iverness-shire, Schottland | – | 0,56 | Dennis und Dow, 1984 |
| Svartedalen, Schweden | 4,9 | 0,28 | Eriksson, 1982 |
| Förlanda-Idala, Schweden | 7,5 | 0,42 | Eriksson, 1982 |
| Bjurbäcken, Zentralschweden | – | 0,51 | Fredga und Dow (in Eriksson, 1982) |
| Waldzone Nordschwedens | 5,6 | 0,34 | Haapanen und Nilsson, 1979 |
| Krakower Obersee Mecklenburg/DDR | 1,8 | – | Neubauer, 1974 |
| Meltaus, Nordfinnland | – | 0,42 | Rajala und Ormio, 1970 |

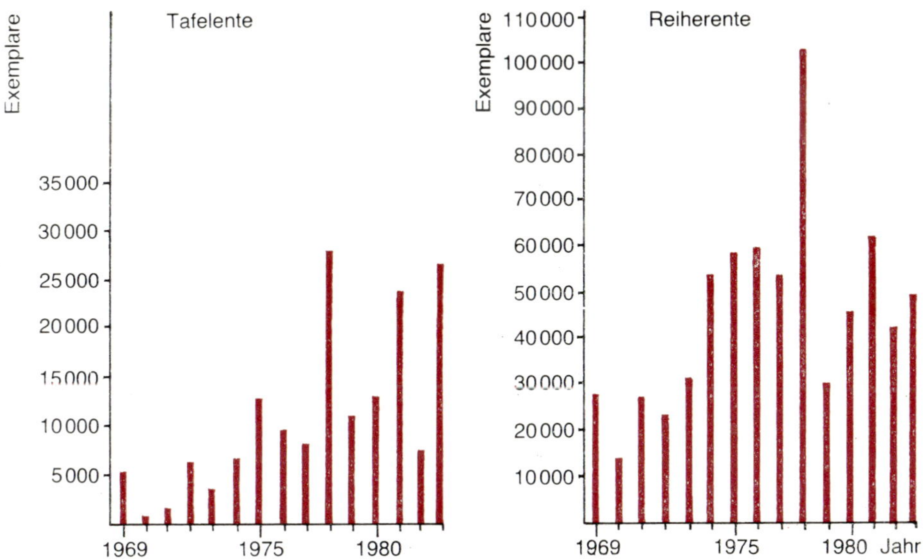


**Abb. 2/13**
Mittwinterbestand in der DDR überwinternder Enten (aus Rutschke 1985)

fortzusetzen. – Der Bestandsanstieg an Schweizer Seen verlief prinzipiell ähnlich (Schifferli, 1982). Rutschke (1969, 1985) konnte Anhaltspunkte für die Entwicklung der Winterbestände in der DDR allein durch die graphische Darstellung von Zählergebnissen sichtbar machen (Abb. 2/13).

# Struktur und Dynamik von Entenpopulationen

## Geschlechterverhältnis

Über das Geschlechterverhältnis in Wildpopulationen von Enten gibt es ein umfangreiches Schrifttum. Durch die Ermittlung des Geschlechterverhältnisses lassen sich für die Fortpflanzung wichtige Feststellungen treffen und Erkenntnisse über ökologische Ansprüche der Geschlechter, Wanderwege und Winterquartiere gewinnen, wenn die Zählungen bestimmten Anforderungen genügen. Sie erfordern genaue Kenntnis der Altersstufen und Mauserstadien, sollten die gesamte Zugperiode berücksichtigen, über mehrere Jahre ausgeführt werden und so umfangreich sein, daß eine statistische Bearbeitung der Daten möglich ist.

Auszählungen des Geschlechterverhältnisses erfolgten zwar bereits in den 30er Jahren (Frieling, 1934; Dathe und Profft, 1936), doch erst mit Beginn der allgemeinen Wasservogelzählungen mehrten sich derartige Untersuchungen, zunächst in den Niederlanden (Lebret, 1950; Eygenraam, 1957) und der Schweiz (Burckhardt, 1952, 1954, 1958).

Versucht man aus der Vielzahl der Angaben allgemeine Gesetzmäßigkeiten herauszufinden, dann stößt man auf nahezu unüberwindliche Schwierigkeiten, weil nur wenige Autoren zu gleichen Resultaten gelangen. Die Feststellungen für den Herbst und den Winter liegen nicht nur in weitem Streubereich, oftmals sind sie direkt entgegengesetzt.

Die Ursachen für diesen Mißstand sind vielfältig. Eine zu wenig beachtete Fehlerquelle ergibt sich aus den Schwierigkeiten, die mit der Unterscheidung der Geschlechter verbunden ist, wenn beide im Herbst schlicht gefärbt sind und das Geschlecht der Jungvögel noch nicht erkennbar ist, weil auch sie ein Schlichtkleid tragen. Gerade im Frühherbst lassen sich jedoch Enten leicht zählen, weil sie sich in mehr oder minder großen Ansammlungen zusammenfinden. In Angaben aus dieser Jahreszeit wird häufig ein Überschuß der weiblichen Tiere ausgewiesen, was aus den genannten Gründen nur selten der Wirklichkeit entsprechen dürfte. Nach erfolgter Mauser der Erpel ins Prachtkleid, im Falle der Stockente ab Ende September, verschiebt sich das Verhältnis, weil sich die Geschlechterbestimmung vereinfacht. Es bleibt jedoch die Schwierigkeit der Zuordnung der diesjährigen Jungvögel, die in dieser Zeit noch das Schlichtkleid tragen und fälschlicherweise leicht den Weibchen zugerechnet werden. Erst wenn im Frühwinter auch die Jungvögel das Adultkleid angelegt haben, sind zweifelsfreie Feststellungen möglich. Dazu erforderlich ist die wiederholte Durchmusterung größerer Scharen bei möglichst guten Lichtbedingungen, weil die schlichtfarbenen Weibchen leicht übersehen werden können. Bei Zählungen von Tauchenten sind Wiederholungen besonders dringlich, weil die Geschlechter unterschiedlich tauchaktiv sein können, was ebenfalls zur Verfälschung des Ergebnisses beitragen kann.

Wenn es darum geht, das Geschlechterverhältnis in einer lokalen Population zu ermitteln, dann ist das zeitige Frühjahr, die Phase strenger Paarbindung vor Brutbeginn, die geeignetste Jahreszeit, vorausgesetzt, es werden wirklich nur ansässige Enten, nicht aber Durchzügler miterfaßt. Letztere können dazu beitragen, ein falsches Bild hervorzurufen, weil in Wandergemeinschaften das eine oder das andere Geschlecht überwiegen kann. Mit fortschreitender Brutzeit wachsen die Schwierigkeiten, weil die Weibchen – zunehmend mit Nestbau, Eiablage und

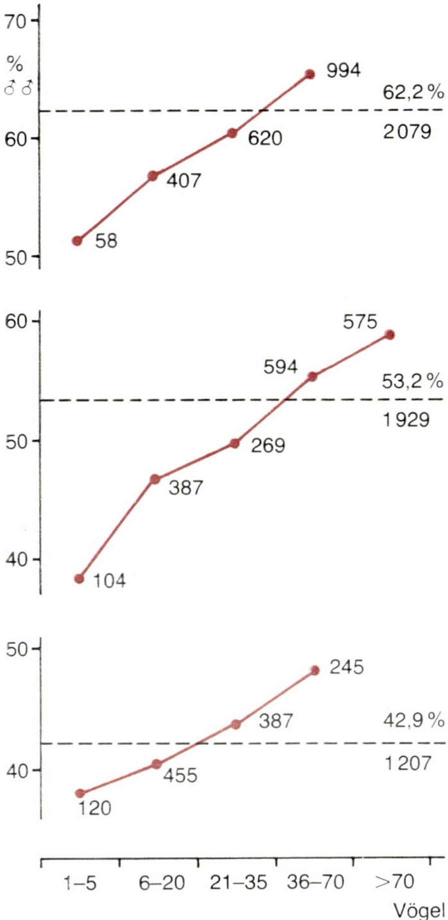


**Abb. 2/14**
Geschlechterverhältnis bei Eiderenten, die im Wattenmeer vor der niederländischen Küste überwintern (nach Swennen et al. 1979). Auszählungen nach Fotos vom Flugzeug aufgenommen. Nur Ansammlungen von mehr als 1000 berücksichtigt; in dicht besetzten Gebieten ist der Männchenanteil fast immer höher als in dünn besetzten. Zugleich wird deutlich, wie viele Zählungen zur Ermittlung des durchschnittlichen Männchenteils erforderlich sind (Anzahl Vögel = Anzahl ♂♂/Quadrant/Gruppe).

Bebrütung beschäftigt – von der offenen Bildfläche verschwinden. Aus der Anzahl der im Gebiet anwesenden Erpel kann nicht auf die Anzahl der Brutpaare geschlossen werden, weil sich die Erpel schon kurze Zeit nach Brutbeginn sammeln und Erpelgesellschaften bilden. Diese Trupps wandern im späten Frühjahr an Mauserplätze, an denen zeitgleich zur Schwingenmauser auch das Kleingefieder gemausert wird. Nach Abzug der Erpel und deren Anhäufung an anderen Plätzen kann Unkenntnis dieser Gegebenheiten eine totale Fehleinschätzung des Geschlechterverhältnisses bewirken.

Angaben über das Geschlechterverhältnis in Wildpopulationen sind deshalb nur sinnvoll und verwertbar, wenn die Bedingungen, unter denen sie zustandekommen, genau bekannt sind.

Das sekundäre Geschlechterverhältnis (Geschlechterverhältnis zum Zeitpunkt der Geburt) ist bei den Enten leicht zugunsten der Männchen verschoben. Für die Fortpflanzung ist das tertiäre Geschlechterverhältnis, also das Verhältnis der zur Fortpflanzungsperiode vorhandenen fortpflanzungsfähigen Männchen und Weibchen bedeutsam. Die Ermittlung kann nur im Brutgebiet erfolgen, was in Anbetracht der versteckten Lebensweise der Enten, unzureichend ausgebildeter oder fehlender Territorialität und nur schwach ausgebildeten Paarzusammenhalts bei vielen Arten außerordentlich schwierig ist. Bezzel (1959) ermittelte bei Stock-, Krick-, Knäk-, Schnatter-, Spieß-, Löffel-, Kolben- und Reiherente nach Abschluß des Frühjahrszuges einen deutlichen Überschuß männlicher Tiere, der von Jahr zu Jahr verschieden groß war.

Unter ungewöhnlich günstigen Umständen war es Swennen et al. (1979) möglich, die Veränderung des Geschlechterverhältnisses während des Lebenszyklus zu untersuchen. Von 1975 bis 1977 bestimmten sie das Geschlecht von über 3200 Eiderentenküken in einer Brutkolonie auf der Insel Vlieland im niederländischen Wattenmeer. Zum Zeitpunkt des Schlupfes war das Geschlechterverhältnis ausgeglichen. Es änderte sich jedoch bereits in der Zeit bis zum Flüggewerden, und zwar zugunsten der männlichen Tiere (bis auf 54 %) auf Grund der höheren Mortalität weiblicher Tiere. Diese sind anfälliger gegenüber Krankheiten. Die Untersuchung von Winteransammlungen von Eiderenten im Wattenmeer ergab annähernd das Geschlechterverhältnis zum Zeitpunkt des Flüggewerdens (54,8 % Erpel). Die Auszählung erfolgte anhand von Fotos, die vom Flugzeug aus aufgenommen wurden. Dadurch war es möglich, Ansammlungen von Tausenden Eiderenten zu durchmustern. Innerhalb der Ansammlungen sind die Geschlechter nicht gleichmäßig verteilt. Der Erpelanteil ist an den Hauptkonzentrationspunkten besonders hoch (Abb. 2/14). Dieser wie andere sich aus der Beschaffenheit des Rastplatzes ergebende Unterschiede sind zu beachten, wenn man versucht, das Geschlechterverhältnis zu ermitteln.

Über die Ursachen der Abweichung von zu erwartendem Geschlechterverhältnis von 1 : 1 zugunsten der männlichen Tiere sind verschiedene Vermutungen geäußert worden. Lebret (1950) und Geyr v. Schweppenburg (1929) schließen auf einen Einfluß durch die Jagd. Für diese Annahme gibt es jedoch kein beweiskräftiges Zahlenmaterial. Selbst wenn in bestimmten Gebieten die Anzahl erlegter Weibchen die der erlegten Männchen übertrifft, muß das nicht zwangsläufig eine Folge höherer Weibchen-Mortalität sein. Die Ursache kann durchaus im höheren Weibchen-Anteil zu suchen sein, wie er lokal zur Zugzeit (im Herbst Jagdzeit) vielerorts zu erwarten ist. Der Jäger wird, falls ihm Zeit für die Wahl bleibt, den Erpel bevorzugen, so daß durch die Jagd eher mit einer stärkeren Dezimierung der männlichen Tiere zu rechnen ist. Größere Wahrscheinlichkeit besitzt die bereits von Mc Ilhenny (1940) geäußerte Auffassung, daß die weiblichen Tiere bei Enten eine geringere Lebenserwartung besitzen als die männlichen, wobei die größere Gefährdung beim Brutgeschäft und beim Führen der Jungen maßgeblich sein dürfte. Bezzel (1959) gelangte durch Untersuchungen im Ismaninger Teichgebiet (BRD) zu bemerkenswerten Einsichten in das unterschiedliche Wanderverhalten von Männchen und Weibchen bei verschiedenen Entenarten.

Rückschlüsse auf das für die Fortpflanzung relevante Geschlechterverhältnis zur Brutzeit lassen sich aus Ermittlungen außerhalb der Fortpflanzungsperiode nicht ziehen. Das Zahlenverhältnis wird durch exogene und endogene Faktoren (Witterung, Nahrungsangebot, unterschiedliches Wanderverhalten) stark beeinflußt und kann lokal außerordentlich variieren.

Nicht selten ist durch Ringfundanalysen bestätigt worden, was von Zählungen her zu vermuten war. Perdeck und Clason (1983) stellten bei der Analyse von Ringfunden in den Niederlanden beringter Krick-, Pfeif- und Spießenten fest, daß die Männchen vor den Weibchen die Brutgebiete verlassen. Die Weibchen folgen ihnen, ziehen im Hochwinter jedoch weiter südwärts als die Männchen. Bei der Stockente überwintern beide Geschlechter im gleichen Gebiet. Stockenten verpaaren sich größtenteils bereits im Herbst, was das ausgewogene Geschlechterverhältnis im Winter erklärt. Im Unterschied zur Stockente verpaaren sich Krickenten erst im Februar.

Nach Lebret (1982) waren an einem Rastplatz für Löffelenten in den Niederlanden im September/Oktober fast nur Erpel anwesend (Weibchen 10 bis 15 %). Das deutet darauf hin, daß die Weibchen mit den Jungen sich auch im Herbst stärker zerstreuen oder früher das Gebiet verlassen als die Erpel.

Bei einigen Arten (Reiher- und Tafelenten) beginnen die Erpel die Herbstwanderung vor den Weibchen, was längs der Wanderroute eine Dominanz der Erpel bewirkt. Genau entgegengesetzt verhalten sich nach NILSSON (1970b) Schellenten sowie Gänse- und Zwergsäger. Bei diesen Arten brechen die Weibchen mit den diesjährigen Jungen vor den Männchen zur Herbstwanderung auf.

Das Geschlechterverhältnis der im Herbst und Winter an dänischen Rast- und Überwinterungsplätzen erscheinenden Schellenten wurde von JEPSEN (1978) untersucht. An zwei benachbart liegenden Plätzen lag der Erpel-Anteil im Herbst nur bei 20 %, wohingegen er an einem an der dänischen Westküste gelegenen Platz (Nissum-Fjord) zur gleichen Zeit bei 70 % lag. Im Spätwinter stieg der Erpel-Anteil auch an den beiden anderen Plätzen beträchtlich an (44 bis 54 % bzw. 54 bis 63 %). Die Anzahl der an den Rastplätzen vorhandenen jungen Männchen unterlag ebenfalls beträchtlichen Schwankungen. Übereinstimmend mit NILSSON (1967) führt JEPSEN (a. a. O.) die Veränderungen auf Zugbewegungen zurück. NILSSON (1967) schloß auf früheren Aufbruch der Weibchen und der diesjährigen Jungvögel aus den hohen Weibchen-Anteilen an der schwedischen Küste. Erst im Winter folgen die Männchen. In diese Feststellungen fügen sich die in Bayern von BEZZEL (1968) und in den Niederlanden von LEBRET (1961) erzielten Ergebnisse gut ein. In Bayern liegt der Anteil der Erpel im Winter bei 35 bis 40 %, in den Niederlanden bei 30 % oder darunter.

Unterschiede im Geschlechterverhältnis können auch in der Wahl des Aufenthaltsortes begründet sein. NILSSON (1970b) sah Weibchen der Reiher- und Schellente in vergleichsweise größerer Anzahl in flacherem Wasser, was er auf ge-

**Abb. 2/15**
Prozentualer Erpelanteil in Schellenten-ansammlungen in drei benachbarten Gebieten von November 1975 bis Februar 1976 (aus CAMPBELL 1977)

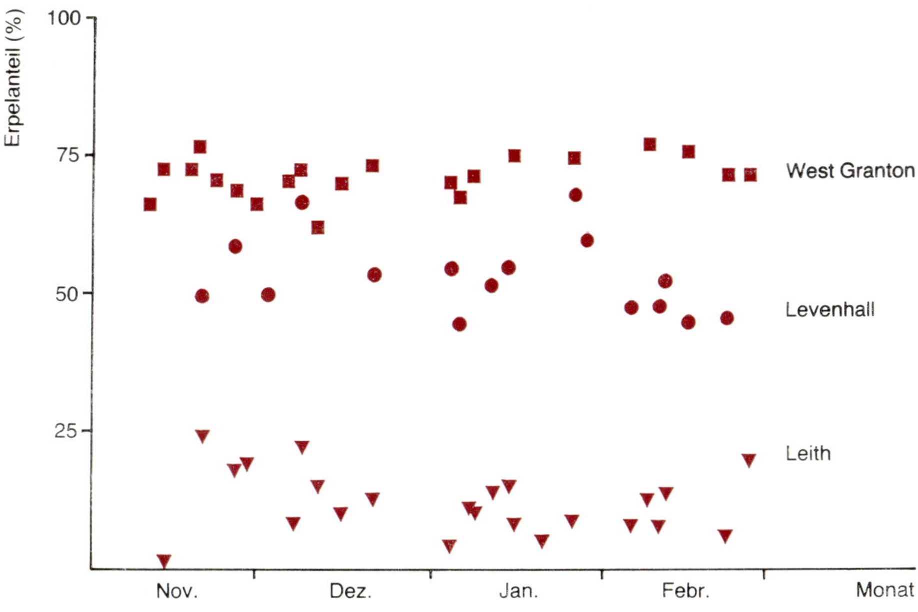

schlechtsspezifische Unterschiede in der Technik der Nahrungsaufnahme zurückführt. CAMPBELL (1977) untersuchte den Anteil an adulten Männchen in Ansammlungen von Schellenten, die an benachbarten Plätzen überwinterten. Die Unterschiede waren beträchtlich (Abb. 2/15). Die Ursache für die ungleiche Verteilung sieht CAMPBELL (a. a. O.) in der Windexposition der Plätze. Weibchen und Jungtiere halten sich bevorzugt an windgeschützten Plätzen auf.

## Sozialstruktur

Wildenten sind gesellige Vögel. Den größten Teil ihres Lebens verbringen sie in größeren oder kleineren Trupps zusammen mit Artgenossen und in Gemeinschaft mit anderen Arten. Nach erfolgter Paarbildung sondern sich die Paare zwar von den Ansammlungen ab, doch die Trennung vollzieht sich allmählich, und die Absonderung ist undeutlich, zumal sich Männchen und Weibchen unterschiedlich verhalten. Die großen Winterscharen lösen sich im Frühling auf, doch bei den häufigeren Arten leben in Gebieten mit hoher Siedlungsdichte auch während der Brutzeit kleine Trupps, in denen gewöhnlich die Männchen überwiegen, gesellig. Die Junggesellentrupps sind Treffpunkte für verpaarte Männchen. Zu Beginn der Brutzeit besuchen sie diese nur gelegentlich, dann immer regelmäßiger, schließlich bleiben sie dort. Die Erpelansammlungen nehmen mit dem Fortschreiten der Brutzeit an Größe und Stabilität zu.

Insgesamt ist über das Geselligkeitsverhalten im Frühjahr zu wenig bekannt. Schellenten konzentrieren sich zur Zeit der Dämmerung, indem die tagsüber weit verteilten Tiere aufeinander zuschwimmen und eine geschlossene Ansammlung bilden. Sie tun das allerdings nur im März (LINSELL, 1969). Nach Feststellungen von BARFKNECHT (1986) ändern sich die Gruppengrößen während des Jahres in charakteristischer Weise. Stock-, Krick- und Tafelenten sammeln sich im Sommer in großen Scharen. Im Winter bevorzugen diese Arten das Zusammensein in mittleren und kleinen Scharen. Der Autor nimmt an, daß die Änderungen der Gruppengröße gesetzmäßig sind und einer endogenen Rhythmik folgen. Durch variable Gruppengrößen soll es den Enten besser gelingen, vorhandene Nahrungsquellen zu nutzen.

Ob es sich bei Ansammlungen von Enten um Sozialstrukturen handelt, bei denen zwischen den Individuen einer Gruppe ein längerdauernder Zusammenhalt besteht oder Anonymität vorherrscht, ist nicht bekannt. Die Untersuchungen von TAMISIER (1974) und TAMISIER und TAMISIER (1981) bestätigen zwar, daß sich aus Krickentenansammlungen zur Nahrungssuche gleichbleibende Trupps herauslösen und zu bestimmten Plätzen fliegen, doch damit ist der Zusammenhalt der Individuen eines Trupps noch nicht bewiesen. BARFKNECHT (1986) hält es für möglich, daß die Gesellschaftsspiele männlicher Stockenten im Herbst nicht Teil der Balz sind, sondern der Prägung der Artgenossen aufeinander dienen und zum Gruppenzusammenhalt beitragen. Im Sinne stabiler Trupps werden auch die Befunde POSTONS (1974) gedeutet, der kanadische Löffelenten farbig markierte und feststellte, daß diese im folgenden Jahr in das gleiche Gebiet zurückkehrten. Auch in diesem Falle ist eher an Geburtsorttreue als an stabile Sozialstrukturen zu denken.

Im Paar- und Familienzusammenhalt unterscheiden sich Enten und Gänse in auffälliger Weise. Bei beiden Gruppen sammeln sich die Individuen außerhalb der Brutzeit in großen Ansammlungen an Plätzen mit ergiebigen und gut ausbeutbaren Nahrungsquellen. Bei den Tauchenten ist der Zusammenhang zwischen Ernährungsweise und Verteilung offenkundig. Ob allein darin der Grund für die Geselligkeit zu suchen ist, bleibt fraglich. Gründelenten brauchten sich aus ernährungsökologischen Gründen im Herbst und Winter nicht so stark zu sammeln wie sie es tun. Tauchenten sammeln sich ebenfalls nur an wenigen Plätzen, obwohl Nahrung an vielen anderen verfügbar ist. Nach YDENBERG und PRINS (1984) sammeln sich herbivore Arten eher in großen Scharen als carnivore. Das trifft jedoch nicht zu. – Es muß also andere Gründe geben, die Aggregationen begünstigen. Die Neigung sich zu sammeln und Gemeinschaften zu bilden, gehört zum genetisch fixierten Verhaltensrepertoire von Enten. Von den äußeren Bedingungen (Nahrung und deren Verfügbarkeit, Witterungsbedingungen) hängt es ab, wo die Ansammlungen erfolgen. Die Größe der Scharen ist eine Funktion der Populationsdichte. – Bei den Tauchenten genügt allein die Anwesenheit von Artgenossen an bestimmten Plätzen, um andere zum Einfallen zu veranlassen. Je größer die Ansammlung, desto größer ist deren Attraktanz. Dieses Verhalten ist für den Ankömmling vorteilhaft. Es verbessert seine Chance, ergiebige Nahrungsquellen vorzufinden. Er spart Zeit für eigene Nahrungssuche. Ist ein Nahrungsgebiet nahezu erschöpft, dann müssen neue erkundet werden. Zunächst werden es nur wenige sein, die zur Suche aufbrechen und damit Basen für neue Aggregation schaffen. Die neuen Nahrungsgründe können später mühelos von den anderen aufgesucht und ausgebeutet werden. Für die Population als Ganzes ist dieses Verhalten vorteilhaft.

Ansammlungen von Tausenden und Zehntausenden Gründelenten an Winterrastplätzen sind keineswegs ungewöhnlich. Den größten Teil des Tages verbringen die Enten mit Gefiederpflege (Komfortverhalten), Sonnenbaden und Schlafen, also ausschließlich mit Verhaltensweisen, in denen die Wachsamkeit zwangsläufig vermindert ist. Dieser Nachteil entfällt in Aggregationen, weil die wachsamen Tiere, selbst wenn es nur wenige sind, die Gruppe bei Gefahren durch Auffliegen oder durch Laute warnen können. Bei Wildgänsen ist der Zusammenhang zwischen Gruppengröße und Wachsamkeit gut untersucht (Lit. bei RUTSCHKE, 1987).

Ein weiterer Vorteil, der sich aus der Geselligkeit ergibt, betrifft die besseren Chancen für erfolgreiche Paarbildungen (TAMISIER, 1985).

Es lassen sich zwei Formen von Vergesellschaftung unterscheiden: arteigene und zwischenartliche (gemischte) Verbände. In der Regel halten die an einem Gewässer vorhandenen Individuen einer Art stärker zusammen als mit Individuen anderer Arten. Wo sich viele Enten sammeln, gibt es Trupps mit wenigen artfremden Tieren und mit wechselnd hohem Anteil an artfremden Tieren. Derartige Dominanzmuster sind bisher nicht näher untersucht worden. Das gilt insgesamt für das Problem der zwischenartlichen sozialen Attraktanz. Hinweise auf bestimmte Gesetzmäßigkeiten im gemeinsamen Auftreten bestimmter Arten gehen bis in die ersten Jahrzehnte dieses Jahrhunderts zurück. Von SCHUSTER (1934) wurden Schellente und Zwergsäger als »Unzertrennliche« bezeichnet. Die sprachliche Überhöhung sollte das häufig zu beobachtende gemeinsame Auftreten unterstreichen.

Der Anschluß an Artgenossen ist im Tierreich weit verbreitet und wird deshalb als selbstverständlich hingenommen. Beim Erkennen der Artzugehörigkeit spielen bei Enten optische Muster die ausschlaggebende Rolle. Die Ursachen, die dem gemeinsamen Auftreten von Individuen einer Art in Form von Freß- und Fluggemeinschaften am Rast- und Überwinterungsplatz zugrunde liegen, dürften neben den erwähnten innerartlichen Vorgängen (z. B. Partnerwahl) in

Vorteilen zu suchen sein, die sich für die Überlebenschance des Individuums aus der Zugehörigkeit zu einer Gruppe ergeben. Dabei kann es sich darum handeln, daß in der Gruppe bessere Möglichkeiten zum Nahrungserwerb bestehen oder besserer Schutz vor Predatoren gegeben ist. Entsprechende Untersuchungen liegen für andere Vogelarten und auch für Wildgänse in größerem Umfange vor (Lit. bei RUTSCHKE, 1987), für Enten fehlen sie.

Von der Lebensweise der meisten Entenarten her läßt sich vermuten, daß sich aus der Geselligkeit am ehesten Vorteile für den Nahrungserwerb ergeben. Das gilt besonders für Tauchenten.

Nahrungsreiche Gewässerabschnitte werden durch einen nahrungsuchenden Trupp mit viel größerer Wahrscheinlichkeit und eher aufgefunden als von einzelnen Tieren. Dementsprechend ist damit zu rechnen, daß die intensiv nahrungtauchende Schellentengruppe eine hohe Attraktanz für überhinfliegende Artgenossen hat, diese zur Landung gewissermaßen »einlädt«. Beweise für die Attraktanz äsender Wildgänse für überhinfliegende Artgenossen wurden von DRENT et al. (1978/79) geliefert. Das Auffinden zusagender Aufenthaltsorte nach lokalen größeren Wanderungen wird ebenfalls durch den Zusammenhalt in Fluggemeinschaften erleichtert.

Bei der Suche nach möglichen Vorteilen, die sich aus dem intraspezifischen Zusammenhalt ergeben, darf nicht übersehen werden, daß Sozialverhalten und Fortpflanzung bei Enten eng zusammenhängen. Die soziale Balz der Erpel beginnt bereits im Herbst, und Stockenten sind im Herbst schon zu einem beachtlichen Teil verpaart. Damit ist natürlich nichts darüber ausgesagt, ob es diese Spezifika des Fortpflanzungsverhaltens sind, die die Bildung von Rast- und Überwinterungsplatz-Gemeinschaften begünstigt haben oder ob diese – aus ganz anderen Gründen entstanden – die Ausbildung des geselligen Balzverhaltens begünstigt haben.

Der starke Einfluß ökologischer Faktoren auf das Zustandekommen, die Dauerhaftigkeit und die Dynamik intraspezifischer Ansammlungen ist unverkennbar und dementsprechend der intraspezifische Zusammenhalt bei ökologisch spezialisierten Arten stärker als bei euryöken. Stockenten bilden auf Gewässern, die sie sich mit mehreren Entenarten teilen, artreine Trupps, schwimmen als Einzeltiere oder Trupps unterschiedlicher Größe mit anderen Arten, und zwar sowohl mit anderen Gründel- als auch mit Tauchenten. Beim Durchmustern rastender Entenscharen fällt auf, daß auch Krickenten sowohl in artreinen Trupps zusammenhalten als auch unregelmäßig zwischen den anderen Arten verteilt sind. Gänsesäger verhalten sich anders. Die an einem Gewässer anwesenden sind entweder in Trupps vereint oder schwimmen vereinzelt. Nur ausnahmsweise schließen sie sich anderen Arten an oder dulden andere in ihrer Gemeinschaft.

Für diese Unterschiede im inner- und zwischenartlichen Verhalten kommen verschiedene Ursachen in Frage. Bei der Stockente ist die Bewegungsaktivität tagsüber stark herabgesetzt. Der Aufenthalt auf dem Gewässer dient der Ruhe und dem Komfortverhalten, nicht aber der Nahrungsaufnahme. Aus dem Zusammensein mit Artgenossen erwachsen keine besonderen Vorteile. Lockere, unregelmäßige Verteilungsformen sind das Ergebnis. Das Verhalten ändert sich mit dem abendlichen Abflug zu den Äsungsplätzen. Schon der zeitgleiche Aufbruch deutet auf beginnende Sammlung. An den Futterplätzen finden sie sich dann entweder in artreinen Verbänden oder in Gemeinschaft von Enten mit gleichem Aktivitätsmuster und übereinstimmenden Nahrungsansprüchen ein

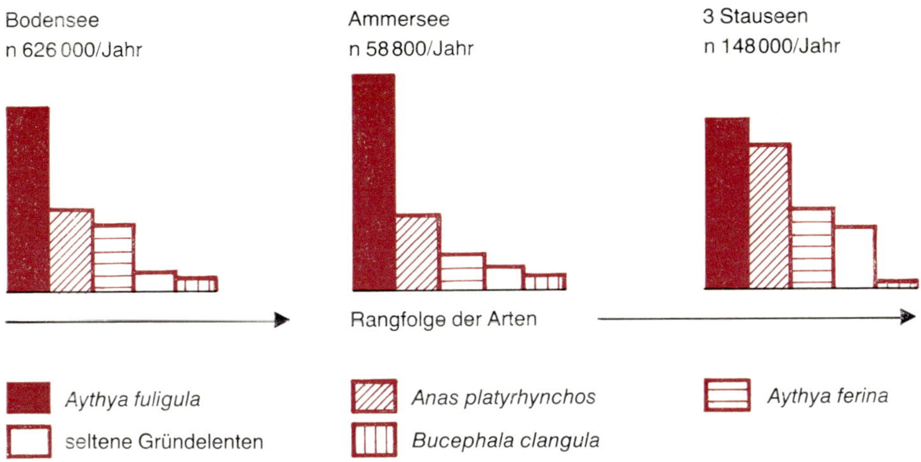


**Abb. 2/16**
Dominanzmuster von Entenarten auf Gewässern mit unterschiedlicher Tiefenzonierung; Wintersummen 1979/80 bis 1981/82 (aus BEZZEL 1986)

(Stockente mit Krickente). Beim Gänsesäger steht das Auftreten in artreinen Trupps häufig mit gemeinsam praktizierter Nahrungssuche im Zusammenhang (Fischfang in kollektiver Form). Häufig bilden Reiher- und Schellenten Ansammlungen, zu denen gewöhnlich auch Bleßrallen gehören. In diesem Falle bewirken die gemeinsamen Nahrungsansprüche die zwischenartliche Ansammlung. Nicht eine besondere soziale Attraktanz, sondern die Verteilung der dominierenden Nahrungskomponenten führen die Arten zusammen.

Diese und andere sich aus bloßer Beobachtung und dem Vergleich der Lebensweise aufdrängenden Sachverhalte sind bislang kaum Gegenstand genauerer Untersuchungen gewesen. Mit den Dominanzstrukturen in gemischten Entenansammlungen und deren Dynamik hat sich BEZZEL (1986) beschäftigt. Er nutzte dazu das umfangreiche Datenmaterial, das bei den 18jährigen Schwimmvogelzählungen an südbayerischen Gewässern anfiel. Dabei zeigte sich, daß die Artengesellschaften auf den verschiedenen Gewässern relativ stabil sind. Es treten Muster in der Zusammensetzung auf, die von den differierenden Gegebenheiten an den untersuchten Gewässern abhängen (Abb. 2/16).

Interspezifische Konkurrenz spielt bei der Strukturierung der binnenländischen Rastplatzgemeinschaften keine entscheidende Rolle. Beim Brüten unter kolonieartigen Bedingungen ist das anders. PIENKOWSKI und EVANS (1982) haben Untersuchungen dazu bei der Brandgans *(Tadorna tadorna)* durchgeführt. Sie verglichen die Produktivität, die Populationsdynamik und das Verhalten von solitär und kolonial brütenden Brandgänsen miteinander und gelangten zu der Feststellung, daß die einzeln brütenden eine höhere Nachwuchsrate haben als dicht beieinander brütende. Erhöhter Feinddruck und zunehmende Aggressivität senken den Fortpflanzungserfolg. Es fehlen die Verhaltensmechanismen, die ein erfolgreiches geselliges Brüten ermöglichen. Mit Ausnahme der Brandente gibt es keine Hinweise auf Dominanzhierarchie in Entenansammlungen. PATTERSON (1977) fand in Winterscharen der Brandgans deutliche Unterschiede im sozialen Status der Erpel, und zwar sowohl in Gefangenschaft als auch in der freien Wildbahn. Die dominanten Erpel vertreiben die subdominanten von den Futterplätzen, was zu deutlicher Konditionsschwächung bei den unterlegenen Erpeln führen kann. Die ranghöheren Tiere treffen an den Brutplätzen früher ein als die rangniederen. Erstere wählen die optimalen Reviere, wodurch sich ihr Bruterfolg erhöht. Die ranghöheren Erpel sind gewöhnlich ältere Tiere. Der sich aus der Überlegenheit bei der Nahrungsaufnahme ergebende Vorteil wirkt sich auch auf die Masse aus.

## Reproduktion

Unter gleichmäßigen Umweltbedingungen wird in freilebenden tierischen Populationen der absterbende Teil der Population in etwa durch den Nachwuchs ersetzt. Die Größe der Population bleibt konstant, es herrscht populares Gleichgewicht (Schubert, 1986). Weitaus häufiger sind jedoch Veränderungen des Bestandes in Form von Wachstum oder Abnahme. Bestandsschwankungen sind zumeist Ausdruck von Verschiebungen des Gleichgewichts zwischen Zugang durch Geburten und Abgang durch Todesfälle. Bestandsabnahmen können also sowohl durch Rückgang der Geburten als durch erhöhte Sterblichkeit bedingt sein. Wie sich eine Population entwickelt, ob sie zu- oder abnimmt, läßt sich beurteilen, wenn die beiden wichtigen Kenngrößen, die Fruchtbarkeit (Fertilität) und die Sterblichkeit (Mortalität) bekannt sind. Auf beide wirken sehr verschiedene Faktoren, die sich addieren oder entgegengesetzt wirken können. In starkem Maße wirken Witterungsbedingungen, schädigende Umweltfaktoren (Mensch!), Nahrungsangebot und Predatoren.

Entengelege und Jungenten sind derartigen Einwirkungen in extremer Weise ausgesetzt. Dementsprechend sind die jährlichen Schwankungen im Reproduktionserfolg beträchtlich (z. B. Havlin, 1970). Es ist außerordentlich schwierig, alle die Fruchtbarkeit und die Mortalität beeinflussenden Faktoren zu erfassen und sie in ihrer Bedeutung abzuschätzen.

Von ihrer Fortpflanzungsbiologie her lassen sich die Enten am ehesten den sogenannten »r-selektionierten Arten« (r-Strategie) zuordnen. Sie haben relativ hohe Nachwuchsraten, sind früh brutreif, haben hohe Sterblichkeitsraten, eine geringe Lebenserwartung, und elterliche Fürsorge (Brutpflege) ist relativ gering ausgeprägt. r-selektionierte Arten sind an das Leben unter stark wechselnden Umweltbedingungen angepaßt. Die Populationen schrumpfen unter schlechten Bedingungen, günstige Situationen können aufgrund des hohen Fortpflanzungspotentials ausgenutzt werden, und die Populationen erholen sich rasch.

Die Mehrzahl der Gründelenten tendiert zu den r-selektionierten Arten, einige Meerenten zu den sogenannten K-selektionierten Arten. Zu den die Vermehrung betreffenden Fragen liegt ein umfangreiches Schrifttum vor. Eingehende Studien erfolgten in Nordamerika.

An Beispielen aus neueren und wichtigen älteren Arbeiten sollen im folgenden Abschnitt allgemeine Gesetzmäßigkeiten der Populationsentwicklung dargestellt werden. Auf die Reproduktion einzelner Arten wird nur eingegangen, wenn es die Verdeutlichung allgemeiner Aspekte erfordert. (Zu Sterblichkeit und Bruterfolg der Arten siehe Bauer und Glutz v. Blotzheim, 1968, 1969).

Obwohl Fruchtbarkeit und Mortalität eng zusammenhängen, erfolgt aus methodischen Gründen eine gesonderte Darstellung.

## Fruchtbarkeit (Fertilität)

Die Fruchtbarkeit einer Population ist gleichbedeutend mit der Fähigkeit, Nachkommen zu produzieren. Eine wichtige Kennziffer für diese Fähigkeit ist die Geburtenrate (Natalität), die durch die Ermittlung der Anzahl neuer Individuen pro Fortpflanzungsperiode und Fortpflanzungseinheit (Population) bestimmt wird (Schubert, 1985).

In der praktischen Anwendung muß zwischen maximaler (physiologischer, potentieller) und realisierter (ökologischer) Geburtenrate unterschieden werden. In Abhängigkeit von der Fortpflanzungsbiologie und den Umweltbedingungen kann zwischen diesen Größen eine erhebliche Differenz bestehen. Das trifft für die Mehrzahl der Entenarten zu.

Die Gelegegröße, die bei vielen Arten zwischen 6 und 12 Eiern liegt, läßt hohe Geburtenraten erwarten. Das trifft zu, wenn man die Geburtenrate (besser Schlupfrate) auf das einzelne Gelege bezieht. In der Tat gibt es Gelege, in denen aus allen Eiern Junge schlüpfen, die Schlupfrate also 100 % beträgt. Häufiger sind solche, in denen nur ein Teil der Jungen schlüpft, was unterschiedliche Ursachen haben kann: nicht alle Eier befruchtet, unzulängliche Bebrütung (Störungen bei der Brut!), Unterkühlung der Eier, Intoxikationen der Embryonen u. a. m. Noch bedeutsamer für die Beurteilung der Populationsentwicklung ist jedoch die Kenntnis der Schlupfrate der Fortpflanzungsgemeinschaft, die in einem größeren Gebiet ansässig ist. Hierbei wird die Anzahl der geschlüpften Jungen auf die Anzahl Brutpaare bzw. die Anzahl zur Brut geschrittener Weibchen bezogen. Bei diesem Verfahren sind in der Schlupfrate alle angefangenen oder durch irgendwelche Umstände verlorengegangenen Bruten berücksichtigt. Die Schlupfrate zeigt den Bruterfolg der Population an.

Über Bruterfolg in diesem Sinne liegt für Enten ein kaum übersehbares Schrifttum vor, wobei die Stockente an erster Stelle rangiert. In ihrer Monographie der Stockente führen Anderson et al. (1974) allein für diese Art fast 1000 Titel auf (nur Literatur seit 1930 und das deutschsprachige Schrifttum kaum berücksichtigt), davon allein 420 Arbeiten zum Thema Populationsökologie.

Nach Bezzel (1966) liegt die Schlupfrate bei Enten zwischen 2,8 und 9,5 Jungvögel/Brutpaar. Der untere Wert kann für Jahre mit schlechten Brutbedingungen und bestimmte Gebiete noch niedriger angesetzt werden, sogar Totalverluste sind einzukalkulieren. Der obere Wert dürfte nur unter extrem günstigen Bedingungen erreicht werden.

Über hohe Schlupfraten in manchen Jahren berichten Logminas und Petraitis (1972) für ein Untersuchungsgebiet in der Litauischen SSR. Bei einer durchschnittlichen Gelegestärke von 9,9 Eiern schlüpften zwischen 89 % und 97 % der Jungen. In der Arbeit fehlt allerdings der Hinweis darauf, ob sich die Angabe auf alle Brutpaare oder nur auf erfolgreich brütende bezieht. Ohne Kenntnis der Anzahl der Weibchen, die insgesamt zur Brut schritten, sind Angaben über Schlupfraten für die Beurteilung der Populationsentwicklung nicht verwertbar.

Bei Enten sind wie bei anderen bodenbrütenden Nestflüchtern stark wechselnde Bruterfolge normal. Sie sind in die »Reproduktionsstrategie« gewissermaßen »einkalkuliert«. Schlechte Jahre wechseln mit guten ab, und Bestandseinbußen können schnell ausgeglichen werden. Enten sind stark wechselnden Umweltbedingungen ausgesetzt und haben sich diesen durch ein hohes Fortpflanzungspotential angepaßt, das unter optimalen Bedingungen voll wirksam wird.

Die hohen Gelegeverluste durch Predatoren, durch Störungen während der Bebrütung und durch Witterungsunbilden werden innerhalb einer Fortpflanzungsperiode bis zu einem gewissen Grade durch die Fähigkeit, Nachgelege zu zeitigen, kompensiert. Besonders Stockentenweibchen beginnen nach Störungen zu Beginn der Brutperiode mit einer erneuten Brut. Die Gelegestärke in Nachgelegen ist allerdings kleiner als in Erstgelegen (Abb. 2/17). Dafür sind die Schlupfraten höher, was im besseren Schutz der Gelege durch höhere Vegetation und damit besserer Deckung begründet ist.

Ob ein Nachgelege gezeitigt wird oder nicht, hängt vor allem vom Zeitpunkt des Verlustes des Erstgeleges ab. Geht dieses verloren bevor die Ente zu brüten begann, dann ist eher mit einem Nachgelege zu rechnen als nach Brutbeginn. Ganz allgemein gilt die Regel, daß mit dem Fortschreiten der Bebrütung, also spätem Gelegeverlust, seltener mit einem Nachgelege zu rechnen ist als zu Brutbeginn. Es gibt jedoch bemerkenswerte Ausnahmen. So nennt Bjärvall (1969) einige Fälle, in denen Stockenten nach erfolgreichem Schlupf der Jungen unverzüglich mit einer neuen Brut begannen.

Nachgelege spielen eine wichtige Rolle für die Reproduktion in Stockentenpopulationen. Dabei kann sich das betreffende Weibchen sowohl mit dem ursprünglichen Gatten, einem anderen verpaarten Männchen oder mit einem zuvor unverpaarten Männchen paaren. Titman (1973) nimmt an, daß unverpaarte Männchen in dieser Hinsicht einen selektiven Vorteil gegenüber verpaarten haben. Elder und Weller (1954) sind der Auffassung, daß unverpaarte Männchen essentiell zur Reproduktivität durch Verpaarung bei erneutem Brüten beitragen. Humburg et al. (1978) fanden ebenfalls einen hohen Anteil von Weibchen, die bei erneutem Brüten ein neues Männchen wählten.

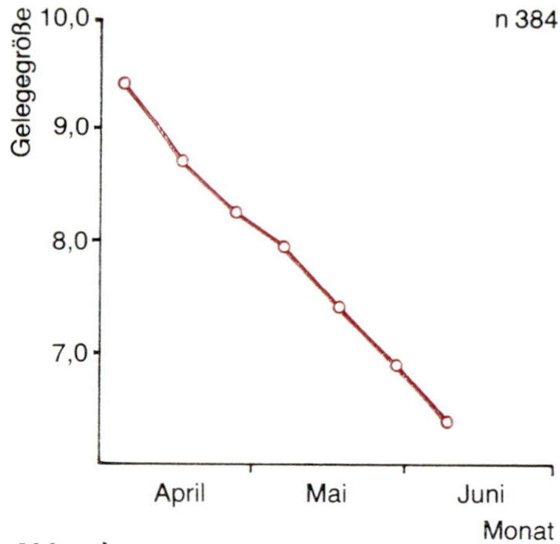


**Abb. 2/17**
Abhängigkeit der Gelegegröße vom Zeitpunkt des Legebeginns (aus Majewski 1986)

Der Beitrag, den einjährige Vögel am Reproduktionserfolg einer Population haben, ist in der Vergangenheit weit überschätzt worden. Nur 5 % der einjährigen Bergenten *(Aythya marila)* nisten erfolgreich. Einjährige Tiere schreiten außerdem später zur Brut und haben kleinere Gelege mit geringerer Durchschnittsmasse der Eier (Trauger, 1971; Munro, 1941; Grice und Rogers, 1965; Stotts und Davis, 1960).

Gegenwärtig sind wir weit davon entfernt, die Vielschichtigkeit der Faktoren, die auf die Fertilität einwirken, zu durchschauen. Die Gegebenheiten wechseln von Population zu Population, sind von Art zu Art und jährlich verschieden, hängen von der Populationsdichte, den vorkommenden Predatoren und natürlich auch vom Gesamtzustand der Population (Ernährung, Geschlechterverhältnis, Altersaufbau) ab. Diese verschiedenen Faktoren wirken in wechselnder Weise zusammen oder gegeneinander, so daß sich insgesamt das Bild stark fluktuierender Fertilität ergibt (Abb. 2/18). Die Ursachen für Verlustraten sind regional und jährlich extrem verschieden, so daß es ganz unmöglich ist, aus lokalen und gelegentlichen Feststellungen allgemeine Schlußfolgerungen abzuleiten.

## Sterblichkeit (Mortalität)

Es ist unmöglich, die auf die Sterblichkeit von Entenpopulationen einwirkenden Faktoren einigermaßen vollständig zu erfassen oder gar nach ihrer Wertigkeit zu ordnen. Ganz obenan steht die Jungensterblichkeit. Entenküken sind als wasserbewohnende Nestflüchter vom Schlupf an vielfältigen Gefahren ausgesetzt, obwohl sie besser in der Lage sind, ihre Körpertemperatur konstant zu halten als Küken von Hühnervögeln. Trotzdem gibt es erhebliche Unterschiede zwischen den Arten. Bei vergleichenden Untersuchungen stellten KOSKIMIES und LAHTI (1964) fest, daß Eiderenten und andere im Norden brütende Arten ihre Körpertemperatur mit geringerem ener-

**Abb. 2/18**

Veränderlichkeit der Gelegegröße, der erfolgreich bebrüteten Gelege und der Schofgröße (1960 bis 1980) in einem schwedischen Untersuchungsgebiet (aus FREDGA und DOW 1983)

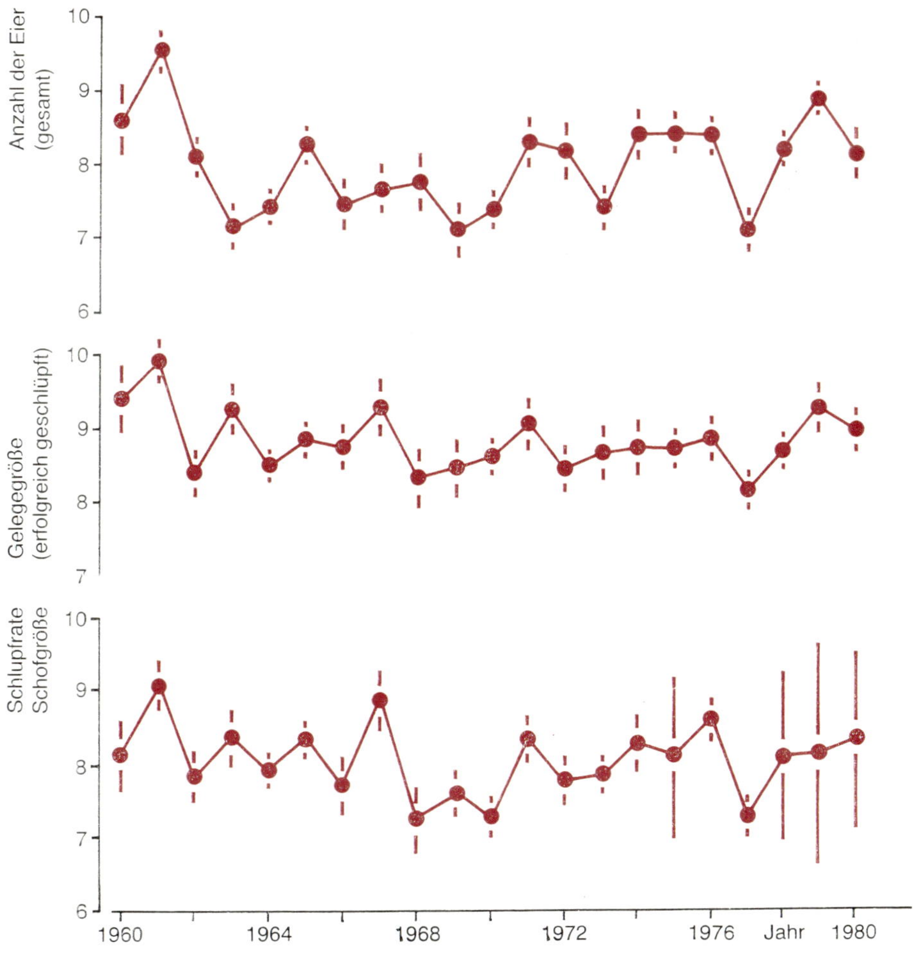

getischen Aufwand aufrechterhalten können als Stock- und Krickenten.

Die Jungensterblichkeit ist wohl bei allen Arten in den ersten Lebenswochen beträchtlich. Allein die Tatsache, daß die Aufzucht der Jungen allein dem Weibchen obliegt, schafft ein erhebliches Risiko. Nur in den ersten Tagen gelingt es der Mutter, die auseinanderstrebende Schar der Dunenjungen zusammenzuhalten. Trotz des vor Wärmeverlust und Durchnässung schützenden Dunenkleides und der Möglichkeit, bei Gefahr und schlechter Witterung das schützende Schilfdickicht aufzusuchen, besteht häufig die Gefahr der Unterkühlung oder des Zugriffs von Predatoren (Wasserratte, Rohrweihe).

In Mitteleuropa sind Entengelege in besonderem Maße durch Nebelkrähen bedroht. In Feuchtgebieten, in denen Enten in hoher Dichte brüten, spezialisieren sich diese auf die Entdeckung und anschließende Plünderung von Entennestern. Von erhöhten Sitzwarten aus beobachten sie das Gelände. Nach dem Auffliegen von Entenweibchen fliegen sie gezielt über das betreffende Gebiet und sind, wie die hohen Verlustquoten zeigen, nicht selten erfolgreich. Untersuchungen von Gorčkov (1984) am Kuibyschew-Stausee zeigten, daß bis zu 49 % der Entengelege durch Nebelkrähen zerstört werden.

Entenweibchen vermeiden es, ihre Jungen zu verlassen, weil die Gefahr des Verlustes während ihrer Abwesenheit sehr groß ist. Kurzzeitige Abwesenheit von 15 bis 75 Min. sind für Gründel- und Tauchentenarten nachgewiesen worden (Beard, 1964; Alison, 1976). Bevor die Mütter die Entenküken verlassen, führen sie diese an geschützte Plätze. Die Küken sind offensichtlich auf die Abwesenheit »vorbereitet«, denn sie verhalten sich ruhig. Es wird angenommen, daß die Entenmütter die Abwesenheit nutzen, um energiereiche Nahrung aufzunehmen und dadurch den mit der Bebrütung verbundenen Masseverlust schneller auszugleichen.

Häufig beschrieben wurde der Zusammenhang zwischen dem Zeitpunkt des Nestbaus und der Häufigkeit von Verlusten (Keith, 1961; Bengtson, 1972; Dzubin und Gollop, 1972; Newton und Campbell, 1975; Majewski, 1986). Diese Autoren sind sich darüber einig, daß die Gelege bei späterem Brutbeginn weniger bedroht sind, weil die Nester durch die bereits weiter entwickelte Vegetation gut geschützt angelegt werden können.

Je nach den örtlichen Bedingungen wechselt der Stellenwert der verschiedenen, die Reproduktion beeinflussenden Faktoren, und es können die Nester oder die Dunenjungen sein, die am stärksten bedroht sind. Gewöhnlich ist die Nestperiode (Eiablage und Bebrütung) der »Flaschenhals« für den Reproduktionserfolg. Nach kanadischen Untersuchungen gehen etwa 50 % der potentiellen Bruten in dieser Periode verloren (Dzubin und Gollop, 1972).

Die Ermittlung der Jungensterblichkeit bereitet erhebliche Schwierigkeiten. Es genügt nicht, die Abnahme der Kükenanzahl in einzelnen Schofen mit fortschreitendem Wachstum der Jungen zu registrieren, erforderlich ist der Vergleich der Gesamtanzahl flügger Jungvögel in einem definierten Gebiet. Diese Forderung ist in vielen Arbeiten, in denen über Jungensterblichkeit berichtet wird, nicht erfüllt. Sie ist aber unerläßlich, weil ansonsten die vielen Schofe unberücksichtigt bleiben, die gänzlich verlorengehen.

Die Entwicklung der Schofgröße läßt sich aus einem weiteren Grunde nicht als ausschließlicher Kennwert für die Jungensterblichkeit verwenden. Es gibt nämlich Fälle, bei denen die Schofgröße mit dem Älterwerden der Jungen sogar zunimmt, verursacht durch das z. B. bei der Stockente nicht seltene Adoptieren

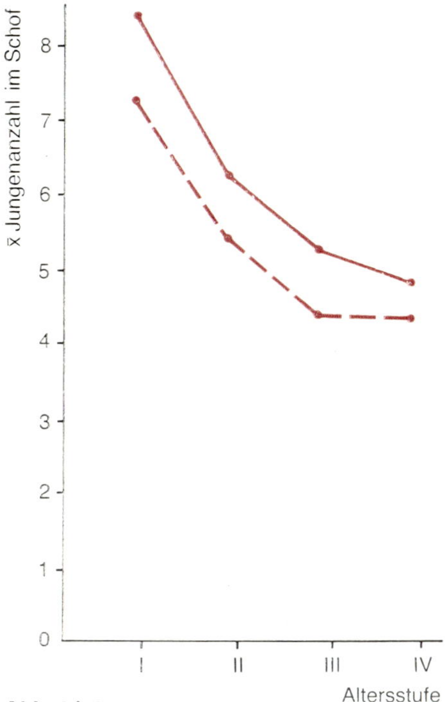


**Abb. 2/19**
Jungensterblichkeit in den ersten Lebenstagen (nach CREUTZ 1971)
—— Stockente, ---- Tafelente
I 1–3d II 4–12d III 13–20d IV 21–34d

fremder Jungvögel bzw. die Aufnahme ganzer Schofe, wenn die Mutter verlorenging (BAUER und GLUTZ v. BLOTZHEIM, 1968).

Trotz erheblicher jährlicher, regionaler und interspezifischer Unterschiede darf davon ausgegangen werden, daß die Jungensterblichkeit in den ersten Lebenstagen besonders hoch ist und dann stark zurückgeht (Abb. 2/19). Hohe Jungensterblichkeit in den ersten Lebenstagen stellte auch CREUTZ (1971) bei Stock- und Tafelenten fest. Bei mehrjährigen Untersuchungen an Schnatterentengelegen ermittelten BALAT und FOLK (1968) eine Verlustquote von 40 % (aus 499 Eiern schlüpften 299 Junge). Die hohen Verlustraten während der ersten 10 Lebenstage sind sowohl für die früh brütende Stockente als auch für spät brütende Arten (Tafel- und Reiherente) kennzeichnend. Bei den spät brütenden Arten sind die Verluste insgesamt nicht so groß wie bei zeitig brütenden. Dafür steht diesen Arten weniger Zeit für Nachgelege zur Verfügung.

Die Ursachen für die hohe Sterblichkeit in den ersten Lebenstagen liegen nicht allein in der hohen Anfälligkeit gegenüber Krankheiten, sondern in der Wehrlosigkeit gegenüber Predatoren und schlechten Witterungsbedingungen. Entenküken verfügen über geringe Energievorräte (KEAR, 1965), die nur wenige Tage reichen, so daß aus ungünstiger Witterung resultierende schlechte Ernährungsbedingungen zu nicht kompensierbaren Energieverlusten führen. Jeder Faktor, der dazu beiträgt, die Wärmeverluste zu erhöhen, trägt auch zur Reduktion der Nahrungsreserven und zum Verlust der Zeit für Nahrungsaufnahme bei, weil mehr Zeit für Hudern benötigt wird. Der negative Effekt, den kalte Witterung ausübt, wird durch die schlechtere Erlangbarkeit von Insekten oder deren Larven weiter verstärkt.

Bei den Predatoren, die Entengelege und Jungenten zu nutzen wissen, nimmt die Nebelkrähe in Mitteleuropa eine Spitzenstellung ein. Das liegt an ihrer Häufigkeit und ihrer Fähigkeit, sich auf das im Jahresverlauf wechselnde Nahrungsangebot einstellen zu können, gepaart mit entsprechender Gelehrigkeit beim Auffinden von Nestern. Ihr Erfolg wächst, wenn Enten durch Beunruhigung zum häufigen Verlassen der Nester veranlaßt werden. Außer Krähen plündern Elstern, an der Küste Möwen sowie Fuchs und Ratte Entengelege bzw. erbeuten Jungenten. Greifvögel spielen als Predatoren keine nennenswerte Rolle, die Rohrweihe, wenn sie einigermaßen häufig vorkommt, ausgenommen. FESTETICS (1967) nennt die Waldohreule als Gefahrenquelle für Entenküken. Die Entenmütter suchen in der Abenddämmerung die freie Wasserfläche auf, um dort mit den Küken die in großen Mengen dicht über der Wasseroberfläche schwärmenden Insekten zu fangen. Für die Waldohreule soll das eine günstige Gelegenheit sein, leichte Beute zu machen: »Lautlos fliegt die Waldohreule ebenfalls knapp über dem Wasser und hebt mit einer ›Hand‹ die Küken auf, wobei weder Jung- noch Altvögel Alarmsignale geben.«

Im Vergleich zu den vielen Arbeiten über Gelegezerstörung durch Predatoren (z. B. HILDEN, 1964; HAVLIN, 1966a, b, 1971; BENGTSON, 1972; NEWTON und CAMPBELL, 1975; DUEBBERT und LOKEMOEN, 1976) gibt es nur wenige, in denen auf den Zusammenhang zwischen Nestdichte und Gelegezerstörung eingegangen wird. Für die Stock- und Reiherente ist dichteabhängige Gelegezerstörung durch Predatoren von HILL (1984) nachgewiesen worden. Die Ergebnisse derartiger Untersuchungen sind abhängig vom Zeitpunkt (Beginn oder Ende) der Legeperiode, der Artzugehörigkeit des Räubers und der Vegetation, in der die Enten brüten. In hoher Vegetation beispielsweise können die Nester bei gleichem Predatorendruck viel dichter stehen als in niedriger.

RUTSCHKE et al. (1973) fanden in einem gut besetzten Brutgebiet zu Beginn der Brutperiode bis zu 25 % zerstörte oder ohne ersichtlichen Grund verlassene Nester der Tafelente. Der Prozentsatz stieg in der Hauptbrutperiode bis auf 50 %. Zu den durch äußere Faktoren bewirkten Verlusten treten auf »sozialem Streß« beruhende, was die Verlustrate auf insgesamt 60 bis 70 % erhöhte.

In gleicher Weise wie hohe Vegetation wirkt sich das Brüten in Möwenkolonien aus (z. B. NEWTON und CAMPBELL, 1975). Die Möwen vertreiben die potentiellen Predatoren, wovon auch die miteinwohnenden Enten partizipieren. Bei Arten, die stellenweise in hoher Dichte brüten, wie die Brandgans, wurde auch eine dichteabhängige Jungensterblichkeit nachgewiesen (MAKEPEACE und PATTERSON, 1980). Bei zunehmender Dichte wächst die Anzahl aggressiver Attacken zwischen den Männchen und gegenüber fremden Jungvögeln.

Neben klimatischen Faktoren und Predatoren können Schwankungen des Wasserspiegels den Bruterfolg erheblich beeinträchtigen. Das gilt insbesondere für die Reiher- und Tafelente, die Nester direkt am Wasser bauen. Die Nester, die fest mit der Unterlage verbunden sind, können Schwankungen des Wasserspiegels nicht folgen. Bei experimentellen Untersuchungen im Teichgebiet bei Ledniče (ČSSR) stellte HUDEC (1979) fest, daß die Nester dieser Arten überflutet werden und die Gelege vollständig verlorengehen. Weniger gefährdet sind die der Stockente, weil die Nester an verschiedenen Standorten gebaut werden. Ebenso gefährdet wie in natürlichen Überschwemmungsgebieten sind Entennester an Stauseen. GORČKOV (1984) ermittelte bis zu 21 % Gelegeverluste bei Wasseranstau am Kuibyschew-Stausee.

Schwankungen des Wasserspiegels gehören in den Flußtälern Mitteleuropas trotz der Anlage von Stauseen (und sogar in deren näherer Umgebung) und Flachlandspeichern noch immer zu den Ereignissen, die die Nachwuchsraten der Enten in unregelmäßigen Abständen drastisch beeinflussen. An den Prärieseen Nordamerikas, den »Potholes«, sind sie ebenfalls von erstrangiger Bedeutung für den Bruterfolg (LINDUSKA, 1964).

Es besteht kein Zweifel daran, daß Unruhe im Brutgebiet von brütenden Enten als Störung empfunden und mit dem Verlassen des Nestes beantwortet wird. In extremen Fällen wird das Gelege gänzlich aufgegeben. Nicht jede Form menschlicher Aktivität wirkt jedoch als Störfaktor. BALAT (1969a) hat

**Tabelle 2/4**
Höchstalter von Enten. Bisher nachgewiesenes Alter bei Gefangenschaftsvögeln und beringten Tieren in Freiheit. – In Klammern Mindestalter aus ungenau definierten Ringfundangaben (aus BEZZEL, 1972a)

| Art | Gefangenschaft | Freiheit |
|---|---|---|
| Stockente | 29 Jahre | mindestens 20 Jahre |
| Pfeifente | $24^1/_2$ Jahre | (10 Jahre, 1 Monat) |
| Krickente | 17 Jahre | (mindestens 8 Jahre) |
| Schnatterente | | mindestens 17 Jahre |
| Spießente | über 20 Jahre | 16 Jahre, 7 Monate |
| Knäkente | | (8 Jahre, 10 Monate) |
| Löffelente | 18 Jahre, 11 Monate | (9 Jahre, 9 Monate) |
| Kolbenente | mindestens 15 Jahre | |
| Tafelente | 22 Jahre | |
| Reiherente | 18 Jahre, 7 Monate | mindestens 13 Jahre |
| Bergente | mindestens 21 Jahre | mindestens 14 Jahre |
| Eiderente | 8 Jahre | |
| Eisente | mindestens 13 Jahre | mindestens 14 Jahre |
| Trauerente | mindestens 13 Jahre | 15 Jahre, 11 Monate |
| Samtente | | mindestens 11 Jahre, 7 Monate |
| Schellente | 15...20 Jahre (?) | (7 Jahre, 11 Monate) |
| Zwergsäger | 10 Jahre | |

das Problem wiederholter Beunruhigung brütender Stockenten speziell untersucht. Er stellte fest, daß beispielsweise Verkehrslärm in Nestnähe durchaus toleriert wird, wohingegen eine Person, die sich längere Zeit in Nestnähe aufhält (z. B. Angler!) die Aufgabe des Nestes bewirken kann.

Die Angaben über den Prozentsatz verlassen aufgefundener Gelege variieren stark (BRUCHHOLZ, 1965; MELDE, 1962; NEMČEV, 1956), und es fehlen Angaben über die Ursachen. Gelegeverluste bei der Stockente reichen von nahezu totalem (z. B. 4 erfolgreich erbrütete von 43 angelegten am Rybinsker Stausee, NEMČEV, 1956) über eine lückenlose Skala bis hin zu nur 10 % Verlust (OGILVIE, 1964). Eine Aufzählung der zahlreichen Befunde erübrigt sich, weil Gesetzmäßigkeiten oder Regelmäßigkeiten fehlen. Selbst in benachbarten Gebieten kann der Bruterfolg ganz verschieden sein, ganz zu schweigen von den jährlichen Schwankungen.

Für andere Entenarten liegen keine Untersuchungen über die Ursachen, die zum Verlassen des Nestes führen, vor. Daß selbst bei Arten, die das Nest sehr versteckt anlegen, eine große Anzahl von Nestern ohne ersichtlichen Grund verlassen wird, bestätigt ein von KORTEGAARD (1968) mitgeteilter Befund. In dem von ihm untersuchten Gebiet wurden 27 % der Nester des Mittelsägers verlassen.

Besonders zu Beginn der Brutzeit reagieren Enten außerordentlich empfindlich auf Störungen. Nach NEWTON und CAMPBELL (1975) kommt es nach Nestkontrollen zu erheblichen Verlusten, die durch Nachgelege nicht ausgeglichen werden. Wenn man die Jungensterblichkeit der Gründel-, Tauch- und Meerenten miteinander vergleicht, dann stehen die Gründelenten an erster Stelle, gefolgt von den Tauch- und Meerenten.

## Alterssterblichkeit

Nach dem Flüggewerden geht die Sterblichkeit im Vergleich zur Jugendphase

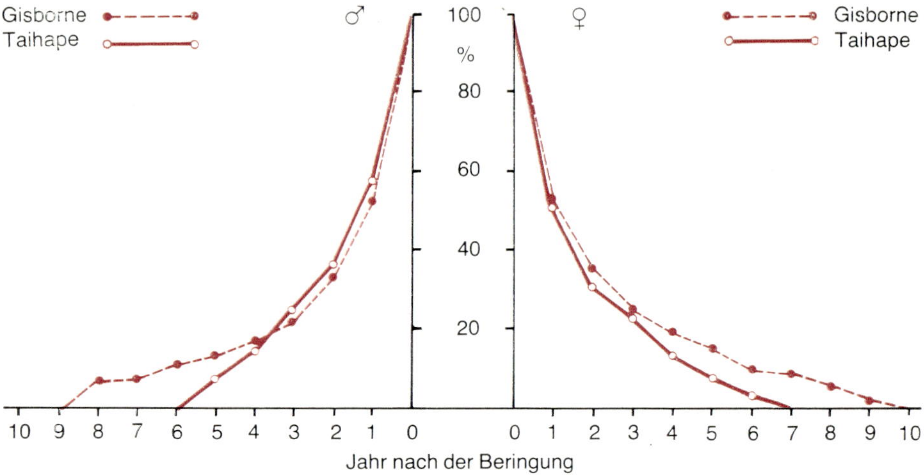


**Abb. 2/20**
Überlebenskurve männlicher und weiblicher Paradies-Brandgänse (in zwei verschiedenen Gebieten beringt) (nach WILLIAMS 1974)

zwar stark zurück, doch im ersten Lebensjahr ist sie größer als im späteren Leben, wobei die Bejagung eine große Rolle spielt. Sind die Gefahren des ersten Herbstes und Winters überwunden, dann steigen die Chancen für die weitere Lebenserwartung. Die Sterblichkeit unterliegt keinen weiteren altersbedingten oder vom Geschlechte abhängigen Unterschieden. Obwohl Stockenten in Einzelfällen in freier Wildbahn bis zu 20 Jahren alt werden, liegt die durchschnittliche Lebenserwartung nur bei 2 bis 3 Jahren. HUDEC (1967) errechnete aus Wiederfundmeldungen beringter Stockenten eine Sterblichkeit von 61,5 % im ersten Lebensjahr (vom Zeitpunkt des Flüggewerdens bis zum nächsten Frühjahr) und von 34,1 % in den nachfolgenden Jahren. Es kommen also nur 40 % in die Brutgebiete zurück.

Die Sterblichkeit wird ermittelt, indem man den Prozentsatz der Individuen ermittelt, die ein bestimmtes Alter nicht erreichen, bezogen auf alle zu Beginn des Zeitraumes vorhandenen. Um zu genauen Werten zu gelangen, ist es notwendig, die artspezifische Lebenserwartung und das genaue Alter einer hinreichend großen Anzahl von Individuen zu kennen.

Lebenserwartung ist die Zeitspanne, die ein Tier bestimmter Altersklasse durchschnittlich noch zu leben hat. Das mögliche Höchstalter (s. Tab. 2/4) und die durchschnittliche Lebenserwartung weichen bei Enten erheblich voneinander ab (Abb. 2/20). Zur Bestimmung des Altersaufbaus und der Lebenserwartung sind Beringungen in großem Stile erforderlich. Für Enten liegen entsprechende Untersuchungen an Wildpopulationen nur aus Nordamerika für die Stockente vor (ANDERSON und BURNHAM, 1976). Da selbst unter günstigen Umständen nur 8 bis 10 % der Ringe gefunden und gemeldet werden, läßt sich leicht ersehen, wie schwer Sterblichkeitsanalysen bei Enten durchzuführen sind.

Bessere Ergebnisse liefern Analysen bei der Auflassung künstlich erbrüteter und von Hand aufgezogener Stockenten. Derartige Untersuchungen wurden unter jagdlichen Gesichtspunkten zu Anfang der 60er Jahre in Dänemark durchgeführt (s. S. 173). Nach FOG (1964) lag die Sterblichkeit von 782 als Jungvögel beringter nach dem Flüggewerden aufgelassener Jungvögel in den ersten 6 Monaten bei 73 %, im 2. Lebensjahr (2. Kalenderjahr) bei 39 % und blieb danach etwa gleich, wobei die wenigen Rückmeldungen allerdings eine prozentuale Aufschlüsselung kaum noch zuließen. Dieses Ergebnis ist für echte Wildpopulationen nur eingeschränkt gültig, weil sich die von Menschenhand aufgezogenen Enten nicht weit vom Auflassungsort entfernen und der Jagddruck und damit die Sterblichkeit höher ist als unter natürlichen Bedingungen.

Die hohe Sterblichkeit im ersten Lebensjahr ist durch die Gefahren verursacht, die mit der ersten Wanderung und der ersten Überwinterung verbunden sind. Für Enten, die das erste Jahr überlebt haben, bestehen bessere Überlebenschancen. Die im ersten Jahr gesammelten Erfahrungen ermöglichen es später, Gefahren zu meiden.

## Mortalitätsfaktoren

Die hohe Mortalität, die die durchschnittliche Lebenserwartung weit unter das physiologisch mögliche Lebensalter drückt, ist durch eine Vielzahl sich in unterschiedlichster Weise kombinierender Faktoren bedingt. Die wichtigsten natürlichen Mortalitätsfaktoren sind »Predatoren«, Krankheiten und Witterungsunbilden (Abb. 2/21).

**Predatoren:** Bei den Predatoren lassen sich Flug- und Bodenfeinde unterscheiden. Als Flugfeinde kommen Seeadler, Wanderfalke und allenfalls der Habicht in Frage. Erstere sind so selten, daß die Verluste kaum ins Gewicht fallen. Habichte jagen vorzugsweise in Wäldern oder deren Nähe, so daß Enten nur gelegentlich erbeutet werden. Von den Bodenfeinden steht der Fuchs an erster Stelle, wobei die am Ende der Brutzeit besonders fest sitzende Ente am meisten gefährdet ist. Die Mehrzahl der Enten brütet jedoch an Plätzen, die dem Fuchs nicht zugänglich sind, so daß sich die Verluste in Grenzen halten. Außerhalb der Brutzeit sind es vor allem durch Krankheiten geschwächte oder bei der

**Abb. 2/21**
Wichtige die Sterblichkeit erhöhende Faktoren in Entenpopulationen

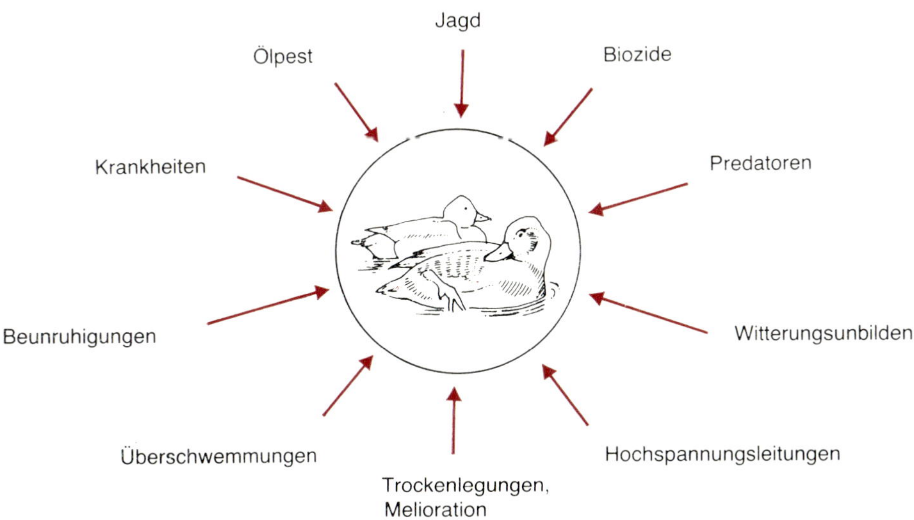

Jagd verletzte Enten, die der Fuchs erbeutet. Andere Raubsäuger haben kaum eine Chance, eine erwachsene Ente zu greifen. Das gilt nicht für den aus Amerika stammenden Mink, der sich in Norwegen ausgebreitet hat, nachdem es ihm gelang, aus Farmen zu entweichen. Er ist zu einer echten Gefahr für brütende Eiderenten geworden (FOLKESTAD, 1982). Nach FRANZMANN (1983b) bedingen Raubsäuger außerhalb der Jagdsaison 8 % der Verluste der Eiderente, während der Jagdsaison nur 2 %.

**Botulismus:** In den letzten Jahrzehnten kam es in verschiedenen Ländern Europas (Niederlande, BRD, Großbritannien, ČSSR, DDR) zu Ausbrüchen von Botulismus, wobei Enten besonders betroffen waren. Die Krankheit wird durch ein Gift verursacht, das durch das Bakterium *Clostridium botulinum* erzeugt wird. Das Bakterium vermehrt sich unter anaeroben Bedingungen, die in dichten Algenwatten herrschen, vermutlich in Kleintier-Leichen. Die anaerobe Situation entwickelt sich als Folge ausgeprägter Eutrophie bei starker Wassererwärmung. Die Enten nehmen das Botulismus-Toxin auf, wenn sie in den Algenwatten schnatternd Nahrung suchen. Das Botulismusgift ist besonders in der Muskulatur wirksam. Es verursacht Lähmungen, so daß die Bewegungen der Tiere eingeschränkt sind und nach Lähmungen im Bereich der Atmungsmuskulatur schließlich der Tod eintritt.

Gefährdet sind in erster Linie Stock- und andere Gründelenten und aus anderen Wasservogelgruppen der Höckerschwan. Weit verheerendere Folgen als in Europa hatten Botulismus-Ausbrüche in den USA. Am Großen Salzsee und an kalifornischen Gewässern trat Botulismus auf, dem Hunderttausende Enten zum Opfer fielen.

Zu einem besonders schweren Ausbruch von Botulismus kam es 1984 in der Wedeler Marsch (BRD), wobei 40 000 Vögel umkamen (HÄLTERLEIN, 1985).

1982 erfolgte erstmals ein Botulismus-Ausbruch in der Nähe des Neusiedler Sees (Österreich). Dabei wurde das Botulismus-Toxin des Typs C nachgewiesen (GRÜLL, 1983). Auch in der DDR wurde *Clostridium botulinum* Typ C nach Massensterben von Wasservögeln nachgewiesen (KÖHLER et al., 1977; FEILER und KÖHLER, 1977). Typ C befällt nur Geflügel. Es wurden jedoch auch humantoxische Clostridien (Typ E) in Verbindung mit Vogelsterben nachgewiesen.

Die einzelnen Entenarten sind bei den Botulismus-Ausbrüchen unterschiedlich stark betroffen, was wohl eher auf die jeweilige Lebens- und Ernährungsweise als auf unterschiedliche Empfindlichkeit zurückzuführen ist. Bei einer Botulismuserkrankung am Innstausee und am Ismaninger Stausee (BRD) starben vorzugsweise Knäk-, Löffel- und Krickenten. Weniger betroffen waren Stock- und Schnatterente (REICHHOLF, 1983). Die Schnatterente blieb auch bei dem Botulismus-Ausbruch in Österreich weitgehend verschont (GRÜLL, 1983). In Bayern gab es auch bei Reiherenten erhebliche Totfunde.

An Teichen in der ČSSR sind Tauchenten stärker gefährdet als Gründelenten (HAJEK, 1977; HUDEC und PELLANTOVA, 1985). Tafelenten gehören fast immer mit zu den Opfern.

Botulismus-Ausbrüche treten vor allem in extrem warmen Sommern auf, dauern jedoch bis weit in den Herbst an, so daß auch im November noch Opfer gefunden werden. Starke Erwärmung des Wassers ist notwendig für die Entwicklung der Clostridien, Massenvermehrung setzt jedoch eutrophe Bedingungen voraus (KÖHLER et al., 1977). Die Vergiftungen von Wasservögeln in der Coto Doñana (Südspanien) traten erst nach der Intensivierung der Landwirtschaft und dem damit verbundenen Nährstoffeintrag auf (Leckebusch, 1979).

Nur in stark mit Nährstoffen angereicherten Gewässern ist es bisher zu Botulismus-Ausbrüchen gekommen. Grüll (1983) wies darauf hin, daß kleine Wassertiere (Invertebraten) möglicherweise die entscheidende Ursache für plötzlich auftretende Massenvermehrung der Clostridien sind.

Botulismus tritt sowohl in großen als auch in kleinen Gewässern auf (Sezen und Greuel, 1984 a, b). Dem Botulismus kann am ehesten durch Verhinderung der Eutrophierung besonders flacher Gewässer entgegengewirkt werden. Fördernd für den Ausbruch der Krankheit kann starke Zufütterung in Parkgewässern sein. Ist die Krankheit ausgebrochen, dann sollten die Kadaver sorgsam abgesammelt werden.

**Krankheiten:** Wildenten werden gelegentlich von der Geflügelpest heimgesucht, die durch das Bakterium *Pasteurella multicola* hervorgerufen wird. Am Anfang des Krankheitsbildes stehen abweichende Verhaltensweisen wie Kopfbewegungen und Laufstörungen. Ein Massensterben von Wasservögeln, aus deren Blut der Erreger der Geflügelcholera isoliert wurde, beschrieb Beretzk (1955). Es trat am Féhérto (Südostungarn) auf. Betroffen waren Arten aus verschiedenen systematischen Gruppen.

Genaue Angaben über die Häufigkeit des Auftretens von Krankheiten und Verluste fehlen, weil die Opfer nicht so konzentriert gefunden werden wie beim Botulismus.

Enten sind ungewöhnlich stark von Endoparasiten befallen, wobei die Darmparasiten an der Spitze stehen. In Gebieten mit gutem Entenbesatz gibt es kaum ein Tier, das nicht mit Saugwürmern (Trematoden) oder Bandwürmern (Cestoden) befallen ist. Weitere häufige Darmparasiten sind Kratzer (Acanthocephalen) und Fadenwürmer (Nematoden). Normalerweise sind diese Darmbewohner lediglich Kommensalen ohne pathogene Wirkung. Sobald jedoch der Gesundheitszustand der Wirtstiere geschwächt wird, etwa durch Nahrungsmangel oder Krankheiten anderer Art, erlangen die Darmparasiten zusätzlich negative Wirkung.

Blutparasiten sind bei Enten ebenfalls weit verbreitet. Über den Umfang der Durchseuchung und die pathogene Wirkung der verschiedenen Parasitenarten gibt es nur wenige Angaben. Nach Franzmann (1983b) sind zu 70 bis 77 % der Todesursachen bei der Eiderente auf Parasitenbefall zurückzuführen.

**Witterung:** Witterungsunbilden und Wetterkatastrophen können in Entenpopulationen erhebliche Schäden anrichten. An erster Stelle stehen langanhaltende Frostperioden mit Vereisung der Nahrungsgewässer. Besonders betroffen sind Tauchenten (auch Meerenten), weil sie von der Technik des Nahrungserwerbs und der Art der Ernährung her auf bestimmte Nahrung spezialisiert sind.

Extreme Witterungsbedingungen wirken sich für die einzelnen Arten sehr unterschiedlich aus. Besonders negativ sind kalte und nasse Frühjahre für alle Bodenbrüter. Hochwässer können den Bruterfolg lokal vollständig vernichten. Nasse Sommer erhöhen die Krankheitsanfällig keit von Jungenten. Lang anhaltende Winter mit starkem Eisgang bewirken oft hohe Verluste, besonders unter den Meerenten.

**Sonstige Todesursachen:** Zu einer Gefahrenquelle besonderer Art ist in den letzten Jahren die Ölverschmutzung der Meere (Ölpest) geworden. Die Massenverluste an Enten und anderen Meeresvögeln nach Tankerkatastrophen haben weltweit großes Aufsehen erregt. Katastrophen dieser Art, die trotz internationaler Abkommen und neuer technischer Verfahren zur Verhütung der Ölverschmutzung gelegentlich auftreten, sind nur die Spitzen eines weit verbreiteten Übels (s. auch S. 56 ff.).

Lang ist die Liste der Todesursachen, die in der vom Menschen gestalteten Landschaft und durch menschliche Aktivitäten unbeabsichtigt, aber mit einer gewissen Zwangsläufigkeit auftreten. Hochspannungsleitungen in der Nähe von Teichwirtschaften können zu Gefahrenquellen bedeutenden Ausmaßes werden, so daß besondere Sicherheitsmaßnahmen ergriffen werden müssen.

Eine Zusammenstellung von tödlichen Unfällen, die vor allem Stock-, Schell- und andere Entenarten betreffen, ist von Fog (1970) für einige dänische Feuchtgebiete vorgenommen worden.

Meerenten gelangen beim Tauchen nicht selten in Fischreusen und ersticken. Bei Eiderenten beträgt der Anteil dieser Todesursache 4 bis 11 % aller Verluste (Franzmann, 1983b). Kirchhoff (1982) hat in einer verdienstvollen Zusammenstellung für den Bereich der schleswig-holsteinischen Küste (BRD) gezeigt, daß die Gefährdung durch Fischnetze viel größer ist als bisher angenommen wurde. Vornehmlich sind es die Grundstellnetze, die parallel zur Küste gesetzt werden, in denen sich Enten verfangen. Nach Untersuchungen an 6 ausgewählten Fischereiplätzen gelangte er zu Schätzungen der Jahresverluste für dieses Untersuchungsgebiet und schloß

**Tabelle 2/5**
Jahresverluste (Exemplare) an 6 ausgewählten Fischfangplätzen: Strande, Möltenort, Schönberger Strand, Lippe, Hochwacht, Heiligenhafen und an der gesamten schleswig-holsteinischen Ostseeküste (nach Kirchhoff, 1982)

| Art | Fangplätze (Verluste) | Schätzung der Verluste für die gesamte Ostseeküste |
|---|---|---|
| Eiderente | 1810 | 9 400 |
| Trauerente | 505 | 2 600 |
| Reiherente | 227 | 1 200 |
| Eisente | 144 | 750 |
| Bergente | 59 | 300 |
| Samtente | 38 | 200 |
| Schellente | 22 | 100 |
| Summe | 2805 | 14 550 |

daraus auf die Gesamtverluste an der schleswig-holsteinischen Küste (Tab. 2/5). Die Fischer sind allerdings daran interessiert, den ungewollten Fang von Enten zu vermeiden, und versuchen, die Netze an Plätze zu stellen, wo sich Enten weniger häufig aufhalten.

Brütende Enten sitzen häufig so fest auf dem Nest, daß sie der Mähmaschine zum Opfer fallen.

Zum Einfluß von Bioziden, insbesondere Insektiziden aus der Gruppe der chlorierten Kohlenwasserstoffe, liegt ein umfangreiches Schrifttum vor (s. S. 53 ff.). Direkte tödliche Wirkungen wurden nur ausnahmsweise beobachtet.

## Intra- und interspezifische Konkurrenz

Wie bei anderen Vogelarten gibt es bei Enten vielfältige Formen der intraspezifischen Konkurrenz. Während der Fortpflanzungszeit wird um die Weibchen, ablesbar an den oft heftigen Auseinandersetzungen zu Beginn der Brutzeit (s. S. 87), den Niststandort und das Nest konkurriert. Nahrungskonkurrenz kommt wohl nur vor, wenn Enten unter semi-natürlichen Bedingungen Futter hingestreut wird. Intra- und interspezifische Konkurrenz betrifft in erster Linie das Nest in Form von »Nistparasitismus«. Gemeint ist das bei Enten weit verbreitete Phänomen des Zusammenlegens in ein Nest durch mehrere Weibchen. Es tritt interspezifisch auf, indem Weibchen verschiedener Arten Eier in ein Nest legen (Mischgelege), oder intraspezifisch, indem Weibchen einer Art zusammenlegen (Mehrfachgelege). – Berichte über Großgelege als gemeinsames Produkt mehrerer Entenweibchen gibt es aus allen europäischen Ländern und aus Nordamerika. Misch- und Mehrfachgelege kommen besonders häufig in Gebieten mit hoher Siedlungsdichte vor, sind jedoch auch anderwärts keineswegs selten. Sie sind sowohl von Freibrütern (Stockente, Tafelente, Reiherente) als auch von Höhlenbrütern (Schellente) bekannt. Über einen extremen Fall berichten BALAT und FOLK (1968). Sie fanden ein Nest der Schnatterente mit 12 Eiern der nestbauenden Art. Außerdem enthielt es 12 Stockenteneier, die sie herausnahmen. Trotzdem wurden erneut 9 Eier zugelegt, davon 7 von der Stockente, 1 Ei von der Tafelente und ein weiteres, das sich nicht einwandfrei bestimmen ließ. – Nicht selten befinden sich in der Nähe eines Nestes verlegte Eier, oft sogar in größerer Anzahl. Gelegentlich entstehen auf diese Weise regelrechte »Legeplätze«, in deren Mittelpunkt sich das Nest mit einem Mehrfachgelege befindet. Bis zu 45 Eier wurden in der Nestumgebung gefunden. Je nach Häufigkeit der im Gebiet brütenden Arten sind Stock-, Reiher- oder Schnatterente Mitbenutzer.

Kolbenenten tendieren in besonderem Maße dazu, in Nester anderer Arten zu legen. Im Nationalpark Doñana/Spanien wurden in 31 % der Tafelentengelege Eier von Kolbenenten gefunden (AMAT, 1985). – In der Regel wird ein Mehrfach- oder Mischgelege vom ursprünglichen Nestinhaber bebrütet. WELLER (zit. in BEZZEL, 1969) beobachtete, wie brütende Weibchen der Rotkopfente *(Aythya americana)* durch andere vom Gelege gedrängt wurden.

Über die Ursachen des Zusammenlegens ist viel gerätselt worden. Umweltfaktoren sind nach Untersuchungen in den USA weniger bedeutsam als vielfach angenommen wird (JOYNER, 1983). Viele Autoren vermuten, daß die aus dem Verhalten resultierende Minderung der Reproduktionsleistung der Übervermehrung entgegenwirkt (z. B. JONES und LEOPOLD, 1967; BENGTSON, 1972; PATTERSON, 1976b). Gegen diese Auffassung spricht, daß in nicht wenigen Fällen hohe Siedlungsdichten keineswegs mit häufigem Zusammenlegen korreliert sind. Wahrscheinlicher ist, daß der Mangel an geeigneten Nistplätzen dieses Verhalten bewirkt. Ein weiterer Grund ist die Zugänglichkeit der Nester. Können diese versteckt angelegt werden und sind deshalb anderen Weibchen nicht zugänglich, dann geht die Anzahl der Misch- und Mehrfachgelege auch bei hohen Siedlungsdichten drastisch zurück. Nicht die Populationsdichte schlechthin, sondern die daraus resultierende Knappheit an Nistplätzen führt zum Zusammenlegen (RUTSCHKE und LEHMANN, 1975). – Die Siedlungsdichte steigt bei optimalem Futterangebot nur so lange an wie Nistplätze verfügbar sind (RUTSCHKE et al., 1973). Das Nistplatzangebot ist der limitierende Faktor, um das bei optimalem Nahrungsangebot konkurriert wird. Dabei spielt die Synchronisation der Legebereitschaft eine wichtige Rolle. Je mehr Weibchen zu einem bestimmten Zeitpunkt der Fortpflanzungsperiode mit der Eiablage beginnen, desto größer ist die Anzahl anormaler Gelege und umgekehrt (BEZZEL, 1969; HAVLIN, 1966a). In Gebieten mit reichlichem Nistplatzangebot wird es auch bei gleichzeitigem Legebeginn der Weibchen vergleichsweise selten zu Mischgelegen kommen. RUTSCHKE und LEHMANN (1975) versuchten herauszufinden, ob es einen Zusammenhang zwischen Neststandort und dem Entstehen von Mehrfach- und Mischgelegen gibt.

Ein Zusammenhang konnte nur zwischen dem Deckungsgrad des Nestes und dem Zusammenlegen zweifelsfrei bewiesen werden. Je offener das Nest angelegt ist, desto stärker ist der Anreiz für andere Weibchen. Dieser Zusammenhang wurde bereits von BEZZEL (1961) erkannt, der weiterhin darauf hinwies, daß die Entfernung zwischen Nest und Nahrungsraum eine Rolle spielt. Je weiter diese voneinander entfernt sind, desto länger muß der Nestinhaber zur Futtersuche abwesend sein, was die Chance für andere Weibchen zum Zulegen erhöht. RUTSCHKE und LEHMANN (1975) sehen die auslösende Ursache für das Zusammenlegen im Anblick eines bereits vorhandenen Geleges. Zu gegenteiligen Befunden gelangte ODIN (1957) bei der Rotkopfente *(Aythya americana)*, deren parasitierende Weibchen vorzugsweise in gut gedeckte Nester legen.

Entenarten, bei denen das Zusammenlegen häufig vorkommt, leben üblicherweise solitär, und ihr Verhaltensinventar für die Eiablage ist entsprechend »eingerichtet«. Sind sie zum Brüten unter annähernd kolonieartigen Bedingungen gezwungen (Nistplatzangebot!), dann werden der Anblick der zahlreichen Gelege – vielfach mit mehr Eiern als im eigenen (überoptimaler Schlüsselreiz!) –, der Anblick anderer legender und brütender Weibchen, die ganze Geschäftigkeit auf den kleinen Brutinseln zum »sozialen Streß«, der das normale Legeverhalten stört.

Denkbar ist weiterhin, daß die guten Ernährungsbedingungen ohnehin die Eiproduktion fördern, so daß die Enten unter »Legezwang« geraten. Die Feststellungen stehen im Widerspruch zu der Ansicht BROWNS (1969), daß sozialer Streß die Ovarientätigkeit mindert, was er als adaptive Regulation wertet. Auch bei Stockenten soll sozialer Streß zur Hemmung der Ovarienfunktion führen (PHILIPS, 1964). – Die Mehrproduktion von Eiern bewirkt letztlich ebenfalls eine Senkung der Populationsdichte, denn die sinkende Schlupfrate vermindert die Nachwuchsrate. ANDERSON (1981) hält Konkurrenz zwischen Fisch- und Wasservogelpopulationen für möglich (Tauchenten). Wenn bestimmte Cyprinidenarten so stark ansteigen, daß das planktische und benthische Futter in hohem Maße durch sie beansprucht wird, werden die Fische zu Konkurrenten für die sich in gleicher Weise ernährenden Wasservögel, was die Reduktion der Wasservogelpopulationen bewirkt.

Es ist viel darüber gerätselt worden, ob hinter dem bei Entenarten häufigen Vermischen von Jungen, die zu verschiedenen Eltern gehören, eine besondere Funktion steckt. GORMAN und MILNE (1972) gelangten für die Eiderente zu der Auffassung, daß damit ein Vorteil für die Mütter (Spender und Empfänger) und für die Jungen verbunden ist. WILLIAMS (1974) ermittelte für Brandgansküken, die in gemischten Schofen aufgezogen wurden, geringere Überlebenschancen als für solche, die in reinen Familiengruppen aufwuchsen. Nach PATTERSON et al. (1982) sind im Falle der Brandgans dominante Tiere viel eher Spender von Küken als subdominante. Die Autoren sind der Auffassung, daß mit der Mischung kein besonderer Vorteil verbunden ist. Die Erscheinung ist lediglich eine Konsequenz hoher Brutdichten. Sind die Jungen unterschiedlich alt, dann gelingt es den Eltern gewöhnlich, die Jungen wieder voneinander zu trennen. Bei gleichaltrigen gelingt das weitaus schwerer oder gar nicht (MAKEPEACE und PATTERSON, 1980).

Nach AMAT (1985) werden Tafelenten durch Kolbenenten besonders am Ende der Brutperiode parasitiert, wobei es sich insbesondere um jüngere Weibchen oder um Weibchen handelt, die ihr eigenes Gelege verloren haben. Da junge Kolbenenten recht gut von Tafelenten aufgezogen werden, soll durch den Nestparasitismus der Reproduktionsausfall bis zu einem gewissen Grade kompensiert werden. Nachgelege sind kaum möglich, weil die Zeit bis zum Mauserbeginn zu kurz ist.

## Ursachen für Populationsveränderungen

Entenpopulationen unterliegen wie die Mehrzahl tierischer Populationen ständiger Veränderung. Nicht der gleichbleibende, sondern der sich verändernde Bestand ist der Normalzustand. Populationsökologisch betrachtet sind Veränderungen immer Ausdruck eines geänderten Verhältnisses zwischen Zuwachs- und Mortalitätsrate. Übertrifft die Zuwachsrate als Ausdruck gestiegener Reproduktionsleistung die Mortalitätsrate, dann wächst der Bestand und umgekehrt. Nur wenn Zuwachs und Abgang sich die Waage halten, bleibt die Population konstant. Dementsprechend erfolgt die Regulation des Populationswachstums durch Faktoren, die die Zuwachsrate und die Mortalität beeinflussen.

In der Populationsökologie ist es üblich, zwischen dichteunabhängigen und dichteabhängigen Faktoren zu unterscheiden. Dichteunabhängige sind Klima, Witterung und abiotische Faktoren sowie Beschaffenheit des Lebensraumes. Die Intensität und Dauer der Einwirkung entscheidet über den Einfluß auf Fruchtbarkeit und Sterblichkeit. Dichteabhängige Faktoren sind Nahrung und auch Ressourcen (Nistgelegenheiten, Ruheplätze), Konkurrenz, Predatoren, Krankheitserreger und Parasiten. Dabei wird davon ausgegangen, daß die Umwelt nur ein bestimmtes Fassungsvermögen für eine Tierart besitzt (Umweltkapazität). Die Siedlungsdichte ist durch die Umweltkapazität begrenzt. Je mehr sie sich dem Grenzwert nähert, desto intensiver wird der Widerstand, den die dichteabhängigen Faktoren dem weiteren Wachstum entgegensetzen. Einer der genannten Faktoren wird schließlich limitierend und hemmt das weitere Wachstum.

Genau genommen ist eine strenge Unterscheidung zwischen dichteunabhängigen und dichteabhängigen Faktoren nicht möglich. So kann die Dichte zur Veränderung des Lebensraumes beitragen, und Nahrung kann im Überfluß, praktisch dichteunabhängig vorhanden sein.

Enten sind als Wasservögel an Feuchtbiotope gebunden und an diese in artspezifischer Weise angepaßt. Veränderungen in der Beschaffenheit der Lebensräume bewirken zwangsläufig Veränderungen in der Dichte der sie bewohnenden Populationen bis hin zu deren völligem Verschwinden. Nur die Stockente besitzt ein so breites ökologisches Potential, daß sie auch mit den unterschiedlichsten äußeren Bedingungen zurechtkommt.

In der Gegenwart sind Lebensraumveränderungen zu einer maßgeblichen Ursache für Populationsveränderungen geworden. Das wird besonders deutlich, wenn man – wie erforderlich – den Begriff Lebensraum weit faßt und nicht nur das unmittelbare Brutgebiet, sondern auch Rastplätze längs der Wanderwege, Sammelplätze, Mauserplätze und Überwinterungsplätze einbezieht.

In weitaus stärkerem Maße als andere Vogelarten sind Entenpopulationen von Klima und Witterung abhängig. Die Mehrzahl der Entenarten sind Bodenbrüter. Über etwa 4 Wochen hinweg muß durch eine Bruttemperatur, die zumeist weit über der Umgebungstemperatur liegt, die Entwicklung des Embryos gesichert werden. Kälte- und Regenperioden im Verein mit häufigen Störungen können die Geburtenrate erheblich mindern. – Umgekehrt begünstigen anhaltende Schönwetterperioden im Frühjahr den Bruterfolg. In dramatischer Weise können sich Hochwasser und Überschwemmungen auswirken. Im subarktischen Gebiet brütende Enten sind trotz späten Brutbeginns Witterungsunbilden in besonderem Maße ausgesetzt, und nicht nur erneute Wintereinbrüche im späten Frühjahr, sondern auch vorzeitige Kälteeinbrüche im Spätsommer können zur Vernichtung der Gelege bzw. noch nicht flügger Jungvögel führen. – Auf die Beziehungen zwischen Witterung und Mortalität wurde bereits eingegangen (s. S. 115). Trotz der Abhängigkeit des jährlichen Reproduktionserfolges von der Witterung kommt dieser langfristig gesehen keine entscheidende Bedeutung für Populationsveränderungen zu. Infolge des hohen Reproduktionsvermögens sind Entenpopulationen in der Lage, witterungsbedingte Einbußen sehr rasch wieder auszugleichen (r-selektionierte Arten, s. S. 104).

Aussagen über Trendentwicklungen bei Wasservogelpopulationen sind nur auf der Grundlage von Langzeitstudien möglich. NILSSON (1983a) konnte am Beispiel der Entwicklung der Stockentenpopulation im südlichen Schweden zeigen, daß die beträchtlichen jährlichen Veränderungen ausschließlich witterungsbedingt sind. Trendveränderungen ergaben sich nicht. Bei der Auswertung von Langzeitbeobachtungen an im Süden Schwedens überwinternden Enten (1962–1982) fand NILSSON (1983b) lediglich eine eindeutige Zunahme der Reiherente. Die Bestandsschwankungen bei den anderen Arten sind wie bei der Stockente Ausdruck jährlicher witterungsbedingter Veränderungen.

Viele Entenarten ernähren sich vielseitig und einige, so die Stockente, sind ausgesprochen omnivor. Trotzdem sind Nahrung und Nahrungsangebot ein bestimmender Faktor für Populationsveränderungen. Dieser Zusammenhang ist vielfältig belegt. Einige Beispiele sollen genügen, ihn zu verdeutlichen. – Der Rückgang der Eisente und Trauerente auf Island (Myvatn), der sich seit Beginn der 60er Jahre vollzog, wurde durch das Verschwinden der bevorzugten Nahrung, des zu den Cladoceren gehörenden Wasserflohs *Eurycercus lamellatus* verursacht (GARDARSSON, 1978/79). Die drei anderen im gleichen Gebiet vorkommenden Entenarten, nämlich die Reiherente, Spatelente und der Mittelsäger, sind in der Nahrungswahl variabler; ihr Bestand blieb stabil. Der Bestandswandel der auf dem Bodensee (Schweiz) überwinternden Tauchenten ist Folge geänderter Ernährungsbedingungen. Die zunehmende Eutrophierung bewirkte das Verschwinden der Armleuchteralgen-Rasen *(Characeen)*, dem eine explosionsartige Vermehrung der Dreikantmuschel *(Dreissena polymorpha)* folgte. Mit geringem zeitlichen Verzug stiegen die Winterbestände an Tauchenten (LEUZINGER und SCHUSTER, 1970). Der Ende der 70er Jahre einsetzende Rückgang der Dreikantmuschel wurde prompt mit dem Absinken der Winterbestände der Tauchenten (Schell-, Reiher- und Tafelente) beantwortet. Am stärksten reagierte die Reiherente. Die mittleren Monatsbestände in der Phase der Massenvermehrung der Dreikantmuschel stiegen auf das 10-fache im Vergleich zur Zeit zuvor (SUTER, 1982 b), und auch der Rückgang als Antwort auf das verminderte Nahrungsangebot fiel bei dieser Art besonders deutlich aus. In beiden Fällen ist der Zusammenhang eindeutig, und die Folgen des veränderten Nahrungsangebots können an der Häufigkeit des Auftretens direkt abgelesen werden.

In komplizierter Weise können auch Ernährung und Witterung zusammenwirken. Zur Erläuterung zwei Beispiele

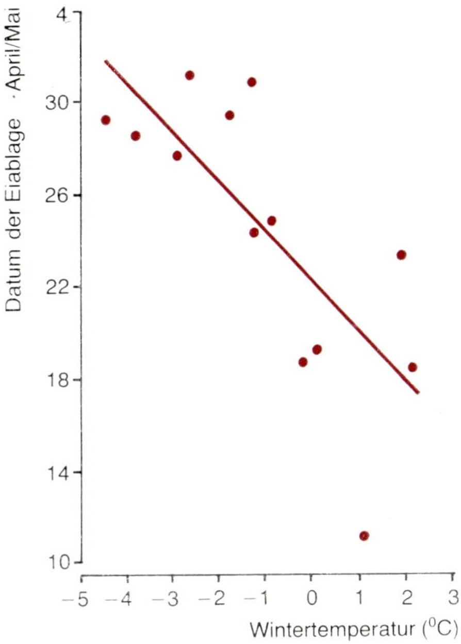


**Abb. 2/22**
Einfluß der Durchschnittstemperatur des Winters (Dezember bis März) auf den Beginn der Legeperiode (nach FREDGA und DOW 1983)

aus Schweden und Finnland. FREDGA und DOW (1983) fanden bei 20jährigen Untersuchungen in Schweden eine Fluktuation der durchschnittlichen Gelegegröße bei der Schellente zwischen 7,1 und 9,4. Die Legeperiode beginnt gewöhnlich in der zweiten Aprilhälfte, die Abweichungen können beträchtlich sein. Zwischen der frühesten Brutperiode (1974) und der spätesten (1969) lag eine Zeitdifferenz von 20 Tagen. Es gibt eine gesicherte Korrelation zwischen spätem Legebeginn und temperaturbedingt schlechter Ernährung im vorausgegangenen Winter (Abb. 2/22). Gleiche Ergebnisse erzielte HILDEN (1964) an der Tafelente. Auf diesen Zusammenhang hat auch BENGTSON (1971) hingewiesen.

Obwohl es nicht möglich ist, die verschiedenen auf Entenpopulationen einwirkenden Faktoren nach ihrem Stellenwert zu ordnen, ist unbestritten, daß Habitatveränderungen, Witterung und Nahrung die vorderen Plätze einnehmen. Andere Faktoren, wie intraspezifische Konkurrenz, Feinde, Krankheitserreger und Parasiten, treten demgegenüber zurück. Sie gewinnen erst bei hoher Dichte an Bedeutung.

Trotzdem wird die Rolle, die dichteabhängige Faktoren bei Regulationsvorgängen in Entenpopulationen spielen, häufig unangemessen stark betont. Sie werden oft zum Beweis der sogenannten Selbstregulationstheorie herangezogen. Diese besagt, daß sich Populationen über die dichteabhängigen Faktoren auf eine artspezifische, genetisch fixierte Dichte selbst regulieren. – Zu den Anhängern der Theorie gehören MIHELSONS et al. (1986), wobei sie sich auf über 20jährige Untersuchungen an einer Reiherentenpopulation am Engure-See in der Lettischen SSR stützt. In Jahren mit hoher Brutdichte ist die Überlebensrate niedriger als in anderen Jahren. Das wird als »Selbstregulation« gedeutet. Die negativen Auswirkungen der jährlichen Schwankungen der Umweltkapazität sollen durch selbstregulatorische Prozesse ausgeglichen werden. – In diesem Sinne wurden auch die Ergebnisse von Ringfundauswertungen (insgesamt 26 500 Dunenjunge von 1958 bis 1976, 13 Arten, vor allem Reiher- und Löffelenten) gewertet. Wichtigste Stütze für die Theorie von der Selbstregulation ist die unterschiedliche Rückkehrquote in Gebieten mit hoher und geringer Siedlungsdichte. Junge Reiherenten, die in dicht besiedelten Gebieten erbrütet wurden, kehrten in geringerer Anzahl im nachfolgenden Jahr zurück und umgekehrt. Die Brutorttreue adulter Weibchen nimmt ebenfalls ab, wenn die Siedlungsdichte ansteigt.

Als Selbstregulation wird weiterhin der Sachverhalt gewertet, daß die hohe Produktionsrate eines Jahres die des folgenden negativ beeinflußt (negative Rück-

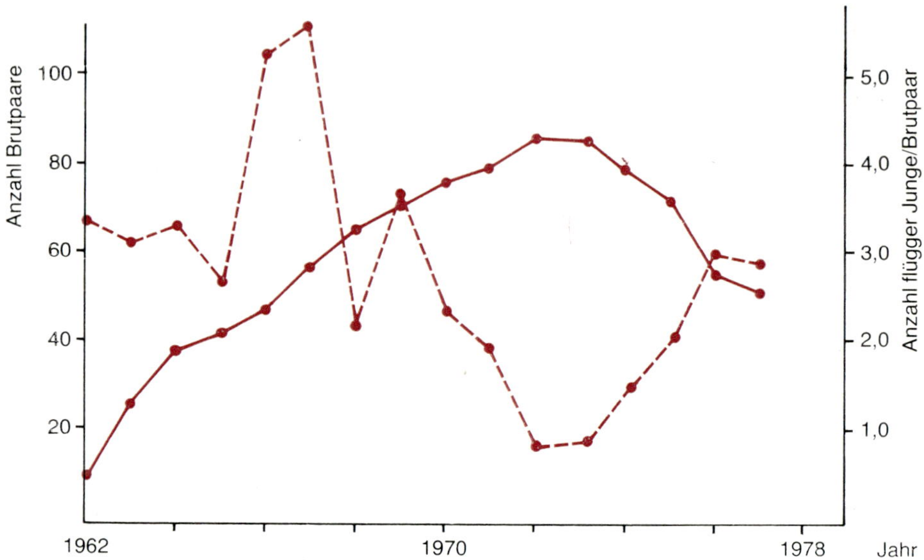


kopplung) und hohe Dichte mit kleinen Gelegen und geringer Schlupfrate korreliert ist (Abb. 2/23). BENGTSON (1972) fand bei der Spatelente kleinere Gelege in Jahren mit hoher Populationsdichte. Im Unterschied zu den meisten anderen Enten ist das Territorialverhalten bei dieser Art relativ gut ausgebildet, weshalb die Territorien in Jahren mit hoher Dichte möglicherweise kleiner sind als in anderen Jahren.

Neuerdings dienen besonders dichteabhängige Verhaltensänderungen zur Stützung der Selbstregulationstheorie. So besteht bei der Brandente ein Zusammenhang zwischen Dichte und aggressivem Verhalten. In Zusammenhang mit Rangordnungen trägt es dazu bei, den Bruterfolg zu beeinflussen (PATTERSON, 1976b). – Bei diesen von der Sache her richtigen Feststellungen wird übersehen, daß die beobachteten Dichteveränderungen Folge geänderten Nahrungs- und Ressourcenangebots sind. Die Ursachen für die Dichteänderung liegen in der Umwelt und nicht in der Population. – Die Dichte wird zwar durch Fertilität und Mortalität reguliert, doch auf beide

**Abb. 2/23**
Beziehungen zwischen Siedlungsdichte und durchschnittlicher Jungenanzahl/Brutpaar bei der Stockente (nach HILL 1984, verändert)

**Abb. 2/24**
Anteil der wichtigsten Mortalitätsfaktoren an der Gesamtmortalität (nach HILL 1984)

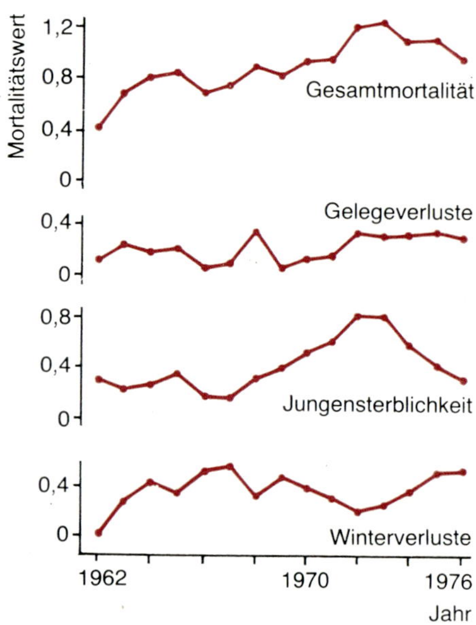

wirken die Umweltfaktoren in sich ständig neu kombinierender Weise ein.

Hill (1984) scheiterte bei dem Versuch, den Anteil von Mortalitätsfaktoren an der Gesamtmortalität prozentual festzulegen. Er stellte lediglich fest, daß mit steigender Dichte die Reproduktionsrate sinkt (Abb. 2/24) und die Wintersterblichkeit ein entscheidender Regulationsfaktor ist. In Jahren mit hoher Reproduktionsrate ist sie wesentlich größer als in anderen. Der regulierenden Wirkung der Jungensterblichkeit und dem Einfluß von Predatoren mißt er nur geringe Bedeutung bei. Schon aus methodischen Gründen läßt sich die Wertigkeit von Mortalitätsfaktoren nicht festlegen. Am Beispiel der Wintersterblichkeit läßt sich das gut demonstrieren. Sie ist für lokale Populationen nicht sicher bestimmbar, weil immer mit Dispersionen als fundamentalem Faktor für die Verteilung im Raum gerechnet werden muß (Taylor und Taylor, 1977), wobei die Qualität des Habitats eine wichtige Rolle spielt (Patterson, 1976a); Godin und Joyner, 1981). Aus der Dichte im Frühjahr kann deshalb nur sehr bedingt auf die Höhe der Winterverluste geschlossen werden.

Selbst wenn das möglich wäre, bleibt die Frage nach den Ursachen für die Winterverluste offen. Diese sind es, die regulierend wirken.

## Circadiane und circannuelle Rhythmen

Wie bei allen anderen tierischen Organismen laufen die Lebensprozesse bei den Wildenten nicht gleichförmig, sondern in zeitlicher Strukturiertheit ab. Sowohl innerhalb der 24-Stundenperiodik als auch im Laufe eines Jahres verändert sich die Aktivität in charakteristischer Weise (Abb. 2/25).

### Jahresrhythmik

Auf der Nordhalbkugel der Erde ist die Lebensweise der Wildenten dem Gang der Jahreszeiten angepaßt. Die Fortpflanzungsperiode, bestehend aus Nestbau, Eiablage, Bebrütung und Jungenaufzucht, liegt im Frühjahr. Der dafür erforderliche enorme Zeitaufwand (12–16 Wochen) erlaubt nur eine Jahresbrut. Nur in dieser Phase sind Enten territorial gebunden. Der Beginn der Fortpflanzungsperiode hängt in besonderem Maße von der geographischen Lage des Brutortes und artspezifischen Ansprüchen an Habitatbeschaffenheit und Nahrung ab. Abhängig vom Frühjahrsbeginn setzt die Brutperiode mit zunehmender geographischer Breite später ein, im hohen Norden im allgemeinen nicht vor Anfang Juni. Im Beginn und in der zeitlichen Einbindung der Fortpflanzungsperiode sowie der gesamten Lebensweise in den Jahreslauf bestehen beträchtliche Unterschiede entsprechend der geographischen Verbreitung. Die in Nordeuropa ansässigen Populationen einer Art brüten wie die ausschließlich nordeuropäisch verbreiteten Arten wesentlich später als in Süd- und Mitteleuropa beheimatete. In Dänemark beginnen Eiderenten bereits Ende April mit der Eiablage, am Weißen Meer Mitte Mai und auf Spitzbergen und Nowaja Semlja erst Mitte Juni. Entsprechende Verschiebungen der Eiablage und des Brutbeginns sind von allen Arten bekannt. Mit dem späteren Beginn der Fortpflanzungsperiode im hohen Norden ist zugleich eine Verkürzung und genauere Synchronisation verbunden. In Jahren mit mildem Spätwinter und zeitigem Frühjahr beginnen mitteleuropäische Stockenten bereits im März mit der Eiablage, in Exremfällen sogar bereits ab Ende Februar (Lit. bei BAUER und GLUTZ von BLOTZHEIM, 1968), in ungünstigen Jahren jedoch erst im April. Zeitliche Differenzen im Brutbeginn von 6...8 Wochen sind in gemäßigten Breiten also durchaus normal. In nördlichen Breiten ist diese Toleranz weitaus geringer. Bei der Stockente können im Süden des Verbreitungsgebietes zwischen Eintreffen im Brutgebiet und Brutbeginn 5...7 Wochen verstreichen, im Norden beginnen Nestbau und Eiablage wenige Tage nach der Ankunft.

Unabhängig von der geographisch bedingten und von der Frühjahrswitterung abhängigen Varianz der zeitlichen Lage der Fortpflanzungsperiode gibt es artspezifische Unterschiede. Stock- und Krickente beginnen auch in Jahren mit lang anhaltendem Winter und kaltem Frühling in Mitteleuropa immer noch eher zu brüten als die Tafelente, deren

**Abb. 2/25**
Aktivitäten im Jahresverlauf bei der Stockente *(Anas platyrhynchos)*

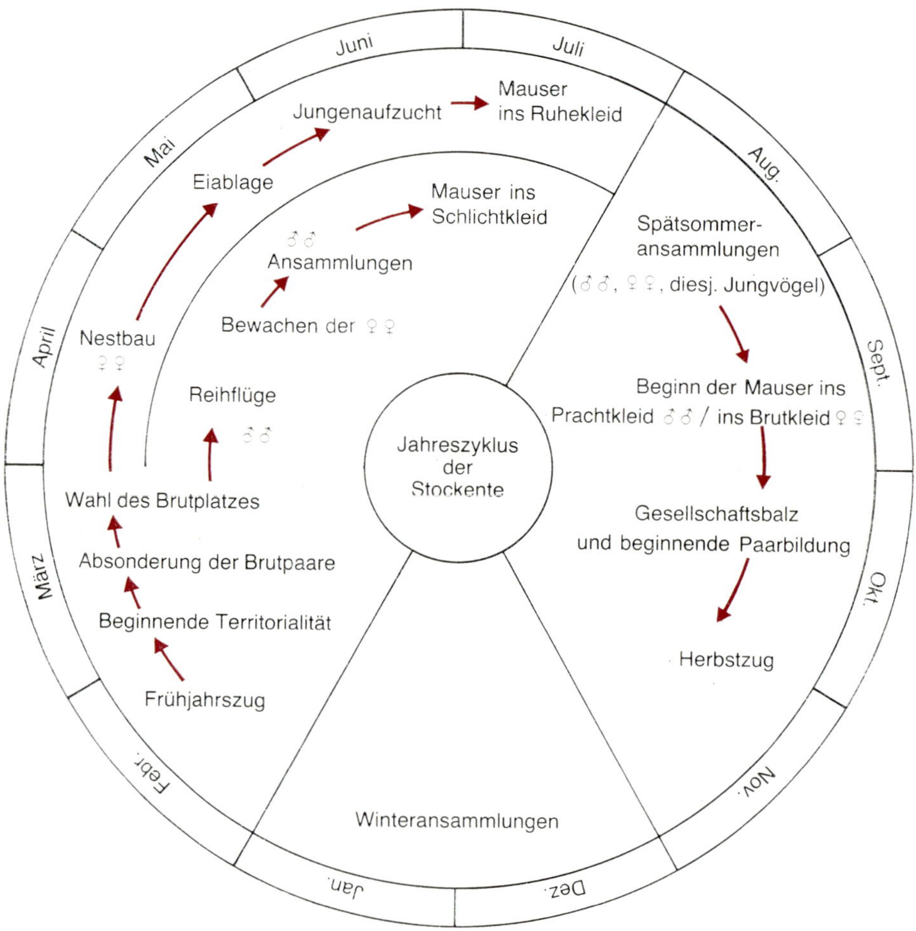

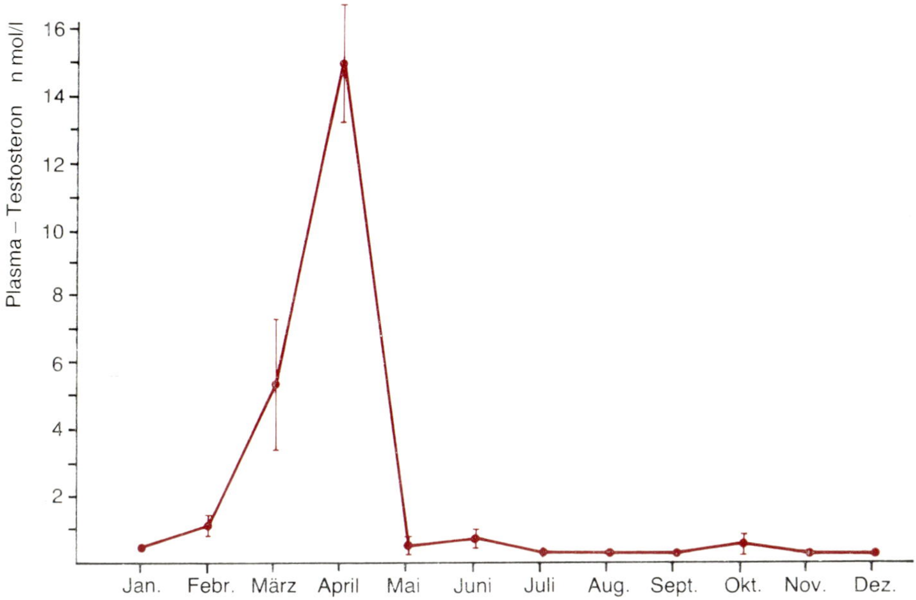


**Abb. 2/26**
Veränderungen des Plasma-Tetosterongehaltes bei Stockerpeln im Jahresverlauf (nach Rutschke et al. i. Dr.)

Hauptlegezeit der Mai ist. Die Tafelente benötigt zur Nestanlage gut entwickelte Vegetation, die in ungünstigen Jahren frühestens Anfang Mai vorhanden ist. Der Brutbeginn variiert durchschnittlich in geringerem Maße als bei den vorgenannten Arten. Dasselbe gilt für Kolben- und Moorente.

Die Rhythmik der Fortpflanzungsaktivität wird durch exogene und endogene Faktoren gesteuert. Auslösend für die physiologische Umstellung im Frühjahr, erkennbar am Anstieg der Produktion von Sexualhormonen (Abb. 2/26), ist die zunehmende Tageshelligkeit. Bei den Erpeln wachsen die im Winter nur stecknadelkopfgroßen Hoden binnen weniger Wochen zu reichlich bohnengroßen Organen heran. Bei Stockenten setzt schon in der zweiten Maihälfte die Regression ein, die sich dann bis in den Spätherbst hinzieht. Die hormonalen Veränderungen vollziehen sich mit großer Regelmäßigkeit unter dem Einfluß der vom Witterungscharakter unabhängigen Photoperiodik. Das Verhalten (Nestbau, Beginn der Eiablage), obwohl prinzipiell von der hormonalen Situation abhängig, wird durch die jeweiligen äußeren Bedingungen (Witterung, Vegetationsentwicklung) modifiziert.

Einer jahreszyklischen Periodik unterliegt auch die Schwingenmauser. Sie ist mit der Fortpflanzungsbiologie gekoppelt und wird wie diese von Innen- und Außenfaktoren gesteuert (s. S. 123). Bemerkenswert ist die unterschiedliche zeitliche Lage bei Männchen und Weibchen. Die Erpel mausern die Schwingen, sobald die Weibchen zu brüten beginnen, die Weibchen erst während der Jungenaufzucht. Auf die Fortpflanzungsperiode folgt eine Periode des Sammelns an geeigneten Gewässern. Sie kann kurzdauernd sein wie bei mittel- und nordeuropäischen Knäkenten, die bereits Ende Juli/Anfang August die Brutareale verlassen (Wegzug) oder monatelang dauern wie bei mitteleuropäischen Stockenten. Möglicherweise steckt hinter dieser Ruheperiode mehr Dynamik als gegenwärtig bekannt. In diese Richtung deuten die zahlreichen Dismigrationsnachweise im Anschluß an die Brutperiode (s. S. 132). Weniger ausgeprägt als Fortpflanzungs- und Mauserrhythmik sind saisonale Veränderungen der Masse. Pfeifenten sind im Winter schwerer als im Herbst oder im Frühjahr (z. B. RIJNSDORP, 1986).

Beendet wird die »Sommerpause« durch den Beginn der Herbstwanderungen (Wegzug). Sie verlaufen um so ausgeprägter und genauer zeitlich terminiert, je weiter nördlich die Population einer Art ansässig ist. Das gilt für Gründel-, Tauch- und Meerenten. In West-, Mittel- und Südeuropa beheimatete Enten sind vielfach lediglich Strich- oder sogar Standvögel.

Beginn und Verlauf der Wanderungen werden in starkem Maße von äußeren Faktoren vor allem von der Witterung und vom Nahrungsangebot beeinflußt. Dementsprechend gehen Herbstzug und Überwinterung bei vielen Arten nahtlos ineinander über, und im Frühwinter erreichte Aufenthaltsgewässer werden bei Eintritt kalter Witterung verlassen und die Wanderung fortgesetzt. Für viele Gründel-, Tauch- und Meerenten stellt sich der Herbstzug als eine sich allmählich vollziehende, witterungsabhängige Südwestverlagerung der Populationen dar, wobei kein fester Wanderkurs eingehalten wird. Über die Mitwirkung endogener Faktoren an der Steuerung des Herbstzuges läßt sich nichts Sicheres aussagen. Der flexible, umweltabhängige Verlauf läßt auf die Dominanz exogener Faktoren schließen.

Obwohl entsprechende Untersuchungen fehlen, dürften an der Auslösung des Frühjahrsszuges (Heimzug) die Sexualhormone mitbeteiligt sein. Er verläuft zeitlich genauer terminiert, stärker zielorientiert und schneller als der Herbstzug.

## Tagesrhythmik

In festgelegter Form folgen im Laufe eines Tages Phasen der Nahrungsaufnahme, des Komfortverhaltens (Gefiederputzen, Einfetten), gegebenenfalls des Sexualverhaltens und des Ruhens aufeinander. Die Aufteilung der Zeit für diese verschiedenen Aktivitäten ändert sich im Laufe des Jahres. Sie kann auch für die Geschlechter unterschiedlich sein. Selbstverständlich gibt es beträchtliche Verschiedenheiten zwischen den Arten, und innerhalb der Arten gibt es Unterschiede in der Aufteilung des Zeitfonds, die von der Beschaffenheit des Aufenthaltsortes, der Siedlungsdichte, den klimatischen Bedingungen und anderen Faktoren abhängen.

In den letzten Jahren mehrten sich die Untersuchungen zu dieser Problematik. Dabei wurde deutlich, daß es circadiane Grundmuster gibt, die jedoch erheblich abgewandelt werden können. Das trifft besonders für den quantitativen Aspekt, d. h. die Zeitmenge für bestimmte Tätigkeiten, die in Anspruch genommen wird, zu. Das ist verständlich, wenn man – wie im Falle der Nahrungsaufnahme – davon ausgehen kann, daß es ergiebige und wenig ergiebige Nahrungsplätze gibt, was zwangsläufig die Dauer der Nahrungssuche beeinflußt. Doch auch die Aktivitätsmuster können sehr verschieden sein. Wie bei allen Tieren besteht das Grundmuster der Aktivität bei Enten aus Aktivitäten, die mehr oder minder regelmäßig aufeinanderfolgen. Wichtigste sich täglich wiederholende Verhaltensweisen sind die Nahrungsaufnahme, Gefiederpflege, Ruhen (Schlafen) und ungerichtetes Hin- und Herschwimmen. In Abhängigkeit von der Jahreszeit kommen mit der Fortpflanzung zusammen-

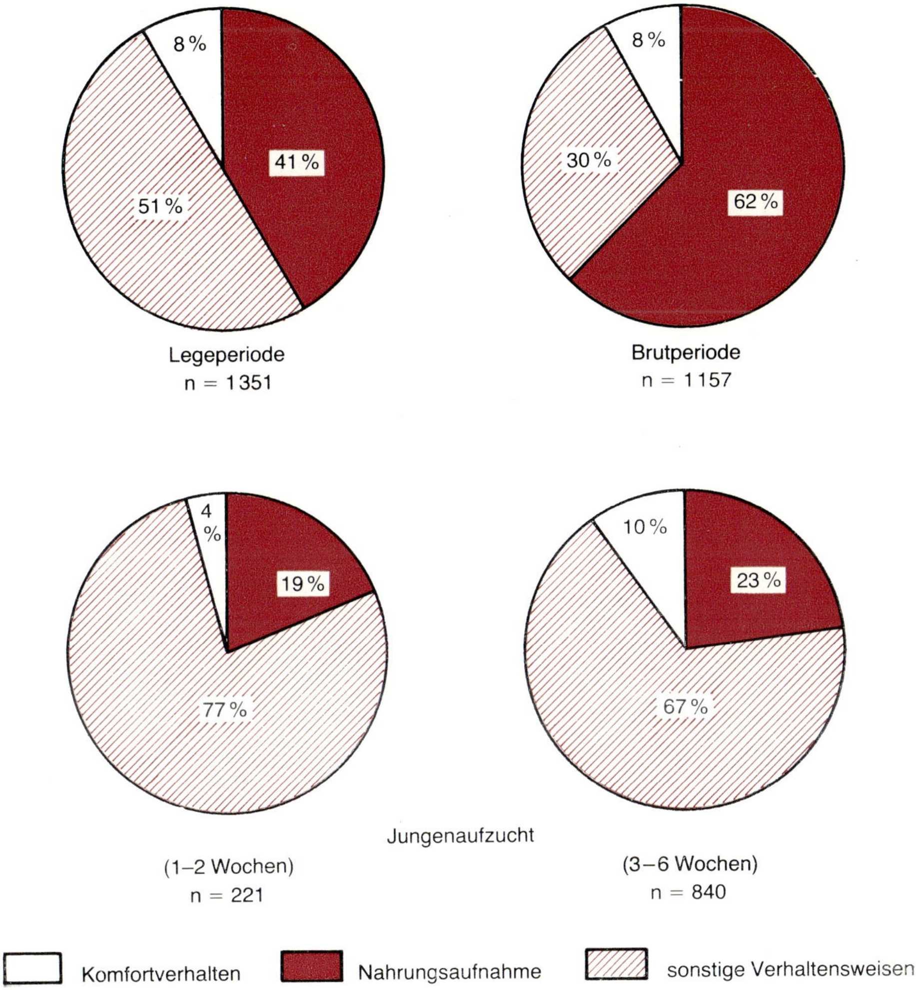


**Abb. 2/27**
Abhängigkeit des Zeitfonds für Nahrungsaufnahme und Komfortverhalten in verschiedenen Phasen der Fortpflanzungsperiode (Weibchen), (nach ASPLUND 1981, verändert)

hängende Verhaltensweisen hinzu. Die Zeitmenge, die für die genannten Verhaltensweisen aufgewandt wird, unterliegt jahreszeitlichen Veränderungen und ist artspezifisch verschieden, was an einigen Beispielen erläutert werden soll.

Bei Untersuchungen über das Zeitbudget wird davon ausgegangen, daß die Menge Zeit und Energie, die für die verschiedenen Aktivitäten aufgebracht wird, die Reproduktionsfähigkeit beeinflußt. Es wird unterstellt, daß für jede Art in einer bestimmten Umwelt ein optimales Zeit- und Energiebudget existiert. Das gilt insbesondere für die Phasen der Reproduktion, Mauser und Wanderungen. Infolge ihres hohen Energie- und Zeitbedarfs sind sie gewöhnlich innerhalb des Jahreszyklus voneinander getrennt.

Untersuchungen über das Zeitbudget von Entenarten sind vor allem in Nordamerika ausgeführt worden. Aus Europa liegen nur wenige Untersuchungen vor (Klima, 1966; Folk, 1971; Tamisier, 1974; Asplund, 1981). Wenig untersucht sind die Aktivitätsmuster während der Fortpflanzungszeit, was an den erschwerten Beobachtungsbedingungen liegt (Abb. 2/27). Weibliche Stockenten verwenden in der Brut- und Legeperiode mehr Zeit auf die Nahrungsaufnahme als Männchen (Asplund, 1981). Nach Dwyer (1974) benötigen weibliche Schnatterenten in dieser Zeit nahezu zwei Drittel des Tages für die Nahrungsaufnahme. Im Unterschied dazu reduzieren die Männchen den Zeitfonds für die Nahrungsaufnahme in der Periode vor Legebeginn beträchtlich (z. B. Bengtson, 1972), weil die Bewachung der Weibchen und die damit zusammenhängende Vertreibung fremder Männchen viel Zeit in Anspruch nimmt. In der Phase der beginnenden Mauser wird der Zeitfonds für Gefiederpflege beträchtlich erhöht (Bruggers und Jackson, 1977), was mit der Federneubildung zusammenhängen dürfte. Gefiederpflege, Baden und Nahrungsaufnahme folgen als Sequenz aufeinander.

Eine zweigipflige Aktivität (diurnaler Rhythmus) ist für viele Arten im Sommer und Herbst kennzeichnend. Stockenten fliegen in der Dämmerung zur Äsung und kehren erst im Morgengrauen zurück (»Entenstrich«). Gewöhnlich erfolgt der Abflug bei einer bestimmten Helligkeit, modifizierend wirken Regen oder starker Wind. Ähnliche Flüge zwischen Schlafplatz und Nahrungsgebiet haben sich in Gebieten häufiger Störungen außerhalb der Brutzeit oft für den gesamten Entenbestand (Stock-, Krick-, Pfeif-, Löffel- und Tafelenten) als Regel herausgebildet. Das beobachteten z. B. Berndt und Merker (1956) und Kalbe (1958/59, 1978) in Braunkohlengrubengewässern. Solche Flüge werden als »Ausweichflüge« bezeichnet. Auf Fischteichen können die nächtlichen Nahrungsflüge

**Abb. 2/28**
Zeitaufwand für verschiedene Verhaltensweisen bei überwinternden Krickenten (Camargue) (nach Tamisier 1978/79)

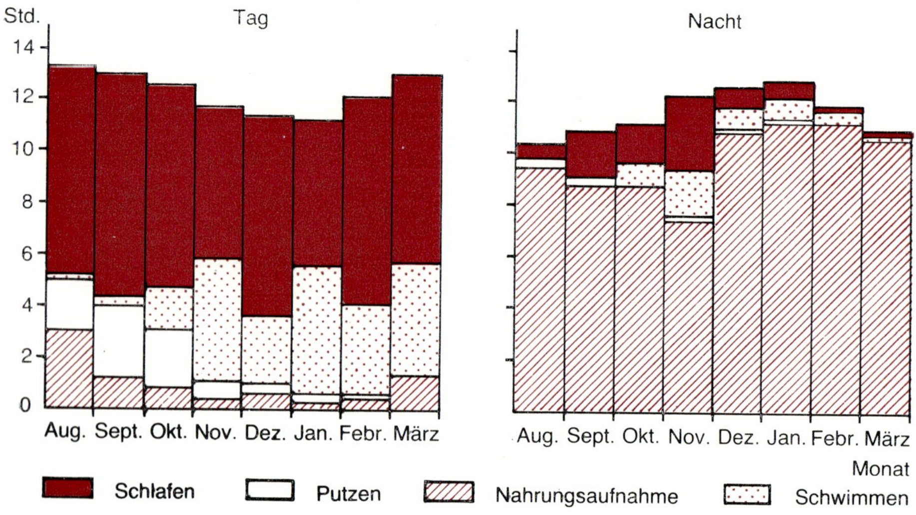

unterbleiben, wenn die Enten tagsüber das leicht erlangbare Pelletfutter fressen. Infolge der Anpassungsfähigkeit gibt es viele Abweichungen vom Grundrhythmus. – Der Aktivitätsrhythmus überwinternder Krickenten in der Camargue (Frankreich) wurde durch TAMISIER (1972) untersucht (Abb. 2/28). Im Winter erfolgt die Nahrungsaufnahme nur nachts. Im August und September und im Februar/März, wenn die Nächte im Vergleich zum Spätherbst und zu den Hauptwintermonaten kürzer sind, wird auch tagsüber während einiger Stunden Nahrung aufgenommen. Krickenten schlafen vor allem am Tage. Dazu suchen sie flache Sandbänke auf. Die Gefiederpflege erfolgt zweimal täglich. Einmal morgens unmittelbar nach der Rückkehr von der Nahrungssuche und in den warmen Nachmittagsstunden. Der Zeitaufwand für die Gefiederpflege verkürzt sich mit der fortschreitenden Mauser der Konturfedern. Nachtaktiv sind auch die im Frühjahr in Boddengewässern vor der Ostseeküste der DDR rastenden Berg- und Reiherenten (LEIPE, 1986). Tagsüber ruhen sie in geschützten Buchten. Dabei kommt es gelegentlich zu großen Ansammlungen. Auf einem nur 35 ha großen Gewässer in der Nähe von Stralsund stellte LEIPE (1986) im März 1984 und 1985 bis zu 15 000 Bergenten fest. Der Abflug zu den nur wenige Kilometer entfernten Freßplätzen beginnt nach Sonnenuntergang mit einbrechender Dämmerung. Zunächst fliegen kleine Trupps ab (5 bis 20 Tiere), später bis zu 500. Die Ursache für die nächtliche Nahrungssuche sieht LEIPE (1986) in günstigeren äußeren Bedingungen. Mit dem nächtlichen Abflauen des Windes lassen auch die Wasserbewegungen nach, wodurch der Energieaufwand für Schwimmen und Tauchen verringert wird. Im späteren Frühjahr (April) wird dieser Tagesrhythmus aufgegeben. Berg- und Reiherenten stellen die Nachtaktivität ein. Die wichtigste Ursache für die Umstellung ist die Veränderung der Ernährungsform. Die Tiere ernähren sich nicht mehr vorzugsweise von Muscheln, sondern von Heringslaich, der um diese Zeit in großen Mengen angeschwemmt und zusammen mit dem Substrat, an das er angeheftet ist (Tang, Seegras), aufgenommen wird. – Nachtaktivität wies auch PEDROLI (1982) bei den an Schweizer Seen überwinternden Reiherenten nach. Er benutzte für seine Untersuchungen ein Nachtsichtgerät. Bei sehr niedrigen Temperaturen dehnen nachtaktive Tauchenten die Nahrungssuche auch auf die Tagesstunden aus, was als Folge des erhöhten Energiebedarfs leicht verständlich ist (NILSSON, 1970 b). Auf Schweizer Seen wurden vergleichbare Ergebnisse nicht erzielt.

Über die Ursachen, die Enten zu nächtlicher Nahrungssuche veranlassen, gibt es verschiedene Auffassungen. Einige Autoren nehmen an, daß überwinternde Tauchenten tagsüber durch den Menschen häufig gestört werden, so daß ungestörte Nahrungssuche nur nachts möglich ist. Tauchenten sind jedoch auch an Plätzen nachtaktiv, wo sie tagsüber wenig oder gar nicht beunruhigt werden. Als andere Erklärungsmöglichkeit bietet sich der geringere Feinddruck während der Nachtstunden an. Dabei wird unterstellt, daß die Annäherung eines potentiellen Feindes bei der Nahrungssuche eher unbemerkt bleibt als beim Ruhen. Dieser Auffassung stehen die Beobachtungen von PEDROLI (1982) gegenüber, der bei Reiherenten keine Beeinträchtigung durch Flugfeinde feststellte. Für Gründelenten könnte diese Erklärung eher zutreffen. Sie ruhen tagsüber in Flachwasserbereichen oder unmittelbar am Ufer, wobei sie weniger gefährdet sind als bei der Nahrungsaufnahme. – MARSHALL (in TAMISIER, 1972) vermutet, daß die höhere Temperatur am Tage die Gefiederpflege erleichtert, die deshalb tagsüber erfolgt, so daß die Nahrungssuche zwangsläufig in die Nachtstunden verlegt werden muß; Tauchenten sind bei der Nahrungsfindung nicht auf die Augen angewiesen.

Es gibt jedoch auch Beobachtungen für eine genau umgekehrte Tagesrhythmik bei Tauchenten. Nach FOLK (1971) suchen Reiherenten tagsüber Nahrung. Dasselbe ist von Schellenten im Winter bekannt. Sie halten sich tagsüber an nahrungsreichen Plätzen auf, verteilt in größeren und kleineren Trupps. Am Abend fliegen alle etwa zur gleichen Zeit zu zentralen Schlafplätzen. Der Abflug zum Schlafplatz erfolgt vor Sonnenuntergang. Die Zeit ändert sich im Laufe des Winters mit dem Sonnenuntergang (LEUZINGER, 1972) (Abb. 2/27). Schlafplatzflüge beobachtete NILSSON (1970a) auch bei Schellenten, die vor der südschwedischen Küste überwintern. Bei Störungen am Nachmittag fliegen sie früher ab als an anderen Tagen, und an hellen Tagen brechen sie später auf als an trüben und regnerischen. – Am Schlafplatz bilden Schellenten artreine Verbände, sammeln sich jedoch auch gemeinsam mit Tafel- und Reiherenten. Nach dem Eintreffen wird unverzüglich mit der Gefiederpflege begonnen (LEUZINGER, 1972). Innerhalb der Schlafplatzgemeinschaft sind die Geschlechter nicht gleichmäßig verteilt. Die Männchen finden sich häufig in größeren oder kleineren Trupps zusammen. Vor Einbruch völliger Dunkelheit verhalten sich die Erpel ausgesprochen aggressiv zueinander bis hin zu Unterwasserangriffen (NILSSON, 1966).

Der Abflug vom Schlafplatz erfolgt bereits vor Sonnenaufgang. Wie beim abendlichen Abflug findet man eine Beziehung zum Zeitpunkt des Sonnenaufgangs. In mondhellen Nächten fliegen sie früher ab als in dunklen (LEUZINGER, 1972). – Eider- und Eisente sind ebenfalls tagaktiv. Mit einbrechender Dämmerung werden die Nahrungsplätze verlassen und die Ruheplätze aufgesucht (NILSSON, 1970b). Tagaktiv sind auch die drei Sägerarten. Es gibt jedoch bemerkenswerte Unterschiede in der Tauchaktivität. Der Gänsesäger taucht seltener nach Nahrung als der Zwergsäger (Abb. 2/29). NILSSON (1970b) sieht die Ursache dafür in Unterschieden in der Körpermasse.

THOMAS (1981) fand bei der Stock- und Spießente in England (Ouse Washes) zwei Nahrungsflüge/Tag, früh morgens und spät nachmittags. Nachmittags flogen die Tiere bereits 3 Std. vor Einbruch der Dunkelheit auf die Felder, und die Mehrzahl kehrte bereits kurze Zeit nach Einbruch der Dunkelheit zurück. Diese Abweichungen von dem für Stockenten beschriebenen Schema sind wahrscheinlich in der Anpassung an die Ernährung auf Feldern begründet. Die Rhythmik unterliegt außerdem starken Veränderungen bei hohen Wasserständen, Frost und Schneetagen.

Obwohl davon auszugehen ist, daß Enten bei sehr günstigen Ernährungsbe-

**Abb. 2/29**
Flug zu den Nahrungsplätzen (abends) und Rückflug zu den Tages-Rastplätzen (morgens) in Abhängigkeit vom Zeitpunkt des Sonnenunter- bzw. -aufgangs (Reiherente, Öresund, nach NILSSON 1970a, verändert)

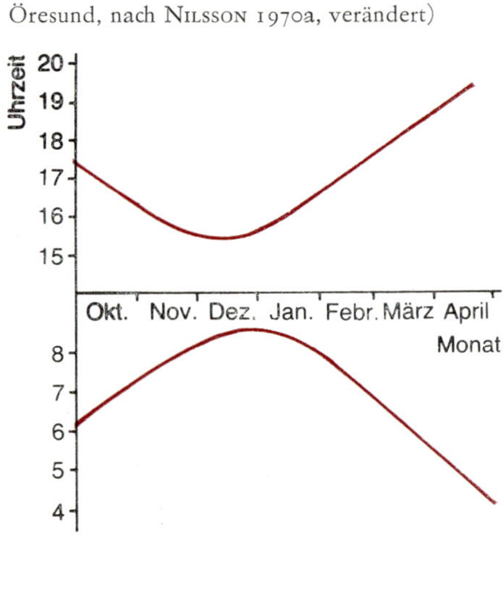

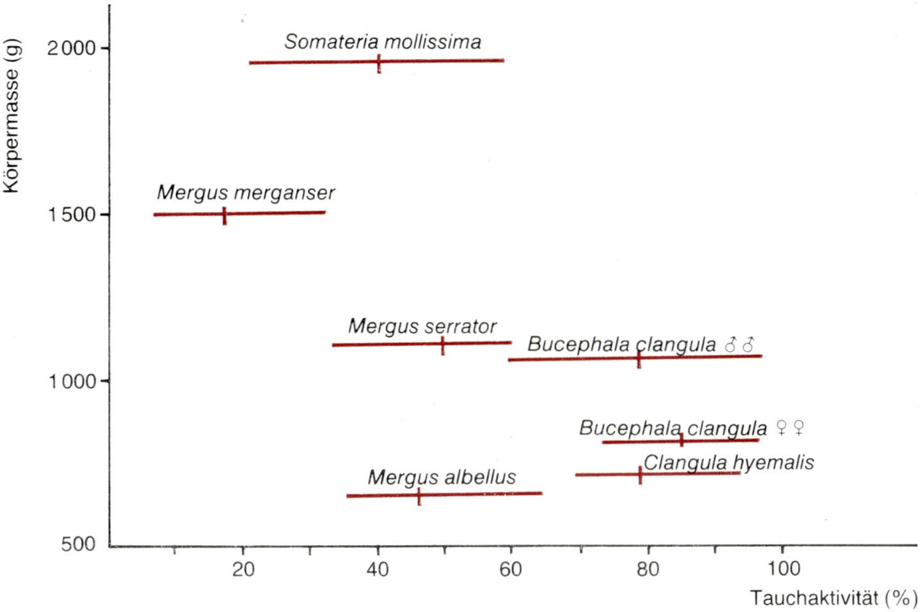


**Abb. 2/30**
Tauchaktivität einiger Enten- und Sägerarten (November bis März) in Beziehung zur Körpermasse (aus Nilsson 1970a)

dingungen weniger Zeit auf die Nahrungssuche verwenden, gibt es dazu unterschiedliche Meinungen.

Tamisier (1975) fand bei Untersuchungen an Krickenten keine Beziehung zwischen der Nahrungsdichte und der Zeitdauer der Nahrungsaufnahme. Brandgänse sammeln sich an Stellen mit hoher Dichte von Beutetieren (an der britischen Atlantikküste ist das vor allem die Schnecke *Hydrobia ulva)* und beenden an diesen Stellen die Nahrungsaufnahme in kürzerer Zeit als an Plätzen mit geringer Dichte an Beutetieren (Buxton, 1981).

## Wanderungen und Überwinterung

Die Wanderungen der Entenvögel sind – wie der Vogelzug insgesamt – in ihren zeitlichen und räumlichen Mustern überaus vielfältig. Umweltfaktoren, wie Klima, Witterung, Nahrung, die Lebensansprüche der einzelnen Arten und in den Populationen wirkende Faktoren wie Populationsdruck, Konkurrenz und die Fähigkeit, sich anzupassen und auszubreiten, waren und sind Anlaß für die Entstehung von Wanderungen mit ihren jahreszeitlichen, spezifischen Abläufen.

Jedermann weiß, daß viele europäische Vogelarten jährlich zweimal wandern: Im Herbst verlassen sie südwärts ziehend die Brutgebiete (Wegzug), im Frühjahr suchen sie diese wieder auf (Heimzug). Die Brutgebiete sind die Heimstätten, unabhängig von der Zeitdauer des Aufenthaltes. Bei vielen Arten ist sie viel kürzer als die Zeit, die sie unterwegs und im Winterquartier verbringen. Dieses Grundschema gilt auch für Entenvögel. Hinzu kommen die Wanderzüge der Erpel nach Beginn der Brutzeit und Wanderungen zu Rast- und Sammelplätzen nach erfolgter Brutzeit.

Aus den Wanderungen ergeben sich zahlreiche Fragen und Probleme. Entsprechend der Vielfalt der Lebensräume und der Lebensbedingungen führen die einzelnen Arten unterschiedliche Wanderungen aus. Zeitlicher und räumlicher Verlauf sind für viele gut erforscht, weniger gut bekannt sind geschlechts- und altersabhängige Unterschiede, Zugverhalten, Flughöhe und -geschwindigkeit, Orientierungsmechanismen und die Wanderungen beeinflussende äußere und innere Faktoren.

In diesem Kapitel werden die allgemeinen Gesetzmäßigkeiten der Wanderungen der Entenvögel und die Formen der Wanderungen und der Überwinterung behandelt. Angaben über den Ablauf der Wanderungen der einzelnen Arten enthalten die Artbeschreibungen.

## Wanderrichtungen, Breit- und Schmalfrontzug

Mit Ausnahme der auf Großbritannien, Irland und Island brütenden Arten zieht die Mehrzahl der westpalaearktischen Entenarten im Herbst in südwestlicher Richtung in die Winterquartiere. Die Brutgebiete werden im Frühjahr durch Zug in umgekehrter Richtung (Nordost) erreicht. Hinter dieser groben Charakterisierung stehen zahlreiche Modifikationen, von denen nur wenige besprochen werden können. Zu Abweichungen kommt es aus verschiedenen Gründen. Die aquatische Lebensweise zwingt Enten, die Zugroute so zu wählen, daß Zwischenrastplätze mit geeigneten Lebensbedingungen erreicht werden, die längere Aufenthalte und den Weiterzug ins definitive Winterquartier ermöglichen. Dadurch kann es zu kürzeren oder längeren Abweichungen von der dominierenden Wanderrichtung kommen.

Gut erforscht sind die Wanderrouten der nordwesteuropäischen Populationen. In den Niederlanden sind über Jahrzehnte hinweg besonders Pfeif-, Spieß-, Löffel-, Krick- und Stockenten beringt worden, und es liegen Tausende Rückmeldungen vor. Trotzdem ist es schwierig, ein eindeutiges Bild zu gewinnen (Perdeck und Clason, 1983). Die Hauptachse für die Wanderungen liegt bei allen Arten übereinstimmend in Südwestrichtung (Abb. 2/31). – Im Frühjahr weicht das Wanderverhalten von Pfeif- und Spießente von dem anderer Arten ab. Sie führen eine Art Schleifenzug aus, worin sie mit der Bleß- und Saatgans übereinstimmen (Rutschke, 1987). An den Rastplätzen im zentralen Teil der UdSSR verweilen sie bis die im hohen Norden gelegenen Brutplätze eisfrei sind. – Im Herbst bevorzugen die in Nordosteuropa und Skandinavien brütenden Gründelenten den Zug längs der Küsten von Ost- und Nordsee. Sie ziehen dann in westlicher Richtung. Der Küstenverlauf hat also die Wirkung einer Leitlinie. Die richtungbildende Bedeutung der Ostsee für den Vogelzug ergibt sich vor allem aus ihrer Nordost-Südwest-Ausdehnung. – Die ökologische Bedeutung liegt in den zahlreichen vielgliedrigen Flachwasserbereichen (Schären, Bodden, Buchten) mit ihrer benthischen Evertebratenfauna. Sie spenden den durchziehenden Arten Nahrung in Fülle und erlauben wochenlange Rast oder Überwinterung. In vergleichbarer Weise werden die Wanderungen durch die Küstenverläufe der anderen europäischen Meere (Mittelmeer, Schwarzes Meer) und durch das Kaspische Meer modifiziert, und auch Gewässersysteme im Binnenland sind von Einfluß für den Ablauf der Wanderung. Es wird angenommen, daß die Weibchen im allgemeinen weiter südlich überwintern als die Männchen, was die Dominanz weibchenfarbener Tiere bei Winterbeginn nahelegt. Das kann jedoch ein Trugschluß und darin begründet sein, daß die diesjährigen Jungen zunächst schlichtfarben sind, der Weibchenüberschuß also vorgetäuscht ist.

Die Besonderheiten im Ablauf der herbstlichen Wanderungen müssen beachtet werden, wenn versucht wird, aus Herbst- und Winterzählungen Indices für die Bestandsentwicklung abzuleiten. Trends werden erst erkennbar, wenn lange Beobachtungsreihen vorliegen. Dann treten auch die Einflüsse strenger Winter hervor. NILSSON (1984) fand in den Zählperioden, die unmittelbar auf kalte Winter folgten, bei einigen Arten niedrige Zählwerte, die er als Bestandseinbußen interpretierte. Derartigen Schlußfolgerungen ist mit großer Skepsis zu begegnen, weil die vielen anderen Faktoren, die regionale Ansammlungen im Herbst und Winter beeinflussen, unbeachtet bleiben. Selbst Winterverluste müssen nicht zwangsläufig zur Verringerung des Bestandes im nachfolgenden Jahr führen. Schon eine gute Brutperiode kann die Verluste des vorangegangenen Winters ausgleichen. Hinzu kommen die Unwägbarkeiten regionaler Auswertungen. Ein kalter Winter in Skandinavien kann ohne Einfluß für die Entenpopulationen bleiben, wenn diese bei beginnender Vereisung abziehen und in Westeuropa zusagende Überwinterungsbedingungen finden. Schell- und Reiherenten brauchen nur 500 bis 1000 km zu fliegen (10 bis 20 Stunden Flugzeit), um nahrungsreiche Gewässer in Mitteleuropa zu finden. Anders wirken kontinentweite

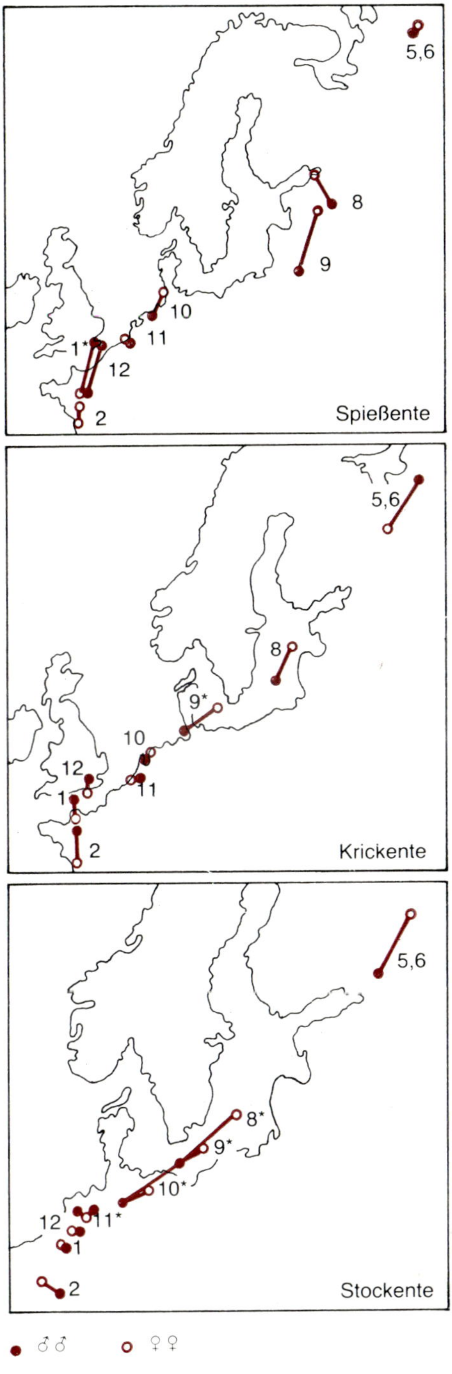


**Abb. 2/31**
Hauptzugrichtung männlicher und weiblicher Enten im Herbst (aus PERDECK und CLASON 1983) 1–12 = Monate – * = signifikanter Unterschied zwischen ♀♀ und ♂♂

Extremwinter, die Ausweichflüge unmöglich machen oder erschweren.

Im Frühjahr wird Mitteleuropa im Unterschied zu den durch Leitlinien teilweise zum Schmalfrontzug modifizierten Herbstzug im Breitfrontzug von Südwest nach Nordost durchflogen. Der Frühjahrszug verläuft mit größerem Tempo als der Herbstzug. Dieser auffällige Unterschied ist in klimatischen Bedingungen begründet. Nach Beendigung der Brutperiode, also spätestens ab Ende August, ist im Herbst mindestens 3 Monate Zeit (September bis November), um bis in die Winterquartiere zu wandern. Zwischenrast wird überall dort eingelegt, wo zusagende Lebensbedingungen bestehen. – Während der Zugzeit sind Enten anspruchsloser bei der Wahl ihrer Aufenthaltsgewässer als zur Brutzeit. Das liegt vor allem daran, daß die spezifischen Ansprüche, die mit der Brut und der Aufzucht der Jungen verbunden sind, entfallen und die Umstellung auf Geselligkeit zwangsläufig dazu führt, daß viele Arten mittlere und größere Gewässer aufsuchen. Im Vordergrund der Habitatwahl stehen Erlangbarkeit zusagender Nahrung und Schutzbedürfnis. Erst das Vorrücken des Winters zwingt die Enten zum Weiterzug in wirtlichere Gebiete bis schließlich die definitiven Winterquartiere in Mittel-, West- und Südeuropa erreicht sind. Die einzige Art, die die Winterbedingungen in Europa nicht verträgt, ist die Knäkente. Sie zieht bis ins tropische Westafrika, nur wenige unterbrechen die Wanderung bereits in Nordafrika. Zu den stärker wärmeliebenden Arten gehören auch die Spießente, die ebenfalls bis nach Westafrika zieht, und die Löffelente, deren Überwinterungsgebiet jedoch bereits in Südeuropa beginnt.

Die entgegengesetzte Tendenz, nämlich das Verbleiben in der Nähe des Brutgebietes, ist am stärksten bei der Stockente ausgeprägt. Als einzige Gründelente überwintert sie auch in Skandinavien und Osteuropa, doch die Nord-, Ost- und Mitteleuropa bewohnende Population unterscheidet sich im Überwinterungsverhalten. Während ein Teil der Population nach Westen und Südwesten ausweicht, bleibt ein anderer Teil im Heimatgebiet oder in dessen Nähe. Zwischen den beiden Extremen gibt es alle denkbaren Übergänge, wobei die Art der Winterernährung eine Rolle spielt. In der Nähe menschlicher Siedlungen, insbesondere in Städten, werden Stockenten im Winter gefüttert. Das begünstigt die Standorttreue. Im Fall der Stockente ist es nicht möglich, ein vom Brutgebiet gesondertes Überwinterungsgebiet zu unterscheiden.

Zu überraschenden Feststellungen über das Wanderverhalten der Eiderente gelangte SWENNEN (1978) durch Beringung von Eiderenten, die im holländischen Wattenmeer an der niederländischen Küste brüten. Die Brutvögel (Männchen und Weibchen) bleiben ganzjährig in der Nähe des Brutgebietes, wandern also im Winter nicht nach Großbritannien wie früher allgemein angenommen wurde. Ganz anders benehmen sich die Jungvögel. Als Küken beringte Eiderenten wandern im 1. und 2. Jahr südwestwärts und gelangen dabei an die französische Atlantikküste bis in den Golf von Biskaya. Nach Erlangung der Fortpflanzungsreife bleiben die Weibchen in der Nähe des Brutgebietes, wohingegen ein großer Teil der Männchen nordostwärts wandert und in der Nähe des Golfs von Finnland brütet. Eine ähnliche Verteilung erfolgt bei Tieren, die während der Mauser beringt wurden: Die Männchen ziehen überwiegend nordostwärts und siedeln sich dort an, wohingegen die Weibchen entweder im Gebiet verbleiben oder nur bis in das Ostseegebiet um die dänischen Inseln ziehen.

Bei den meisten anderen Arten überlappen Brut- und Überwinterungsgebiet ebenfalls, doch mehr oder minder große Teile der nördlichen und östlichen Brutgebiete werden im Winter geräumt.

Nur wenige Arten wandern einem arteigenen, endogenen Zeitplan folgend mit großer Regelmäßigkeit (Knäk- und Spießente). Auslöser für die Herbstwanderung der anderen Gründelenten sind die klimatischen Bedingungen. Kälteeinbrüche »schieben« die Population. Bleiben sie aus, dann verweilen Krick- und Pfeifente auch im nördlichen Mitteleuropa, gegebenenfalls bis weit in den Dezember hinein. Weniger witterungsabhängig wandern Löffel- und Schnatterente. In Mitteleuropa ist der Höhepunkt des Durchzuges der Schnatterente spätestens Mitte November erreicht. – In witterungsabhängiger Rhythmik wandern auch die Arten der Gattung *Aythya* und die Meerenten. Sie erscheinen im Herbst an Vorwinter-Rastplätzen, deren Nahrungsgründe sie so lange ausbeuten, wie die Witterung es gestattet.

Der Einflug von Meerenten ins mitteleuropäische Binnenland ist in starkem Maße von den äußeren Gegebenheiten abhängig (z. B. starke Vereisung der Ostsee, Stürme). Jedoch ist bei den häufiger erscheinenden Arten (Bergente, Samtente) durchaus auch an regelmäßige Einflüge zu denken, die bestimmten Gesetzmäßigkeiten folgen (z. B. Klaffke, 1984).

Für den Zeitpunkt und das Tempo des Frühjahrszuges der Entenarten, die aus Afrika oder Südwesteuropa in ihre nordosteuropäischen Brutgebiete ziehen, spielt nicht nur die Dauer des Winters, sondern auch die von den Großwetterlagen abhängige Windrichtung eine wichtige Rolle.

Enten bevorzugen wie die meisten anderen Zugvögel Rückenwind: Im Frühjahr die warmen von Süden wehenden Winde, die sich westlich von Hochdruckgebieten oder östlich von Tiefdruckgebieten einstellen (Bergman, 1941). Eiderenten, die im Frühjahr ostwärts wandern, bevorzugen dabei Westwind-Wetterlagen (Alerstam et al., 1974), selbst wenn sich diese nach dem Durchzug von Kaltfronten einstellen (Temme, 1974). Meerenten begnügen sich auch mit dem Schub, den seitlich von hinten wehender Wind erteilt, wenn sie sich in Küstennähe fliegend bei der Festlegung der Flugrichtung vom Küstenverlauf leiten lassen (Bergman und Donner, 1964). Bisher wurde nicht geprüft, ob die Zugintensität mit der Stärke des Rückenwindes zunimmt. – Eindeutig sind die Beziehungen zwischen Windrichtung, Temperatur und Zugintensität. Warme Südwind-Wetterlagen im Frühjahr stimulieren den Zugbeginn oder den Weiterzug (Bergman, 1941; Jögi, 1961). Dementsprechend erfolgt der Aufbruch zum Zug in die Brutgebiete in milden Frühjahren eher als in kalten. – Der Einfluß der Temperatur auf Wanderungen wurde durch Radaruntersuchungen vor der schwedischen Küste bestätigt (Alerstam und Ulfstrand, 1974). Mit dem Fortschreiten der Vereisung intensiviert sich der Zug in Richtung auf wärmere Gebiete.

Regen und Wolkenbedeckung führen zur Unterbrechung der Wanderungen. Es gibt sogar Hinweise dafür, daß Schlechtwettergebiete umflogen werden (Jögi, 1961) und eine Umkehr zum Abflugort erfolgt, wenn die Enten in Schlechtwetterzonen geraten. – Neben vielen Feststellungen, die die Ausnutzung günstiger Windverhältnisse durch Enten belegen, gibt es auch Berichte über Wanderungen gegen den Wind und in Schlechtwettergebiete hinein (Bellrose, 1957). Temme (1974) sah Eiderenten in großer Anzahl bei Nordwestwind westwärts ziehen. Sie folgten allerdings der Küstenlinie, so daß der ungünstige Wind wohl in Kauf genommen wurde, um die Küste in Sicht zu behalten.

Einfluß auf den Zugverlauf hat auch der Grad der Bewölkung. Wenn der

Himmel zu etwa zwei Dritteln bedeckt ist, kommt es bereits zu erheblicher Beeinträchtigung der Zugintensität. Bei vollständiger Bedeckung stellen Trauer- und Eisenten die Wanderung ein. Richardson (1978) gelangt in einer Übersicht über Vogelzug und Wetter zu der Feststellung, daß Wasservögel bei ihren Wanderungen im allgemeinen Rückenwind, geringe Luftfeuchtigkeit, offenes Wetter, Wärme und fallenden Luftdruck im Frühjahr und einsetzende Kälte und Luftdruckanstieg im Herbst bevorzugen.

## Fluggeschwindigkeit und -höhe

Der Gebrauch des Radars für die Untersuchungen des Vogelzuges ermöglichte es, zuvor nicht untersuchte Fragen wie Fluggeschwindigkeit, Flughöhe, Flugrichtung und den Einfluß der Witterung zu untersuchen. Ein Nachteil derartiger Untersuchungen ergibt sich aus den Schwierigkeiten, die mit der Identifikation der Vogelarten verbunden sind. Dieser Nachteil entfällt bei Untersuchungen der Wanderungen von Entenvögeln, weil die Artbestimmung bei Kombination von Radar- und Sichtbeobachtung kaum Schwierigkeiten bereitet.

Nach Bergman und Donner (1964) fliegen Trauerenten, die längs der Südküste Finnlands über See ostwärts ziehen, mit einer Durchschnittsgeschwindigkeit von 84 km/h in einer Höhe von 200 bis 300 m. Bei Flügen über Land wählen sie größere Höhen (500 bis 2000 m) und fliegen etwas schneller, möglicherweise verursacht durch den geringeren Luftwiderstand in der größeren Höhe. Eisenten wandern mit geringerer Durchschnittsgeschwindigkeit (74 km/h). Die Angaben beziehen sich auf durch aktive Bewegung hervorgerufene Geschwindigkeit, nicht auf die windabhängige über Grund. Die Richtung aus der der Wind bläst ist bei der Festlegung des Wanderkurses berücksichtigt, die Windabdrift wird also kompensiert. Als Höchstgeschwindigkeit wurde für die Stockente 100 km/h gestoppt (Curry-Lindahl, 1982).

Nach Jögi (1971) ziehen Trauerenten während des Mauserzuges sowohl tags als auch nachts in einer durchschnittlichen Höhe von 1500 bis 2000 m. Die größte Höhe ziehender Trauerenten betrug 4500 m. Im allgemeinen fliegen jedoch in der Nähe der Meeresküste ziehende Enten knapp über der Meeresoberfläche, und auch beim Flug über Landzungen, Inseln u. dergl. steigen sie allenfalls auf 100 bis 150 m an. Curry-Lindahl (1982) nennt 4900 m als Spitzenhöhe für die Löffelente. Über die Entfernungen, die Enten bei ihren Wanderungen zurücklegen, läßt sich wenig Allgemeines sagen. Es gibt Populationen, die nur wenige 100 km wandern und andere, die Tausende zurücklegen. Die größten Entfernungen werden von in Nordeuropa ansässigen Gründelenten zurückgelegt. Sie legen auf den Wanderungen bis nach Westafrika Strecken zwischen 5000 und 8000 km zurück.

## Geselliger Zug

Enten wandern wohl immer gesellig, doch hinsichtlich Größe und Zusammensetzung der Schwärme nach Arten, Geschlecht und Alter, Bildung und Auflösung der Schwärme und Dauer des Zusammenhalts gibt es beträchtliche Unterschiede. Obwohl dazu viele Angaben im Schrifttum existieren, herrscht noch viel Unkenntnis.

Während des Zuges ordnen sich Enten oft in Reihen und Ketten, besonders beim Flug entlang der Küsten, doch dürften sich daraus keine aerodynamischen Vorteile ergeben. Vorteile ergeben sich aus der Möglichkeit, Gefahren gemeinschaftlich besser zu erkennen und zu vermeiden. Ob Zuggemeinschaften existieren, die längere Zeit zusammenhalten und sich auch nach Zerstreuung durch Bejagung oder Störungen anderer Art wieder zusammenfinden – wie bei Wildgänsen –, ist nicht bekannt. Im Schrifttum fehlen auch Angaben über die Truppgrößen. Wenn Enten in Küstennähe innerhalb kurzer Zeit in großer Anzahl durchziehen, dann liegt das weniger an sozialer Attraktanz als an der zeitgleichen Auslösung des Zuges durch günstige Witterungsbedingungen und andere Faktoren. Mit Hilfe von Radarbeobachtungen kamen Bergman und Donner (1964) zu der Einschätzung, daß längs der Südküste Finnlands jährlich im Frühjahr zwischen 250 000 und 600 000 Eis- und Trauerenten durchziehen, und zwar innerhalb weniger Tage. Nach Saurola (1976) gibt es außergewöhnliche Zugtage, an denen über 500 000 Eis- und Trauerenten beobachtet wurden.

Die Entenflüge folgen in dichter Folge aufeinander. Ihre Größe wechselt. Oft fliegen die Trupps in Sichtweite, jedoch als in sich geschlossene Gruppe. Gelegentlich sind es Tausende, die einen Flugverband bilden, doch auch kleine Trupps, die abgesondert für sich fliegen, sind nicht selten.

## Mauserzug und bedeutende Mauserplätze

Die Mauser bedeutet für das Tier eine Phase hoher physiologischer Beanspruchung. Es müssen die für die Keratinbildung erforderlichen Aminosäuren qualitativ und quantitativ zur Verfügung stehen, und der Federbildungsprozeß muß zügig voranschreiten, um in wenigen Wochen abgeschlossen zu sein. Bei der Schwingenmauser erschwert die Einbuße des Flugvermögens die Nahrungssuche und erhöht die Gefährdung durch Predatoren. Deshalb überrascht es nicht, daß sich Enten zur Mauser in abgelegene vom Menschen wenig beeinflußte Gebiete zurückziehen.

Um solche Plätze zu erreichen, sind oft größere Wanderungen notwendig. Mauserzüge werden vor allem von den Erpeln durchgeführt. Der Wandertrieb setzt ein, sobald die Weibchen auf dem Gelege sitzen. Dem Mauserzug geht die Sammlung der Erpel eines Brutgebietes an geeigneten Plätzen voraus. Wie lange das Sammeln andauert, wie groß die Scharen sind, die sich an solchen Plätzen treffen und wann der Aufbruch zur Wanderung erfolgt, ist von den örtlichen Bedingungen abhängig und artspezifisch. Da der Sammelplatz in beliebiger Himmelsrichtung und unterschiedlicher Entfernung vom Mauserplatz liegen kann, sind Zugrichtung und Dauer des Zuges verschieden.

Am Mauserzug beteiligen sich neben den Erpeln, die am Brutgeschäft beteiligt waren, auch weibliche Tiere, die bei der Brut gestört wurden, noch nicht fortpflanzungsfähige Tiere und solche, die aus anderen Gründen nicht zur Brut schritten.

Neben Arten, die den Mauserzug mit großer Regelmäßigkeit und nach genauem Raum-Zeit-Muster durchführen (Trauerente), gibt es andere, bei denen Regellosigkeit vorherrscht (Stock-, Löffelente). Das gilt auch für die Dauer des Aufenthaltes am Mauserplatz. Es gibt Plätze, die von den Enten nach Abschluß der Schwingenmauser sofort verlassen werden, und andere, wo sie bis in den Herbst verweilen und an denen sich nach Abschluß der Brutzeit auch die Weibchen mit den diesjährigen Jungen sammeln.

Weitaus schlechter erforscht als der Mauserzug der Meerenten ist der Mauserzug der Tauch- und Gründelenten. Bei diesen spielen Traditionen eine große Rolle. Ein gut untersuchtes Beispiel für das Entstehen derartiger Mausertraditionen ist das Ismaninger Teichgebiet bei München (Bezzel, 1969). Über die Entwicklung der Mauserbestände gibt ein

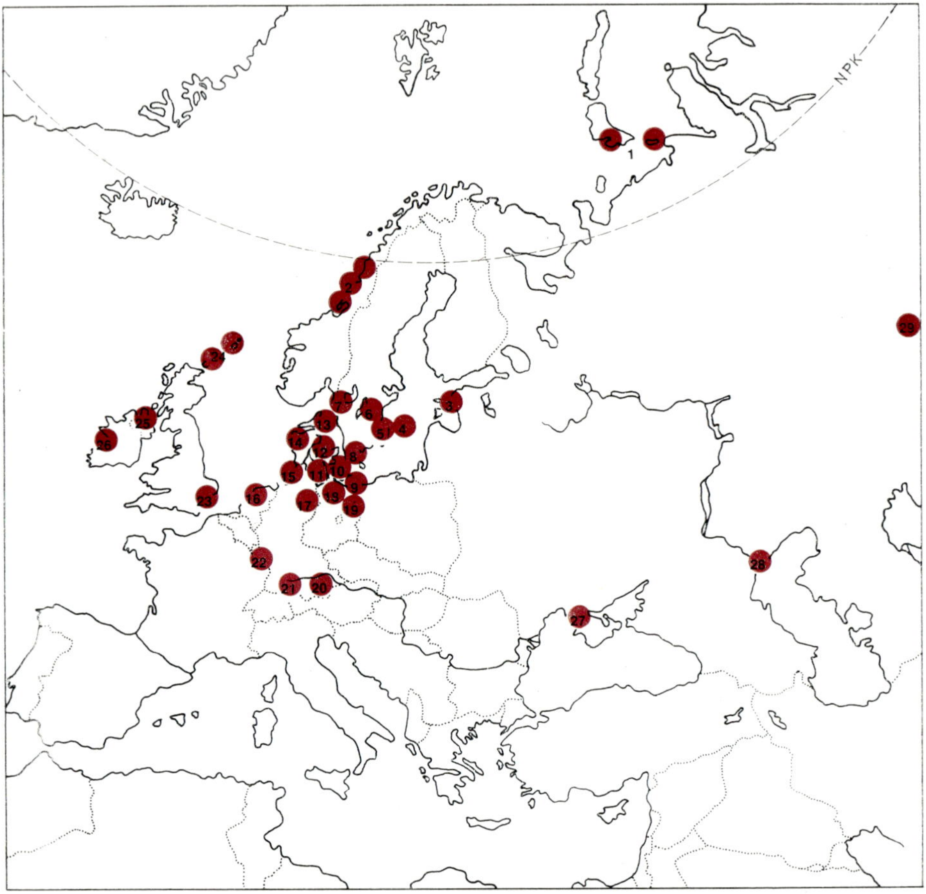


umfangreiches Schrifttum Auskunft (z. B. REICHHOLF, 1979; KROSIGK, 1980). Ein wichtiger Mauserplatz für Reiherenten befindet sich am Krakower Obersee/DDR, wo sich im Mai und Juni bis zu 2000 Reihererpel ansammeln. Im Peitzer Teichgebiet (Bez. Cottbus/DDR) mausern in großer Anzahl Tafelenten. Gründelenten sind bei der Wahl ihrer Mauserplätze adaptiver als Tauchenten. Ihre Mauserplätze sind nicht so stark frequentiert wie die der Tauchenten.

Über die ökologische Beschaffenheit von Mauserplätzen gibt es nur wenige Angaben. KORTEGAARD (1974) beschrieb einen Mauserplatz für Krickenten in

**Karte 1**
Wichtige Mauserplätze für Entenarten. Die Zahlen entsprechen den Gebietsnummern in Tab. 2/6 (nach verschiedenen Autoren)

Nordwest-Jütland (Vejlerne). Wichtigste Merkmale sind ausgedehnte Flachwasserbereiche (20 bis 60 cm Wassertiefe), 16 bis 18 °C Wassertemperatur, reichliches Nahrungsangebot (tierisch und pflanzlich), kleine Inseln und Buchten als Ruheplätze, Vegetationsinseln im Wasser, die Deckung bieten. Ein wichtiger Faktor ist die Ungestörtheit gegenüber dem Menschen. Geht diese verloren, dann sinken die Mauserbestände. Ein Mauserplatz der Stockente (Bygholm Vejle;

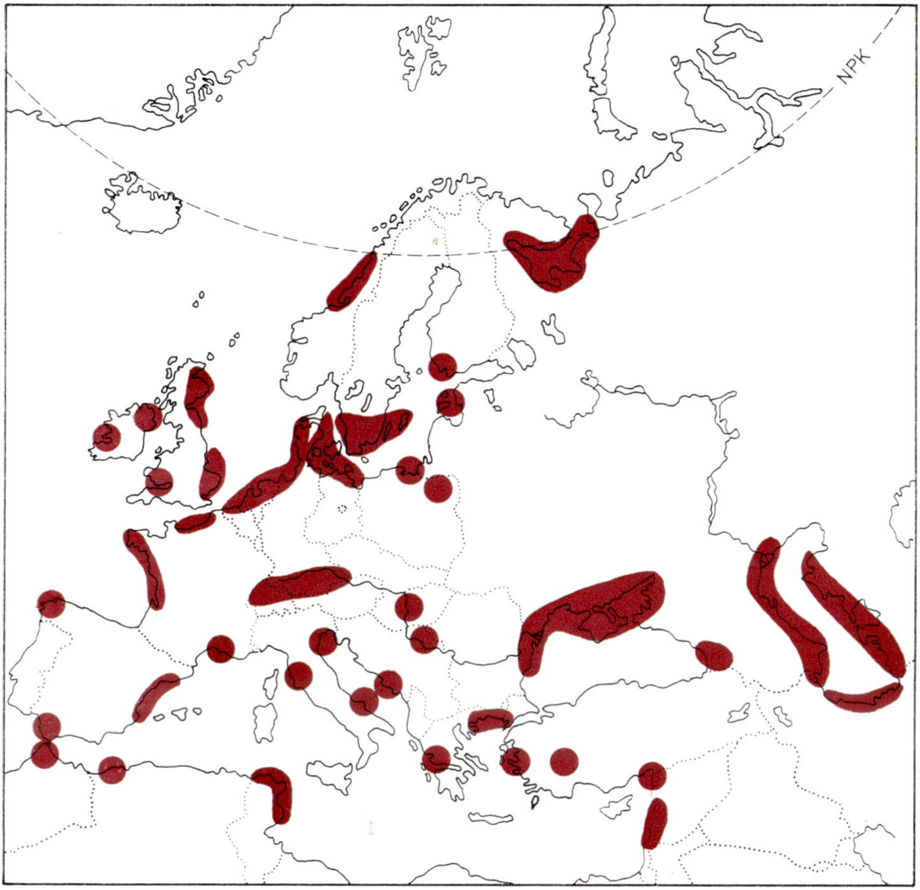


**Karte 2**
Wichtige Überwinterungsgebiete der in Europa und im europäischen Teil der UdSSR brütenden Entenarten (vgl. auch Tab. 2/7) (nach verschiedenen Autoren)

KORTEGAARD, 1974) unterschied sich erheblich vom erwähnten Krickenten-Mauserplatz. Er befindet sich in einem Überflutungsgebiet, das stark mit Vegetation durchwachsen ist. Der Wasserstand ist noch flacher, und es gibt nur relativ kleine Flächen offenen Wassers.

Über die Verteilung wichtiger Mauserplätze in Europa informiert die Karte 1, über die dort mausernden Arten und Anzahlen Tab. 2/6.

## Überwinterung und wichtige Rast- und Überwinterungsgebiete

Obwohl sich die in Mittel-, West- und Südeuropa überwinternden Enten über zahllose Gewässer verteilen und überall dort anzutreffen sind, wo offene, nahrungsreiche Wasserflächen vorhanden sind, gibt es Plätze und Gebiete, in denen sich Tausende und Zehntausende konzentrieren.

Für die Überwinterung von Enten gewinnen die Überschwemmungsgebiete und Auenlandschaften der großen mitteleuropäischen Flüsse in Anbetracht der

**Tabelle 2/6**
Wichtige Mauserplätze von Entenarten in Europa (s. auch Karte 1)

| Art | Anzahl | Gebiet | Nr. | Jahr | Autor |
|---|---|---|---|---|---|
| Pfeifente | 850 | Matsalu Bucht | 3 | | Paakspuu, 1969 |
| Schnatterente | | Schwarzes Meer, NW-Ufer | 27 | | Ardamatskaya, 1970 |
| Krickente | | zentrale schwedische Ebenen | 6 | | Curry-Lindahl et al., 1970 |
| | 1 000...1 200 | Nord-Dänemark | 13 | | Kortegaard, 1974 |
| | 200 | Matsalu Bucht | 3 | | Kumari, 1979 |
| Stockente | | Schwarzes Meer, NW-Ufer | 27 | | Ardamatskaya, 1970 |
| | 7 000...11 500 | Matsalu Bucht | 3 | 1966/67 | Renno, 1968; Paakspuu, 1969 |
| | 5 000...8 000 | Peitzer Teichgebiet | 19 | 1975/80 | in Rutschke, 1983 |
| | 5 000 | Lewitz | 18 | 1975/80 | in Rutschke, 1983 |
| Knäkente | 500 | Matsalu Bucht | 3 | 1966/67 | Paakspuu, 1969 |
| Löffelente | 2 200 | Matsalu Bucht | 3 | 1966/67 | Paakspuu, 1969 |
| | 2 000 | Kasari Fluß | 3 | 1976 | Paakspuu und Meriste, 1980 |
| Kolbenente | | Lorraine | 22 | | Jouanin, 1970 |
| | | Bodensee | 21 | | Jouanin, 1970 |
| | | IJsselmeer | 16 | | V. d. Wal und Zomerdijk, 1979 |
| | | Ismaninger Teichgebiet | 20 | | in V. d. Wal und Zomerdijk, 1979 |
| Tafelente | 21 400 | Ismaninger Teichgebiet | 20 | 1970/76 | in V. d. Wal und Zomerdijk, 1979 |
| | | Lorraine | 22 | | Jouanin, 1970 |
| | 18 500 | Ostseeküste (DDR) | 10 | | |
| | 4 000...5 000 | Peitzer Teichgebiet | 19 | 1975/80 | in Rutschke, 1983 |
| | 4 000...5 000 | Lewitz | 18 | 1978/83 | in Klafs und Stübs, 1987 |
| | 3 000 | Krakower Obersee | 18 | 1976 | |
| | 2 000...3 000 | Neuwarper See | 9 | | |
| | 3 100 | Abberton Reservoir | 23 | | |
| | 12 000...20 000 | Lough Corrib/ Lough Neagh | 25 | 1970/76 | in V. d. Wal und Zomerdijk, 1979 |
| | 1 000...1 300 | Hullsjön See | 7 | | |
| | | Tåkern See | 6 | | |
| | 7 000...8 000 | Matsalu Bucht | 3 | | |
| | 28 500 | IJsselmeer | 16 | | V. d. Wal und Zomerdijk, 1979 |
| | 8 000 | Kasari Fluß | | 1975 | Paakspuu und Meriste, 1980 |
| | 40 000...90 000 | Wolgadelta/Emba*) | | 1971/75 | Krivonossov, 1981 |
| Reiherente | 12 300 | Ismaninger Teichgebiet | 20 | 1970/76 | |
| | 6 000...7 000 | Selenter See | 11 | 1969/70 | in V. d. Wal und Zomerdijk, 1979 |
| | 5 000 | Ostseeküste (DDR) | 10 | | |
| | 8 000 | Krakower Obersee | 18 | 1976 | |

| Art | Anzahl | Gebiet | Nr. | Jahr | Autor |
|---|---|---|---|---|---|
| | 3 400 | Abberton Reservoir | 23 | 1976 | in V. d. Wal und Zomerdijk, 1979 |
| | 5 000 | Lough Cullen | 26 | | |
| | 1 000 | Ringsjön See | 8 | | |
| | 2 000...3 000 | Lewitz | 18 | 1978/83 | in Klafs und Stübs, 1987 |
| | 5 000 | Ostseeküste (Schweden) | 5 | | |
| | 19 000 | IJsselmeer | 16 | 1977 | V. d. Wal und Zomerdijk, 1979 |
| | 7 000 | Matsalu Bucht | 3 | 1974 | Paakspuu und Meriste, 1980 |
| Schellente | 8 000...13 000 | Limfjord/Jütland | 12 | 1968/71 | Jepsen und Joensen, 1973 |
| | 12 000...14 000 | Dänemark Nordküste | 13 | 1968/71 | Jepsen und Joensen, 1973 |
| | 5 000 | Golf von Riga | 3 | 1971 | Viksne, 1983 |
| | 10 000 | Great Sound | 3 | | Kumari, 1979 |
| Eiderente | 5 000 | Halbinsel Kola Waigatsch | 1 | | Karpovič und Kochanov, 1968 |
| | 84 000 | Nordland/Nord- und Sør-Trøndelag | 2 | 1985/86 | Follestad et al., 1986 |
| | 2 000 | Saaremaa | 3 | 1977 | in Kumari, 1979 |
| | 15 000 | Orkney und Shetland Inseln | 24 | 1977 | Hope Jones und Kinnear, 1979 |
| | 250 000 | Dänemark Ostküste | 12 | | Joensen, 1976 |
| | | Gotland NS-Küste | 4 | | Curry-Lindahl et al., 1970 |
| Prachteiderente | | Nowaja Semlja | 1 | | Uspensky, 1970 |
| Eisente | | Nowaja Semlja/ Halbinsel Jamal | 1 | | Uspensky, 1970 |
| Trauerente | 200 000 | Dänemark/Kattegat | | | Joensen, 1976 |
| | | Stikajaure/Lappland | | | Curry-Lindahl et al., 1970 |
| Samtente | 60 000 | Limfjord/Dänemark | 12 | | Joensen, 1976 |
| | 10 600 | Nordland/Nord- und Sør-Trøndelag | 2 | 1985/86 | Follestad et al., 1986 |
| | | Schwarzes Meer NW Ufer | 27 | | Ardamatskaya, 1970 |
| Gänsesäger | 1 000 | Nowaja Semlja | 1 | | Dementjev und Gladkov, 1952 |
| | | Südnorwegische Küste | 2 | | Meek und Little, 1980 |
| | jeweils bis 100 | Saaremaa/Great Sound/Peipussee | 3 | | Kumari, 1979 |
| Brandente | 70 000...80 000 | Großer Knechtsand/ Wattenmeer | 15 | 1965 | Oelke, 1969 |
| | 35 000 | Niederlande/ Wattenmeer | 16 | 1974 | Goethe, 1981 |
| | 270 000 | Tengissee | 29 | 1976 | Andrussenko, 1984 |
| Rostgans | 25 000...36 000 | NSG Kurgaldschinsk | 29 | 1981/83 | Andrussenko, 1984 |
| | 27 000 | Tengissee | 29 | 1978 | Andrussenko, 1984 |
| Enten gesamt | 380 000 | Unteres Wolgadelta | 28 | 1968 | Krivonossov, 1970 |

*) nicht kartiert

rasch fortschreitenden Meliorierung zunehmend an Bedeutung. Beispiele hierfür sind das Gebiet um Słonsk (Polen)/Nähe Wartamündung, Untere Oder, Untere Elbe, Untere Havel und das Mittelelbegebiet (alles DDR). Die Enten drängen sich immer mehr an diesen wenigen noch relativ naturnahen Plätzen in großen Scharen zusammen. Dieses Phänomen hat ZUPPKE (1985) am Beispiel des starken Anstiegs der Winterpopulationen von 4 Entenarten für das Mittelelbegebiet dargestellt. Auf die Bedeutung der Ostsee als Mauser- und Durchzugsgebiet für Entenvögel – insbesondere Meerenten – ist bereits von KUMARI (1980) hingewiesen worden.

Die internationalen Wasservogelzählungen haben wesentlich dazu beigetragen, daß die wichtigen Rast- und Überwinterungsgebiete der westpalaearktischen Enten entdeckt und in ihrer Bedeutung für bestimmte Arten oder Artengruppen näher untersucht und beurteilt werden konnten.

ATKINSON-WILLES (1976) hat auf der Grundlage der Ergebnisse der internationalen Zählungen verschiedene Überwinterungsregionen unterschieden und die überwinternden Enten bestimmten Herkunftsgebieten (Brutareale) zugeordnet. Da Auswertungen dieser Art erstmals vorgenommen wurden, mußte er sich zwangsläufig mit einer groben Einteilung begnügen und Mängel in der Zuordnung in Kauf nehmen, worauf bereits von BEZZEL (1985) hingewiesen wurde.

In Anlehnung an ATKINSON-WILLES (1976) lassen sich den westpalaearktischen Enten vier Überwinterungsregionen zuordnen:

– Nordwest-, West- und Südwesteuropa und Nordwest- und Westafrika. In diesen Gebieten überwintern in Skandinavien und im Nordwesten des europäischen Teils der UdSSR sowie in Teilen Mitteleuropas brütende Enten.
– Teile des westlichen Mittelmeeres, die Apenninen-Halbinsel und die Adria sowie das mittlere Nordafrika als Überwinterungsregion für in Ost- und Südosteuropa brütende Enten.
– Das Gebiet des Schwarzen Meeres, Kleinasien, des östlichen Mittelmeeres, Nordost- und Ostafrika als Überwinterungsregion für die Enten Nordost- und Osteuropas.
– Das Gebiet des Kaspischen Meeres und Vorderasiens als Überwinterungsregion für die Enten Westsibiriens und Mittelasiens.

Diese Einteilung ist kaum weniger grob als die von ATKINSON-WILLES (a.a.O.) vorgenommene, dürfte jedoch dem Zusammenhang zwischen Herkunfts- und Überwinterungsgebiet besser entsprechen. – Innerhalb der vier Überwinterungsregionen sind die einzelnen Arten je nach Vorhandensein entsprechender Plätze mehr oder minder konzentriert oder verteilt. In nachfolgender Aufstellung (Tab. 2/7) sind die wichtigsten Überwinterungsgebiete zusammengestellt (s. auch Karte).

(Angaben nach: ARAUJO (1978), ATKINSON-WILLES (1970, 1976, 1981), V. d. BERGH (1983, 1985, 1986), CAMPREDON (1981), CARBONELL und MUONZ COBO (1980), DAKHGAN und BANDAK (1970), FIALA (1982a), FOLLESTAD (1973), FOLLESTAD (1986), HEPBURN (1984), JOENSEN (1974, 1976), JOUANIN (1970), KUMARI (1970), KUMARI (1981), LEVEQUE (1966), NILSSON (1969b, 1974a, 1975, 1977, 1979), NOWAK (1970), NYGÅRD (1985, 1987), OTERO, C. (mdl. Mitt.), RÜGER et al. (1986), SALMON (1981), SCOTT (1980), SZABO (1970), SZIJJ (1981, 1983), JOENSEN und MADSEN (1985), JOHNSON und HAFNER (1970), FERGUSON (1972).

**Tabelle 2/7**
Wichtige Überwinterungsgebiete 1981/83

| Land/Gebiet<br>Region /1/ | Art/Anzahl (in Tausend) |
|---|---|
| Schweden<br>*Südschwedische Ostseeküste* | Reiherente (85,1), Bergente (1,1), Eisente (76,0), Gänsesäger (17,8) |
| DDR<br>*Ostseeküste (Greifswalder Bodden, Wismar Bucht, Rügen)* | Reiherente (94,6), Tafelente (28,3), Bergente (6,7), Schellente (9,0), Eisente (10,0) |
| Dänemark<br>*Ostseeküste, Nordseeküste (Wattenmeer)* | Tafelente (10,1), Reiherente (196,2), Bergente (106,4), Schellente (90,0), Eiderente (600,0), Eisente (65,0), Trauerente (200,0), Samtente (37,0), Mittelsäger (19,0), Gänsesäger (28,0), Brandgans (15,3) |
| BRD<br>*Ostseeküste (Lübecker Bucht), Nordseeküste (Wattenmeer)* | Tafelente (24,5), Reiherente (103,0), Bergente (19,6), Schellente (24,7), Eiderente (40,0), Eisente (5,1), Trauerente (2,0), Zwergsäger (1,2), Gänsesäger (10,3), Brandgans (40,0), Pfeifente (11,9), Spießente (2,4) |
| Schweiz/BRD<br>*Voralpengebiet* | Schnatterente (3,6), Krickente (24,0), Löffelente (0,8), Tafelente (136,0), Reiherente (200,0), Schellente (20,0), Gänsesäger (6,7) |
| Niederlande/Belgien<br>*IJsselmeer, Wattenmeer/Küste* | Pfeifente (392,8), Schnatterente (2,9), Krickente (60,0), Spießente (21,0), Löffelente (10,0), Tafelente (120,0), Reiherente (230,0), Bergente (164,3), Schellente (14,0), Eiderente (168,0), Trauerente (10,8), Zwergsäger (10,4), Mittelsäger (11,6), Gänsesäger (120,0), Brandgans (73,0) |
| Großbritannien/Irland<br>*Ostküste Englands, Westküste Englands, Ostküste Schottlands, Nordirland, Irland* | Pfeifente (300,0), Schnatterente (3,2), Krickente (100,0), Spießente (25,0), Löffelente (12,0), Tafelente (50,0), Reiherente (50,0), Bergente (25,0), Schellente (14,0), Eiderente (60,0), Eisente (20,0), Trauerente (50,0), Samtente (3,0), Mittelsäger (12,0), Gänsesäger (5,0), Brandgans (100,0) |
| Frankreich<br>*Atlantikküste (Golf von Morbihan), Loire Mündung* | Pfeifente (60,0), Schnatterente (1,6), Krickente (20,0), Spießente (15,7), Löffelente (12,2), Tafelente (8,4), Reiherente (5,3), Bergente (2,0), Trauerente (31,0), Mittelsäger (2,0), Gänsesäger (1,2), Brandgans (17,1) |
| *Camargue* | Pfeifente (30,0), Schnatterente (15,1), Krickente (50,0), Spießente (12,0), Löffelente (12,0), Kolbenente (8,0), Tafelente (13,0), Reiherente (14,5), Brandgans (1,6) |
| Spanien<br>*Nordwest-Atlantik-Küste, Marismas des Guadalquivir, Mittelmeerküste* | Pfeifente (71,0), Schnatterente (9,2), Krickente (60,0), Spießente (18,5), Löffelente (58,0), Kolbenente (19,2), Tafelente (55,6), Reiherente (5,2), Trauerente (13,2), Brandgans (2,0) |

**Tabelle 2/7** (Fortsetzung)
Wichtige Überwinterungsgebiete

| Land/Gebiet | Art/Anzahl (in Tausend) |
| --- | --- |
| Region /1/ | |
| Marokko<br>*Küste zwischen Tanger und Rabat* | Pfeifente (42,0), Schnatterente (8,0), Krickente (20,0), Spießente (6,0), Löffelente (16,0), Tafelente (3,0) |
| Algerien<br>*Mittelmeerküste* | Spießente (9,7), Löffelente (26,4), Tafelente (27,0), Reiherente (12,7), Brandgans (3,0), Pfeifente (95,0) |
| Westafrika<br>*Tschad Becken, westafrikanische Gewässer (ohne Nigerdelta)* | Spießente (440,0), Knäkente (900,0), Löffelente (11,5) |
| *Nigerdelta, Senegaldelta* | Spießente (82,0), Knäkente (230,0) |
| *Nigerdelta* | Spießente (126,0), Knäkente (150,0) |
| Polen<br>*Masurische Seenplatte, Ostseeküste, Binnenland* | Krickente (4,7), Reiherente (4,5), Bergente (3,1), Schellente (2,5), Eisente (2,6), Gänsesäger (2,5) |
| UdSSR<br>*Barentsee, Weißes Meer, Ostseeküste (Estn., Lett., Lit. SSR), Inseln vor Estn. SSR Küste* | Eiderente (105,0), Eisente (3,8), Gänsesäger (2,4) |
| Finnland<br>*Ostseeküste* | Eisente (3,4) |
| Norwegen<br>*Nordland/Nord- und Sør-Trøndelag* | Eiderente (113,0), Samtente (11,0), Eisente (17,6), Mittelsäger (6,4), Prachteiderente (6,0), Trauerente (1,0) |
| Region /2/ | |
| Ungarn<br>*Donauniederung* | Schellente (9,0) |
| Österreich | Krickente (4,9), Tafelente (7,9), Reiherente (11,7), Schellente (5,0) |
| Jugoslawien<br>*Adriaküste, Donauniederung* | Krickente (2,9), Tafelente (4,1), Moorente (2,5) |
| Italien<br>*Golf von Manfredonia (Ostküste), Sardinien, Po-Delta* | Pfeifente (42,0), Schnatterente (2,7), Krickente (51,0), Spießente (13,3), Löffelente (15,4), Tafelente (47,3), Reiherente (16,3), Schellente (7,5), Mittelsäger (2,7), Brandgans (1,3) |
| Tunesien<br>*Ischkeul See* | Pfeifente (31,0), Krickente (12,1), Spießente (13,7), Löffelente (25,9), Tafelente (72,0), Brandgans (12,8) |

| Land/Gebiet | Art/Anzahl (in Tausend) |
|---|---|
| Region /3/ | |
| UdSSR<br>*Ukrainische Schwarzmeerküste, Asowsches Meer – Kuban-Mündung* | Pfeifente (118,0), Schnatterente (32,2), Krickente (160,0), Spießente (52,5), Löffelente (6,1), Kolbenente (8,8), Tafelente (128,0), Moorente (24,1), Reiherente (88,4), Bergente (56,0), Schellente (9,0), Zwergsäger (26,5), Brandgans (10,8), Rostgans (2,0) |
| Rumänien<br>*Donau Delta, Razelm-, Sinoe-Lagunen* | Pfeifente (3,7), Schnatterente (17,3), Krickente (7,5), Spießente (3,0), Löffelente (6,7), Kolbenente (32,4), Tafelente (376,0), Moorente (6,0), Reiherente (192,0), Schellente (5,0), Stockente (105,5) |
| Bulgarien<br>*Burgas See* | Pfeifente (4,6), Krickente (4,5), Spießente (5,0), Löffelente (5,5), Tafelente (21,1), Reiherente (12,2), Brandgans (2,2) |
| Griechenland<br>*Golf von Arta, Mesolongien, Evros Delta* | Pfeifente (225,5), Schnatterente (6,1), Krickente (96,0), Spießente (100,0), Löffelente (27,5), Kolbenente (4,6), Tafelente (102,2), Reiherente (10,0), Brandgans (4,1) |
| Türkei<br>*Menderes Delta, Amik See, Lagunen von Silifke, Süßwasserseen West-Anatoliens (Hochebene)* | Pfeifente (200,0), Schnatterente (4,5), Krickente (313,2), Spießente (103,6), Löffelente (34,6), Kolbenente (10,8), Tafelente (176,0), Reiherente (66,2), Brandgans (3,3), Ruderente (9,1), Rostgans (10,0), Stockente (330,0), Zwergsäger (1,3) |
| Libanon/Israel/Jordanien: | Pfeifente (5,0), Krickente (40,0), Spießente (10,0), Löffelente (20,2), Reiherente (6,0), Tafelente (8,1) |
| Region /4/ | |
| UdSSR<br>*N-Kaspisches Meer/Wolga Delta W-Kaspisches Meer, SW-Kaspisches Meer/Kura-/ Arak-Niederung, Westtranskaukasien, O-Kaspisches Meer* | Pfeifente (290,8), Schnatterente (76,9), Krickente (448,3), Spießente (153,0), Löffelente (254,0), Kolbenente (270,0), Tafelente (203,0), Moorente (8,3), Reiherente (530,0), Bergente (38,4), Schellente (27,0), Zwergsäger (19,5), Gänsesäger (14,7), Brandgans (7,0) |
| Iran<br>*S-Kaspisches Meer* | Pfeifente (14,0), Krickente (60,0), Spießente (40,0), Löffelente (3,0), Reiherente (7,0), Kolbenente (3,5), Tafelente (12,0), Stockente (50,0) |

# 3

# Enten als nutzbares Wild

## Jagdliche Nutzung

Wildenten gehören seit eh und je zum jagdbaren Wild. Pfeil und Bogen vermochten ihnen wenig anzuhaben, und auch die Wurfruten, mit denen sie wie andere Vögel im alten Ägypten gefangen wurden, was übrigens bereits mit Hilfe von Lockvögeln geschah, brachten nur bescheidene Erfolge. Daß die Ägypter mit Enten und Gänsen vertraut waren, beweisen die eindrucksvollen Darstellungen auf Wandmalereien und Reliefs. In der Antike spielten Enten als jagdbares Wild keine große Rolle. Daran änderte sich bis ins frühe Mittelalter wenig. In den Jagd-Kapitularien *Karls des Großen* werden Enten neben anderen Vogelarten zwar erwähnt, spezielle jagdliche Regelungen für das Wasserwild noch nicht.

Im Mittelalter stand neben der Jagd auf Hochwild die Jagd mit Beizvögeln, allen voran die Falkenjagd, ganz obenan. In den Beutelisten waren auch Enten zu finden, doch zur hauptsächlichen Beute gehörten andere Vogelarten und Hasen.

Erst die Erfindung der Feuerwaffen ermöglichte es, sich schnell bewegende Objekte wie Enten in größerer Anzahl zu erlegen. Schon im 16. Jahrhundert findet man Enten im Ensemble der prunkvollen Darstellungen jagdlicher Szenen auf Bildern, Teppichen und Gobelins. In den aus dem 17. und 18. Jahrhundert stammenden Jagd- oder Weidwerkverordnungen werden die Wildenten zur Niederjagd gezählt. Trappen, Auerwild, Große Rohrdommel und Fasanen gehörten zur hohen Jagd. In einem »Mandat« von 1717 wurde in Kursachsen außerdem noch die Mitteljagd unterschieden, der das Birk- u. Haselwild sowie der große Brachvogel zugeordnet waren (Hobusch, 1985).

Bedeutsam ist ein Edikt aus Preußen vom 9. 11. 1705, in dem erstmals Schonzeiten für Enten ausgewiesen wurden. Sie reichten vom 1. Mai bis Anfang Juli und umfaßten damit den größten Teil der Brutzeit. Zwar zielten diese Bestimmungen auf die Sicherung des jagdlichen Erfolges und waren entsprechend motiviert, doch sie wirkten dem Raubbau entgegen und bereiteten auf diese Weise den Boden für die im 19. Jahrhundert einsetzende Naturschutzbewegung.

Die tiefgreifenden wirtschaftlichen und sozialen Wandlungen im 19. Jahrhundert führten in allen europäischen Ländern zur Entwicklung des Jagdrechts mit Festlegungen für die Entenjagd. Der Jagddruck erhöhte sich beträchtlich, denn einerseits stellte die Industrie immer treffgenauere Waffen zur Verfügung und die Zahl der Jäger nahm zu bedingt durch die Liberalisierung des Jagdrechts und Bevölkerungszunahme, und andererseits verschlechterten sich die Jagdbedingungen infolge der Abnahme jagdlich nutzbarer Feuchtgebiete.

Ab Mitte des vorigen Jahrhunderts waren die Folgen unübersehbar, und es mehrten sich die Stimmen, die auf sinnvolle Nutzung des Entenbesatzes drängten. Im Jagdrecht des ausgehenden 19. und des 20. Jahrhunderts nahmen die Bestimmungen zu, die auf Besatzsicherung abzielten. Besonders heftig umkämpft war und ist das Verbot der Frühjahrsjagd auf Enten und die Herausnahme eines Teils der Entenarten aus der jagdlichen Nutzung.

In der Dauer der Jagdsaison bestehen erhebliche Unterschiede in Europa (Abb. 3/1). Die Hauptjagdzeit liegt überall in den Herbstmonaten, womit den biologischen Bedingungen Rechnung getragen wird. Jagdbeginn in der zweiten Julihälfte ist verfrüht, weil ein Teil der Jungenten noch nicht voll beflogen ist. Nach wie vor gibt es einige Länder, in denen die Frühjahrsjagd noch immer erlaubt ist. Nur in wenigen sind die Jagdzeiten für Gründel-, Tauch- und Meerenten differenziert festgelegt. In Dänemark beginnt die Jagd für die Tafelente am 16. 8. und endet am 29. 2. Gründelenten sind nur bis zum 31. 12. jagdbar. Die Saison für Meerenten (Beginn 1. 10., Ende 29. 2.) ist an Zug und Überwinterung angepaßt. Das Land mit der längsten Jagdsaison ist Malta, was zwar durch nichts gerechtfertigt, jedoch des Fehlens einer nennenswerten Brutpopulation auf der Mittelmeerinsel wegen praktisch bedeutungslos ist (Abb. 3/2).

Die Länge der Jagdzeit vermittelt kein reales Bild vom realen Jagddruck. Dieser läßt sich nur beurteilen, wenn man Besatzdichte (=Bestand) und Jagdstrecke zueinander in Beziehung setzt. Das ist in den meisten Ländern schwierig. Zwar werden fast überall offizielle Jagdstatistiken geführt und veröffentlicht, doch es fehlen Angaben über die Größe der während der Jagdzeit vorhandenen Bestände. Daran wird sich in absehbarer Zeit kaum etwas ändern, denn die Mehrzahl der Entenarten zieht im Herbst entweder auf Wanderrouten (längs der Küsten von Ost- und Nordsee, Schwarzes Meer) oder im Breitfrontzug in südwestlicher

**Abb. 3/1**
Die Jagd auf Enten in den verschiedenen Monaten (nach LAMPIO 1983) (aus TAMISIER 1985).
Juli: ab Monatsmitte, Mai: bis Monatsende

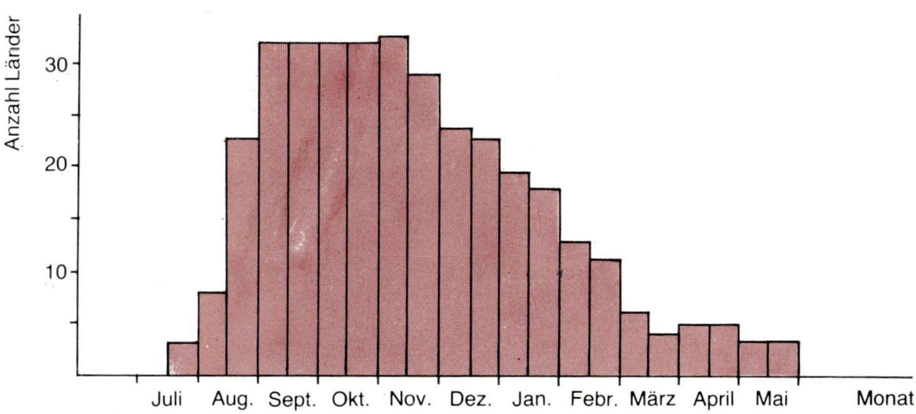

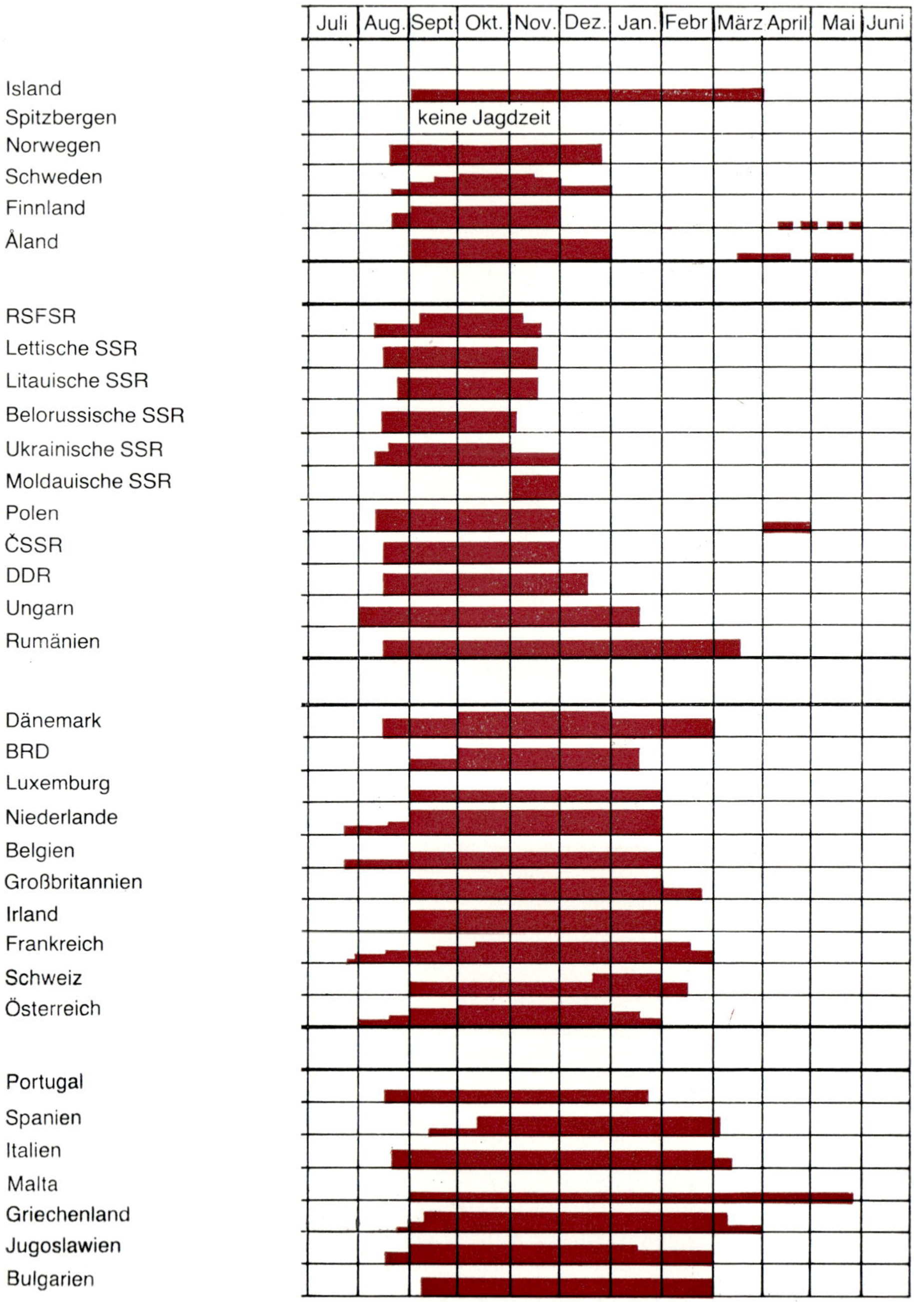
Juli
Aug.
Sept.
Okt.
Nov.
Dez.
Jan.
Febr
März
April
Mai
Juni
Island
Spitzbergen
keine Jagdzeit
Norwegen
Schweden
Finnland
Åland
RSFSR
Lettische SSR
Litauische SSR
Belorussische SSR
Ukrainische SSR
Moldauische SSR
Polen
ČSSR
DDR
Ungarn
Rumänien
Dänemark
BRD
Luxemburg
Niederlande
Belgien
Großbritannien
Irland
Frankreich
Schweiz
Österreich
Portugal
Spanien
Italien
Malta
Griechenland
Jugoslawien
Bulgarien

**Tabelle 3/1**
Angaben zur Entenjagd in Europa (nach TAMISIER, 1985)

| Länder | Anzahl Jäger/1000 km² | Jagdsaison (Monate) | Anzahl erlegter Enten/km² | Fläche des Landes: Gesamtfläche Europas |
|---|---|---|---|---|
| DDR | 185 | 4,0 | 0,33 | 1,0 |
| Belgien | 66 | 6,3 | 1,48 | 0,3 |
| Rumänien | – | 7,0 | 0,34 | 2,2 |
| Norwegen | 62 | 4,0 | 0,35 | 3,0 |
| Großbritannien | 164 | 5,7 | 0,63 | 2,3 |
| Schweden | 334 | 4,4 | 0,37 | 4,2 |
| Spanien | 129 | 5,8 | 0,45 | 4,7 |
| Niederlande | 718 | 6,3 | 10,14 | 0,3 |
| BRD | 403 | 4,0 | 1,49 | 2,3 |
| Finnland | 527 | 5,0 | 1,42 | 3,1 |
| Dänemark | 1856 | 6,5 | 19,00 | 0,4 |
| Ukrainische SSR | 726 | 3,7 | 1,63 | 5,6 |
| Frankreich | 360 | 7,5 | 4,03 | 5,1 |
| UdSSR | 466 | 2,7 | 1,07 | 20,0 |
| Europa | 300 | 5,1 | 1,0 | |
| USA/Kanada | 150 | ca. 3,0 | 0,9 | |

Richtung durch Europa. Die Bestandsgrößen ändern sich also im Laufe des Herbstes, und mit Ausnahme der UdSSR und der skandinavischen Länder werden einheimische Enten und Gastvögel geschossen.

Die Umrechnung der Jagdstrecke auf die Größe des Landes und die Anzahl aktiver Wasserwildjäger führt aus diesem Dilemma nur dann heraus, wenn der vorhandene Entenbestand bekannt ist und zur Beurteilung des Jagddrucks die Dauer der Jagdsaison und die Anzahl erlegter Enten herangezogen werden (Tab. 3/1).

In keinem anderen europäischen Land wird die Jagd auf Wasservögel so erfolgreich betrieben wie in Dänemark. Das liegt weniger an besonderer Schießfreudigkeit oder -fertigkeit der dänischen Jäger als vielmehr an den mehreren Millionen Enten, die Jahr für Jahr im Herbst in den dänischen Küstengewässern erscheinen und dort überwintern (s. S. 143) und durch hohen Brutbestand. Aus dem Verhalten der Enten ergaben sich in Dänemark Besonderheiten in der Praxis der Jagdausübung. An der Westküste mit der ausgedehnten Wattenmeerzone wird die Jagd zur Zeit des Niederwassers im Watt ausgeübt. Die Jäger bauen sich Verstecke, die bis zu 500 Meter von der Küste entfernt sein können (JOENSEN, 1974). An der Westküste werden die Meerenten sehr effektiv von Motorbooten aus bejagt. Neben kleinen Booten mit Außenbordmotor, in denen 1 bis 2 Personen Platz haben, gibt es größere für 2 bis 3 Personen und sogar Kabinenboote mit 4 bis 5 Jägern. Erstere dienen zur Jagd in unmittelbarer Nähe der Küste, mit den andern wird auch auf offener See gejagt. Geschossen wird in der Regel auf fliegende Enten, auf schwimmende zu schießen, gilt als unsportlich. Im dänischen Wattenmeer las-

**Abb. 3/2**
Dauer der Jagdzeit auf Enten in Europa (aus LAMPIO 1983)

sen sich 7 verschiedene Formen der Jagdausübung unterscheiden (LAURSEN, 1985).

Zwischen 1950 und 1970 lag die jährliche Entenstrecke in Dänemark zwischen 745 000 und 868 000 (JOENSEN, 1974). Zu Anfang der 80er Jahre stieg sie weiter an (ASFERG, 1983).

Die gegenwärtige Entenstrecke ist dreifach höher als zu Anfang der 40er Jahre (LAMPIO, 1974). In Finnland, wo jährlich etwa 1 Mio Enten (HEPBURN, 1984) erlegt werden, hat sie sich kaum verändert. Nach JOENSEN (1974) entfallen auf Dänemark 10 bis 15 % der Gesamtjahresstrecke an Enten im Ostsee-Nordsee-Bereich.

Die etwa 60 000 dänischen Jäger sind Nutznießer der noch weitgehend ungestörten Produktivität der Taiga, Waldtundra und Tundra im Nordwesten der europäischen UdSSR und Nordwestsibiriens. Die dort brütenden Enten ziehen zur Überwinterung in die dänischen Küstengewässer. Die UdSSR hat in den letzten Jahrzehnten die Schutzbestimmungen für Wildenten und andere Wildtiere des hohen Nordens erheblich verbessert und Schutzgebiete von Dimensionen eingerichtet, die aus mitteleuropäischer Sicht unvorstellbar groß sind. Das trug zum Anstieg der Bestände bei.

Ob es richtig ist, die Bemühungen um die Sicherung und Hebung der Brutbestände mit einer Steigerung der Abschußquote im Winterquartier zu beantworten, sei dahingestellt. Moralisch gerechtfertigt ist das auf keinen Fall. Aus populationsdynamischer Sicht lassen sich Bedenken zerstreuen, solange die betreffenden Populationen nicht ab-, sondern zunehmen. Das trifft zumindest für die Eiderente zu, die neben der Stockente das Hauptkontingent der in Dänemark erlegten Enten stellt.

Einen noch größeren Anteil der westpalaearktischen Entenpopulation als die dänischen Jäger »ernten« die französischen (Tab. 3/2). Dort werden jährlich

**Tabelle 3/2**
Jagdstrecken in den europäischen Ländern (nach SCOTT, 1982; HEPBURN, 1984)

| Land | Stockente | Sonstige |
|---|---|---|
| UdSSR | 1 600 000 | 2 020 000 (S) |
| Frankreich | 1 550 000 | 1 680 000 (H) |
| Finnland | 450 000 | 545 000 (H) |
| Dänemark | 529 000 | 421 000 (H) |
| Großbritannien | 276 500 | 597 900 (H) |
| BRD | 400 000 | 155 600 (H) |
| Polen | 396 400 | 146 600 |
| Niederlande | 350 000 | 15 000 |
| ČSSR | 78 000 | 63 900 (S) |
| Schweden | 71 000 | 96 700 (S) |
| Spanien | 183 200 | 45 800 |
| Ungarn | 88 500 | 6 000 (S) |
| Norwegen | 53 000 | 62 000 |
| Jugoslawien | 65 200 | 16 300 |
| Rumänien | 53 000 | 27 000 |
| Bulgarien | 36 000 | 20 000 |
| Österreich | 44 700 | 5 000 |
| Schweiz | 16 500 | 12 500 (H) |
| Belgien | 41 000 | 5 000 |
| DDR | 31 800 | 4 200 |

(S) SCOTT, (H) HEPBURN, fehlender Hinweis bedeutet Übereinstimmung der Zahlenangaben bei beiden Autoren

durchschnittlich 2,5 Mio (2,3 bis 4 Mio HEPBURN, 1984) Enten geschossen. Auf die Größe des Landes und die Bevölkerung bezogen sind das weniger als in Dänemark. Das sieht anders aus, wenn man Produktivität (Brutdichte und Bruterfolg) und Größe der Winterpopulation in Betracht zieht. Frankreich gehört wie Dänemark zu den wichtigsten Durchzugs- und Überwinterungsgebieten, insbesondere für Gründelenten, doch der Gesamtbestand der Überwinterer liegt nicht über dem in Dänemark (Ergebnisse der Mittwinterzählungen). Die Durchzügler im Herbst sind allerdings nicht berücksichtigt, was das Bild verfälscht. Trotzdem erscheint die Anzahl der in Frankreich erlegten Wildenten im Vergleich zu anderen europäischen Ländern unangemessen hoch (Abb. 3/3).

Von den aus Skandinavien und teilweise auch aus Mittel- und Osteuropa kommenden Enten profitieren auch die Wasserwildjäger in Großbritannien. Dort ist die Wasserwildjagd eine traditionelle Form sportlicher Jagd, die von etwa 180 000 Jägern ausgeübt wird (insgesamt sind in Großbritannien 860 000 Jagdwaffen-Erlaubnisscheine ausgegeben), die in einer eigenen Organisation, der »British Association for Shooting and Conservation« zusammengeschlossen sind. Schon der Name der Organisation drückt aus, daß Jagd und Schutz eng zusammengehören.

Ungleich bedeutsamer als in Europa ist die Entenjagd in Nordamerika. Nach Boyd (1984) werden jährlich etwa 17 Mio geschossen.

In Kanada werden jährlich etwa 3 Mio Enten erlegt. In Anbetracht der Größe des Landes sind das relativ nicht mehr als in Europa. Dabei ist jedoch zu bedenken, daß Kanada mit 25 Mio Menschen ein außerordentlich dünn besiedel-

**Abb. 3/3**
Relative Stärke des Jagddrucks auf Enten in west- und zentraleuropäischen Ländern (geschossene Enten im Verhältnis zum Januarbestand, aus Tamisier 1985)

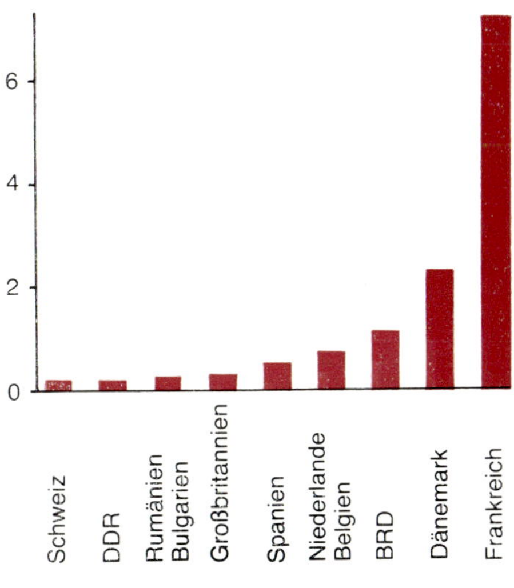


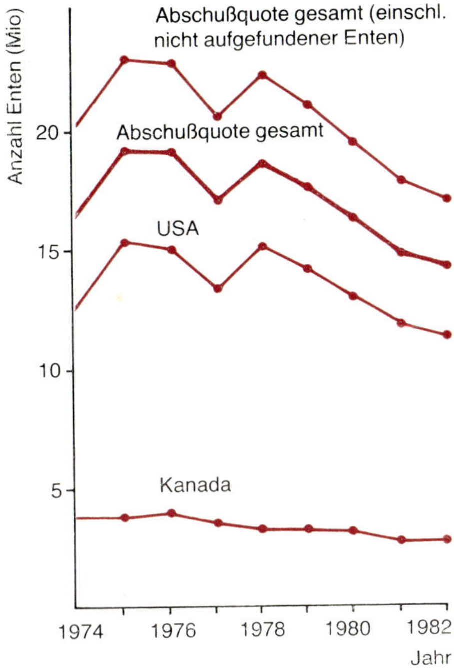


**Abb. 3/4**
Jagdstrecken in Nordamerika 1974/75 bis 1982/83 (aus Boyd 1985)

tes Land ist. Annähernd 1/2 Mio Erlaubnisscheine für die Jagd auf Federwild wurden zu Beginn der 80er Jahre ausgegeben. Bei den in Kanada erlegten Enten dominiert wie in Europa die Stockente mit etwa 1,5 Mio, gefolgt von der Dunkelente *(Anas rubripes)* mit über 300 000 Individuen. Selbst Arten, die in Europa jagdlich kaum eine Rolle spielen, wie Schell- und Spießente, sind mit 100 000 bzw. etwa 125 000 Individuen an der Strecke beteiligt (Metras, 1984). Seit Anfang der 80er Jahre gehen die Strecken allerdings leicht zurück (Abb. 3/4).

Innerhalb der UdSSR bestehen große Unterschiede im Jagddruck, die nur zum geringen Teil mit der Dichte der Brutpopulationen korreliert sind (Abb. 3/5a und b). Die Hauptbrutgebiete befinden sich in den von Menschen dünn besie-

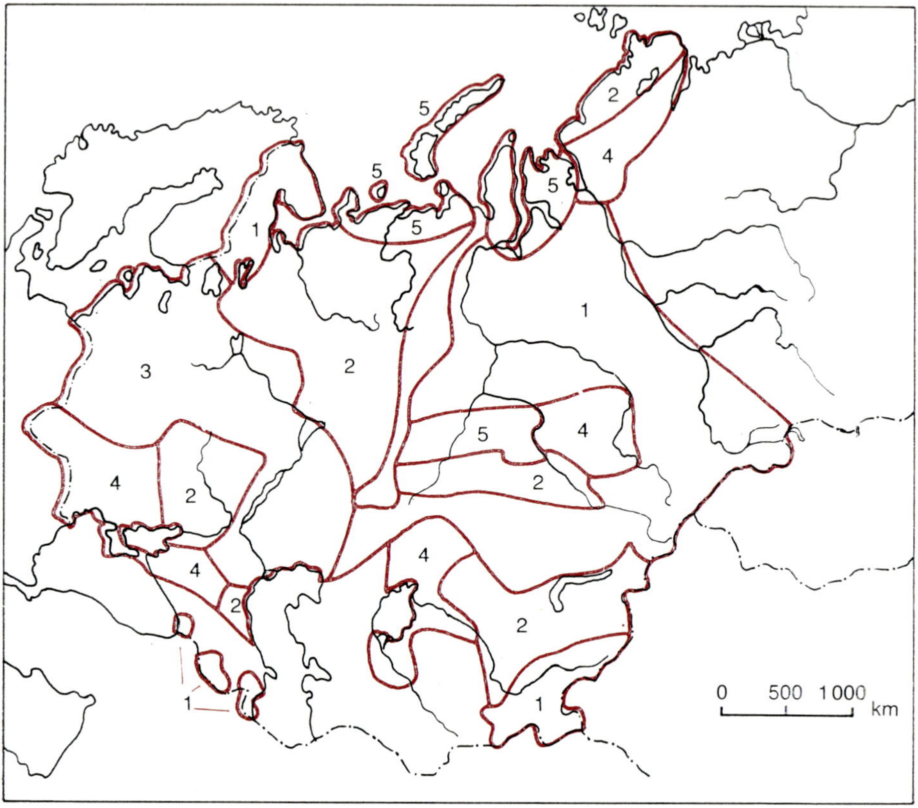


1 <10 2 10–20 3 20–40 4 40–80 5 >80 a

delten subarktischen Gebieten des Landes, in denen sich die Enten nur in der Brutzeit (Juni – Mitte September) aufhalten. Dementsprechend ist der Jagddruck im gesamten Nordteil des riesigen Territoriums gering. Die Gebiete mit hohem Jagddruck befinden sich im Süden des Landes (Schwarzes Meer, Vorland des Kaukasus, Mittelasien). In diesen Gebieten bzw. in den riesigen Sumpfgebieten des Kuban (Kaukasus-Vorland) sammeln sich im Herbst Millionen Enten. Es wurden spezielle Jagdwirtschaften eingerichtet, die Jäger aus anderen Teilen des Landes Unterkunft und Jagdmöglichkeiten bieten. Zum Reichtum an Enten tragen die produktiven Brutpopu-

**Abb. 3/5**

a – Anzahl/1000 ha in verschiedenen Gebieten der UdSSR vor Beginn der Jagdsaison

b – Anzahl geschossener Wasservögel/1000 ha (nach ISAKOV 1970b)

lationen, mehr noch die Zuwanderer im Herbst bei.

Die beträchtlichen Unterschiede in der jagdlichen Nutzung der Wildenten in Europa treten noch auffälliger hervor, wenn man die Anzahl erlegter Enten auf die Flächengröße der Länder bzw. auf Quadratkilometer bezieht (vgl. Tab. 3/1).

Bei Vergleichen dieser Art ist allerdings zu berücksichtigen, daß die Bedingungen in den einzelnen Ländern un-

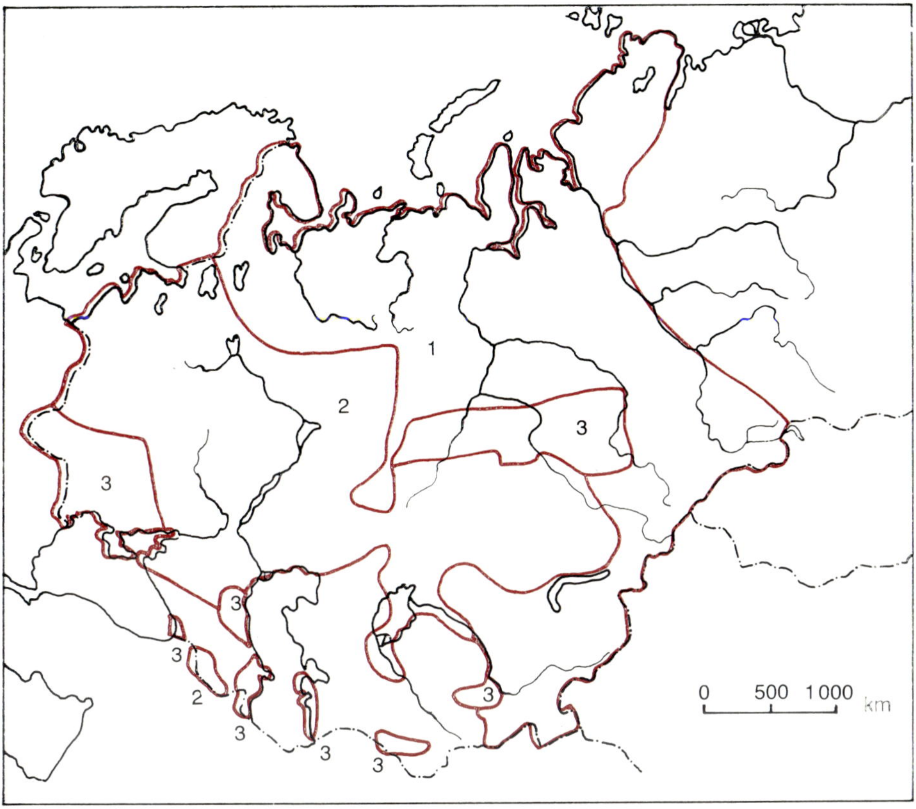


1 <10 2 10–40 3 >40 b

terschiedlich sind. In Dänemark überwintern etwa 12 % des gesamten westeuropäischen Winterbestandes. Eine Besonderheit in der Entenjagd in Großbritannien und Dänemark ist der hohe Anteil, der in Küstengewässern erbeutet wird, in Großbritannien ein Viertel der Gesamtstrecke.

Bei der starken Nutzung der Wildenten in Westeuropa bleibt völlig außer Acht, daß sich die Reproduktion der Enten in Osteuropa nicht aus sich selbst heraus ohne Zutun des Menschen vollzieht, sondern durch aktive Maßnahmen gesteigert wird. Die Limitierung der Jagdzeit auf wenige Herbstmonate im Osten Europas (Polen ausgenommen) kommt der Reproduktion voll zugute. Hinzu kommen Bekämpfung von Predatoren, Schutz der Bruten vor Störungen, das stark erweiterte Netz von Naturschutz- und Wasservogel-Schongebieten und die zunehmende Verantwortlichkeit gegenüber der Natur. Diese Faktoren wirken sich positiv aus. Hinzu kommt, daß der Rückgang an Feuchtgebieten in Osteuropa nicht in dem Tempo voranschreitet wie in West- und Südeuropa. Aus diesen Gründen ist die über der natürlichen Mortalität der ansässigen Populationen liegende jagdliche Nutzung der Enten in Frankreich und Dänemark (wahrscheinlich auch in Spanien, Portugal und Italien) nicht gerechtfertigt.

## Jagdliche Bedeutung einzelner Arten

Die jagdlich am stärksten genutzte Entenart ist in Europa die Stockente. Sie kommt zahlreicher vor als alle anderen Arten, ist leicht erlegbar und liefert einen schmackhaften Braten. Insgesamt sind mehr als die Hälfte aller geschossenen Enten Stockenten. Erbeutet werden diese vor allem zu Beginn der Jagdsaison, später kommen andere Arten hinzu (herbstliche Wanderungen, Abb. 3/6). Nach der Stockente sind Krick- (etwa 16 %) und Knäkente (etwa 5 %) die am meisten erlegten Gründelenten. In dieser Reihenfolge spiegelt sich die Häufigkeit der Arten wider. Die Knäkente zieht allerdings bereits vor oder zu Beginn der Jagdzeit südwärts und überwintert teilweise in Nordwest- und Westafrika, wo der Jagddruck geringer ist als in Europa. Sie wird nur in der UdSSR in größerer Anzahl und in Polen erlegt. Löffel-, Spieß- und Pfeifente werden in Nord-, Mittel- und im nördlichen Westeuropa kaum erlegt. Ihre Überwinterungsquartiere liegen im Mittelmeergebiet und in Afrika. Nur in Frankreich (hier allein 200 000 Löffelenten jährlich; Woldhek, 1979), Spanien, Portugal und Italien (genaue Angaben fehlen) werden sie in größerer Anzahl geschossen, also fast ausschließlich in Ländern, in denen sie als Brutvögel nicht vorkommen. Dieses Schicksal teilt mit ihnen die Schnatterente, die allerdings im Vergleich zu den anderen Gründelenten jagdlich keine bedeutende Rolle spielt. Sie ist seltener als jene und in vielen Ländern nicht jagdbar.

Bei den Tauchenten steht die Schellente (2,5 %) an der Spitze und nicht – wie aus mitteleuropäischer Sicht zu erwarten – die Tafelente (2,4 %). Das ergibt sich aus der jagdlichen Situation in den skandinavischen Ländern und aus den Überwinterungsgewohnheiten. In den skandinavischen Ländern sind bei Jagdbeginn mit Ausnahme der Stockente die Gründelenten großenteils weggezogen, die Schellente ist jedoch noch vorhanden. In Finnland beträgt ihr Anteil an der Jagdstrecke 16 % und wird nur von der Stockente (45 %) und der Krickente (20 %) übertroffen. In Dänemark beträgt ihr Anteil nur 3,4 %. In Mitteleuropa trifft die Schellente in größeren Scharen erst im November, also gegen Ende der Jagdsaison ein. Die Reiherente steht hinter der Tafelente, die nach der Stockente in Mitteleuropa als einzige Art während der gesamten Jagdsaison in größerer Anzahl vorhanden ist.

Kolben- und Moorente erscheinen in den Jagdstatistiken nicht (Ausnahme Frankreich mit 5000 bis 8000 Kolbenenten jährlich; Woldhek, 1979). Sie sind zumindest in Nord-, West- und Mitteleuropa so selten, daß sie nicht ins Gewicht fallen und gar nicht jagdbar sind. Nach Johnson und Hafner (1970) soll allerdings die Moorente in Griechenland (Agoulinitsa-See) die am häufigsten erbeutete Ente sein.

Von den Meerenten wird die Eiderente (2 %) am stärksten bejagt, wobei wie bei der Stockente verschiedene Faktoren zusammentreffen (Häufigkeit, gute Erlegbarkeit). In Dänemark macht sie 21 % der gesamten Jagdstrecke aus und ist nach der Stockente somit die am häufigsten erlegte Ente (Joensen, 1974). Eisenten sind als jagdbares Wild eine Domäne dänischer und finnischer Jäger. Diese schießen auch die meisten Trauer-, Samt- und Bergenten, die mit 4,6 % in Dänemark und mit 0,9 % in Finnland an der Gesamtstrecke beteiligt sind. Bei den Meerenten spiegelt sich wie bei den anderen Entenarten die Häufigkeit des Vorkommens wider. In der Relation ergeben sich jedoch Unterschiede. Die Bergente (Überwinterungsbestand 150 000) wird absolut und relativ stärker bejagt als die Samtente (Winterbestand 150 000 bis 200 000). Das ist bedeutsam, weil sie die einzige Art mit rückläufiger Bestandsentwicklung ist.

Statistische Untersuchungen über die Zusammensetzung der Strecken nach Alter und Geschlecht ergaben übereinstimmend ein Überwiegen der Jungvögel. Besonders hoch ist deren Anteil zu Beginn der Jagdzeit (HAVLIN und HAVLINOVA, 1969). Im Geschlechterverhältnis überwiegen zumeist die Männchen, worin sich eine Bevorzugung der auffälligen männlichen Tiere, nicht aber das Geschlechterverhältnis in der jeweils bejagten Population ausdrückt. Bei experimentellen Untersuchungen mit Lockenten

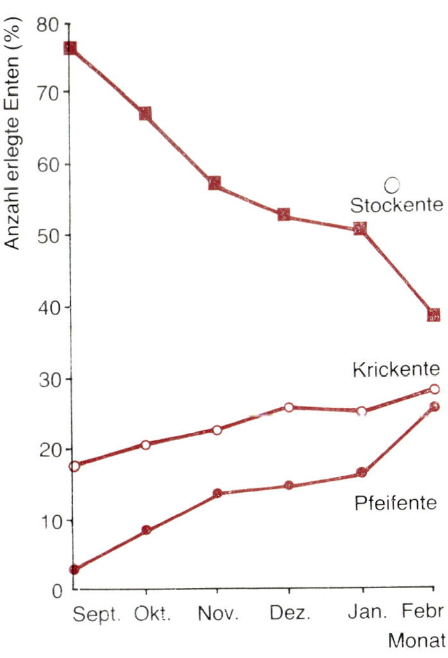


**Abb. 3/6**
Veränderung des relativen Anteils jagdbarer Entenarten an der Gesamtstrecke in Großbritannien im Verlaufe der Jagdsaison (1981/82 und 1983/84) (aus HARRADINE 1985)

wurden immer mehr Erpel erlegt als vom Geschlechterverhältnis her zu erwarten war (ALFORD und BOLEN, 1977).

Begünstigend für die großen Jagdstrecken in Südwest- und Südeuropa ist das Zugverhalten. Enten ziehen im Herbst in nach Millionen zählenden Scharen in diese Gebiete. Hinzu kommt die Dauer der Jagdsaison, die in Europa von Nordost nach Südwest zunimmt. Sie liegt bei durchschnittlich 3,7 Monaten in Osteuropa, 4,3 Monaten in Nordeuropa, 5,9 Monaten in Westeuropa und 6,6 Monaten in Südeuropa (TAMISIER, 1985).

In den letzten beiden Jahrzehnten erfolgte zwar eine gewisse Angleichung (LAMPIO, 1977, 1983), doch die Unterschiede sind noch immer beträchtlich. Das trifft nicht nur für die Dauer, sondern auch für den Beginn und das Ende der Jagdperiode und die Praxis der Jagdausübung zu.

Gegen einen zu frühen Jagdbeginn in Mitteleuropa haben sich EBER und SZIJJ (1972) ausgesprochen und dabei darauf hingewiesen, daß es im August noch zahlreiche mausernde Stockentenweibchen gibt, die flugunfähig sind. Sie halten den 1. August für zu zeitig. In überzeugender Form hat sich BEZZEL (1972) mit dieser Problematik auseinandergesetzt und die Jagd im August abgelehnt. Zu noch weitergehenden Schlußfolgerungen gelangte REICHHOLF (1973) aus synökologischen Überlegungen. Er geht davon aus, daß Enten in aquatischen Ökosystemen einen wichtigen Platz als Konsumenten von organischer Substanz haben und diesen in spürbarem Umfang Energie entnehmen.

Aus biologischen Gründen nicht vertretbar ist die Jagdausübung auf Enten bis in den Februar hinein. Enten verpaaren sich spätestens in der zweiten Winterhälfte, so daß der Abschuß eines der Partner das Brutpotential verringert. Außerdem ist die Jagd im späten Winter und noch mehr im Frühjahr ein noch größerer Störfaktor als in jeder anderen Jahreszeit. Vor Beginn der Brutzeit speichern sowohl Weibchen als auch Männchen Fettreserven, die für eine erfolgreiche Brut erforderlich sind (s. S. 42 f.). Dazu benötigen sie längere Perioden ungestörter Nahrungsaufnahme, zumal die Futtersuche im Spätwinter schwieriger ist als in anderen Jahreszeiten. Viele Arten haben von den in Westafrika und Südwesteuropa gelegenen Überwinterungsgebieten weite Wanderungen zurückzulegen, ehe sie ihre Brutgebiete erreichen. Dazu sind Energievorräte erforderlich.

## Bedeutung der Jagd für die Bestandsdynamik

Die mehr als 20 Mio Wildenten, die jährlich in Europa und Nordamerika erlegt werden, verdeutlichen nicht nur die wirtschaftliche Bedeutung der Wildentenjagd (Schußwaffen, Munition, Jagdkleidung, Verwertung des erlegten Wildbrets), sie führen auch zu der populationsökologisch bedeutsamen Frage, ob und in welchem Umfange Entenpopulationen durch die Jagd beeinflußt werden.

Meinungsäußerungen dazu liegen in großer Anzahl vor, die sich jedoch vielfach nicht auf fachliche Kompetenz, sondern auf emotional getönte vorgefaßte Ansichten stützen. Vertreter der Auffassung, daß Bestandsabnahmen Folge zu starker Bejagung sind, finden sich am ehesten im Kreise von Natur- und Vogelschützern. In der Jägerschaft wird hingegen der Einfluß der Jagd aus verständlichen Gründen eher unter- als überbewertet.

Untersuchungen, die eine objektive Beantwortung des Problems zulassen, liegen nur aus Nordamerika vor. Erforderlich sind eindeutige Aussagen über die Mortalität in Entenpopulationen bei unterschiedlichem Jagddruck. In Europa fehlen die Voraussetzungen, diese zu erlangen, weil es nicht möglich ist, die europäischen Entenpopulationen als Ganzheiten zu betrachten. Sowohl die in Mittel- als auch in Nordeuropa beheimateten führen Wanderungen aus, bei denen sie Länder durchqueren, in denen sie unterschiedlichem Jagddruck ausgesetzt sind. Aus dem Nordosten der UdSSR nach Südwesteuropa ziehende Enten werden nacheinander in Unionsrepubliken der UdSSR, in Polen, der DDR, der BRD und in Frankreich bejagt. Im Verlaufe der Wanderung treffen sie mit Angehörigen einheimischer Populationen zusammen, mit denen sie dann gegebenenfalls die Wanderung fortsetzen. Nur in der UdSSR werden ausschließlich einheimische Wildenten beschossen. In allen anderen Ländern wird die einheimische Population allenfalls zu Beginn der Jagdsaison im Brutgebiet bejagt. Spätestens im Oktober beherbergen die mittel- und westeuropäischen Gewässer neben einheimischen zugewanderte Enten, so daß aus der jährlichen Jagdstrecke eines Landes nicht darauf geschlossen werden kann, wie stark davon die ansässige Population betroffen ist, denn der Anteil der Zuwanderer an der Strecke ist nicht bekannt.

In Nordamerika liegen die Dinge einfacher. Die USA und Kanada haben die jagdliche Bewirtschaftung und populationsökologische Erforschung der Wildenten aufeinander abgestimmt. Dadurch ist es möglich, populationsökologische Probleme wie die Jagd als Mortalitätsfaktor zu untersuchen. Die herausragendste Studie ist die von ANDERSON und BURNHAM (1976) über die Stockente. Das darin verarbeitete Material, das sich auf die gesamte USA bezieht, erlaubt die Beantwortung der strittigen Frage, ob die jagdliche Nutzung die Mortalitätsrate erhöht und damit gegebenenfalls als zusätzlicher Mortalitätsfaktor zu werten ist (additive Wirkung), oder ob die Jagd, die ja im Anschluß an die Reproduktionsphase ausgeübt wird, lediglich den in der Population vorhandenen Überschuß abschöpft, also den ohnehin zu erwartenden natürlichen Mortalitätsfaktoren zuvorkommt, gewissermaßen den Spielraum anderer Mortalitätsfaktoren reduziert.

Die zweite Denkvariante liegt im Sinne der von NICHOLSON (1954) begründeten Regulationstheorie. NICHOLSON (a. a. O.) hatte bei Laboruntersuchungen an Schmeißfliegen *(Lucilia cuprina)* festgestellt, daß durch Entfernung eines Teils der Fliegen aus der Population der Verlust durch abnehmende natürliche Sterblichkeit kompensiert wird. Nachweise für dichteabhängige Regulation der Mortalitätsrate sind inzwischen für zahlreiche Tierarten erbracht worden, und zwar sowohl unter Labor- als auch unter Freilandbedingungen.

Untersuchungen über die Bedeutung der Jagd als Mortalitätsfaktor gingen zunächst vom Verhältnis der Rückmelderate beringter diesjähriger Jungvögel zur totalen Mortalitätsrate aus (z. B. HICKEY, 1952; HAVLIN, 1982; GEIS et al., 1969, 1971; MARTINSON et al., 1968). Diese Methodik und die dabei erzielten Ergebnisse führten zu der Auffassung, daß die Jagd ein zusätzlicher Mortalitätsfaktor ist. Nach ANDERSON und BURNHAM (1976) genügt der Vergleich zwischen Rückmelderate beringter Jungvögel mit der totalen Mortalitätsrate nicht. Sie halten die Einbeziehung weiterer Faktoren für erforderlich, unterbreiteten dazu Vorschläge und prüften diese an dem umfangreichen Material, das über die jährliche Populationsgröße der Stockente und über Beringungsdaten in den USA vorliegt (Zeitraum von 1960 bis 1971 etwa 700 000 Beringungen). Die Wie-

**Tabelle 3/3**
Jagdstrecken einzelner Entenarten in Europa (nach HEPBURN, 1984) im Vergleich zur Winterpopulation (nach RÜGER et al., 1986; (H) – nach HEPBURN 1984)

| Art | Jagdstrecke | Winterpopulation |
|---|---:|---:|
| Anas crecca | 1 920 000 | 1 400 000 |
| Anas strepera | 68 000 | 87 000 |
| Anas penelope | 400 000...450 000 | 1 350 000 |
| Anas acuta | 235 000 | 370 000 |
| Anas querquedula | 574 000 | 500 000 (H) |
| Anas clypeata | 120 000...320 000 | 340 000 |
| Aythya ferina | 280 000 | 1 600 000 |
| Aythya fuligula | 218 000...265 000 | 1 350 000 |
| Aythya marila | 42 800...50 900 | 150 000 (H) |
| Somateria mollissima | 220 000 | 2 000 000 (H) |
| Melanitta nigra | 30 000 | 1 000 000...1 500 000 (H) |
| Melanitta fusca | 28 000 | 150 000...200 000 (H) |
| Clangula hyemalis | 113 000 | 500 000...1 000 000 (H) |
| Bucephala clangula | 290 000 | 300 000 |
| Mergus serrator | 19 000 | 125 000 |
| Mergus merganser | 15 000 | 150 000 |
| Netta rufina | 5 000...8 000 | 70 000 |
| Anas platyrhynchos | 6 600 000 | 9 000 000 |

derfundraten wurden nach Altersklassen und Geschlechtern geordnet und die verschiedenen Gebiete Nordamerikas gesondert betrachtet, sorgfältige statistische Prüfungen vorgenommen und die Methoden durch Computersimulation auf ihre Verläßlichkeit getestet. Es stellte sich heraus, daß die Jagd nicht als zusätzlicher Mortalitätsfaktor zu werten ist. Die jagdliche Mortalität wird unterhalb einer bestimmten Schwelle durch die natürliche kompensiert. Die Überlebensrate ist in Jahren restriktiver Jagdausübung nicht größer als in durchschnittlichen Jagdjahren. Nur in einem oder in zwei Jahren der 11jährigen Untersuchungsperiode wurde die »Schwelle« überschritten.

Die Befunde dieser wichtigen Untersuchung sind von erheblichem theoretischen und praktischen Interesse. Sie beantworten die eingangs gestellten Fragen

**Abb. 3/7**
Jagdlicher Status der Entenarten in Europa und Stärke der Bejagung (ohne Stockente)

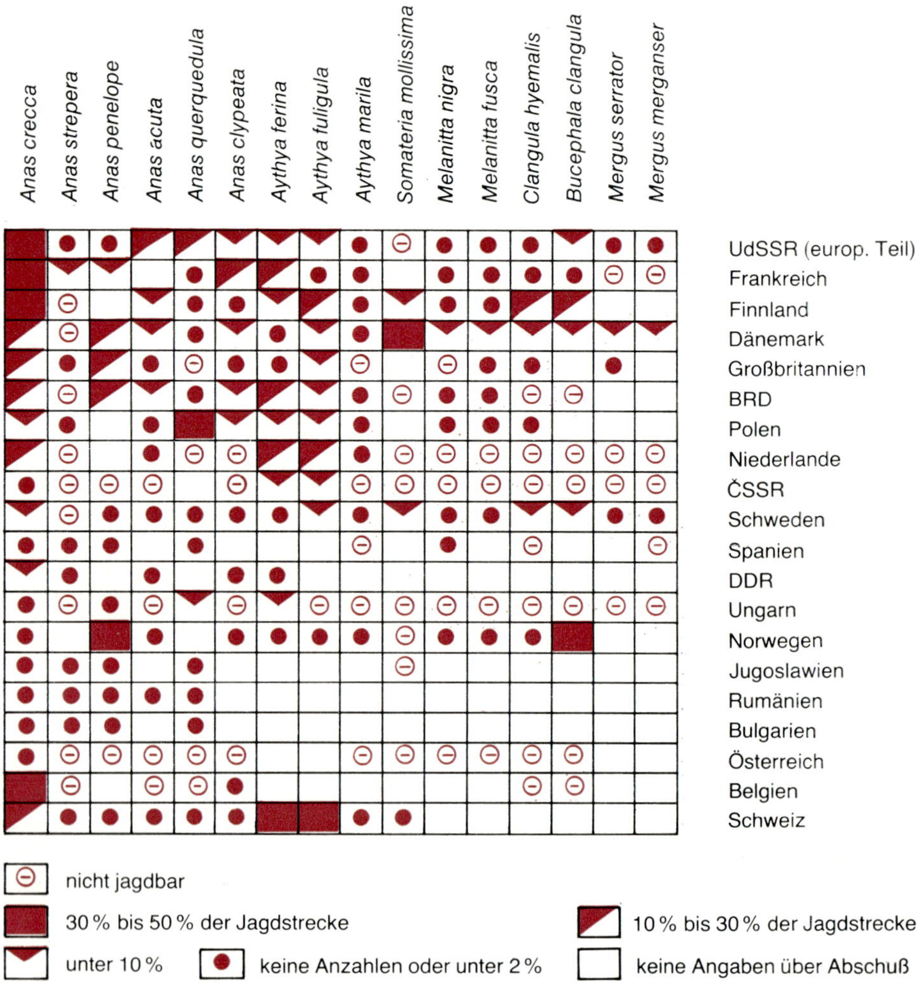

in dem Sinne, daß eine maßvolle jagdliche Nutzung von Entenpopulationen die Gesamtmortalität nicht beeinflußt, weil die Jagd die natürliche Mortalität senkt, also »abschöpft«, was ohnehin natürlicher Mortalität unterliegt.

Das gilt nur bis zu einer Schwelle, die schwer festlegbar ist. Darauf hat Scott (1982) hingewiesen. Er stellte die Entenstrecken in Europa den Schätzungen der Populationsgrößen (Wintervogelzählungen) gegenüber (Tab. 3/3). Dabei ergibt sich für die Stockente eine jagdliche Mortalität von über 56 %. Wenn die Zahlen stimmen, wäre die Abschußquote viel zu hoch.

Die Bedeutung der Jagd als Einflußgröße auf Entenpopulationen darf nicht allein von der Anzahl erlegter Tiere her beurteilt werden. Ein weiterer wichtiger Aspekt ist die Beunruhigung, die mit der Jagdausübung zwangsläufig verbunden ist. Werden Enten beschossen, so suchen sie unverzüglich entlegene, den Schützen unzugängliche Wasserflächen auf oder verlassen das Gebiet bei wiederholtem Beschuß. Dadurch werden sie von Gewässern, die optimale Ernährung sichern, auf andere mit unzureichenden Nahrungsquellen vertrieben, was die Konstitution mindert und auf diese Weise indirekt die Mortalität fördert.

In Großbritannien und Dänemark versucht man über die Analyse der Schwingen erlegter Enten besseres Verständnis für den Einfluß der Jagd auf die Populationsdynamik zu gewinnen. Dabei sind die Jäger aufgefordert, der geschossenen Ente eine Schwinge abzuschneiden und zu zentraler Auswertung einzusenden. Auf diese Weise konnten genauere Kenntnisse über die Strecke (Anteil der Arten, Geschlechter, Altvogel – Jungenverhältnis) gewonnen werden (Harradine, 1985; Clausager, 1983). Verläßliche Aussagen zur Bedeutung der Jagd als Mortalitätsfaktor lassen sich auch mit diesem Verfahren nicht gewinnen.

Auf die Folgen nächtlicher Bejagung ist durch Tamisier und Saint-Gérand (1981) aufmerksam gemacht worden. In 13 französischen Küstengebieten, in denen Nachtjagd stattfindet, wurden bei den Januarzählungen nur etwa 20 000... 30 000 Enten festgestellt und 600 000 erlegt. Demgegenüber lag der Bestand in 12 anderen Gebieten ohne Nachtjagd 7- bis 10 mal höher, und es wurden nur 340 000 Enten erlegt.

Reichholf (1982) hat für die Stauseen am unteren Inn gezeigt, daß es einen eindeutigen Zusammenhang zwischen der Menge anwesender Wasservögel (überwiegend Enten) und der Intensität der Jagdausübung gibt (Abb. 3/7). Bei starker Bejagung verließen bis zu 80 % der zuvor anwesenden Wasservögel die untersuchten Gewässer.

Diese indirekte Wirkung der Jagd benachteiligt nicht alle Arten in gleicher Weise. Die an Unterwasserfauna gebundenen Arten (Schell- und Reiherente) sind stärker betroffen als Stock- und Krickente, die auch fernab vom Gewässer auf Nahrungssuche gehen. Die ersteren tragen dazu bei, die »Tertiärverschmutzung« von Gewässern durch absterbende Wasserpflanzen und benthische Organismen zu verringern. Dieser Funktion wird durch den mit der Jagd verbundenen Vertreibungseffekt entgegengewirkt. An den Innstauseen fand Reichholf (a.a.O.) einen Rückgang der Wasservogelbestände um mehr als 60 %. Er empfiehlt deshalb die Reduzierung der Jagdzeit auf Mitte Oktober bis Mitte Dezember.

## Praxis der Jagdausübung

Die weidgerechte Jagd auf Wildenten erfordert vom Schützen Vertrautheit mit den Form- und Farbmerkmalen in seinem Jagdgebiet vorkommender Arten sowie Schnelligkeit und Reaktionsfähigkeit, denn vor dem Schuß muß Gewißheit über die Entfernung des sich rasch bewegenden Ziels und der Artzugehörigkeit der zu erwartenden Beute gewonnen werden. Fachliches Wissen, sportliches Training, Geduld, Ausdauer, Bereitschaft zum Verzicht auf den jagdlichen Erfolg und eine gesunde Natureinstellung sind wichtige Voraussetzungen für die Entenjagd.

In vielen Ländern sind nur wenige Arten zur Bejagung freigegeben. Um diese im Fluge unterscheiden zu können ist es notwendig, die Unterscheidungsmerkmale genau zu kennen. Das sichere Ansprechen der Entenarten erfordert intensive Übung. Mit etwas Geduld und einem guten Fernglas lassen sich wenige, aber typische Merkmale für jede Art einprägen.

Da Enten im allgemeinen mit Schrotmunition beschossen werden, besteht immer die Gefahr, daß die Ente bei zu großer Entfernung nur verletzt wird und später irgendwo verendet oder als Krüppel zugrunde geht. Obwohl die Distanz, die einen tödlichen Schuß garantiert, von der Schrotgröße abhängt, darf allgemein davon ausgegangen werden, daß nur Schußentfernungen bis 40 Meter vertretbar sind. Der weidgerechte Jäger wird selbst nach zeitaufwendiger schwieriger Suche oder langem Warten nur schießen, wenn die Entfernung optimal ist. Angeschossene Enten sind für den verantwortungsbewußten Jäger genauso ein Ärgernis wie für den Naturfreund und Ornithologen.

Zur Entenjagd gehört ein entsprechend abgerichteter Jagdhund. Das ist längst noch nicht überall selbstverständlich.

Zur weidgerechten Jagdpraxis gehört es, Enten nur zu bejagen, wenn sie flugfähig sind. Die früher übliche Sommerjagd auf den »Rauherpel« (in der Schwingenmauser befindliche, noch nicht flugfähige Erpel) ist in Europa nicht mehr üblich (s. Tabelle Jagdzeiten). In einigen Ländern geht die Jagd allerdings bereits Mitte August auf, was dazu führen kann, daß die noch nicht flugfähigen diesjährigen Jungvögel spät brütender Arten (Tafelente, Reiherente) beschossen werden. Solange es an gesetzlichen Regelungen fehlt, die das ausschließen, sollten die Jäger in guter Kenntnis der Brutbiologie in ihrem Gebiet vorkommender Arten selbst den richtigen Zeitpunkt für den Beginn der Entenjagd wählen.

Die Entenjagd wird als Einzel- und Gesellschaftsjagd durchgeführt. Die Einzeljagd setzt genaue Kenntnisse über die Lebens- und Verhaltensweisen der Enten voraus, die nur bei zeitaufwendiger Pirsch gewonnen werden können. Besonders günstig ist die Zeit des »Entenstrichs«, die Phase bei Einbruch der Dämmerung, wenn Stock- und andere Gründelenten vom Gewässer, auf dem sie tagsüber ruhen, landwärts zur Nahrungssuche fliegen. Der Jäger muß allerdings gut gedeckt »ansitzen«, um erfolgreich zu sein. Zur Jagd tritt in diesem Falle das Naturerlebnis. Bei Gesellschaftsjagden wird das betreffende Gewässer von Schützen umstellt und Treiber, die durch das Schilf waten oder in anderer geeigneter Weise die Enten beunruhigen, veranlassen die Enten zum Auffliegen. Diese Form der Bejagung führt zu hohen Strecken. Sie sollte am gleichen Gewässer nur ein- – maximal dreimal – durchgeführt werden und setzt voraus, daß sie nicht noch durch Einzeljagd verstärkt wird.

Am Gewässer wird grundsätzlich nur auf die fliegende, nicht auf die schwimmende Ente geschossen. Das ist gleichermaßen ein Erfordernis jagdlicher Ethik und der Sicherheit. Auf das Wasser treffende Schrote prallen oft ab und sind dann unberechenbar. Die Jagd auf Enten, die auf dem Lande Nahrung suchen, bedarf aus Sicherheitsgründen besonderer Regelung. In einigen europäischen Ländern ist es erlaubt und üblich, Enten mit

♂
♀
♂
♀
Löffelente
Schnatterente
♂
♂
♀
♂
♀
Spießente
♂
♂
♀
♀
Pfeifente

Knäkente
♂
♀
♂
♀
♂
♀
Krickente
♂
♀
♂
♀
Stockente
♂
♀
♂
Brandente

Kolbenente
♂
♀
♂
♀
Schellente
♂
Tafelente
♀
♂
♀
♂
♀
♂
♀
Reiherente
Bergente
♂
♀
♂
♂
Moorente

♂
♀
Gänsesäger
♂
♀
Trauerente
♂
♀
Zwergsäger
♂
♀
Mittelsäger
♂
♀
Samtente
♂
♀
Eiderente
♂
♀
Eisente

Hilfe künstlicher Lockenten (decoys) zu jagen. Die aus Gummi oder Plaste dem Entenkörper nachgeformten oft farbigen Lockenten werden an bekannten Enten-Ruheplätzen aufs Wasser gelegt. Sie veranlassen umherstreifende Ententrupps zum Einfallen, was der versteckt wartende Schütze ausnutzt. Diese umstrittene Jagdmethode wird in einer Reihe von Ländern, so auch in der DDR, nicht praktiziert.

Noch stärker umstritten ist die vor allem in Frankreich übliche Nachtjagd. Neben dem Sicherheitssproblem, das Nachtjagd im dicht besiedelten Mitteleuropa von selbst verbietet, spricht auch die geringere Treffsicherheit, die jedoch neuerdings durch optische Geräte erhöht werden kann, gegen diese Methode. In Dänemark ist es üblich, im Küstengebiet rastende Meerenten von Motorbooten aus zu jagen. Diese Jagdmethode ist weidgerecht, wenn das Boot als Ansitz, nicht aber zur Verfolgungsjagd dient und aus dem schnell fahrenden Boot geschossen wird. Als Ansitz kann auch der im Schilf versteckte Ruderkahn dienen, wenn er hinreichend standsicher ist.

Mit den vorstehenden Bemerkungen ist das Thema »Praxis der Entenjagd« nur in groben Zügen behandelt. Allein die Unterschiede zwischen den europäischen Ländern sind beträchtlich, was auf traditionellen Gewohnheiten und biologischen Gegebenheiten beruht. In den letzten Jahren sind zu bestehenden Regelungen zahlreiche Bestimmungen hinzugekommen, die die Jagdstrecken begrenzen. In Naturschutzgebieten und Wasservogelschongebieten ist die Jagd gänzlich untersagt worden. Es gibt Begrenzungen hinsichtlich der Tageszeit, der Wochentage, der Anzahl zum Abschuß freigegebener Enten und der jagdbaren Arten. Die bereits vorhandenen Unterschiede zwischen den europäischen Ländern haben sich weiter vergrößert. Das ist ein ernster Mangel, wenn man bedenkt, daß biologisch zusammengehörende Populationen teilweise extrem unterschiedlich jagdlich »genutzt« werden. Erst in unserer Zeit wird das spürbar, und verschärft sich, weil die Zahl der Jäger – besonders in westeuropäischen Ländern – stark zugenommen hat und sich weiter vergrößert, die Treffsicherheit der Waffen gestiegen ist und die Bestandsentwicklung der Entenarten ganz verschieden verläuft. Diese Sachlage läßt internationale Übereinkünfte zu einem dringenden Erfordernis werden. Bisher sind nur zaghafte Schritte in dieser Richtung getan.

## Andere Formen der Nutzung

Neben der Jagd erfolgt die Nutzung von Wildenten bis in die Gegenwart vor allem in Form des Eier- und Dunensammelns und durch Fang in Reusen und Fallen. Das Eiersammeln durch die Landbevölkerung galt im Mittelalter als Konkurrenz für die erfolgreiche Jagdausübung. Nur so ist es zu verstehen, daß bereits in der kurfürstlichen Holzordnung für die Mark Brandenburg vom 1. 2. 1622 das Eierausnehmen und die Störung der Brut bei Enten und anderen Vögeln verboten und hohe Strafen für unerlaubtes Schießen festgelegt wurden. Aus der Mark Brandenburg stammt auch das »Patent wider des Ausnehmen der Gänse, Enten und anderer Vogel-Eier« vom 21. 3. 1670, das später mehrfach erneuert wurde. In Mittel- und Westeuropa ist es nicht mehr üblich, Enteneier für Speisezwecke zu sammeln, zumal sich der Genuß nicht empfiehlt, weil Enteneier Salmonellen enthalten können.

Wildenten, die in Reusen und anderen Fallen gefangen werden, waren bis in dieses Jahrhundert hinein in entenreichen Küstenstrichen ein Teil der Fleischkost, mit dem gerechnet wurde. Der Kojenfang entwickelte sich an der Nordseeküste im 16. und 17. Jh. und wurde im 18. Jh. in großem Stile betrieben. Da die Kojenmänner im Auftrage der »Kojengenossenschaft« arbeiteten, waren sie gehalten, Fangbücher zu führen, die zum Teil erhalten sind und Aufschluß über die Fangzahlen und den Artenanteil geben. DEPPE (1985) hat diese Quelle nutzend die Fangergebnisse nordfriesischer Kojen ausgewertet (Tab. 3/4).

Neben den beträchtlichen Unterschieden in der »Ergiebigkeit« der einzelnen Kojen sind die hohen Fanganteile an Spieß- und Krickenten im Vergleich zur Stockente interessant. Ursache dafür war die Lage im nordfriesischen Wattenmeer, wo diese Arten zu den Zugzeiten in riesigen Scharen erscheinen.

Gegen den Kojenfang, der in Nordfriesland in der zweiten Hälfte des vorigen Jahrhunderts durch das preußische Jagdgesetz geregelt wurde, erhob sich bereits zu Anfang dieses Jahrhunderts eine Opposition seitens des Natur- und Vogelschutzes. Gegenwärtig sind nur noch wenige Kojen in Betrieb (DEPPE, 1985). In England dienen Kojen zum Entenfang für die wissenschaftliche Vogelberingung.

Entendunen sind in früheren Zeiten überall wo Enten gehalten wurden gesammelt und als Bettfedern verwendet worden. An der Spitze standen von jeher die Nestdunen der Eiderente, die sich durch besonders geringes Wärmeleitvermögen auszeichnen. Sie werden zur Brutzeit im Bauchgefieder (Brutfleck) gebildet und zum Nestbau verwendet. Die mikroskopische Prüfung der Dunen aus dieser Körperregion ergab, daß die feinsten, nur mikroskopisch sichtbaren Strukturelemente dieser Federn länger und biegsamer sind als in anderen Körperregionen. Das verbessert ihre wärmeisolierenden Eigenschaften.

Die Nestdunen sind außerordentlich leicht, nehmen aber ein großes Volumen ein. Die Federsubstanz eines üppig ausgepolsterten Nestes wiegt nur 20 bis 30 g. In den Ländern des Nordens (Norwegen, Island, nördliches Rußland) wurden die Nestdunen von altersher eingesammelt. Da die Enten kolonieweise brüten, entwickelte sich das Eiderdunensammeln in diesen Ländern zu einem regelrechten Erwerbszweig.

Die Dunen werden während der Brut oder unmittelbar danach eingesammelt. Werden dem Nest schon während der

**Tabelle 3/4**
Fangart, durchschnittlicher Jahresfang und artenmäßige Zusammensetzung der Fänge in nordfriesischen Entenkojen (Auswahl, nach DEPPE, 1985)

| Insel | Koje | Fangzeit | Jahres-durch-schnitt | Artenanteil % | | | | |
|---|---|---|---|---|---|---|---|---|
| | | | | Stock-ente | Spieß-ente | Pfeif-ente | Krick-ente | Löffel-ente |
| Sylt | Kampen-Klappholttal | 1809...1921 | 6 353 | 14 | 26 | 38 | 22 | < 1 |
| Sylt | Westerland-Eidum | 1874...1936 | 1 048 | 12 | 18 | 34 | 36 | |
| Föhr | Borgsum | 1745...1925 | 2 912 | 3 | 38 | 15 | 44 | < 1 |
| Föhr | Alte Oevenumer Koje | 1730...1983 | 12 038 | 4 | 16 | 4 | 74 | 2 |
| Föhr | Neue Oevenumer Koje | 1825...1983 | 6 964 | 1 | 1 | 3 | 95 | < 1 |
| Amrum | Merum-Meerham | 1869...1936 | 6 214 | 1 | 91 | 6 | 2 | |
| Nordstrand | Trendermarsch | 1906...1966 | 5 802 | 3 | 8 | 1 | 88 | |

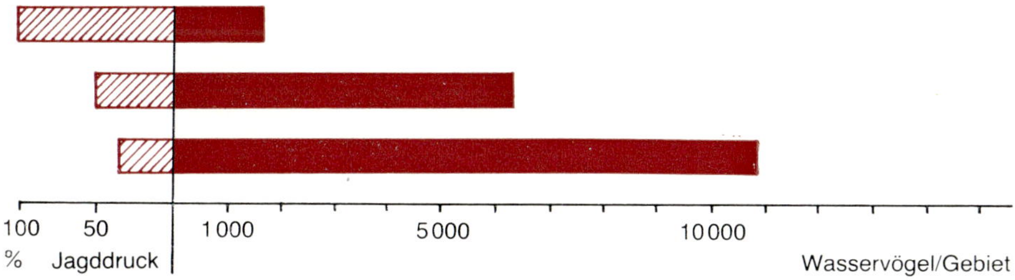


**Abb. 3/8**
Beziehungen zwischen Wasservogelbestand und Intensität der Jagdausübung (Intensität = % bejagte Fläche, aus REICHHOLF und REICHHOLF-RIEHM 1982)

Bebrütung Dunen entnommen, so ergänzt die Ente die Auspolsterung bis zu einem bestimmten Umfang.

In verlassenen Nestern sind die Dunen nur wenige Tage verwendbar, weil ihre besondere Struktur rasch verlorengeht, wenn sie Witterungsunbilden ausgesetzt sind. Nach USPENSKI (1972) ist die beste Zeit zur Entnahme der Dunen kurz vor dem Schlupf. Bis zu 75 % der Dunen können der Nestauspolsterung entnommen werden, ohne die Bebrütung zu gefährden. Erfolgt das Einsammeln der Dunen sachgemäß, dann wirkt es sich keineswegs nachteilig auf die Kolonie aus. In Gebieten, in denen die Eiderdunen regelmäßig »geerntet« werden, haben sich Mensch und Tier aufeinander eingespielt. Die Sammler kleiden sich dunkel, um die Tiere nicht zu erschrekken, sammeln ruhig und ohne hastige Bewegungen und »beernten« die Kolonie in einem einzigen Gang. Dadurch wird erreicht, daß die Enten ruhig sitzenbleiben oder auffliegen, ohne das Nest mit Kot zu bespritzen.

Für Island, Norwegen und das zaristische Rußland waren die Eiderenten ein geschätzter Exportartikel. Um zu höheren Erträgen zu gelangen, wurde das Eiersammeln verboten und die Bestandsentwicklung durch Dezimierung der Predatoren gefördert. Rot- und Polarfüchse bekamen Gewehr und Fangeisen, Krähen vergiftete Köder zu spüren.

In Kanada (nördliche Region) werden Eiderenten im Frühling und Sommer für verschiedene Zwecke genutzt. Eier- und Dunensammeln sind üblich, wobei in der östlichen Arktis etwa 280 kg, im atlantischen Kanada etwa 220 kg gereinigte Dunen jährlich geerntet werden (REED, 1986). Der Wert für 1 kg Dunen liegt bei 450 Dollar (Marktwert der Dunen im östlichen Kanada etwa 200 000 Dollar). Die Geschichte der Nutzung der Eiderente in der UdSSR, Skandinavien, Schottland, Island und Grönland wurde durch PALMER (1976) und DOUGHTY (1979) beschrieben.

# 4

# Schutz und Hege

## Feuchtgebietsgestaltung

Wenn in West- und Mitteleuropa im Herbst und Winter Millionen Enten erscheinen, dann ist das in erster Linie der Produktivität der Brutgebiete in Nordosteuropa zu danken. In Mitteleuropa sind die Brutbestände der meisten Arten (die Stockente ausgenommen) als Folge der großflächigen Trockenlegungen von Feuchtgebieten, des Abbaus der Moore, der Intensivierung der Grünlandbewirtschaftung, des Ausbaus der Fließgewässer, der Beseitigung von Alt- und Nebenarmen und Kleingewässern vielerorts zurückgegangen. Wie einschneidend sich Eindeichungen, Trockenlegungen und andere Landschaftsveränderungen auf den Brutbestand auswirken können, wurde von LAURSEN et al. (1983) eindrucksvoll am Wandel des Entenbestandes nach dem Bau des neuen Deiches an der dänischen Nordseeküste (bei Højer), der eine Fläche von 800 ha vom Wattenmeer abgrenzt, dargestellt. Vor der Eindeichung rasteten in diesem Küstenabschnitt durchschnittlich etwa 4000 Enten, davon bis zu 800 Pfeifenten. Nach der Eindeichung ging die Anzahl auf weniger als die Hälfte (1600 Exemplare) zurück.

Nach PEHRSSON (1983) sind die Erfolge, die in Schweden mit der Restauration des Hornborgasjön Sees erzielt wurden, durch neue Restaurierungsmaßnahmen in Frage gestellt. Es steht zu befürchten, daß die Bedeutung des Gebietes als Rastplatz für Entenarten verlorengeht.

Zwar schafft die Neuanlage von Teichwirtschaften, Talsperren, Flachlandspeichern, Grubenseen und anderen künstlichen Gewässern einen gewissen Ausgleich, doch Verlust und Zugang halten sich nicht die Waage. Bis zu einem gewissen Grade wirken die günstigeren Ernährungsbedingungen für häufige Arten wie Stock-, Tafel- und Reiherente kompensierend, doch auch diese können die generelle Abnahme genauso wenig aufhalten wie die dem Artenschutz dienenden jagdlichen Maßnahmen und Naturschutzbestimmungen.

Am ehesten lassen sich die mitteleuropäischen Brutbestände durch zweckmäßige Biotopgestaltung heben. Sowohl natürliche wie neu angelegte künstliche Gewässer bieten dazu vielfältige Möglichkeiten. Zu den wichtigsten Maßnahmen gehört die Ausweisung von Gewässerabschnitten oder ganzer Gewässer als »Schongebiet für Wasservögel«. Gewässer mit bekanntermaßen guten Brutbeständen sollten für die Brutzeit von Sportbootverkehr und anderen Formen der Beunruhigung ausgenommen werden, ohne daß die aufwendige Prozedur der Ausweisung von Naturschutzgebieten erfolgt.

Die weit verbreitete Auffassung, daß breite Röhrichtgürtel den Entenbesatz begünstigen, ist nur bedingt richtig. Die Stock- und Krickente ziehen selbst an Gewässern mit Schilfgürtel das Gebüsch oder die Hecke in Ufernähe als Nistplatz vor. Tafel- und Reiherente wählen Niststandorte in der Nähe der offenen Wasserfläche. Dementsprechend werden einförmige ausgedehnte Schilfwälder kaum von Enten bewohnt.

Die Schilfentnahme wirkt sich an eutrophen Gewässern außerdem positiv auf den Gewässerzustand aus. Die Entnahme organischer Substanz vermindert die Eutrophierung. Das regelmäßige Auslichten zu dichter Schilfbestände durch Mahd (Schilfernte) wirkt sich günstig auf die Ansiedlung von Enten aus. Es ist bereits hilfreich, wenn Schneisen in das Schilf geschnitten werden. Dadurch wird der sogenannte Randeffekt wirksam (Verlängerung der Uferlinie).

Landseitig begünstigen Gebüsch und Hecken die Ansiedlung von Enten. Sie bieten Deckung gegen Flug- und Bodenfeinde und werden deshalb von vielen Arten als Nistplätze bevorzugt. Wo sie vorhanden sind, müssen sie erhalten bleiben, wo sie fehlen, trägt Anpflanzung zur Entenhege bei. Stockenten brüten gern in Höhlungen und in durch die Wuchsform geschaffenen Mulden alter Kopfweiden. Kopfweidenanpflanzungen sind deshalb nicht nur eine Bereicherung des Landschaftsbildes. Durch regelmäßigen Schnitt gewinnt ihre Bedeutung als Brutplätze für Enten.

Wiesen und Weiden, die an ein Gewässer grenzen, sind ebenfalls potentielle Nistplätze. Stock-, Spieß-, Knäk- und Löffelente brüten regelmäßig in Feuchtwiesen. Der Begriff »Feuchtwiesen« ist eine Sammelbezeichnung für Grünlandstandorte verschiedenster Art und Nutzung. Die Skala reicht von den zumeist landwirtschaftlich ungenutzten nassen Steifseggenriedern über Hute- und Mahdwiesen bis hin zum intensiv bewirtschafteten Saat-Grasland. Naturnahe extensiv oder gar nicht genutzte Standorte bieten Enten günstigere Brutmöglichkeiten als Intensiv-Grasland. Unabhängig davon lassen sich hier wie dort die Brutmöglichkeiten durch geeignete Maßnahmen verbessern. Stets kommt es darauf an, vorhandene Vielfalt zu erhalten und eingetretene Monotonie zu beseitigen. Was im Einzelfall zu tun ist, muß vor Ort entschieden werden. In einem zu stark verbuschten Seggenried kann die Entfernung eines Teils des Aufwuchses wichtig sein, zu stark ausgeräumtes Grünland gewinnt durch Baumbewuchs.

Bei der Neuanlage von Gewässern ist darauf zu achten, daß die Uferabschnitte zumindest teilweise so flach abgeböscht sind, daß sich Schilfgürtel ausbilden. Künstliche Inseln sollen wo immer möglich angelegt werden. Wenn Fischteiche oder stark verschlammte Seen entlandet werden, fällt Schlamm an, der, zu Inseln zusammengeschoben, rasch begrünt. Derartige künstliche Inseln werden bevorzugt von Enten besiedelt. Der Böschungswinkel muß allerdings flach gehalten werden, damit die Enten die Brutplätze vom Wasser her auch zu Fuß aufsuchen können.

Auf Inseln erreichen Enten besonders hohe Brutdichten. Wenn das Gewässer zu tief ist, so daß sich durch Zusammenschieben von Schlamm oder Erdreich Inseln nicht anlegen lassen, dann bietet sich als Ersatz die Anlage schwimmender künstlicher Inseln an. Als Schwimmkörper können Metall- oder besser Plastfässer dienen, die in geeigneter Weise durch eine Rahmenkonstruktion zu einem Floß (Mindestgrundfläche 10 $m^2$) verbunden werden. Die obere Abdeckung bilden Maschendraht und Plastfolie, auf die Muttererde gebracht und in geeigneter Weise bepflanzt wird. Schwimmende Floßinseln, die natürlich verankert sein müssen, haben den Vorteil, daß sie Wasserstandsschwankungen folgen, also überschwemmungssicher sind. Sie müssen allerdings stabil ausgeführt sein, um Wind und Wellenschlag widerstehen zu können. An Kiesgrubenseen und Braunkohlenrestgewässern mit steilscharigen Ufern sind sie häufig die einzige Möglichkeit zur Ansiedlung von Wasservögeln.

Gelegentlich wird empfohlen, neu entstandene Uferstreifen mit Schilf zu bepflanzen. Die Ansiedlung von Uferpflanzen erfolgt zwar auch ohne Zutun des Menschen, und zwar in der den Bodenverhältnissen entsprechenden Sukzession, doch der Bewuchs kann bei richtiger Pflanzenwahl erheblich beschleunigt werden (z. B. Harrison, 1982, Swift, 1976). Durch Pretscher (1984) wurde eine Auswahl von Pflanzen zusammengestellt, die bei standortgerechter Verwendung eine rasche Uferbegrünung ermöglichen. Die »standortgerechte Verwendung« setzt Kenntnisse über das pH – Milieu des Wassers und die Beschaffenheit des Bodens voraus. Deshalb ist rechtzeitig vor Beginn einer derartigen Aktion ein Fachgutachten einzuholen, um Fehlschläge zu vermeiden.

In den USA wurde versucht, aus Mageninhaltsanalysen Hinweise für die Vegetationssteuerung zu gewinnen. Die Mägen von im Herbst in einem Jagdgebiet im Küstengebiet von Südkarolina erlegten Enten (15 verschiedene Arten) enthielten vor allem Pflanzensamen. Es wurden Maßnahmen eingeleitet, um jene Pflanzenarten zu fördern, deren Samen hauptsächlich als Nahrung dienten (Landers et al., 1976). Mit gleicher Zielsetzung untersuchte Olney (1968) die Nahrung und Nahrungsplätze der Tafelente auf den Britischen Inseln.

Der ökologische Wert eines Gewässers hängt ganz wesentlich von der Form der Uferlinien ab. Nach Abbau von Kies oder Braunkohle verbleiben Restseen mit gerade laufenden Ufern und steil abfallenden Böschungen. Sie sind für Wasservögel wertlos, wenn das Relief nicht korrigiert wird. Uferlinien müssen kurvenreich geführt werden, so daß Buchten und Seichtwasserzonen entstehen. Je unregelmäßiger das Profil und die Wassertiefe ist, desto stärker wird das Aufkommen von Vegetation und damit die Besiedlung mit Wasservögeln begünstigt. Projekte dieser Art lassen sich selbstverständlich nur dann realisieren, wenn sie von Anbeginn Teil der Planung sind.

In ähnlicher Weise lassen sich Meliorationsvorhaben in Flußniederungen für die Entenhege nutzen, indem Teilbereiche als Flutungspolder vorgesehen werden, die vor der Brutperiode flachgründig überstaut werden. Entwässerungsgräben sollten mit Staueinrichtungen versehen sein, damit selektive Wasserhaltung zum Zwecke der Schaffung von Bruthabitaten für Entenarten möglich ist. Bei Maßnahmen zur Erhöhung der Bodenfruchtbarkeit sollte nicht die Totalmelioration des Gebietes angestrebt, sondern Restflächen im Sinne des Artenschutzes belassen werden.

Lange Zeit ist der ökologische Wert der Kleingewässer (Feldsölle, Altarme, Schlenken) übersehen worden. Die Bereitschaft, sie zu erhalten, hat jedoch zugenommen. Kleingewässer sind Refugien für zahlreiche Tier- und Pflanzenarten in einer total vom Menschen gestalteten Landschaft. Stock-, Krick- und Knäkenten brüten an Kleingewässern zumeist erfolgreicher und in relativ größerer Dichte als an Seen und großen Flüssen.

Die Hinweise für die Feuchtgebietsgestaltung sind bewußt allgemein gehalten. Sie sollen lediglich dazu dienen, die Richtung anzudeuten, in der sich gegenwärtig Entenhege erfolgreich praktizieren läßt. Die technischen Möglichkeiten zur Gestaltung der Landschaft sind enorm gewachsen. Zur Steigerung der Agrarproduktion werden sie voll genutzt, vielfach auf Kosten des Reichtums an Wildtieren. Der Vogelschutz sollte es lernen, die Technik auch in seinem Sinne zu nutzen. Weitere praktische Hinweise enthält das vom IWRB (Slimbridge, Großbritannien) herausgegebene *»Manual of Wetland Management«* (Hrsg. J. Fog).

# Praktische Hegemaßnahmen

## Künstliche Nisthilfen

Limitierender Faktor für die Siedlungsdichte von Enten ist häufig das Nistplatzangebot. Durch Ausbringen künstlicher Nisthilfen läßt es sich leicht erweitern. Von der Stockente werden diese zumeist ohne Schwierigkeiten angenommen, wenn die Nisthilfe vor Störungen sicher angebracht ist, Deckung gegen Sicht von oben gewährt, eine dem Gewässer zugewandte Einschlupföffnung vorhanden und etwas Nistmaterial (Pflanzenreste) eingebracht sind.

In der praktischen Ausführung gibt es viele Möglichkeiten. Im einfachsten Falle genügt es, abgeschnittene Schilfhalme zeltartig zusammenzubinden und in dichtem Gestrüpp aufzustellen. In gleicher Weise, aber in etwas stabilerer Ausführung, lassen sich Weidenruten oder Reisig verwenden. Haltbarer und sicherer sind Nisthilfen aus Brettern (etwa 30 cm × 30 cm), die dachartig zusammengenagelt und entweder beidseitig offengelassen oder an einer Seite durch ein passendes Brett verschlossen werden (Reiter). Geeignet sind auch einfache Holz- oder Plastekästen passender Größe, die auf Pfählen angebracht oder in der Ufervegetation versteckt werden können. Derartige Kästen, die eine Grundfläche von etwa 30 cm × 40 cm haben sollten, lassen sich aus einfachen Brettern bauen. Mit einem Pultdach und seitlichen Sehschlitzen versehen sind sie zweckmäßig und vom Aussehen her gefällig. Nisthilfen aus Holz oder Plaste müssen mit Schilf oder anderem Pflanzenmaterial verkleidet werden. Auffällig angebracht stören sie das Landschaftsbild und werden von Nebelkrähen sofort erkannt und die Eier bei passender Gelegenheit geplündert. Aufwendiger in der Herstellung, dafür aber haltbarer, sind die aus Weidenruten geflochtenen sogenannten holländischen Nistkörbe (Abb. 4/1).

Der Phantasie sind in der Herstellung einfacher und anspruchsvoller Nisthilfen kaum Grenzen gesetzt. Die beschriebenen Beispiele sind nur als Hinweise gedacht, die Anregung vermitteln sollen. Je nach den örtlichen Bedingungen und den materiellen und zeitlichen Möglichkeiten lassen sie sich modifizieren und andere Verfahren praktizieren. (Weitere Angaben bei Bezzel, 1972).

In Gebieten, wo Schellenten brüten oder deren Ansiedlung möglich erscheint, lassen sich die oft fehlenden Brutmöglichkeiten durch Brutkästen schaffen. Sie sollten eine Grundfläche von etwa 25 cm × 25 cm haben, 40 cm hoch und mit einem Pultdach versehen sein. Zweckmäßig ist es, eine Seitenwand oder das Dach abnehmbar zu gestalten, um den Kasten nach der Brutzeit reinigen zu können, womit zugleich eine Kontrolle verbunden werden kann. Bedeutsam ist der Durchmesser der seitlichen Einschlupföffnung. Er sollte etwa 9 cm betragen. In kleinere Öffnungen kann die Schellente nicht schlüpfen, und Kästen mit größeren Öffnungen werden auch von der Stockente angenommen, die sich in Konkurrenzsituationen der Schellente gegen-

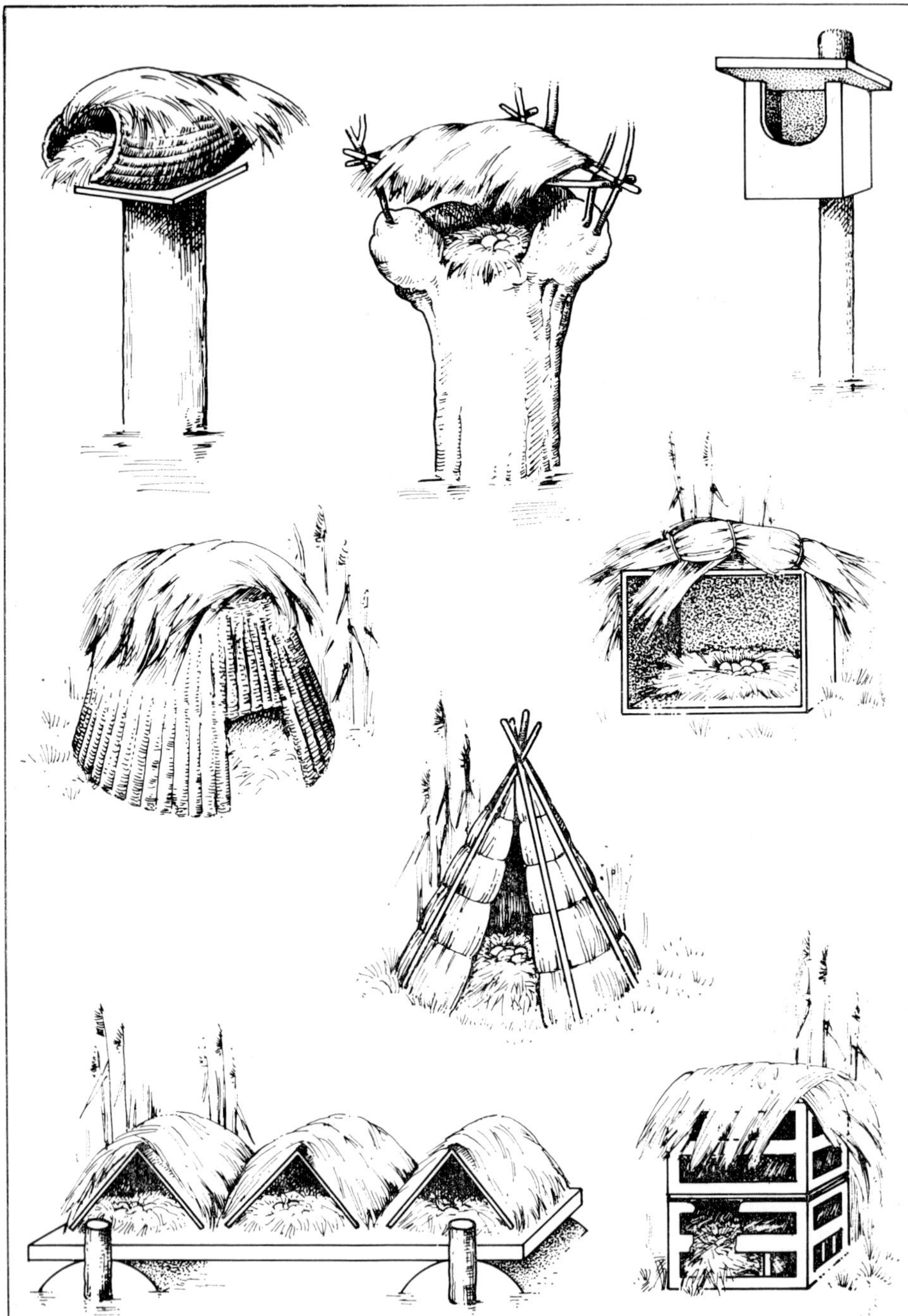

über durchsetzt. Für die Aufhängung sollten möglichst Bäume in unmittelbarer Wassernähe gewählt werden, die Höhe spielt keine Rolle.

Eiderenten nehmen ebenfalls künstliche Nistgelegenheiten an. Es genügt, eine leichte Mulde anzulegen. Wird diese noch etwas ausgepolstert, dann steigt die Attraktivität. Auf Nowaja Semlja wurden durch Kombination verschiedenster Methoden Bestandszunahmen um 50 % bis 60 % erreicht (Uspenski, 1972). Im Kandalakscha-Naturschutzgebiet sammelt man einen Teil der Eier vor Brutbeginn und erbrütet diese im Brutschrank. Die Enten vervollständigen ihre Gelege und adoptieren die im Brutschrank geschlüpften Küken, wenn sie ausgesetzt werden. Der Fortpflanzungserfolg kann durch diese Methode praktisch verdoppelt werden (Uspenski, 1972).

## Freilassung künstlich erbrüteter Enten

Eine weitere Möglichkeit zur Erhöhung der Jagdstrecke besteht darin, Stockenteneier von in Farmen gehaltenen Tieren produzieren zu lassen, diese künstlich zu erbrüten, die Jungen in Gefangenschaft aufzuziehen und nach dem Flüggewerden in den Jagdgebieten auszusetzen. Dieses Verfahren wird in den USA in großem Stile praktiziert, ist jedoch auch in einigen europäischen Ländern üblich. Daß die künstlich aufgezogenen Enten dazu beitragen können, das lokale Jagdergebnis zu verbessern, weil sie nach der Freilassung nicht so stark abwandern wie wild aufgewachsene, ist bereits von Boyd und Harrison (1961) erkannt und von Tompa (1975) bestätigt worden.

Die Freilassung handaufgezogener Stockenten darf selbstverständlich nur an gut ausgewählten Plätzen erfolgen, wobei Jagd und Naturschutz zusammenwirken sollten und Naturschutzgebiete von vornherein auszuklammern sind. Die Anzahl der freigelassenen Tiere sollte in gutem Verhältnis zur Aufnahmekapazität der Umwelt stehen. Dabei ist darauf zu achten, daß eutrophe Gewässer nicht noch stärker belastet werden. Nachteilig kann sich die aufzuchtbedingte enge Bindung an den Menschen auswirken, weshalb Freilassungsorte fernab von menschlichen Besuchern liegen sollten.

In Europa wird die Freilassung handaufgezogener Stockenten vor allem in Dänemark und Ungarn praktiziert. In Dänemark erhielten die an zwei Plätzen freigelassenen Enten Ringe der biologischen Station Kalø, um die Ausbreitung der Tiere und den Jagderfolg untersuchen zu können. Insgesamt wurden über 1500 Enten gekennzeichnet. Die Wiederfundrate lag bei 70 %, nahezu alle gemeldeten Tiere waren geschossen (Fog, 1971). Annähernd zwei Drittel der Tiere wurden in der Nähe des Auflassungsortes erlegt, die Mehrzahl der anderen in Dänemark, nur einzelne außerhalb. Diese starke Bindung an den Auflassungsort und die gute jagdliche Ausbeutung belebten das Verfahren. Die intensive Bejagung der freigelassenen Enten bewirkte eine Mortalität von 90 % im ersten Jahr. Diese Jungenmortalität ist zu hoch, um die Population in der Balance zu halten. Das Verfahren ermöglicht die erfolgreiche Jagdausübung auch in Gebieten, in denen das natürliche Aufkommen gering ist.

Probleme entstehen aus der Neigung der Stockente zu schneller Domestikation und der damit verbundenen Entstehung von Farbvarianten, die, wenn sie in die freie Wildbahn gelangen, Hybriden mit den »echten« Wildenten bilden und den Genpool und damit den Wildcharakter einer Population allmählich verändern können.

Durch Hybridisation von in Farmen

**Abb. 4/1**
Künstliche Nisthilfen

aufgezogenen Stockenten mit aus der freien Wildbahn stammenden versuchte GREENWOOD (1975) herauszufinden, ob und in welcher Weise sich Reproduktion und Entwicklung bei in Gefangenschaft aufgezogenen »echten« Wildenten und Hybriden unterscheiden. Die aus Farmen stammenden Enten beginnen früher mit dem Legen, haben eine längere Legeperiode, eine höhere Masse und etwas schwerere Eier als Tiere aus der freien Wildbahn. In der Postembryonalentwicklung gibt es weitgehende Übereinstimmung.

Nach Untersuchungen in Kanada produzieren handaufgezogene und freigelassene semi-domestizierte Stockenten unter Freilandbedingungen kaum Bruten, weshalb diese Methode zum Aufstocken von Wildbeständen nicht geeignet erscheint. Außerdem bleibt fraglich, ob bei diesem Verfahren Aufwand und Nutzen in einem guten Verhältnis zueinander stehen. Da für die Aufzucht nur Eier von echten Wildpopulationen genommen werden sollen (BRAKHAGE, 1953; LEE und KRUSE, 1973), stellt sich die Frage, wie diese zu gewinnen sind. Werden sie im Freiland gesammelt, dann ist der Aufwand groß und der Erfolg gering, denn die Brutpopulation wird in doppeltem Sinne geschädigt: durch die Entnahme der Eier und durch die damit verbundene Störung. Werden die Stockenten in Farmen gehalten, dann kommt es schon binnen weniger Generationen zu Domestikationserscheinungen.

Einfacher und effektiver dürfte es immer sein, durch geeignete Maßnahmen zur Steigerung des Reproduktionserfolges der ansässigen Population beizutragen. Das kann sowohl durch Bekämpfung der Predatoren als auch durch Ausbringung von Nisthilfen geschehen.

# 5

# Internationale Zusammenarbeit

Die Erforschung der Verbreitung der Wasservögel, der Häufigkeit der einzelnen Arten, ihrer Bestandsdynamik, Wanderungen, Gefährdungsursachen, möglicher Schäden in Land- und Fischwirtschaft, der rationellen jagdlichen Nutzung und anderer Fragen setzt internationale Zusammenarbeit voraus. Diese jedem Unbeteiligten sofort einleuchtende Notwendigkeit wurde zwar bereits in den 20er Jahren dieses Jahrhunderts von weitsichtigen Ornithologen erkannt und ein entsprechendes internationales Gremium gefordert, ein organisatorisches Fundament entstand jedoch in Europa erst nach dem zweiten Weltkrieg in Form des *»International Wildfowl Research Bureau«* (IWRB). Es wurde auf Empfehlung des Internationalen Rates für Vogelschutz (IRV), der Weltorganisation für Vogelschutz, geschaffen. Das Büro erhielt vom IRV den Auftrag, die Wasservogelforschung international zu koordinieren und sowohl Maßnahmen zum Schutz bedrohter Arten als auch der Nutzung jagdbarer Arten vorzuschlagen.

Von 1947 bis 1961 befand sich der Sitz in London. Es wurde von Dr. E. Hinde geleitet. In der Frühphase kam es zwar zu ersten Vereinbarungen über Bestandserfassungen an Wasservögeln, praktische Wirksamkeit blieb dem Büro jedoch zunächst versagt. Das änderte sich, als der Sitz in die von Dr. L. Hoffmann gegründete Biologische Station Tour du Valat in der Camargue (Südfrankreich) verlegt wurde und die Leitung von ihm wahrgenommen wurde. Die Anzahl der im IWRB mitarbeitenden Länder stieg auf über 20, internationale Konferenzen wurden organisiert und Spezialpublikationen herausgegeben. Die erste vom IWRB veranstaltete europäische Tagung über den Schutz von Wasservögeln fand 1963 in St. Andrews (Schottland) statt. Auf dieser Konferenz waren Wissenschaftler und Regierungsbeamte aus 17 europäischen Ländern vertreten (Hoffmann, 1965). Zuvor waren bereits Grundsätze und Richtlinien für den Schutz und die Erhaltung von Feuchtgebieten bei der sogenannten *MAR-Konferenz* (Saintes-Maries-de-la Mer, Frankreich, 1962) erarbeitet worden. – Auf weiteren Konferenzen in den 60er Jahren wurde sichtbar, daß es dem IWRB gelungen war, seine Arbeit über politische Grenzen hinweg auf ganz Europa auszudehnen. Einbezogen wurden auch nordafrikanische und südwestasiatische Länder, die als Überwinterungsgebiet für palaearktische Wasservögel bedeutsam sind. – Damit waren die Voraussetzungen für eine internationale Vereinbarung geschaffen, die auf der Grundlage eines von den Regierungen der Niederlande und der UdSSR erarbeiteten Entwurfs 1972 in *Ramsar* (Iran) als *»Konvention zum Schutz von Feuchtgebieten, speziell als Lebensräume für Wasservögel«* abgeschlossen wurde. Inzwischen sind der Konvention mehr als 30 Länder beigetreten.

Neben der Konvention über den Schutz von Feuchtgebieten ist die sogenannte *Bonner Konvention* (Übereinkommen zur Erhaltung der wandernden wildlebenden Tierarten) für alle Entenarten, die größere Wanderungen durchführen, von größter Bedeutung. Eines der wichtigsten Ziele der Konvention ist darin zu sehen, zwischen den Unterzeichnerstaaten zu Regelungen über die Erhaltung, wirksame Hege und Nutzung wandernder Tierarten zu kommen (Nowak, 1982).

Wichtige Bestimmungen der Feuchtgebietskonvention und die zur Konvention gehörende *»Liste der international bedeutsamen Feuchtgebiete«* betreffen Entenvogelpopulationen. Die wissenschaftliche Grundlage bilden Kenntnisse über den Bestand und die Verbreitung westpalaearktischer Entenarten, die unter Anleitung der *»Arbeitsgruppe Entenvögel«* des IWRB erarbeitet wurde. Um die Bestandsgröße und Populationsentwicklung in einem Gebiet, das Europa, Teile Westasiens, Nord- und Westafrikas und Südwestasiens umfaßt, einschätzen zu können, war es erforderlich, Entenvogelzählungen auf internationaler Grundlage zu organisieren.

Obwohl Enten von der Größe und Musterung her auffälliger sind als viele andere Vogelarten, lassen sich Angaben über Brutstände nur unter größten Schwierigkeiten gewinnen, weil sie in schwer oder gar nicht zugänglichen Gebieten brüten. Regionale Zählungen nach der Brutzeit sind zumeist für die Beurteilung des lokalen Brutbestandes wertlos, weil bereits kurze Zeit nach der Fortpflanzungsperiode Wanderungen einsetzen; Mauserzüge der Erpel finden bereits während der Brutperiode statt.

Diese sich aus der Biologie der Enten ergebende Schwierigkeit führte zur Suche nach anderen Lösungen. Die einzige, die Aussicht auf Erfolg bietet, geht von der Überlegung aus, daß nahezu alle Entenarten im Winter südwestwärts oder westwärts gerichtete Wanderungen ausführen und die in Nord- und Nordosteuropa brütenden Tiere dabei nach Mittel- und Westeuropa gelangen, wo sie überwintern. Durch international abgestimmte zeitgleiche Erfassung der Herbst- und/oder Winterbestände sollte versucht werden, die rastenden bzw. überwinternden Enten zu zählen, um dadurch auf indirekte Weise die westpalaearktischen Brutbestände zu erfassen.

Das setzte ein internationales Netz von Beobachtern voraus, das eng genug ist, um einen repräsentativen Teil der durchziehenden oder überwinternden Entenpopulationen zu registrieren.

Auf den ersten Blick schien es utopisch, in Europa ein dieser Zielsetzung entsprechendes Programm in Gang setzen zu wollen. Um so höher sind die Ergebnisse der seit über 20 Jahren laufenden, vom IWRB organisierten Bestandserhebungen zu werten. Nach Richtlinien des IWRB finden seit den 60er Jahren in vielen Ländern Europas Zählungen der Enten und anderer Wasservögel an ausgewählten Plätzen statt. Daran beteiligt sind bei jeder Zählung mehrere Tausend ehrenamtliche Mitarbeiter, großenteils fachlich versierte Ornithologen. Bei den Mittwinterzählungen werden die Entenvögel an 12 750 Plätzen in Europa, Nordafrika und in Westasien erfaßt. Über die Ergebnisse der internationalen Zählungen ist mehrfach berichtet worden (Atkinson-Willes, 1976, 1981, 1982; Rüger et al., 1986). Der Wert der bisher durch internationale Forschungskooperation geleisteten Arbeit läßt sich ermessen, wenn man die jetzigen Kenntnisse über Bestand, Verteilung, Zug und Überwinterung westpalaearktischer Entenarten mit denen vor Beginn der Zählungen verglеicht.

Während es in Mittel- und Westeuropa relativ leicht gelang, Beobachternetze aufzubauen, war es schwierig, das auch in den westasiatischen und nord- und westafrikanischen Überwinterungsgebieten westpalaearktischer Entenarten zu erreichen. Deshalb entsandte das IWRB Expeditionen an wichtige Gewässer in diesen Gebieten, so daß auch für diese Kenntnisse über die Größe und artenmäßige Zusammensetzung der Entenbestände gesammelt wurden: Für einige Arten konnten sogar die Trends der Bestandsentwicklung berechnet werden (RÜGER et al., 1986).

Die praktische Bedeutung der Ergebnisse der Entenvogel-Bestandserfassungen wurde von den Naturschutz- und Jagdbehörden frühzeitig erkannt. In zahlreichen Ländern wurden die Erkenntnisse bei gesetzlichen Regelungen und Verordnungen über den Artenschutz berücksichtigt. Sie wirkten sich auch auf die Praxis der Jagdausübung aus, obwohl es bisher nicht gelungen ist, zu international verbindlichen Richtwerten für die jagdliche Nutzung der Entenbestände zu gelangen.

Erstrangige Bedeutung erlangten die Ergebnisse der Entenvogelzählungen für die Ausweisung international und national bedeutsamer Feuchtgebiete. Für die Zuerkennung des Prädikats *»International bedeutsames Feuchtgebiet«* war es notwendig, verbindliche Kriterien festzulegen. Die Kenntnisse des Gesamtbestandes der einzelnen Arten ermöglichen die Beurteilung lokaler Konzentrationen (Häufigkeits- und Seltenheitskriterium).

Die Möglichkeit einer Klassifikation der europäischen Rast- und Überwinterungsgebiete der Entenvögel ist damit in greifbare Nähe gerückt.

# 6

# Arten

## Gründelenten

### Pfeifente

*Anas penelope* L.
Wigeon
Canard siffleur
Свиязь

#### Kennzeichen, Beschreibung

Der Erpel im Prachtkleid ist durch den rotbraunen Kopf mit der rahmgelben Stirn und das durch ein weißes Feld scharf abgesetzte schwarze »Heck« im Gelände unverkennbar. Diese auffällige Musterung wird durch die rötlichbraune Brust, den dunkelgrauen Rücken und die weiß gebänderten dunkelgrauen Körperseiten noch unterstrichen. Der von Flügeldeckfedern gebildete ausgedehnte weiße Flügelspiegel wird beim schwimmenden Vogel als weißes Längsband sichtbar, das von der Schulter seitlich bis in die Körpermitte zieht. Wo es endet, wird das metallische Grün, das den weißen Flügelspiegel einfaßt, als winziger Fleck sichtbar. – Im Gefieder des Weibchens im Brutkleid dominieren braune Farbtöne, die an der Brust und den vorderen Körperpartien nach Dunkelbraun, am Kopf und Hals nach Rotbraun tendieren. Das beim Erpel beschriebene weiße Längsband tritt nur als hellgrauer Streifen hervor, fällt aber im Gelände stärker auf als der grüne Fleck seitlich vor dem Bürzel. Die braunen Körperseiten sind hell gebändert und zum weißen Bauch hin aufgehellt. Schnabel wie beim Erpel blaugrau, jedoch ohne schwarze Spitze. – Das Schlichtkleid des Erpels und das Ruhekleid des Weibchens stimmen weitgehend mit dem Brutkleid des Weibchens überein. – Männliche Tiere sind beim Schwimmen am ehesten am weißen Längsband und im Fluge am ausgedehnten weißen Flügelspiegel erkennbar.

**Stimme:** Die Pfeiflaute, die der Art den deutschen Namen eingetragen haben, stammen vom Männchen. Es sind kurze, scharf-zweisilbige Laute, die sich mit »wiju« und »wijuu« wiedergeben lassen. Besonders bei Dunkelheit sind sie ein auffälliger Hinweis für die Anwesenheit der Art. Die Weibchen rufen wie »err« oder »arrr«, oft gereiht und in verschiedener Variation. Im Fluge sind Pfeifenten an einem pfeifend klingenden von den Schwingen stammenden Geräusch erkennbar.

#### Brutverbreitung

Das Brutgebiet reicht durch die gesamte

Palaearktis. Die Art brütet auf Island, in Schottland, Nordengland, unregelmäßig in Mittelengland (Wales, Ostengland). In Fennoskandinavien sind Norwegen, das nördliche und mittlere Schweden und weite Teile Finnlands bewohnt. Die Nordgrenze der Brutverbreitung wird auf der Halbinsel Kola erreicht. Sie verläuft weiter östlich (Halbinsel Jamal, Jenissei-Mündung) bei etwa 70° N oder wenig nördlicher etwa längs der Taiga-Nordgrenze – nur ausnahmsweise geht sie bis in die Tundra – durch Ostsibirien bis nach Kamtschatka.

Die Südgrenze des geschlossenen Verbreitungsgebietes verläuft etwa längs

Anmerkungen zu den Karten 3 bis 42: Die Karten zur Brutverbreitung der Arten enthalten Angaben aus Europa und dem europäischen Teil der UdSSR. In den Karten zur Überwinterung sind Angaben über die aus diesen Regionen stammenden Enten berücksichtigt. Die Zusammenstellung erfolgte auf der Grundlage aktuellen Schrifttums (Handbücher, Verbreitungsatlanten, Originalpublikationen – Endredaktion 1986). ✳ = als Brutvogel bzw. Überwinterer im jeweiligen Land vorkommend, jedoch ohne Angabe zu Häufigkeit und genauem Vorkommensgebiet; ? = keine Angabe über Brutvorkommen bzw. Überwinterung

**Karte 3**
Brutverbreitung der Pfeifente
*(Anas penelope)*

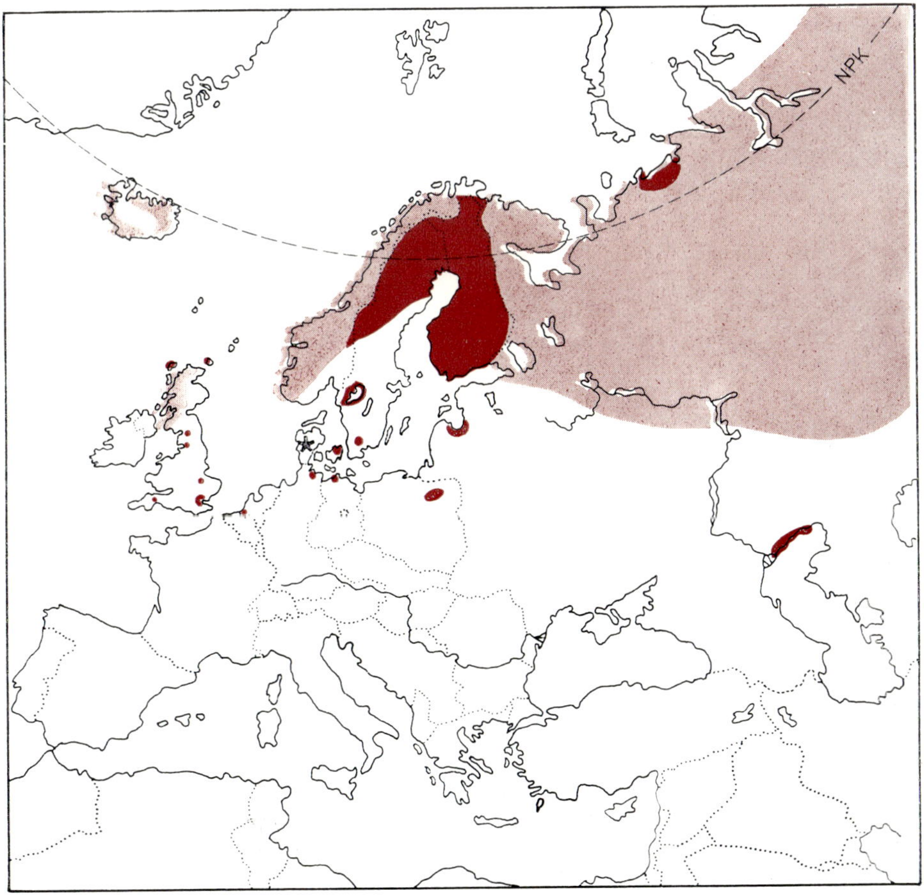

55° N durch die baltischen Sowjetrepubliken und die zentralen Teile der UdSSR nach Westkasachstan zum südlichen Altai. Südlich des geschlossenen Areals gibt es zahlreiche Einzelvorkommen. Sie brütet in wenigen Paaren in den Niederlanden, Schleswig-Holstein, im Norden der DDR und auf Jütland (Dänemark). 1984 wurde eine Brut im Süden der BRD nachgewiesen (Spinler, 1985) (Karte 3).

## Lebensraum

Brütet an großen Gewässern mit gut entwickelter Unterwasservegetation. Auf dem Herbstzug an seichten großen Gewässern, im Frühjahr ebenfalls an Flachseen und zahlreich in flachgründig überschwemmten Niederungsgebieten. Zu den Zugzeiten eine ausgesprochene »Flachwasserente«, die auch offene Schlammflächen aufsucht (Szijj, 1965; Helbig, 1966).

## Nahrung, Nahrungserwerb

Überwiegend herbivor, aber nicht auf bestimmte Pflanzen oder Pflanzenteile spezialisiert. Nimmt Blätter und junge Triebe von Unterwasserpflanzen und beim Durchschnattern von Schlamm auch deren Samen. – Besonders anpassungsfähig in der Winterernährung. Bis zu Anfang der 30er Jahre des Jahrhunderts ernährten sich die großen Scharen an der britischen Küste überwinternden Pfeifenten hauptsächlich von Seegras *(Zostera)*. Nach dem Rückgang des Seegrases (Seegraskrankheit) wählten sie zunehmend im Binnenland gelegene Rastplätze, womit eine Umstellung in der Art der Ernährung verbunden war. Olney (1965) fand in den Därmen von Tieren, die in küstennahen Brackwässern rasteten, Gras, Laichkrautblätter, Algen und bis zu 10 % Getreidekörner (Saatgetreide). Der überwiegende Teil der in den Niederlanden im Wattenmeer der westfriesischen Inseln und im Deltagebiet des Rheins überwinternden Pfeifenten ernährt sich im Herbst (September bis November) vorzugsweise von Pflanzen der Salzmarsch und Algen *(Salicornia, Enteromorpha, Zostera)*. Im Spätherbst werden Grünlandpflanzen vorgezogen *(Festuca, Poa, Lolium)*. Der Wechsel in der Ernährungsweise ist im Energiegehalt der Nahrungspflanzen begründet.

Pfeifenten wählen aus den verfügbaren Pflanzen die mit dem höchsten Energiegehalt (v. Eerden, 1984). Im Frühjahr gehen im Hauke-Haien-Koog (Nordseeküste der BRD) rastende Pfeifenten auf den Deich und weiden Süßgräser. Im Herbst werden zunächst Laichkräuter gefressen. Wenn diese Nahrungsquelle erschöpft ist, fliegen sie ins Watt zur Nahrungssuche (Schmidt-Moser, 1986). – In den letzten beiden Jahrzehnten häufen sich Berichte über Nahrungssuche auf landwirtschaftlichen Kulturen.

## Brutbiologie

**Paarbildung:** Bereits im Winterquartier Balz und Paarbildung. Die Männchen kümmern sich stärker um die brütenden Weibchen als von anderen Gründelenten bekannt.

**Neststandort, Nest:** Die Nester werden unter Sträuchern, im Gebüsch, gelegentlich auch offen im Grasland angelegt. Das Nest ist eine ausgedrehte Mulde, die nur wenig mit Pflanzenteilen ausgekleidet, aber mit viel Dunen ausgepolstert ist.

**Eier, Gelege:** Rahmgelb bis gelblichweiß, durchschnittlich 55×39 mm groß (maximale Länge 51,0 mm, minimale Länge 49,0 mm), Masse um 45 g, nach Makatsch (1974) 41,5 g. Vollgelege mit 6 bis 10 Eiern. Legebeginn nicht vor Mitte Mai, oft erst gegen Monatsende oder Anfang Juni.

**Bebrütung, Jungenaufzucht:** Brütet 22 Tage. Die Jungen sind nach etwa 7 Wochen flügge.

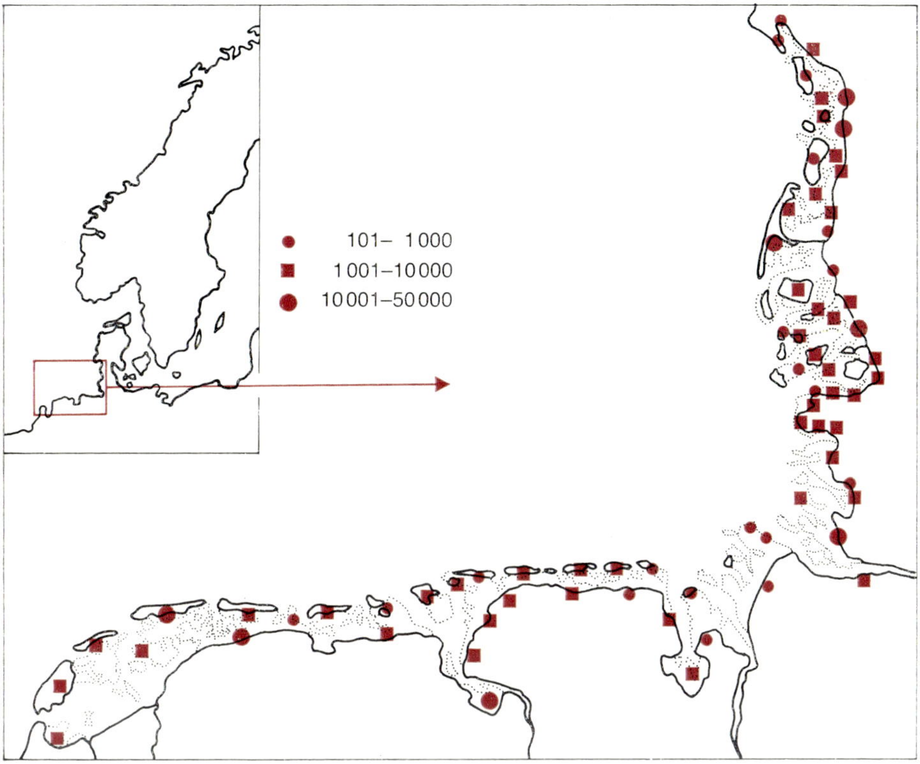


**Abb. 6/1**
Pfeifente *(Anas penelope)* – Verteilung und durchschnittliche Häufigkeit der im Herbst in den Küstengebieten der Deutschen Bucht rastenden Scharen (nach Fog 1981)

**Abb. 6/2**
Pfeifente *(Anas penelope)* – Mittwinterbestände in Nordwesteuropa (aus Rüger et al. 1986)

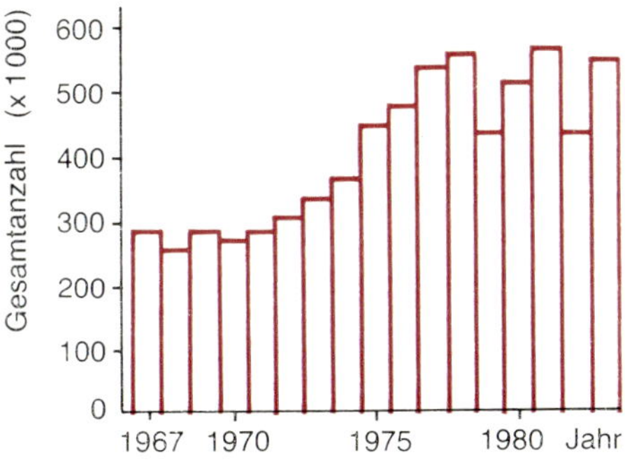


## Bestand, Bestandsveränderungen

Untersuchungen über den Brutbestand sind in Finnland schon zu Beginn der 40er Jahre dieses Jahrhunderts durchgeführt worden. Angaben für Finnland und die anderen skandinavischen Länder liegen auch aus den letzten Jahren vor (Ulfstrand und Hogstedt, 1976; Haapanen und Nilsson, 1979; Hyytiä et al., 1983). In Finnland hat sich ein drastischer Rückgang vollzogen. Merikallio (1958) schätzte den Bestand noch auf 40 000 Brutpaare (Zeitraum zwischen 1940 und 1950), Hyytiä et al. (1983) geben nur noch 12 300 bis 20 800 Brutpaare an. Die vorliegenden Angaben lassen für Skandinavien auf einen Brutbestand zwischen 80 000 und 100 000 Paare schließen.

In Großbritannien stieg der Bestand seit der 1834 erfolgten Ansiedlung in

Westschottland bis in die Mitte dieses Jahrhunderts hinein an. Seither ist er etwa gleichgeblieben und hat sich auf 350 bis 500 Brutpaare eingepegelt (Owen et al., 1986). – Für die Bolschesemelskaja Tundra gibt Mineev (1981) 77 000 Brutpaare für 1974 an.

Die skandinavisch-nordwesteuropäischen Pfeifenten ziehen im Herbst zur Überwinterung nach Westeuropa. Der überwiegende Teil sammelt sich im Wattenmeer der Nordküste und an der Atlantikküste. Sie überwintern an geeigneten Plätzen in großen Scharen (Abb. 6/1). Die Hälfte aller gezählten Tiere hielt sich an nur 100 Plätzen auf. Dadurch ist es möglich, den westeuropäischen Pfeifentenbestand relativ genau zu erfassen. Atkinson-Willes (1976) schätzte die Winterpopulation in Westeuropa auf 400 000 Vögel, Scott (1980) kam auf 500 000 und Rüger et al. (1986) nennen 750 000 Individuen. Der Schätzwert von 750 000 Überwinterern stimmt recht gut mit dem Schätzwert des Brutbestandes überein. Wenn man davon ausgeht, daß in Skandinavien etwa 100 000 Paare brüten, dann ist im Herbst mit 400 000 Individuen zu rechnen. Hinzu kommen die weiter östlich brütenden etwa 75 000 Paare, insgesamt also 700 000 Individuen.

In den letzten Jahren gewannen auch die Bestandserfassungen im Überwinterungsgebiet »Westliches Mittelmeer – Schwarzes Meer« an Zuverlässigkeit. Dort konzentrieren sich die Pfeifenten an noch weniger Plätzen als in Westeuropa (70 % der Winterpopulation überwintern an nur 20 Plätzen). Aus den Zählergebnissen schließen Rüger et al. (1986) unter Berücksichtigung der nicht erfaßten Gebiete auf einen durchschnittlichen Bestand von 600 000 Individuen. Diese Tiere stammen aus einem Brutgebiet, das sich östlich an die nordwesteuropäische Population anschließt.

Die Ergebnisse der Mittwinterzählung lassen darauf schließen, daß sich der Bestand der skandinavisch-nordwesteuropäischen Population seit der zweiten Hälfte der 70er Jahre leicht rückläufig entwickelt (Rüger et al., 1986) (Abb. 6/2). Die Bestandsentwicklung der nordosteuropäisch-westsibirischen Population läßt sich nicht einschätzen.

### Wanderungen, Überwinterung

(s. Karte 4)

Der Wegzug der skandinavisch-nordwesteuropäischen Pfeifenten setzt im September ein und erreicht Ende September/Anfang Oktober den Höhepunkt. Obwohl Mitteleuropa mit Südwestkurs angeflogen wird, verengt sich die Wanderung zu einem Schmalfrontzug längs der Küsten von Ost- und Nordsee. An der Ostseeküste der DDR (bei Hiddensee, Wismarbucht) treffen bereits im September Scharen von 3000 bis 6000 ein, die im Oktober zur Nordsee weiterziehen. (Lambert in Klafs und Stübs, 1977). Die Maximalanzahlen im Wattenmeer an der nordfriesischen Küste werden Anfang Oktober erreicht. Allein im Hauke-Haien-Koog rasten um diese Zeit 4000 bis 9000 Pfeifenten (Schmidt-Moser, 1986) und im Rantum Becken 8000 (Petersen, 1984). Das wichtigste Überwinterungsgebiet der skandinavisch-nordwesteuropäischen Brutpopulation befindet sich im Wattenmeer vor der niederländischen Küste. Dort stellen sich über 350 000 Individuen ein.

In kalten Wintern weicht ein Teil der in Westeuropa überwinternden Pfeifenten nach Südwesteuropa (Südfrankreich, Spanien) aus. Rüger et al. (1986) schlossen aus Trendberechnungen und Zählergebnissen, daß sich im Januar 1979 etwa 100 000 Pfeifenten, die üblicherweise in den Niederlanden überwintern, größtenteils in den Marismas des Guadalquivir und an anderen Plätzen in Spanien aufhielten. Ausweichbewegungen in diesem Ausmaß sind nicht ungewöhnlich. Dabei wird auch Nordafrika erreicht.

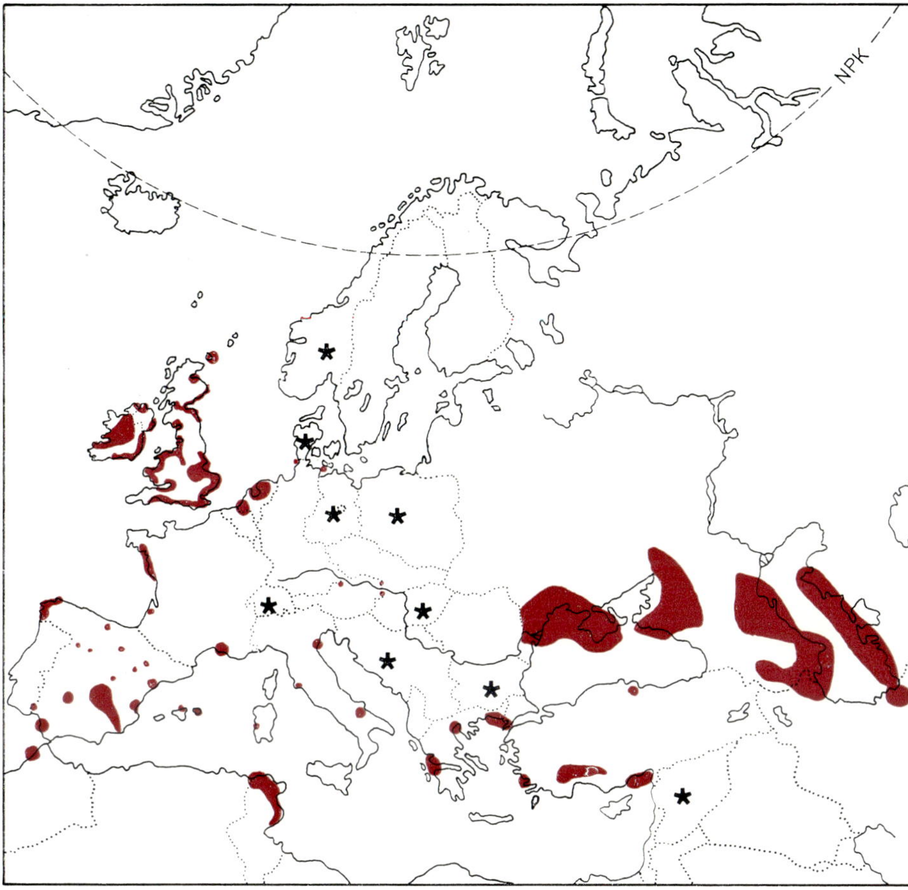


**Karte 4**
Überwinterungsgebiete der Pfeifente
*(Anas penelope)*

Ringfunde belegen, daß ein Teil der westskandinavischen Pfeifenten nach Westengland fliegt. Auf den Britischen Inseln treffen auch Angehörige der isländischen Brutpopulation ein. Diese verbleiben großenteils bereits in Schottland, ziehen aber auch bis nach Südengland und sogar bis zum europäischen Kontinent.

Im Vergleich zum küstennahen Zug durchqueren im Herbst nur wenige Pfeifenten das mitteleuropäische Binnenland. Der Zug ist jedoch überall spürbar, wo flache Gewässer mit schlammigen Uferpartien vorhanden sind. Die Mitteleuropa durchwandernden Tiere überwintern an geeigneten Plätzen am Mittelmeer. Regelmäßig wird die Camargue von 10 000 bis 30 000 Pfeifenten aufgesucht.

Das östliche Mittelmeer, Seen der zentralen Türkei, Küstenabschnitte des Schwarzen Meeres sind Überwinterungsgebiete der nordosteuropäisch-westsibirischen Pfeifenten. Ein drittes Überwinterungszentrum befindet sich im Südwesten des Kaspischen Meeres.

An der Atlantik- und Nordseeküste wird der beginnende Heimzug bereits

Ende Februar in einer zunehmenden Ostverlagerung der Aufenthaltsorte spürbar. An mitteleuropäischen Binnengewässern setzt der Durchzug Mitte März ein und kulminiert etwa gegen Monatsende. Im Frühjahr ist der Pfeifentendurchzug im Binnenland intensiver als im Herbst. Sie rasten vorzugsweise auf überschwemmten Grünlandflächen in den Niederungen großer Flüsse (Elbe, Havel, Oder). Im sich rasch erwärmenden Wasser auf den flachgründig überschwemmten Flächen setzt die Biomasseproduktion eher ein als an den kalten Küstengewässern, so daß die Ernährungsbedingungen günstiger sind als an jenen.

Pfeifenten führen einen Schleifenzug aus, der im Herbst längs der Ost- und Nordseeküste, im Frühjahr in Ostrichtung durch Mittel- und Osteuropa bis zur Moskwa und Kama führt. Erst dort wird die Nord- bzw. Nordostrichtung eingeschlagen. Das Wanderverhalten stimmt in auffälliger Weise mit dem der Bleßgans überein.

## Schnatterente

*Anas strepera* L.
Gadwall
Canard chipeau
Серая утка

Der deutsche Name Schnatterente hat sich erst in den letzten Jahrzehnten gegen die lange Zeit gleichermaßen übliche Bezeichnung »Mittelente« durchgesetzt. Das Wort Mittelente drückt aus, daß die Art in der Größe zwischen der Stockente und den kleinen Entenarten steht. Der Name Schnatterente deutet auf die Technik der Nahrungsaufnahme, die sich allerdings kaum von der anderer Gründelenten unterscheidet.

### Kennzeichen, Beschreibung

Nur wenig kleiner als die Stockente und ihr im Habitus ähnelnd, jedoch schlanker als jene. Das Männchen im Prachtkleid ist schlichter gefärbt als die Erpel der anderen europäischen Gründelenten und auch in der Musterung unauffälliger. Schnabel bleigrau, Füße gelborange. Kopfplatte dunkelbraun, Kopf ansonsten hellbraun mit rotbrauner Fleckung und streifenartiger Zeichnung. Vorderbrust, Vorderrücken, Schultern und Flanken dunkelgrau. Der Hinterteil des Körpers ist gegen die grauschwarzen Seiten dunkel abgesetzt (schwarzes Heck). Rükken mittelbraun mit hellerer Sprenkelung. Hinterbrust und Bauch weiß. Beim Schwimmen wird das Weiß der inneren Armschwingen (Flügelspiegel) gelegentlich als heller Fleck sichtbar. Im Flug ist der ausgedehnte weiße Spiegel ein gutes Erkennungszeichen.

Das Weibchen im Brutkleid ähnelt in der Färbung und Musterung einer weiblichen Stockente, ist jedoch graziler als diese. Kennzeichnend sind der kurze hell orangegelbe Schnabel und weißes Kinn und Kehle. Ansonsten – von der dunklen Kopfplatte abgesehen – Kopf, Hals und Brust hellbraun und dunkelbraune Flecken. Auf dem Rücken, an den Seiten und im Schwanzbereich mit dunkelbraunen, breit hellbraun gesäumten Federn, die der Oberseite eine grobe Hell-Dunkel-Musterung verleihen. Hinterbrust und Bauch weiß. – Das Ruhekleid des Weibchens ähnelt dem Brutkleid, aber die Aufhellungen an den Federrändern sind nicht so ausgeprägt, auch der Kehlbereich ist bräunlich. Beim Schwimmen erscheint der Flügelspiegel häufig wie beim Männchen als länglicher Fleck, besser sichtbar als beim Männchen. – Das Männchen im Schlichtkleid entspricht in der Kopf- und Halsfärbung dem Weibchen im Ruhekleid. Kinn und Kehle sind stärker gefleckt. Flügel wie beim Erpel im Prachtkleid. Am übrigen Körper ändern sich Farben und Musterung in Richtung auf das weibchenfarbene Kleid, doch im

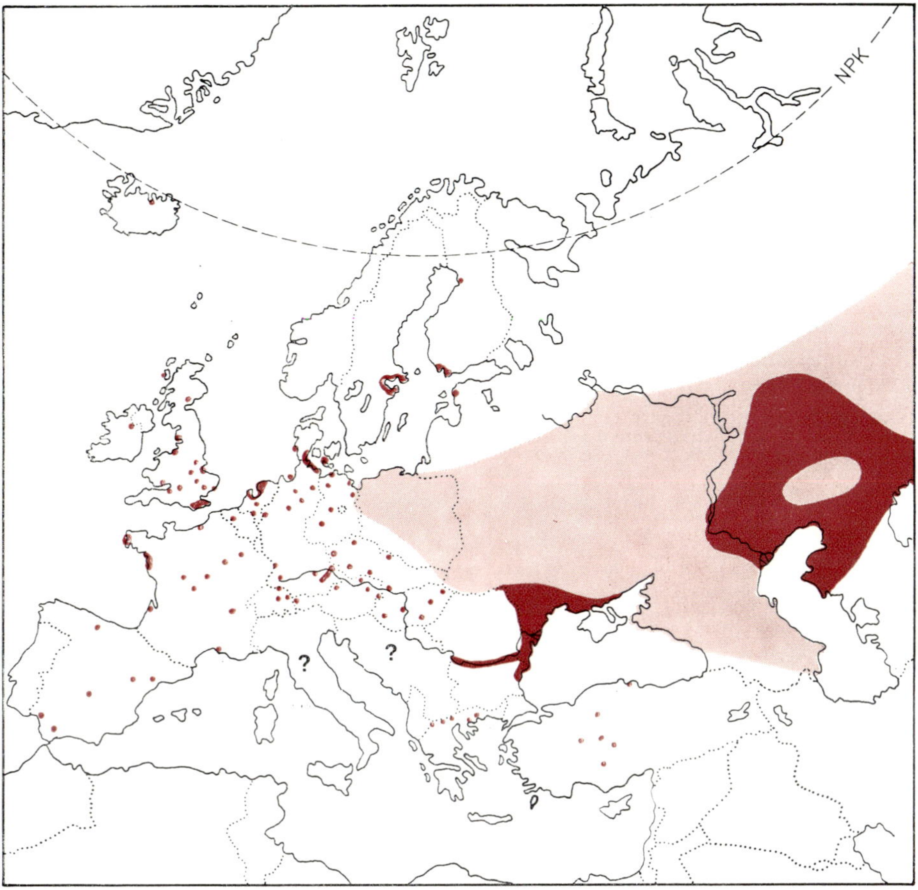


**Karte 5**
Brutverbreitung der Schnatterente
*(Anas strepera)*

Vorderrücken und Schulterbereich bleibt die Tönung schwarzbraun. Schnabel dunkelgrau mit gelben Rändern wie beim Weibchen. – Das Jugendkleid entspricht dem Ruhekleid des Weibchens, doch die Unterseite ist stärker gefleckt.

**Stimme:** Die Männchen lassen während der Balz einen wie »Rääd« klingenden Laut hören, der dem »Räb« der Stockerpel ähnelt. Auch der »Grunzpfiff« entspricht weitgehend dem der Stockerpel, ist jedoch weniger hell als dieser. Der »räb«-Rufreihe des Stockentenweibchens entspricht eine wie »rääk-rääk-räk« klingende Decrescendo-Reihe.

## Brutverbreitung

Lückenhaft holarktisch verbreitet. In der Westpalaearktis im gemäßigten Klimabereich. Das Brutgebiet reicht von Island im Westen und weiten Teilen Großbritanniens nach Südskandinavien und Mitteleuropa. Weiter östlich bildet Masuren (Polen) etwa die Nordgrenze der Verbreitung, die dann auf der Linie Smolensk–Moskau ostwärts zum mittleren Ural verläuft. In Südsibirien und Zentralasien gehören die Steppenzone und die Wüstenzonen zum Verbreitungsgebiet. Die Südgrenze der Verbreitung verläuft nördlich des Mittelmeeres, folgt der Nordküste des Schwarzen Meeres und reicht, das Kaukasus-Vorland einschließend, zum Kaspischen Meer. Europa ist lückenhaft besiedelt, was vor allem mit den speziellen Ansprüchen an die Brutplätze zusammenhängt. Die wenigen Brutvorkommen sind gut bekannt, was auch für die Britischen Inseln zutrifft. In den Niederlanden brütet die Art nur an wenigen Plätzen in Friesland. Isolierte Brutplätze gibt es in Frankreich und Spanien, die jedoch nicht regelmäßig besetzt sind. Die Brutvorkommen im Norden Europas beschränken sich auf das mittlere Dänemark, Südschweden und Südfinnland. In der BRD kommt die Schnatterente regelmäßig an Seen der schleswig-holsteinischen Seenplatte vor. Weiter südlich brütet sie nur an wenigen Plätzen (Dümmer, Niedersachsen, Ismaninger Teichgebiet). Das schleswig-holsteinische Brutvorkommen setzt sich nach Osten in der mecklenburgischen Seenplatte (DDR), den Seen des nordwestlichen Polens und den masurischen Seen fort und erstreckt sich dann weiter nach Osten (Gewässer im zentralen Teil der UdSSR). In den mittleren und südlichen Teilen der DDR kommt die Art nur sporadisch vor. Das trifft auch für die ČSSR, Österreich und Ungarn zu. In der ČSSR sind Teichgebiete im südlichen und nördlichen Böhmen und in Mähren (Teiche an der Dyja und Morava) bewohnt. In der Slowakei brütet sie nur vereinzelt (Karte 5).

## Lebensraum

Brütet an flachen Seen und Teichen mit gut entwickelter Unterwasservegetation, auch in Flachwasserzonen größerer Seen und an brackigen Binnengewässern (Steppenzone). Bevorzugt offene, waldarme Uferpartien, fehlt im Bergland. In Mecklenburg (DDR) entfallen 44 % der Brutplätze auf mesotrophe Gewässer und nur 17 % auf die großen eutrophen Flachseen. Die Vorliebe für das Brüten in Möwenkolonien ist unverkennbar (Zimmermann in Klafs und Stübs, 1977). In der ČSSR werden größere Teiche mit reicher Vegetation, Altarme von Flüssen und größere Wasserflächen in Überschwemmungsgebieten bevorzugt (Balat und Folk, 1968). Nach Helbig (1966) wählt sie in der Teichlandschaft der Oberlausitz (DDR) große, eutrophe, flache und vegetationsreiche Gewässer, die durch Buchten strukturiert sind. Submerser Pflanzenwuchs bildet eine wichtige Ernährungsgrundlage. Diese Ansprüche sind nur an wenigen Gewässern erfüllt, was die sporadische Verbreitung und Seltenheit der Art erklärt.

## Nahrung, Nahrungserwerb

Die Schnatterente ernährt sich vorzugsweise gründelnd von Sproßteilen und Blättern der Wasserpflanzen und nimmt auch deren Samen auf. Mit den Pflanzen werden die anhaftenden Insektenlarven und Mollusken aufgenommen. Sie erbeutet jedoch auch Imagines von Wasserinsekten (Käfer, Wasserwanzen). Auf der Wasseroberfläche schwimmende Nahrung (Lemna, Algen, Wassermilben, Wasserläufer) werden schnatternd aufgenommen.

## Brutbiologie

**Paarbildung:** Die Balz beginnt bereits im Spätsommer, und die Mehrzahl der Tiere verpaart sich bereits im Herbst.

**Neststandort, Nest:** Nest unmittelbar am Wasser, gelegentlich etwas weiter entfernt. Bevorzugt in dichter krautiger Vegetation (Brennesselgebüsch), auch in Weiden- oder Erlengebüsch oder in hohen Grasbeständen, jedoch immer an trockenen Stellen. Am Krakower Obersee (DDR) kolonieartig gehäuft, nicht

**Tabelle 6/1**
Brutbestand der Schnatterente in Europa und im europäischen Teil der UdSSR

| Land/Gebiet | Anzahl/Brutpaare | Jahr/Zeitraum | Autor |
|---|---|---|---|
| Island | 200...300 | 1975 | CRAMP u. SIMMONS, 1977 |
| Großbritannien | 500 | 1980/82 | OWEN et al., 1986 |
| Irland | 5 | 1968/72 | SHARROCK, 1976 |
| Norwegen | 5...10 | 1965/80 | THIEDE, 1986 |
| Schweden | 30...75 | 1967 | CURRY-LINDAHL et al., 1970 |
| Finnland | 116 | 1974/79 | HYYTIÄ et al., 1983 |
| Belgien | 47 | 1980 | THIEDE, 1984 |
| Niederlande | 550...800 | 1977 | TEIXEIRA, 1979 |
| Dänemark | 20...40 | 1975/80 | MØLLER, 1983 |
| BRD | 700...1 000 | 1980 | RHEINWALD, 1982 |
| DDR | 700 | 1975/83 | |
| Frankreich | 400...800 | 1970/75 | MAHÉO, 1981 |
| Spanien | 300 | 1977 | |
| Schweiz | 15 | | SCHIFFERLI et al., 1980 |
| ČSSR | 1 620 | 1971/79 | FIALA, 1982 a |
| Griechenland | 100...200 | 1970/75 | CRAMP u. SIMMONS, 1977 |
| UdSSR | 163 000 | 1960/68 | ISAKOV, 1970 a, b |
| *Lettische SSR* | 200 | 1975/80 | KUMARI, 1981 |
| *Ostsee* | 1 000 | 1965/68 | ISAKOV, 1970 b |
| *Polessje* | 9 000 | 1965/68 | ISAKOV, 1970 b |
| *Oka* | 3 500 | 1965/68 | ISAKOV, 1970 b |
| *Wolga/Kama* | 10 000 | 1965/68 | ISAKOV, 1970 b |
| *Dnestr/Dnepr* | 32 000 | 1965/68 | ISAKOV, 1970 b |
| *Don/Kuban* | 4 500 | 1965/68 | ISAKOV, 1970 b |
| *Untere Wolga* | 12 000 | 1965/68 | ISAKOV, 1970 b |
| *Kaspisches Meer* | 17 000 | 1965/68 | ISAKOV, 1970 b |
| *Kura-Arak-Niederung* | 500 | 1965/68 | ISAKOV, 1970 b |

selten auch als Miteinwohner in Möwenkolonien. Die Schnatterente ist intra- und interspezifisch recht verträglich, so daß die Nester der eigenen Art bis zu einem Meter entfernt voneinander stehen können und auch andere Arten (Stockente, Kolbenente) in der Nähe geduldet werden. Im Unterschied zu Tafel- und Reiherente meidet die Schnatterente die unmittelbare Nachbarschaft der Lachmöwe (BALAT und FOLK, 1968).

Nest immer auf trockener Unterlage. Inseln werden bevorzugt. Die Entfernung vom Wasser beträgt wenige bis 6 m, ausnahmsweise bis 25 m.

Rings um die flache Bodenmulde werden Pflanzenstengel, die aus der unmittelbaren Umgebung stammen, wallartig aufgehäuft. Im Verlaufe der Eiablage erfolgt die Auskleidung mit Nistdunen, die den Bau als Dunenkranz oben abschließen.

**Eier, Gelege:** Von der Form her denen der Stockente ähnlich, jedoch durch die rahmgelbe Färbung gut unterscheidbar. Durchschnittlich 55×39 mm groß (maximale Länge 59,9, minimale Länge 47,5 mm), Masse 40 bis 48 g, nach MAKATSCH (1974) 42 g. – Zum Vollgelege gehören 8 bis 12 Eier. Nachgelege mit geringerer Anzahl. Beginn der Eiablage in Mitteleuropa ab Ende April oder in den ersten Maitagen.

**Bebrütung, Jungenaufzucht:** 21 Tage; die Jungen erreichen die Flugfähigkeit nach 7 Wochen.

## Bestand, Bestandsveränderungen

Die Schnatterente besiedelt West- und Mitteleuropa lückenhaft, kommt aber lokal in größerer Anzahl vor. Die Untersuchungen, die in den letzten Jahren durchgeführt wurden, erlauben eine relativ gute Einschätzung (Tab. 6/1).

Die Art ist nirgends häufig, vielfach ausgesprochen selten. Ein anderes Bild vermitteln die aus der UdSSR vorliegenden Angaben. ISAKOV (1970a) schätzt den Brutbestand im europäischen Teil der UdSSR auf 163 000 Brutpaare, obwohl in vielen Gebieten höhere Siedlungsdichten erreicht werden als in Mittel- und Westeuropa.

Die räumliche Verteilung des Winterbestandes und die Zählergebnisse erlauben den Vergleich mit den Ergebnissen der Brutbestandserfassungen. Die mittel- und westeuropäischen Schnatterenten ziehen nach Südwesteuropa. Im wichtigsten Überwinterungsgebiet, der Camargue, wurden bis zu 15 000 nachgewiesen. An anderen Plätzen in Südwesteuropa überwintern nur Hunderte, oft weniger. Mit bis zu 2900 Tieren ist der Winterbestand in den Niederlanden auffallend hoch, nur von Spanien (9200) übertroffen. Insgesamt werden in West- und Südwesteuropa etwa 10 000 bis 12 000 Überwinterer nachgewiesen, womit der Brutbestand fast völlig erfaßt sein dürfte.

Der Vergleich des osteuropäischen Brutbestandes mit dem Winterbestand ist schwieriger, weil ein Teil nach Afrika bis ins Nildelta und sogar nach Ostafrika zieht und die Erfassungen nicht so vollständig sind wie in Westeuropa. Das Hauptkontingent der osteuropäischen Schnatterenten überwintert im Schwarzmeer-Gebiet und weiter südlich. SCOTT (1980) schätzte die im Gebiet des Schwarzen Meeres und des Mittelmeeres überwinternden Schnatterenten auf 50 000. Die von RÜGER et al. (1986) vorgenommene Auswertung der Winterzählungen läßt auf einen Bestand von 75 000 Tieren schließen, wobei die für den berücksichtigten Teil der UdSSR angegebenen 18 000 Tiere mit Sicherheit zu wenig sind.

Die Diskrepanz zwischen den Brutbestandsangaben aus der UdSSR und dem erfaßten Winterbestand ist erheblich. Das kann an der Unvollständigkeit der

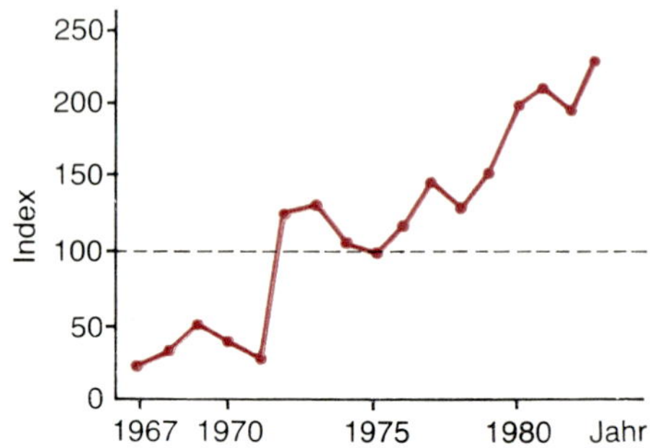


**Abb. 6/3**
Schnatterente *(Anas strepera)* – Trendanalyse in ausgewählten europäischen Ländern (Österreich, Belgien, Frankreich, Süden der BRD, Großbritannien, Niederlande und Schweiz) (Anzahl Zählgebiete: min. 673, max. 943) (aus RÜGER et al. 1986)
Die Bestandstrends wurden durch den Vergleich der Zähldaten von Gewässern, die jeweils in zwei aufeinander folgenden Jahren gezählt worden waren, ermittelt. Das bewirkt Unterschiede in der Anzahl jährlich berücksichtigter Zählgebiete. Zur Orientierung wurden in die Legenden die kleinste und größte Anzahl (gepaarter) Zählgebiete aufgenommen. Als Bezugsjahr wurde 1975 ausgewählt, weil es in der Mitte der ausgewerteten Periode (1967–1983) liegt. (Weitere Erläuterungen zur Methodik bei RÜGER et al. 1986).

Winterzählungen und auch daran liegen, daß weitaus mehr Schnatterenten in Ostafrika überwintern als gegenwärtig bekannt ist. Überhöhte Brutbestandsangaben lassen sich ebenfalls nicht ausschließen.

Die Bestandsentwicklung in Mittel- und Westeuropa verlief in den letzten Jahrzehnten unterschiedlich. Nach BAUER und GLUTZ v. BLOTZHEIM (1968) nahm der Bestand in Holstein zu, wohingegen die Art in anderen Teilen Nordwest- und Norddeutschlands ihre Brutplätze räumte. In Frankreich ist der Bestand von weniger als 100 Paaren (YEATMAN, 1976) über 300 bis 500 Brutpaare (CRAMP und SIMMONS, 1977) auf 400 bis 800 Brutpaare Ende der 70er Jahre gestiegen (MAHÉO, 1981).

Insgesamt überwiegt die Bestandszunahme und hält noch immer an (Abb. 6/3). Die Ergebnisse der Winterzählungen und Beobachtungen an Durchzugsplätzen deuten in die gleiche Richtung. Eindeutig ist der Bestandsanstieg in Großbritannien (Abb. 6/4). Ein beträchtlicher Teil der dort überwinternden Schnatterenten stammt vom Kontinent. Auf Zunahme lassen auch die Überwinterungsanzahlen

**Abb. 6/4**
Schnatterente *(Anas strepera)* – Trendanalyse des Mittwinterbestandes in Großbritannien (aus OWEN et al. 1986). Ende der 60er Jahre wurden künstlich erbrütete Schnatterenten freigelassen. Ab 1965 erfolgten Habitatverbesserungen (Überflutungen)

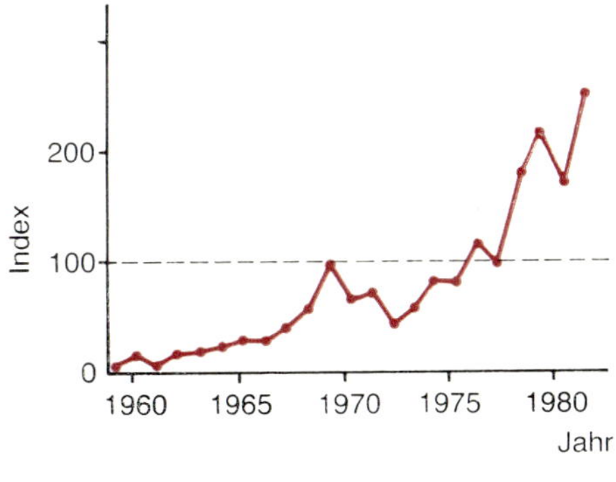


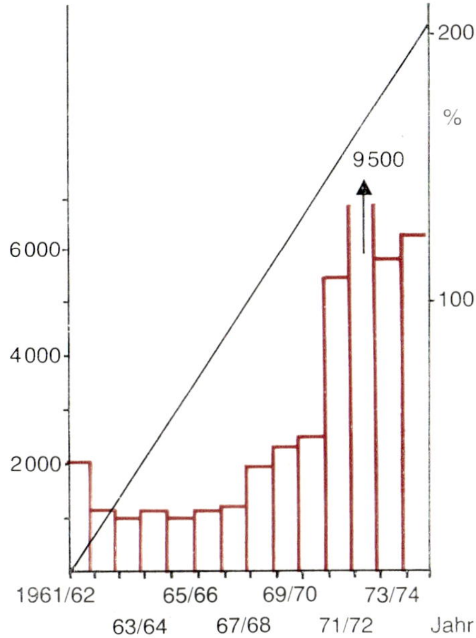


**Abb. 6/5**
Schnatterente *(Anas strepera)* – Winterbestände auf dem Bodensee (Schweiz) (aus SCHUSTER 1976) (r = –y = 15,7 + 0,78x)

am nördlichen Alpenrand schließen (SCHUSTER, 1976; Abb. 6/5).

Eine der Ursachen für die Zunahme dürften die günstigen Überwinterungsbedingungen sein. Die Schnatterente profitiert beispielsweise am Mittelmeer (Camargue) von der Zunahme submerser Vegetation in Flachwasserzonen, die wiederum Folge unbeabsichtigten Nährstoffeintrages ist.

Ursache für die lückenhafte Verbreitung sind die stark spezialisierten Habitatansprüche. BAUER und GLUTZ v. BLOTZHEIM (1968) rechnen die Schnatterente zu den Arten, »deren Bestand starken Schwankungen unterworfen ist«. Sie soll als Folge fortschreitender Austrocknung der südosteuropäischen und zentralasiatischen Steppenseen ab und zu »invasionsartige Ausbreitungsbewegungen« durchführen. Invasionen und Ausbreitungswel-

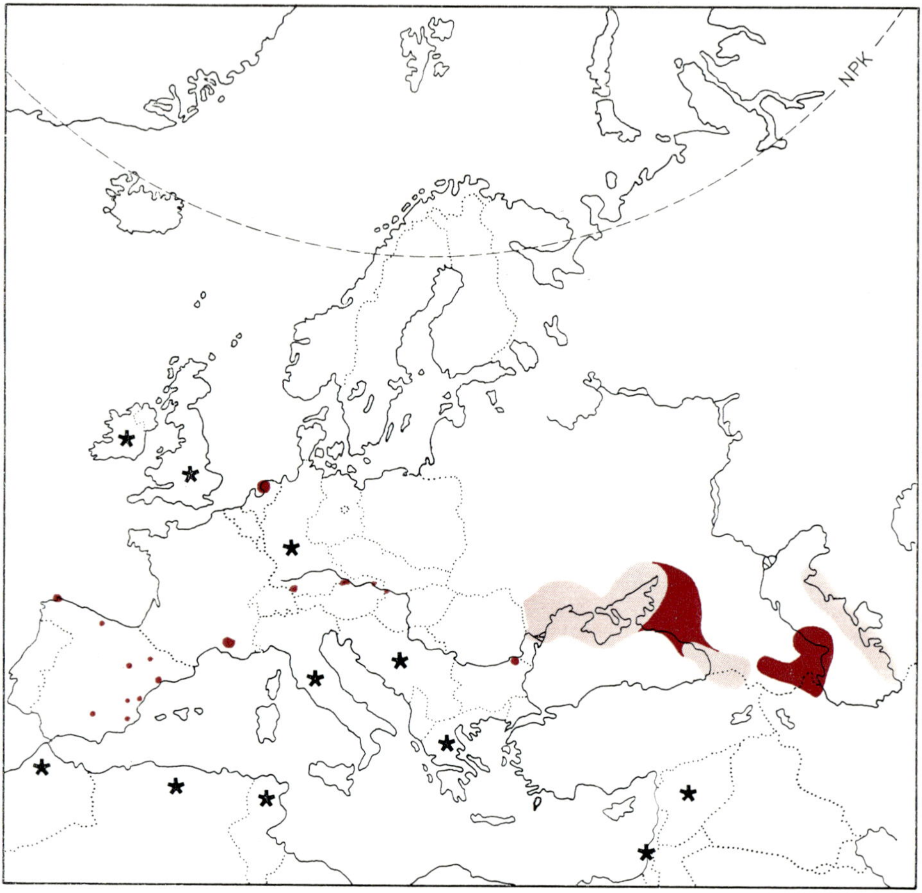


**Karte 6**
Überwinterungsgebiete der Schnatterente *(Anas strepera)*

len sollen auch die schleswig-holsteinischen Vorkommen verstärkt und die Ansiedlung im Ismaninger Teichgebiet (BRD) bewirkt haben. Bewiesen sind Invasionen oder Ausbreitungswellen nicht. Viel eher ist daran zu denken, daß die ökologischen Veränderungen, die sich seit Jahrzehnten an mitteleuropäischen Gewässern vollziehen, Bedingungen für die Ansiedlung schaffen, aber die Art auch verschwinden lassen.

## Wanderungen, Überwinterung

(s. Karte 6)

Die in Nord-, Ost- und Mitteleuropa beheimateten Schnatterenten verlassen spätestens im September die Brutgebiete. Ein Teil überwintert bereits im Mittelmeergebiet (Spanien bis Griechenland), ein anderer zieht jedoch auch bis nach Zentralasien. Die am Senegal und am Niger erscheinenden stammen aus West- und Nordeuropa, teilweise auch aus Mitteleuropa. In Mitteleuropa beringte Schnatterenten wurden jedoch auch in Äthiopien nachgewiesen. Dorthin können sie nur nach Wanderung über den Balkan, also auf Südostkurs, gelangt sein.

Überwinterungsgebiete befinden sich auch in der Türkei und am südwestlichen Kaspischen Meer.

In Südeuropa brütende Schnatterenten scheinen überwiegend Standvögel zu sein, denn für Brutvögel aus der Camargue wurde nachgewiesen, daß sie an verschiedenen Stellen im Mittelmeerraum überwintern (Bauer und Glutz v. Blotzheim, 1968).

Sowohl Herbst- als auch Frühjahrszug verlaufen als Breitfrontzug, denn durchziehende Trupps werden im gesamten mitteleuropäischen Binnenland beobachtet. Im November sind Schnatterentenbeobachtungen bereits selten. Der Heimzug setzt frühestens Ende Februar ein, wird jedoch erst ab Mitte März stärker bemerkbar und hält bis weit in den April hinein an. An den Brutplätzen in Mitteleuropa treffen die ersten ab Mitte April ein.

## Krickente

*Anas crecca* L.
Teal
Sarcelle d'hiver
Чирок-свистунок

### Kennzeichen, Beschreibung

Durch die Vielfalt der Farben und Muster und die geringe Größe ist das Männchen im Prachtkleid im Gelände unverkennbar. Der kastanienbraune Kopf kontrastiert lebhaft zum hellgrauen fein gebänderten Körpergefieder, zumal die Kopffärbung durch ein breites grünes metallisch schillerndes Seitenband, das rahmfarben begrenzt ist, belebt wird. Vom ebenfalls kastanienbraunen Vorderhals ist auch die gelbliche, dunkelbraun gesprenkelte Vorderbrust scharf abgesetzt. Die hellgraue Rückenfärbung wird durch ein weißes Längsband unterbrochen, zu dem ein schwarzes parallel läuft. Die Längsbänder trennen die etwas dunklere Rückenfärbung von den fein grauweiß gestreiften Körperseiten. Die Schwanzfedern und Konturfedern im Schwanzbereich sind überwiegend schwarz gefärbt, schließen aber beidseitig im schwarzen »Heck« einen dreieckigen gelben Fleck ein, der als wichtiges Arterkennungsmerkmal bei der Bestimmung im Gelände dient. Schnabel grauschwarz, Füße graugrün bis schwärzlich. – Die Männchen legen das Prachtkleid im Herbst an und tragen es bis in die Brutzeit hinein. Die Mauser ins Schlichtkleid, das im wesentlichen mit dem Ruhekleid des Weibchens übereinstimmt, beginnt bereits im Mai. – Schlichtkleid des Männchens im Brustbereich weniger gefleckt als das des Weibchens im Ruhekleid, an der Bauchseite fehlt die Fleckung. – Dominierender Farbton im Gefieder des weiblichen Brutkleides ist ein Braunschwarz, das auf dem Rücken und im Schulterbereich besonders dunkel, an den Flanken heller (graubraun) wirkt. Gefieder der Körperoberseite grob schuppenartig gemustert, nur Kopf, Hals, Nacken und Brust weichen davon ab. Am Kopf trennen ein heller über dem Auge verlaufender und ein deutlich erkennbar durch das Auge verlaufender Längsstreifen den dunklen Oberkopf von den helleren Wangen und der noch helleren weißlichen bis gelbbraunen Kehle. Beim Schwimmen ist im hinteren Körperbereich der grüne Flügelspiegel gewöhnlich besser sichtbar als beim Männchen, was als Unterscheidungsmerkmal von der ähnlich gefärbten Knäkente dienen kann.

Ruhekleid des Weibchens mit stärkerem Grauanteil, insgesamt braunerem Gefieder, gröberer Fleckung der Oberseite und schwächerer Unterseitenfleckung. Das Jugendkleid entspricht weitgehend dem Ruhekleid des weiblichen Altvogels.

**Stimme:** Stimmäußerung des Männchens läßt sich mit »krick«, »krilik«, »krlik« u. ä.

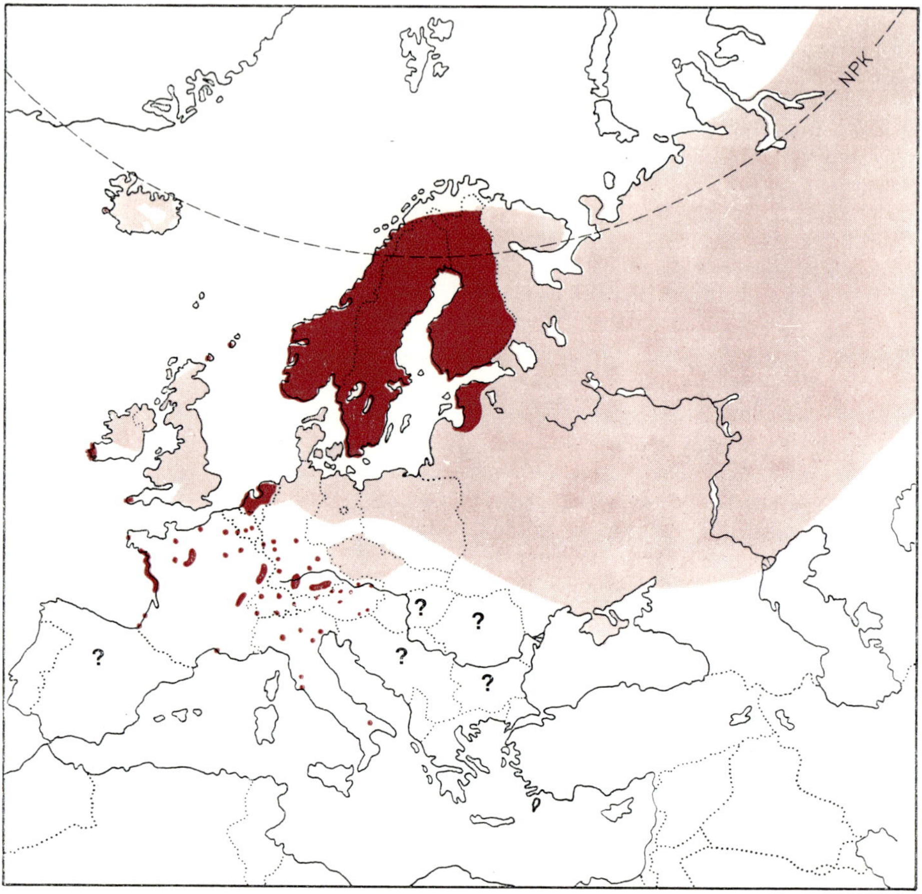


**Karte 7**
Brutverbreitung der Krickente
*(Anas crecca)*

beschreiben und ist häufig zu hören, selbst im Flug. Die Stimmäußerungen des Weibchens lassen sich weniger gut wiedergeben. Sie klingen wie »pruu«, »kee«, »quäe« u. ä.

## Brutverbreitung

Das Verbreitungsgebiet reicht durch den gesamten nördlichen und mittleren Teil der Palaearktis, also von Island bis an die sibirische Küste des Pazifiks. Europa wird fast vollständig von ihr bewohnt, der südliche Teil ausgenommen. Die großen Gebirgszüge im Süden des Kontinents (Pyrenäen, Alpen, Karpaten) bilden etwa die Grenze des geschlossenen Verbreitungsgebietes. Sporadische Vorkommen gibt es auch weiter südlich.

Innerhalb des geschlossenen Verbreitungsareals brütet die Art unregelmäßig, abhängig vom Vorhandensein des erforderlichen Habitats. An den Gewässern in den großen Waldgebieten im nördlichen und östlichen Europa ist dieses weitaus häufiger vorhanden als im mittleren und südlichen Europa. Dementsprechend ist die Art in Belgien, den Niederlanden und in Frankreich nur spärlicher bis seltener Brutvogel. In der BRD und der DDR kommt sie häufiger vor, in den nördlichen Teilen regelmäßiger als im Süden (Karte 7).

## Lebensraum

Brütet an flachen, eutrophen Gewässern mit gut entwickelter Ufervegetation, jedoch auch an abgelegenen oligo- bis dystrophen Waldseen (wenn diese von schmalen Schilfgürteln umgeben sind), in Überschwemmungsgebieten der Flußtäler, auf Inseln in Teichgebieten, auch auf den Schäreninseln an der schwedischen und finnischen Ostseeküste. Außerhalb der Brutzeit an kleineren oder größeren Gewässern verschiedenster Art, insbesondere an solchen mit flachen, schlickigen Uferzonen. Häufig auch an Klärteichen, in der Schlickzone abgelassener Fischteiche, an der Meeresküste in Lagunen, seichten Buchten und im Wattenmeer.

## Nahrung, Nahrungserwerb

Wie die Stockente ist sie in ihrer Nahrung wenig wählerisch, jedoch stärker als jene auf das Nahrungsangebot der Schlick- und Uferzone angewiesen. Dementsprechend kann zeitweilig sowohl die vegetabilische wie die tierische Komponente dominieren. Feste Regeln für die Ernährungsgewohnheiten lassen sich nicht aufstellen. Beim Durchschnattern von Schlick werden sowohl die vorhandenen Insektenlarven und Kleinstschnecken als auch im Ufersaum angespülte Samen von Wasserpflanzen aufgenommen. Eine Auswahl findet nicht statt.

In Mitteleuropa fliegen Krickenten im Spätsommer gemeinsam mit Stockenten auf abgeerntete Stoppelfelder und fressen die Getreidekörner.

Das Schrifttum über die in Krickentenmägen nachgewiesenen Nahrungskomponenten wurde von Bauer und Glutz v. Blotzheim (1968) zusammengestellt. Die regionalen und jahreszeitlichen Unterschiede sind beträchtlich. Insgesamt werden Samen der verschiedensten Wasserpflanzen und Evertebraten anderer Nahrung vorgezogen.

## Brutbiologie

**Nistplatzwahl:** In Mitteleuropa treffen Krickenten verpaart im Brutgebiet ein. Welcher Partner über die Wahl des Brutplatzes entscheidet, ist nicht bekannt.

**Neststandort:** Gut gedeckt in dichter Vegetation in Ufernähe (Brennesselgebüsch, Seggenbülten, Buschwerk), jedoch auch in einiger Entfernung vom Wasser in Heidekrautgebüsch und anderer Waldvegetation. In Überschwemmungsgebieten auf inselartigen Erhebungen. Nestbau nur durch das Weibchen.

**Eier, Gelege:** Breitoval und gelblichbraun mit Grünanteil. Größe etwa 45×33 mm (maximale Länge 50,1 mm, minimale Länge 41,0 mm), Masse durchschnittlich 26 g. – Durchschnittlich 8 bis 10 Eier (Minima 5, Maxima 12). Eiablage in Westeuropa ab Ende März, in Mitteleuropa ab Mitte April und später, in Südfinnland ab Mitte Mai. Nach- und Spätgelege auch in Mitteleuropa gelegentlich bis in den Juni hinein.

**Bebrütung, Jungenaufzucht:** Bebrütung 21 bis 22 Tage. Nach etwa 6 Wochen sind die Jungen flügge und trennen sich dann sofort von der Mutter und voneinander.

## Bestand, Bestandsveränderungen

In den letzten Jahren ist es in Teilen West-, Mittel- und Nordeuropas gelungen, zu relativ genauen Vorstellungen über die Größe des Brutbestandes zu gelangen (Tab. 6/2). Siedlungsdichteuntersuchungen in Schweden, Finnland und Norwegen erlaubten es, Rückschlüsse auf den Gesamtbrutbestand in diesen Ländern zu ziehen. Unter Berücksichtigung der Arbeiten von Ulfstrand und

**Tabelle 6/2**
Brutbestand der Krickente in Europa und im europäischen Teil der Sowjetunion

| Land/Gebiet | Anzahl/Brutpaare | Jahr/Zeitraum | Autor |
|---|---|---|---|
| Großbritannien | 4 500 | 1968/72 | Sharrock, 1976 |
| Irland | 1 500 | 1968/72 | Sharrock, 1976 |
| Norwegen (Norden) | 2 000 | | Haapanen u. Nilsson, 1979 |
| Schweden | 250 000 | | Ulfstrand u. Hogstedt, 1976 |
| Finnland | 46 000 | 1974/79 | Hyytiä et al., 1983 |
| Belgien | 400 | | Lippens u. Wille, 1972 |
| Niederlande | 3 500 | 1975 | Teixeira, 1979 |
| Dänemark | 300 | 1975/80 | Møller, 1983 |
| BRD*) | 1 500 | 1980 | Rheinwald, 1982 |
| DDR | 1 000 | 1970/75 | Rutschke u. Reymann, 1977 |
| Frankreich | 1 000 | 1970/75 | Mahéo, 1981 |
| Schweiz | 7 | 1970 | Schifferli et al., 1980 |
| ČSSR | 900 | 1971/79 | Fiala, 1982 a |
| UdSSR | | | |
| *Estnische SSR* | 2 000 | | Kumari, 1970 |
| *Lettische SSR* | 5 000 | 1975/80 | Kumari, 1981 |
| *Bolschesemelskaja Tundra* | 16 700 | 1973 | Mineev, 1981 |

*) ohne Niedersachsen

Hogstedt (1976), Merikallio (1958), Haapanen und Nilsson (1979) kam Hepburn (1984) auf einen Gesamtbestand von 360 000 bis 400 000 Brutpaare in Nordwesteuropa. In Anbetracht der hohen Siedlungsdichte in diesem Gebiet erscheint die Zahlenangabe, die aus der Bolschesemelskaja Tundra vorliegt, zu gering. Mineev (1981) nennt 16 700 Brutpaare. Im Vergleich zu den aus Skandinavien vorliegenden Werten sind die Brutbestände in Mittel- und Westeuropa gering. Selbst auf den Britischen Inseln und in Irland brüten nur 3500 bis 6000 Paare. – Im Winter konzentrieren sich die in Europa brütenden Krickenten im Westen, Südwesten, Süden und Südosten des Kontinents. Diese Gebiete werden bei den Mittwinterzählungen der Wasservögel relativ gut erfaßt, so daß die Ergebnisse Rückschlüsse auf die Größe des Brutbestandes zulassen. Atkinson-Willes (1976), der die Zahlen erstmals auswertete, unterschied mehrere Winterpopulationen. Die aus Skandinavien und dem Nordwesten der UdSSR stammenden bilden zusammen mit den in Westeuropa ansässigen die nordwesteuropäische Population. Wichtige Überwinterungsplätze in Mitteleuropa befinden sich in Süddeutschland (Oberrhein, Bodensee, Südbayern). Die in Nordosteuropa und in den zentralen Teilen der UdSSR brütenden Krickenten ziehen zur Überwinterung in ein Gebiet, das vom östlichen Mittelmeer über das Schwarze Meer bis zum Kaspischen Meer reicht (einschließlich Gewässer der Türkei).
Die Gliederung in Winterpopulationen ist weitgehend willkürlich. Krickenten überwintern in Südost-, Süd- und Südwesteuropa an vielen geeigneten Plätzen. Es gibt keine Grenze zwischen »Populationen«. Hinzu kommt, daß Krickenten empfindlich auf Witterungsbedingungen reagieren und bei Eintritt strenger Fröste, nach dem Zufrieren der flachgründigen Rastgewässer im nördlichen

Teil des Nordsee-Überwinterungsgebietes, nach Süden und Westen ausweichen. Die witterungsabhängigen Bestandsveränderungen erschweren die Beurteilung der Bestandsgröße.
ATKINSON-WILLES (1976) schätzte die nordwesteuropäische Population auf 150 000, SCOTT (1980) kam auf 200 000 und RÜGER et al. (1986) geben 300 000 an. Diese unterschiedlichen Zahlen beruhen z. T. auf zunehmend besseren Kenntnissen, sind jedoch auch Ausdruck eines Bestandszuwachses (Abb. 6/6). Die Zunahme ist erst in den 80er Jahren deutlich hervorgetreten, die Ursachen sind nicht bekannt. In Großbritannien könnte die Einrichtung von Schutzgebieten, in denen bis zu 75 % aller dort gezählten Krickenten gefunden wurden (OWEN et al., 1986), dazu beigetragen haben. In den Schutzgebieten werden die Krickenten nicht bejagt. RÜGER et al. (1986) gelangten nach Auswertung der Zählungen im Südosten Europas und im Süden der UdSSR (allerdings nur gelegentlich und unvollständig erfaßt) zu der Auffassung, daß in diesem Gebiet etwa 1 Mio Krickenten überwintern. Die Ergebnisse lassen den Schluß zu, daß sich der Bestand auch in dieser Region positiv entwickelt, obwohl es beträcht-

**Abb. 6/6**
Krickente *(Anas crecca)* – Trendanalyse des Mittwinterbestandes in Nordwesteuropa (Erläuterungen s. Abb. 6/3, Anzahl Zählgebiete: min. 1234, max. 2044) (aus RÜGER et al. 1986)

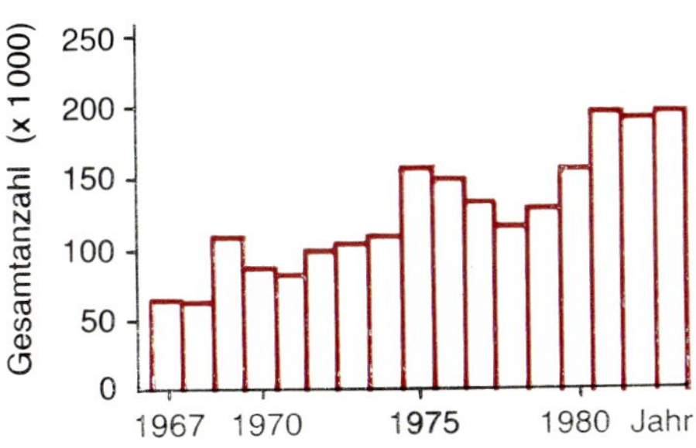


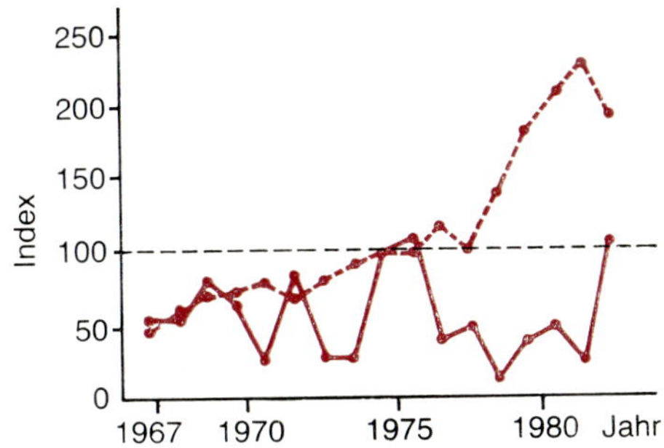


**Abb. 6/7**
Krickente *(Anas crecca)* – Trendanalyse des Mittwinterbestandes in zwei Regionen Nordwesteuropas
------ Belgien, Niederlande, Norden der BRD, Dänemark
——— Großbritannien, Irland, Nord- und Westfrankreich, Nordspanien
(aus RÜGER et al. 1986) (Erläuterungen s. Abb. 6/3)

liche jährliche Fluktuationen gibt, die unregelmäßig auftreten, nicht immer mit der Witterung korreliert und deshalb kausal nicht erklärbar sind.
Wenn man von den 1,9 Mio Krickenten ausgeht, die jährlich erlegt werden (HEPBURN, 1984), dann ist mit einem Brutbestand von mindestens 3 bis 4 Mio Tieren in Europa zu rechnen.

Dem Rückgang der Art in Mitteleuropa durch Habitatverluste und Habitatverschlechterung steht eine Zunahme in Nordwest- und Nordosteuropa gegenüber. In den Gebieten mit positiver Bestandsentwicklung ist eher an eine Verbesserung der Habitatqualität zu denken als an Habitatgewinn (Abb. 6/7). Die zunehmende Eutrophierung südschwedischer Seen bewirkt eine Zunahme der aquatischen Evertebratenfauna.

Aus dem vorigen Jahrhundert und der ersten Hälfte dieses Jahrhunderts liegen keine Angaben vor, die sich für die Beurteilung der Bestandsentwicklung verwenden lassen. Die Hinweise bei BECHSTEIN (1791/95) und NAUMANN/HENNICKE

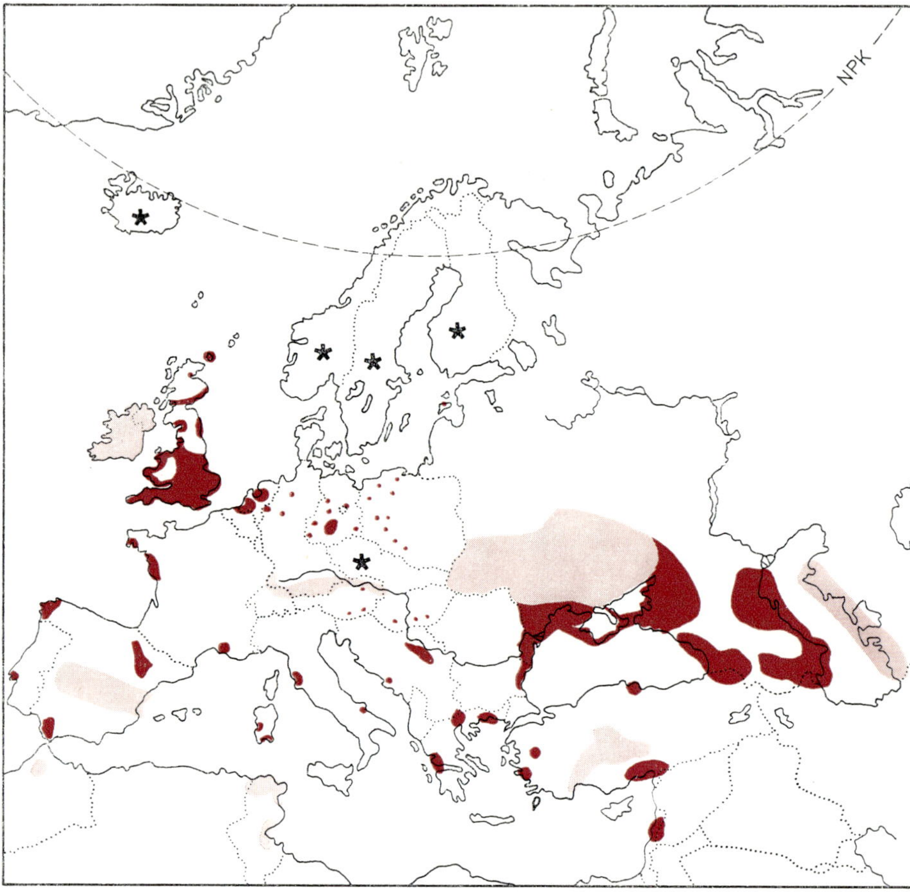


(1896–1905) lassen darauf schließen, daß die Art sowohl als Brutvogel als auch als Durchzügler in Mitteleuropa häufig vorkam.

## Wanderungen, Überwinterung

(s. Karte 8)

Die in Nord-, Nordost- und Osteuropa beheimateten Krickenten wandern im Herbst nach West- und Südwesteuropa. Bei den mitteleuropäischen Krickenten ist die Herbstwanderung weniger deutlich ausgeprägt. Neben der westwärts gerichteten gibt es jedoch auch Wanderungen in Südostrichtung (Hudeč, 1967). Die im Norden der DDR beheimateten verlas-

**Karte 8**
Überwinterungsgebiete der Krickente
*(Anas crecca)*

sen die Brutgebiete und ziehen nach Westeuropa (Rutschke, 1983). Im Süden der DDR und im Süden der BRD überwintern Krickenten bereits in größeren Anzahlen. Die in Großbritannien beheimateten verbleiben auf den Britischen Inseln, führen jedoch kleinere Wanderungen durch (Strichvögel).

Die nord- und nordosteuropäischen Krickenten wandern mit West- bis Westsüdwestkurs, die weiter östlich ansässigen ausgeprägter in Südwestrichtung, wobei sie je nach Herkunft Südfrankreich, Süd- und Mittelitalien, die bulgarische Schwarzmeerküste und Gewässer in der Türkei erreichen.

Völlige Klarheit über den Ablauf der Herbst- und Frühjahrswanderung haben auch die zahlreichen Beringungen nicht gebracht. Sie erfolgten zumeist in den Winterquartieren (Wolff, 1966). Daraus resultieren Schwierigkeiten für die Interpretation von Ringfunden, weil Herkunft und genaues Alter vieler Tiere nicht bekannt sind. Bei Verpaarungen zwischen Tieren unterschiedlicher Herkunft folgt ein Partner dem anderen in dessen Brutheimat. Das bedeutet, daß ein Teil der Tiere sich in mehr oder minder großer Entfernung vom Brutort ansiedelt und nach erfolgter Verpaarung im Frühjahr eine andere Zugroute fliegt als im Herbst.

In den Niederlanden beringte Krickenten wurden im Frühjahr in ganz Nordosteuropa bis nach Westsibirien (Tjumen) nachgewiesen. Andererseits ist bekannt, daß westsibirische Krickenten auch am Kaspischen Meer und sogar in Indien überwintern.

Die wichtigsten Überwinterungsgebiete der nordosteuropäischen Krickenten sind die Britischen Inseln und das Wattenmeer an der norddeutschen und niederländischen Küste. Dort überwintern bis zu 80 000 Tiere.

## Stockente

*Anas platyrhynchos* L.
Mallard
Canard col-vert
Кряква

Der Name Stockente hat sich erst in diesem Jahrhundert durchgesetzt. Im vorigen Jahrhundert war neben anderen die Bezeichnung Märzente geläufiger. Dieser Name läßt sich mit Hinweis auf den zeitigen Brutbeginn verstehen. Vielleicht hängt er jedoch in der richtigeren Schreibweise »Merzente« auch mit ausmerzen (aussondern) zusammen, weil die Art als schwerste und häufigste Wildente als erste für die Jagd ausgewählt wurde. Der Name Stockente dürfte als Hinweis auf die Brutplätze (nicht selten in Weidengebüsch, auch im Wald, unter Reisig usw.) zu verstehen sein.

### Kennzeichen, Beschreibung

Die Gefiederfärbung und das Farbmuster sind beim Männchen im Prachtkleid in unverkennbarer Weise kombiniert: Das Flaschengrün des Kopfes und des Halses, das bei Betrachtung in der Nähe blau schillert, ist gegen die dunkelbraune Brust durch einen schmalen weißen Halsring begrenzt, die Rückenfärbung wechselt zwischen hell graubraun und dunkel braungrau, die Flanken sind gegen den Rücken durch ein helles Grau mit feinem Rieselmuster abgesetzt. Seitlich weit hinten sind die Federn rein weiß, wodurch sich der schwarz erscheinende Schwanzbereich gegen den übrigen Körper abhebt. Beim schwimmenden Erpel ist gewöhnlich ein Teil des Flügelspiegels als schmaler blauer Fleck seitlich hinten sichtbar. Die Fahnen der mittleren Schwanzfederpaare sind spitzenwärts verschmälert und infolge einer Schaftkrümmung zu einer »Locke« eingerollt. Die Lockenfedern werden von den anderen Schwanzfedern überragt. Kräftig gefärbt sind Schnabel und Füße, ersterer gelbgrün, letztere fleischfarben. Das Prachtkleid tragen die Erpel vom Herbst bis in den Mai hinein.

Regional und jährlich verschieden, jedoch spätestens im Mai beginnend, mausern sie aus dem Prachtkleid in das Schlichtkleid, das weitgehend mit dem Ruhekleid des Weibchens übereinstimmt. Die Männchen sind in dieser Zeit am sichersten an der Schnabelfärbung erkennbar. Das Grün ist zwar weniger lebhaft als im Prachtkleid, weil die Tönung nach Olivgrün verschoben ist, doch der Unterschied zum Gelbschwarz des weiblichen Schnabels ist immer deutlich. Die genauere Betrachtung des Gefieders zeigt, daß die Oberseite weniger gefleckt ist als beim Weibchen, Brust und Oberkopf sind dunkler braun. An den mittleren Schwanzfedern ist die Einrollung andeutungsweise erkennbar.

Der bestimmende Farbton des Weibchens im Brutkleid ist ein mittleres Braun, dem heller graubraune und gelbbraune Töne in unterschiedlicher Musterung beigemischt sind. Die schuppige Fleckung des Rücken- und Körperseitengefieders kommt dadurch zustande, daß die Konturfedern zentral dunkelbraun und an den Rändern hellbraun oder gelbbraun gefärbt sind. Da Größe der Federn und das Verhältnis des zentralen dunklen Federbereichs zur hellen Federperipherie variabel sind, entsteht eine unregelmäßige Fleckung. Sie fehlt am Kopf und im Halsbereich, wo an ihre Stelle eine feine Streifung tritt. Das Ruhekleid des Weibchens entspricht vom Farbton her dem Brutkleid, doch die Oberseite ist nicht

**Karte 9**
Brutverbreitung der Stockente
*(Anas platyrhynchos)*

so schuppig gemustert. Das Jugendkleid stimmt weitgehend mit dem Ruhekleid des Weibchens überein. Die Unterseite ist feiner gezeichnet. Jungvögel sind immer an den schmalen, stumpf endenden Schaftspitzen der Schwanzfedern erkennbar. Bei Altvögeln sind sie gerundet. Die Schwanzfedern werden aus den gleichen Papillen geschoben wie Dunenfedern, und diese bleiben zunächst auf der Federspitze sitzen. Wenn sie schließlich abbrechen, bleibt die Spitze stumpf.

**Körpermaße:** Wenn man Angaben über Körpermaße, die von verschiedenen Autoren mitgeteilt wurden, miteinander vergleicht (Zusammenstellung bei Bauer und Glutz v. Blotzheim, 1968), dann überrascht die Variabilität. Zunächst ist man geneigt, diese auf Unterschiede in der Meßtechnik oder auf geographische Unterschiede zurückführen. Die Ursachen liegen jedoch woanders. Owen und Montgomery (1978) gelangten nach der Vermessung mehrerer Tausend Stockenten in der Zeit von 1965 bis 1975 zu der Feststellung, daß es auffällige jährliche und jahreszeitliche Unterschiede gibt. In Jahren mit günstigen Aufwuchsbedingungen wachsen größere und schwerere Tiere heran als in Hungerjahren. Das schlägt sich in den Körpermaßen nieder. Bedeutsam ist auch der Zeitpunkt der Messung. Die Schwingen nutzen sich monatlich um 0,6 mm ab, sind also kurz vor der Mauser um 6 bis 7 mm kürzer als unmittelbar nach der Neubildung. Junge Männchen haben kürzere Schädel und Schwingen als ältere. Für die Weibchen trifft das nicht zu. Die Ernährungsbedingungen während der Mauser sind ebenfalls bedeutsam für die Ausbildung der Schwingen.

Diese Ergebnisse mahnen zur Vorsicht bei Vergleichen von Meßreihen, die aus verschiedenen Gebieten stammen. Schlußfolgerungen (z. B. geographische Unterschiede) lassen sich nicht ziehen.

**Stimme:** Die Stockente ist besonders in der Fortpflanzungszeit sehr ruffreudig und weithin hörbar. Die Stimmäußerungen der Geschlechter sind gut unterscheidbar, je nach Situation aber recht unterschiedlich. Die auffälligsten und bekanntesten Laute sind das »Wak-wak-wak« auffliegender oder überhinfliegender Weibchen und das gedämpftere »Räbräb« der Männchen, das sie in den verschiedensten Situationen hören lassen. Weniger bekannt ist der sogenannte »Grunzpfiff«, ein heller Fiepton (fiehp), den die Männchen während der sozialen Balz (s. S. 61 ff.) hören lassen. Außer den genannten gibt es weitere, seltener zu hörende Lautäußerungen.

## Brutverbreitung

Im größten Teil Eurasiens und in weiten Teilen Nordamerikas verbreitete Art, die Teile der West- und Südküste Grönlands, Islands, die Britischen Inseln und das kontinentale Europa mit Ausnahme Nordskandinaviens, des Nordteils der Halbinsel Kola und Nordosteuropas bewohnt (Karte 9). In West- und Mittelsibirien fehlt sie ab etwa 66° N, in Ostsibirien wird der 60. Breitengrad nur wenig überschritten.

Die Südgrenze der Verbreitung reicht im Westen lokal bis Nordafrika zu den Inseln des östlichen Mittelmeeres und dann weiter ostwärts längs der Südküste Kleinasiens. In Südwestasien und Indien wird der 35. Breitengrad kaum unterschritten. Die Stockente fehlt in weiten Teilen des zentralen und nördlichen Chinas und Koreas, bewohnt aber Sachalin, die Kurilen und den Norden Japans. In Nordamerika sind der gesamte Westen und Mittelamerika bewohnt. Sie fehlt in weiten Teilen des nördlichen und mittleren Kanadas.

## Lebensraum

Keine andere Art ist in der Wahl der Brutplätze und Aufenthaltsorte so wenig

anspruchsvoll wie die Stockente. Sie brütet an stehenden Gewässern und ruhigen Abschnitten von Fließgewässern jeglicher Art, kommt an kleinen Tümpeln und Kleinstgewässern anderer Art genauso vor wie an großen Binnenseen, auf Inseln an der Meeresküste, an Gebirgsflüssen und in den Niederungen der großen Flüsse und Ströme, in sumpfigen Niederungen und an Wassergräben. Parkgewässer und andere Gewässer inmitten von Großstädten sind ebenso bewohnt wie Dorftümpel und Kleinstgewässer inmitten von Ackerfluren. In den Mittelgebirgen kommt sie in Höhenlagen bis 800 m vor, in den Hochgebirgen bis über 1000 m, gelegentlich bis 2000 m (Bauer und Glutz v. Blotzheim, 1968). In der Wahl der Brutplätze ist sie ebenso wenig wählerisch. Sie nistet im Schilfgürtel unmittelbar am Wasser, in der Vegetation der Uferzone, jedoch auch in Wiesen, auf Feldern, in Hecken und selbst in Wäldern mehrere Kilometer entfernt vom Aufenthaltsgewässer.
Im Winter und außerhalb der Brutzeit sucht sie offene, ruhige Gewässerabschnitte auf, stellt sich jedoch auch an Futterplätzen inmitten von Großstädten ein. Das Problem der Verstädterung der Stockente ist keineswegs neu, wie vielfach angenommen wird. Eine eindrucksvolle Schilderung »urbanisierter« Stockenten gibt Naumann: »Ein in dieser Weise höchst merkwürdiges und gewiß sehr selten vorkommendes Beispiel gaben ehedem diese Enten in der fürstlich anhaltinischen Residenzstadt Cöthen, wo sie etwa zu Anfang des vorigen Jahrhunderts zuerst auf den Schloßgräben, dann in den nächsten Umgebungen der Stadt gehegt, beschützt und regelmäßig gefüttert wurden, bis zum Jahr 1811 sich nicht allein gewaltig vermehrt hatten, sondern auch so zutraulich geworden waren, daß sie auf den Straßen, dicht vor den Haustüren, die Gossen durchschnatterten und in die Höfe kamen, um mit den Hühnern das Futter zu teilen, überhaupt ebenso zahm schienen, wie man es nur von Hausenten zu sehen gewohnt ist, indem sie dem Menschen erst auswichen, wenn er ihnen auf wenige Schritte nahe war, dies noch viel öfter bloß zu Fuß taten, als daß sie auf und davon geflogen wären, obgleich in den lebhafteren Gassen Störungen gar häufig vorfielen. Bloß wenn dies ihnen zu arg wurde, flogen sie in die Höhe, über die Häuser hinweg, um sich wieder in einer Straße niederzulassen. Dies sonst so scheue Geflügel mitten in der Stadt, auf offener Straße, in solcher Zutraulichkeit und solcher Menge zwischen den Menschen herumwandeln zu sehen, gewährte, namentlich für den Fremden einen höchst überraschenden und ungemein reizenden Anblick.«

## Nahrung, Nahrungserwerb

Stockenten ernähren sich ausgesprochen omnivor, sie fressen, was im jeweiligen Aufenthaltsgebiet und der betreffenden Jahreszeit verfügbar ist, wenn es hinreichend verdaulich und ohne große Aufwendungen erlangbar ist. Kann Futter gewählt werden, dann wird energiereiche, leicht verdauliche Nahrung bevorzugt. Neue Nahrungsquellen werden rasch erkannt und unverzüglich genutzt. Wenn im Frühjahr Samen und überwinternde Pflanzenteile als Nahrungskomponenten überwiegen, dann nur deshalb, weil frisches Grün in dieser Jahreszeit noch fehlt und tierische Nahrung ebenfalls nicht verfügbar ist. Mit beginnender und fortschreitender Vegetationsentwicklung steigt der Anteil an grünen Pflanzenteilen. Sobald die Entwicklung aquatischer Evertebraten einsetzt, werden diese aufgenommen. Dann dominieren schlüpfende Chironomiden oder Chironomidenlarven und Larven von Ephemeriden und Plecopteren. Die Liste mit den Namen der von Stockenten aufgenommenen bzw. in den Mägen aufgefundenen Teile von

Pflanzen und Tieren ist lang und unterschiedlich in Abhängigkeit von der Jahreszeit und dem Gebiet. Im Sommer und Herbst werden Samen und Früchte bevorzugt (hoher Nährstoffgehalt). Sobald die Getreidefelder gemäht sind, fliegen sie nachts auf die Äcker, um Nachlese zu halten. Lagerndes Getreide wird gegebenenfalls bereits vor der Ernte aufgesucht. Wenn es viel Eicheln gibt, fallen sie auf Waldlichtungen oder an Eichenalleen ein. Im Spätherbst werden auch Kartoffel-, Zuckerrüben- und Maisfelder aufgesucht.

Das reiche Nahrungsangebot, das die mittel- und westeuropäische Agrarlandschaft im Sommer und Herbst bietet, ist eine wesentliche Voraussetzung für die Häufigkeit der Art. Über die Nahrung der Stockente gibt es ein umfangreiches Schrifttum (Bauer und Glutz v. Blotzheim, 1968). Versucht man, aus den langen Listen mit Angaben der Nahrungskomponenten, der prozentualen Anteile, Mitteilungen über den Füllungszustand des Magens u. a. m., Gesetzmäßigkeiten zu erkennen, dann stößt man auf Schwierigkeiten. Regelmäßigkeiten treten kaum hervor. Selbst in den Phasen hohen Energiebedarfs (Legeperiode, Mauser) fehlen Nahrungspräferenzen. Fest steht, daß die Jungenaufzucht einen hohen Anteil an tierischem Eiweiß erfordert (s. S. 40). Wie wenig wählerisch Enten sind, weiß jeder, der sie an winterlichen Fütterungsstellen beobachtet hat. Brotkrumen werden genauso gefressen wie Futtergetreide, Apfelreste, Butterbrote oder Abfälle tierischer Herkunft.

## Brutbiologie

**Nistplatzwahl:** Die Brutgebiete werden im zeitigen Frühjahr – Anfang bis Mitte März, nach milden Wintern auch bereits Ende Februar – aufgesucht. An der Wahl des Neststandortes beteiligen sich beide Partner. In dieser Zeit ist der partnerschaftliche Kontakt besonders eng. Nach Bauer und Glutz v. Blotzheim (1968) bestimmt das Männchen den Nistplatz, indem es dem Weibchen vorangeht und ihm den gewählten Platz »rääb-rääb«-rufend gewissermaßen zeigt, nachdem das Gebiet zuvor tagelang durch gemeinschaftliche Suchflüge, die besonders abends ausgeführt werden, erkundet wurde.

**Neststandort:** Stockenten sind bei der Wahl des Neststandortes ungemein vielseitig. Nester werden sowohl gut versteckt im Schilfgürtel als auch in der krautigen Uferzone angelegt, stehen jedoch auf schwer zugänglichen Inseln auch relativ frei. Buschwerk, geeignete Plätze inmitten von Wiesen und Feldern, Heu- und Strohhaufen sind genauso potentielle Neststandorte wie gut gedeckte Plätze in der Nähe menschlicher Siedlungen, selbst in der Großstadt. Es gibt zahllose Berichte über Neststandorte an Stellen, die aus menschlicher Sicht ausgesprochen ausgefallen sind (Balkone, Flachdächer von Hochhäusern, Schuppen und Ställe). In Wäldern brütet sie an Baumstubben, aber auch in Baumhöhlen. Gelegentlich stehen die Nester auch auf schwimmendem Untergrund (Keve, 1969/70) und sogar in alten Krähen-, Elster- und Greifvogelnestern.

Ein besonders eindrucksvolles Beispiel für Anpassungsfähigkeit in der Nistplatzwahl ist der hohe Anteil an Baumnestern im Überschwemmungsgebiet der Warta (Polen) (Majewski, 1986), wodurch es der Stockente gelingt, Nestverluste durch Hochwasser zu vermeiden. Baumnester werden auch in trockenen Jahren angelegt. Die Art hat sich an die spezifischen Bedingungen des Gebietes angepaßt.

Gelegentlich wurde versucht, die Neststandorte mit dem Ziel zu analysieren, Bevorzugungen herauszufinden. Die Ergebnisse spiegeln lediglich die Spezifik der jeweiligen Landschaft wider: in Niederungsgebieten stehen die Nester vorzugsweise im Grünland, an Seen mit ausgedehnten Vegetationsgürteln in der Ufervegetation, an Waldseen im Wald.

**Nestbau und Nest:** Das Nest wird vom Weibchen gebaut. Unter Beteiligung des Schnabels und der Krallen wird zunächst eine flache Mulde ausgehoben und durch drehende Körperbewegungen gerundet und geglättet. Die Auskleidung erfolgt mit trockenem Pflanzenmaterial, die während der Ablage der Eier mit Federn und Dunen vervollständigt wird.

**Eier:** Oval, glanzlos, in der Farbe variabel (rahmfarben bis grünlich, bläulich bis oliv). Größe ebenfalls variabel, etwa 58 ×41 mm (Längenmaxima 65,8 mm, Längenminima 50 mm). Masse 40 bis 60 g.

**Gelegegröße:** Über die durchschnittliche Gelegestärke bei der Stockente liegen im Schrifttum zahlreiche Angaben vor (Lit. bei BEZZEL, 1966). An Teichen in der ČSSR ermittelten KUX (1963) 9,06 und BALAT (1967) 9,33 Eier als Durchschnittswert, MOSKALEV (1985) für die Region Pskow (UdSSR) 9,0 Eier (in Karelien nur 7,7 Eier). Nach MAKATSCH (1974) in Mitteleuropa 7 bis 10 Eier. Im Vergleich zu anderen Arten sind das sehr viel, wobei OGILVIE (1964) einen noch höheren Wert (11,58) feststellte. Bei hohen Werten sind gewöhnlich auch Nester mit mehr als 15 Eiern eingerechnet, die mit Sicherheit als Mehrfachgelege zu werten sind. BEZZEL (1966), der selbst 8,5 Eier als Mittelwert nannte, zählte Gelege mit mehr als 14 Eiern nicht mit. Er hält den von HAVLIN (1966b) kommenden Vorschlag, extrem große Gelege aus der Durchschnittsberechnung auszuschließen, für wichtig und verfuhr entsprechend. Das größte erfolgreich bebrütete Gelege enthielt 18 Eier (BAUER und GLUTZ v. BLOTZHEIM, 1968).

**Eiablage:** In Westeuropa beginnt die Eiablage in günstigen Jahren bereits im Februar. Vollgelege wurden bereits Ende Februar gefunden. In Mitteleuropa frühestens ab Mitte März, in Nord- und Osteuropa noch später (Region um Pskow, Nowgorod und Leningrad 2. Aprilhälfte, in Karelien 1. Maihälfte, MOSKALEV, 1985). Im Legebeginn gibt es erhebliche witterungsabhängige Unterschiede. Spätbruten sind nicht ungewöhnlich. Noch Mitte August wurden mehrfach Altvögel mit frisch geschlüpften Jungen nachgewiesen (SCHERNER, 1973).

**Brutdauer:** Etwa 28 Tage, längere Brutdauer (29 oder 30 Tage) selten, eher 1 bis 2 Tage kürzere Brutdauer. Bei Verlust des Geleges werden Nachgelege gezeitigt, so daß sich die Brutperiode bis weit in den Frühsommer erstreckt. Nur eine Jahresbrut.

**Bebrütung, Jungenaufzucht:** Erst nach Ablage des letzten Eies sitzt die Ente fest, doch die Keimesentwicklung in den zuerst gelegten Eiern beginnt eher als im zuletzt gelegten. Trotzdem schlüpfen die Jungen synchron innerhalb von 24 Std. Die zuerst geschlüpften bleiben im Nest bis sie völlig getrocknet sind. Nach etwa 8 Wochen sind sie flugfähig.

### Bestand, Bestandsveränderungen

Angaben über Bestandsdichten und Bestandsgröße liegen seit wenigen Jahrzehnten aus vielen europäischen Ländern vor (Tab. 6/3). Sie wurden mit verschiedenen Methoden ermittelt. Schon deshalb ist zu vermuten, daß die Realität verschieden genau wiedergegeben wird. Vielfach handelt es sich nur um Schätzwerte, wie die Spanne zwischen den Angaben für die BRD zeigt. In einigen Fällen sind die Werte zu niedrig. Realistische durch entsprechende Untersuchungen belegte Zahlenwerte (z. B. Niederlande) liegen weit über bloßen

**Tabelle 6/3**
Brutbestand der Stockente in Europa und im europäischen Teil der Sowjetunion

| Land/Gebiet | Anzahl/Brutpaare | Jahr/Zeitraum | Autor |
|---|---|---|---|
| Island | 5 000 | 1970/75 | Gardarsson, 1975 |
| Großbritannien<br>Irland | 70 000...150 000 | 1968/72 | Sharrock, 1976 |
| Norwegen (Norden) | 2 800 | | Haapanen u. Nilsson, 1979 |
| Schweden | 750 000 | | Ulfstrand u. Hogstedt, 1976 |
| Finnland | 160 000 | 1950/56 | Merikallio, 1958 |
| Belgien | 10 000 | | Lippens u. Wille, 1972 |
| Niederlande | 250 000...400 000 | 70er | Teixeira, 1979 |
| Luxemburg | 1 300 | | Lippens u. Wille, 1972 |
| Dänemark | 10 000 | 1965/73 | Joensen, 1974 |
| BRD | 64...600 000 | 1980 | Rheinwald, 1982 |
| DDR | 50 000 | 1978/87 | |
| Polen | 100 000 | 1965/70 | Nowak, 1970 |
| Frankreich | 40 000 | 1975 | Cramp u. Simmons, 1977 |
| ČSSR | 30 000...190 000 | 1971/79 | Hepburn, 1984 |
| UdSSR | 882 000 | 1960/67 | Isakov, 1970 a |
| *Waldtundra* | 3 500 | 1965/68 | Isakov, 1970 b |
| *Kola/Karelien* | 17 000 | 1965/68 | Isakov, 1970 b |
| *Nördl. Dwina/* | | | Isakov, 1970 b |
| *Petschora* | 50 000 | 1965/68 | Isakov, 1970 b |
| *Obere Wolga* | 28 000 | 1965/68 | Isakov, 1970 b |
| *Ostsee* | 142 000 | 1965/68 | Isakov, 1970 b |
| *Polessje* | 52 500 | 1965/68 | Isakov, 1970 b |
| *Oka* | 45 000 | 1965/68 | Isakov, 1970 b |
| *Wolga/Kama* | 54 000 | 1965/68 | Isakov, 1970 b |
| *Dnestr/Dnepr* | 97 000 | 1965/68 | Isakov, 1970 b |
| *Don* | 17 500 | 1965/68 | Isakov, 1970 b |

Schätzwerten. Trotzdem sind die Angaben wertvoll, weil sie Vergleiche und eine vorsichtige Einschätzung des Gesamtbestandes zulassen, was zuvor nicht möglich war.

Die bloße Addition der in der Tabelle enthaltenen Zahlen führt zu 3,2 Mio Brutpaaren, was bei 2 Jungen/Brutpaar einem Frühherbstbestand von 12,8 Mio Tieren entspricht. In Anbetracht der Unvollständigkeit der Angaben und der Vorbehalte hinsichtlich ihrer Aussagekraft muß der reale Bestand wesentlich größer sein.

Mit den Ergebnissen der allgemeinen Wasservogelzählungen besteht die Möglichkeit, aus der Größe der Winterbestände auf den Brutbestand zu schließen. Es ist jedoch nicht möglich, Anhaltspunkte für die Brutbestände in bestimmten Gebieten zu gewinnen, weil die Wanderbewegungen das Bild verfälschen (s. S. 156). Die in West- und Mitteleuropa erscheinenden osteuropäischen Stockenten vergrößern die Winterbestände, ohne daß sich ihr Anteil abschätzen läßt.
Atkinson-Willes (1976) schätzte auf der Grundlage der Mittwinterzählungen der

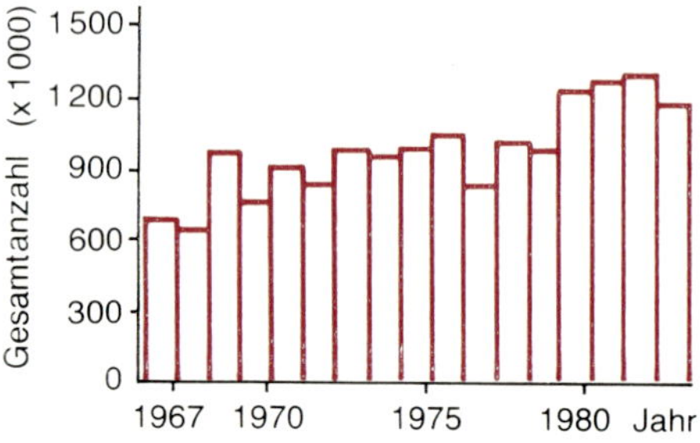


**Abb. 6/8**
Stockente *(Anas platyrhynchos)* – Mittwinterbestände in Nordwesteuropa (aus RÜGER et al. 1986)

Wasservögel den Winterbestand der Stockente für Nordwesteuropa auf 1,5 Mio, HEPBURN (1984) auf 2 Mio, OWEN et al. (1986) auf 3 Mio und RÜGER et al. (1986) auf 5 Mio. In den verschiedenen Zahlen drückt sich eine zunehmend realistischere Einschätzung aus. Den Winterbestand im übrigen Europa beziffern RÜGER et al. (1986) mit 4 Mio. Der Gesamtbestand wird also auf 9 Mio geschätzt. Zwischen dieser Zahl und den Angaben zum Brutbestand besteht eine nicht unerhebliche Diskrepanz. Die Ergebnisse der Mittwinterzählungen sind unvollständig, obwohl RÜGER et al. (1986) bereits eine Dunkelziffer einkalkulierten (Abb. 6/8).

Anhaltspunkte für die Schätzungen des gesamteuropäischen Bestandes lassen sich auch aus der Jagdstrecke gewinnen. Sie wird von HEPBURN (1984) mit 6,6 Mio angegeben (s. Tab. 3/3). Von dieser Angabe ausgehend muß auf einen Herbstbestand von mindestens 20 Mio Stockenten geschlossen werden, wenn man einen Abschuß von 30 % zugrunde legt.

Beurteilungen der Bestandsentwicklung aufgrund von Brutbestandsuntersuchungen sind nur für wenige europäische Länder möglich. Aus der von MERIKALLIO (1958) vorgenommenen Schätzung des finnischen Brutbestandes von 160 000 Brutpaaren schloß schon GRENQUIST (1970) auf eine Abnahme, die auch von LAMPIO (1977) bestätigt wurde. Ein leichter Rückgang wird auch für die schwedische Brutpopulation angenommen (CURRY-LINDAHL et al., 1970; ULFSTRAND und HOGSTEDT, 1976). Im Unterschied zu Nordeuropa hat der Brutbestand in den Niederlanden zugenommen. Er wurde von ISAKOV (1970a) für die 60er Jahre dieses Jahrhunderts auf 150 000 Brutpaare geschätzt. In den 70er Jahren stieg er auf 250 000 bis 400 000 (TEIXEIRA, 1979). Aus den Ergebnissen der Herbst- und Winterzählungen in der ČSSR schloß FIALA (1982b) auf eine Zunahme des Brutbestandes. Durchschnittlich überwintern dort 220 000 Stockenten. Der Brutbestand wird auf 30 000 Brutpaare geschätzt. Zwar ist der seit fast 20 Jahren anhaltende Anstieg eindeutig, doch die jährlichen Schwankungen sind beträchtlich. Jahre mit harten Wintern (1962/63, 1964/65) führen zu starken Einbußen, die jedoch schnell wieder aufgeholt werden. Nach EBER und NIEMEYER (1982) nimmt die Anzahl der Stockenten in der BRD an etwa 25 % entsprechend

**Abb. 6/9**
Stockente *(Anas platyrhynchos)* – Trendanalyse des Mittwinterbestandes in verschiedenen Regionen Europas (Erläuterungen s. Abb. 6/3; Anzahl Zählgebiete: min 375, max. 3482) (nach RÜGER et al. 1986)
——— Mitteleuropa (Österreich, ČSSR, Süden der BRD, Schweiz)
------ Nordwesteuropa
–·–·– Südeuropa

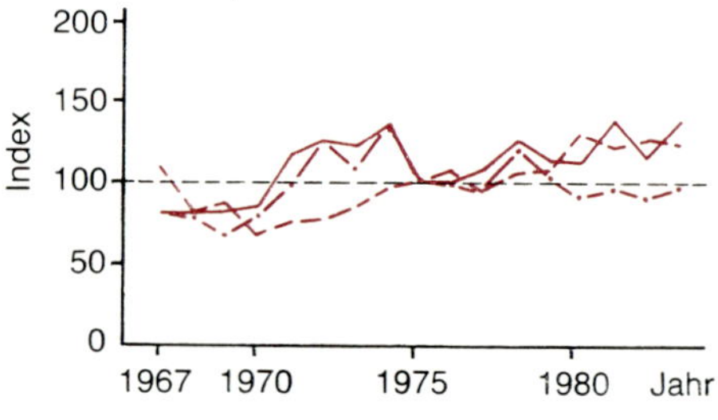

untersuchten Plätzen zu und nur an 2 % ab. Für die DDR wird ebenfalls auf Bestandszunahme geschlossen (RUTSCHKE, 1985).
RÜGER et al. (1986) haben versucht, Trendanalysen für Teile Europas vorzunehmen. In Zentral- und Nordwesteuropa nehmen die Winterbestände leicht zu, in Südosteuropa sind sie leicht rückläufig (Abb. 6/9). Die Autoren schließen aus der Analyse auf eine stabil anhaltende Zunahme in Nordwesteuropa.

### Wanderungen

Wie in vielen anderen Lebensäußerungen, so gibt es auch im Wanderverhalten eine bemerkenswerte Vielfalt. Neben Stockenten, die im Herbst in Südwestrichtung abwandern und dabei große Strecken zurücklegen, gibt es andere, die nur kurze Entfernungen fliegen und auch solche, die am Geburtsort oder in dessen Nähe bleiben. Das gilt vor allem für Nord- und Mitteleuropa. In West- und Südeuropa dominieren die Standvögel. Wie groß der wandernde und der standorttreue Teil einer Population ist, wurde bisher in keinem Falle ermittelt. Wahrscheinlich gibt es beträchtliche Unterschiede. Die in Ost- und Nordosteuropa beheimateten Stockenten ziehen im Laufe des Herbstes (Oktober bis Dezember) südwestwärts und gesellen sich zu den mittel-, west- und südwesteuropäischen.
Der Heimzug im Frühjahr verläuft rascher als der Herbstzug und, an die Witterungsbedingungen angepaßt, weitgehend unbemerkt. In Nordeuropa beheimatete Stockenten bleiben bis Anfang April in Mitteleuropa.
Nach dem Flüggewerden verläßt ein Teil der Jungvögel das Heimatgebiet. Dabei werden von einigen beträchtliche Strecken zurückgelegt. Diese Zerstreuungswanderungen erfolgen in alle Richtungen, in Mitteleuropa wird jedoch die Nordwest- und die Nordost-Richtung bevorzugt.
Unzulänglich bekannt sind die Mauserzüge der Männchen, die einsetzen, sobald die Weibchen fest auf dem Gelege sitzen. Die Erpel größerer oder kleinerer Gebiete finden sich an gut gedeckten, schwer zugänglichen Stellen zusammen und mausern gemeinsam das Großgefieder.

**Domestikation:** Die Stockente ist die Stammart der als Hausenten gehaltenen Rassen und Schläge. An deren monophyletischer Abstammung besteht kein Zweifel (HERRE und RÖHRS, 1971). Aus Wildpopulationen stammende Stockenten sind immer wieder zur Blutauffrischung verwendet worden oder dienten zur Züchtung neuer Schläge. Ende des vorigen Jahrhunderts wurde durch Kreuzung von Stockenten mit Rouen- und Indischen Laufenten die Khaki-Campbell-Ente gezüchtet, die über Jahrzehnte hinweg als Legeente sehr geschätzt war (RUDOLPH, 1980). Weitere Beispiele für die erfolgreiche Einkreuzung von wilden Stockenten in Hausentenschläge sind die Züchtung der Flugbrutente und der sich durch rasche Mastleistung auszeichnenden Broiler- oder Mini-Enten.

## Spießente

*Anas acuta* L.
Pintail
Canard pilet
Шилохвость

Sowohl der deutsche wie der wissenschaftliche Name (*acuta* = spitz) deuten auf die spießartig verlängerten Schwanzfedern des Erpels im Prachtkleid. Sie sind Schmuckelemente wie andere Teile des Prachtkleides, nicht aber, wie gelegentlich vermutet (z. B. HEINROTH, 1928) aerodynamisch (besserer Flug, Annäherung an die Tropfenform) zu verstehen ist.

**Kennzeichen, Beschreibung**

Durch den braunen Kopf, den blendendweißen langen Hals, die hellgraue Rükken- und Flankenfärbung, die schwarzen Unterschwanzdecken mit scharf begrenztem weißgelbem Fleck davor und die spießartig verlängerten und zugespitzten mittleren Steuerfedern ist das Männchen im Prachtkleid unverwechselbar. Rücken- und Flankenfedern sind fein gebändert und gewellt. Merkmale des Prachtkleides sind weiterhin die stark verlängerten schwarzweißen Schulterfedern. Vorderbrust und Unterseite weiß, Schnabel blaugrau.

Im Brutkleid des Weibchens dominiert ein mittelbrauner Farbton, heller wirkend als bei Stock- und Schnatterente. Die Musterung des Körpergefieders wird durch Konturfedern mit dunkelbraunem Zentrum und hellen, gelbbraunen Rändern erreicht, wobei die größere oder feinere »Schuppung« von der Größe der Federn und der Breite der hellen Federränder abhängt. Die Weibchen sind am blaugrauen Schnabel, an den verlängerten Schwanzfedern und der grazil wirkenden Körperform erkennbar.

Das Schlichtkleid des Männchens entspricht weitgehend dem Brutkleid des Weibchens. Oberseite nicht so kontrastreich gemustert und mit graubraunen, weiß quer gewellten und gesprenkelten Federn durchsetzt. Mittlere Steuerfedern nur wenig verlängert. Brust und Bauch schmutzigweiß mit brauner Tönung.

Im Fluge sind beide Geschlechter am grünen Flügelspiegel erkennbar, beim Männchen auffälliger als beim Weibchen. Flügelspiegel beider Geschlechter am Flügelrand durch ein schmales weißes Band begrenzt.

**Stimme:** Stimmäußerungen beider Geschlechter wenig auffällig. Zur Balzzeit lassen die Männchen ein mehrsilbiges rasches »Wäh-häh-äh« hören, das auch wie »gluhäh« oder »pfüb« klingen kann. Die Rufe des Weibchens klingen quakend, beim Hetzen wie »arr«, rasch aufeinander folgend.

**Brutverbreitung**

Holarktisch verbreitet. Im Norden bis in die Tundrazone, im Süden bis in die mediterrane und die Steppen- und Wüstenzone. In NW-Europa sind Island, Schottland und einige Gebiete in Irland und England bewohnt. Fennoskandinavien mit Ausnahme des nördlichen Norwegens wird südwärts bis an die Südküste der Ostsee besiedelt. In Osteuropa reicht das Siedlungsgebiet nordwärts bis an die Küste des Weißen Meeres, erreicht jedoch in Mittel- und Ostsibirien nicht die Eismeerküste. Die südliche Verbreitungsgrenze verläuft durch Polen und die Ukrainische SSR ostwärts durch Steppen- und Wüstenzonen Zentralasiens. In Europa gibt es einige Brutvorkommen südlich des geschlossenen Verbreitungsareals (Karte 10).

**Lebensraum**

Brütet in weiträumigen, offenen Niederungsgebieten, an größeren Seen mit gut entwickelter Ufervegetation, in Mooren, Sümpfen und Wiesen und Überschwemmungszonen großer Ströme und Flüsse.

Auf dem Heimzug an flachgründigen, sich rasch erwärmenden Gewässern. Im Herbst an der Küste in ruhigen Meeresbuchten, in Lagunen, Flußmündungen und im Schutze von Inseln.

**Nahrung, Nahrungserwerb**

Spießenten suchen die Nahrung vorzugsweise im Flachwasserbereich, wobei sowohl tierische als auch pflanzliche Nahrungskomponenten aufgenommen werden. Häufig wird gegründelt, wobei der lange Hals Tiefen bis 35 cm zuläßt. In ganz flachem Wasser werden Kopf und Hals ebenfalls eingetaucht und das Substrat nach der Art der Krickenten durchschnattert. In Großbritannien zur

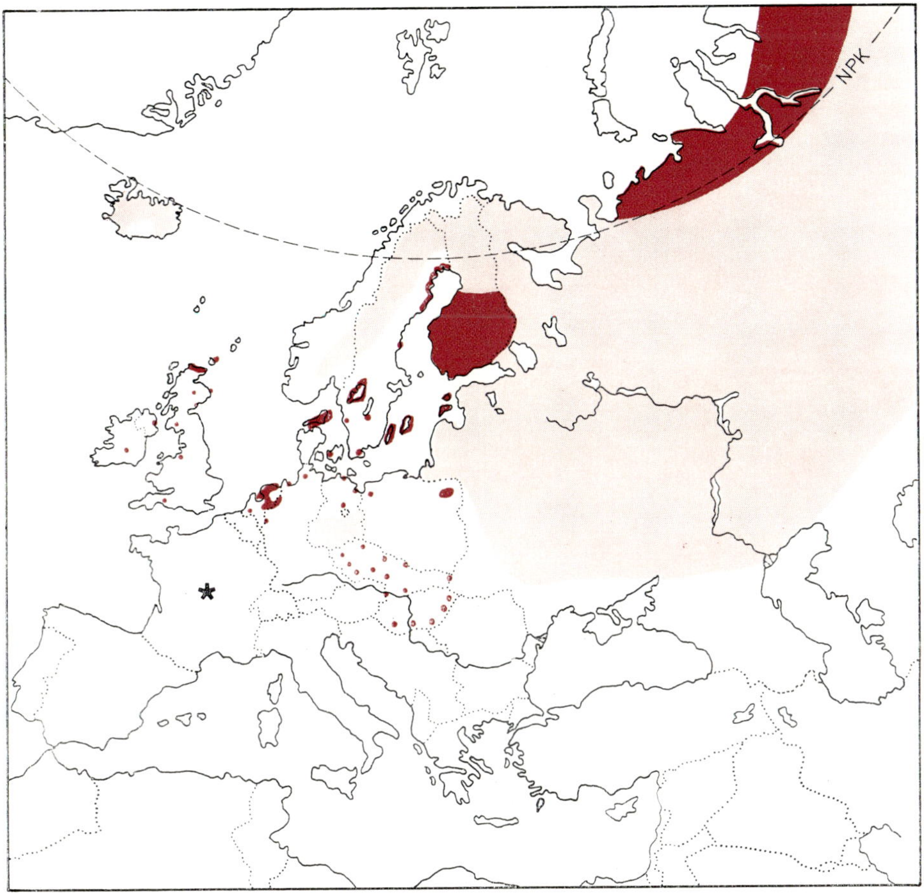


**Karte 10**
Brutverbreitung der Spießente
*(Anas acuta)*

Zugzeit auch auf nassen Getreidefeldern. Animalische Nahrung überwiegt im Frühjahr, im Herbst Vegetabilien. Das Spektrum der Nahrungskomponenten ist in Abhängigkeit von den lokalen Gegebenheiten außerordentlich weit.

## Brutbiologie

**Paarbildung, Balz:** Verpaarung im Winterquartier und auch während des Heimzuges. In den Brutgebieten treffen dementsprechend bereits verpaarte Tiere ein. Die Balz des Erpels stimmt in vielen Posen und Gesten mit dem des Stockentenerpels überein.
Eine auffällige artspezifische Verhaltensweise ist das »Aufstoßen«, wobei der Kopf bei waagerecht gehaltenem Schnabel hochgereckt wird. Häufig sind Reihflüge, die nicht nur der Vertreibung von Artgenossen dienen, sondern auch als Flugbalz bedeutsam sind.

**Neststandort, Nest:** Bei Ankunft im Brutgebiet (Ende März) halten die Partner eng zusammen und wählen gemeinsam den Nistplatz. Die Nester werden an leicht erhöhten, trockenen Standorten in Wiesen und Weiden, auf Inseln angelegt, manchmal in Wassernähe, jedoch auch kilometerweit entfernt. Nur selten im Schutz von Buschwerk und hohen Gräsern, zumeist in übersichtlichem Gelände, oft nur in niedrigem Gras. Gewöhnlich einzeln, auf Inseln auch kolonienartig gehäuft. – Nestbau nur durch das Weibchen. Den Nestboden bildet eine flache Mulde, die mit wenig Pflanzenmaterial, das aus der unmittelbaren Umgebung stammt, und viel Nestdunen ausgekleidet wird.

**Eier, Gelege:** Eier langoval, graugrün bis blaßgelb gefärbt, Größe 54×38 mm im Durchschnitt (maximale Länge 61,9 mm, minimale Länge 44,1 mm). Eimasse 40 bis 50 g, nach MAKATSCH (1974) 41 g. Beginn der Legeperiode in Mitteleuropa Mitte April (frühere Termine sind Ausnahmen), in Nordeuropa erst Ende April und später. Zum Vollgelege gehören 7 bis 10 Eier. Nachgelege häufiger als bei anderen Arten der Gattung *Anas*.

**Bebrütung, Jungenaufzucht:** Das Männchen bleibt während der Bebrütungszeit in der Nähe des Weibchens. Brutzeit 22 bis 23 Tage. Nach dem Schlupf werden die Jungen vom Weibchen an das nächstgelegene Gewässer geführt, wobei das Männchen häufig noch in der Nähe ist oder sich sogar an der Führung der Jungen beteiligt (BAUER und GLUTZ V. BLOTZHEIM, 1968). Nach etwa 7 Wochen sind die Jungen flugfähig.

**Abb. 6/10**
Spießente *(Anas acuta)* – Verteilung und durchschnittliche Häufigkeit im Herbst in der Deutschen Bucht (nach FOG 1981)

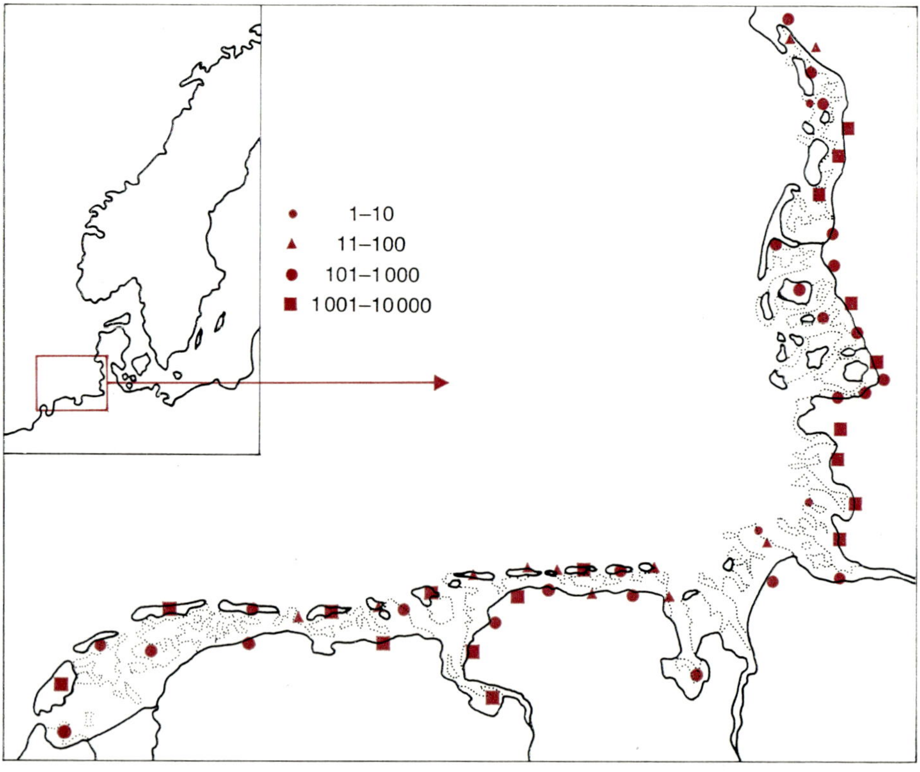

**Tabelle 6/4**
Brutbestand der Spießente in Europa und im europäischen Teil der Sowjetunion

| Land/Gebiet | Anzahl/Brutpaare | Jahr/Zeitraum | Autor |
|---|---|---|---|
| Island | 500 | 1970/75 | GARDARSSON, 1975 |
| Großbritannien | 10...20 | 1978 | SHARROCK et al., 1980 |
| Irland | 2 | 1968/72 | SHARROCK, 1976 |
| Norwegen (Norden) | 220 | | HAAPANEN u. NILSSON, 1979 |
| Schweden | 20 000 | | ULFSTRAND u. HOGSTEDT, 1976 |
| Finnland | 10 400 | 1974/79 | HYYTIÄ et al., 1983 |
| Niederlande | | | |
| Dänemark | 200 | 1978 | DYBBRO, 1978 |
| BRD | 10...15 | 1980 | RHEINWALD, 1982 |
| DDR | 10...20 | 1978/87 | RUTSCHKE u. REYMANN, 1977 |
| Frankreich | 1...10 | 1970/75 | MAHÉO, 1981 |
| Österreich | 10...15 | | LIPPENS u. WILLE, 1972 |
| UdSSR | 136 000 | 1960/67 | ISAKOV, 1970 a |
| *Bolschesemelskaja Tundra* | 74 500 | 1973 | MINEEV, 1981 |
| *Jamal/Gydan Halbinsel* | 65 000 | 1965/68 | ISAKOV, 1970 b |
| *Wald-Tundra* | 50 000 | 1965/68 | ISAKOV, 1970 b |
| *Kola/Karelien* | 1 500 | 1965/68 | ISAKOV, 1970 b |
| *Nördl. Dwina/Petschora* | 5 000 | 1965/68 | ISAKOV, 1970 b |
| *Obere Wolga* | 4 000 | 1965/68 | ISAKOV, 1970 b |
| *Ostsee* | 2 500 | 1965/68 | ISAKOV, 1970 b |
| *Estnische SSR* | 350 | | KUMARI, 1970 |
| *Lettische SSR* | 100 | 1975/80 | KUMARI, 1980 |
| *Polessje* | 4 000 | 1965/68 | ISAKOV, 1970 b |
| *Oka* | 3 500 | 1965/68 | ISAKOV, 1970 b |
| *Wolga/Kama* | 12 500 | 1965/68 | ISAKOV, 1970 b |
| *Dnestr/Dnepr* | 3 000 | 1965/68 | ISAKOV, 1970 b |
| *Don* | 3 500 | 1965/68 | ISAKOV, 1970 b |
| *Untere Wolga* | 12 000 | 1965/68 | ISAKOV, 1970 b |
| *Aralsee* | 24 000 | 1965/68 | ISAKOV, 1970 b |

**Bestand, Bestandsveränderungen**

Die Spießente gehört zu den häufigsten Entenarten der Westpalaearktis. Die Schwerpunkte der Brutverbreitung befinden sich im Norden des europäischen Teils der UdSSR und in Westsibirien. ISAKOV (1970a) bezifferte den Gesamtbestand in der UdSSR mit 316 000 Paaren. Demgegenüber ist er in Mitteleuropa und Skandinavien bescheiden. Die Angaben aus den skandinavischen Ländern lassen auf einen Bestand von 25 000 bis 30 000 Brutpaaren schließen (Tab. 6/4).

Die skandinavisch-nordwesteuropäischen Spießenten überwintern in Großbritannien, den Niederlanden, an der französischen Atlantikküste, in Südspanien und in West- und Zentralafrika. Die Winterzählungen erlauben eine relativ gute Einschätzung des Winterbestandes. Er wird von RÜGER et al. (1986) mit 370 000 Individuen beziffert.

Die nordosteuropäisch-westsibirischen Spießenten wandern zur Überwinterung in das Gebiet des Schwarzen Meeres, nach Kleinasien, in das östliche Mittel-

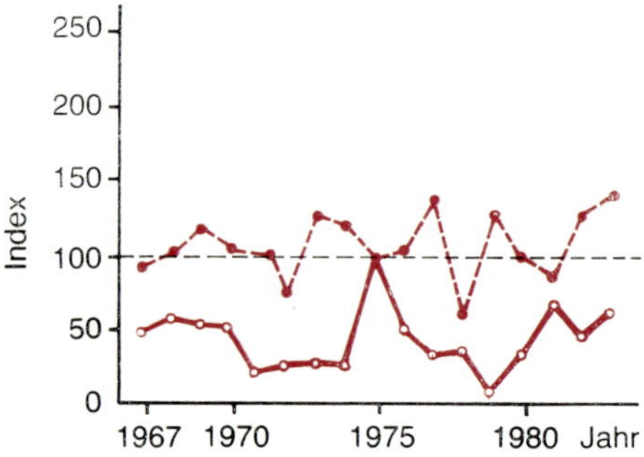


**Abb. 6/11**
Spießente *(Anas acuta)* – Trendanalyse des Mittwinterbestandes in zwei Regionen Nordwesteuropas (Erläuterungen s. Abb. 6/3, aus Rüger et al. 1986)
------ Großbritannien, Irland, Nord- und Westfrankreich, Nordspanien
——— Belgien, Niederlande, Norden der BRD, Dänemark

meergebiet und nach Nordostafrika (Niltal). Zu dieser Winterpopulation gehören etwa 200 000 Tiere (Rüger et al., 1986). Zentren der Überwinterung sind die Nord- und Westküste des Schwarzen Meeres, Seen in Westanatolien und an der Westküste Griechenlands.
West- und mittelsibirische Spießenten überwintern auch am Kaspischen Meer und weiter südlich. Zu dieser Winterpopulation gehören bis zu 185 000 Individuen.
Vergleicht man die Ergebnisse der Winterzählungen mit den Angaben über den Brutbestand, dann ergibt sich eine recht gute Übereinstimmung. Die bei Hepburn (1984) genannte Jagdstrecke (237 000 Spießenten) läßt auf einen noch höheren Gesamtbestand schließen.
Die genannten Angaben zum Brutbestand reichen für die Beurteilung der Bestandsentwicklung in Nordeuropa nicht aus. Da quantitative Angaben aus früherer Zeit fehlen, sind die Ergebnisse der Winterzählungen das einzige Material, auf das sich eine Einschätzung stützen kann. Die von Rüger et al. (1986) durchgeführten Analysen ergaben keine signifikanten Veränderungen im Winterbestand der skandinavisch-westeuropäischen und der weiter östlich brütenden Population (Abb. 6/11 und 6/12).
Rückläufig ist der Brutbestand in Mittel- und Westeuropa. Aus der DDR und der BRD ist die Art bis auf wenige Brutpaare verschwunden, und auch aus Polen wird über Rückgang berichtet (Tomiałojc, 1976). In Norddeutschland war sie allerdings nie ein häufiger Brutvogel. Eine Zunahme erfolgte nur in den Niederlanden, wo sie sich erst 1923 ansiedelte (Lippens und Wille, 1972). Der aktuelle Bestand wird von Rheinwald (1982) auf 465 bis 750 Brutpaare geschätzt.
Die Ursache für den Rückgang in Mitteleuropa ist das Verschwinden geeigneter Brutgebiete. Die Niederungs- und Moorgebiete in Norddeutschland und in Polen wurden großflächig melioriert und in Ackerland oder intensiv bewirtschaftetes Grünland überführt.

## Wanderungen, Überwinterung
(s. Karte 11)

Der Wegzug setzt bereits in der zweiten Augusthälfte ein und dauert bis in die zweite Septemberhälfte. Zwar ziehen die Spießenten im Herbst auf südwestlichem

**Abb. 6/12**
Spießente *(Anas acuta)* – Trendanalyse des Mittwinterbestandes in Europa (Erläuterungen s. Abb. 6/3; Anzahl Zählgebiete: min 1208, max. 1605, aus Rüger et al. 1986)

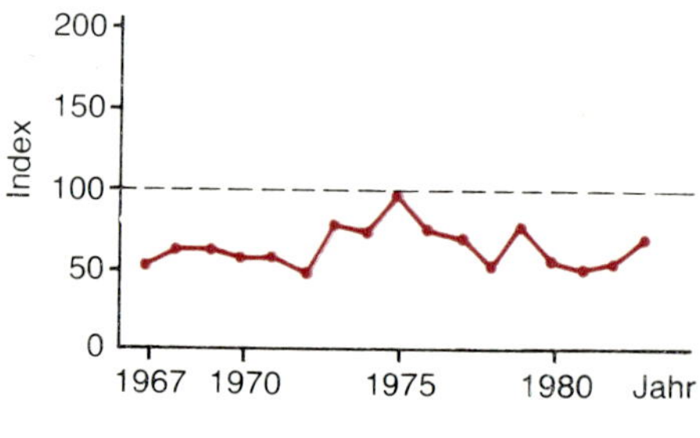

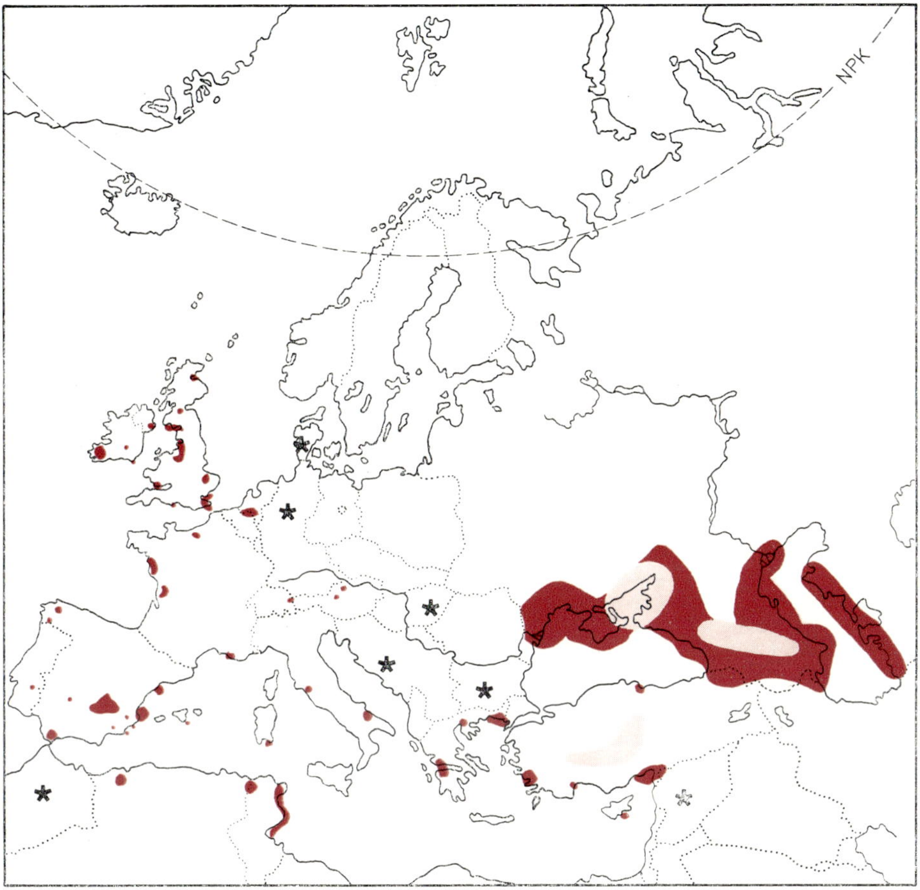


**Karte 11**
Überwinterungsgebiete der Spießente
*(Anas acuta)*

Kurs, doch die meisten bleiben an geeigneten Abschnitten der Nord- und Ostseeküste. Im mitteleuropäischen Binnenland treten sie im Herbst nur in kleinen Scharen auf. Im Frühherbst sind die Durchzügler auf das gesamte Küstengebiet vom Bottnischen Meerbusen beginnend bis zur französischen Atlantikküste reichend verteilt (s. Abb. 6/10). Mit dem Wintereinbruch in Nordeuropa ziehen sie weiter westwärts und erreichen Südwesteuropa, Norditalien und auch West- und Zentralafrika.

Die Küsten von Nord- und Ostsee sind nicht Leitlinien für den Zug. Sie werden bevorzugt, weil dort die Ernährungsbedingungen im Herbst besonders günstig sind.

Im Frühjahr wird der Weg durch das Binnenland gewählt. Als Folge der hohen Wasserstände sind an Flüssen und Seen flachgründige Überschwemmungsflächen vorhanden, die gründelnde Nahrungssaufnahme ermöglichen.

Die Ernährungsbedingungen sind die Ursache für den ausgeprägten Schleifenzug, der bei der Spießente in ähnlicher Weise wie bei der Pfeifente verläuft.

Selbst in Mitteleuropa kann es an Plätzen, die zur Technik der Nahrungsaufnahme passen, zu großen Ansammlungen kommen (Elb-Havel-Niederung und untere Oder, Rutschke, 1983). – Die weiter östlich brütenden Spießenten gelangen im Herbst, die Südwestrichtung einhaltend, in das Gebiet des Schwarzen Meeres, des östlichen Mittelmeeres und weiter südlich. Die Zugzeiten stimmen mit denen der skandinavisch-nordwesteuropäischen Population überein.

## Knäkente

*Anas querquedula* L.
Garganey
Sarcelle d'été
Чирок-трескунок

### Kennzeichen, Beschreibung

Die Knäkente ist eine kleine Ente. Sie übertrifft an Größe die Krickente, wirkt aber schlanker. »Das alte Männchen der Knäkente in seinem hochzeitlichen Schmuck gehört zu den nettesten der ganzen Gattung.« (Naumann/Hennicke, 1905). Ein auffälliges Merkmal des Erpels im Prachtkleid ist ein breiter bogenförmiger weißer Streifen, der über das Auge hinweg zum Nacken reicht und sich deutlich vom rötlichbraunen Kopf und vom dunklen Hals und Nacken abhebt. Die braune Vorderbrust und die hellbraunen feinstreifig schwarz gemusterten Seiten und lange, frei hängende schwarzweiße Schulterfedern betonen die Auffälligkeit des Prachtkleides. Der Rücken ist ebenfalls dunkelbraun und auch Bürzel- und Schwanzbereich sind kaum heller. – Die Kopffärbung des Weibchens im Brutkleid ist oberseits einförmig schwarzbraun, an den Seiten heller mit weißlichen Überaugenstreifen. Im Körpergefieder dominieren braune Federn mit breiten blaßgelben Rändern, die dem Kleid ein fleckiges Aussehen verleihen, das dem der Krickente ähnelt, jedoch heller ist als jenes. – Das Schlichtkleid des Erpels und das Ruhekleid des Weibchens sowie die Jugendkleider beider Geschlechter entsprechen weitgehend dem Brutkleid des Weibchens. Sie unterscheiden sich nur in Details (Beschreibung bei Bauer und Glutz v. Blotzheim, 1968).

Im Fluge sind neben dem weißen Überaugenstreifen bei Draufsicht die beidseitig weiß eingefaßten grünen Flügelspiegel Unterscheidungsmerkmale gegenüber der Krickente.

**Stimme:** Im Frühjahr und im Sommer lassen auffliegende Erpel einen auffälligen Ton hören, der sich anhört, »als wenn man mit dem Finger über einen Kamm fährt« (Heinroth, 1928). Ein »Knäh«, das der Art vielleicht den deutschen Namen eingetragen hat, rufen die Weibchen, die bei Hetzjagden von Erpeln bedrängt werden. Insgesamt ist die Art jedoch wenig ruffreudig.

### Brutverbreitung

Das Brutgebiet reicht von Südwestengland, West- und Mitteleuropa einschließend, über Südskandinavien durch den zentralen Teil der UdSSR bis zum Stillen Ozean. Nach Norden geht die Knäkente in Europa nicht über 64° N, weiter östlich nur bis 62° N, überschreitet also nicht die 16-°C-Juliisotherme. Im Süden brütet sie nicht auf der Iberischen Halbinsel, auch die Apenninen-Halbinsel und das mittlere und südliche Griechenland sind nicht von ihr bewohnt. In Vorder-, Mittel- und Ostasien ist die Südgrenze des Verbreitungsgebietes unzureichend bekannt. Sie liegt etwa zwischen 44° und 46 °N (Karte 12).

### Lebensraum

Brütet an flachen, stark verkrauteten Gewässerabschnitten, solange die Submers-

**1** Schnatterente
*Anas strepera* L. –
Ente mit geschlüpften
Küken

**2** Pfeifente
*Anas penelope* L. –
Erpel in vollem
Prachtkleid

**3** Winterliche Stockentensammlung, dazwischen Lachmöwen und Bleßralle

**4** Stockenten *Anas platyrhynchos* L. – Pärchen

**5** Stockente mit Küken

**6** Spießente
*Anas acuta* L.

**7** Knäkente
*Anas querquedula* L.

**8** Löffelente
*Anas clypeata* (L.) –
Erpel im Prachtkleid

**9** Löffelente
*Anas clypeata* (L.) –
Ente im Brutkleid

**10** Kolbenente
*Netta rufina* (Pallas)

**11** Kolbenente
*Netta rufina* (Pallas) –
Erpel im Prachtkleid

**12** Tafelente
*Aythya ferina* (L.)

**13** Tafelente
*Aythya ferina* (L.) –
Erpel im Prachtkleid

**14** Reiherente
*Aythya fuligula* (L.)

**15** Reiherente
*Aythya fuligula* (L.) –
Erpel im Prachtkleid

**16** Bergente
*Aythya marila* (L.) –
Brutpaar

**17** Schellente
*Bucephala clangula* (L.) –
Ente im Nistkasten

**18** Schellente
*Bucephala clangula* (L.) –
Erpel im Prachtkleid

**19** Spatelente
*Bucephala islandica*
(GMELIN) –
Erpel im Prachtkleid

**20** Spatelente
*Bucephala islandica*
(GMELIN) –
Enten und Erpel

**21, 22, 23, 24**
Gelege von Schnatterente,
Löffelente, Tafelente
und Stockente

**25** Eiderente
*Somateria mollissima* (L.) –
Erpel im Prachtkleid

**26** Eiderente
*Somateria mollissima* (L.) –
Erpel im Prachtkleid,
noch nicht ganz ausgefärbt

**27** Prachteiderente
*Somateria spectabilis* (L.) –
Brutpaar

**28** Eisente
*Clangula hyemalis* (L.) –
Erpel im Prachtkleid

**29** Eisente
*Clangula hyemalis* (L.) –
Erpel und Enten
im Pracht- bzw. Brutkleid
bei der Balz

**30** Samtente
*Melanitta fusca* (L.) –
Erpel und Ente
im Pracht- bzw. Brutkleid

**31** Trauerente
*Melanitta nigra* (L.) –
Erpel im Prachtkleid

**32** Mittelsäger
*Mergus serrator* L.–
Erpel im Prachtkleid

**33** Gänsesäger
*Mergus merganser* L. –
Erpel im Prachtkleid

**34** Gänsesäger
*Mergus merganser* L. –
Ente im Brutkleid

35 Brandente *Tadorna tadorna* (L.)

36 Weißkopfruderente
*Oxyura leucocephala*
(Scopoli) –
Erpel im Prachtkleid

37 Weißkopfruderente
*Oxyura leucocephala*
(Scopoli) –
zur Ausbürgerung in Ungarn
vorgesehener Trupp

**38** Mandarinenente
*Aix galericulata* (L.) –
Erpel im Prachtkleid

**39** Brautente
*Aix sponsa* (L.) –
Erpel im Prachtkleid

**40** Dunenjunge
der Schnatterente
*Anas strepera* L.

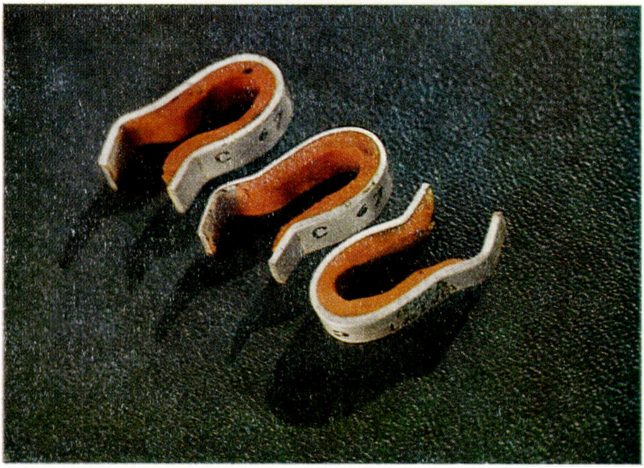

**41** Fußgerecht geformte
Leichtmetallringe
mit Plastilinfüllung
zur Kennzeichnung
von Dunenjungen

**42** Dunenjunge der Tafelente *Aythya ferina* (L.)

**43** Zum Fang von Dunenjungen wird das Gelege mit einem Netz umhüllt (Engure See, Lettische SSR)

**44** Netzkäfig zum Fang brütender Reiherenten – Weibchen auf dem Nest (Engure See, Lettische SSR)

**45** Blick auf das Einschlüpfloch des Netzkäfigs

**46** Der Schellentenbestand läßt sich durch Anbringen von Holzkästen passender Bauweise anheben. Naturschutzhelfer beim Anbringen von Nistkästen im NSG Galenbecker See (DDR).

**47** Geschlossene, zu dichte Schilfbestände werden durch Schilfschnitt aufgelockert und dadurch die Anzahl potentieller Brutplätze erhöht (Engure See, Lettische SSR).

48 Künstliche Inseln nach der Fertigstellung (Engure See, Lettische SSR)

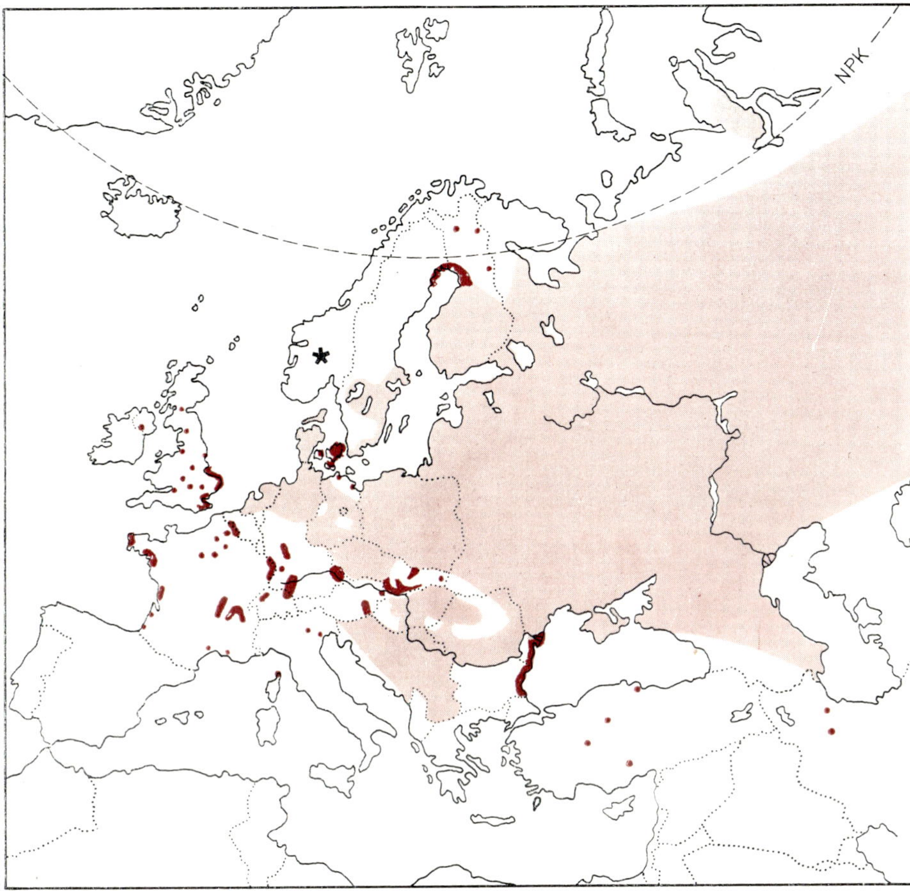


**Karte 12**
Brutverbreitung der Knäkente
*(Anas querquedula)*

vegetation noch erhalten ist, und zwar an größeren wie an kleineren Gewässern, wenn die genannten Bedingungen erfüllt sind. In Niederungsgebieten an vegetationsreichen Entwässerungsgräben und auf flachgründig überschwemmten Wiesen. Bevorzugt die offene Landschaft, die jedoch hinreichend Deckung bieten muß. Im Küstengebiet der DDR brütet sie auf Wiesen und Naßflächen, wenn hohe Grasbestände vorhanden sind (ZIMMERMANN in KLAFS und STÜBS, 1977).

**Nahrung, Nahrungserwerb**

Die Nahrung besteht sowohl aus pflanzlichen als auch aus tierischen Komponenten. Sie wird schnatternd aufgenommen, wenn diese auf der Wasseroberfläche treibt (z. B. Wasserläufer) oder gründelnd gesucht (Teile von Laichkräutern und andere Wasserpflanzen, bevorzugt auch deren Samen und die an den Pflanzen befindlichen Mollusken, Insektenlarven, Wasserkäfer, Wasserwanzen, Kleinkrebse einschließlich Fisch- und Amphibienlaich).

## Brutbiologie

**Nistplatzwahl:** Nistplätze werden unmittelbar nach Ankunft der Paare im Brutgebiet ausgesucht, jedoch ist nicht bekannt, welcher der beiden Partner die Auswahl trifft.

**Neststandort, Nest:** In kurzrasiger, der brütenden Ente Sicht gewährender Vegetation, meist in einiger Entfernung vom Wasser, an feuchtem (Seggenrieder) und auf trockenem, kurzrasigem Grünland inmitten übersichtlicher Niederungsgebiete. An feuchten Stellen auf Bülten und Graskaupen, sonst auf der flachen Erde, auch in landwirtschaftlichen Kulturen (Kleefelder, Mahdwiesen), jedoch immer gut versteckt in Vertiefungen, Grasbülten oder krautiger Vegetation, die zur Seite gebogen werden muß, wenn man ins Nestinnere blicken will.
Das Nest besteht aus einer flachen Mulde und aus der Umgebung stammenden Halmen und Pflanzenstengeln. Das Ganze ist gut mit Dunen ausgepolstert.

**Eier, Gelege:** Rahmgelb ohne Grünanteil und etwas länglicher als die der Krickente. Durchschnittliche Größe 45×33 mm (maximale Länge 49,4 mm, minimale Länge 39,3 mm), Masse 23 bis 28 g, nach Makatsch (1974) 27,5 g. Normalgelege enthalten 6 bis 13 Eier.

**Bebrütung, Jungenaufzucht:** In Westeuropa Eiablage im ersten Aprildrittel beginnend, in Mitteleuropa erst ab Ende April. Vollgelege ab Mitte Mai und später, oft erst Anfang Juni. Da 21 bis 23 Tage gebrütet wird, schlüpfen die Jungvögel in Mitteleuropa erst ab Anfang Juni, die Mehrzahl ab Mitte Juni.

Die Jungen sind nach etwa 6 Wochen flugfähig und trennen sich dann von den Eltern.

## Bestand, Bestandsveränderungen

In einer Auswertung der aus dem vorigen Jahrhundert vorliegenden Angaben kommen Bauer und Glutz v. Blotzheim (1968) zu der Ansicht, daß die Fluktuation im Bestand von den klimatischen Bedingungen bestimmt wird. In warmen Perioden soll die Art rasch an Zahl zunehmen und auch in der Lage sein, neue Gebiete zu besiedeln. Hinweise für plötzliche drastische Ausweitung des Areals in nördliche Richtung liegen aus Skandinavien vor. Die von Bauer und Glutz v. Blotzheim (1968) verwerteten Angaben lassen allerdings nicht erkennen, ob mit den Veränderungen in der Arealbesetzung auch quantitative Veränderungen einhergingen.

In den letzten Jahrzehnten vollzogen sich keine erkennbaren Veränderungen des Verbreitungsareals. Die Siedlungsdichteuntersuchungen, die in den skandinavischen Ländern vorgenommen wurden, ergaben eine dünne Besiedlung. Die Ergebnisse dienten als Grundlage für die Einschätzung des Brutbestandes in Schweden und Finnland. Merikallio (1958) bezifferte den finnischen Brutbestand mit 1000 bis 2000 Brutpaaren und sprach von leichtem Rückgang seit 1950, der auch bei Grenquist (1970) erwähnt wird. Nach Lampio (1977) soll seitdem eine leichte Zunahme stattgefunden haben. Bezüge zu klimatischen Veränderungen lassen diese Angaben nicht erkennen.

Aus anderen europäischen Ländern vorliegende Angaben sind in Tab. 6/5 zusammengestellt.

Die von Hepburn (1984) vorgenommene Einschätzung des westeuropäischen Brutbestandes (12 000 bis 22 500 Brutpaare) stimmt mit der Tabelle überein. Eine Diskrepanz ergibt sich, wenn man den nordwesteuropäischen Brutbestand mit der Jagdstrecke vergleicht, die für Europa ermittelt wurde. Hepburn (1984) nennt 574 000 jährlich erlegte Knäkenten. Wenn die Anzahl zutrifft, und nicht – wie zu vermuten – vielfach Verwechslungen mit der Krickente erfolgten, dann

**Tabelle 6/5**
Brutbestand der Knäkente in Europa und im europäischen Teil der Sowjetunion

| Land/Gebiet | Anzahl/Brutpaare | Jahr/Zeitraum | Autor |
|---|---|---|---|
| Großbritannien | 100 | 1968/72 | Sharrock, 1976 |
| Schweden | 1 000 | | Ulfstrand u. Hogstedt, 1976 |
| Finnland | 5 100 | 1974/79 | Hyytiä et al., 1983 |
| Belgien | 200 | | Lippens u. Wille, 1972 |
| Niederlande | 1 500 | 1977 | Teixeira, 1979 |
| Luxemburg | 5 | | Lippens u. Wille, 1972 |
| Dänemark | 200 | 1975/80 | Møller, 1983 |
| BRD | 900 | 1980 | Rheinwald, 1982 |
| DDR | 900 | 1975/87 | Rutschke u. Reymann, 1977 |
| Frankreich | 2 000 | | Jouanin, 1970 |
| Schweiz | 5 | 1972/76 | Bezzel, 1985 |
| ČSSR | 600 | 1971/79 | Fiala, 1982 b |
| Bulgarien | 150 | | Nankinov, 1981 |
| UdSSR | | | |
| *Estnische SSR*, *Lettische SSR*, *Litauische SSR* | 100 000 | | Kumari et al., 1970 |

müßten die zentralen und nördlichen Teile der Sowjetunion außerordentlich dicht besiedelt sein. Aus diesem Gebiet fehlen quantitative Angaben.

Die bei Hepburn (1984) genannte Jagdstrecke ist, wenn man sie mit dem Winterbestand vergleicht, zu hoch. Im zentralen Westafrika, dem wichtigsten Überwinterungsgebiet, wurden bis zu 500 000 Knäkenten festgestellt (Scott, 1980). Der Winterbestand im Mittelmeergebiet und der des Schwarzen und Kaspischen Meeres wird von Hepburn (1984) mit 250 000 angegeben, was einen Gesamtbestand von etwa 750 000 Tieren ergibt.

In Mittel- und Westeuropa geht der Bestand unterschiedlich schnell, aber kontinuierlich zurück. Der Rückgang ist besonders gut aus den Niederlanden belegt. Dort brüteten 1970 noch 750 Paare im Norden des Landes, 1979 noch 120 bis 132, bei einem Gesamtbestand von 1500 Brutpaaren (1977) (Teixeira, 1979). Cramp und Simmons (1977) gaben den Bestand in den Niederlanden noch mit 5000 Brutpaaren an. Auf starken Rückgang der Art in Frankreich wird auch von Jouanin (1970) hingewiesen. In gleicher Weise verläuft die Entwicklung in der BRD (600 bis 870 Brutpaare 1980; Rheinwald, 1982) und der DDR (etwa 400 bis 500 Brutpaare). Für die Bundesrepublik wurde die Art als »bestandsbedroht« eingestuft (Szijj, 1977).

## Wanderungen

Die Überwinterungsquartiere der nordwesteuropäischen Population befinden sich in Nord- und Westafrika. Um diese zu erreichen, wird im Spätsommer zunächst eine südwestliche Route eingeschlagen, die längs der Küsten von Ost- und Nordsee nach Westeuropa führt. Im August erreicht der Durchzug in den Niederlanden bereits den Höhepunkt. Die ersten Durchzügler treffen dort bereits um den 10. Juli ein (Impekoven,

1964). Der Weiterzug nach Südwesteuropa und in die afrikanischen Winterquartiere ist zeitlich nicht deutlich abgegrenzt. In den Niederlanden zieht sich der Durchzug über 4 Monate hin.

Wahrscheinlich ziehen die Tiere die in Nordosteuropa brüten am weitesten nach Süden, die mitteleuropäischen verbleiben bereits in Südeuropa und Nordafrika, und die am weitesten südlich brütenden wandern gar nicht oder nur geringe Strecken. In der Camargue erscheinen überwiegend Tiere, die aus Süditalien und Jugoslawien kommen. Das beweist, daß die aus den Niederlanden südwärts wandernden eine atlantische Route einhalten.

Neben der westlichen Route gibt es zwei weitere, die zu Winterquartieren in Afrika führen. Die eine verläuft über Italien und Sizilien nach Nordafrika, die andere längs der östlichen Mittelmeerküste. Die auf der östlichen Route ziehenden Knäkenten erreichen Afrika im Nildelta. Sie ziehen dann längs des Nils südwärts bis zu den Gewässern im Quellgebiet des Nils und noch weiter südlich (IMPEKOVEN, 1964). Diese Tiere stammen wahrscheinlich vor allem aus Westsibirien und dem östlichen Osteuropa. Die von IMPEKOVEN (1964) ausgewerteten Wiederfunddaten vermitteln kein klares Bild über die Herkunft, was wohl daran liegt, daß nach Verpaarungen im Winterquartier einer der Partner die Wanderrichtung ändert, wenn die Herkünfte verschieden sind.

Der Frühjahrszug verläuft wesentlich rascher als der Herbstzug. Die Knäkenten durchqueren dabei in nordwestwärts gerichteter Wanderung auch das mitteleuropäische Binnenland. Die in Afrika überwinternden erreichen Europa ab Mitte März. Schon Anfang April ist ein Teil der Durchzügler bis in die nordosteuropäischen Brutgebiete vorgedrungen. Der Heimzug setzt Ende Februar/Anfang März ein (BEZZEL, 1964).

## Löffelente

*Anas clypeata* (L.)
Shoveler
Canard souchet
Чирoконоска

### Kennzeichen, Beschreibung

Nur wenig kleiner als die Stockente mit klobigem Schnabel und auffallend buntem Prachtkleid des Männchens, dessen Schönheit NAUMANN wie folgt rühmt: »Ungemein auffallen werden vor allen anderen dem Beobachter die Männchen in ihrem Prachtkleide, das zu den buntesten gehört und dessen abstrakte Farben, besonders das viele Weiß in großen Partien beisammen, weit in die Ferne leuchten. Das Kleid gehört zu den schönsten der Gattung, und man weiß nicht, ob das fliegende Männchen von unten gesehen, das Schwarzgrün des Kopfes und des Halses, das reine Weiß des Kropfes und das Kastanienbraun des Unterrumpfes scharf voneinander getrennt, oder von oben gesehen, sich schöner ausnimmt, . . .«.

Die Buntheit wird durch die schwarzen Unterschwanzdecken verstärkt, die durch ein weißes Band gegen das Rotbraun der Flanken abgesetzt sind. Die mitteren Schwanzfedern sind sepiabraun mit weißen Rändern, die äußeren mit noch mehr Weiß. Im Fluge treten die hellgrauen Vorderflügel mit dem von den Armschwingen gebildeten metallgrünen Spiegel auffällig hervor.

Das Weibchen stimmt sowohl in der Schlichtheit des Brut- wie des Ruhekleides mit anderen weiblichen Tieren der Gattung *Anas* überein. Ein mittleres Braun dominiert. Das fleckig-schuppige Aussehen wird durch die Musterung der hellbraun gerandeten Konturfedern hervorgerufen, bei denen dunkle Federzentren mit hellen Abschnitten wechseln. Färbung und Musterung stimmen weitge-

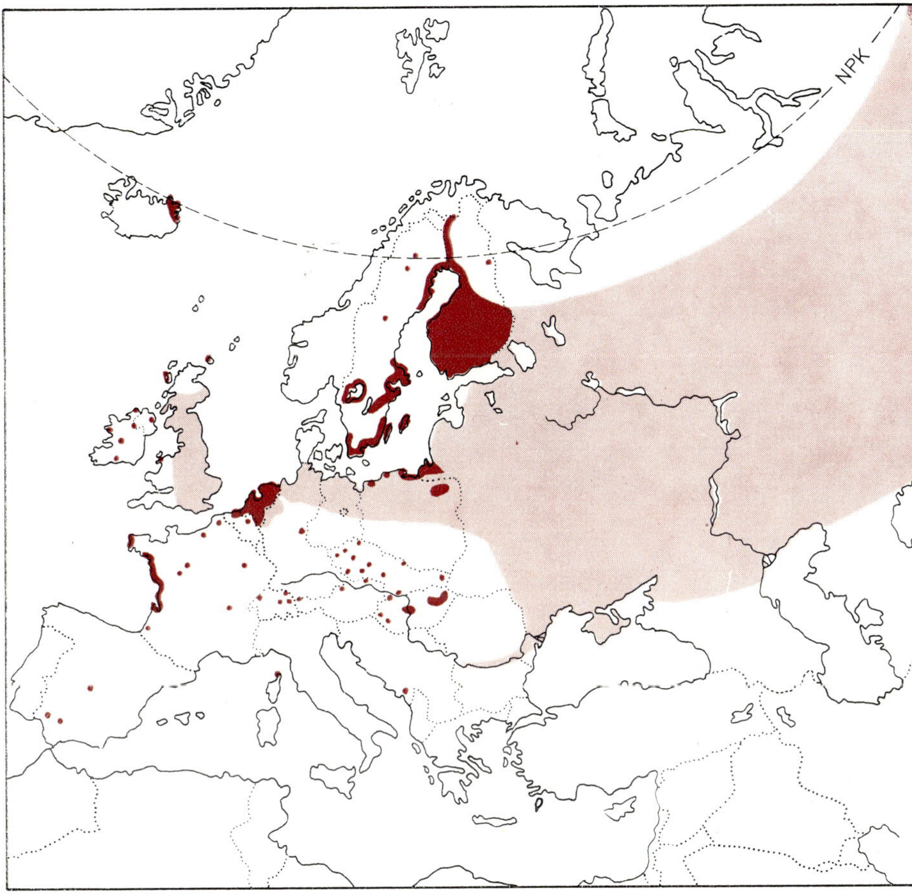


hend mit denen der Stockenten überein, der klobige Schnabel schließt jedoch Verwechslungen aus.

Das Schlichtkleid des Männchens entspricht oberseits weitgehend dem Ruhekleid des Weibchens, doch der Flügel behält seine Buntheit und auch in der Rükken- und Bürzelfärbung bleiben die Prachtkleidermerkmale erhalten.

## Brutverbreitung

Durch die gesamte Holarktis verbreitet, nordwärts jedoch nur bis zu den 10°- bis 12°-Juli-Isothermen (66° bis 68° N). Im Süden Europas bis in das mediterrane Gebiet und in Asien bis in die Steppen-

**Karte 13**
Brutverbreitung der Löffelente
*(Anas clypeata)*

und Wustenzone. In Westeuropa Brutvogel im Nordosten von Island, auf den Britischen Inseln (einschließlich Orkney-Inseln und Hebriden). Auf dem europäischen Kontinent sind weite Teile Westeuropas, Südskandinaviens, Mittel- und Osteuropas besiedelt. Im Norden geht die Art bis nach Mittelkarelien, im Gebiet der Petschora- und Dwinamündung bis zum Weißen Meer und ostwärts weiter durch West-, Mittel- und Ostsibirien bis zur Halbinsel Sachalin und den Japanischen Inseln. In Südosteuropa sind Rumänien und Bulgarien teilweise bewohnt. Die Südgrenze der Verbreitung verläuft längs der Nordgrenze des Schwarzen Meeres durch das Vorland des Kaukasus zum Kaspischen Meer und von dort zu den Steppengebieten Mittel- und Zentralasiens. Südlich des geschlossenen Verbreitungsgebietes gibt es sowohl in Europa (Südfrankreich) als auch in Asien isolierte Vorkommen (Karte 13).

### Lebensraum

Brütet vorzugsweise an binnenländischen Gewässern verschiedenster Art, wenn ufernahe dichte Vegetation in Form von Schwimmpflanzenrasen, Schilfgürteln, Binsen- und Seggenbeständen vorhanden sind. Kleine und Kleinstgewässer werden größeren vorgezogen, wenn offene, nicht verkrautete Wasserflächen vorhanden sind.

Im Küstenbereich auf Inseln von Bodden, in seichten Buchten, auch in der Brackwasserzone.

### Nahrung, Nahrungserwerb

Die bei Bauer und Glutz v. Blotzheim (1968) aufgeführten Ergebnisse von Magenuntersuchungen belegen, daß planktische und fein kompartimentierte Nahrung dominiert, eine spezielle Auswahl jedoch nicht erfolgt.

Bemerkenswerte Techniken sind das Aufwirbeln des Schlammes beim Gründeln zum Zwecke der anschließenden Aufnahme aufsteigender Nahrungspartikel von der Wasseroberfläche, durch rasche Drehbewegungen mit dem ganzen Körper.

Beim seihenden Durchschnattern des oberflächennahen Wassers wird aufgenommen, was an treibenden grünen Pflanzenteilen (Lemna, Blätter, Sprosse, Samen, Insekten, Schnecken, Würmer) vorhanden ist. Bildhaft deutlich beschreibt Naumann die Nahrungsaufnahme: »Sie durchschnattert besonders gern auch die schwimmenden Wasserpflanzen, zwischen welchen gewöhnlich ganz winzige Geschöpfchen in Unzahl leben, und diese fischt sie auch von der freien Oberfläche des Wassers fleißig auf, indem sie oft in Kreisen oder Schlangenlinien fortschwimmt, den Hals vor sich hinstreckt, den die Fläche durchschneidenden Schnabel schnell öffnet und schließt, daß mit jenen aufgeschlürfte Wasser seitwärts durch die kammartigen Lamellen wie durch ein Filtrum treibt und das Geniessbare zum Verschlucken zurückbehält. Dies alles geschieht gleichzeitig und so schnell, daß dabei, außer dem Fortrudern, kaum weiter etwas als das schnurrende Plätschern, durch die schnelle Bewegung des Schnabels erzeugt, bemerklich wird.«

### Brutbiologie

**Balz, Paarbildung:** Geschlechtsreife ab Ende des ersten Lebensjahres, Paarbildung bereits ab Spätherbst, ab April im Brutgebiet.

Der Balz fehlen charakteristische Elemente der Gründelentenbalz wie Grunzpfiff des Erpels und das »Antrinken«. Kennzeichnende Posen sind pumpende Kopfbewegungen, die Männchen und Weibchen ausführen, und das »Bauch-Scheinputzen«, wobei dem Partner auch der leuchtend grüne Flügelspiegel gezeigt wird. Gebalzt wird bereits im Winterquartier, wobei sich der überwiegende Teil der brutfähigen Tiere fest verpaart.

**Nistplatzwahl:** An der Auswahl des Nistplatzes beteiligen sich beide Partner. Im Brutterritorium häufig kurze Rundflüge, die als Balzflüge interpretiert werden. Sie hören erst auf, wenn mit der Eiablage begonnen wurde.

**Neststandort, Nest:** An Gewässern im Uferbereich, jedoch zumeist landseitig, also im Ufergebüsch, in krautiger Vegetation oder auf Seggenbülten, seltener in

**Tabelle 6/6**
Brutbestand der Löffelente in Europa und im europäischen Teil der Sowjetunion

| Land/Gebiet | Anzahl/Brutpaare | Jahr/Zeitraum | Autor |
|---|---|---|---|
| Island | 30...100 | 1950/70 | Gardarsson, 1975 |
| Großbritannien, Irland | 1 000 | 1968/72 | Sharrock, 1976 |
| Schweden | 8 000 | | Ulfstrand u. Hogstedt, 1976 |
| Finnland | 7 200 | 1974/79 | Hyytiä et al., 1983 |
| Belgien | 165 | | Houwink, 1979 |
| Niederlande | 9 000...12 000 | 1975 | Teixeira |
| Dänemark | 5 000...6 000 | 1975 | Bezzel, 1985 |
| BRD | 1 300 | 1980 | Hepburn, 1984 |
| DDR | 800 | 1978/87 | |
| Frankreich | < 1 000 | 1970/75 | Yeatman, 1976 |
| Schweiz | < 20 | | Schifferli et al., 1980 |
| Österreich | > 100 | | Lippens u. Wille, 1972 |
| ČSSR | 740 | 1971/79 | Fiala, 1982 a |
| UdSSR | | | |
| *Estnische SSR* | 2 500 | 1975/80 | Kumari, 1981 |
| *Lettische SSR* | 400 | 1975/80 | Kumari, 1981 |
| *Litauische SSR* | 100 | 1975/80 | Kumari, 1981 |

der Röhricht- oder Schwimmblattzone. In Niederungs- und überschwemmungsgebieten im üppigen Gras leicht erhöhter, trockener Standorte, dann auch – wie auf übersichtlichen Inseln – relativ frei stehend. Zwar ist die Bindung des Neststandortes an das Brutgewässer enger als bei anderen *Anas*-Arten, trotzdem kann das Nest 100 Meter und weiter von der offenen Wasserfläche entfernt sein. – Der Nestbau erfolgt nur vom Weibchen. Bereits einige Tage vor Beginn der Eiablage wird eine flache Mulde ausgedreht, die mit Grashalmen ausgekleidet wird. Die Auspolsterung mit Dunen erfolgt während der Eiablage und wird nach Beginn der Bebrütung weiter fortgesetzt.

**Eier, Gelege:** Eier oval, glattschalig, graugrün, seltener gelbgrau; Größe durchschnittlich 52×37 mm (maximale Länge 56,5 mm, minimale Länge 48,3 mm); Masse 35 bis 43 g, nach Makatsch (1974) 37 g.

Zum Vollgelege gehören 8 bis 12 Eier. Legebeginn in West- und Mitteleuropa in der 3. Aprildekade, selten früher, Hauptlegezeit in der ersten Maihälfte bis spätestens Anfang Juni; Eiablage täglich; Nachgelege nur selten.

**Bebrütung, Jungenaufzucht:** Das Männchen bleibt während der Bebrütung des Geleges in der Nähe des Weibchens und macht auf sich nähernde potentielle Feinde aufmerksam. Sogar über Verleite-Verhalten wird berichtet (Bauer und Glutz v. Blotzheim, 1968). Brutdauer 23 bis 25 Tage. Zu Anfang der Bebrütung verläßt das Weibchen zweimal täglich das Gelege, und zwar morgens und am Nachmittag. Die Brutpausen, die zunächst bis zu 2 Std. dauern, werden mit fortschreitender Bebrütung bis auf 30 Min. verkürzt und können gegen Ende völlig entfallen.

Die zuerst geschlüpften Jungen bleiben bis zum Schlupf des letzten bei der Mutter und verstecken sich unter deren Gefieder. Nach dem Abtrocknen führt die Mutter die Jungen an das Wasser und bleibt mit ihnen im Vegetationsgürtel. BAUER und GLUTZ v. BLOTZHEIM (1968) nennen Beispiele für gelegentliches Mitwirken des Männchens in der Frühphase der Jungenaufzucht.

## Bestand, Bestandsveränderungen

Angaben über die Größe der Brutbestände liegen aus Nord-, Mittel- und Westeuropa vor (Tab. 6/6). Nach BAUER und GLUTZ v. BLOTZHEIM (1968) nimmt die Art seit Ende des vorigen Jahrhunderts in Großbritannien, Süd- und Westdeutschland und auch in Schweden zu und weitet ihr Brutgebiet aus. In Finnland erfolgt die Ausbreitung nach Westen und Norden. Neu besiedelt wurde auch der Myvatn in Nordisland. Die Zunahme vollzieht sich vor allem in Gebieten, in denen die Binnengewässer eutrophierten. Gut belegt ist die zunehmende Tendenz für Großbritannien. Dort wurde die Brutpopulation auf 500 Paare zu Ende der 60er Jahre eingeschätzt. Sie liegt gegenwärtig bei 1000 bis 1500 Brutpaaren, hat sich also mehr als verdoppelt (OWEN et al., 1986). In Finnland ist die Zunahme weniger deutlich, denn MERIKALLIO (1958) gab 4000 Brutpaare, HYYTIÄ et al. (1983) geben 4100 bis 7200 Paare an.

Die skandinavisch-nordwesteuropäischen Löffelenten überwintern in West- und Südwesteuropa und teilweise auch in West- und Zentralafrika. Den westeuropäischen Winterbestand schätzten ATKINSON-WILLES (1976) auf 20 000 Individuen (1974), RÜGER et al. (1986) auf 40 000 (Abb. 6/13). Weitaus mehr überwintern im westlichen Mittelmeergebiet (durchschnittlich 132 000). Westpalaearktischer Herkunft sind auch die 7000 bis 17 000 in Zentralafrika und die 73 000 in Algerien überwinternden Löffelenten. Vergleicht man diese Zahlen mit den Brutbestandsangaben für Skandinavien, Mittel- und Westeuropa, dann wird deutlich, daß ein erheblicher Teil der Überwinterer östlicher Herkunft sein muß.

Die Mehrzahl der in Osteuropa und Westsibirien beheimateten Löffelenten überwintert in einem Gebiet, das vom westlichen Mittelmeer über das Schwarze Meer zum Kaspischen Meer reicht und auch Teile Vorderasiens und Nordostafrika einschließt. Für dieses Gebiet rechnen RÜGER et al. (1986) mit einem durchschnittlichen Winterbestand von 200 000 Individuen, wobei die am Kaspischen Meer überwinternden nicht mitgerechnet sind.

## Wanderungen, Überwinterung

(s. Karte 14)

Die nord-, nordost- und mitteleuropäischen Löffelenten beginnen den Wegzug im August unmittelbar nach Abschluß der Brutzeit. Der Höhepunkt wird im September erreicht. Ringfunde belegen, daß viele zunächst in westsüdwestliche Richtung ziehen und dabei entweder nach England (aus Südnorwegen stammende) oder in die Niederlande (aus Finnland und sogar Westsibirien stammende) gelangen. Nach Zugunterbrechung erfolgt bis Ende September der Abzug in die

**Abb. 6/13**
Löffelente *(Anas clypeata)* – Trendanalyse des Mittwinterbestandes in Europa (Erläuterungen s. Abb. 6/3; Anzahl Zählgebiete: min. 1324, max. 1862, aus RÜGER et al. 1986)

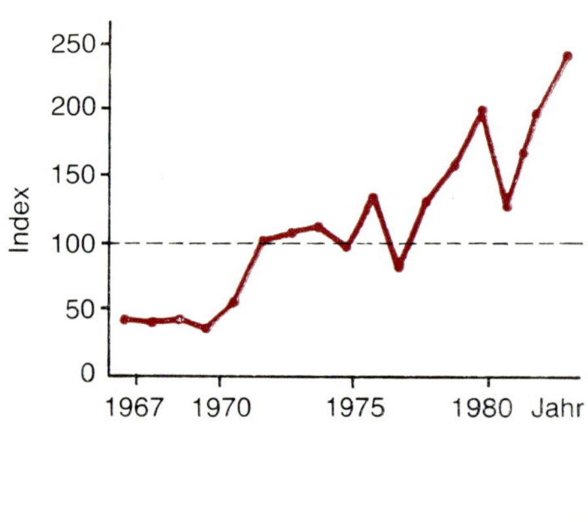

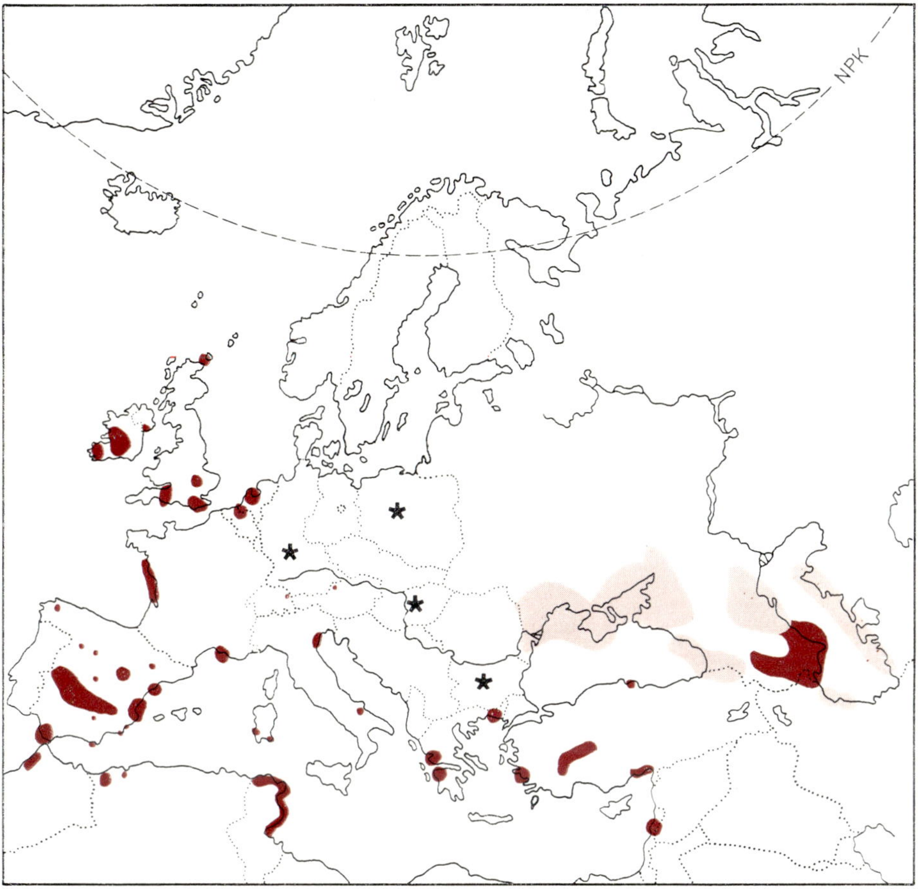


**Karte 14**
Überwinterungsgebiete der Löffelente
*(Anas clypeata)*

definitiven südeuropäischen und afrikanischen Winterquartiere. In Senegal treffen große Scharen im Oktober ein. Weiter östlich ansässige Löffelenten überwintern in Kleinasien und am Kaspischen Meer.

In den baltischen Sowjetrepubliken beheimatete Löffelenten wandern im Herbst in Westsüdwest-Richtung (MICHELSON und MEDNIS, 1976). Der Abzug der Jungvögel beginnt bereits im August, wobei zunächst keine Vorzugsrichtung eingeschlagen wird und einzelne Jungvögel 2000 km ostwärts und 1300 km südostwärts fliegen. Zeitig geschlüpfte Jungvögel ziehen eher als Spätlinge. – Die Winterquartiere der westpalaearktischen Löffelenten befinden sich überwiegend südlich des Brutgebietes im Mittelmeergebiet und in Nord- und Zentralafrika (Delta des Senegal, Niger-Bassin). Auf den Britischen Inseln überwintert nur eine geringe Anzahl, und auch in den Niederlanden und in Belgien bleiben nur wenige zurück (milde Winter ausgenommen). Größere Scharen überwintern regelmäßig an der französischen Atlantikküste (z. B. Loire-Mündung). Das bedeutendste

Überwinterungsgebiet in Südwesteuropa sind die Marismas des Guadalquivir (Südspanien). Dort wurden über 25 000 Tiere festgestellt (RÜGER et al., 1986). In der Camargue (Frankreich) rasteten zwischen 1979 und 1983 durchschnittlich 12 800 Individuen. Im westlichen Mittelmeer konzentrieren sich die Löffelenten ebenfalls an wenigen Plätzen. Bedeutendstes Zentrum ist der Burillus See in Ägypten mit Ansammlungen von etwa 58 000 Löffelenten (1979, 1980).

Beim Heimzug, der in Afrika spätestens Mitte März einsetzt, wird eine direktere Richtung (Nordost) eingeschlagen und Mitteleuropa in breiter Front durchquert. Bevorzugte Frühjahrsrastplätze sind Überschwemmungsgebiete in Flußniederungen. Ab Mitte Juni finden sich die Männchen dieser Art in mehr oder minder großen Ansammlungen zur Mauser zusammen.

In Mitteleuropa ist der Mauserzug wenig ausgeprägt.

# Tauchenten

## Kolbenente

*Netta rufina* (PALLAS)
Red-crested Pochard
Nette à huppe rousse
Красноносый нырок

### Kennzeichen, Beschreibung

Der Kopf des Erpels im Prachtkleid ist doppelt auffällig: Durch das kräftige Rotbraun und die Größe, die zum übrigen Körper nicht zu passen scheint, zumal sie durch eine lose Federhaube noch betont wird. Der leuchtend rote Schnabel, das scharf gegen die Kopffärbung abgesetzte Schwarz des Nackens, Halses und der Vorderbrust, das auch gegen die weißen Flanken und die graubraune Oberseite kontrastiert, sind weitere auffällige Merkmale. Schwarz gefärbt sind auch Unterseite und Schwanzbereich. – Im Brutkleid des Weibchens überwiegen graubraune Farbtöne. Gegen das Dunkelbraun des Oberkopfes heben sich die hellgrauen Wangen deutlich ab, was zusammen mit der roten Querbinde an der Spitze des ansonsten dunklen Schnabels als Erkennungsmerkmal dienen kann. Beim Schwimmen sind die weißen Unterflügeldeckfedern als weißer Fleck in Schwanznähe erkennbar. – Das Schlichtkleid des Erpels entspricht weitgehend dem Brutkleid des Weibchens, doch die Wangen sind nicht so stark aufgehellt. Das Schnabelrot ist blasser und dadurch weniger auffallend. – Bei fliegenden Kolbenenten fallen die hellen Flügel mit den fast bis zur Flügelspitze reichenden weißen Binden auf.

**Stimme:** Die Balzlaute des Erpels sind vielfältige, meist einsilbige Töne. Am bekanntesten ist das »Bät«, das auch außerhalb der Fortpflanzungszeit zu hören ist. In starker Balzstimmung rufen die Männchen laut »chruüb«, andere während der Balz geäußerte Laute sind nur in unmittelbarer Nähe hörbar. Die Weibchen lassen im Fluge, besonders wenn sie verfolgt werden, »Wuuh«-Reihen hören, ihr Hetzlaut klingt weich »tärr«. Ein kurzes »Hurr« wird als Warnlaut, ein »Gock« als Drohlaut interpretiert.

### Brutverbreitung

Das geschlossene Brutareal befindet sich in Mittelasien. Die europäischen Brutvorkommen sind aufgesplittert, oft weit entfernt voneinander, jedoch mit einem

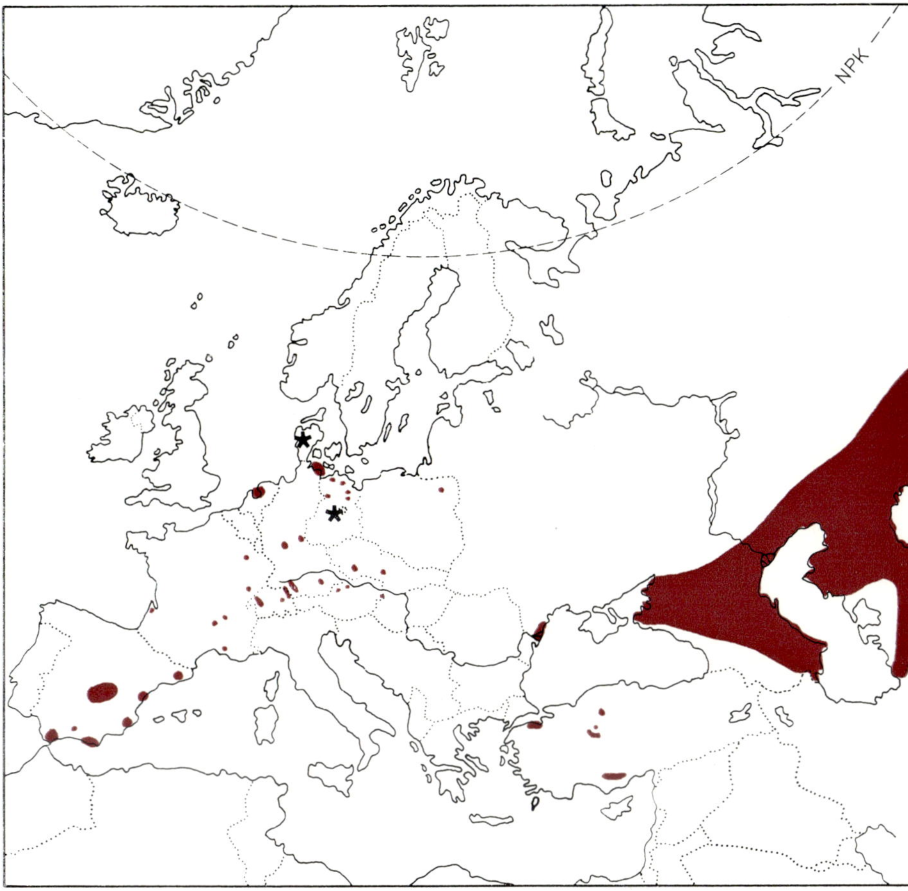


**Karte 15**
Brutverbreitung der Kolbenente
*(Netta rufina)*

deutlichen Schwerpunkt im westlichen Mittelmeergebiet (Südspanien, Camargue, Sardinien). In Mitteleuropa befinden sich Brutplätze im nördlichen Alpenvorland (Bodensee, Ismaninger Teichgebiet, Innstauseen), an einigen Seen in den Niederlanden, in Schleswig-Holstein (BRD), in Mecklenburg (DDR), in den südmährischen Teichgebieten (ČSSR). Neuerdings ist die Kolbenente in Thüringen (DDR) sporadischer Brutvogel (SEMMLER in KNORRE et al., 1986). In Südosteuropa brütet die Art im westlichen Schwarzmeergebiet und in den Sümpfen des Kuban (Asowsches Meer). Hier beginnt das sich nach Osten erstreckende zusammenhängende Brutgebiet (Karte 15).

## Lebensraum

Brütet an Gewässern, an denen Ufervegetation und Unterwasservegetation (Laichkräuter, Armleuchteralgen) gleichermaßen gut entwickelt sind. Als wärmeliebende Art in Mitteleuropa an flachen, sich rasch erwärmenden Gewässerabschnitten. In Mittelasien auch an brakkigen Gewässern.

## Brutbiologie

**Balz, Paarbildung:** Die Balz setzt bereits im Herbst ein und erfolgt auch im Winterquartier mit steigender Intensität zum Frühjahr hin. Die Balzkomponenten sind die gleichen wie bei Tauchentenarten der Gattung *Aythya.* Gebalzt wird vorzugsweise in den wärmeren Mittagsstunden, vor allem bei Sonnenschein. Im Herbst und Winter dominiert die Gesellschaftsbalz, die in voller Intensität nur dann abläuft, wenn mehr als 5 Erpel versammelt sind. Je mehr Paare sich gebildet haben und je fester die Paarbindungen werden, desto mehr verliert die soziale Balz an Bedeutung und eine für die Kolbenente spezifische Balzpose tritt in Erscheinung, das »Balzfüttern«: Das Männchen taucht mit Pflanzenteilen im Schnabel auf, die es dem Weibchen vorlegt. Es kommt vor, daß das Weibchen davon frißt.

Zwischen dem Eintreffen im Brutgebiet und dem Beginn des Nestbaues können einige Wochen verstreichen. In dieser Zeit wird der Nistplatz gewählt, wobei äußere Bedingungen, insbesondere der Verlauf des Frühjahrshochwassers, modifizierend wirken. In welcher Weise Männchen und Weibchen bei der Wahl des Neststandortes zusammenwirken ist nicht bekannt.

**Neststandort, Nest:** Das Nest steht entweder direkt am Wasser oder in dessen Nähe, gut versteckt im Dunkel des dichten Schilfgürtels, auf erhöhten Plätzen oder inselartigen Erhebungen. Bei anhaltenden Frühjahrshochwässern werden auch Nistplätze in dichtem Gebüsch in der Nähe der Uferlinien gewählt.

Das Nest besteht aus einem Unterbau aus trockenen Pflanzenteilen, der sich kegelförmig über der Nestmulde erhebt. Je nach den Wasserstandsverhältnissen ist in den Unterbau mehr oder minder aufwendig Pflanzenmaterial eingebaut. Steigt das Wasser, dann wird versucht, der Überflutung durch weiteren Ausbau zu begegnen.

**Eier, Gelege:** Eier hell steingrau, frisch auch olivgrünlich. Größe durchschnittlich 57×42 mm (maximale Länge 62,3 mm, minimale Länge 53,0 mm). Masse 48 bis 53 g. – Zum Vollgelege gehören 6 bis 12 Eier. Sind mehr vorhanden, dann haben mehrere Weibchen zusammengelegt. Bei der Kolbenente kommt das Zusammenlegen noch häufiger vor als bei anderen Entenarten, und die Eier werden auch in Nester anderer Entenarten gelegt. Das Zusammenlegen wird durch das wenig ausgeprägte Territorialverhalten begünstigt. Es kommt vor, daß Kolbenenten nur wenige Meter voneinander entfernt brüten. Die Eiablage beginnt in Mitteleuropa Mitte April, häufiger erst Anfang Mai. Um die Mitte des Monats Mai sind die ersten Vollgelege vorhanden, die letzten erst gegen Ende Juni.

**Bebrütung, Jungenaufzucht:** Die Bebrütung beginnt nach Ablage des letzten oder vorletzten Eies. In der gesamten Brutzeit bleibt das Männchen in der Nähe des Weibchens. Schon während der Eiablage übernimmt es die Überwachung des Nestes, wenn das Weibchen zur Nahrungssuche unterwegs ist. Das Männchen ist also durch sein Verhalten viel stärker an der Reproduktion beteiligt als sonst bei Enten üblich. Brutdauer 26 Tage. – Die Jungenaufzucht erfolgt durch das Weibchen, wobei es nicht selten vorkommt, daß sich Jungenschofe zusammenschließen. Die Jungen bleiben noch nach dem Erreichen der Flugfähigkeit, bis etwa zur 11. Lebenswoche, bei der Mutter. Ob und wie häufig sich Ehepartner in der nächsten Saison zu erneuter Ehe zusammenschließen ist nicht bekannt. In Gefangenschaft besteht Dauerehe.

## Nahrung, Nahrungserwerb

Wichtigste Nahrungskomponenten sind

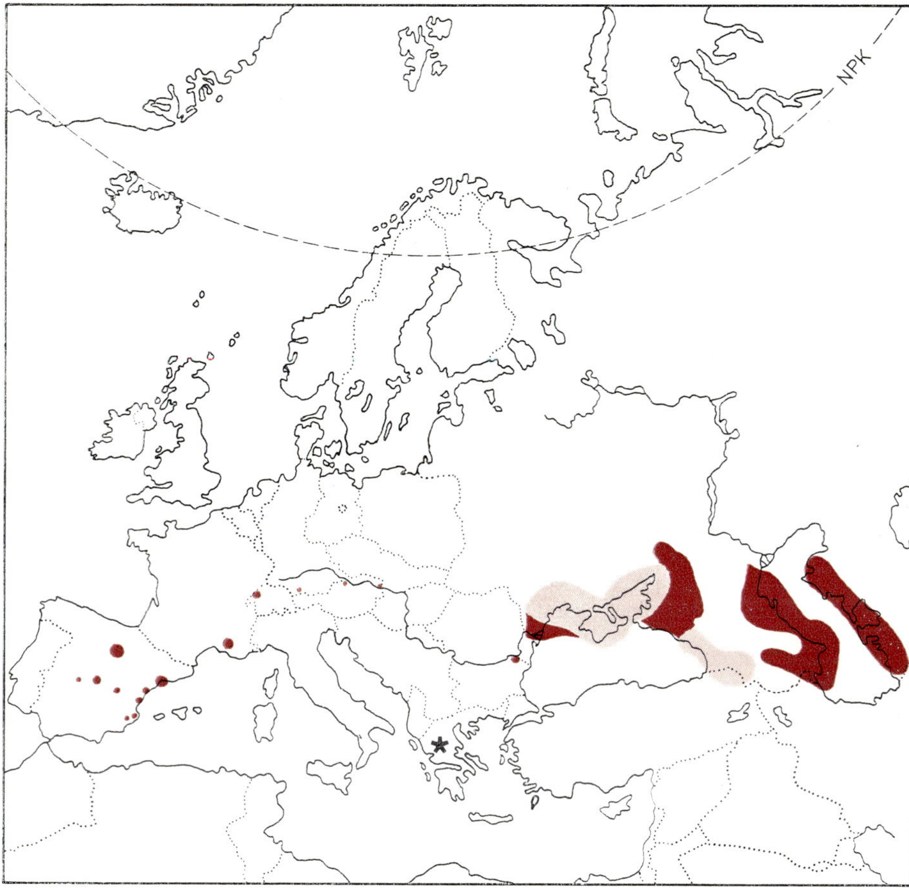


**Karte 16**
Überwinterungsgebiete der Kolbenente *(Netta rufina)*

Armleuchteralgen *(Characeen)* und Laichkräuter *(Potamogeton),* die tauchend oder gründelnd aufgenommen werden. Schon das Überwiegen der vegetarischen Komponente verschafft der Kolbenente eine Sonderstellung unter den europäischen Tauchenten. Diese wird durch die Spezialisation auf submerse Pflanzen verstärkt. Mit den Pflanzenteilen werden auch an diesen haftende Schnecken, Insektenlarven und andere Evertebraten aufgenommen, deren Anteil an der Gesamtnahrung ist jedoch verschwindend gering. Nahrungssuche vorzugsweise im Flachwasserbereich, nicht tiefer als 4 m, geringere Tiefen werden bevorzugt (Zone der Submersvegetation). – Eingetaucht wird mit einer kopfsprungähnlichen Bewegung. In ausgesprochenem Flachwasser wird auch gründelnd Nahrung aufgenommen, wobei Pflanzenteile abgebissen werden. Auf dem Wasser treibende, nicht selten beim Gründeln abgebissene Pflanzenteile, werden auch von der Wasseroberfläche aufgenommen.

## Bestand, Bestandsveränderungen

Die in den letzten Jahren erfolgten Kartierungen von Brutvögeln erlauben es, sowohl die Verbreitung als auch die Häufigkeit der Kolbenente in Mittel-, West- und Südeuropa relativ gut einzuschätzen. Das größte Brutvorkommen befindet sich gegenwärtig in Süd- und Zentralspanien. Dort ist der Entwicklungstrend eindeutig positiv. LIPPENS und WILLE (1972) bezifferten den Brutbestand mit 2000 bis 3000 Paaren, bei CRAMP und SIMMONS (1977) sind 3000 bis 6500 angegeben und BEZZEL (1985) nennt 3700 bis 7000 Brutpaare. Bestandszunahme erfolgte auch in Frankreich, wo in der Camargue eine merkliche Ausbreitung stattfand. Ältere Angaben ließen für Frankreich auf einen Brutbestand von 100 bis 200 Paaren schließen, gegenwärtig sind es etwa 1000 (YEATMAN, 1976). Eine leichte Zunahme erfolgte auch in der BRD (RHEINWALD, 1982). Im nördlichen Teil des mitteleuropäischen Verbreitungsgebietes, der DDR und Dänemark, ist die Bestandsentwicklung rückläufig bzw. gleichbleibend. In Dänemark kam es bei Ausbrüchen von Botulismus zu erheblichen Bestandseinbußen (CLAUSAGER, 1979), die die Art nicht kompensieren konnte.

Erst im Vergleich mit den Zahlenangaben für das Vorkommensgebiet im Südosten der UdSSR wird deutlich, daß es sich bei den zentral-, west- und südeuropäischen Vorkommen nur um Splitterpopulationen handelt. ISAKOV (1970a) beziffert den Bestand mit 90 000 Brutpaaren.

Bei den Mittwinterzählungen der Entenvögel wurde die südwesteuropäische Population, die im westlichen Mittelmeer überwintert, relativ vollständig erfaßt. Die etwa 24 000 Kolbenenten, die durchschnittlich festgestellt werden, entsprechen dem Brutbestand zuzüglich jährlichem Zuwachs. An den zentraleuropäischen Überwinterungsplätzen (Schweiz, Österreich) halten sich nur kleine Kontingente auf, die sich wahrscheinlich aus den Brutpopulationen und Zuwanderern aus dem nördlichen Mitteleuropa rekrutieren.

Das bedeutendste südosteuropäische Überwinterungsgebiet für Kolbenenten befindet sich im Donaudelta in Rumänien. Dort wurden bis zu 26 000 Individuen ermittelt. Sie sind wie die im nördlichen Teil des Schwarzen Meeres und in Westanatolien überwinternden östlicher Herkunft. Diese bleiben großenteils im Gebiet des Kaspischen Meeres, wo bis zu 410 000 Überwinterer festgestellt wurden, was darauf schließen läßt, daß der Brutbestand noch größer ist als von ISAKOV (1970a) angegeben.

### Wanderungen, Überwinterung

(s. Karte 16)

Die mitteleuropäischen Kolbenenten verlassen die Brutgebiete bereits im September und sammeln sich an Rastgewässern (Bodensee, Ismaninger Teichgebiet, IJsselmeer).

Von diesen ziehen sie im Spätherbst (ab Anfang November) zu den Überwinterungsplätzen im westlichen Mittelmeergebiet (Camargue, Ebrodelta). Ringfunde belegen, daß Kolbenenten aus dem Brutgebiet auch direkt in die Winterherberge fliegen. Die Maxima werden an den Überwinterungsplätzen erst im Dezember erreicht.

Der Heimzug beginnt bereits im Februar. Er zieht sich bis in den April hin, mit einer deutlichen Spitze im März.

In Osteuropa und Mittelasien sind die jeweils im nördlichen Teil des Verbreitungsgebietes brütenden Kolbenenten ebenfalls Zugvögel. Die weiter südlich vorkommenden führen nur kurze Wanderungen zu nahrungsreichen Aufenthaltsorten aus, wobei unterschiedliche Zugrichtungen eingeschlagen werden. Wichtige Überwinterungsplätze befinden sich an der Südwestküste des Schwarzen Meeres, im Iran und Irak, in der Türkei und auch im östlichen Mittelmeer (Zypern).

## Tafelente

*Aythya ferina* (L.)
Pochard
Fuligule milouin
Красноголовый нырок

### Kennzeichen, Beschreibung

Beim Erpel im Prachtkleid sind das Schokoladenbraun des Kopfes und des kurzen Halses scharf gegen die hellgraue leicht gewellte Rückenfärbung abgesetzt, und die weißgrauen Flanken kontrastieren zur schwarzen Vorderbrust. Das Hellgrau des Rückens wird zum Schwanz hin dunkler und dieser ist schwarz. Schwärzlicher Schnabel mit hell-blaugrauer Binde. Gefieder der Unterseite hellgrau mit graubraunen und dunkelgrauen Anteilen.

Im Brutkleid des Weibchens dominiert im vorderen Körperbereich (Kopf, Hals, Vorderrücken, Vorderbrust) ein dunkelbrauner Farbton mit Aufhellungen im Schnabelbereich, an den Augen und am Kinn. Rücken ansonsten mausgrau, mit feinwelliger bis gestrichelter Musterung. Die helleren, ebenfalls leicht gemusterten Seiten heben sich deutlich vom Mausgrau des Rückens ab.

Beim Erpel im Schlichtkleid anstelle des satten Schwarz des Vorderkörpers und des kräftigen Braun des Kopfes die weniger intensiven Farbtöne des weiblichen Brutkleides.

Ruhekleid des Weibchens vom Brutkleid nur durch dunklere Tönung des Rückengefieders und durch dunkleres Braun der Körperseiten (Musterung fehlend) unterschieden.

**Stimme:** Nur zur Fortpflanzungszeit lassen die Männchen Laute hören, die die Balz begleiten und wohl nur für das jeweilige Weibchen bestimmt sind, denn sie sind nur in der Nähe hörbar. Es handelt sich um Rufreihen, in denen meist das »i« (auch »Ü«) überwiegt. Sie sind den Balzposen zugeordnet. Balzende Weibchen rufen leise wie »körr«, »dörr« oder »rarr« und drohen mit scharfen »dock«-Rufen.

### Brutverbreitung

Hauptsächlich in der gemäßigten Klimazone der Palaearktis, jedoch auch im mediterranen Bereich und in den Steppen- und Wüstenzonen. Nordwärts bis in die mittlere boreale Nadelwaldzone, jedoch mit Ausnahme von Skandinavien nur wenig über den 60. Breitengrad gehend. Die Ostgrenze des geschlossenen Verbreitungsgebietes reicht bis nach Nordchina, ist im Fernen Osten jedoch unzureichend bekannt.

In Europa reicht das Brutgebiet von Island (einzelne Paare seit 1954) über Westirland nach Großbritannien. Auf dem Kontinent sind Belgien, Niederlande, Teile Nord- und Ostfrankreichs sowie Mittel- und Osteuropa besiedelt. In Skandinavien und in Dänemark vorkommend. Die Nordgrenze verläuft längs des Bottnischen Meerbusens durch Mittelfinnland und Karelien. In Südosteuropa gibt es Brutplätze in Bulgarien und Rumänien, weiter ostwärts bis an die Nordküste des Schwarzen Meeres, durch das Vorland des Kaukasus (Kubansümpfe) zum Kaspischen Meer. Außerhalb des geschlossenen Brutgebietes in Europa an verschiedenen Plätzen im Mittelmeerraum. Bis Mitte des vorigen Jahrhunderts reichte das geschlossene Verbreitungsgebiet westwärts etwa bis zur Elbe. Seither hat die Art sich nach Westen und Norden ausgebreitet. In den 20er und 30er Jahren dieses Jahrhunderts wurde Südschweden besiedelt, und im Westen wurde Irland erreicht.

Die Nordausbreitung vollzog sich nicht nur in Europa, sondern im gesamten Verbreitungsareal. In den letzten Jahrzehnten erfolgte Ausbreitung in Südwestrichtung, wobei Teile Frankreichs besiedelt wurden (Karte 17).

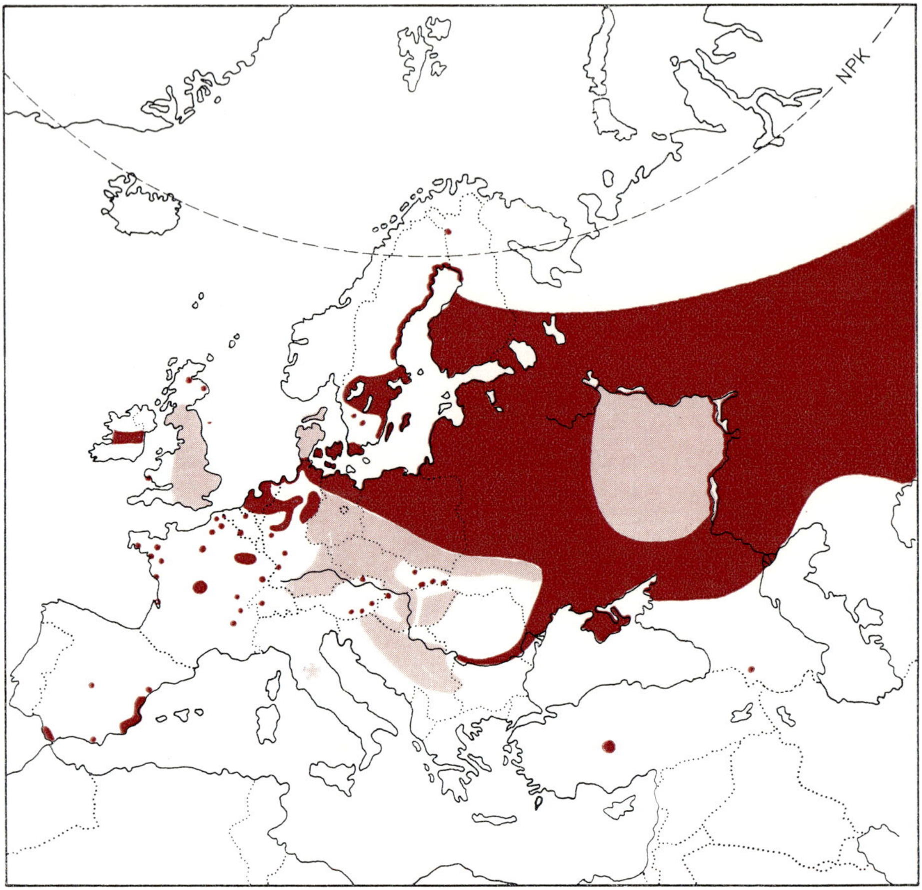


**Karte 17**
Brutverbreitung der Tafelente
*(Aythya ferina)*

## Lebensraum

Brütet an mäßig bis stark eutrophierten stehenden Gewässern unterschiedlicher Größe, wenn ein nicht zu schmaler Schilfgürtel oder mit dichter Vegetation bedeckte Inseln vorhanden sind. An großen Gewässern werden Stillwasserbuchten, Flachwasserabschnitte und Lagunen bevorzugt. In Ungarn an den Natronseen, in Mittelasien an brackigen und salzigen Steppenseen. Außerhalb der Brutzeit auf nicht zu tiefen (2 bis 4 Meter) stehenden Gewässern verschiedenster Art.

## Nahrung, Nahrungserwerb

Das Nahrungsspektrum ist weit gefächert. Insgesamt dominiert der tierische Anteil, doch in Abhängigkeit von den jahreszeitlichen und örtlichen Gegebenheiten kann auch der pflanzliche beträchtlich sein. Die Nahrung wird überwiegend beim Tauchen aufgenommen. Eine wichtige Nahrungskomponente sind die am Boden der Gewässer lebenden Muscheln, Ringelwürmer, Tubificiden und Chironomidenlarven, die sich infolge ihrer Sessilität dem Zugriff der bis zum Gewässergrund tauchenden Enten nicht entziehen können. So nimmt es nicht wunder, daß sich Tafelenten außerhalb der Brutzeit auf Gewässern mit gut entwickelten Muschelbänken oft in großer Anzahl einstellen. Schnecken, Amphibien und Fischlaich, Wasserasseln und andere Evertebraten werden von den Pflanzen abgelesen, an denen sie sich aufhalten, und auch beim Tauchen aufgenommen. Gelegentlich gelingt es, kleine Fische (Stichlinge, Jungfische) zu erbeuten. Von submersen Pflanzen (Armleuchteralgen, Laichkräuter) werden Knospen, Triebe und junge Blätter gefressen.

Bemerkenswert ist die Fähigkeit, sich rasch auf neue Nahrungsquellen einzustellen. In den Teichgebieten der Lausitz/DDR werden die energiereichen Pellets, die als Karpfenzufütterung ins Wasser gebracht werden, der natürlichen Nahrung vorgezogen.

Die Angaben über die Häufigkeit des Tauchens pro Zeiteinheit und die Dauer einer Freßperiode weichen stark voneinander ab. In der Brutzeit nutzt das Weibchen die 60- bis 90minütige Brutpause mit großer Intensität zur Nahrungsaufnahme, wobei 200- bis 300mal getaucht wird (Klima, 1966). Werden große Muscheln (bis 35 mm Länge) aufgenommen, dann wird seltener getaucht als bei der Aufnahme der winzigen Fruchtkörper der Armleuchteralgen. 3- bis 4wöchige Küken können so lange unter Wasser bleiben wie Altvögel.

## Brutbiologie

**Balz, Paarbildung:** Balzbewegungen bei einzelnen Erpeln während des ganzen Winters, doch erst zu Ausgang des Winters setzt die Balz voll ein. Im März, wenn die Brutgewässer aufgesucht werden, erreicht sie den Höhepunkt. Zur Balz gehört ein reiches Repertoire von Posen und Bewegungen, die als Gesellschaftsbalz und paarweise gezeigt werden. Paare bilden sich in größerer Anzahl erst im Verlaufe des Frühjahrs, vielfach erst nach Wahl des Brutgebietes. Paarbindung nur während der Brutperiode. Sobald das Weibchen brütet, lokkert sich die Bindung, und das Männchen gibt die Bewachung auf.

**Neststandort, Nest:** Nach Bezzel (1968) ist das Weibchen der aktive Teil, von dem die Wahl des Nistplatzes ausgeht. Einzelne Weibchen suchen den Brutplatz bereits bevor sie sich verpaaren. Nester entweder direkt am Wasser in der Ufervegetation des Brutgewässers oder auch gut gedeckt an Land, vorzugsweise auf Inseln. Die von Bezzel (1969) zusammengestellten Mitteilungen über Neststandorte belegen die Anpassungsfähigkeit der Art. Selbst in 200 Meter Entfernung vom Wasser und auf Weiden wurden Nester gefunden. In Teichwirtschaften werden kleine wenig über dem Wasserspiegel erhobene Inseln mit trockenem und festem Untergrund bevorzugt. Fehlen Inseln, dann stehen die Nester im Schilf (Rutschke et al., 1973).

Der Nestbau beginnt mit dem Drehen einer flachen Mulde (bis 6 cm tief), die mit Pflanzenmaterial ausgelegt und umkleidet wird.

Die Eiablage beginnt bereits in einer frühen Phase des Nestbaus, der parallel zur Vervollständigung des Geleges erfolgt. Mit der Dunenauspolsterung wird erst begonnen, wenn etwa die Hälfte der Eier gelegt sind.

**Eier, Gelege:** Eifarbe hellgrau-grünlich bis grünlich-rahmfarben. Oberfläche anfangs matt, später leicht glänzend. Größe 61 mm×44 mm (maximale Länge 67,6 mm, minimale Länge 54,8 mm). Masse 60 bis 70 g (61 g, Makatsch, 1974). Zum Vollgelege gehören 7 bis 12 Eier, Nachgelege kleiner. Größere Gelege kommen durch Zusammenlegen zustande (in Gebieten mit hoher Siedlungsdichte häufig). Eiablage ab Mitte April (West- und Südeuropa), in Mitteleuropa erst ab Anfang

**Tabelle 6/7**
Brutbestand der Tafelente in Europa und im europäischen Teil der Sowjetunion

| Land/Gebiet | Anzahl/Brutpaare | Jahr/Zeitraum | Autor |
|---|---|---|---|
| Großbritannien | 200...400 | 1968/72 | SHARROCK, 1976 |
| Irland | < 10 | 1968/72 | SHARROCK, 1976 |
| Norwegen | 15 | 1981 | BEZZEL, 1985 |
| Schweden | 6 000 | | ULFSTRAND und HOGSTEDT, 1976 |
| Finnland | 8 400 | 1974/79 | HYYTIÄ et al., 1983 |
| Belgien | 80 | | LIPPENS u. WILLE, 1972 |
| Niederlande | 2 000 | 1979 | BEZZEL, 1985 |
| Dänemark | 350...700 | 1978 | DYBBRO, 1978 |
| BRD | 2 000 | | SZIJJ, 1973 |
| DDR | 3 000 | 1978/87 | |
| Frankreich | 1000...10 000 | | MAHÉO, 1981 |
| Spanien | 200...500 | | ISAKOV, 1970 a |
| Schweiz | < 25 | | SCHIFFERLI et al., 1980 |
| Österreich | < 100 | | LIPPENS u. WILLE, 1972 |
| ČSSR | 7000...10 500 | 1972/79 | FIALA, 1982 c |
| Ungarn | 500 | | LIPPENS u. WILLE, 1972 |
| Jugoslawien | 500 | | LIPPENS u. WILLE, 1972 |
| UdSSR | 200 000 | 1960/67 | ISAKOV, 1970 a |
| *Estnische SSR* | 1 000 | 1975/80 | KUMARI, 1981 |
| *Lettische SSR* | 1 500 | 1975/80 | KUMARI, 1981 |
| *Leningrader Region* | 4 000 | 1975/80 | KUMARI, 1981 |
| *Kaukasusvorland* | 8 700 | 1971/75 | KRIVENKO, 1981 |

Mai. Die Legeperiode dauert bis weit in den Juni hinein, und noch im Juli gibt es Gelege (BAUER und GLUTZ v. BLOTZHEIM, 1969).

**Bebrütung, Jungenaufzucht:** Zu Anfang der Brutzeit ist das Männchen noch im Gebiet und gesellt sich zum Weibchen, wenn dieses zur Nahrungssuche fliegt. Nur selten bleibt ein Erpel während der ganzen Brutzeit bei seinem Weibchen. Brutdauer 24 bis 26 Tage. Der Schlupf der Jungen dauert 12 bis 48 Stunden. Nach 7 bis 8 Wochen ist die Flugfähigkeit erreicht, und die Bindung zwischen Mutter und Jungen löst sich auf.

**Bestand, Bestandsveränderungen**

Angaben über die Größe des Brutbestandes liegen aus den skandinavischen Ländern und aus Mittel- und Westeuropa vor (Tab. 6/7). Der Brutbestand in NW-Europa wird von HEPBURN (1984) mit 21 000 bis 23 000 Paaren beziffert. Für die UdSSR nimmt ISAKOV (1970a) 200 000 Brutpaare an. Großräumige Bestands- und Siedlungsdichteuntersuchungen fehlen. In Finnland, wo die Tafelente erstmals 1867 brütete, entwickelte sich der Brutbestand bis in die 50er Jahre dieses Jahrhunderts positiv und ist seitdem gleichbleibend (v. HAARTMANN, 1973; GRENQUIST, 1970).

In Schweden hat sich der Brutbestand nach leichtem Rückgang stabilisiert (CURRY-LINDAHL et al., 1970). Der erste Brutnachweis für Norwegen wurde 1972 erbracht (THIEDE, 1981), 1981 brüteten bereits 15 Paare (BEZZEL, 1985). In den 70er Jahren erfolgten Neuansiedlungen an mitteleuropäischen Gewässern und eine Bestandszunahme. In der DDR besteht ein gut belegter Zusammenhang zwischen der Intensivierung der binnenländischen Fischwirtschaft, insbesondere der Karpfenteichwirtschaften, und der Zunahme des Tafelentenbestandes. Die Bestandszunahme trat zu Anfang der 60er Jahre in Erscheinung, als die Fütterung in den Teichwirtschaften mit pelletiertem Futter ausgeweitet wurde. Das Futter wird vom Kahn aus an Futterstellen gebracht oder direkt ins Wasser gegeben. Da die Teiche nur 1 bis 2 m tief sind, haben die Tafelenten wenig Mühe, das Futter tauchend zu erlangen. An Futterautomaten oder in deren Nähe drängen sie sich und tauchen lebhaft. Leichte Bestandszunahme ist auch für Belgien und die Niederlande belegt (BEZZEL, 1985).

Der hohe Winterbestand in W-Europa rekrutiert sich zu einem erheblichen Teil aus osteuropäischen Zuwanderern. In den Niederlanden überwintern durchschnittlich 115 000 und auf den Britischen Inseln etwa 35 000 bis 40 000. Ein wichtiges Überwinterungszentrum bilden die Gewässer im Voralpengebiet. Dort sammeln sich bis zu 140 000 Tafelenten. Die

**Abb. 6/14**
Tafelente *(Aythya ferina)* – Trendanalyse des Mittwinterbestandes in Europa (Erläuterungen s. Abb. 6/3; Anzahl Zählgebiete: min. 1607, max. 2565, aus RÜGER et al. 1986)

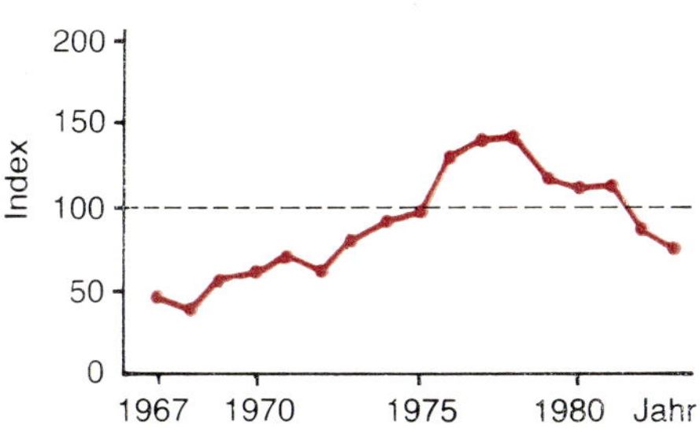


Wasservogelzählungen ergaben für W-Europa etwa 350 000 Individuen (RÜGER et al., 1986). Wichtige Überwinterungsplätze befinden sich auch am Schwarzen Meer. In Südosteuropa überwintern mindestens 500 000 Tafelenten. Die bei den Winterzählungen ermittelten Werte fluktuieren sehr stark, was einerseits an unvollständigen Erfassungen, andererseits am witterungsbedingten Wechsel der Überwinterungsplätze liegen kann. Die im Gebiet des Kaspischen Meeres überwinternden Tiere sind westsibirischer Herkunft. In diesem Gebiet überwintern etwa 200 000 Tafelenten.

Die Ergebnisse der Wasservogelzählungen lassen darauf schließen, daß der Brutbestand in Mittel- und Nordwesteuropa höher ist als die Brutbestandserfassungen vermuten lassen. Für diese Annahme sprechen auch die Angaben über die Jagdstrecke, die HEPBURN (1984) mit 284 000 Individuen angibt. Ein beträchtlicher Teil entfällt auf die Sowjetunion und bezieht sich auf Tiere, die aus Sibirien stammen. Jagdstrecke und Winterbestand lassen sich nicht direkt in Beziehung zueinander setzen. Die von RÜGER et al. (1986) vorgenommenen Trendanalysen ergaben einen Anstieg bis in die zweite Hälfte der 70er Jahre, seitdem leichter Rückgang (Abb. 6/14).

## Wanderungen, Überwinterung

(s. Karte 18)

Tafelenten sind Stand-, Strich- oder Zugvögel. Im Norden und Osten des Verbreitungsgebietes brütende ziehen im Herbst südwärts. In Mitteleuropa ist die herbstliche Wanderung weniger ausgeprägt, viele bleiben im Gebiet. Die Tendenz zum Überwintern hat sich in Mitteleuropa in den letzten Jahrzehnten gefestigt. Die Zunahme der Überwinterer auf norddeutschen Binnengewässern (BRD und DDR) kann sowohl Folge einer Bestandszunahme als auch veränderten Überwinterungsverhaltens sein. Einige

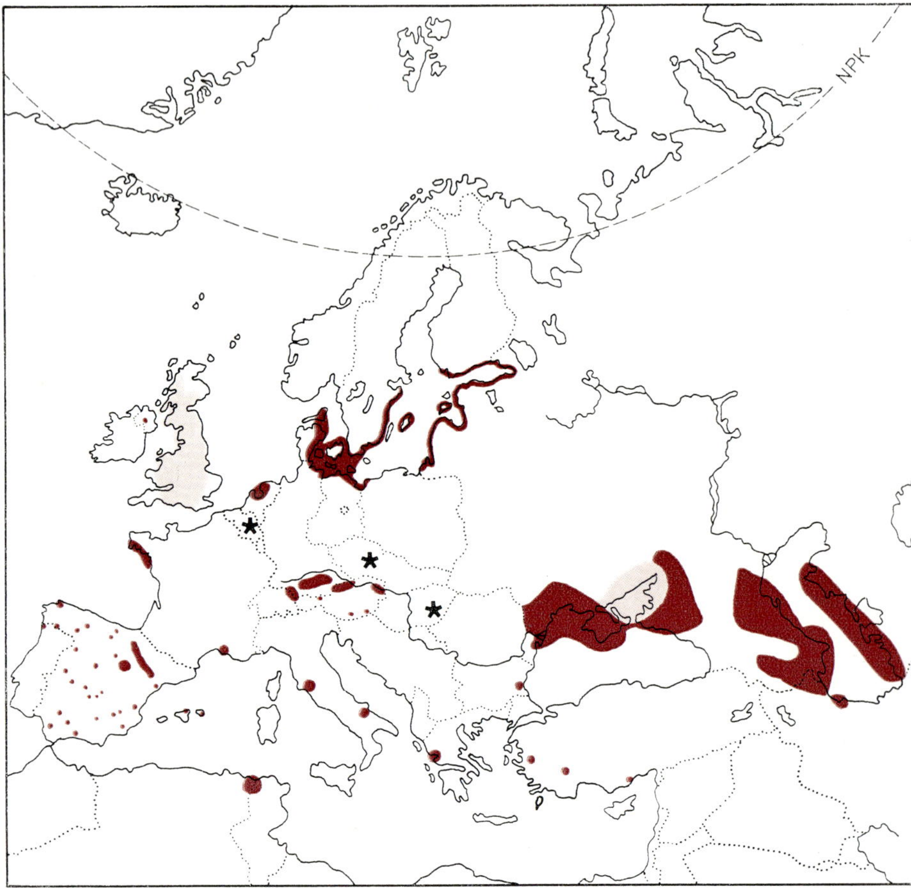


**Karte 18**
Überwinterungsgebiete der Tafelente
(*Aythya ferina*)

haben von jeher in Deutschland überwintert, denn NAUMANN schreibt: »Da die Tafelente der großen Mehrzahl nach die nördlichen Gegenden, auch Deutschland, für den Winter verläßt und in milderen überwintert, so müssen wir sie zu den Zugvögeln zählen, obwohl auf größeren Gewässern in gelinden Wintern nicht wenige bei uns zurückbleiben, auch in strengeren sich einzelne noch auf offene Stellen der Flüsse und ganz kleinen Gewässern herumtreiben.«

Im westlichen Teil des Verbreitungsgebietes werden lokale Wanderungen zu günstigen Nahrungsplätzen ausgeführt. An diesen sammeln sich Scharen, die nach Tausenden zählen. Bedeutende Überwinterungsplätze befinden sich am Bodensee und an den Innstauseen.

Die Männchen wandern vor den Weibchen, ziehen aber nicht so weit südwestwärts wie diese (die Winterquartiere eines Teils der Weibchen liegen weiter südlich als die der Männchen).

Der Mauserzug der Erpel ist weniger ausgeprägt als bei anderen Entenarten. Es sammeln sich nur die Männchen kleinerer Gebiete an Plätzen mit guten Dekkungsmöglichkeiten. Der Mauserzug der Erpel beginnt im Juni, etwa zu Beginn der Schlupfzeit. An Mauserplätzen halten sich Erpeltrupps noch im September auf. Ein bedeutender Mauserplatz der Tafelente im Binnenland der DDR befindet sich an den Fischteichen bei Peitz (Bez. Cottbus), wo 3000 bis 5000 Erpel mausern, und an verschiedenen Plätzen in Mecklenburg, wo mit 11 000 bis 12 000 mausernden Männchen gerechnet wird (Zimmermann in Klafs und Stübs, 1977).

## Moorente

*Aythya nyroca* (Güldenstädt)
Ferruginous Duck
(White-eyed Pochard)
Fuligule nyroca
Белоглазный нырок

### Kennzeichen, Beschreibung

Die Moorente ist die einzige europäische Entenart mit nur schwach ausgeprägtem Sexualdimorphismus. Bei beiden Geschlechtern sind Pracht- bzw. Brutkleid kastanienbraun mit schwarzbrauner Rükkenfärbung. Gute Erkennungsmerkmale sind das von den weißen Unterschwanzdecken gebildete weiße »Heck«, das sich auffällig vom Schwarzbraun des Hinterrückens abhebt, und die hellen, fast weißen Augen. Spitze des blauschwarzen Schnabels aufgehellt.

Das Weibchen im Brutkleid unterscheidet sich vom Männchen durch mattere Farben und schwächer ausgeprägten Kontrast zwischen der Färbung des Rückens und des übrigen Körpers.

Im Schlichtkleid des Männchens gleiche Farben und Farbverteilung wie im Prachtkleid, aber wie im Kleid des Weibchens blasser. – Das Jugendkleid entspricht weitgehend dem Alterskleid, die Farben wirken verwaschener.

**Stimme:** Stimmäußerungen bei beiden Geschlechtern wenig auffällig, am ehesten zur Fortpflanzungszeit. Die Männchen balzen mit stöhnend klingenden Lauten, die wie »whiguu« oder »wräigo« klingen, die nicht weit hörbar sind. Die Weibchen bringen schnarrend klingende Laute wie »gjerr – gjärr« hervor, die auch beim Abfliegen zu hören sind.

### Brutverbreitung

Die Moorente ist Brutvogel gemäßigter Breiten mit Verbreitungsschwerpunkt in der Steppen- und Halbwüstenzone im Süden der UdSSR. In West- und Mitteleuropa brütet sie vereinzelt. Das geschlossene Verbreitungsgebiet beginnt in Ungarn und setzt sich zum Balkan und weiter nach Osten zur Ukraine ins Vorland des Kaukasus fort. Nach Süden geht sie bis in das mediterrane Gebiet, bewohnt weite Teile Klein- und Südwestasiens und erreicht im Hochland von Tibet die Ostgrenze der Verbreitung (Karte 19).

### Lebensraum

Brütet an stehenden Gewässern unterschiedlicher Größe, wenn diese ausgedehnte Verlandungszonen (sowohl wasser- als auch landseitig) besitzen. Die Eutrophie darf nicht so weit fortgeschritten sein, daß die Submersvegetation fehlt. Deren artenreiche Ausbildung ist eine wichtige Voraussetzung für die Ansiedlung. In Ungarn auch an vegetationsreichen Teichen und an den Natronseen. In den Wüsten- und Steppenzonen Zentralasiens dominieren Vorkommen an alkalihaltigen Gewässern.

### Nahrung, Nahrungserwerb

Viel stärker vegetarisch als andere Tauchentenarten. Der tierische Anteil besteht aus kleinen Schnecken, die wohl mit den Pflanzenteilen aufgenommen werden. Doch auch frei schwimmende Wasserinsekten und Kleinkrebse – sogar Kaul-

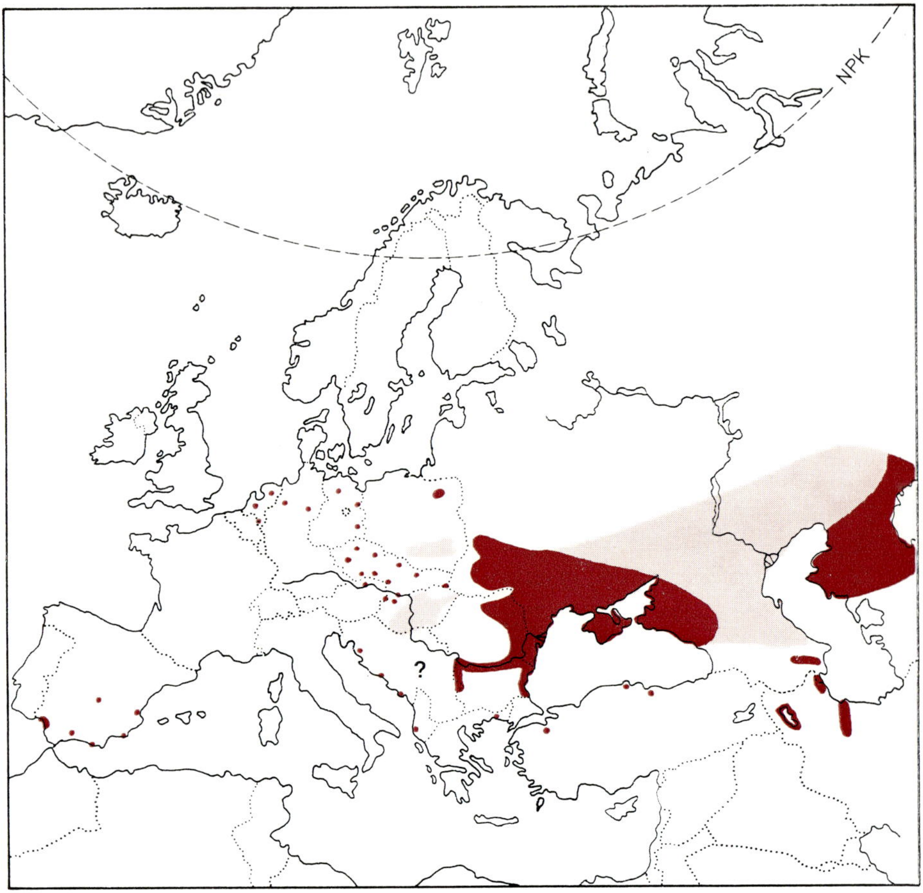


**Karte 19**
Brutverbreitung der Moorente
(*Aythya nyroca*)

quappen und Jungfrösche – werden aufgenommen, treten jedoch quantitativ dem pflanzlichen Anteil gegenüber zurück. In Mägen von Moorenten wurden Teile aller Pflanzen nachgewiesen, die in einer üppig entwickelten Submersvegetation und der Schwimmblattzone vorkommen, und zwar sowohl Samen als auch Rhizome, Wurzelknollen und grüne Pflanzenteile. Auch das Spektrum der nachgewiesenen Tierarten ist weit.

Die Nahrungsaufnahme erfolgt neben Tauchen auch durch Gründeln oder mit eingetauchtem Hals. Vegetabilien (treibende Sprosse, Blätter und andere Pflanzenteile) werden auch von der Wasseroberfläche aufgenommen. FRIEDRICH (1961) berichtet über die Aufnahme von Pflanzenteilen, die beim Tauchen nach oben gebracht und zu länglichen Bissen geformt werden.

## Brutbiologie

**Balz, Paarbildung:** Zur Balz, die erst im Spätwinter einsetzt, gehören Posen und Bewegungselemente, die auch von anderen Tauchenten bekannt sind. Balzende Erpel drücken den Schwanz in das Wasser und verkleinern dadurch den sichtbaren Bereich des weißen »Hecks«. Artspezifische Elemente sind das »Nickschwimmen«, bei dem Kopf und Hals nickend bewegt werden, und das »Knickhalsschwimmen«, wobei der Hals wie eingeknickt gehalten wird. Noch nach Eintreffen im Brutgebiet – Ende März bis spätestens Ende April – wird lebhaft gebalzt, was darauf schließen läßt, daß sich zumindest ein Teil der Tiere erst dann verpaart.

**Neststandort, Nest:** Nester gut gedeckt in dichter krautiger Vegetation. Entweder direkt am Wasser oder in dessen unmittelbarer Nähe auf Bülten und inselartigen Erhöhungen. Vom Nest führt oft ein von Vegetation überdachter Gang zum Wasser. Nest etwas kleiner als das der Tafelente, stets besser versteckt als jenes. An besonders zusagenden Stellen Nester auch kolonieartig gehäuft.

**Eier, Gelege:** Eier kurzoval, dunkel rötlichrahmfarben, glatt, schwach glänzend. Größe durchschnittlich 52×38 mm (maximale Länge 62,8 mm, minimale Länge 48,3 mm), Masse etwa 43 g (39,4 g nach MAKATSCH, 1974). Zum Vollgelege gehören (5) 7 bis 11 (14) Eier. Eiablage ab Anfang Mai, Vollgelege nicht vor Monatsmitte und noch bis weit in den Juni hinein. Nachgelege bei zeitigem Gelegeverlust möglich.

**Bebrütung, Jungenaufzucht:** Brutdauer 24 bis 26 Tage. Das Männchen bleibt in der Nähe, wenn das Weibchen brütet, und fliegt mit diesem in den Brutpausen zur Nahrungssuche. Nach etwa 8 Wochen sind die Jungen flügge.

## Bestand, Bestandsveränderungen

Nach BAUER und GLUTZ v. BLOTZHEIM (1969) war die Moorente in der Mitte des 19. Jahrhunderts in Mitteleuropa wesentlich weiter verbreitet als gegenwärtig. Während des 20. Jahrhunderts vollzog sich ein Rückgang, in dessen Verlauf die meisten mitteleuropäischen Brutvorkommen erloschen. NAUMANN schreibt, daß die Art sich »hin und wieder in Deutschland fortpflanzt«, was auf Seltenheit zu Anfang des 19. Jahrhunderts schließen läßt. Entsprechend den lokalen Vorkommen außerhalb des geschlossenen Verbreitungsgebietes nur geringe Bestände (Tab. 6/8).

**Tabelle 6/8**
Brutbestand der Moorente in Europa und im europäischen Teil der Sowjetunion

| Land/Gebiet | Anzahl/Brutpaare | Jahr/Zeitraum | Autor |
|---|---|---|---|
| Niederlande | 1...5 | 1973/1977 | TEIXEIRA, 1979 |
| BRD | 2 | 1980 | RHEINWALD, 1982 |
| DDR | 10...15 | 1978/87 | BEZZEL, 1985 |
| Polen | Brutvogel | | TOMIAŁOJC, 1976 |
| Österreich | 60...80 | 1967 | BEZZEL, 1985 |
| ČSSR | ~ 100 | | ISAKOV, 1970 a |
| Ungarn | 80..100 | | ISAKOV, 1970 a |
| UdSSR | 140 000 | 1960/67 | ISAKOV, 1970 a |
| *Dnestr/Dnepr* | 65 000 | 1965/68 | ISAKOV, 1970 b |
| *Don* | 1 000 | 1965/68 | ISAKOV, 1970 b |
| *Kuban* | 10 000 | 1965/68 | ISAKOV, 1970 b |
| *Kaspisches Meer* | 2 500 | 1965/68 | ISAKOV, 1970 b |
| *Kura/Arak* | 500 | 1965/68 | ISAKOV, 1970 b |
| *Kaukasusvorland* | 2 400 | 1971/75 | KRIVENKO, 1981 |

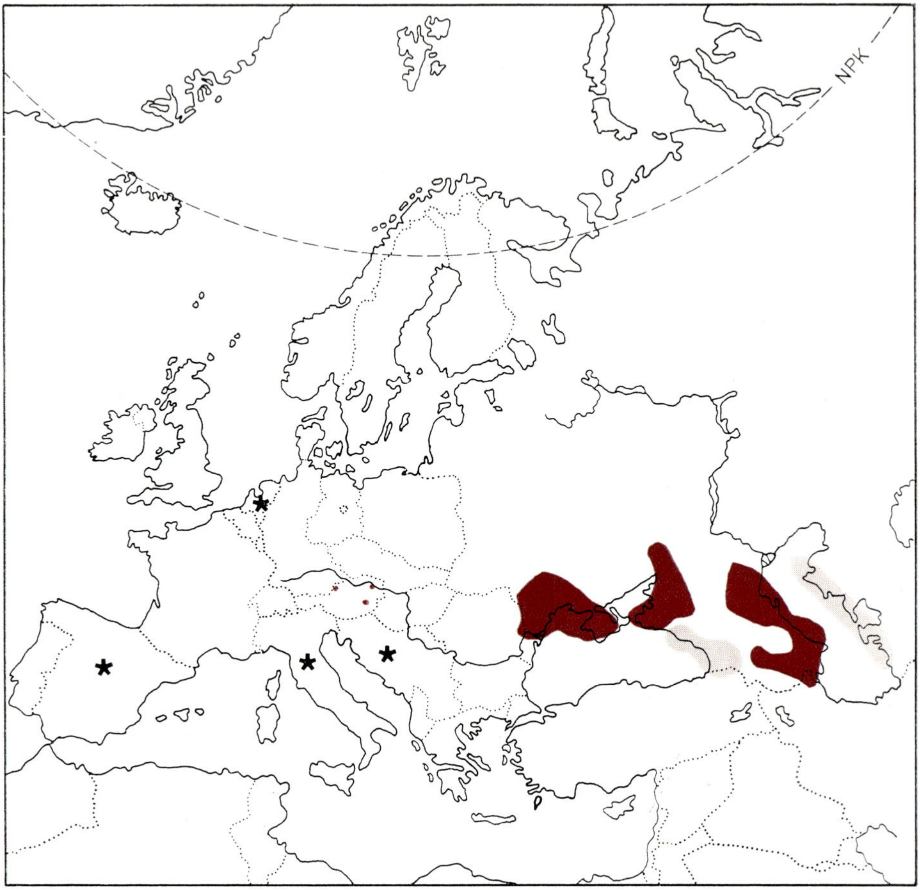


**Karte 20**
Überwinterungsgebiete der Moorente
*(Aythya nyroca)*

Die Überwinterungsgebiete befinden sich ausschließlich im Südosten.

Von überregionaler Bedeutung ist das Donaudelta, wo bis zu 13 000 Tiere rasten. Sie stammen aus Osteuropa. Die dort ansässigen Moorenten überwintern auch in Nord- und Ostafrika.

Die Ergebnisse der Winterzählungen liegen weit unter dem Wert, den ISAKOV (1970a) als Brutbestand angibt: 140 000 Brutpaare. Obwohl mit einiger Sicherheit anzunehmen ist, daß bei den Winterzählungen nur ein Teil der Moorenten erfaßt wird, gibt die Differenz zwischen beiden Werten doch zu denken, und es darf angenommen werden, daß die von ISAKOV (1970a) angegebene Zahl zu hoch ist. Dafür sprechen auch die Angaben, die KRIVENKO (1984) für das Brutgebiet in den Steppen und Halbwüsten zwischen dem Asowschen und Kaspischen Meer macht (5200 Brutpaare, zum Jagdbeginn 25 000 Tiere).

Bei den Mittwinterzählungen wurden durchschnittlich 75 000 Tiere erfaßt. Sie repräsentieren nur einen Teil der von ISAKOV (a. a. O.) vermuteten 140 000 Brutpaare.

### Wanderungen, Überwinterung

(s. Karte 20)
In Mittel- und Osteuropa Zugvogel, der bereits im Mittelmeergebiet überwintert, jedoch auch bis nach Nord- und Zentralafrika zieht. Wegzug ab September, Höhepunkt des Zuges im Oktober. Nur kleine Trupps wandern gemeinsam. Ansammlungen von mehr als 100 Tieren sind ausgesprochene Seltenheiten.

Schwacher, sich zur Monatsmitte verstärkender Heimzug ab Mitte März. Ab Monatsende treffen die Tiere in den Brutgebieten ein.

Über Mauserzüge der Erpel, wie sie von anderen Gründel- und Tauchentenarten bekannt sind, fehlen Angaben.

## Reiherente

*Aythya fuligula* (L.)
Tufted Duck
Fuligule morillon
Хохлатая чернеть

### Kennzeichen, Beschreibung

Kennzeichen des Erpels im Prachtkleid ist der lebhafte Schwarz-Weiß-Kontrast und der gut ausgebildete Federschopf am Hinterkopf. Kopf-, Vorderbrust-, Rükken- und Schwanzgefieder schwarz. Brust, Bauch und Flanken weiß. – Im Schlichtkleid des Männchens fehlt der Federschopf oder ist nur leicht angedeutet. Schwarze Federpartien dann braunschwarz, im Prachtkleid weiße unregelmäßig graubraun. Schnabel im Prachtkleid hell blaugrau, im Schlichtkleid dunkler. – Kopf, Hals, Vorderbrust, Rücken und Schwanz des Weibchens im Brutkleid tief dunkelbraun. Federschopf leicht angedeutet. Im Bereich der Schnabelwurzel weiße Zeichnung, schwächer ausgebildet als bei der ansonsten sehr ähnlichen weiblichen Bergente. Flankenfedern unregelmäßig mittelbraun bis beige, Unterseite ebenfalls abgestuft braun bis beigefarben. – Jugendkleider beider Geschlechter weitgehend weibchenfarbig.

**Stimme:** Im Herbst und Winter zumeist stumm, auch zur Brutzeit nicht ruffreudig. In der Erregung rufen die Erpel guttural kollernde »gu-gu-gurr«-Reihen, wobei der Schopf gespreizt und der Körper bewegt wird.

Die Weibchen antworten auf die Männchen mit »Krök« und führen die Jungen mit »grrr«-Reihen.

### Brutverbreitung

Transpalaearktisch verbreitet. Bewohnt Island, Irland und die Britischen Inseln. Auf dem Kontinent beginnt das Brutgebiet in Belgien und den Niederlanden und reicht durch Mitteleuropa nach Ost- und Nordosteuropa. In Skandinavien geht die Art bis nach Norwegen. Die Halbinsel Kola ist nur im Südwestteil besiedelt. Die Nordgrenze der Verbreitung bildet die 8°-Juliisotherme. Durch Sibirien ostwärts bis nach Kamtschatka und Sachalin. In Osteuropa verläuft die Südgrenze der Verbreitung durch die zentralen Teile der UdSSR; Schwarzes und Kaspisches Meer werden nicht erreicht (Karte 21).

### Lebensraum

Brutvogel an stehenden und schwach fließenden Gewässern verschiedenster Art: Große und kleine Seen, Stauseen, Flachlandspeicher, Fischteiche, Altwässer der Flüsse und ruhige Flußabschnitte, auch an Bodden und Buchten an Meeresküsten, auf den Inseln des Schärenmeeres der Ostsee.

Notwendig für die Ansiedlung ist ein Vegetationsgürtel, der jedoch nicht zu ausgedehnt sein darf. Gewässer mit schwächerem Trophiegrad werden bevorzugt, jedoch auch an mäßig eutrophierten Gewässern vorkommend.

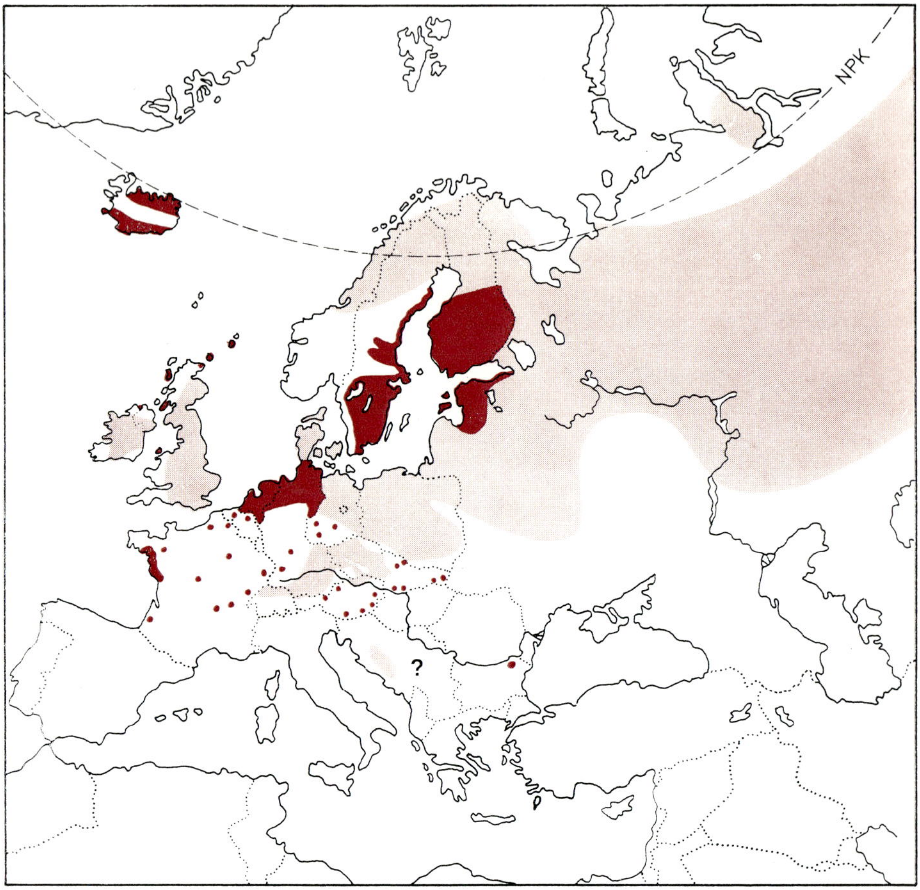


Karte 21
Brutverbreitung der Reiherente
*(Aythya fuligula)*

## Nahrung, Nahrungserwerb

Hauptbestandteil der Nahrung sind im Wasser und am Gewässergrund lebende Wassertiere, vor allem Evertebraten, die beim Tauchen gefangen oder vom Boden aufgelesen werden. Zur Nahrungssuche werden Tiefen von 2 bis 4 m bevorzugt, was einen energiesparenden Nahrungserwerb ermöglicht. Im Sommer ist die tierische Nahrung besonders vielseitig, entsprechend dem voll entwickelten Tierleben in dieser Jahreszeit (Muscheln, Schnekken, Wasserkäfer, Kleinkrebse, Insektenlarven). Im Winter dominiert vom Gewässergrund aufgenommene Nahrung, vor allem Muscheln. Pflanzenteile (Samen, Sproßteile) werden zwar ebenfalls aufgenommen, treten jedoch im Vergleich zu den tierischen Nahrungskomponenten stark zurück.

Dunenjungen können bereits unmittelbar nach dem Schlupf tauchen, doch sie ernähren sich hauptsächlich von Insekten, die sie im Flug erhaschen oder von der Wasseroberfläche aufnehmen. Da die Küken im Vergleich zu anderen Arten relativ spät schlüpfen (Juni), ist reichlich Insektennahrung vorhanden.

## Brutbiologie

**Balz, Paarbildung:** Typische Balzposen des Reihererpels sind Schwimmen mit emporgerecktem Hals und abgespreiztem Schopf (»Steifes Schwimmen«), Kopfzurückwerfen, Schnabeleintauchen und Scheinputzen. Spätestens im März, noch vor Abzug in die Brutgebiete, ist die Balz voll im Gange, und die Anzahl der verpaarten Tiere nimmt rasch zu. Paarbindung nur kurzdauernd. Sie lockert sich, sobald das Weibchen mit der Bebrütung des Geleges beginnt und löst sich, bevor die Jungen schlüpfen.

**Neststandort, Nest:** Die Nester werden in der Krautschicht der Ufervegetation oder im Schilfgürtel angelegt, in der Regel am Wasser oder in dessen unmittelbarer Nähe. Auf Inseln stehen die Nester oft dicht benachbart. Häufig in Möwenkolonien brütend. Zum Nestbau werden grüne Pflanzenteile verwandt, die mit Dunen ausgekleidet werden. Bei steigendem Wasser wird die Unterlage aus Pflanzenmaterial in Extremfällen bis um $^1/_2$ m erhöht.

**Eier, Gelege:** Eier glattschalig, graugrün. Größe 59 mm × 41 mm (maximale Länge 67,1 mm, minimale Länge 53,0 mm). Masse etwa 53 g (Makatsch, 1974). Zum Vollgelege gehören 8 bis 11 Eier, Abweichungen nach oben und unten nicht selten. Da die Nester nicht immer gut versteckt angelegt werden und Brutreviere fehlen, sind Mehrfach- und Mischgelege häufig. Eiablage ab Mitte Mai bis Mitte Juni, Nachgelege noch später.

**Bebrütung, Jungenaufzucht:** Brutdauer 23 bis 25 Tage. Jungenaufzucht nur durch das Weibchen. Wenn es im Brutgebiet an Nahrung mangelt, dann führt das Weibchen die Jungen schon kurze Zeit nach dem Schlupf an nahrungsreiche Plätze. An solchen sammeln sich gelegentlich mehrere Weibchen mit ihren Jungen, was zur Vermischung der Schofe führen kann. Dunenjunge rasch relativ selbständig. Verlieren sie die Verbindung zur Mutter, dann schließen sie sich anderen Schofen an.

## Bestand, Bestandsveränderungen

Bauer und Glutz v. Blotzheim (1969) nehmen an, daß die Reiherente möglicherweise erst im letzten Jahrhundert von Osten und Norden nach Mitteleuropa vorgedrungen ist, betonen jedoch, daß die spärlichen Angaben aus dem vorigen Jahrhundert kein sicheres Urteil über die Arealveränderung zulassen.

Ob die vielfach behauptete Einwanderung der Reiherente nach Mitteleuropa von Norden und Osten her erst um die Jahrhundertwende eingesetzt hat, läßt sich bezweifeln, wenn man die Quellen prüft. Bei Naumann erfährt man, daß sie schon zu Anfang des vorigen Jahrhunderts in Anhalt (mittleres Deutschland) gebrütet hat. Er schreibt: »In neueren Zeiten ist sie jedoch hin und wieder auch in Deutschland nistend gefunden worden, und es sind Anzeichen vorhanden, daß dieses hier noch öfter geschah und noch geschieht, als man geglaubt hat.« »Völlig unbezweifelt ließen dieses einige auf einem See in der Nähe von Berlin gefangene und im dortigen Museum bewahrte Junge im Dunenkleide.«

In den letzten Jahrzehnten hat sie innerhalb ihres Verbreitungsgebietes neue Brutplätze erobert. An angestammten Gewässern nahm die Siedlungsdichte zu. In spektakulärer Weise vollzog sich diese Entwicklung in Südschweden in den 50er Jahren, wohingegen der Bestand im Norden stabil blieb (Curry-Lindahl, 1964; Curry-Lindahl et al., 1970). In Finnland hat sich die Ausbreitung und Bestandszunahme schon in den 20er Jahren vollzogen (Merikallio, 1958). In Großbritannien brüteten zu Anfang des Jahr-

**Tabelle 6/9**

Brutbestand der Reiherente in Europa und im europäischen Teil der Sowjetunion

| Land/Gebiet | Anzahl/Brutpaare | Jahr/Zeitraum | Autor |
|---|---|---|---|
| Island | 10 000 | | Cramp u. Simmons, 1977 |
| Großbritannien | 7 000 | 1980/82 | Owen et al., 1986 |
| Irland | 2 000 | 1968/72 | Sharrock, 1976 |
| Norwegen (Norden) | 3 100 | | Haapanen u. Nilsson, 1979 |
| Schweden | 80 000 | | Ulfstrand u. Hogstedt, 1976 |
| Finnland | 25 500 | 1974/79 | Hyytiä et al., 1983 |
| Belgien | 52 | 1978 | Bezzel, 1985 |
| Niederlande | 6 000 | 1977 | Teixeira, 1979 |
| Dänemark | 300...500 | 1978 | Dybbro, 1978 |
| BRD | 2 700 | | Szijj, 1973 |
| DDR | 1 000 | | |
| Frankreich | < 100 | 1970/75 | Yeatman, 1976 |
| Schweiz | 22 | 1978/83 | Bezzel, 1985 |
| Österreich | > 50 | | Lippens u. Wille, 1972 |
| ČSSR | 5 000...12 000 | 1972/79 | Fiala, 1982 c |
| UdSSR | | | |
| *Estnische SSR* | 6 000 | 1975/80 | Kumari, 1981 |
| *Lettische SSR* | 1 000 | 1975/80 | Kumari, 1981 |

hunderts nur wenige Paare, gegenwärtig sind es 4000 bis 5000. Ansiedlungen erfolgten besonders an neu entstandenen Gewässern (Speicherseen).

In der DDR stieg die Siedlungsdichte an den intensiv bewirtschafteten Karpfenteichen im Südosten des Landes (Rutschke et al., 1973). In Thüringen setzte die Ausbreitung in den 60er Jahren ein. Nach wie vor ist die Art jedoch unregelmäßiger Brutvogel (Semmler in Knorre, 1986).

Seit der Erstansiedlung auf Island 1895 erhöhte sich der Bestand kontinuierlich auf gegenwärtig etwa 10 000 Paare (Cramp und Simmons, 1977). Ein drastischer Bestandsanstieg erfolgte auch in den Niederlanden. Cramp und Simmons (1977) nennen 2000 bis 3300 Brutpaare (1973), Teixeira (1979) beziffert ihn für 1977 mit 6000 Paaren. In Belgien erfolgte eine Zunahme (Bezzel, 1985), und auch in Frankreich breitet sie sich aus und nimmt zu (Mahéo, 1981) (Tab. 6/9).

Die Ergebnisse der Mittwinterzählungen erlauben eine realistische Einschätzung der Größe der Mittel-, Nord- und Nordwesteuropa bewohnenden Popula-

**Abb. 6/15**

Reiherente *(Aythya fuligula)* – Trendanalyse des Mittwinterbestandes in Europa (Erläuterungen s. Abb. 6/3; Anzahl Zählgebiete: min. 1725, max. 3232, aus Rüger et al. 1986)

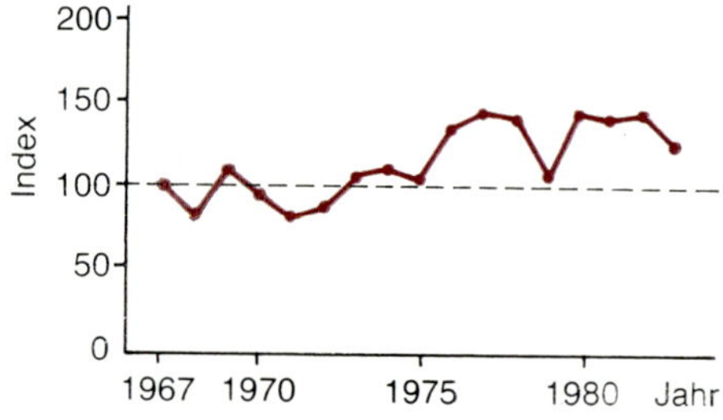

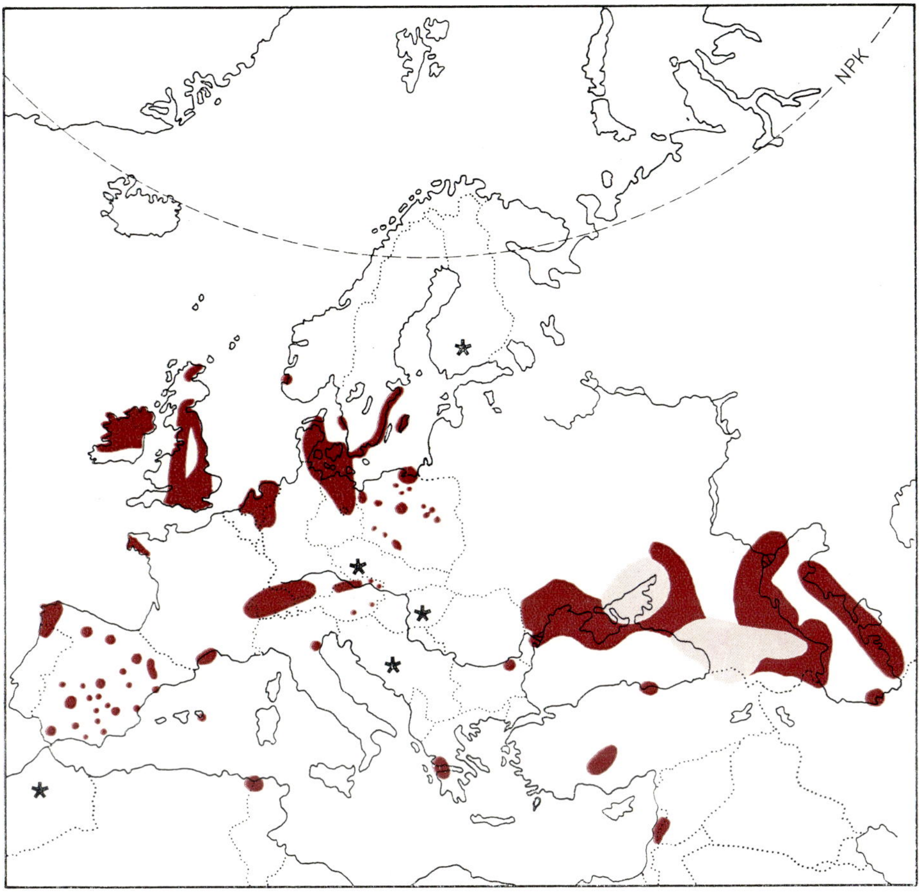


**Karte 22**
Überwinterungsgebiete der Reiherente
*(Aythya fuligula)*

tion. ATKINSON-WILLES (1976) geht von einem Winterbestand von nahezu 1 Mio aus.

Die in Nordosteuropa brütenden Reiherenten überwintern im Gebiet des östlichen Mittelmeeres, wobei dem Donaudelta herausragende Bedeutung zukommt. Zu dieser Population gehören etwa 200 000 bis 350 000 Tiere.

Die Mittwinterzählungen lassen eine seit 1967 anhaltende allmähliche, aber kontinuierliche Zunahme erkennen. Seit Ende der 70er Jahre ist der Bestand gleichbleibend (Abb. 6/15).

## Wanderungen, Überwinterung

(s. Karte 22)

Die nordosteuropäischen Reiherenten ziehen zur Überwinterung nach Mittel- und Westeuropa. Wichtige Überwinterungsgebiete sind die Britischen Inseln, die Niederlande und Belgien sowie die Gewässer im Voralpengebiet und die westliche Ostsee mit Binnengewässern Dänemarks und des norddeutschen Tieflandes. Die Wanderung in die Winterquartiere beginnt im Oktober mit dem

Wegzug der Erpel. Isländische Reiherenten überwintern in Irland und Schottland, ziehen also südostwärts. Die in Großbritannien brütenden haben den Status von Strichvögeln. Sie sammeln sich an nahrungsreichen Plätzen, wandern aber nicht bis zum europäischen Kontinent. Osteuropäische Reiherenten ziehen im Herbst westwärts. Von den über 7500 als Dunenjunge am Engure See/Lettische SSR beringten Reiherenten wurden die meisten auf dänischen Inseln nachgewiesen. Sie wandern also im Herbst in Westsüdwestrichtung. Ein Teil zieht weiter westwärts bis zum Atlantik, nicht aber zur Iberischen Halbinsel (MICHELSON und MEDNIS, 1974). Zuerst verlassen die ältesten Jungvögel das Gebiet (im Alter von 76 bis 80 Tagen). Sie fliegen auch weiter als die jüngeren, die erst im Alter von 120 Tagen zu wandern beginnen. Wichtige Winterquartiere befinden sich in der westlichen Ostsee und auf mitteleuropäischen Binnengewässern, die günstige Ernährungsbedingungen bieten (Gewässer der Voralpenkette), und auf den Britischen Inseln.

Zentren der Überwinterung an der Ostseeküste der DDR sind die Wismarbucht (maximal 24 000 Individuen), Boddengewässer um Rügen und im Binnenland der Schweriner See. Durchschnittlich überwintern an der Küste 25 000 bis 80 000 Individuen und 20 000 im Binnenland (SCHUBERT in KLAFS und STÜBS, 1977).

Ein enormer Bestandsanstieg vollzog sich an Schweizer Gewässern, hervorgerufen durch die Einwanderung der Dreikantmuschel *(Dreissena polymorpha)* (Abb. 6/16), (SCHIFFERLI, 1983).

In normalen Wintern halten sich in Frankreich etwa 40 000 bis 50 000 auf, vor allem im Küstengebiet der Bretagne. Der Heimzug beginnt Ende Februar/ Anfang März. Er ist Anfang April beendet. Die von MICHELSON und MEDNIS (1974) erwähnte Wanderung von Jungvögeln im

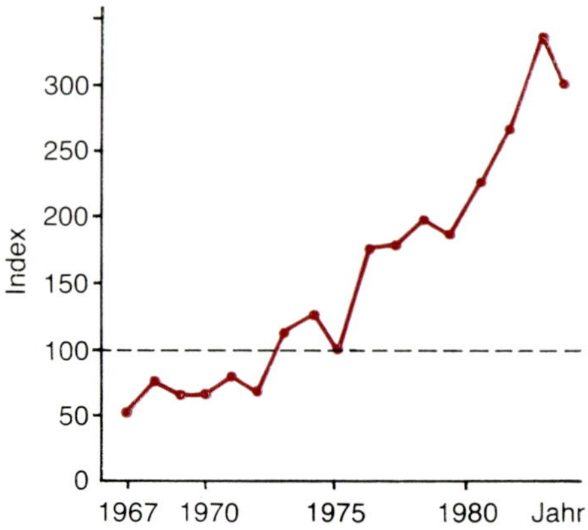


**Abb. 6/16**
Reiherente *(Aythya fuligula)* – Trendanalyse des Mittwinterbestandes in der Schweiz (Erläuterungen s. Abb. 6/3; Anzahl Zählgebiete: min. 192, max. 331, aus RÜGER et al. 1986)

folgenden Frühjahr bis in Gebiete des Urals dürfte in erster Linie Folge von Verpaarungen mit Partnern sein, die aus diesen Gebieten stammen.

## Schellente
*Bucephala clangula* (L.)
Goldeneye
Garrot a œil d'or
Гоголь обыкновенный

### Kennzeichen, Beschreibung

Kurzhalsigkeit und relativ großer Kopf bewirken ein gedrungenes Aussehen. Männchen im Prachtkleid in auffälliger Weise kontrastreich gemustert, was allein durch die Verteilung von Schwarz und Weiß erreicht wird. Hals, Brust und Körperseiten einschließlich der großen Schulterfedern reinweiß, scharf gegen den schwarzen Kopf, Rücken und Schwanzpartie abgesetzt. Sicheres Erkennungsmerkmal ist der nahezu kreisrunde weiße Fleck vor dem hellen Auge, der sich auffällig vom dunklen, in der Nähe leicht grün bis purpurfarben schillernden Kopf abhebt. Schulterfedern mit breiten schwarzen Rändern, die im Gefiedermuster streifig in Erscheinung treten.

Kopfgefieder des Weibchens im Brutkleid mittelbraun, der kurze Hals weiß. Rücken, Flanken dunkelgrau bis schwärzlich im Schwanzbereich; Vorderbrust, Seiten und Flanken dunkelgrau mit Aufhellungen. – Das Schlichtkleid des Männchens ähnelt dem Brutkleid des Weibchens. Das Braun des Kopfes ist jedoch heller, Grautöne sind dunkler. Adulte Erpel sind von Weibchen durch das auffällige Flügelmuster unterscheidbar.

Im Fluge ist ein nahezu quadratischer weißer Fleck im Flügel ein Erkennungsmerkmal, das auch beim Weibchen vorhanden ist.

**Stimme:** Die Erpel lassen während der Balz zwar nicht häufig, aber um so auffälliger unterschiedliche Laute hören, die meist bestimmten Balzposen zugeordnet sind. Das »Kopf-auf-den-Rücken-werfen« wird von einem hohen, leicht vibrierenden »Krirr« begleitet, das mit lautem Wasserspritzen einhergeht. Außerdem gibt es Laute, die sich mit »rrrr« oder »arrr« beschreiben lassen. Die Weibchen rufen bei der Balz »grarr«, »arrr«, an der Nisthöhle gereiht »ärk-ärk-ärk«.

Die Schwingen produzieren im Fluge ein weithin hörbares, schellend klingendes Fluggeräusch, das der Art den Namen eingetragen hat.

## Brutverbreitung

Holarktisch in der nördlichen Nadelwaldzone verbreitet. Nach Norden etwa bis zur arktischen Baumgrenze, nach Süden ohne scharfe Begrenzung bis in die Waldsteppenzone mit zahlreichen weiter südlich gelegenen inselartigen Vorkommen. In Europa sind große Teile Skandinaviens, Teile der norddeutschen Tiefebene (Westgrenze der Verbreitung etwa in Schleswig-Holstein/BRD), das nördliche und mittlere Polen und die europäische UdSSR in ihrem zentralen und nördlichen Teil bewohnt. Außerhalb des geschlossenen Verbreitungsgebietes im Südosten der DDR, in Südböhmen (Třebon, ČSSR), im Mündungsgebiet des Dnepr am Schwarzen Meer, im Donaudelta (Karte 23).

## Lebensraum

Brütet vorzugsweise an umwaldeten Klarwasserseen, jedoch auch an eutrophen Fischteichen (Oberlausitz/DDR), an Flußabschnitten mit langsamer Strömung und an Altwässern, wenn Wald angrenzt und Bruthöhlen vorhanden sind. Kleinere abgeschlossene Waldseen werden nicht selten von mehreren Brutpaaren besiedelt, an großen Seen locker verteilt.

Außerhalb der Brutzeit vor allem auf größeren Binnengewässsern (Seen, Stauseen, Grubengewässern), jedoch auch auf Flüssen, abgeschlossenen Meeresbuchten und ruhigen Abschnitten der offenen Meeresküste.

## Brutbiologie

**Balz, Paarbildung:** Die Balz des Schellerpels ist durch auffällige Posen und Gesten gekennzeichnet (s. S. 65). Einzelne Balzposen bereits im Herbst. Ab Dezember bilden die Männchen kleine Trupps (2 bis 8) in der Nähe einzelner Weibchen, in denen gemeinsam gebalzt wird. Die Weibchen wirken unbeteiligt, doch die Erpel orientieren sich durch Nachschwimmen an ihrem Verhalten. Die Aktivität der Balzgruppen steigt im Laufe des Winters, und auch nach der Ankunft in den Brutgebieten (in Mitteleuropa unmittelbar nach dem Auftauen der Gewässer) wird zunächst gruppenweise gebalzt, selbst nach vollzogener Paarbildung. Paare und Kopulationen bereits im Winterquartier. Sobald eine Bruthöhle ge-

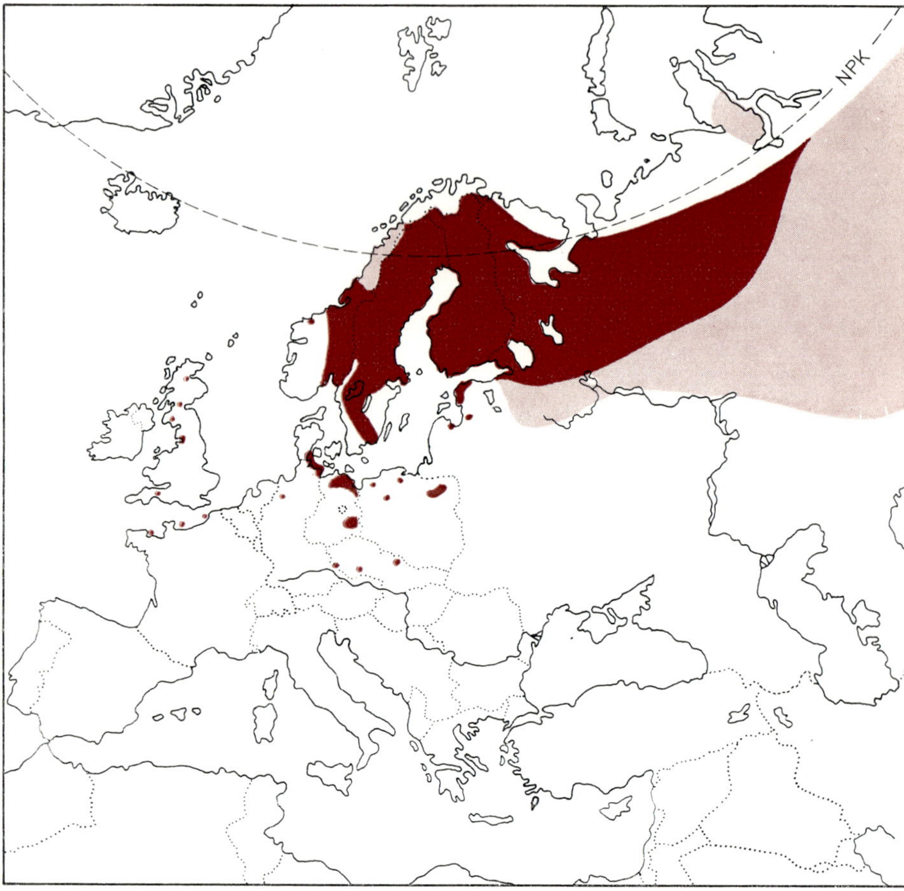


**Karte 23**
Brutverbreitung der Schellente
*(Bucephala clangula)*

funden ist, sondert sich das Paar ab und zieht sich auf bestimmte Gewässerabschnitte zurück. Das Männchen verteidigt das Gebiet um die Bruthöhle sehr heftig gegen eindringende Artgenossen.

An der Nestsuche beteiligen sich Männchen und Weibchen, das Weibchen ist der aktivere Teil. Äußerst gewandt durchfliegt es geschlossene Baumbestände, wobei das Männchen dichtauf folgt. Wenn das Weibchen eine Höhle inspiziert, dann wartet das Männchen auf einem Ast sitzend bis das Weibchen wieder herauskommt.

**Bruthöhle:** Das Schlupfloch der Bruthöhle muß mindestens 9 bis 10 cm Durchmesser haben und die Höhle etwa 45 cm tief sein. Bruthöhlen dieser Art sind in Mittel- und Osteuropa am ehesten in alten Eichen zu finden, in denen die Schellente dementsprechend häufig brütet. Entscheidend für die Annahme ist jedoch nicht die Baumart, sondern die Beschaffenheit der Höhle. Alte Schwarzspechthöhlen gehören zu den bevorzugten Brutplätzen. Künstliche Nisthöhlen, an günstigen Stellen in Gewässernähe angebracht, werden selbst dann angenommen, wenn es an natürlichen Bruthöhlen nicht mangelt.

Brutgelegenheiten in Gewässsernähe werden bevorzugt, doch auch in größerer Entfernung vom Wasser. Die Bruthöhle kann sich unmittelbar über dem Boden, aber auch in großer Höhe (8 bis 10 m) befinden. Eiablage unmittelbar auf dem Boden der Höhle. Auskleidung mit Dunen erst nach Brutbeginn.

**Eier, Gelege:** Eier stumpfoval, zunächst blaugrün, später schmutzig graugrün, Größe 59×43 mm (maximale Länge 67,0 mm, minimale Länge 52,0 mm). Masse 51 bis 58 g, 61,8 g nach MAKATSCH (1974). Zum Vollgelege gehören 6 bis 11 Eier. Größere Gelege kommen zustande, wenn mehrere Weibchen zusammenlegen. Eiablage ab Anfang April, Vollgelege Ende April bis Mitte Mai. Eiablage in Abständen von 1 bis 2 Tagen.

BRÄGER (1986) ermittelte an holsteinischen Gewässern (BRD) 8,7 Eier als durchschnittliche Gelegegröße. Ein Mehrfachgelege enthielt 27 Eier. Erste Eier findet man zwischen dem 16. und 28. März, doch mittlerer Legebeginn einen Monat später (22. 4.). Brutbeginn frühestens Anfang Mai (durchschnittlich 5. Mai). Die Termine stimmen weitgehend mit den in Schweden ermittelten überein (ERIKSSON, 1982). Großen Einfluß auf den Brutbeginn haben die Durchschnittstemperaturen der Monate März und April.

**Bebrütung, Jungenaufzucht:** Brutdauer 30 Tage. Bei Gelegeverlust wird meistens ein Nachgelege gezeitigt. Das Weibchen sitzt sehr fest. Feinde werden schnabelzischend abgewehrt. Das Männchen bleibt in der ersten Hälfte der Brutzeit im Brutgebiet und hält sich zum Weibchen, wenn dieses in den Brutpausen zur Nahrungssuche auf das Wasser kommt. Noch vor dem Schlüpfen der Jungen verlassen die Erpel das Brutgebiet und wandern zu den Mauserplätzen.

**Abb. 6/17**
Vermutliche Körperhaltung junger Baumenten *(D. autumnalis)* während des Kletterns aus der Nesthöhle. Die Skizze zeigt die Wechselbeziehung zwischen Extensor und Flexor beim Anheben des Vogels (nach RYLANDER und BOLEN 1970)

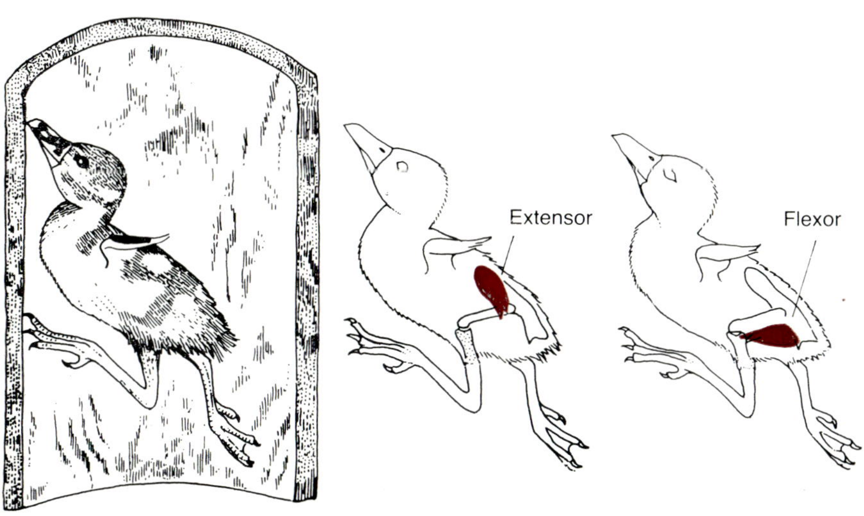

**Tabelle 6/10**
Brutbestand der Schellente in Europa und im europäischen Teil der UdSSR

| Land/Gebiet | Anzahl/Brutpaare | Jahr/Zeitraum | Autor |
|---|---|---|---|
| Großbritannien | 29...52 | 1981 | BEZZEL, 1985 |
| Norwegen*) | 910 | | HAAPANEN u. NILSSON, 1979 |
| Schweden | 100 000 | | ULFSTRAND u. HOGSTEDT, 1976 |
| Finnland | 29 000...45 700 | 1974/79 | HYYTIÄ et al., 1983 |
| BRD | 200...280 | 1980 | RHEINWALD, 1982 |
| DDR | 300 | 1978/87 | |
| Frankreich | 5...15 | 1970/75 | MAHÉO, 1981 |
| ČSSR | 25 | 1964 | BAUER u. GLUTZ v. BLOTZHEIM, 1969 |
| UdSSR | 120 000 | 1965/68 | ISAKOV, 1970 a |
| *Kola/Karelien* | 13 500 | 1965/68 | ISAKOV, 1970 b |
| *Nördl. Dwina/ Petschora* | 60 000 | 1965/68 | ISAKOV, 1970 b |
| *Obere Wolga* | 1 000 | 1965/68 | ISAKOV, 1970 b |
| *Ostsee* | 5 000 | 1965/68 | ISAKOV, 1970 b |
| *Estnische SSR* | 50 | 1975/80 | KUMARI, 1981 |
| *Lettische SSR* | 300 | 1975/80 | KUMARI, 1981 |
| *Wolga/Kama* | 1 500 | 1965/68 | ISAKOV, 1970 b |

*) Nordnorwegen

Die Jungen verbleiben in der Bruthöhle bis alle geschlüpft und gut abgetrocknet sind. Sie werden durch das am Boden oder auf dem Wasser wartende Weibchen durch Lockrufe zum Verlassen der Bruthöhle veranlaßt. Sobald das Weibchen »kjorr« oder »örrr« zu rufen beginnt, erscheint ein Junges nach dem anderen am Schlupfloch, das mit einem kräftigen Sprung verlassen wird. Der Lockruf der Mutter ist Teil des spezifischen Erkennungsmusters. Er enthält nach GOTTLIEB (1968) bei höhlenbrütenden Arten eine Komponente, die die Jungen zum Verlassen der Bruthöhle veranlaßt. Bei freibrütenden Arten fehlt das entsprechende Signal. Um die Bruthöhle verlassen zu können, ist es erforderlich, daß sie klettern können. Schellentenküken besitzen spitze, gebogene Krallen an den Füßen, mit deren Hilfe sie an der Innenwand der Bruthöhle emporklimmen. Bei der amerikanischen Baumente sind der Fuß und die Beinmuskulatur an diese Funktion angepaßt (RYLANDER und BOLEN, 1970) – (Abb. 6/17). Den Fall suchen sie durch Abwinkeln der Flügelstummel und Spreizen der Schwimmhäute zu bremsen. Dabei verletzen sich die Kleinen nur ausnahmsweise. Der dichte Dunenpelz, der den Körper schützend umhüllt, bremst den Sturz. In Gefahr sind nur die Beine. Ihre Gelenke und die Knochen sind noch weich und nachgiebig.

Das Weibchen wandert mit den Jungen zum Brutgewässer oder schwimmt mit ihnen davon, wenn sich der Brutplatz in unmittelbarer Wassernähe befindet. Die Jungen lernen schnell, die passende Nahrung zu finden und aufzunehmen. Sie halten nicht so eng zusammen wie die anderer Entenarten und zerstreuen sich, schon lange bevor sie flügge sind. Flugfähigkeit nach etwa 8 Wochen.

## Nahrung, Nahrungserwerb

Überwiegend carnivor. Beim Tauchen werden frei schwimmende Evertebraten gefangen, von Wasserpflanzen »abgelesen« oder vom Gewässergrund aufgenommen. Gefressen werden alle im jeweiligen Aufenthaltsgebiet vorkommenden Arten, also Wasserinsekten und deren Larven, Kleinkrebse, Würmer, Schnecken und Muscheln. Wie häufig und in welcher Menge eine bestimmte Tierart gefressen wird, hängt nicht von selektiver Nahrungswahl, sondern von der Häufigkeit der Beute und deren Erlangbarkeit ab. Dementsprechend überwiegen im Sommer pelagische Arten, im Winter – wenn diese fehlen – sedentäre (Muscheln), die vom Gewässergrund emporgeholt und nach dem Auftauchen verzehrt werden. Pflanzliche Nahrungsbestandteile sind vor allem Samen der verschiedenen Wasserpflanzen. Fische von wenigen Zentimetern Länge werden zwar gelegentlich verzehrt, spielen aber als Nahrungskomponente keine Rolle.

## Bestand, Bestandsveränderungen

Bauer und Glutz v. Blotzheim (1969) datierten den Beginn der Westausbreitung der Schellente über die Oder hinweg 100 Jahre zurück. Dabei übersahen sie, daß bereits Naumann auf das Brüten »im Mecklenburgischen, Brandenburgischen ... Sachsen ...« hinwies. Diese alten Angaben stimmen auf-

**Abb. 6/18**
Schellente *(Bucephala clangula)* – Trendanalyse des Mittwinterbestandes in Europa (ohne Dänemark, Erläuterungen s. Abb. 6/3; Anzahl Zählgebiete: min. 1610, max. 3160, aus Rüger et al. 1986)

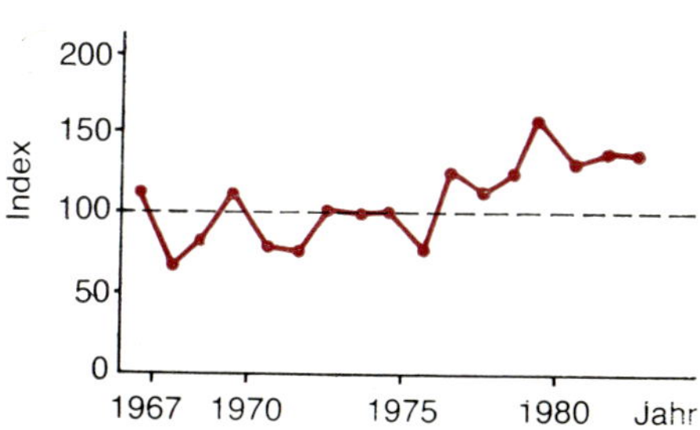


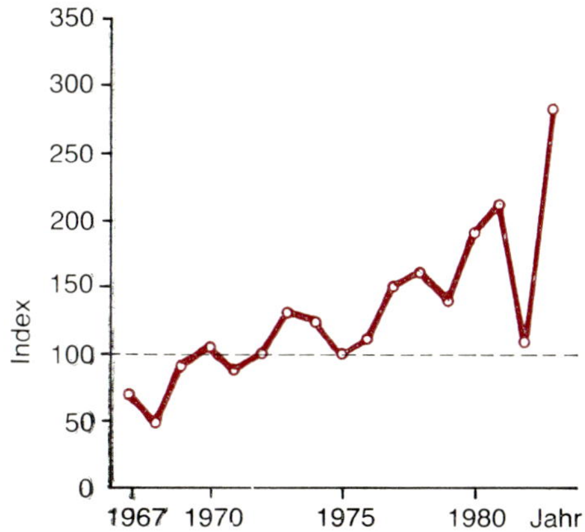


**Abb. 6/19**
Schellente *(Bucephala clangula)* – Trendanalyse des Mittwinterbestandes in Schweden (Erläuterungen s. Abb. 6/3; aus Rüger et al. 1986)

fallend gut mit dem heutigen Verbreitungsbild überein (Rutschke, 1979). Gegenwärtig brütet die Art locker zerstreut in Westeuropa und auch auf den Britischen Inseln (Tab. 6/10). In Finnland nahm sie stark zu, was durch Anbringung künstlicher Nisthilfen begünstigt wurde (Merikallio, 1958; Grenquist, 1970). In Großbritannien ist sie seit 1970 regelmäßiger Brutvogel. Der Bestand stieg von wenigen Brutpaaren in den 70er Jahren (Sharrock et al., 1980) auf 29 bis 52 1981 (Bezzel, 1985). Eine deutliche Bestandszunahme erfolgte in den Teichgebieten im Südosten der DDR im Zusammenhang mit der Intensivierung der Karpfenwirtschaft. Eine Folge dieser Zunahme könnte die Ansiedlung in der ČSSR sein. Die erste Brut fand 1960 statt (Hudec, 1970). Bereits 1964 wurden 25 Brutpaare festgestellt (Bauer und Glutz v. Blotzheim, 1969). Über Zunahme berichtet auch Tomiałojc (1976) von den masurischen Seen. Mitte der 60er Jahre gab es in der Estnischen SSR 23 Brutgebiete (vor allem im Nordosten) mit etwa 50 Brutpaaren.

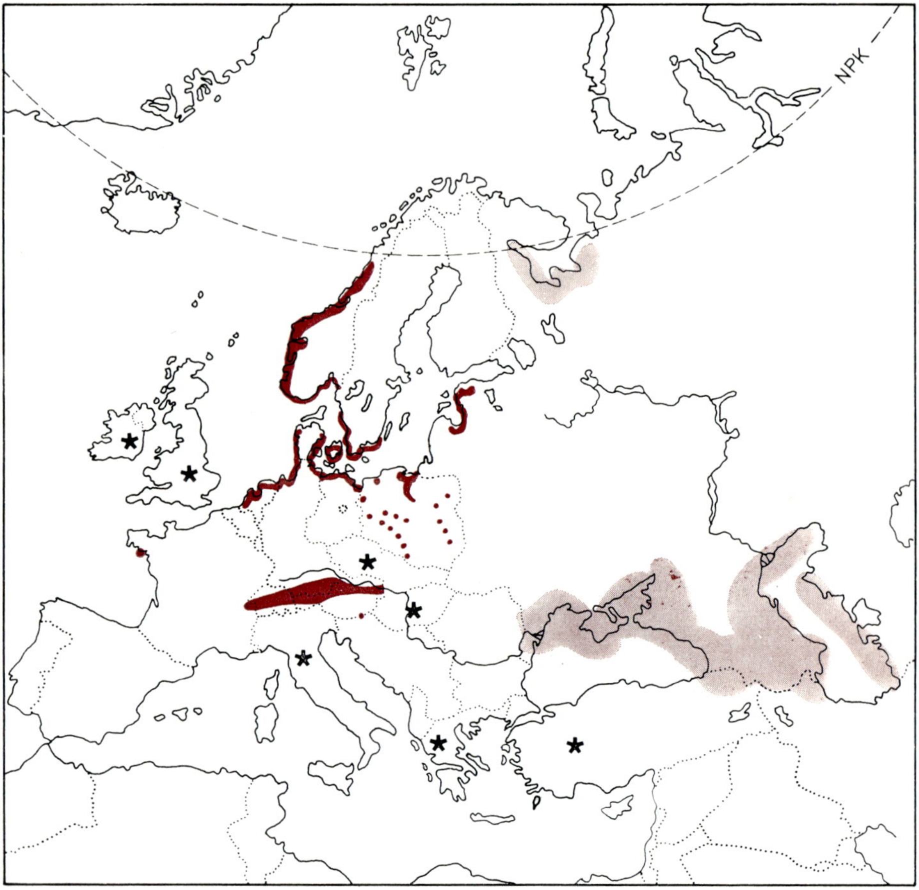


**Karte 24**
Überwinterungsgebiete der Schellente
*(Bucephala clangula)*

Die wichtigsten Überwinterungsgebiete der nordwesteuropäischen Population befinden sich in der westlichen Ostsee und den angrenzenden Binnengewässern der norddeutschen Tiefebene und Dänemarks sowie der Britischen Inseln.

Bei den Winterzählungen in Mittel- und Westeuropa wurden insgesamt 255 000 Schellenten gezählt, woraus Rüger et al. (1986) auf das Vorhandensein von 300 000 Tieren schließen. Das sind weniger als von den Ergebnissen der Brutbestandserfassungen her zu erwarten sind.

Die von Rüger et al. (1986) vorgenommene Trendanalyse läßt eine leichte Bestandszunahme erkennen. Die jährlichen Fluktuationen sind allerdings beträchtlich (Abb. 6/18).

Stark zugenommen hat die Art als Überwinterer in den schwedischen Küstengewässern (Abb. 6/19). Das kann sowohl Folge einer Zunahme des Brutbestandes als auch einer Veränderung der Überwinterungstradition (nachlassende Wanderungstendenz) sein. An der schwedischen Ostseeküste halten sich nahezu 12 % des westeuropäischen Winterbestandes auf.

## Wanderungen, Überwinterung

(s. Karte 24)

Die mittel- und osteuropäischen Schellenten ziehen in südöstlicher Richtung zu den Gewässern im Voralpengebiet, wo sich eines der wichtigsten Überwinterungszentren befindet (Innstauseen, Bodensee, Genfer See). Die weiter nördlich beheimateten wandern in die westliche Ostsee und angrenzende Binnengewässer nach Großbritannien und in die Niederlande. Die auf der Kola-Halbinsel brütenden wandern im Herbst auf zwei Wegen: Ein Teil zieht auf einer nördlichen Route längs der Ostseeküste zur Überwinterung nach Dänemark, ein anderer auf einer südlichen nach Südwest- oder Westeuropa. Die weiter südlich brütenden (bis zum Leningrader Gebiet) überwintern in Mittel- und Südeuropa (Dobrynina, 1985). Schellenten aus Finnland und Schweden überwintern vorzugsweise in dänischen Gewässern und auf den Britischen Inseln (Nilsson, 1969b). Sie verlassen die Brutgebiete also in westlicher bis südwestlicher Richtung. – An der Küste der Estnischen SSR beginnt der Herbstzug mit mausernden Erpeln Ende August. Mitte September setzt der Durchzug weiblicher Tiere und der Jungvögel ein, der bis Ende Oktober dauert (Jögi, 1971). Im Ostseegebiet sind das Kattegat, Jütland und die Seenplatte Holsteins und des westlichen Mecklenburgs bevorzugte Überwinterungsplätze. In den Niederlanden ist das IJsselmeer Hauptsammelplatz für überwinternde Schellenten. In den Winterquartieren treffen zunächst überwiegend Weibchen und diesjährige Jungvögel ein, was damit zusammenhängt, daß die Erpel nach der Mauser zunächst nur kurze Wanderungen zurücklegen. Die Auffüllung der Winterquartiere vollzieht sich sehr allmählich. Die Maxima werden im Dezember, in milden Wintern erst im Januar erreicht, wobei sich das Geschlechterverhältnis nach Eintreffen der Erpel allmählich ausgleicht. Der Beginn des Heimzuges ist stark witterungsabhängig. In milden Wintern setzt er bereits Ende Januar ein, in kalten erst ab Ende Februar/Anfang März. Der Heimzug verläuft wenig auffällig in Form eines Breitfrontzuges in nordöstlicher Richtung.

Über die mit der Mauser der Erpel und der Nichtbrüter verbundenen Wanderungen läßt sich Allgemeingültiges kaum aussagen. Es gibt kleine Ansammlungen, in denen sich die Tiere lokaler Brutpopulationen zusammenfinden, und nach Tausenden zählende Scharen (Limfjord/Jütland).

In Westsibirien ziehen die Erpel nordwärts zu Seen, die außerhalb des geschlossenen Verbreitungsgebietes liegen. Die weiter südlich Ansässigen ziehen jedoch auch südwärts. Nicht eine bestimmte Richtung, sondern das Vorhandensein geeigneter Plätze ist für die Sammelbewegung bedeutsam.

Nach Jögi (1971) beginnt die Wanderung zu den im Küstengebiet der Estnischen SSR gelegenen Mauserplätzen bereits Ende Mai. Zur Mauser erscheinen vor allem adulte Erpel und einjährige, noch nicht voll ausgefärbte Erpel. Sie kommen aus nördlicher gelegenen Gebieten (Finnland, Karelien) und sammeln sich in Scharen bis zu 3000 Individuen (Gesamtbestand etwa 10 000). Im August lösen sich die Mauserverbände auf, und die Erpel verteilen sich längs der Küste.

Anmerkung:
Im Deutschen ist es möglich, die Bezeichnung Meerente oder Meeresente zu verwenden. Obwohl sich der Terminus Meeresente eingebürgert hat, ist die Bezeichnung Meerente gewählt worden.

# Bergente

*Aythya marila* (L.)
Scaup
Fuligule milounian
Морская чернеть

## Kennzeichen, Beschreibung

Die Bergente, obgleich etwas größer als die Reiherente, kann leicht mit dieser verwechselt werden. Dem Männchen im Prachtkleid fehlt der Schopf am schwarzen, schwach dunkelgrün schillernden Kopf. Das Muster der Körperfärbung, schwarzer Hals und schwarze Brust, weiße Seiten und dunkler Schwanz, stimmen mit dem der Reiherente überein. Rücken im Unterschied zur Reiherente hell silbergrau und schwanzwärts dunkelgrau. Schnabel hell bleigrau.

Weibchen dem der Reiherente noch ähnlicher als das Männchen (Brut- und Ruhekleid): Kopf, Brust, Rücken und Schwanz dunkelbraun, Seiten abgestuft dunkel- bis hellbraun und graubraun. Auffälligster Unterschied zur Reiherente ist eine weiße, die Schnabelwurzel umschließende Binde. Sie ist nicht als sicheres Unterscheidungsmerkmal zu werten, weil ein Saum aus weißen Federn auch im Schnabelwurzelbereich des Reiherentenweibchens vorhanden ist. Die Variationsbreite der Weißfärbung überschneidet sich bei beiden Arten.

Das Schlichtkleid des Männchens stimmt weitgehend mit dem Brutkleid des Weibchens überein; weißer Schnabelring nur angedeutet.

**Stimme:** Zur Balz der Männchen gehören zwei Ruftypen: ein leises, weiches »Wiuk«, »Wijuk« oder »Wiu« und ein gurrendes (taubenähnliches) »Kuhu« oder »Kuju«. Stimme des Weibchens kräftiger und gröber. Die wie »gock«, »querr« oder »kra« klingenden Laute werden als Droh- und Warnlaute interpretiert.

## Brutverbreitung

Holarktisch, nahezu zirkumpolar in der Nadelwaldzone und teilweise auch in der subarktischen Strauchtundrazone verbreitet. Das Brutareal reicht von Island über den äußersten Norden Schottlands und die Hebriden nach Skandinavien, wo große Teile Norwegens, Finnisch-lapplands und die Kola-Halbinsel besiedelt sind. Nach Osten erstreckt sich das Verbreitungsgebiet durch den Nordwesten und Norden des europäischen Teils der UdSSR von der Murmansk- und Weißmeerküste durch die Bolschesemelskaja Tundra, Nordwest- und Nordsibirien bis zum Fernen Osten, wo auch die Halbinsel Sachalin bewohnt ist. Nach Süden hin ist der nördliche Teil der Taigazone bewohnt.

Außerhalb des geschlossenen Brutgebietes brütet die Art auch am Bottnischen Meerbusen und an der Ostküste Mittelschwedens (Öland, Blekinge). Brutnachweise auch auf Inseln vor der Küste der Estnischen SSR. (Karte 25).

## Lebensraum

Brutplätze befinden sich an oligo- bis mesotrophen Seen der Tundra und Waldtundra, weiter südlich an subalpinen Gewässern und an Hochmooren und offenen Wasserflächen. In den Schären Südfinnlands brüten Bergenten nicht selten in Möwenkolonien.

Im Winter in geschützten, ruhigen Meeresbuchten und Flußmündungen. Im Binnenland an natürlichen und künstlichen Gewässern, bevorzugt auf stehenden aber auch an Fließgewässern.

## Nahrung, Nahrungserwerb

Bergenten ernähren sich überwiegend von im Wasser und am Gewässergrunde lebenden Evertebraten. Die Nahrungstiere werden beim Tauchen gefangen oder vom Gewässergrund aufgenommen und entweder gleich verzehrt oder, wenn es sich um größere Partikel handelt, mit

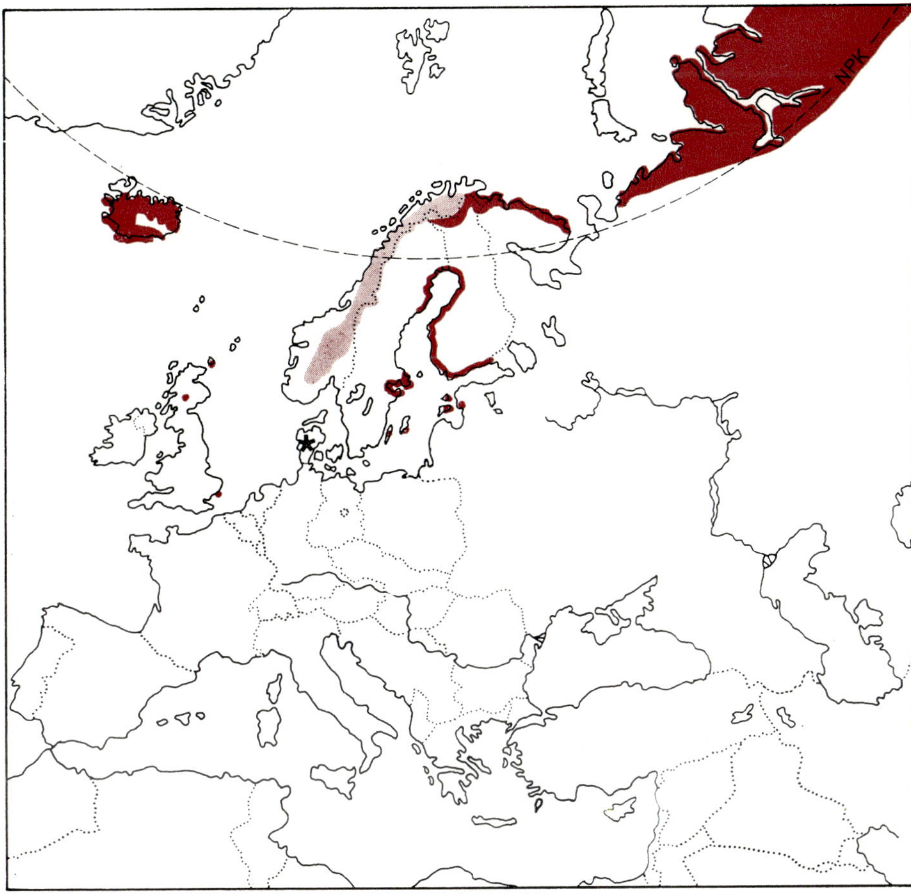


**Karte 25**
Brutverbreitung der Bergente
*(Aythya marila)*

nach oben genommen und nach dem Auftauchen verschluckt. Es gibt keine Gruppe von Wassertieren, die bevorzugt wird. Mollusken stehen zwar an der Spitze, was jedoch daran liegt, daß Nahrungsuntersuchungen mehrheitlich im Herbst und Winter erfolgten, wenn die pelagischen Formen weitgehend fehlen. Nachgewiesen wurden Arten aus den Hauptgruppen der im Wasser vorkommenden Evertebraten, also Mollusken, Insekten und -larven, Ringelwürmer, Krebse (Listen bei BAUER und GLUTZ V. BLOTZHEIM, 1969).

Wie bei anderen Tauchenten sind die Ergebnisse von Magenanalysen das Spiegelbild der Haufigkeitsverteilung der vorkommenden Arten, wobei die langsamen und sedentären – also leicht erbeutbaren – Formen überwiegen. Kleine Fische werden kaum aufgenommen. Pflanzliche Nahrung wird besonders im Frühjahr und im Sommer verzehrt, wobei Pflanzensamen eine größere Rolle spielen als Blätter und Sprosse von Wasserpflanzen. – Dunenjunge nehmen wie die der Reiherente vor allem Insekten auf, die sie mit dem Schnabel fangen und auch von der Wasseroberfläche auflesen. Beim Tauchen werden Tiefen von 2 bis 3 m bevorzugt, bei einer Tauchdauer zwischen 20 und 40 Sek., längere Tauchzeiten sind Ausnahmen.

## Brutbiologie

**Balz, Paarbildung:** Die Balz beginnt bereits im Winterquartier, volle Balzaktivität wird jedoch erst nach Ankunft im Brutgebiet erreicht. Erst dann schließt sich die Mehrzahl der brutfähigen Tiere zu Paaren zusammen. An den Brutplätzen treffen die Tiere ab Mitte April, die Mehrzahl erst Anfang Mai ein. – Die Balzposen stimmen weitgehend mit denen der Reiherente überein, Unterschiede bestehen in der Häufigkeit, in der bestimmte Balzposen gezeigt werden, und in den Lauten, die bei der Balz zu hören sind.

Die Brutreife erreicht ein Teil der Tiere erst im Herbst des zweiten Lebensjahres, doch gibt es Nachweise für erfolgreiches Brüten am Ende des ersten Lebensjahres. Der späten Brutreife entspricht, daß die Männchen das volle Prachtkleid erst im zweiten Lebensjahr anlegen.

**Neststandort, Nest:** Die Nester stehen gewöhnlich an feuchten Standorten. Sie werden aus Pflanzenmaterial gebaut und wie bei anderen *Aythya*-Arten bei steigendem Wasser erhöht, wodurch sie zu respektablen Bauten anwachsen können. An trockenen Standorten erhebt sich über der in den Erdboden gedrehten Mulde ein einfacher Bau. Das wärmende und die Eier schützende Material sind Dunen, mit denen das Nest ausgepolstert wird.

Die Nester stehen in Seggen- und Binsenbeständen am Wasser, in Gras oder auch unter Büschen, vorzugsweise auf Inseln, dann kolonieartig dicht. Im Schärengebiet des Bottnischen Meerbusens brüten sie häufig in Möwenkolonien.

**Eier, Gelege:** Glanzlose hellbraune bis olivgraue langovale Eier. Größe durchschnittlich 63×43 mm (maximale Länge 68 mm, minimale Länge 52 mm), Masse etwa 57 bis 70 g. Zum Vollgelege gehören 6 bis 9 Eier.

Mehrfachgelege in Gebieten mit hoher Siedlungsdichte nicht selten, auch Mischgelege kommen vor (Bauer und Glutz v. Blotzheim, 1969). Eiablage an den südlichen Brutplätzen ab Ende Mai, im Norden Anfang Juni.

**Bebrütung, Jungenaufzucht:** Bebrütung nur durch das Weibchen. Das Männchen bleibt bis in die zweite Bruthälfte in der Nähe und verbringt die Brutpausen (Nahrungsaufnahme) gemeinsam mit dem Weibchen. Brutdauer 26 bis 28 Tage. Schlupf der Jungen innerhalb von 24 Stunden, obwohl das Weibchen bereits vor Ablage des ersten Eies zu brüten beginnt.

Schrifttumsangaben, denen zufolge die Zeit zwischen Schlupf und Flüggewerden nur 5 bis 6 Wochen dauern soll, werden von Bauer und Glutz v. Blotzheim (1969) wohl zu Recht angezweifelt. Gelegentlich kommt es vor, daß sich mehrere Jungenschofe einem Weibchen anschließen.

## Bestand, Bestandsveränderungen

In den drei Zentren der europäischen Brutpopulation (Island, Skandinavien und nordwestlicher Teil der UdSSR) haben sich die Bestände unterschiedlich entwickelt. Cramp und Simmons (1977) geben für Island 10 000 Brutpaare an, die bis etwa 1956 vorhanden waren. Seither hat sich eine drastische Abnahme vollzogen, so daß 1974 nur noch mit 3000 bis 4000 Paaren gerechnet wurde. Dieser das ganze Land betreffende Rückgang ist besonders deutlich am Myvatn hervorgetreten.

Im Unterschied zu der rückläufigen Entwicklung auf Island wird über eine

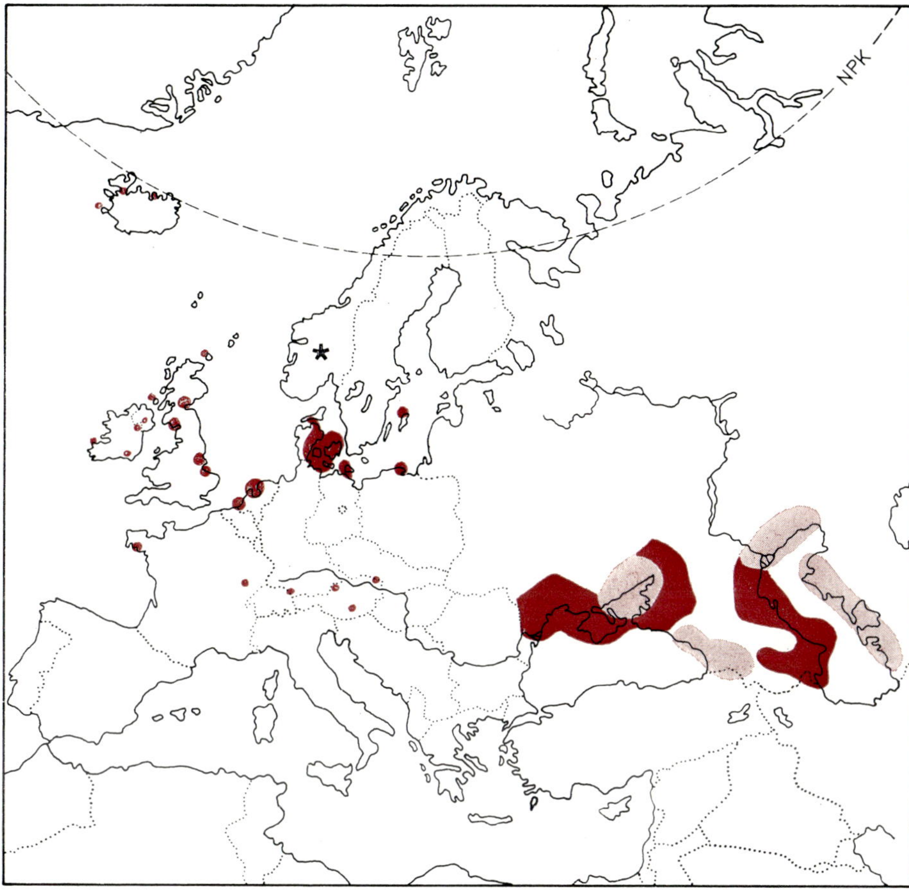


**Karte 26**
Überwinterungsgebiete der Bergente
*(Aythya marila)*

leichte Zunahme in Teilen des skandinavischen Brutgebietes berichtet. Curry-Lindahl (1964) hatte auf eine generelle Zunahme der Art in Schweden hingewiesen und diese später erneut bestätigt (Curry-Lindahl et al., 1970). Die Gebietsausweitung betrifft besonders den Südosten des Landes. Zur schwedischen Brutpopulation gehören gegenwärtig etwa 12 000 Paare (Ulfstrand und Hogstedt, 1976).

Auf eine leichte Zunahme lassen auch Angaben aus Finnland schließen. Merikallio (1958) bezifferte den Brutbestand mit 1000 Paaren, Hyytiä et al. (1983) mit 1600.

Nach Isakov (1970a) ist für den europäischen Teil der UdSSR mit einem Bestand von 50 000 Paaren zu rechnen. Diese Angabe weicht allerdings stark von der durch Mineev (1981) mitgeteilten ab. Er gibt allein für die Bolschesemelskaja Tundra 1973 einen Brutbestand von etwa 110 000 Paaren an.

Der Brutbestand im Norden des europäischen Teils der UdSSR scheint zu hoch geschätzt, wenn man die Zahlen in Beziehung zu den Resultaten der Wintervogelzählungen setzt. Atkinson-Willes (1976) beziffert den Winterbestand der nordwesteuropäischen Population mit 150 000 Individuen. Die wichtigsten Überwinterungsquartiere befinden sich im Gebiet der dänischen Küstengewässer (westliche Ostsee) und in den Niederlanden. An der Ostseeküste der DDR überwintern 10 000 bis 17 000 Tiere.

Die Art überwintert auch am Schwarzen Meer (Überwinterungsbestand etwa 55 000 Individuen) und am Kaspischen Meer (etwa 40 000 Individuen). Die Tiere stammen aus West- und Mittelsibirien.

### Wanderungen, Überwinterung

(s. Karte 26)

Die nordosteuropäischen Brutvögel überwintern im Gebiet der westlichen Ostsee und in den Niederlanden (IJsselmeer), in kleinen Trupps auch an binnenländischen mitteleuropäischen Gewässern. Die ersten treffen in den Überwinterungsgebieten bereits Ende September/Anfang Oktober ein, das Hauptkontingent erscheint jedoch erst im November. Der Wegzug aus den weit nördlich gelegenen Brutgebieten beginnt bereits im September, doch zunächst werden wahrscheinlich Rastplätze an der Weißmeer- und Murmanküste aufgesucht. Die in der nordöstlichen Ostsee brütenden bleiben im Gebiet bis anhaltender Frost sie zum Weiterzug zwingt. – Die am Schwarzen Meer und Kaspischen Meer überwinternden Bergenten stammen aus Westsibirien.

Die in Nordschottland brütenden Tiere bleiben in der Nähe der Brutgebiete und überwintern an den Küstengewässern um Schottland und Nordirland.

Der Heimzug setzt bei den weit westlich (französische Kanalküste, Niederlande) überwinternden bereits Ende Februar, spätestens Mitte März ein. In der westlichen Ostsee rasten Bergenten bis in den April hinein (20 000 bis 40 000 im Greifswalder Bodden, Leipe und Sellin, 1983). Im Finnischen Meerbusen wird der Höhepunkt des Durchzuges in der zweiten Aprilhälfte erreicht. Anfang Mai ist der Heimzug abgeschlossen. Ringfunde lassen auf ausgeprägte Brutorttreue schließen.

## Eiderente

*Somateria mollissima* (L.)
Eider
Eider à duvet
Обыкновенная гага

### Kennzeichen, Beschreibung

Größte Tauchente mit massig wirkendem langgestrecktem Körper. Der klobige Schnabel setzt sich geradlinig in die flache Stirn fort, so daß sich ein unverkennbares, nur bei dieser Art vorkommendes Profil ergibt (Schafsgesicht). Sexual- und Saisondimorphismus stark ausgeprägt. Männchen im Prachtkleid kontrastreich schwarz-weiß gemustert, Bauch, Flanken, Heck und Stirn-Scheitelbereich schwarz, ansonsten weiß. Schnabel beim Erpel im Prachtkleid gelbgrün, sonst blaugrau bis grüngrau. Die dunkle Kopfplatte des Prachterpels schillert bei Betrachtung aus der Nähe violett-purpurfarben. Sie ist durch einen weißen Mittelstreifen geteilt. Am Vorderkopf reicht die Befiederung weit über den Schnabel hinweg. Nackenfedern leicht verlängert. Sie bilden eine kleine Holle. Weit hinten seitlich ein nahezu kreisrunder weißer Fleck. Äußere Armschwingen schwarz, innere weiß und sichelförmig gebogen. – Im Brutkleid des Weibchens dominiert ein kräftiges Dunkelbraun, im Brust- und Flankenbereich kräftig gebändert. Kopf und Hals heller braun als der fast tief dunkelbraune Rücken- und Schwanzbereich.

Im Schlichtkleid des Männchens weiße Federn durch braun-beigefarbene bis schmutzigbraune ersetzt, wodurch die Färbung dieser Gefiederpartien weitgehend der weiblicher Tiere entspricht. Bänderung jedoch weniger auffällig.

Das Schlichtkleid des Weibchens entspricht weitgehend dem Brutkleid. Unterschiede bestehen in der Intensität der Braunfärbung, besonders im Kopfbereich.

Die Jugendkleider beider Geschlechter ähneln dem Kleid des erwachsenen Weibchens, sind jedoch dunkelbrauner und schwächer gebändert. Prachtkleid des Männchens erst im 3. oder 4. Jahr (3. oder 4. Prachtkleid) voll ausgebildet. Im 1. Prachtkleid beim Altvogel Scheitel- und Stirnfedern noch dunkelbraun, übriges Gefieder, Kopfseiten und Hals schwarzbraun. Erst im Frühjahr erscheinen im Brust- und Schulterbereich einzelne weiße Federn. Im 2. Prachtkleid tritt die Schwarz-Weiß-Kontrastierung deutlicher hervor; im Kopf und Halsbereich bleiben Federn mit gelbbraunen Rändern erhalten und auch Teile des Rückengefieders sind noch schwarzbraun.

Erst im 3. Prachtkleid verschwinden die braunen Federn, und die Schwarz-Weiß-Musterung kommt voll zur Geltung.

Nur an den Deckfedern der Armschwingen verraten braune Flecken den noch nicht voll ausgereiften Erpel (Abb. 6/20).

**Abb. 6/20**
Eiderente *(Somateria mollissima)* – Gefiederzeichnung adulter und juveniler Erpel (nach Luftaufnahmen; aus Bourget et al. 1986)
a – adulte
b bis d – 6 bis 8 Monate alte Erpel; einige Tiere mit Gefiederzeichnung wie in d können durchaus älter sein (18 bis 20 Monate)

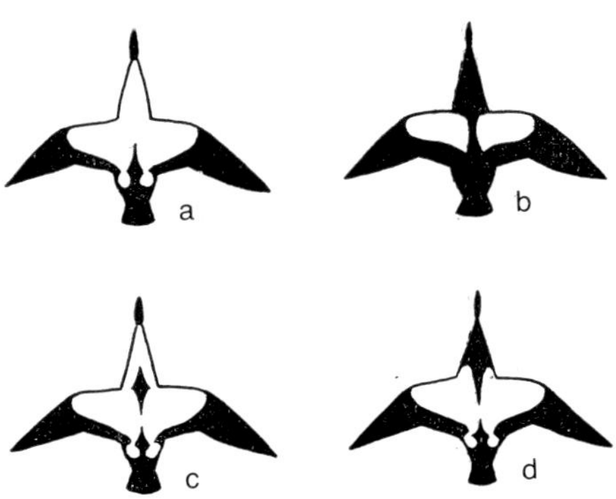


**Stimme:** Zur Paarungszeit ruft das Männchen ein dumpf klingendes, aber weithin hörbares »uh-huh-huu«, das an die Stimme der Hohltaube erinnert. Weibchenrufe einsilbig »ok« oder »kok« oder mehrsilbig »gang-gang-gang« und vielsilbige Rufreihen wie »gogogogogogogogog«.

### Brutverbreitung

Lückenhaft durch die gesamte Holarktis. Ein Verbreitungsschwerpunkt befindet sich im Norden des Atlantik; Ostgrönland, Island, der Norden Irlands, die Küsten Schottlands sind von ihr besiedelt. Nach Norden geht sie bis Spitzbergen, Jan Mayen, zu den Fåroèr und Nowaja Semlja, im Süden bis an die Küsten der westlichen Bretagne, die West- und Nordfriesischen Inseln, die Küsten Jütlands und Zeelands (Dänemark) und Gotlands (Schweden).

Nach Osten an den Küsten Finnlands, den Inseln vor der Küste der Estnischen SSR (Saaremaa), die östliche Murmanküste, die Kandalakscha- und Onegabucht, die Halbinsel Kanin, die Küsten der Waigatsch-Halbinsel und Nowaja Semljas.

Das östliche Sibirien ist nur lückenhaft besiedelt. Vorkommen existieren in Nordjakutien, der Chatanga-Mündung, am Unterlauf der Kolyma und der Wrangel-Insel (Karte 27).

Die morphologischen Unterschiede innerhalb des riesigen Verbreitungsareals sind ausgeprägter als bei anderen Meerenten, so daß mehrere Unterarten unterschieden werden können. In Europa kommt nur die Nominatform *Somateria m. mollissima* vor.

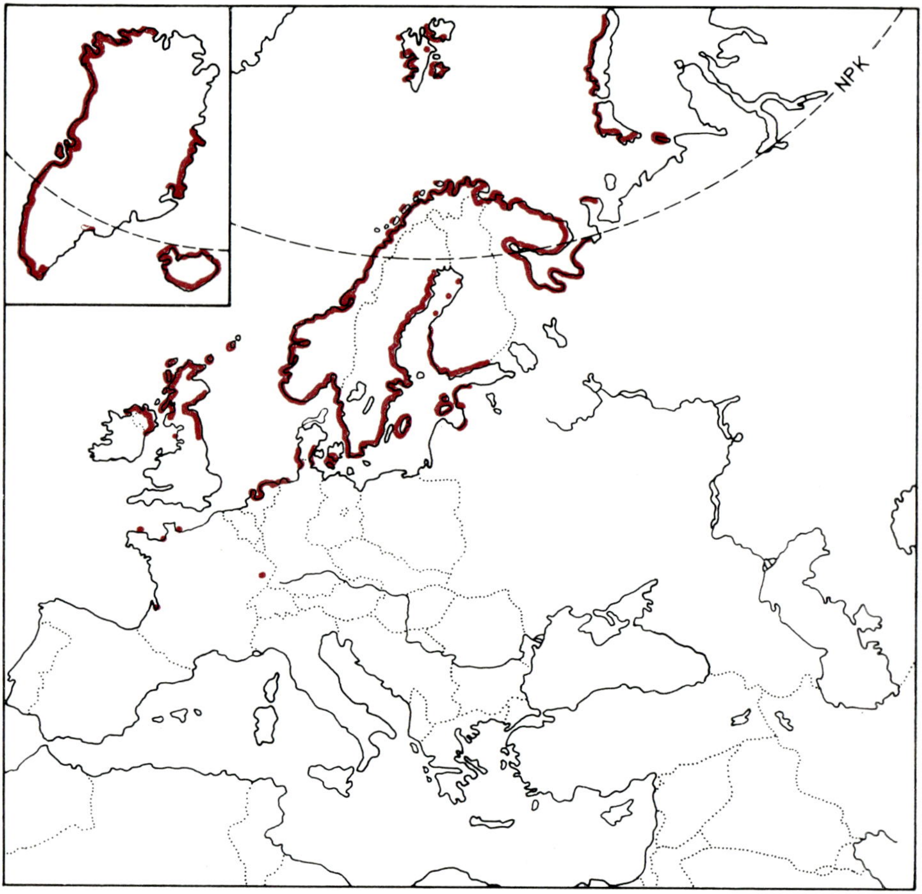


**Karte 27**
Brutverbreitung der Eiderente
*(Somateria mollissima)*

## Lebensraum

Als Brutplätze dienen den Meeresküsten vorgelagerte kleine vegetationslose Felsinseln und Schären, aber auch mit Grünland bewachsene oder bewaldete Inseln, geschützte Buchten mit flachen Ufern; Fjorde und Meerengen werden besonders bevorzugt. Außerhalb der Brutzeit gesellig in größeren oder kleineren Trupps an nahrungsreichen Küstenabschnitten. In der Nordsee vor allem im Wattenmeer. Bei Einflügen ins Binnenland nur auf größeren Seen, Stauseen und dergleichen.

## Nahrung, Nahrungserwerb

Nahrung ganz überwiegend animalisch. Sedentäre Formen, insbesondere Muscheln werden bevorzugt, jedoch auch sich bewegende nicht verschmäht, wenn sie langsam sind. Magenanalysen von Eiderenten, die in dänischen Küstengewässern überwintern, ergaben bis zu 67 % Mollusken (MADSEN, 1954), wobei Mies- und Herzmuscheln dominierten. Fische nur ausnahmsweise. Die Weibchen nehmen zur Brutzeit auch Vegetabilien auf, besonders in Nestnähe wachsende Pflanzen. In der Nahrungszusammensetzung gibt es regionale Unterschiede, in denen sich Verbreitung und Häufigkeit der Beutetiere widerspiegeln. Muscheln werden ganz aufgenommen, und die Schalen mit Hilfe der kräftigen Magenmuskulatur zerbrochen. Kleine und mittelgroße Muscheln werden größeren vorgezogen. In den Ornithologischen Mitteilungen (33, 1981 53–54) wurde eine Mitteilung abgedruckt, derzufolge Eiderenten vor der schleswig-holsteinischen Westküste künstlich angelegte Muschelbänke »abernten« und dadurch Schaden anrichten sollen. Die Kulturmuscheln sollen Wildmuscheln vorgezogen werden, weil sie einen größeren Weichkörper besitzen und die Aufnahme nicht durch leere Muschelschalen beeinträchtigt wird.

## Brutbiologie

**Balz, Paarbildung:** Die Gesellschaftsbalz der Eidererpel beginnt schon im Dezember, doch erst im Spätwinter sind die Weibchen daran beteiligt. Bis zu 10 Männchen sammeln sich in der Nähe eines Weibchens. An der Gesellschaftsbalz sind auch noch nicht fortpflanzungsfähige Männchen beteiligt. Zu den Balzposen der Männchen gehören Bewegungen, die von gurrenden Lauten (»wuh-wuh-wuh«, auch »wu-huu« und anderen Lauten auf »u«) begleitet werden. Bei der Ankunft im Brutgebiet ist die Mehrzahl der Weibchen verpaart. Erst im 3. Lebensjahr wird die Fortpflanzungsfähigkeit erreicht. Ein Teil der weiblichen Tiere brütet bereits im 2. Lebensjahr (Baillie und Milne, 1982). Die Partner binden sich nur für eine Brutperiode (Saisonehe), doch scheint Wiederverpaarung häufiger zu sein als bisher angenommen (Spurr und Milne, 1976). Nach Etablierung der Paare bleiben diese in den Ansammlungen, die auch nach Ankunft im Brutgebiet fortbestehen.

Im südlichen Teil des Verbreitungsgebietes treffen die Tiere frühestens in der ersten Aprilhälfte im Brutgebiet ein, im Norden abhängig von Schnee- und Eisschmelze erst Anfang Mai und später.

**Brutkolonien, Neststandort:** Eiderenten brüten meist in Kolonien (Hunderte bis Tausende Brutpaare), jedoch auch zerstreut oder in kleinen Gruppen in Möwenkolonien. Innerhalb der Kolonien stehen die Nester unterschiedlich dicht. An bevorzugten Plätzen 2 bis 3 Nester je $m^2$.

Kolonien an erhöhten, trockenen Plätzen, Steilufern und Felsschroffen werden genauso gemieden wie windexponierte Stellen. Wo das Ufer sehr sanft ansteigt, Kolonien mehrere Hundert Meter vom Meere entfernt, so daß sie von der Brandung und von Hochwassern nicht erreicht werden können. An stärker geneigten Ufern wird die Meeresnähe bevorzugt.

Im südlichen Teil des Verbreitungsgebietes sind die Neststandorte eher in offener Vegetation (Krautschicht) oder sogar in Tanganspülungen der Uferzone, im nördlichen Teil (Murmanküste, Weißmeerküste) an geschützteren Stellen zu finden. Auf bewaldeten Inseln Nester auch im Schutz von Bäumen. Im allgemeinen wird die Wassernähe bevorzugt; doch auch Entfernungen vom Wasser bis zu einigen hundert Metern sind nicht ungewöhnlich.

Es besteht ein Zusammenhang zwischen der Biomasseproduktion und der Größe und Verteilung der Kolonien. Im hohen Norden konzentrieren sich die Kolonien in jenen Küstenabschnitten, in denen die Biomasseproduktion über 4 $g/m^3$ liegt.

In offenen Nistgebieten stehen die Nester dichter als in gedeckten. Wenn lockerer Baumbewuchs oder Sträucher vorhanden sind, dann sind die Nester weiträumiger verteilt. Die Nester werden so angelegt, daß sie vor kalten Winden geschützt sind.

**Nestbau, Neststandort:** Je nach den Bedingungen sehr verschieden. Auf vegetationslosem felsigem Untergrund genügt eine flache Mulde, so daß die Nester ganz ungedeckt stehen. Häufiger werden Plätze zwischen Steinen oder Felsbrocken oder in Felsspalten gesucht, so daß eine gewisse Deckung gegeben ist. Sobald krautige Vegetation, Gebüsch oder Bülten vorhanden sind, werden die Nester in deren Schutz angelegt. Die flache Nistmulde wird zunächst spärlich mit pflanzlichem Material ausgelegt, das aus der nächsten Umgebung oder auf vegetationslosen Inseln vom Spülsaum stammt. Nicht selten werden Nestanlagen genutzt, die von Großmöwen stammen. Eiderenten bevorzugen den Vorjahrsnistplatz und brüten nicht selten genau am selben Platz. Um jährlich wiederbesetzte Nester bilden sich mit der Zeit regelrechte Wälle, die infolge der düngenden Wirkung des Entenkotes krautig oder mit Zwergsträuchern bewachsen sind. Mit Beginn der Eiablage erfolgt die Feinauspolsterung des Nestes mit Dunen, die am Brutfleck ausfallen. Eiderenten brüten häufig in Gesellschaft mit anderen Arten.

Die Brutplätze werden im südlichen Teil des Verbreitungsgebietes schon im April, im Norden erst im Mai – abhängig vom Schmelzen der Schnee- und Eisdecke – besetzt. Sobald der tauende Schnee Plätze freigibt, werden diese besetzt, so daß die Kolonien mit dem Fortschreiten der Schneeschmelze rasch anwachsen.

**Eier, Gelege:** Eier oval bis langspitzoval, glattschalig, matt, grünlichgrau, oliv bis beige oder grün. Durchschnittliche Größe 78×51 mm (maximale Länge 95 mm, minimale 69 mm). Masse 103 bis 110 g. Zum Vollgelege gehören 3 bis 7 Eier; nach ANDERSSON (1978) nur 4 bis 5. Sind mehr als 9 vorhanden, dann dürfte es sich um ein Mehrfachgelege handeln, die häufig vorkommen. In den Brutkolonien an der Nordseeküste Eiablage ab letztes Aprildrittel, Hauptlegezeit erste Maihälfte. Nach Norden und Nordosten verschiebt sich der Legebeginn bis in die zweite Maihälfte und Anfang Juni (Mitte Juni Spitzbergen und Nowaja Semlja). Das Legeintervall beträgt 24 Std.

**Bebrütung, Jungenaufzucht:** Brutdauer 25 bis 26 Tage, nur die Weibchen brüten. Die Männchen halten sich in den Kolonien (nördliches Verbreitungsgebiet) neben ihren Weibchen auf und schränken sogar die Nahrungsaufnahme ein, so daß sie in dieser Zeit an Masse verlieren.

Besonders in der ersten Phase der Brutzeit kommt es nicht selten zu aggressivem Verhalten zwischen Brutnachbarn. Mit fortschreitender Brutzeit verlassen die Männchen die Kolonien und wandern zu bestimmten Küstenabschnitten, um zu mausern.

Das auf dem Nest überraschte brütende Weibchen spritzt beim Auffliegen Kot über die Eier, wobei auch die Dunen beschmutzt werden. Bei der »Dunenernte« wird deshalb sorgfältig darauf geachtet, daß die Weibchen die Annäherung eines Menschen rechtzeitig bemerken und vor dem Abflug das Gelege mit Dunen bedecken.

In der Anfangszeit der Bebrütung täglich 2 bis 3 Brutpausen, um Nahrung aufzunehmen und zu baden. Die Pausen werden während der Brutzeit immer kürzer und entfallen schließlich. Zum Schluß sitzen die Weibchen ungewöhnlich fest und lassen sich sogar auf dem Nest berühren.

Die Jungen schlüpfen innerhalb eines Tages. Sie bleiben im Nest bis das letzte geschlüpft und völlig getrocknet ist. Dann wandern sie mit der Mutter zu seichten Küstenabschnitten. Vereinigung von Familien, Adoption verirrter Jungen und Bildung regelrechter Kindergärten (2 bis 3 Weibchen mit zahlreichen Jungen) kommen häufig vor. Mit 9 bis 10 Wochen sind die Jungen voll flugfähig.

## Bestand, Bestandsveränderungen

Bis etwa in die Zeit um die Jahrhundertwende besiedelte die Eiderente Teile ihres Verbreitungsgebietes in großer Anzahl, und es gab zahlreiche Kolonien mit Tausenden besetzten Nestern. Der Brutbestand von Forlandsoyane auf Spitzbergen wurde um 1900 noch auf 10 000 Paare geschätzt (Lovenskjold, 1963, zit. in Bauer und Glutz v. Blotzheim, 1969). Zu Anfang des Jahrhunderts setzte ein drastischer Rückgang ein, verursacht durch Übernutzung infolge von Eiersammeln und Einsammeln der Dunen. Trotz regionaler Schutzmaßnahmen sank der Bestand bis in die Mitte dieses Jahrhunderts, seitdem setzte sich der Schutzgedanke durch, und die Bestände erholten sich. Schon zu Beginn der 70er Jahre wurde der Bestand auf 400 000 bis 500 000 brütende Weibchen geschätzt (Uspenski, 1972), davon allein etwa 230 000 auf Island und 100 000 in Norwegen (ohne Spitzbergen). Der Bestand an brutfähigen Vögeln lag also zu diesem Zeitpunkt bei etwa einer Million.

Eine entsprechende Entwicklung vollzog sich im Ostseegebiet (Dänemark, Schweden, Finnland, baltische Republiken der UdSSR). Der zu Anfang der 70er Jahre auf 300 000 Paare geschätzte Brutbestand war 1980 auf etwa 600 000 Brutpaare angewachsen (Stjernberg, 1982).

Die britische Brutpopulation wird von Sharrock (1976) mit 15 000 bis 25 000 Brutpaaren angegeben, einige wenige brüten in Irland. Diese Anzahl korrespondiert recht gut mit den Ermittlungen des Winterbestandes (etwa 50 000). Owen et al. (1976) beziffern den Zuwachs auf den Britischen Inseln mit 30 bis 40 % in den letzten beiden Jahrzehnten.

Gut untersucht ist die spektakuläre Bestandsentwicklung der Eiderente auf den Westfriesischen Inseln (Niederlande), wo die Erstansiedlung zu Beginn dieses Jahrhunderts erfolgte. Innerhalb von 25 Jahren wuchs der Bestand von weniger als 10 auf 25 bis 30 Paare. Dann setzte eine explosive Zunahme ein. Schon Mitte der 30er Jahre brüteten 300 Paare, Ende der 40er Jahre waren es über 1000 und 1957 3600 Paare (zit. nach Bauer und Glutz v. Blotzheim, 1969). Der starke Anstieg in den Niederlanden, der bis zu einem Spitzenwert von etwa 5700 Brutpaaren zu Anfang der 60er Jahre führte, ist durch das Auftreten von Botulismus unterbrochen worden. In den 70er Jahren erholten sich die Bestände allerdings wieder (Teixeira, 1979).

Die erste Kolonie im Wattenmeer der Nordsee entstand um 1800 auf der Insel Sylt. Die Besiedlung der ostfriesischen Inseln erfolgte in den 40er Jahren d. Jh. Der Eiderentenbrutbestand vor der deutschen Nordseeküste wurde 1982 mit etwa 1100 Paaren angegeben, davon allein 800 auf der Insel Amrum (Taux, 1984). 1986 brütete erstmals eine Eiderente auf Helgoland (Kempken und Thiery, 1986). Die Massenansammlungen rastender Eiderenten im Wattenmeer vor der nordfriesischen Küste führten zu Konflikten mit den Miesmuschel-Züchtern (Schmidt, 1983).

Die positive Bestandsentwicklung drückt sich auch darin aus, daß es zu Ansiedlungen im Binnenland kam. Die Eiderente brütete 1975 erstmals in Österreich und an der Nordwestküste des Schwarzen Meeres (Thiede, 1981, 1984).

Eine relativ genaue Erfassung des Brutbestandes der Eiderente im Ostseegebiet erfolgte zu Anfang der 70er Jahre durch Almkvist et al. (1974). Dabei wurden alle Plätze kartiert, an denen sich die Männchen im Anschluß an die Brutzeit sammeln, die Ansammlungen aus der Luft fotografiert und anschließend ausgewertet. Es wurden 271 000 Eiderenten-

Männchen gezählt. Aus diesem Ergebnis schlossen die Autoren auf einen Gesamtbestand von 600 000 Individuen im baltischen Raum. Diese Zahl stimmt grob mit Schätzungen im dänischen Winterquartier (JOENSEN, 1972) und Radaruntersuchungen zur Zugzeit (ALERSTAM et al., 1974) überein.

Angaben für Schweden stammen von ULFSTRAND und HOGSTEDT (1976), die den Brutbestand auf 200 000 Paare schätzen. In Finnland hat die Art nach dem zweiten Weltkrieg ebenfalls beträchtlich zugenommen und ihr Brutgebiet in den 50er und 60er Jahren ausgeweitet (GRENQUIST, 1970). Von etwa 25 000 Paaren in den 50er Jahren ausgehend, stieg der Bestand auf über 90 000 Anfang der 70er Jahre (ALERSTAM et al., 1974).

Nach USPENSKI (1972) befinden sich die größten Eiderentenkolonien in der UdSSR an der Westküste von Nowaja Semlja, an der Weißmeerküste und im Südwesten der Barentssee.

Im Unterschied zu dieser positiven Bestandsentwicklung in den Ansiedlungen im Nordwesten der UdSSR (Weißmeer- und Murmanküste) gab es an anderen Plätzen kaum Veränderungen. Lokal nahmen die Bestände sogar ab, wohl als Folge parasitärer Erkrankungen (zit. nach BAUER und GLUTZ v. BLOTZHEIM, 1969).

Wichtige Maßnahmen zur Erhaltung der Eiderentenbestände im europäischen Teil der Sowjetunion (Kandalakscha, Barentssee bei Murmansk) sind die in den 30er Jahren erlassenen Schutzbestimmungen (KARPOVITCH und KESTER, 1970). Das Kandalakscha-Naturschutzgebiet wurde 1932 vor allem zum Schutz der Eiderente eingerichtet. Neuerdings nehmen Jagddruck und anthropogene Beeinflussung der Eiderenten im Kandalakscha-Gebiet ständig zu (BIANKI, 1968). Es gibt Tausende Motorboote, die hohe Geschwindigkeiten entwickeln, von denen die Jagd ausgeübt wird.

In der Barentssee trug die Einrichtung des Sem-Naturschutzgebietes dazu bei, die Eiderentenpopulation zu vervielfachen. Wichtige Maßnahmen waren die Bekämpfung der Groß- und Raubmöwen, die gefangen, geschossen und an der Eiablage gehindert wurden (BELOPOLSKI, 1968).

Für die Estnische SSR reichen die Angaben über das Vorkommen der Eiderente über 100 Jahre zurück. Nach einer Phase der Zunahme zu Anfang des Jahrhunderts (1900 bis 1913) gab es bis Anfang der 30er Jahre einen starken Rückgang, der in abgeschwächter Form bis Ende der 40er Jahre anhielt. Seither erhöhte sich der Bestand auf den Inseln vor der estnischen Küste und stieg auf 8500 Brutpaare zu Anfang der 50er Jahre (65 % davon im Matsalu-Naturschutzgebiet). Die Eiderente ist zur häufigsten Tauchente im östlichen Ostseegebiet geworden (KULLAPERE, 1985).

Knochenfunde belegen, daß die Eiderente bereits in der Steinzeit Brutvogel in Dänemark war. Im 18. Jahrhundert brütete die Art an etwa 12 Plätzen (JOENSEN, 1973). In den ersten Jahrzehnten des 20. Jahrhunderts vollzog sich die Bestandszunahme zunächst allmählich. 1929 brüteten 600 Paare, vornehmlich in den alten Kolonien. 1965 wurden 3500 bis 4000 festgestellt (BAUER und GLUTZ v. BLOTZHEIM, 1969). Seitdem vollzog sich ein drastischer Anstieg. Bereits 1970 brüteten etwa 7500 Paare (JOENSEN, 1974). Die drei größten Kolonien, in denen die Zunahme anhält, bestehen bereits seit Beginn des Jahrhunderts. Seit 1950 entstanden weitere, in denen die Bestandsentwicklung ebenfalls positiv verläuft. Ende der 70er Jahre wurden 10 000 bis 15 000 Brutpaare geschätzt (MØLLER, 1983).

Ursache für die Bestandszunahme sind das Verbot des Eiersammelns, die Schonung brütender Vögel und die geringeren Störungen in der Brutperiode durch

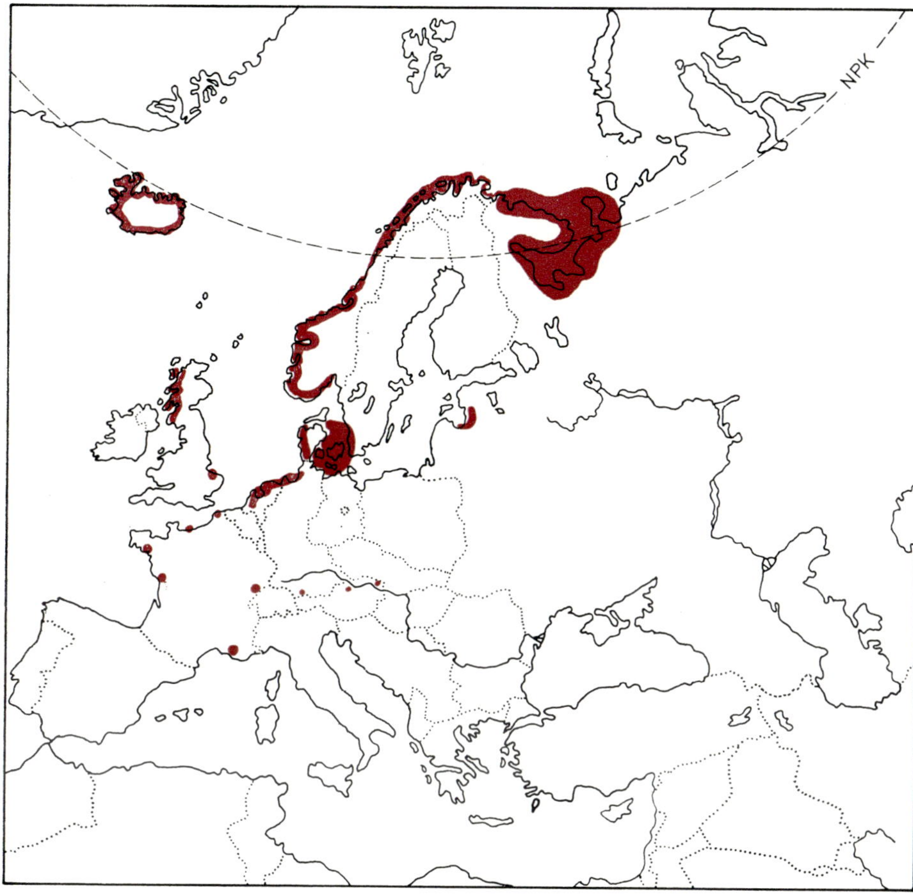


den Menschen. Störungen wirken sich auf die Predation durch Silbermöwen aus. Sie plündern die Nester während der Abwesenheit des Altvogels. Silbermöwen stehen an der Spitze der Nestpredatoren.

Die Überwinterungsplätze der Eiderente sind über größere Gebiete verteilt als bei den anderen Meerenten. Große Ansammlungen gibt es in den dänischen Küstengewässern (500 000 bis 600 000 Individuen) und vor der niederländischen Küste (maximal 168 000 Individuen). Mehr als 100 000 überwintern an den Küsten des Weißen Meeres (ISAKOV, 1970c).

**Karte 28**
Überwinterungsgebiete der Eiderente *(Somateria mollissima)*

Basierend auf den vorliegenden Zählwerten kommt HEPBURN (1984) zu einem Schätzwert von 2 Mio für die nordeuropäische Brutpopulation. Diese Zahl wird auch von BEZZEL (1985) angegeben. Sie steht in guter Übereinstimmung mit der Jagdstrecke, die von HEPBURN (1984) mit 210 000 beziffert wird.

## Wanderungen, Überwinterung

(s. Karte 28)

Eiderenten überwintern sowohl in eisfrei

bleibenden Gewässern des hohen Nordens als auch im südlichen Teil des Verbreitungsareals. In den eisfreien Abschnitten der Murmanküste überwintern durchschnittlich 12 000 bis 14 000 Eiderenten (Karpowitsch und Kochanow, 1968), in den Küstengewässern Dänemarks etwa 750 000 (Franck, 1983). Das läßt darauf schließen, daß ein Teil der Tiere Wanderungen durchführt, ein anderer im Brutgebiet oder in dessen Nähe ausharrt. Wahrscheinlich verhalten sich sogar im gleichen Gebiet ansässige Tiere unterschiedlich.

Ringfunde bestätigen, daß finnische und schwedische Vögel weite Entfernungen zurücklegen. Das trifft auch für dänische zu (Paludan, 1962).

Ein klares Bild über die Phänologie des Weg- und Heimzuges läßt sich aus den Ringfunden und dem Überwinterungsverhalten nicht gewinnen. Im Herbst ziehen kleine Trupps und Einzelvögel bis an die südwestfranzösische Atlantikküste und ausnahmsweise sogar bis zur Iberischen Halbinsel. Die Mehrzahl der Tiere überwintert jedoch innerhalb des Brutareals. Ausgeprägter als Weg- und Heimzug ist der Mauserzug der Männchen.

Der Mauserzug der Eidererpel der baltischen Population verläuft großräumig gesehen von Osten nach Westen (Salomonsen, 1968). Ein großer Teil der im Nordwesten der UdSSR beheimateten Tiere fliegt zusammen mit den in Finnland und Schweden brütenden in die westliche Ostsee zur Mauser (Soikkeli, 1976). Nicht wenige bleiben im westlichen Teil der Insel Saaremaa und mausern dort (2000 Exemplare in Gruppen von 200 bis 300, Ende der 70er Jahre). Mauseransammlungen gibt es auch in der Nähe anderer Inseln vor der Küste der Estnischen SSR.

Bei Sommerbeginn verläßt der überwiegende Teil der Eidererpel das östliche Ostseegebiet und fliegt westwärts zur Mauser. Vor dem Abflug sammeln sie sich in großen Scharen (Kumari, 1983). Ein Teil der sich im Sommer in der westlichen Ostsee sammelnden oder im Frühherbst eintreffenden Eiderenten überquert Schleswig-Holstein und zieht zu Rastplätzen im Wattenmeer vor der norddeutschen und dänischen Küste (Schmidt, 1976,1983). Der Zuzug setzt bereits Anfang Juni ein, erreicht aber erst in der zweiten Monatshälfte den Höhepunkt (Moritz, 1983). Die Erpel ziehen sowohl am Tage als auch nachts in Schwärmen unterschiedlicher Größe (30 bis 500).

In den dänischen Küstengewässern (Kattegat und Nordseewatt) sammeln sich im Juli und August etwa 250 000 Eiderenten, teilweise in Scharen von Zehntausenden.

## Prachteiderente

*Somateria spectabilis* (L.)
King-Eider
Eider à tête grise
Гага гребенушка

### Kennzeichen, Beschreibung

Die Prachteiderente hat ihren Namen von der lebhaften Färbung und Musterung des Erpels im Prachtkleid, die alle anderen europäischen Entenarten an Buntheit und Auffälligkeit übertreffen. Auffälligstes Merkmal ist der zu einem schildförmigen Stirnhöcker geweitete rote Oberschnabel, der durch einen schmalen schwarzen Federkranz gegen den dunkel möwenblauen Ober- und Hinterkopf abgesetzt ist. Diesen begrenzt ein schmales rahmfarbenes Band, das durch das Auge zieht und die meergrünen Wangen von oben her begrenzt. Kinn, Kehle, Hals und Vorderbrust reinweiß, lediglich vom Unterschnabel zieht beiderseits ein schmales Band zu den Halsseiten. Gegen die helle Vorderregion, deren zarte Rosatönung nur in der Nähe deutlich hervortritt, ist das schwarze Gefieder des hinteren Körperteils, das nur durch schmale weiße Seitenbänder und einen fast kreisrunden weißen Fleck an den Bürzelseiten eine leichte Musterung erhält, scharf abgesetzt. Weitere Merkmale des geschlechtsreifen Erpels sind die sichelförmig gekrümmten inneren Armschwingen, die auch das adulte Weibchen besitzt, und die verlängerten, eine angedeutete Haube bildenden Nakkenfedern. – Das Weibchen im Brutkleid ähnelt von der Färbung her dem Weibchen der Eiderente, doch das Gefieder ist nicht wellenförmig gestreift, sondern mit Ausnahme des Kopfes schuppenförmig getüpfelt. In der Färbung überwiegt eine rostbraune Tönung, die mit schwarz und zimtbraun wechselt. Das schuppenförmige Aussehen kommt durch eine U-förmige Zeichnung an den Seiten- und Rückenfedern, die durch rötlichbraune Federränder betont werden, zustande. Brust und Unterseite schwarzbraun gefärbt. Schnabel und Füße grünbraun, Iris schmutziggelb. – Im Schlichtkleid adulter Erpel weiße Federn des Oberkopfes durch schwarzbraune, die der Kopfseiten, des Halses und der Vorderbrust durch hell zimtbraune ersetzt. Übriges Körpergefieder dunkelbraun bis braunschwarz. – Das Ruhekleid des Weibchens entspricht weitgehend dem Brutkleid, Farbkontraste schwächer und schuppenförmige Musterung weniger ausgeprägt.

Färbung und Musterung des adulten Erpels prägen sich im Verlaufe der 1. bis 3. Prachtkleidmauser jeweils deutlicher aus. Es fehlen zunächst geschlossene weiße Federpartien und die möwenblaue Kopfoberseite. Einzelne Federn mit den Merkmalen des reifen Erpels sind zerstreut vorhanden. Ihre Zahl nimmt bereits in der 2. Prachtkleidmauser beträchtlich zu, doch erst nach der 3. Prachtkleidmauser ist das männliche Adultgefieder ausgereift. Jungen Erpeln fehlt der Stirnhöcker. Er schwillt zwar schon bei der Mauser ins 1. Prachtkleid leicht an, bildet sich jedoch erst im 3. oder 4. Jahr voll aus. – Bei den weiblichen Tieren ist die »Reifung« des Gefieders weniger ausgeprägt. Im 1. Brutkleid sind noch Federn vom Typ des Jugendgefieders vorhanden, die Tüpfelung ist weniger auffällig, und den Federrändern fehlt das kräftige Zimtbraun des brutreifen Weibchens.

**Masse, Körpermaße:** Erpel etwas größer und schwerer als die Weibchen. Im zeitigen Frühjahr wiegen sie allerdings nicht mehr als die Weibchen, die mit einer dicken Unterhautfettschicht im Brutgebiet eintreffen. Die Herbstmasse der Weibchen liegt etwas unter der der Erpel. Körperlänge der Erpel 540 bis 590 mm, die der Weibchen 510 bis etwa 550 mm. Flügellänge Erpel: 260 mm bis 295 mm, Weibchen: 250 mm bis 290 mm.

**Stimme:** Rufaktiv zur Paarungszeit. Die Rufe des Männchens ähneln denen des Eidererpels, sind jedoch weicher und taubenartig gurrender, etwa wie »kuuu-hu-hu-u«. Beim Rufen wird der Hals aufgebläht. Hetzlaut des Weibchens ein dumpf klingendes »gok-gok-gok«.

### Brutverbreitung

Das Brutgebiet reicht nach Norden bis in die Arktis. Schwerpunkt der Verbreitung sind Inseln und Küsten der Subarktis. Südwärts bis an die Nordgrenze der Strauchtundra. Im Brutareal weite Verbreitungslücken, besonders im atlantischen Bereich. Bewohnt sind Teile der Küste West-Spitzbergens, die Halbinsel Kanin, die Jenissej-Mündung, der südliche und mittlere Teil Nowaja Semljas. Weiter ostwärts die Halbinsel Taimyr und die Küsten Nordostsibiriens bis zur Tschuktschen-Halbinsel. In Ostsibirien auch im Binnenland. Nach USPENSKI (1972) sollen übersommernde Tiere im Gebiet des Weißen Meeres (östliche Murmanküste) gelegentlich zur Brut schreiten. Nichtbrütende Übersommerer erscheinen regelmäßig auch südlich des Brutgebietes.

### Lebensraum

Die Prachteiderente brütet auch vom Meere entfernt im Binnenland in der Moos-, Flechten- und Strauchtundra (USPENSKI, 1972), gewöhnlich in der Nähe von Tundraseen, auch auf Inseln oder trockenen Stellen in Mooren. Nahrungssuche an diesen Gewässern oder an der Meeresküste. Nach dem Schlupf verbleibt die Ente mit den Jungen zunächst an Tundragewässern, wandert dann aber an die offene Meeresküste, an der sich nichtbrütende Tiere ganzjährig aufhalten.

### Nahrung, Nahrungserwerb

Die ökologische Trennung von Eider- und Prachteiderente besteht hauptsächlich in der stärkeren Bindung der letzteren an binnenländische Gewässer und daraus folgend auch an einer anderen Nahrungszusammensetzung in der Fortpflanzungsperiode. Zur Nahrung gehören zu Beginn der Brutzeit auch die Vegetabilien und Chironomiden der Tundragewässer. Auch nach der Brutzeit dominieren je nach Angebot Wasserinsekten in der Nahrung (Schnaken, Köcherfliegenlarven), hinzu kommen Samen verschiedener Wasserpflanzen. Nach USPENSKI (a. a. O.) werden auch Kleinnager nicht verschmäht, wenn diese gerade reichlich vorhanden sind. Ansonsten bilden Evertebraten den Hauptteil der Nahrung, wobei Mollusken überwiegen. Die Prachteiderente scheint trotz geringerer Körpergröße gröbere Nahrung zu bevorzugen als die Eiderente. Dementsprechend ist auch der Anteil an Stachelhäutern (Seeigel, See- und Schlangensterne) größer.

### Brutbiologie

Die Brutgebiete werden aufgesucht, sobald die Nistplätze eisfrei sind. Das ist in der Regel erst ab Mitte Mai, vielfach erst Anfang Juni der Fall. Schon lange Zeit vorher halten sich die brutwilligen Tiere an der Meeresküste in der Nähe der späteren Brutplätze auf. Verpaarungen finden bereits im Winterquartier statt, jedoch noch bis unmittelbar vor Brutbeginn Anfang Juni. Die Balzposen ähneln denen der Eiderente. Verhaltenselemente der Erpel vielfältiger und noch auffälliger als bei jener. So wird der weiß leuchtende Hals stärker aufgeblasen, und als spezifisches Element der Balz tritt das sogenannte »Kopfschieben« auf, eine Bewegung, die auf den Betrachter wirkt, als würde ein imaginäres Objekt vorwärtsgeschoben (BAUER und GLUTZ v. BLOTZHEIM, 1969). Prachteiderenten brüten einzeln, was enge Nachbarschaft an besonders günstigen Plätzen nicht ausschließt. Auch in der Nähe von Wildgänsen, Möwen und Eiderenten werden Nester angelegt. Nest eine kleine Mulde, die zunächst mit aus der Umgebung stammenden Pflanzenteilen, auch kleinen Steinen, nach Beginn der Eiablage mit Dunen ausgekleidet wird. Dunen gröber als die der Eiderente und nicht so reichlich vorhanden.

Zu einem Gelege gehören 4 bis 7 glanzlose grüne bis bräunliche Eier, die deutlich kleiner sind als die der Eiderente (Masse 75 g; 72,5 g nach MAKATSCH, 1974); durchschnittliche Größe 67×44 mm (maximale Länge 76,8 mm, minimale Länge 61,0 mm); Brutdauer: nach JOHNSTONE (zit. in MAKATSCH, 1974) $22^1/_2$ Tage.

Prachteiderenten brüten gelegentlich auch inmitten von Eiderentenkolonien. Hybriden zwischen beiden Arten sind bekannt von Nowaja Semlja, Spitzbergen und Nordwestisland. Als Bastarde sind merkwürdigerweise nur männliche Tiere erkennbar (PALMER, 1973). In Island werden die in Kolonien der Eiderente gelegentlich auftretenden Prachteidererpel als Eiderkönig bezeichnet.

### Bestand

In Nordostsibirien gehört die Prachteiderente zu den häufigen Vogelarten, die stellenweise hohe Siedlungsdichten erreicht. Auf Spitzbergen nur in geringer Anzahl. Uspenski (1972) schätzt die Gesamtzahl der in der UdSSR vorkommenden auf 1 bis 1,5 Mio und errechnet daraus 4 bis 5 Mio für die Art (vor allem Nordamerika). Starke Bestandsschwankungen gehören wie bei allen arktischen Vogelarten zu den regelmäßigen Erscheinungen, die aber nichts über langfristige Trends aussagen.

### Wanderungen, Überwinterung

Die Überwinterung erfolgt in den arktischen Meeren, wo diese eisfrei bleiben, und in den südlich anschließenden Meeren. Regelmäßig aufgesuchte europäische Überwinterungsgebiete sind die Südwestküste Grönlands, von wo aus kleinere Trupps nach Island und unregelmäßig bis nach Nordschottland (Fåröèr, Shetland- und Orkney-Inseln) gelangen. An den Küsten Nord- und Mittelnorwegens sind Überwinterer keine Seltenheit, und auch im nordöstlichen Teil der Ostsee gehört die Art zu den regelmäßigen Erscheinungen (Finnischer Meerbusen). Diese Tiere gelangen vom Weißen Meer aus in die Ostsee.

Im südlichen Nordeuropa (Dänemark, Südschweden) und in West- und Mitteleuropa erscheinen Prachteiderenten zwar nicht ausgesprochen selten, jedoch keineswegs regelmäßig. In den letzten Jahren in der westlichen Ostsee häufiger als früher. Aus Mecklenburg liegen seit Ende der 70er Jahre 7 Nachweise vor (Nehls in Klafs und Stübs, 1987), die im Zusammenhang mit dem in letzter Zeit häufigeren Erscheinen in der westlichen und mittleren Ostsee stehen.

## Eisente

*Clangula hyemalis* (L.)
Long-tailed Duck
Harelde de Miquelon
Морянка

### Kennzeichen, Beschreibung

Die Eisente gehört zwar zu den Meerenten, hat aber innerhalb dieser ökologischen Gruppe eine Sonderstellung, weil sie in morphologischen und anatomischen Merkmalen von den anderen Arten abweicht. Sie ist die kleinste Art innerhalb dieser Gruppe und die kleinste Tauchente überhaupt. Geschlechts- und Saisondimorphismus sind deutlich ausgeprägt. Die Mauser verläuft noch komplizierter als bei den anderen Meerenten.

Für den Gesamteindruck sind kurzer Schnabel, runder Kopf und graziler Körper mit den stark (Erpel-Prachtkleid) oder weniger stark (Erpel-Schlichtkleid, Weibchen) verlängerten Schwanzfedern bestimmend. Das Erscheinungsbild läßt eher auf Schwimm- als auf Tauchente schließen. Die Männchen tragen im Winter und im Sommer verschiedene Prachtkleider, eine Besonderheit, die sie von allen anderen Enten unterscheidet. Im Anschluß an das Sommer-Prachtkleid wird ein Schlichtkleid angelegt, das nur kurze Zeit getragen und dann gegen das Winter-Prachtkleid gewechselt wird.

Beim Winter-Prachtkleid sind Kopf, Hals und Seiten überwiegend weiß gefärbt. Vom optischen Eindruck her überwiegt das Weiß, das am Hinterkopf und im Nacken dunkel überflogen ist. An den Kopfseiten befindet sich ein großer, deutlich abgehobener graubrauner Fleck. Die weißen Körperpartien kontrastieren mit der schwarzbraun gefärbten Brust, von der aus sich je zwei diagonale schwarze Streifen rückenwärts ziehen und sich zu einem dunklen Längsband vereinen, das bis zum Bürzel reicht, aber im hinteren Teil sich streifig auflöst.

Die verlängerten Schwanzfedern sind schwarz.

Das auch in der Brutzeit getragene Winter-Prachtkleid wird gegen ein anderes gewechselt, das infolge seiner lebhaften Färbung ebenfalls die Bezeichnung »Prachtkleid« verdient. Die weiße Kopffärbung verschwindet bis auf einen großen Fleck um die Augen. Ansonsten bestimmen braunschwarze Federn die Kopf- und Halsfärbung. Die Federn des Rückens, der Schultern und teilweise der Körperseiten sind dunkel mit kräftig kastanienbraunen bis rötlichen Rändern; nur der Flankenbereich bleibt weiß. Das Schlichtkleid des Erpels, das auf das Sommer-»Prachtkleid« folgt, entsteht teils durch Abnutzung der langen, kräftig gesäumten Rückenfedern, teils durch neue Federn (3. Federgeneration). Die Kopffärbung ist wenig verändert, abgesehen von der abnutzungsbedingten Ausblassung. Der weiße Augenfleck erscheint nur noch als verwaschene Aufhellung (grau gefärbte anstelle weißer Federn). Im Rückengefieder erscheinen neben schwarzbraunen Federn mit rötlichbraunen Rändern solche mit zerschlissenen hellen Rändern und neue gelbbraun gerandete. An der Brust neue Federn mit hellen Säumen, die jedoch ebenfalls bald abgenutzt sind. Färbung insgesamt kontrastarm verwaschen.

Bei den Weibchen sind ebenfalls drei Kleider unterscheidbar, die jedoch weniger voneinander abweichen als die der Männchen. Am kontrastreichsten ist das im Winter und Frühling getragene Brutkleid mit weißen Kopf- und Halsseiten (dunkler Fleck unterhalb des Auges ausgenommen). Das Graubraun der Stirn setzt sich in ein dunkleres Braun des Oberkopfes fort, das als schmales Band bis in den Nacken zieht. Im Körpergefieder schwarzbraune, braune, rotbraune und graubraune Farbtöne: Rücken-, Schulter- und Bürzelbereich dunkelbraun, deutlich gegen die graubraunen bis hellgrauen Flanken abgesetzt. Vorderbrust graubraun, allmählich in das Dunkelbraun der Schultern und das helle Graubraun der Flanken übergehend. Bauchseite weiß.

Auf dieses Kleid folgt im Sommer ein Kleid mit dunkleren Farbtönen. Die helle Kopffärbung ist durch ein dunkles Braun ersetzt. Von einem hellen Augenring zieht seitlich je ein weißes Band halswärts, das sich zu einem verwaschen hellen Fleck ausweitet. Vorderbrust und Brustseiten sind braunschwarz, Rücken, Schultern und Bürzel noch dunkler. – Das Ruhekleid des Weibchens ähnelt dem Sommerkleid. Ein Teil der Federn wird gegen neue gewechselt.

In der vereinfachten Beschreibung der innerhalb des Jahres von beiden Geschlechtern getragenen Kleider sind das Jugendkleid, das dem Ruhekleid des Weibchens nahekommt, und die Zwischenstufen nicht berücksichtigt, die sich daraus ergeben, daß die Prachtkleider in der ersten und zweiten Mauser nur unvollständig ausgebildet werden. Die Erscheinungsbilder sind also in Wirklichkeit noch unübersichtlicher und verwirrender.

**Stimme:** Vom Spätwinter bis in den Sommer hinein lassen die Männchen klangvolle, weithin schallende Rufe ertönen. Einem leisen einleitenden Laut folgt ein »garu-kolik«, das zum Schluß ansteigt. Das Rufen ist mit der »Kopf-auf-den-Rücken-Werfen«-Pose verbunden. Bei geselliger Balz der Männchen hört sich ihr Rufen wie das Kläffen einer Hundemeute oder helles Glockenläuten an. Die Rufe der Weibchen sind unauffälliger, einsilbig »wad« oder »wed«, auch ganz kurz »ak« oder mehrsilbig »äng-äng-äng-gun« und ähnlich.

## Brutverbreitung

Die Art ist holarktisch verbreitet. Nach Norden reicht das Brutgebiet weit in die

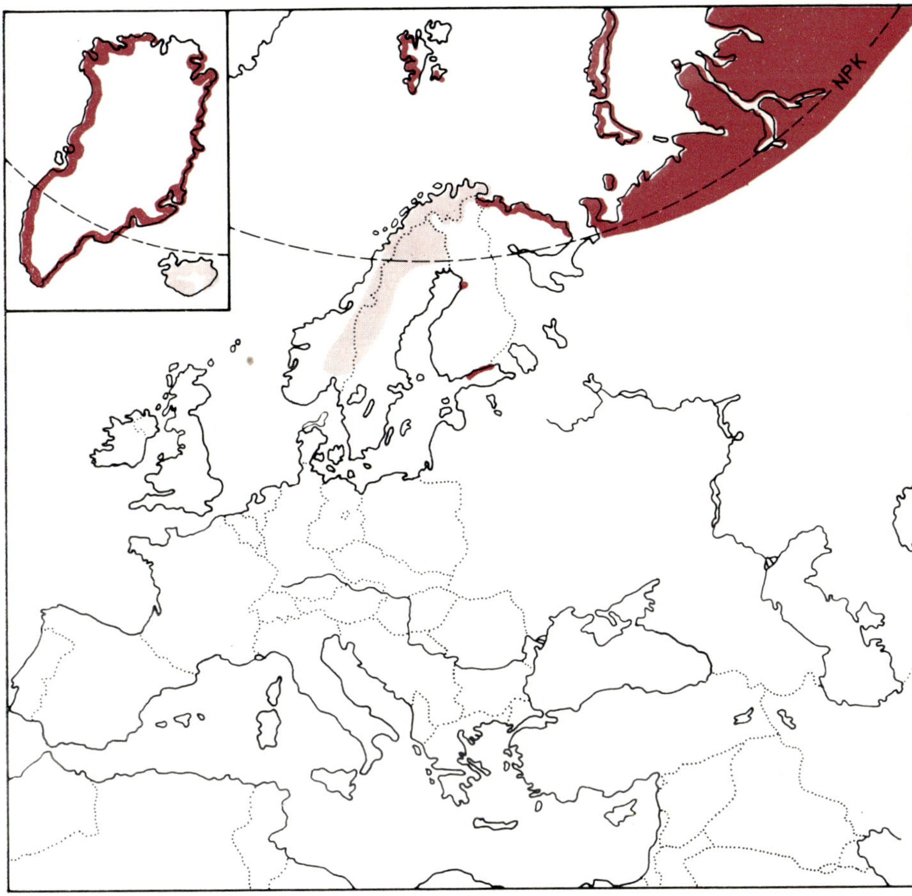


**Karte 29**
Brutverbreitung der Eisente
*(Clangula hyemalis)*

Arktis hinein, bis etwa zur 1 bis 2 °C-Juli-Isotherme, nach Süden bis in die subarktische Waldtundra (10 bis 12 °C-Isotherme). Das westpalaearktische Brutareal reicht von Island und der Bären-Insel im Westen über Spitzbergen, Schwedisch- und Finnisch-Lappland, den Nordteil der Halbinsel Kola bis an die Ostküste des Weißen Meeres. Weiter ostwärts durch West- und Ostsibirien etwa längs der Festlandküste bis zur Tschuktschen-Halbinsel. In Fennoskandinavien bis in das Küstengebiet des Bottnischen und Finnischen Meerbusens, lokal in Nord- und Mittelnorwegen. (Karte 29).

## Lebensraum

Brutplätze bevorzugt an flachen Seen und Tümpeln der Tundra. Nährstoffreiche stehende Gewässer werden fließenden vorgezogen. Weniger häufig in Küstennähe, dort am ehesten auf Inseln, die der Küste vorgelagert sind. Nester teilweise direkt am Ufer oder in dessen Nähe, jedoch auch hunderte Meter vom nächsten Gewässer entfernt. Die Vielseitigkeit in der Wahl des Brutgebietes (Euryökie) ist einer der Gründe für die Häufigkeit und weite Verbreitung der Art. Auffällig ist die Neigung, sich anderen Arten anzuschließen (in Spitzbergen an Kolonien der Küstenseeschwalbe).

Zur Mauser zumindest teilweise auf Binnengewässern, im übrigen ausgesprochen marin. Rast- und Überwinterungsgebiete im Bereich des Brackwassers oder des Meeres. Tauchfähigkeit gut ausgebildet, deshalb zur Überwinterung auch in nahrungsreichen Meeresabschnitten fernab der Küste. Insofern pelagischer als alle anderen Arten.

## Brutbiologie

**Balz, Paarbildung:** Paarbindung in Form einer Saisonehe. Verpaarungen bereits im Winterquartier, jedoch auch noch bis in das späte Frühjahr hinein. Am Brutplatz erscheinen die Tiere verpaart. Die Paarbildung geht mit einer Balz einher die wie bei anderen Enten mit einer überaus lebhaften Gesellschaftsbalz der Erpel eingeleitet wird (kurze Flüge, Hetzjagden über und unter Wasser, begleitet von Balzrufen). Die auf eine bestimmte Ente gerichtete Schwimmbalz des Erpels besteht aus Posen und Gesten, die denen anderer Tauchenten ähneln. Das trifft insbesondere für das »Kopf-auf-den-Rücken-Werfen« zu (s. Schellente S. 65). Zur Balz der Erpel gehört das Sträuben des Gefieders des Oberkopfes, das den senkrecht erhobenen Kopf zusätzlich optisch vergrößert.

Eisenten sind im 3. Lebensjahr (mit etwa 20 Monaten) geschlechtsreif. Kopulationen erfolgen erst im Nistgebiet und ohne das für andere Enten typische Nachspiel. Ankunft abhängig von der geographischen Lage ab Ende April/Anfang Mai (Island), Mitte Mai (bei Archangelsk) oder erst im Juni (hoch arktische Brutgebiete).

**Nest, Neststandort:** Die Paare brüten einzeln und verteidigen ihre Territorien intensiver als sonst bei Enten üblich. Nester gut gedeckt, oft in Grasbülten, unter oder zwischen Steinen oder unter Zwergsträuchern. Das Nest erhebt sich aus einer Bodenmulde und besteht aus dünnen Zweigen, Blättern, Grashalmen und anderem Pflanzenmaterial und einer dichten Auspolsterung aus Dunen. Nestbau allein durch das Weibchen.

**Eier, Gelege:** Eier hell bräunlich-gelb, grünlichgrau und olivgrünlich. Farbunterschiede durch individuelle Variation und Bebrütungszustand bedingt. Zum Vollgelege gehören 5 bis 9 Eier. Größere Eianzahlen wohl immer Folge des Zusammenlegens durch mehrere Weibchen. Eiablage im südlichen Teil des Verbreitungsgebietes ab Ende Mai, im nördlichen Teil im Juni und in besonders ungünstigen Jahren erst Anfang Juli. Im südlichen Teil des Brutgebietes Nachgelege möglich, nicht aber im Norden.

**Bebrütung, Jungenaufzucht:** Etwa 24 Tage Bebrütungszeit, nach etwa 5 Wochen sind die Jungen flügge.

## Bestand, Bestandsveränderungen

In den skandinavischen Ländern brüten etwa 5000 Paare, davon 2000 in Schweden (Ulfstrand und Hogstedt, 1979) und in Finnland etwa 1000 (Hyytiä et al., 1983). Während für die Murmanküste und die Halbinsel Kola Angaben fehlen, liegen relativ gute Schätzwerte aus den anliegenden östlichen Gebieten vor. Mineev (1981) beziffert für 1973 den Bestand in der Bolschesemelskaja Tundra mit 400 000 Paaren. Für Nowaja Semlja rechnet Isakov (1970b) mit 15 000, für die Halbinsel Jamal mit 400 000, für Taimyr mit 123 000 und für das gesamte Gebiet der Wald-Tundra mit 500 000 Brutpaaren. Aus diesen Angaben läßt sich folgern, daß die bei Uspensky (1970) genannten 5 Mio adulten Eisenten für das Gebiet der westlichen Sowjetunion

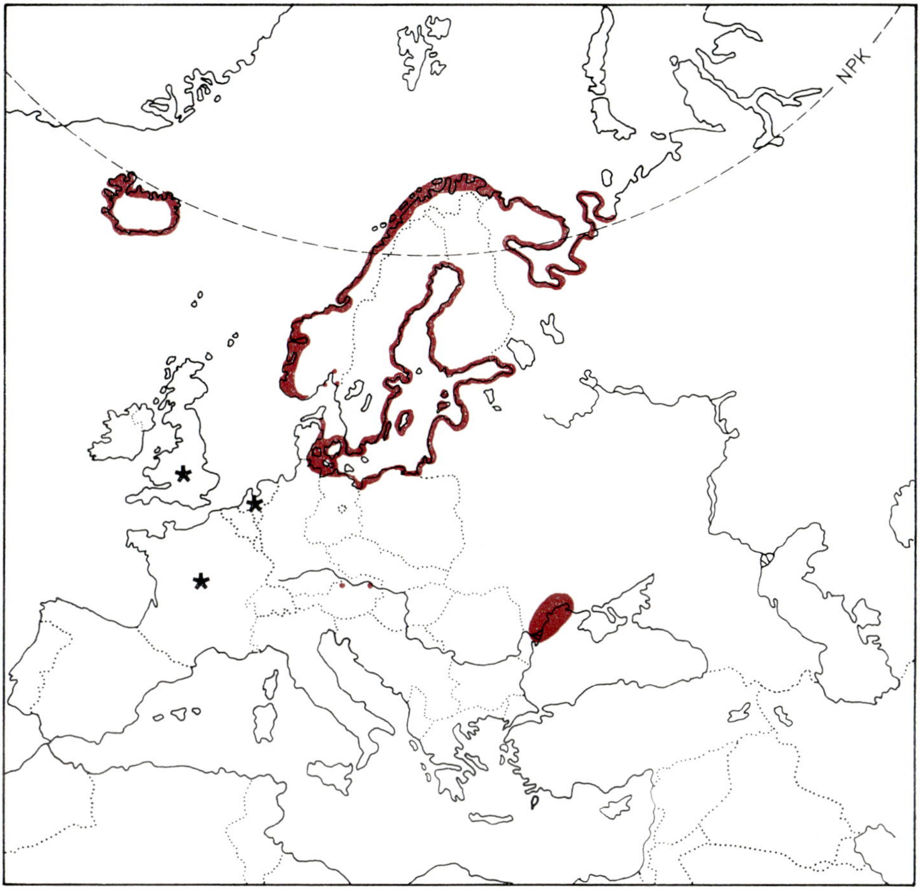


**Karte 30**
Überwinterungsgebiete der Eisente
*(Clangula hyemalis)*

(einschließlich Jamal) durchaus realistisch sind.

Den Brutbestand auf Island um 1970 beziffert BEZZEL (1985) mit 100 000 bis 300 000 Brutpaare. Die in Nordosteuropa brütenden Eisenten kommen zur Überwinterung vor allem in das Gebiet der westlichen und mittleren Ostsee. Die Zahlen, die bei den Winterzählungen ermittelt wurden, lassen keine Rückschlüsse auf die Größe des Brutbestandes und auf Bestandsveränderungen zu, denn bei den Zählungen wird jeweils nur ein geringer Teil des tatsächlich vorhandenen Bestandes erfaßt. Eisenten überwintern großenteils fernab von Küsten, sind also nur bei Zählungen aus der Luft erfaßbar, wobei entsprechend gute Sichtverhältnisse herrschen müssen. Trotzdem ist die Differenz zwischen den im gesamten nordwesteuropäischen Raum erfaßten 113 000 Enten und den zu erwartenden 500 000 beträchtlich. Wie unsicher die gegenwärtigen Werte sind, wird deutlich, wenn man die Anzahl Eisenten, die in Dänemark erfaßt werden (3600, max. 65 000) mit der Anzahl in Dänemark erlegter vergleicht. Dort werden jährlich zwischen

10 000 und 12 000 Eisenten geschossen (Joensen, 1974). Vor der Ostseeküste der DDR überwintern nach den Ergebnissen der Mittwinterzählungen zwischen 5000 und 12 000 Tiere. Die Ergebnisse fluktuieren allerdings sehr stark (Rutschke, 1985). Deutliche Hinweise auf das Vorhandensein größerer Scharen in der westlichen Ostsee liefern Daten, die Leipe und Sellin (1983) für das Gebiet des Greifswalder Boddens ermittelten. Dort wurden Ende der 70er und Anfang der 80er Jahre über 50 000 Eisenten im April festgestellt.

### Wanderungen, Überwinterung

(s. Karte 30)

Die Wanderungen nach der Brutzeit werden eingeleitet mit dem Zug der Erpel zu den Mauserplätzen, die sich entweder vor offenen Meeresküsten, in Fjorden oder anderen geschützten küstennahen Meeresabschnitten oder auch auf abgelegenen Binnenseen (Halbinsel Gydan) befinden. Diese Wanderung setzt bereits Ende Juni oder Anfang Juli ein. Mit den Männchen ziehen auch die noch nicht brutfähigen Tiere und die Weibchen, die ihr Gelege verloren haben. Nach Aufzucht der Jungen folgen auch die brütenden Weibchen. Ab Anfang September kommen die diesjährigen Jungvögel hinzu, und wenige Wochen später, je nach den örtlichen und jährlichen Gegebenheiten, setzt Mitte bis Ende September der Wegzug ein.

Die westpalaearktischen Eisenten ziehen längs der Küste des arktischen Meeres westwärts ins Weiße Meer. Sie fliegen vor dort über das Festland zunächst in die östliche Ostsee, wo die ersten Anfang Oktober eintreffen und später in die westliche Ostsee weiterziehen. Ein geringer Teil zieht auch bis an die dänische Nordseeküste, wobei die dänische Halbinsel überflogen wird.

Die Wanderungen erfolgen überwiegend nachts, nur bei notwendig werdender Winterflucht auch am Tage. Das Tempo der Westwärtsbewegung hängt vom Witterungsverlauf ab. In milden Wintern verbleiben viele bereits vor der schwedischen Küste und im Bereich der großen Meeresbuchten an der Küste der DDR. In strengen Wintern konzentrieren sie sich im Bereich der dänischen Inseln und vor der Küste Schleswig-Holsteins. Erst bei großer Kälte in Verbindung mit dem Zufrieren der Ostsee weichen sie noch weiter westlich bis zur Nordsee aus, wo jedoch das Wattenmeer gemieden wird. An der Ostseeküste der DDR treffen sie in größeren Scharen erst im November ein (5000 Individuen). Mit Beginn der Vereisung der nordosteuropäischen Gewässer setzt stärkerer Zuzug ein, und die Anzahl steigt auf 10 000 bis 20 000. Zunehmend wird dann die westliche Ostsee frequentiert, jedoch in milden Wintern bleiben 10 000 bis 25 000 an der Ostseeküste der DDR.

Die Brutvögel Spitzbergens und Nordskandinaviens ziehen auf südwestlichem Kurs die Nordsee überquerend zu den Färöer, Shetland- und Orkney-Inseln und den Küsten Nordschottlands. Ein Teil bleibt auch vor der mittelnorwegischen Küste.

Gemessen an den Zehntausenden Eisenten, die im südlichen und westlichen Teil der Ostsee überwintern, sind die Einflüge ins Binnenland minimal, erfolgen jedoch regelmäßig. Nachweise liegen von zahlreichen Gewässern in der BRD und der DDR vor. Mit einiger Regelmäßigkeit erscheinen kleine Trupps oder einzelne Tiere an den natürlichen Seen und Stauseen des Alpenvorlandes, in der Schweiz auch auf dem Genfer See.

Die Beobachtungen erfolgen gehäuft in der Zeit des Eintreffens in der westlichen Ostsee, also Anfang bis Mitte November. Häufig ist versucht worden, einen Zusammenhang zwischen schweren Stürmen und dem Erscheinen im Binnenland herzustellen, wobei an Verdriftungen gedacht wird. Das ist nicht gelungen. Eher dürften die Einflüge ins Binnenland auf Tiere zurückzuführen sein, die weiter ziehen als die Masse der Artgenossen. Ihr Zugverhalten weicht vom Durchschnittsverhalten ab.

Der Heimzug der in der westlichen Ostsee überwinternden Eisenten setzt Mitte März ein und ist Mitte April beendet. Die Ostverlagerung wird bereits im Februar durch Zunahme in den Gewässern um Rügen bemerkbar. Größte Frühjahrsansammlungen in diesem Gebiet bis 60 000 Individuen (Nehls in Klafs und Stübs, 1987). Im Herbst überwiegen zunächst Weibchen und Jungvögel. Im Winter sind die Männchen in der Überzahl. Die Ostverlagerung erfolgt zunächst nur allmählich. Anfang April erscheinen nach mehrmonatiger Abwesenheit größere Scharen im Greifswalder Bodden (Leipe und Sellin, 1983). Zwischenrast wird auch im Finnischen Meerbusen eingelegt. Der Weiterzug zu den Brutgebieten ist vom Auftauen des Eises abhängig. In der zweiten Maihälfte, spätestens Anfang Juni, ist der Heimzug abgeschlossen.

## Trauerente

*Melanitta nigra* (L.)
Common Scoter
Macreuse noire
Синьга

### Kennzeichen, Beschreibung

Mittelgroße Tauchente. Gefieder des Erpels im Prachtkleid einförmig schwarz, blauschwarz glänzend. Unterseite sowie Schwingen und Flügeldecken braunschwarz. Schnabel gelb mit sattelförmigem Höcker an der Basis. – Im Brutkleid des Weibchens überwiegen braunschwarze Farbtöne. Kopfseiten, Kinn, Kehle und Hals grauweiß bis bräunlich aufgehellt und dadurch gegen den schwarzbraunen Oberkopf abgesetzt. Flanken im Vergleich zum dunkelbraunen Rücken und der kaffeebraunen Vorderbrust aufgehellt. Schnabel des adulten Weibchens schwärzlich bis schmutzig grün. – Im Schlichtkleid des Erpels fehlt der blauschwarze Glanz. Ansonsten mit dem Prachtkleid übereinstimmend, von braunen Federn im Brust- und Bauchbereich abgesehen. – Im Ruhekleid des Weibchens blassere Farben, blasser als im Brutkleid. Federränder heller, so daß die im Brutkleid angedeutete Querbänderung stärker hervortritt. – Das Jugendkleid stimmt weitgehend mit dem des adulten Weibchens überein, jedoch heller wirkend.

**Stimme:** Die Männchen sind ab Herbst bis in den Spätfrühling recht ruffreudig und vielfältig in den Lautäußerungen. Es gibt flötende ein- und zweisilbige Rufe wie »dü, dü-i, dü-it« und ähnlich klingende Rufreihen. Stimme des Weibchens einfacher, klingt knarrend und tief wie »knarr« oder »ö-e« bei der Balz, aber wohlklingend heller beim Locken der Jungen: »ding«, »drüng«.

### Brutverbreitung

Lückenhaft holarktisch verbreitet. Die Unterart *Melanitta n. nigra,* die sich von der Unterart *Melanitta n. americana* lediglich durch Schnabelform und -färbung unterscheidet, bewohnt die Westpalaearktis, und zwar ein Gebiet, das von Island bis nach Mittelsibirien reicht. Nach Norden wird die 5-°C-Juliisotherme nicht überschritten. Südgrenze der Verbreitung etwa mit der 16-°C-Juliisotherme identisch.

Auf Island vor allem im Nordosten (Myvatn). Südlichste Vorkommen im Norden von Großbritannien. Bewohnt sind die der schottischen Küste vorgelagerten Inselgruppen und Teile des

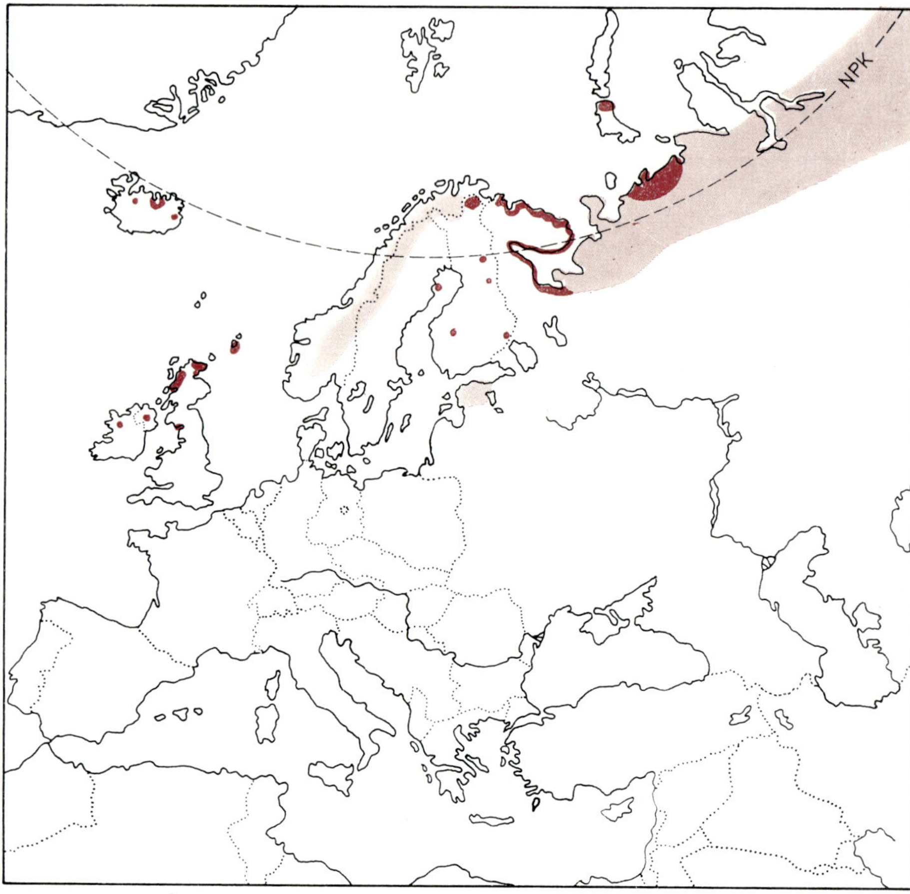


**Karte 31**
Brutverbreitung der Trauerente
*(Melanitta nigra)*

nordschottischen Festlandes. Brutvorkommen auch auf den Hebriden. Auf Spitzbergen und der Bären-Insel nur vereinzelt und gelegentlich brütend. Lükkig besiedelt sind weite Teile Skandinaviens, vor allem Lappland. Vereinzelte weiter südlich bis in Mittelschweden brütend. In der UdSSR sind die Halbinsel Kola, das Weißmeergebiet und nach Osten hin die Bolschesemelskaja Tundra und Westsibirien besiedelt. Im Norden jeweils bis zur Grenze zwischen Strauch- und Flechtentundra (am Jenissej etwa 72° N, auf der Taimyr-Halbinsel 75°).

In Mittelsibirien ist die westpalaearktische Nominatform durch eine Verbreitungslücke gegen die nearktische amerikanische Trauerente *(Melanitta n. americana)*, deren Brutgebiet östlich der Lena beginnt, abgesetzt.

## Lebensraum

Brutplätze in der Nähe von Seen und Fließgewässern, auch tümpelartigen Kleingewässern. Gelegentlich auf Hochmooren. Notwendig ist gute Deckung durch krautige oder strauchartige Vegetation (Zwergsträucher, Büsche, Heidekraut). Inseln, Buchten und Lagunen werden bevorzugt. – Außerhalb der Brutzeit an nahrungsreichen Abschnitten der Meeresküsten.

**Nahrung, Nahrungserwerb**

Hauptnahrung während des ganzen Jahres sind Meeresmuscheln, in geringerem Umfange auch Schnecken, Ringelwürmer, Krebstiere und Stachelhäuter. Bestimmte Arten werden nicht bevorzugt. In den Mägen erlegter Tiere dominieren die im jeweiligen Aufenthaltsgebiet häufigen Beutetiere. Fische werden nur ausnahmsweise aufgenommen. Überhaupt gelingt es den Trauerenten in den seltensten Fällen, sich aktiv bewegende Formen zu erbeuten. Vorzugsweise werden sessile Tiere gefressen. Im Sommer werden auch Pflanzenteile aufgenommen (BAUER und GLUTZ v. BLOTZHEIM, 1969).

## Brutbiologie

**Balz, Paarbildung:** Balzbeginn als Gesellschaftsbalz bereits im Oktober. Balz in der Nähe eines oder mehrerer Weibchen. Zur Balz gehören Bewegungsweisen, die von BENGTSON (1966) beschrieben wurden. Das Weibchen wählt das Männchen, indem es auf ein bestimmtes Männchen zuschwimmt und in dessen Nähe bleibt. Gesellige Balz auch im Winterquartier. Auf den Partner bezogene Einzelbalz zeitgleich mit der geselligen Balz, jedoch erst nach Eintreffen im Brutgebiet dominierend.

**Neststandort, Nest:** Nester an gut geschützten Plätzen unter Gebüsch oder Sträuchern, in Grasbülten in Wassernähe, gelegentlich auch in einiger Entfernung vom Wasser. Zur Auskleidung der Nestmulde dienen Grashalme, auch Moos und anderes trockenes Pflanzenmaterial. Auskleidung mit Dunen im Verlaufe der Eiablage und zu Brutbeginn.

**Eier, Gelege:** Eier oval, glattschalig, leicht glänzend, rahmfarben. Größe 65×45 mm (maximale Länge 71,5 mm, minimale Länge 59,0 mm), Masse 63 bis 74 g (70 g nach MAKATSCH, 1974). Legebeginn auf Island ab Mitte Mai, im subarktischen Bereich erst Mitte Juni. Vollgelege auf Island bereits ab Ende Mai, im Norden ab Ende Juni. Zum Vollgelege gehören 6 bis 9 Eier, gelegentlich Mehrfachgelege.

**Bebrütung, Jungenaufzucht:** Schon wenige Tage nach Brutbeginn gibt das Männchen die Bewachung des Weibchens auf und verläßt das Nistgebiet. Bei Störungen fliegt das Weibchen nicht auf, sondern entfernt sich zu Fuß und kehrt in gleicher Weise zurück. Brutdauer 27 bis 28 Tage. Das Weibchen führt die Jungenschar zu einem Flachwasserabschnitt mit günstigen Ernährungsbedingungen. Solche Plätze werden häufig von mehreren Müttern mit Nachwuchs aufgesucht. Das begünstigt den Zusammenschluß mehrerer Familien.

**Bestand, Bestandsveränderungen**

Die in den letzten Jahren in den skandinavischen Ländern durchgeführten Bestandsuntersuchungen erlauben Schätzungen des Brutbestandes und Rückschlüsse auf die Bestandsentwicklung. ULFSTRAND und HOGSTEDT (1976) geben für Schweden 5000 Paare an. Nach CURRY-LINDAHL (1964) blieb der Bestand zwischen 1940 und 1960 etwa gleich, und auch zuvor änderte er sich nicht so drastisch wie in Finnland. Dort sind erhebliche Teile des ehemaligen Brutgebietes seit Anfang dieses Jahrhunderts geräumt worden (MERIKALLIO, 1958). Nur im äußersten Norden des Landes hielten sich etwa 500 Brutpaare, einzelne brüten im Süden des Landes. Nach HYYTIÄ et al. (1983) gegenwärtig wieder etwa 1100 Brutpaare.

Für die Bolschesemelskaja Tundra, das wichtigste europäische Vorkommensgebiet, nennt MINEEV (1981) 143 000 Brutpaare (1973).

In Schottland wuchs der Bestand seit der 1955 erfolgten Ansiedlung. In den 60er Jahren brüteten dort 10 bis 25 Brutpaare (ATKINSON-WILLES, 1970), Mitte der 70er Jahre 30 bis 50 Paare (SHARROCK, 1976). Positiv verlief die Bestandsentwicklung auch in Nordirland, wo die erste Ansiedlung 1905 erfolgte. Mitte der 60er Jahre waren es 150 (FERGUSON, 1968), gegenwärtig 130 bis 140 Paare (SHARROCK, 1976). Im Unterschied dazu ging die auf Island am Myvatn brütende Population zurück (GARDARSSON, 1967). Der Brutbestand wurde Mitte der 70er Jahre auf 500 Brutpaare geschätzt (CRAMP und SIMMONS, 1977).

Die in Skandinavien und im Norden des europäischen Teils der UdSSR sowie in Westsibirien brütenden Trauerenten überwintern in der westlichen Ostsee und an den Küsten Westeuropas. Trotz dieser relativen Geschlossenheit des Überwinterungsgebietes der westpalaearktischen Brutpopulation ist die vollständige Erfassung im Winter problematisch. Die Zählungen vom Land aus bleiben gewöhnlich der schwierigen Sichtverhältnisse wegen unvollständig. Bestandskontrollen vom Flugzeug aus müßten synchron für die westliche Ostsee, die Nordseeküste und Teile der Atlantikküste organisiert werden. Das war bisher nicht möglich. Trotzdem wurden aus den Ergebnissen der Mittwinterzählungen wichtige Anhaltspunkte für die Beurteilung der Bestandsgröße gewonnen. OWEN et al. (1986) schließen auf einen Winterbestand von 400 000 bis 500 000 Tieren. SCOTT (1982) bezifferte ihn mit 750 000 Individuen. Unsicherheiten ergeben sich vor allem aus der unvollständigen Erfassung an der französischen Atlantikküste, in Portugal und in Südspanien.

Beim Vergleich mit dem Brutbestand (etwa 140 000 Paare allein in der Bolschesemelskaja Tundra, MINEEV, 1981) erscheint die von SCOTT (1982) vorgenommene Bewertung der Ergebnisse der Mittwinterzählung realistisch. Allein in dänischen Küstengewässern wurden 1972 200 000 Trauerenten erfaßt. Für diese Zahl sprechen auch die Feststellungen über die Intensität des Mauserzuges (s. S. 137). BAUER und GLUTZ v. BLOTZHEIM (1969) berichten über 2 bis 3 Mio Trauerenten, die auf dem Weg- und Heimzug den »Karelischen Landrücken« überqueren. Wenn diese Angabe, die sich auf sowjetische Quellen stützt, realistisch war, dann muß der Bestand in den letzten 20 Jahren stark abgenommen haben.

### Wanderungen, Überwinterung

(s. Karte 32)

Die männlichen Tiere verlassen die nordeuropäischen Brutareale schon ab Mitte Juni. Sie ziehen in die dänischen Küstengewässer zur Mauser (s. auch S. 141). Dieser ausgeprägte Mauserzug, in dessen Verlauf bis zu 200 000 Trauererpel westwärts wandern, ist lange Zeit unbeachtet geblieben. Der Zug verläuft zunächst längs der Küsten des Weißen Meeres, und auch aus Westsibirien stammende Tiere sind daran beteiligt. Nach BIANKI und KRASNOV (1976) beginnt er in der Onega- und Dwinabucht Anfang Juli und erreicht zwischen Mitte Juli und Anfang August den Höhepunkt. Die Vögel ziehen aus den Brutgebieten in der Waldtundra und der Tundra in südwestliche Richtung über Land zum Finnischen Meerbusen, längs dessen Küsten sich die Wanderung fortsetzt.

Möglicherweise wird der Flug von Sammelplätzen in der Petschorasee bis zum Finnischen Meerbusen (1500 km) als Nonstopflug in 18 Stunden zurückgelegt. (Reisegeschwindigkeit 80 bis 85 km/h, BERGMAN und DONNER, 1964). An der Küste der Estnischen SSR wird der Mauserzug ab Mitte Juli durch in großen Scharen längs der Küste westwärts fliegende Tiere bemerkbar. Visuelle

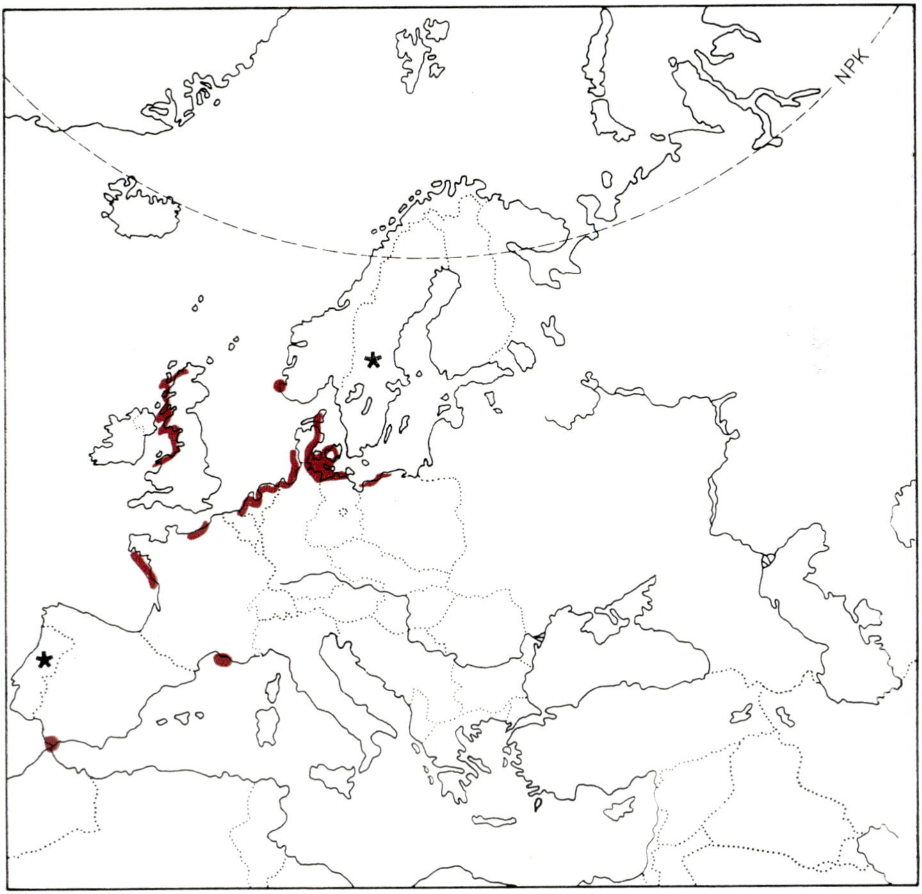


**Karte 32**
Überwinterungsgebiete der Trauerente *(Melanitta nigra)*

und Radarbeobachtungen ergaben, daß die Erpel am Tage und auch nachts ziehen. Innerhalb weniger Tage (Zeitraum 22. 7. bis 4. 8.) wurden 1968 etwa 250 000 Trauerenten beobachtet, an einem Punkt allein 150 000 (JÖGI, 1971). Sie ziehen ohne Unterbrechung bis ins dänische Küstengebiet.

Auffällig ist, daß die mausernden Trauererpel nicht im Küstengebiet der DDR erscheinen. Sie müssen demnach von der estnischen Küste in Richtung auf die schwedische ziehen. Die Wanderung endet für einen Teil in der westlichen Ostsee. Ein anderer Teil überquert Südjütland und zieht zu Mauserplätzen in der Nordsee.

Die weiblichen Tiere mit den diesjährigen Jungen brechen erst Ende September/Anfang Oktober zum Wegzug auf. Ab Anfang November erscheinen sie in der östlichen Ostsee. Bis Ende des Monats, spätestens Anfang Dezember, sind die Winterquartiere in der westlichen Ostsee erreicht. Die Ostseeküste der DDR ist vergleichsweise nur von geringer Bedeutung für den Zug und die Überwinterung der Trauerente. Die Höchstzahlen liegen zwischen 5000...10 000, häufig jedoch darunter (1000...2000), (NEHLS in KLAFS und STÜBS, 1987).

Der Heimzug erfolgt im April und im Mai. Er verläuft auf der gleichen Route wie der Wegzug. Innerhalb weniger Tage brechen die riesigen Scharen überwinternder Vögel auf. An der südfinnischen Küste ziehen sie in nicht enden wollenden Ketten innerhalb weniger Tage vorbei.

## Samtente

*Melanitta fusca* (L.)
Velvet Scoter
Macreuse brune
Чёрный турпан

### Kennzeichen, Beschreibung

Vom Habitus her wirkt die Samtente wie eine größere Ausgabe der Trauerente, zumal die Erpel beider Arten ein glänzend schwarzes Prachtkleid tragen. Der Samtentenerpel ist jedoch durch einen weißen Streifen unter den hellen Augen und seitlich je einen länglichen weißen Fleck in der hinteren Körperregion (als Teil des Flügelspiegels beim Schwimmen in »Normalhaltung« der Flügel erkennbar), vom Trauerentenerpel unterscheidbar. Mattschwarze Unterseite, zur Mitte hin braun bis grauweiß aufgehellt. Schwarzer Wulst an der Wurzel des Oberschnabels schwächer als bei der Trauerente. Das Schwarz reicht fast bis zur Oberschnabelspitze, so daß nur die Schnabelseiten gelb sind. – Im Brutkleid des Weibchens überwiegen braune und graubraune Farbtöne verschiedener Schattierung. Am stärksten aufgehellt sind 2 bis 3 grauweiße Flecken vor, unter und hinter dem Auge, die mit der Abnutzung der dunklen Federränder stärker hervortreten. Kopfoberseite, Nacken, Rücken sowie Bürzel und Schwanzregion dunkelbraun, scharf abgesetzt gegen den hell- bis graubraunen Vorderhals, die Vorderbrust und die Körperseiten. Wie beim Erpel ist beim Schwimmen ein Teil des Flügelspiegels als länglicher weißer Fleck sichtbar. Schnabel schmutzig grün bis schwarz, Füße rot.

Das Schlichtkleid des Erpels weicht vom Prachtkleid durch matteres Schwarz und braune Farbtöne ab, letztere besonders an den Körperseiten und auch an Brust und Bauch. Ruhekleid des Weibchens kaum vom Brutkleid unterscheidbar. Die hellen Gesichtsflecke treten noch stärker hervor, weil die Federn nicht gegen neue ausgetauscht werden. Unterseite stärker aufgehellt.

Das Jugendkleid entspricht weitgehend der Gefiederfärbung des adulten Weibchens, Jungvögel am insgesamt helleren Braun erkennbar.

**Stimme:** Wenig ruffreudig. Zur Fortpflanzungszeit rufen die Männchen verhalten »kju« bei der Einleitung der Paarungszeremonie oder »kju-orr«, »kuör-ör« oder »ah-ja«. Bei Revierflügen lassen die Weibchen ein vibrierend klingendes »braaa-braaa . . .«, beim Hetzen einen kurzen Pfiff hören, und die Jungen werden sanft mit »lull-ull-ull«-Lauten gelockt.

### Brutverbreitung

Holarktisch verbreitet, doch Brutgebiet in drei deutlich gegeneinander abgesetzte Teilareale gegliedert, die von drei Unterarten bewohnt werden: Das westpalaearktische Teilareal besiedelt die Nominatform *Melanitta f. fusca,* in Ostsibirien brütet *Melanitta f. stejnegeri,* und in Nordamerika lebt *Melanitta f. deglandi.* Wie bei der Trauerente ermöglichen Form und Farbe des Schnabels die Unterscheidung der Unterarten. Das Brutgebiet erstreckt sich in Nord-Süd-Richtung vom Nordrand der Waldtundra bis an den Südrand der Taiga, also weiter

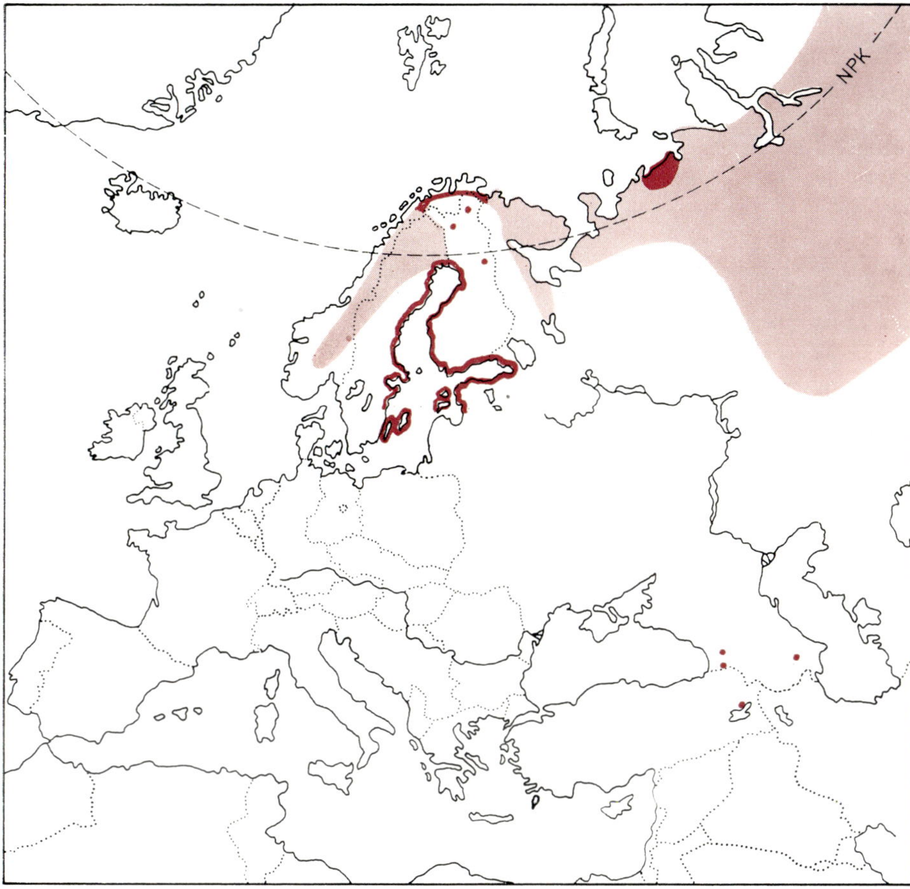


**Karte 33**
Brutverbreitung der Samtente
*(Melanitta fusca)*

südlich als das der Trauerente. Einzelne Vorkommen reichen bis in die Waldsteppenzone hinein, und isolierte Vorkommen existieren weit südlich des geschlossenen Verbreitungsgebiets. Im Westen beginnt das Brutgebiet in Fennoskandinavien. Es reicht von der Küste des Polarmeeres bis nach Südnorwegen. In Schweden sind die alpinen westlichen Gebiete und die östliche Ostseeküste besiedelt, im Flachland Mittelschwedens fehlt die Art. Von Nordfinnland aus reicht das Verbreitungsgebiet über die Halbinsel Kola und die Murmanküste ostwärts durch die Bolschesemelskaja Tundra über den Ural hinweg nach Westsibirien, wobei der 70. Breitengrad (= 7-°C-Juli-Isotherme) nicht überschritten wird. Im Brutgebiet östlich des Ural auch weiter südlich bis zum 53. Breitengrad. Im europäischen Teil des Verbreitungsgebietes sind Brutplätze nur im mittleren und östlichen Ostseegebiet bekannt. Sie liegen vergleichbar weit südlich: Öland in Schweden, Saaremaa vor der Küste der Estnischen SSR. Ein isoliertes Brutvorkommen befindet sich im Kaukasus am Sewan-See. Die klimatischen Verhältnisse in der Hochgebirgslage entsprechen etwa denen im hohen Norden bzw. denen an Gebirgsseen in Süd- und Mittelnorwegen.

## Lebensraum

Entsprechend den Unterschieden in der Vegetation und der Landschaftsform innerhalb des Verbreitungsgebietes sind auch die Brutplätze unterschiedlich beschaffen. Selbst im relativ kleinen Siedlungsgebiet in der östlichen Ostsee gibt es Ansiedlungen auf vegetationslosen Felsinseln, auf denen die Nester dementsprechend kaum Deckung haben. Auch auf waldbestandenen Inseln oder gut geschützten Uferabschnitten mit üppig entwickelter Vegetation. In der Waldtundra und Taiga Nordosteuropas vorzugsweise in der Ufervegetation sumpfiger Seen brütend, gut gedeckt in Seggenbülten; jedoch auch mitten im Wald in einiger Entfernung vom Wasser, dann ebenfalls gut getarnt unter Gebüsch, zwischen Bäumen oder im Holz umgestürzter Bäume.

Außerhalb der Brutzeit im Küstenbereich der Meere, und zwar sowohl an seichten und ruhigen als auch an felsigen und bewegten Küstenabschnitten. Im Binnenland auf größeren Gewässern.

## Brutbiologie

**Balz, Paarbildung:** Geschlechtsreife soll bereits im 2. Lebensjahr erreicht werden (Bauer und Glutz v. Blotzheim, 1969), was jedoch der Überprüfung bedarf, denn an der Gesellschaftsbalz, die bereits im Herbst einsetzt, sind die diesjährigen Tiere nicht beteiligt. Verpaarungen erfolgen bereits im Winterquartier. In der Form und im Ablauf der Gesellschaftsbalz und der Posen in der Phase der Anpaarung und dem Vorspiel zur Kopula gibt es viele Übereinstimmungen mit der Trauerente. Speziell nur bei der Samtente vorkommende Verhaltensmerkmale sind nicht bekannt. Ankunft im Brutgebiet Südwestfinnlands Anfang Mai, in den subarktischen Gebieten erst gegen Monatsende und in hochnordischen Gebieten noch später. Nach der Ankunft im Brutgebiet zunächst in Sozialverbänden, in denen sowohl Paare, unverpaarte Adultvögel und immature Vögel vertreten sind. Diese Gruppen halten sich an der offenen Küste, aber in der Nähe potentieller Brutplätze auf. Aus den Ansammlungen heraus starten die brutwilligen Tiere zu kurzen Rundflügen, die der Balz und der Wahl des Nistterritoriums dienen. Selbst wenn das engere Nistgebiet gewählt ist, wird der Kontakt zur Gruppe zunächst nicht endgültig aufgegeben, die Ehepartner halten aber eng zusammen. Fremde Männchen werden attackiert, und auch aus dem Nistgebiet werden andere Paare und unverpaarte Erpel vertrieben, wobei der unmittelbaren Umgebung des Nestes besondere Aufmerksamkeit gilt. Trotzdem kann nicht von einem »Territorialverhalten« gesprochen werden, denn die Grenzen des »verteidigten« Gebietes sind fließend und überlappen sich, und neben dem Nistgebiet gibt es Nahrungs- und Ruheplätze, in denen sich Brutpaare gesellig zusammenfinden.

**Neststandort, Nest:** Nester uferseitig in Wassernähe. Je nach Uferbeschaffenheit in krautiger Vegetation, unter Büschen, in Gestrüpp, in Gräsern oder auch in Höhlen oder Vertiefungen verschiedenster Art, ausnahmsweise auch in einiger Entfernung vom Gewässer. Im Schärengebiet vor der finnischen Küste kommt es an geeigneten Stellen zu hohen Brutdichten. In Extremfällen liegen die Nester nur 10 bis 20 Meter voneinander entfernt (Bauer und Glutz v. Blotzheim, 1969). Das Nest wird entweder in eine vorhandene Mulde hineingebaut, oder es wird eine Mulde ausgetieft und mit trockenem Pflanzenmaterial umgeben. Nach Ablage der ersten Eier beginnt die Auspolsterung mit Dunen, die während der Bebrütung vervollständigt wird. Günstige Nistplätze werden immer wieder angenommen, häufig mehrfach vom gleichen Weibchen. Nach ANDERSSON (1978) kehrt nur ein geringer Teil zum Vorjahresnest zurück.

**Eier, Gelege:** Ovale, glattschalige, hell grünlichgelbe bis rahmfarbene Eier, Größe im Mittel 71×47 mm (maximale Länge 78,5, minimale Länge 61,2 mm), Masse 81 g. Die Angaben über die Anzahl Eier, die zum Vollgelege gehören, gehen auseinander, doch die Spanne von 7 bis 10 dürfte zutreffend sein. Bei hoher Siedlungsdichte Mehrfachgelege nicht selten. Wenn andere Arten in der Nähe brüten, (Spießente, Mittelsäger, Brand- und Eiderente) kommen auch Mischgelege vor. Die Eiablage beginnt in den südlichen Teilen des Verbreitungsgebietes im letzten Maidrittel, im Norden erst im Juni. Nachgelege nur mit 5 bis 8 Eiern. Eiablage täglich, jedoch auch mit eintägiger Unterbrechung. Legeintervall nach ANDERSSON (1978) 40stündig.

**Bebrütung, Jungenaufzucht:** Brutzeit 27 bis 28 Tage, wobei das Weibchen bis in die 2. Hälfte vom Männchen bewacht wird. In Brutpausen begleitet das Männchen das Weibchen zu den Nahrungsplätzen und kehrt von dort mit dem Weibchen zurück. Erst in der Schlußphase der Bebrütung wird der Kontakt zwischen den Gatten lockerer, was daran sichtbar wird, daß sich Erpeltrupps bilden. Der Zusammenhalt zwischen den Partnern ist um so fester, je isolierter der Brutplatz ist. Wo viele Paare benachbart brüten, lösen sich die Partnerschaftsbeziehungen eher.

Die Schlupfzeit ist so synchronisiert, daß innerhalb von 24 Stunden alle Jungen schlüpfen. Nachdem diese trocken sind (bis 24 Std.), führt die Mutter die Kükenschar zum Wasser. Häufig treffen sich mehrere Weibchen mit ihrem Nachwuchs an einer Stelle, wenn der optimale Nahrungsraum limitiert ist. Bereits frisch geschlüpfte Jungen tauchen nach Nahrung (Wassertiefe 20 cm bis 150 cm). Nicht selten wechseln Jungvögel den Schof, besonders in den ersten Lebenstagen. Die Mutter-Kind-Beziehungen lösen sich bereits vor dem Flüggewerden.

**Bestand, Bestandsveränderungen**

Angaben über die Größe des Brutbestandes liegen aus den skandinavischen Ländern vor. ULFSTRAND und HOGSTEDT (1976) nennen für Schweden 20 000 Paare. Nach CURRY-LINDAHL et al. (1970) hat sich in den 50er und 60er Jahren im Südosten des Landes ein starker Rückgang vollzogen. In Finnland war der Bestand in der ersten Hälfte dieses Jahrhunderts stark zurückgegangen (MERIKALLIO, 1958). Zeitweilig war nur noch ein Restbestand von 20 Brutpaaren vorhanden. Nach Unterschutzstellung einzelner Schäreninseln ist der Bestand beträchtlich angestiegen, begünstigt durch das Verbot der Sommerjagd (LIPPENS und WILLE, 1972). Gegenwärtiger Brutbestand: 5000 bis 6100 Paare (HYYTIÄ et al., 1983; HAAPANEN und NILSSON, 1979).

Im Vergleich zur Bolschesemelskaja Tundra nehmen sich die für die skandinavischen Ländern genannten Zahlen bescheiden aus. Nach MINEEV (1981) brüten in diesem Gebiet 82 000 Paare. Relativ stabil ist der Brutbestand in der Estnischen SSR (1100 Paare, KUMARI, 1970, 1981).

Im Überwinterungsgebiet in der westlichen Ostsee sind die dänischen Küstengewässer besonders bedeutsam (durchschnittlich 37 000 Individuen). OWEN et al. (1986) beziffern die gesamte Population, die in Nordwesteuropa im Januar erfaßt wird, mit 25 000. Das ist nur ein Teil der Winterpopulation, denn allein die Anzahl der in dänischen Gewässern mausernden Tiere wird mit 45 000 von JOENSEN (1974) beziffert. Für

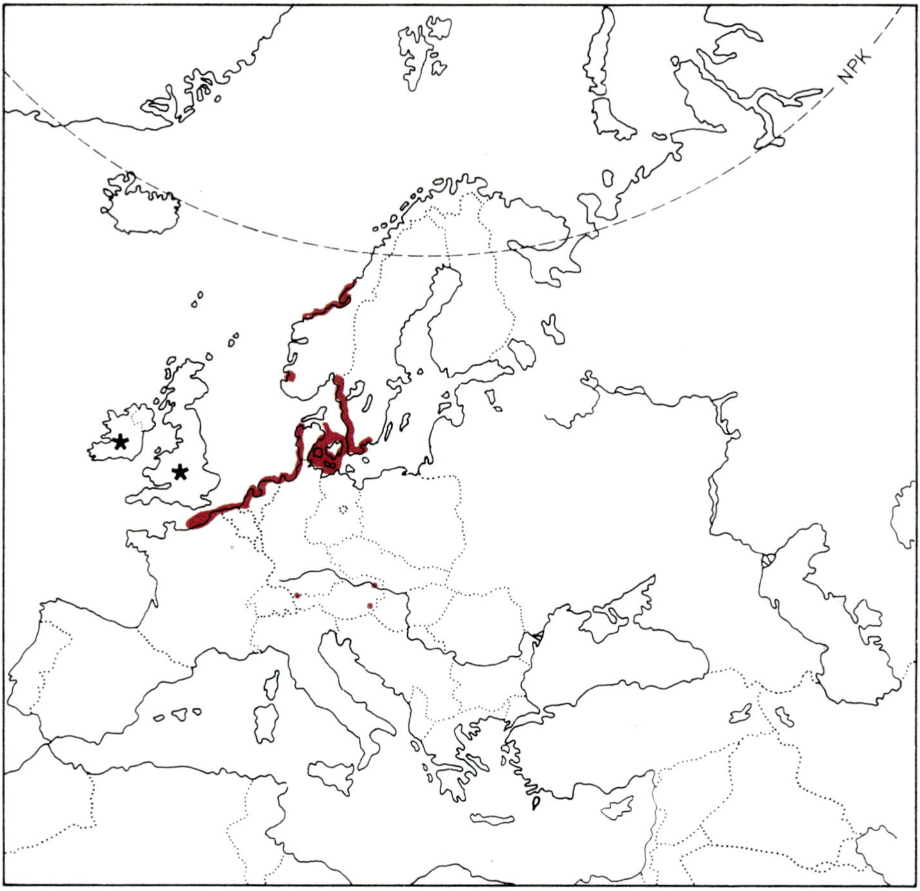


**Karte 34**
Überwinterungsgebiete der Samtente
*(Melanitta fusca)*

die Samtente gilt das bereits für die Eisente Gesagte. Die Tiere konzentrieren sich häufig fernab von der Küste, so daß von Land aus die Erfassungen unvollständig bleiben und reale Bestandseinschätzungen nicht möglich sind. Insofern ist auch die von OWEN et al. (1986) genannte Zahl von 100 000 für das Gesamtgebiet der Ostsee lediglich ein grober Schätzwert.

## Wanderungen, Überwinterung

(s. Karte 34)

Der Wegzug wird in der mittleren Ostsee bereits Ende September mit dem Eintreffen kleiner Trupps, vor allem männlicher Tiere, deutlich. Größere Scharen erscheinen erst im Oktober und im November. Die Westverlagerung vollzieht sich viel allmählicher als bei der Trauerente. Viele rasten zunächst am Weißen Meer und an der östlichen Ostsee. Erst bei Winterbeginn setzen sie die Wanderung fort. Die Gewässer um die Halbinsel Kola werden erst gegen Ende Oktober verlassen. Im Hochwinter dringt ein Teil auch bis in die niederländischen und belgischen Küstengewässer vor. Das Überwinterungsgebiet reicht von den Küstengewässern um Rügen bis nach Belgien mit einem Schwerpunkt an der Ost- und Westküste Dänemarks.

Das Einsetzen des Heimzuges wird in milden Wintern bereits Ende Februar spürbar. Die am weitesten westlich gelegenen Überwinterungsplätze werden geräumt, in der westlichen Ostsee nehmen die Bestände zu. Im Greifswalder Bodden/DDR erreichen die Ansammlungen Anfang April Spitzenwerte (maximal 10 000, NEHLS in KLAFS und STÜBS, 1987). In Südfinnland erreicht der Durchzug erst Ende April den Höhepunkt. Die Nordostwärtswanderung verläuft allmählicher als bei den anderen Meerenten.

# Säger

Säger ähneln im Aussehen und in allen Lebensäußerungen den Enten und stehen mit diesen in engem verwandtschaftlichem Zusammenhang. Im Habitus entsprechen sie den Tauchenten. Von diesen wie von allen Entenarten unterscheiden sie sich jedoch durch den dünnen, sehr schmalen Schnabel. Die Ränder von Ober- und Unterschnabel tragen scharfe, zugespitzte, leicht nach hinten gerichtete Zähne, die dem Schnabel den Charakter einer Säge (Name!) verleihen, zumal der Nagel an der Schnabelspitze hakenförmig umgebogen ist.

Alle auf der Nordhälfte der Erde vorkommenden Sägerarten unterscheiden sich im Aussehen der Geschlechter (Geschlechtsdimorphismus). Federn des Hinterkopfes und des Nackens sind zu Hauben oder Schöpfen umgebildet. Die 16 bis 18 Schwanzfedern sind breit und außerordentlich steif (durch ihre Wendigkeit in besonderer Weise an tauchenden Nahrungserwerb angepaßt). In Europa kommen 3 Arten vor.

Bastardierungen innerhalb der Gattung *Mergus* kommen vor. Bastarde zwischen Sägern und der Schellente lassen auf nahe Verwandtschaft schließen.

Der in Nordamerika lebende Kappensäger *(Mergus cucullatus)* wurde wenige Male in Europa beobachtet (BAUER und GLUTZ V. BLOTZHEIM, 1969; CRAMP und SIMMONS, 1977).

## Zwergsäger

*Mergus albellus* L.
Smew
Harle piette
Луток

### Kennzeichen, Beschreibung

Prachtkleid des Männchens überwiegend weiß. Am Kopf schwarzer Fleck in Schnabelnähe und schwarzes Band am Hinterrand der Nackenholle. Flanken grau gewellt, Vorderrücken schwarz, zum Kopf ein schmales schwarzes Band ziehend (»Geschirr«). Unterseite rein weiß.

Beim insgesamt dunkleren Weibchen ist der weiße Hals scharf gegen den schokoladenbraunen Oberkopf und die gleichfalls rotbraunen Schopffedern des Nakkens abgesetzt. Vorderbrust und Flanken hellgrau bis graubraun; Rücken, Flügel und Schwanz schwarzgrau.

Das Ruhekleid des Weibchens sehr ähnlich dem Brutkleid. – Das Schlichtkleid des Männchens entspricht dem weiblichen Kleid, Rücken dunkler (schwarz). Männchen im Schlichtkleid im Fluge an größeren weißen Flügelfedern erkennbar. – Kurzer blaugrauer Schnabel. Aufrecht gestellte Stirnfedern und Federholle lassen den Kopf des Männchens im Prachtkleid gedrungen erscheinen.

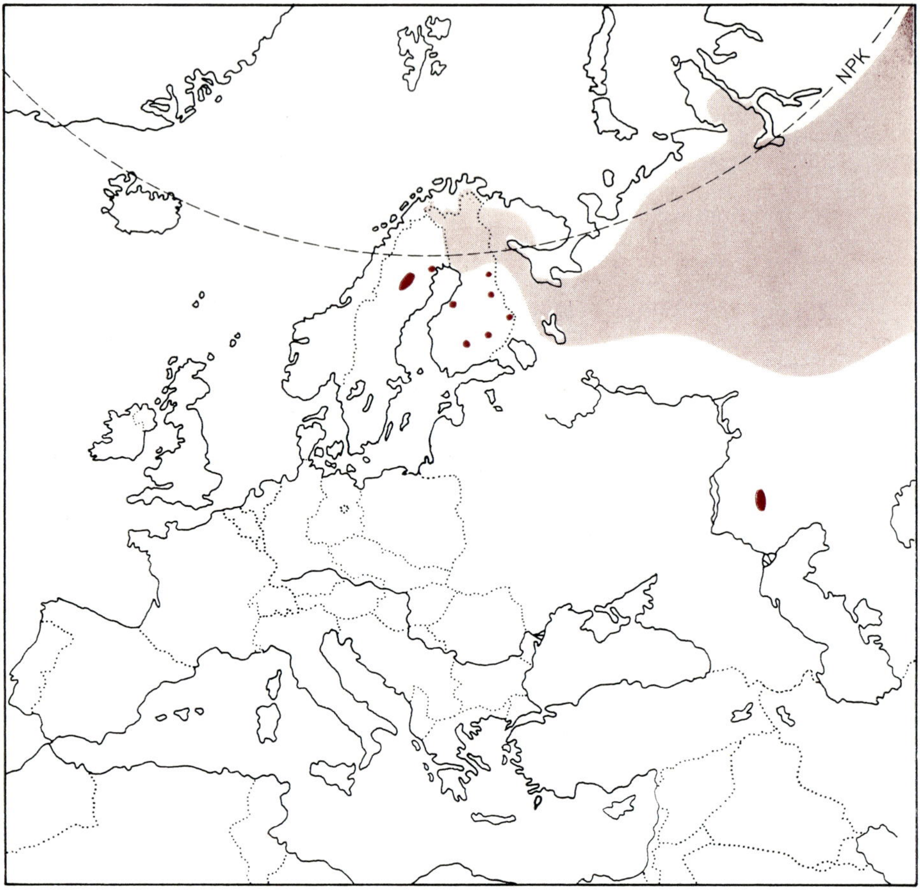


**Karte 35**
Brutverbreitung der Zwergsäger
*(Mergus albellus)*

**Stimme:** Nur äußerst selten, am ehesten zur Balzzeit, lassen die Männchen ein knarrend klingendes »Krr-eck«, »Giggig-gi-geörr« oder »Kö-hö-hjörr-it« (u. ä.) hören. Die Lautreihe ist dem Geräusch vergleichbar, das entsteht, wenn man über einen Kamm streicht. Auch einsilbige Rufe kommen gelegentlich vor. Sie sind kennzeichnend für die Weibchen (»räg, gnäg«), die ebenfalls insgesamt wenig zu hören sind.

## Brutverbreitung

Das Brutgebiet reicht von Norwegen durch die gesamte Palaearktis bis nach Nordkamtschatka. Hauptvorkommensgebiet sind Gewässer in den borealen Nadelwäldern und der bewaldeten Tundra. Die arktische Baumgrenze wird in der Regel nicht überschritten. Die südliche Verbreitungsgrenze verläuft durch das nördliche Finnland, die Halbinsel Kola und den mittleren Teil der europäischen UdSSR bis in die Nähe Moskaus, Gorkis und Kirows.

## Lebensraum

Brütet an nicht zu tiefen, oligo- bis mesoligotrophen waldumstandenen Gewässern (Seen, Altwässer größerer Flüsse). An das Vorhandensein von Bruthöhlen gebunden. – Auf dem Zuge und während der Überwinterung im Flachwasserbereich (1 bis 2 m) größerer Seen und kleinerer Gewässer, auch auf Überschwemmungsflächen, oft in Gesellschaft von Schellenten.

### Nahrung, Nahrungserwerb

Wasserinsekten (Larven und Imagines), Kleinkrebse, Meeresringelwürmer und Mollusken sind viel stärker in der Nahrung vertreten als bei den beiden anderen Sägerarten. Im Frühjahr und im Frühsommer stellen sie den Hauptanteil. Bevorzugt aufgenommen werden größere Insektenlarven (Libellen, Wasserkäfer), jedoch auch kleinere (Köcherfliegen, Wasserwanzen) werden nicht verschmäht. Die Auswahl richtet sich nach dem Angebot und der Erlangbarkeit. Erst im Herbst und Winter, wenn die Evertebratenfauna zurückgeht, steigt der Fischanteil. Es überwiegen kleine Arten (Stichling). Bevorzugte Länge 3 bis 6 cm, jedoch auch längere wurden vereinzelt gefunden (Bauer und Glutz v. Blotzheim, 1969). Samen und Blatt- und Sproßteile von Wasserpflanzen sind zwar geringer, aber regelmäßiger Nahrungsbestandteil. – Neben der Beutejagd im freien Wasser wird auch nach Art der Tauchenten Nahrung vom Boden aufgenommen. Beim Tauchen bleiben die Flügel in den Tragtaschen. Tauchzeit maximal bis 45 Sekunden.

### Brutbiologie

**Balz, Paarbildung:** Wie bei den anderen Sägerarten wird die Fortpflanzungsfähigkeit erst im zweiten Lebensjahr erreicht. Die Balz beginnt in Form der Gesellschaftsbalz, wobei sich 3 bis 10 Männchen um ein oder mehrere Weibchen sammeln. Sie beginnt bereits im Winter und nimmt zum Frühjahr hin an Intensität zu. Erregte Männchen sträuben die Federholle. Im Verlaufe der Überwinterung nimmt der Anteil verpaarter Tiere zu. Erste Kopulationen im Februar.

**Nistplatz, Nisthöhle:** In geschlossenen Baumbeständen in der Nähe oligotropher umwaldeter Gewässer. Nisthöhlen in Nadelbäumen, gelegentlich in höhlenartigen Vertiefungen zwischen Baumwurzeln. Nisthöhle zumeist in Wassernähe, jedoch auch in einiger Entfernung. Eine besondere Auskleidung der Höhle mit Nistmaterial erfolgt in der Regel nicht. Sie wird aber mit Dunen ausgepolstert.

**Eier, Gelege:** Eier oval bis kurzoval, glattschalig und matt glänzend, rahmfarben bis weißlichgelb. Größe durchschnittlich 53×38 mm (maximale Länge 58 mm, minimale Länge 48 mm), Masse 39 bis 40 g. Vollgelege mit 6 bis 9 Eiern. Mehrfachgelege und Mischgelege mit der Schellente möglich. Mit der Eiablage wird Mitte Mai begonnen.

**Bebrütung, Jungenaufzucht:** Zu Anfang der Brutperiode bleibt das Männchen im Brutgebiet. Spätestens in der zweiten Hälfte wird das engere Brutgebiet verlassen. Brutdauer 30 Tage. – Jungenaufzucht nur unzureichend untersucht. Die Flugfähigkeit ist nach 9 bis 10 Wochen erreicht.

### Bestand, Bestandsveränderungen

Der Zwergsäger gehört innerhalb des gesamten Vorkommensgebietes zu den seltenen Brutvögeln. In Schweden brüten kaum mehr als 40 Paare (Haapanen und Nilsson, 1979). In Finnland wird mit 800 bis 1400 Brutpaaren gerechnet (Hyytiä et al., 1983). Krivenko (1984) schätzt den Brutbestand im zentralen Teil der UdSSR auf 13 000 Brutpaare. Die Weltpopulation soll nach Beintema (1980, zit. in Hepburn, 1984) nicht mehr als 140 000 Exemplare betragen.

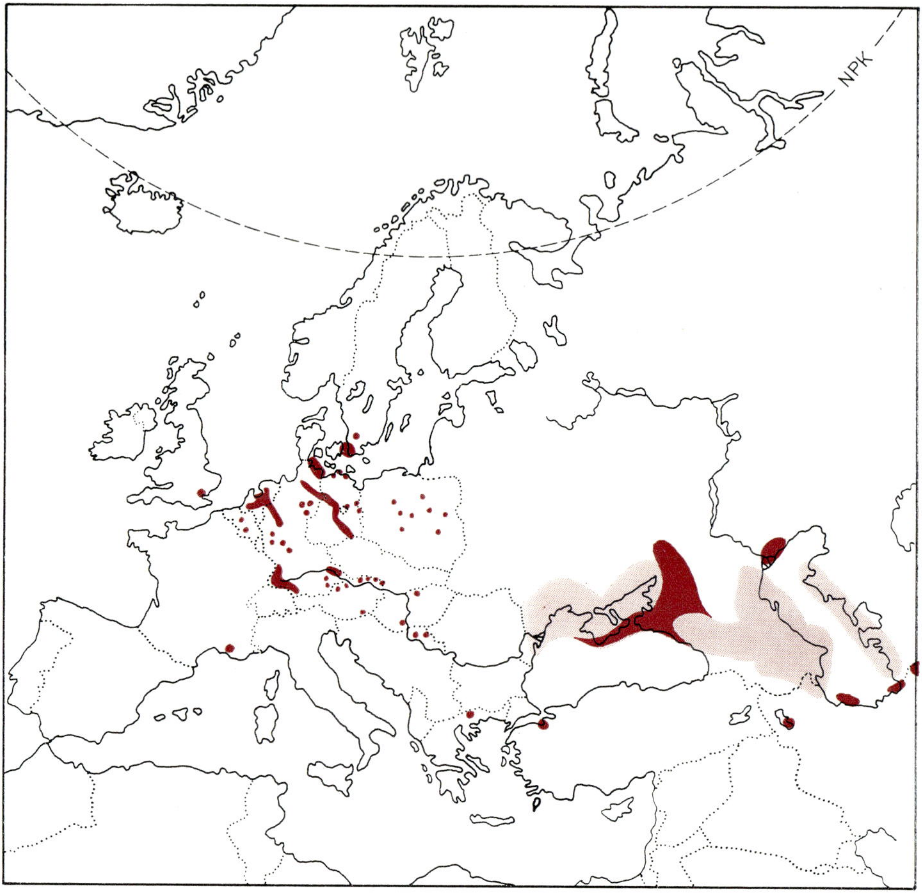


**Karte 36**
Überwinterungsgebiete des Zwergsägers *(Mergus albellus)*

Die nordwest- und nordosteuropäischen Zwergsäger überwintern in Mittel- und Westeuropa. Die größten Ansammlungen beherbergt das IJsselmeer. Höchstwerte wurden 1977 mit 21 000 Tieren erreicht, gewöhnlich sind dort nur einige Tausend versammelt. Noch mehr sammeln sich im Gebiet des Schwarzen Meeres. RÜGER et al. (1986) nennen für dieses Gebiet einen Maximalbestand von 57 000 Individuen.

Obwohl Häufigkeit und Winterverbreitung durch ein reiches Zahlenmaterial gut dokumentiert sind, lassen sich daraus keine Trends für die Populationsentwicklung ableiten, weil die witterungsbedingten regionalen Fluktuationen zu groß sind.

### Wanderungen, Überwinterung

(s. Karte 36)

Zwergsäger sind bisher kaum beringt worden, so daß sich unsere Kenntnisse über die Zugwege mehr auf Vermutungen als auf gesicherte Kenntnisse stützen. Die in Fennoskandinavien brütenden und wohl auch die unmittelbar östlich anschließenden ziehen in Südwestrichtung zur Ostsee und weiter zur Nordseeküste bis nach den Niederlanden und Südwestengland. Das wichtigste Überwinterungsgebiet stellt das IJsselmeer in den Niederlanden dar, wo sich annähernd ein Drittel der nordwesteuropäischen Brutpopulation einstellt. Von den etwa 15 000 Zwergsägern, die durchschnittlich bei den Winterzählungen in Westeuropa festgestellt werden, halten sich annähernd 10 000 in den Niederlanden auf. Weitere wichtige Winteraufenthaltsorte befinden sich im westlichen Teil der Ostsee, so in der Nähe von Kopenhagen (JOENSEN, 1974) und auch an der Boddenküste der DDR (RUTSCHKE, 1985).

Die jährlichen Bestandsschwankungen an den wichtigsten Überwinterungsplätzen sind beträchtlich, was jedoch weniger an Bestandsveränderungen als vielmehr an witterungsbedingten Verlagerungen der Aufenthaltsorte liegt. Wenn die Ostseeküste und Binnengewässer vereisen, weichen die Vögel nach Westeuropa aus. Dann kommt es zu den erwähnten größeren Ansammlungen in den Niederlanden, Belgien und Nordfrankreich.

Im mitteleuropäischen Binnenland erscheinen Zwergsäger nur in kleinen Trupps, aber regelmäßig. Auf küstennahen mecklenburgischen Seen (DDR) erscheinen auch einige Hundert (Durchzug).

## Mittelsäger

*Mergus serrator* L.
Red-breasted Merganser
Harle huppe
Средний крохаль

### Kennzeichen, Beschreibung

In der Körpergröße steht der Mittelsäger etwa in der Mitte zwischen Gänse- und Zwergsäger. Er ist etwas kleiner als die Stockente. Körper langgestreckt, tief im Wasser liegend. Das Männchen im Prachtkleid übertrifft seine beiden Vettern in Färbung und Musterung. Zum flaschengrün schillernden Kopfgefieder gehört ein nach hinten gerichteter zweigeteilter Schopf aus zugespitzten Federn. Ein weißes Halsband und ein breites rostbraunes Band an der Vorderbrust bewirken ein kontrastreiches Farbmuster im vorderen Körperbereich. Die Buntheit wird durch schwarz eingefaßte weiße Flecken an den Seiten und die schwarze Rückenfärbung im Kontrast zu breiten weißen Seitenstreifen und grau gewellten Flanken verstärkt. Unterseite weiß. – Beim Weibchen im Brutkleid bewirken die rotbraune Kopffärbung mit dem zweiteiligen Schopf, die weiße Kehle im Kontrast zur hell- bis dunkelgrauen Färbung des Rückens und der Flanken eine lebhafte Musterung, die die anderer Enten übertrifft, jedoch hinter der des Männchens zurückbleibt. Die braunrote Kopffärbung erstreckt sich als helleres Zimtbraun auch auf die Halsseiten. Rükken dunkler als die Flanken, deren helles Grau nach hinten in ein dunkleres Grau übergeht. Federränder dort gelbbräunlich oder bräunlich. Das Schwarz im Schwanzbereich bewirken die dunkelgrauen Steuerfedern und die schwarzen Spitzen der Schwingen. – Das Schlichtkleid des Männchens entspricht weitgehend dem Brutkleid des Weibchens, von diesem durch weiße mittlere Oberflügeldekken und dunklere Rücken- und Schulterfärbung sowie anders abgestufte Graufärbung in anderen Körperpartien unterscheidbar. Ruhekleid des Weibchens weitgehend wie Brutkleid. – Neben der Gefiederfärbung und -musterung sind der schmale, rote Schnabel und das gelbrötliche Auge wichtige Artkennzeichen. – Im Fluge sind die körpernahen weißen Flecken im Flügel erkennbar; beim Männchen auf dem ganzen Flügel, beim Weibchen nur auf dem hinteren Teil.

**Körpermaße:** Masse zwischen 1000 und 1300 g (Männchen) und 800 bis 1000 g (Weibchen), Flügellänge 220 bis 250 mm (Männchen) und 210 bis 230 mm (Weibchen). Nicht unbeträchtliche saisonale Unterschiede.

**Stimme:** Beide Geschlechter begleiten die Balzposen mit Rufen verschiedener Art. Die der Männchen können heiser »gjäng« oder katzenartig »mi-juo«, oder mehrsilbig »kri-ki-jäh« und bei starker Erregung auch wie »orrr«, »gjorr« klingen. Für das Weibchen ist ein »rag-rag-rag« typisch, doch auch kurze Rufe wie »wack«, »rock« oder »wark« kommen vor.

### Brutverbreitung

Holarktisch verbreitet. Das Brutgebiet reicht von der Ost- und Westküste Grönlands über Island, die Fåröer, Irland, Nordschottland, Teile Nordwestenglands und Nordwales über Skandinavien, das Ostseegebiet, die Halbinsel Kola durch den Norden des europäischen Teils der UdSSR nach Sibirien bis nach Kamtschatka und die nördlichen Kurilen. Die nördliche Verbreitungsgrenze reicht in der UdSSR bis an die Küste des Weißen Meeres und schließt die Halbinseln Jamal und Gydan ein. Die Südgrenze wird in Dänemark und Schleswig-Holstein (BRD) sowie an der Südküste der westlichen Ostsee (DDR) erreicht. In Polen und in den baltischen Republiken der UdSSR gibt es bereits Binnenlandbruten. Weiter ostwärts bis in die zentralen Teile der europäischen UdSSR, des südlichen Ural zum Baikalsee nach Transbaikalien. Südlich des geschlossenen Verbreitungsgebietes existieren isolierte Vorkommen.

### Lebensraum

Brütet an flachen Strandabschnitten mit buschiger Vegetation und Stillwasserzonen und an steinigen oder Schärenküsten, wenn Inseln vorgelagert sind. Im östlichen Teil des Verbreitungsgebietes und in Schottland auch an umwaldeten Binnenseen und an Flußmündungen.

Außerhalb der Brutzeit im Flachwasserbereich der offenen Meeresküste oder auf salzigen oder brackigen Bodden, Buchten und in Flußmündungen, immer küstennahe, jedoch Süßwasser meidend. Nur ausnahmsweise einzelne Tiere im Binnenland.

### Nahrung, Nahrungserwerb

In Schottland, Dänemark und in der UdSSR analysierte Mägen enthielten fast ausschließlich Reste von kleinen Fischen. Das Artenspektrum ist regional und jahreszeitlich verschieden und richtet sich nach den vorhandenen Fischarten und deren Erlangbarkeit. Erwachsene Mittelsäger fressen täglich etwa 300 g Fisch. Da überwiegend 4 bis 8 cm große Fische aufgenommen werden, ist der Bedarf groß. Gejagt werden gewöhnlich in Schwärmen lebende Fische. In einem Magen wurden bis zu 44 Dreistachlige Stichlinge und Reste von etwa ebensovielen im Kropf gefunden (Madsen, 1957). Bei einer Mahlzeit wird also gewöhnlich eine Art bevorzugt. Das ergibt sich aus der Jagdtechnik. Das flach auf dem Wasser liegende Tier späht mit eingetauchtem Gesicht in die Tiefe (Wasserlugen) und taucht, sobald ein Fischschwarm gesichtet ist. In wendiger Unterwasserjagd werden dann möglichst viele erbeutet und unter Wasser verschlungen. Größere werden mit an die Wasseroberfläche genommen, durch rasche Kopfbewegungen in die passende Lage gebracht und verschluckt. Mittelsäger jagen erfolgreich in Gruppen, zu denen über 20 Tiere gehören können. Im Flachwasser schwimmen sie nach Beute spähend in die gleiche Richtung. Gesichtete Einzelfische oder Schwärme werden halbkreisförmig umschlossen und durch gemeinsames oder alternierendes Tauchen gejagt.

Die Beutelisten enthalten auch Was-

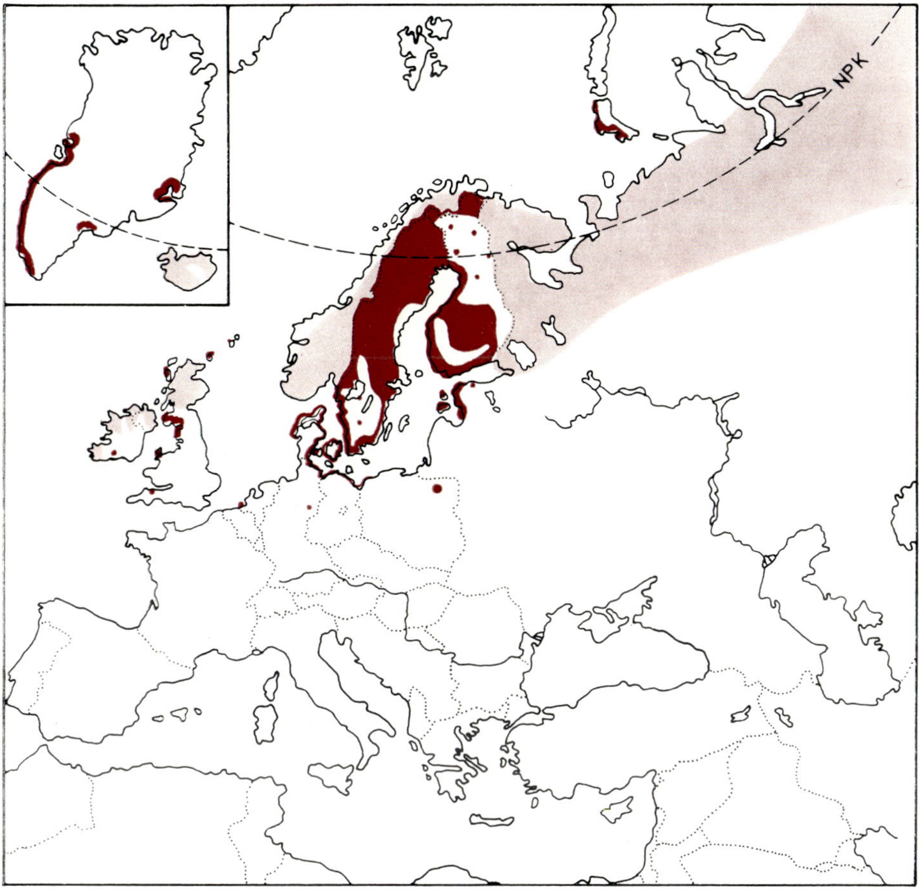


**Karte 37**
Brutverbreitung der Mittelsäger
*(Mergus serrator)*

serinsekten, Krebstiere und Mollusken (letztere besonders an Meeresküsten). Der Anteil ist jedoch immer gering. In Mägen gefundene Pflanzenreste wurden wahrscheinlich mit der tierischen Beute aufgenommen (BAUER und GLUTZ v. BLOTZHEIM, 1969).

## Brutbiologie

**Balz, Paarbildung:** Fortpflanzungsfähigkeit ab zweitem Lebensjahr. Die Balz beginnt als Gesellschaftsbalz im Dezember. Im Winter besonders an sonnenklaren, ruhigen Tagen. Höhepunkt der Balz erst nach Eintreffen an den Brutplätzen. Zur Balz der Männchen gehören Posen und Bewegungen, die bei Grundel- und Tauchenten nicht vorkommen. Besonders eindrucksvoll sind das rasche wasserspritzende »Durchpflügen« des Wassers, der »Knicks« (an eine Verbeugung erinnernde Bewegung) und häufiges Schnabeleintauchen (BAUER und GLUTZ v. BLOTZHEIM, 1969). Die der Begattung vorausgehenden Posen ähneln denen der Gründel- und Tauchenten. Paare bilden sich schon im Winter, jedoch auch noch nach dem Eintreffen in den Brutgebieten.

**Neststandort, Nest:** Nistplatz und Neststandort wählt das Weibchen. Das Männchen ist möglicherweise beteiligt, denn es ist in der Zeit vor Beginn des Nestbaues immer in dessen Nähe. Neststandorte vorzugsweise unter dichtem Gebüsch und Sträuchern oder in dichter Vegetation, gut gegen Sicht von oben geschützt in Wassernähe. Fehlt geeignete Vegetation, dann auch bis 100 m vom Wasser entfernt. In Dänemark (Vejlerne) Neststandorte im Abstand von 4 bis 10 m von der Wasserkante (KORTEGAARD, 1968). Die Mehrzahl der Nester im Schilf an Stellen, wo Bodenvegetation (z. B. Brennessel) vorhanden ist. Stets ist ein Pfad zwischen Nest und Ufer vorhanden, auf dem das Weibchen zum Nest kommt und es verläßt. Die Nester werden gegen seitliche Einsicht noch besser »versteckt« als gegen Einsicht von oben. Nistplätze aus früheren Jahren werden wieder angenommen. Nestbau nur durch das Weibchen, das die Mulde mit trockenen und grünen Pflanzenteilen aus der unmittelbaren Umgebung auskleidet und mit Nestdunen auspolstert.

**Eier, Gelege:** Eier oval bis kurzoval, glattschalig matt, gelblich bis bräunlichgelb oder olivgrün. Größe durchschnittlich 65×45 mm (maximale Länge 71 mm, minimale Länge 56,5 mm), Masse 69 bis 73 g. Zum Vollgelege gehören 8 bis 10 Eier. Abweichungen nach oben und unten sind nicht selten. KORTEGAARD (1968) ermittelte als durchschnittliche Gelegestärke 10,5 Eier. Er hält es für möglich, daß bis zu 17 Eier nur von einem Weibchen stammen und erfolgreich bebrütet werden, obwohl Mehrfachgelege häufig sind.

Mischgelege mit Reiher- und Stockenten kommen auch vor.

Beginn der Eiablage in der zweiten Maidekade (Ostsee- und Schwarzmeerpopulation). Vollgelege ab Ende Mai, jedoch noch bis Ende Juni.

**Bebrütung, Jungenaufzucht:** Zur Nahrungsaufnahme verläßt das Weibchen das Nest zu Fuß, wobei immer der gleiche Weg gewählt wird, so daß schließlich regelrechte Pfade durch das Gebüsch führen, auf denen auch die Jungen zum Wasser geleitet werden. Die verpaarten Männchen eines Brutplatzes halten sich an Sammelplätzen auf, an denen sie die Weibchen erwarten und sie zur Nahrungssuche begleiten. Mit fortschreitender Bebrütung wird auch diese lockere Form der Bindung aufgegeben, und die Männchen verlassen das unmittelbare Brutgebiet. Brutdauer 29 bis 31 Tage, doch zahlreiche Angaben über längere und kürzere Bebrütungsdauer.

Nach dem Schlupf bleibt die Mutter mit dem Schof noch für etwa 12 Stunden im Nest, dann führt sie die Jungen zum Wasser. Die Familien (Männchen fehlen) bleiben in der Nähe des Brutortes, wenn die Lebensbedingungen das erlauben. Das begünstigt die Bildung von Mischschofen. Im Extremfall führt ein Weibchen bis zu 100 Junge (BAUER und GLUTZ v. BLOTZHEIM, 1969).

### Bestand, Bestandsveränderungen

Die in den letzten Jahren erfolgten Bestandsuntersuchungen erlauben es, den Brutbestand in Skandinavien und im Ostseegebiet sowie auf den Britischen Inseln relativ gut einzuschätzen. Bestandsangaben fehlen aus großen Teilen des nordöstlichen Brutgebietes in der Sowjetunion. Nach KRIVENKO (1984) brüten im zentralen Teil der UdSSR etwa 11 500 Paare. In Schweden liegt der Brutbestand nach ULFSTRAND und HOGSTEDT (1976) bei etwa 15 000 Paaren. CURRY-LINDAHL et al. (1970) weisen auf eine leichte Zunahme in einigen Gebieten hin.

Der finnische Brutbestand wird von MERIKALLIO (1958) auf 10 000 Brutpaare beziffert. Seither scheint sich eine leichte Zunahme vollzogen zu haben, denn HYY-

TIÄ et al. (1983) geben 10 500 bis 17 000 Brutpaare an.

Der Brutbestand in Großbritannien beträgt 2000 bis 3000 Paare einschließlich Irland. Daraus darf auf einen Nachbrutbestand von 7000 bis 10 000 Tieren geschlossen werden, was sehr gut mit den Ergebnissen der Wintervogelzählungen übereinstimmt. – In der BRD nahm der Bestand von 60 Brutpaaren (SZIJJ, 1973) auf 145 bis 175 1980 zu (RHEINWALD, 1982). Eine Reihe von Brutplätzen sind allerdings durch negative Einwirkungen (Übernutzung durch Erholungswesen) aufgegeben worden. Ein isoliertes Vorkommen der Art hat sich im Westharz gebildet.

Den Bestand an der Ostseeküste der DDR zu Anfang der 80er Jahre schätzte NEHLS (in KLAFS und STÜBS, 1987) auf 350 Paare. Bis in die ersten Jahrzehnte des 20. Jahrhunderts bewohnte die Art auch Gewässer im norddeutschen Flachland (Mecklenburg/DDR). Diese Brutplätze wurden aufgegeben. Gründe für das Erlöschen sind nicht bekannt. An der Ostseeküste der DDR hat der Bestand zugenommen, und die Tendenz ist steigend.

In Pommern und an den Masurischen Seen brütet der Mittelsäger nur sporadisch (etwa 40 Paare, TOMIAŁOJC, 1976).

Die Zahlenwerte der Brutbestandserfassungen korrespondieren recht gut mit den Ergebnissen der Winterzählungen. Die größten Konzentrationen werden in der westlichen Ostsee festgestellt. Große Vorkommen gibt es auch vor der niederländischen Küste. Den Winterbestand der nordwesteuropäischen Population schätzen HEPBURN (1984) auf insgesamt 40 000 und RÜGER et al. (1986) auf 75 000 Individuen. Es handelt sich dabei vor allem um Tiere, die zur Baltischen Population gehören und um solche, die aus dem Nordwesten der UdSSR und Polen stammen, von denen ein Teil möglicherweise auch in das westliche Mittelmeergebiet wandert. – Zu größeren Konzentrationen im Winter kommt es in den Fjorden an der Küste Westjütlands (Dänemark) und in der westlichen Ostsee. Die Erfassung des gesamten Winterbestandes bereitet Schwierigkeiten, weil sich die Mittelsäger in kleinen Trupps über viele Gewässer zerstreuen. – Ein ähnliches Verteilungsmuster wie an der dänischen Küste gibt es an den Küsten Großbritanniens und Irlands. OWEN et al. (1986) schätzen die britische Winterpopulation auf 6000 bis 10 000 Vögel. In den Niederlanden beherbergt das IJsselmeer das Hauptkontingent des Winterbestandes. Dort wurden 1977 15 000 Mittelsäger festgestellt (Niederlande insgesamt 20 000). Die jährlichen Schwankungen sind allerdings beträchtlich: Im Durchschnitt der Jahre 1978 bis 1983 wurden in den Niederlanden nur reichlich 4000 Individuen gezählt, auf dem IJsselmeer waren 1976 überhaupt keine vorhanden (RÜGER et al., 1986). – Schon diese wenigen Zahlen verdeutlichen, daß es zwar Gebiete gibt, in denen die Art vorzugsweise überwintert, die jährlichen Fluktuationen sind jedoch so erheblich, daß aus den vorliegenden Zahlen Trends der Bestandsentwicklung nicht ermittelt werden können. Kleine Trupps und einzelne Tiere fliegen auch ins mitteleuropäische Binnenland und halten sich für kürzere oder längere Zeit auf Seen und sogar auf Flüssen auf. Am ehesten ist mit dem Auftreten im Binnenland im November zu rechnen, wohl als Folge der süd- bzw. südwestwärts erfolgenden Wanderung eines Teils der nordwesteuropäischen Brutpopulation. – Die im Nordosten des europäischen Teils der UdSSR brütenden Mittelsäger überwintern großenteils an der Nordküste des Schwarzen Meeres. Dort wurden 1967 42 000 Individuen gezählt (RÜGER et al., 1986). Kleinere Ansammlungen (200 bis 400 Tiere) gibt es auch an der rumänischen bzw. bulgari-

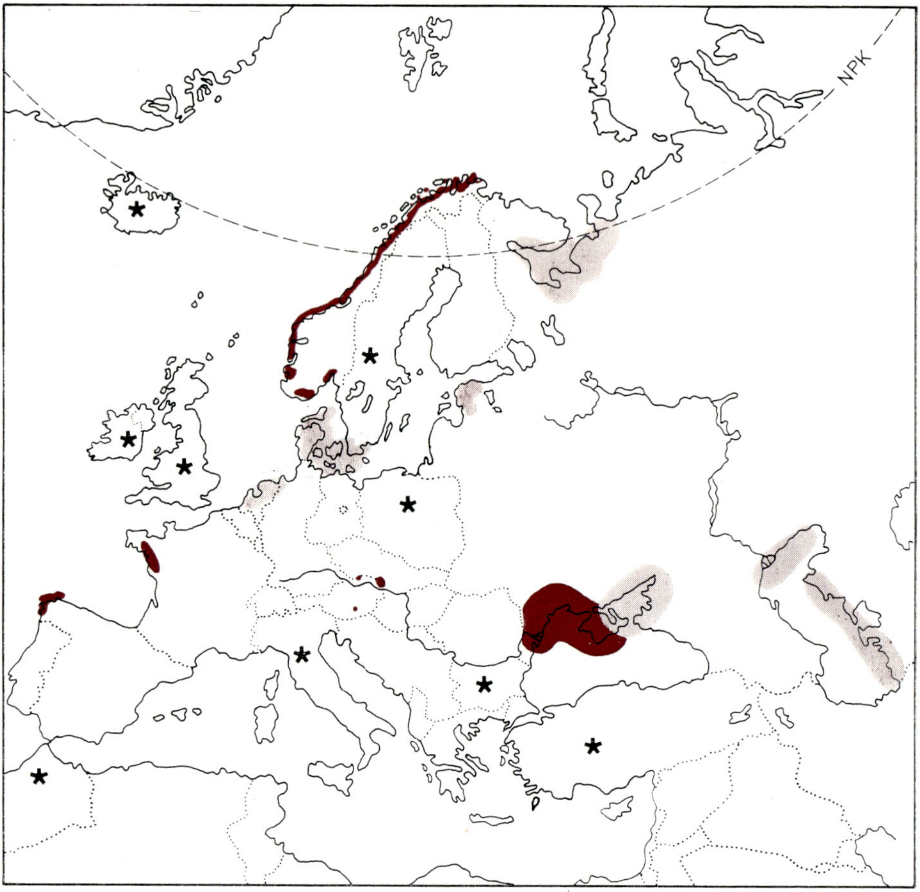


schen Schwarzmeerküste. Im Mittelmeergebiet sind es vor allem die Lagunen und Flachwasserbereiche an der italienischen Adria, wo Mittelsäger überwintern. Der Gesamtbestand längs der Nordküste des Mittelmeeres liegt bei 4000 Tieren (RÜGER et al., 1986).

## Wanderungen, Überwinterung

(s. Karte 38)

Nur die in Nordeuropa und den zentralen Teilen der UdSSR brütenden Mittelsäger sind Zugvögel, die zentral- und westeuropäischen bleiben in der Nähe des Brutgebietes oder wandern in ungerichtetem Zug zu günstigen Nahrungs-

**Karte 38**
Überwinterungsgebiete des Mittelsägers
*(Mergus serrator)*

plätzen an bestimmte Küstenabschnitte oder Flußmündungen. – Die Wanderbewegungen werden bereits während der Brutzeit durch Sammlung der Erpel eingeleitet, die sich zunächst zu kleinen Trupps zusammenschließen und an geeigneten Stellen mausern. Danach schließen sie sich zu größeren Ansammlungen zusammen. Die in nördlichen Gebieten Ansässigen ziehen dann bereits im September westwärts. Die Weibchen mit den diesjährigen Jungen folgen erst im

Oktober. Der Wegzug wird durch Zunahme des Bestandes in der westlichen Ostsee spürbar. Die Brutplätze im hohen Norden und im zentralen Teil der europäischen UdSSR sind spätestens in der zweiten Oktoberhälfte verlassen. – Isländische Mittelsäger ziehen nach Irland und auf die Britischen Inseln und gelangen dabei bis in das niederländische Küstengebiet. Witterungsbedingte Ausweichwanderungen sind weniger ausgeprägt als bei den meisten Entenarten. Erst wenn die winterlichen Aufenthaltsgebiete total zu vereisen drohen, erfolgt Abzug. Bedeutende Anzahlen überwintern auch am Schwarzen Meer. Wie weit die ansässige Brutpopulation Zuzug aus den zentralen Teilen der UdSSR erhält ist unklar.

Der Heimzug der an der Nordsee- und Atlantikküste überwinternden Mittelsäger setzt in milden Wintern schon im Februar ein, wird jedoch spätestens im April in der westlichen Ostsee als Durchzug spürbar. Wie der Wegzug ist der Heimzug insgesamt wenig auffällig.

## Gänsesäger

*Mergus merganser* L.
Goosander
Harle bièvre
Большой крохаль

### Kennzeichen, Beschreibung

Körpergröße zwischen Stockente und Gans. Das weiße Brust- und Flankengefieder des Männchens im Prachtkleid kontrastiert lebhaft zum Schwarz von Vorderrücken und Schultern und flaschengrünem Hals und Kopf, die aus größerer Entfernung schwarz wirken. Weiße Unterseite und Flanken im frischen Prachtkleid (Winterbeginn) lachsrosa überflogen. Der Farbstoff verblaßt im Laufe des Winters, ist im Frühjahr gänzlich verschwunden und bleibt auch an Museumsbälgen nicht erhalten. Schwanz- und Bürzelfedern aschgrau, Spitzen der Schwungfedern schwarz. Weitere Kennzeichen des schwimmenden Vogels: schmaler roter Schnabel und verlängerte, leicht haubenartig wirkende Scheitel- und Kopffedern. Im Fluge kommt auch das Weiß der Unterseite zur Geltung, so daß das fliegende Männchen im Prachtkleid fast weiß aussieht; nur Kopf, Rücken, Schwanz, Flügelvorderrand und Handschwingen sind dunkel.

Beim Weibchen im Brutkleid Kopf, Nacken- und Halsgefieder rötlichbraun, ausgenommen das rein weiße Kinn; Nackenschopf gut ausgebildet. Das Weiß der Kehlregion geht in das helle Grau der Flanken und das dunklere Grau des Rückens über. Seitlich des Bürzels Federn mit weißen Spitzen, die beim schwimmenden Vogel als weiße Flecken auffallen. Bürzel und Schwanzbereich dunkelschwärzlich, Unterseite weiß. – Schlichtkleid des Männchens ähnlich dem Brutkleid des Weibchens, jedoch rotbraune Kopffärbung blasser. Flankenbereich weiß und grau gesprenkelt. Beim Weibchen im Ruhekleid Farbkontraste schwächer als im Brutkleid.

**Stimme:** Zur Balzzeit geben beide Geschlechter kurze Rufe oder Rufreihen von sich. Die der Männchen sind entweder leise weiche Einzellaute wie »auig« oder kräftige gereihte Rufe wie »kirr-kirr . .«. Die Weibchen rufen bei Erregung scharf »teck«, das sich zu einer keckernden Rufreihe »eck-eck-eck . . .« steigern kann.

### Brutverbreitung

Holarktisch verbreitet, 3 Unterarten: Die Nominatform *Mergus m. merganser* bewohnt die Palaearktis, *Mergus m. americanus* die Nearktis und *Mergus m. comatus* Innerasien von Afghanistan über das Hochland von Tibet bis nach Zentralchina. Das Brutgebiet der Nominat-

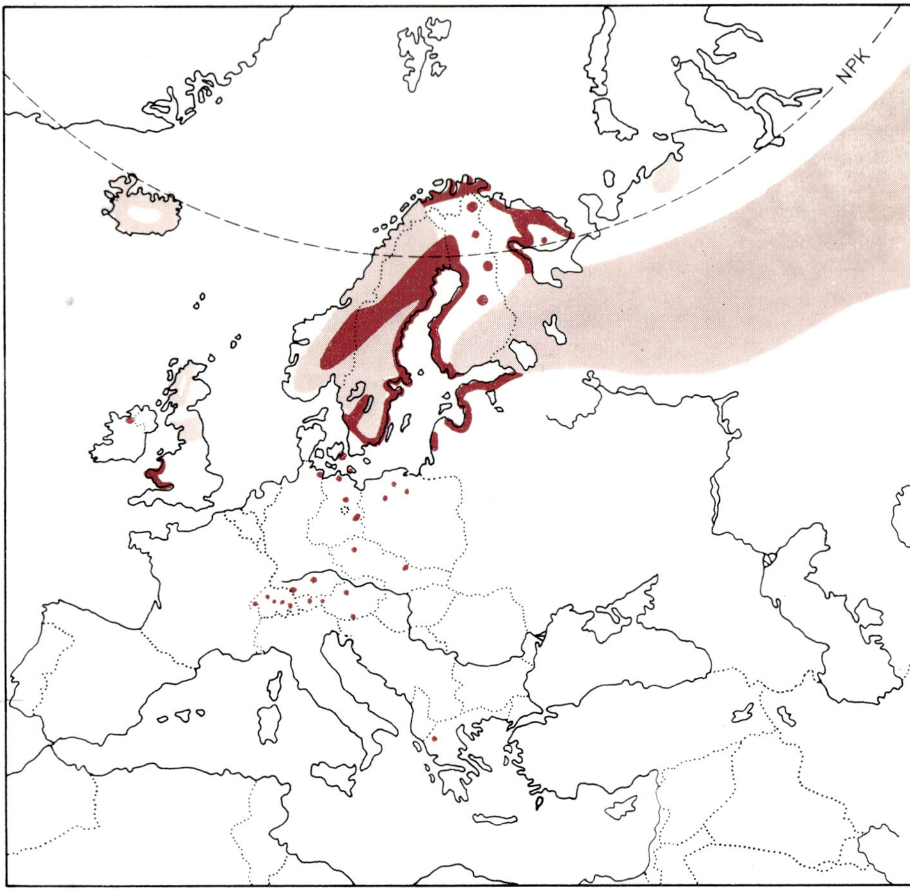


form reicht von Island im Westen über weite Teile Großbritanniens ostwärts über Skandinavien und das nördliche Mitteleuropa in den nordwestlichen Teil der europäischen UdSSR bis in die sibirische Steppenzone zum Amur, Ussuri und nach Sachalin. – Im westlichen Teil ist das Verbreitungsgebiet inselartig aufgelöst. Das Brutgebiet in Schleswig-Holstein setzt sich ostwärts in die DDR (Mecklenburger Seenplatte) fort. Ansiedlungen südlich dieses locker besiedelten Gebietes existieren in Südbayern und an einigen Schweizer Seen (Vierwaldstätter See, Genfer See, u. a.). Weiter östlich in der Kirgisischen SSR, am Sewansee in der Armenischen SSR und in Jugoslawien. In Österreich wurde der Gänsesäger erstmals 1982 am Traunsee in einem Nistkasten brütend nachgewiesen. (RIEDER, 1984).

**Karte 39**
Brutverbreitung des Gänsesägers
*(Mergus merganser)*

## Lebensraum

An Seen, Flüssen und Küstengewässern oligotrophen Charakters mit Wald (Laub-, Nadel- oder Mischwald), Alleen oder Einzelbäumen am Ufer oder in dessen Nähe. Außerhalb der Brutzeit auf größeren stehenden Gewässern und Flüssen und auch an Küstengewässern.

## Nahrung, Nahrungserwerb

Fischnahrung überwiegt. Daneben werden gelegentlich Wasserinsekten, Krebstiere, Ringelwürmer, Froschlarven, Frösche und Wassernattern erbeutet. Pflanzliche Nahrung wird nur zufällig aufgenommen. Fische werden unter Wasser regelrecht gejagt, mit dem Sägeschnabel (schmale, spitze Hornzähne, hakiger Nagel) gegriffen und festgehalten. Fischjagd einzeln oder paarweise. Gelegentlich »fischen« Gänsesäger gemeinschaftlich, indem sie Ketten oder Halbkreisformationen bilden und gerichtet schwimmen, so daß die Fische in Buchten ausweichen, wo sie leicht gefangen werden können. Gelegentlich sind andere Vögel (Lachmöwen, Graureiher) Nutznießer derartigen Verhaltens (HAURI, 1986). Die Auswahl erfolgt opportunistisch, das heißt, jeweils die häufigste und am leichtesten zu erbeutende Art wird genommen. Dieses Verhalten erklärt, daß es unter bestimmten Umständen zu Schäden in der Fischwirtschaft kommen kann, was im Schrifttum kontrovers beurteilt wird (Literatur bei SJÖBERG, 1980). Schäden treten auf, wenn Gänsesäger regelmäßig in Gewässern, die mit Forellen oder Karpfen bewirtschaftet werden, nach Nahrung fischen. In Karpfenwirtschaften bevorzugt er Teiche mit Jungkarpfen, also Fische passender Größe (5 bis 10 cm Länge). Nach LATTA und SHARKEY (1966) liegt die obere Grenze bei 12 bis 16 cm Umfang. Als längste Beute nachgewiesen wurde ein 56 cm langer Aal (BAUER und GLUTZ V. BLOTZHEIM, 1969).

Für die Aufnahme ist weniger die Länge des Fisches als vielmehr dessen Umfang entscheidend. Im Wahlversuch wurden kleinere Fische größeren vorgezogen. Bei dem Versuch, ein Rotauge *(Rutilus rutilus)* von 33 cm Gesamtlänge (Umfang 17 cm, Masse 250 g) zu fressen, erstickte ein Gänsesäger (GÜNTERT, 1986). Die Bevorzugung kleiner Fische ist fischereiwirtschaftlich besonders nachteilig, weil zur Sättigung größere Mengen erforderlich sind, die in bewirtschafteten Teichen leicht fischbar sind.

In Schweden hat der Gänsesäger in den östlichen Landesteilen von Ende August bis Mitte November eine Jagdzeit. Er wird nicht des Bratens wegen geschossen, sondern als Nahrungskonkurrent an Forellenzuchtgewässern verfolgt.

Aufgrund ihres speziellen Verhaltens beim Beuteerwerb lassen sich Gänsesäger erfolgreich beim Fischfang einsetzen, indem man am Fliegen gehinderte Tiere auf Fischteichen ansetzt. Unter geeigneten Bedingungen treiben sie die vor ihnen ausweichenden Fische in Richtung auf vorbereitete Reusen (BRANDT, 1972, Grenzgebiet zwischen Griechenland und Jugoslawien). Zum Fischfang werden überwinternde Gänsesäger gefangen. Nach BRANDT (a. a. O.) soll es 70 Plätze geben, wo bis zu 50 % des Fischaufkommens mit der Hilfe von Gänsesägern gefangen werden. Auch in Finnland und Schweden soll es in früherer Zeit üblich gewesen sein, Fische mit Hilfe von Gänsesägern zu fangen.

## Brutbiologie

**Balz, Paarbildung:** Gänsesäger erreichen die Fortpflanzungsfähigkeit erst im 2. Lebensjahr. Die Balz setzt zu Winterbeginn in Form einer Gesellschaftsbalz ein, erreicht den Höhepunkt jedoch erst an den Brutplätzen. Mit fortschreitender Balz nimmt die Anzahl der verpaarten Tiere zu. Auch nach Ankunft in den Brutgebieten erfolgen noch Verpaarungen. BEZZEL (1965) sah verpaarte Gänsesäger in Südbayern bereits in der ersten Novemberhälfte. Im Dezember war etwa ein Drittel verpaart, woran sich bis zum Ausgang des Winters nichts änderte. An der Gesellschaftsbalz nehmen nach BEZZEL (1965) 4 bis 8 Männchen und bis zu

4 Weibchen teil. Kopulationen finden im zeitigen Frühjahr, also noch im Winterquartier, statt.

Begattungsaufforderungen durch die Weibchen bereits im Dezember.

**Nistplatz, Nisthöhle:** Nistplätze zumeist inmitten geschlossener Baumbestände in Wassernähe, jedoch auch in größerer Entfernung vom Wasser. Nistbäume sowohl Nadel- wie Laubbäume, benutzte Bruthöhlen werden auch in nachfolgenden Jahren angenommen. Im Norden des Verbreitungsgebietes auch in Erdhöhlen oder in Felsnischen und anderen höhlenartigen Vertiefungen brütend, auch in günstigen Nisthöhlen. Bei der Wahl der Nisthöhle wird weder eine bestimmte Höhe (Erdboden bis 18 Meter) noch die Himmelsrichtung bevorzugt. In Höhlen kein Nestbau. Bei offenen oder halboffenen Bruten wird ein schütteres Nest aus Pflanzenmaterial gebaut.

**Eier, Gelege:** Oval bis kurzoval, glattschalig, rahmfarben. Größe 68×47 mm (maximale Länge 76 mm, minimale Länge 61 mm), Masse 80 bis 84 g. Vollgelege mit 7 bis 9 Eiern, Mehrfachgelege in Gebieten mit hoher Siedlungsdichte nicht selten. Legebeginn in Mitteleuropa ab Anfang April, in Finnland erst gegen Monatsende oder Anfang Mai, in Bayern Ende April, Anfang Mai. Starke regionale Unterschiede (Bezzel, 1965).

**Bebrütung, Jungenaufzucht:** Brutpausen wohl nur am Tage, wobei Kontakt mit dem Männchen aufgenommen wird. Die Paarbindung geht gewöhnlich nach Bebrütungsbeginn rasch verloren, kann jedoch bis nach dem Schlupf der Jungen anhalten. Brütende Weibchen lassen ein Fauchen hören, wenn sie gestört werden. Brutdauer 32 Tage. Nach dem Schlupf bleiben die Jungen 1 bis 2 Tage in der Bruthöhle. Die Jungen klettern an der Höhlenwand empor und lassen sich aus der Höhle fallen, wobei nur selten eins verunglückt.

Die wartende Mutter führt die Dunenjungen zum Wasser, wo diese sofort tauchen können. Die Nahrung wird jedoch in den ersten Lebenstagen vorzugsweise von der Wasseroberfläche oder mit dem Kopf eintauchend aufgenommen. Oft schwimmen die Mütter mit den Jungen im Rückengefieder davon. Jungen sehr bald relativ selbständig. Nach etwa 8 Wochen flugfähig. Nach Bauer und Zintl (1974) verläßt ein Teil der Weibchen die Jungen bereits vor dem Flüggewerden. Die Jungen bleiben nach dem Flüggewerden noch einige Zeit im Geschwisterverband zusammen.

**Bestand, Bestandsveränderungen**

Die Besiedlung der Britischen Inseln begann vom Schottischen Hochland aus mit

**Abb. 6/21**

Gänsesäger *(Mergus merganser)* – Entwicklung des Mittwinterbestandes auf dem Bodensee (Schweiz), Kurve = Indizes korrespondierender Monatsmittel (in %), nach Schuster 1976

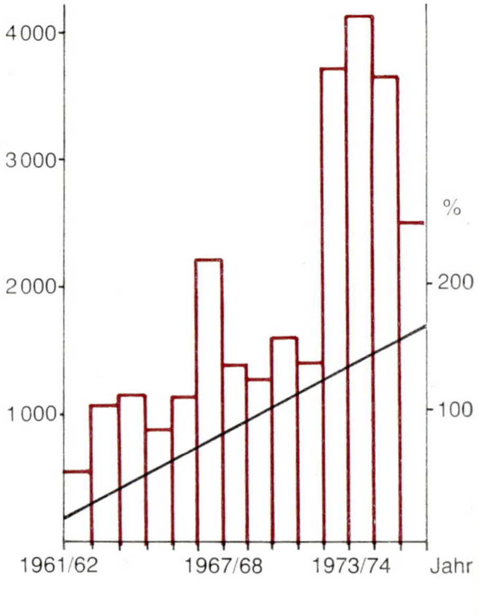

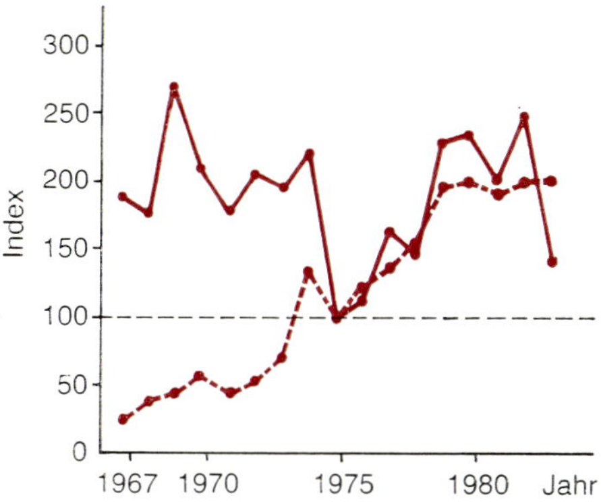


**Abb. 6/22**
Gänsesäger *(Mergus merganser)* – Trendanalyse des Mittwinterbestandes in der Schweiz (------ ) und der DDR, Norden der BRD und Polen (———) (Erläuterungen s. Abb. 6/3, aus Rüger et al. 1986)

einer Erstbrut 1864 und regelmäßigen Bruten seit 1875 (Meek und Little, 1977). Die südwärts gerichtete Ausbreitung führte 1941 zur Erstansiedlung in England. Ende der 60er Jahre brüteten die ersten Gänsesäger in Wales, wo sich seitdem eine stabile Ansiedlung bildete. Die in Northumberland brütende Population wurde Ende der 70er Jahre auf 150 Paare, der Gesamtbestand auf den Britischen Inseln auf über 1200 Paare geschätzt (Meek und Little, 1980). – Norwegen ist äußerst lückenhaft besiedelt. Ein zusammenhängendes Brutgebiet besteht im Norden (Finnmark). Dort nimmt der Bestand ab, möglicherweise verursacht durch starke Bejagung (Nahrungserwerb an Salmonidengewässern) (Hansen, 1980). Als Ursache für den Rückgang kommt auch die Ansäuerung norwegischer Binnengewässer als Folge sauren Regens in Frage. – Der finnische Brutbestand war von Lippens und Wille (1972) mit 4000 Brutpaaren angegeben worden. Niitylä (1980) kam auf 5000 bis 10 000 Brutpaare. Hyytiä et al. (1983) geben 9000 bis 15 000 Brutpaare an. – In Dänemark kommt die Art vor allem auf Bornholm vor. 1976 wurden 70 Brutpaare festgestellt (Hansen, 1980). – Aus dem nördlichen Teil der DDR ist die Art weitgehend verschwunden, so daß nach Rutschke (1983) und Klafs und Stübs (1987) nur mit einem Brutbestand von 50 bis 60 Paaren gerechnet wird. Die Brutverbreitung in der DDR ist von Neubauer (1980) dargestellt worden. Er nennt 7 Plätze, an denen die Art in jeweils wenigen Paaren vorkommt. – In der BRD hat sich in den beiden räumlich deutlich voneinander getrennten Brutgebieten eine positive Entwicklung vollzogen. In Schleswig-Holstein, wo in den 60er Jahren mit etwa 35 Brutpaaren gerechnet wurde, sind nach Bezzel (1985) 70 bis 80 Brutpaare vorhanden. In Bayern brüteten 1973 60 Paare. Der gegenwärtige Bestand liegt bei 80 bis 100 Paaren (Bezzel, 1985).

Die Ergebnisse der Winterzählungen lassen Rückschlüsse auf den Brutbestand und die Bestandsentwicklung nicht zu, weil es starke jährliche Fluktuationen gibt. Große Winteransammlungen sind von dänischen und niederländischen Gewässern bekannt. In Dänemark wurden in den Wintern zwischen 1967 und 1973 zwischen 13 000 und 28 000 Gänsesäger festgestellt.

Für die Niederlande (IJsselmeer) liegt der Spitzenwert bei 119 000 Individuen für 1978. In durchschnittlichen Jahren werden dort allerdings nur 3000 bis 15 000 Gänsesäger registriert.

Aus den Ergebnissen der Winterzählungen in Großbritannien errechneten Owen et al. (1986) für die Zeit von 1960 bis 1982 einen leichten Anstieg des Bestandes.

Die positive Entwicklung des Gänsesägers im Voralpengebiet spiegelt sich auch in den Winterbeständen in diesem Gebiet wider (Schuster, 1976), (Abb. 6/21, 6/22).

## Wanderungen, Überwinterung

(s. Karte 40)

Jahreszeitliche Wanderungen (Weg- und Heimzug) führen nur die den Norden des Verbreitungsareals bewohnenden Populationen aus. Sie ziehen wahrscheinlich überwiegend in südwestliche Richtung nach West- und Mitteleuropa. Finnische und skandinavische Brutvögel wurden jedoch auch in Großbritannien und in Jugoslawien nachgewiesen. Die Mehrzahl der in den Niederlanden überwinternden Gänsesäger stammt aus Skandinavien und dem Nordwesten des europäischen Teils der UdSSR.

Der Wegzug von den Brutplätzen erfolgt bereits Ende August. Zunächst sammeln sich die Brutvögel größerer Gebiete an geeigneten Gewässern, von denen sie witterungsbedingt Ende September oder Anfang Oktober aufbrechen. In Mittel- und Westeuropa treffen größere Scharen erst im Oktober und Anfang November ein. Die Trennung in eine nordwesteuropäische und eine Schwarzmeer-Mittelmeer-Winterpopulation ist nicht so deutlich wie bei den anderen Sägerarten. – Gänsesäger überwintern in großer

**Karte 40**
Überwinterungsgebiete des Gänsesägers
*(Mergus merganser)*

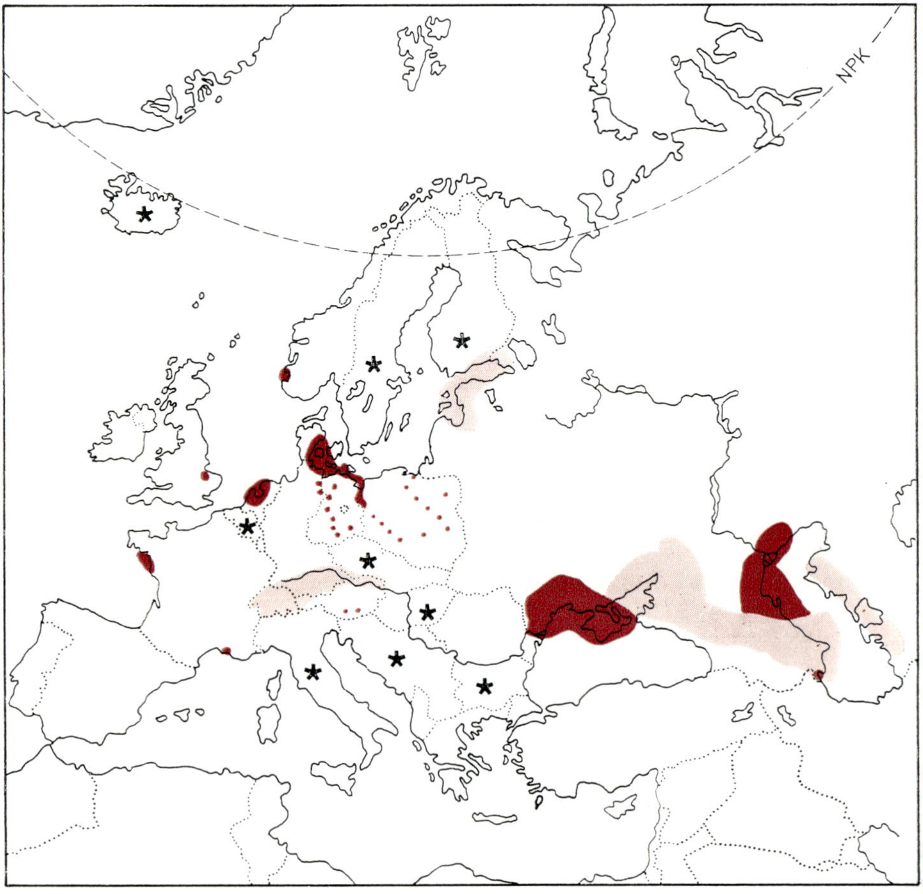

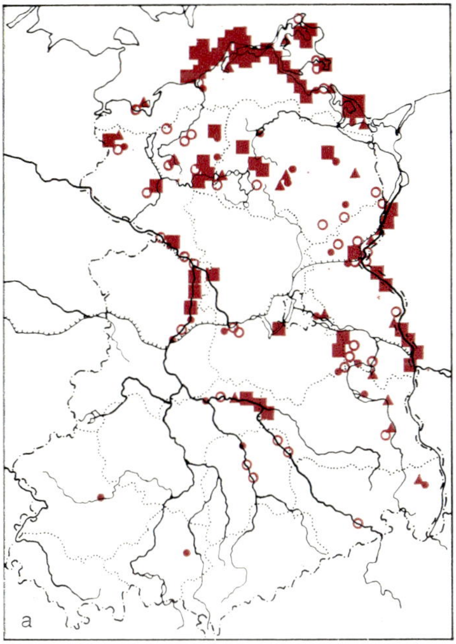


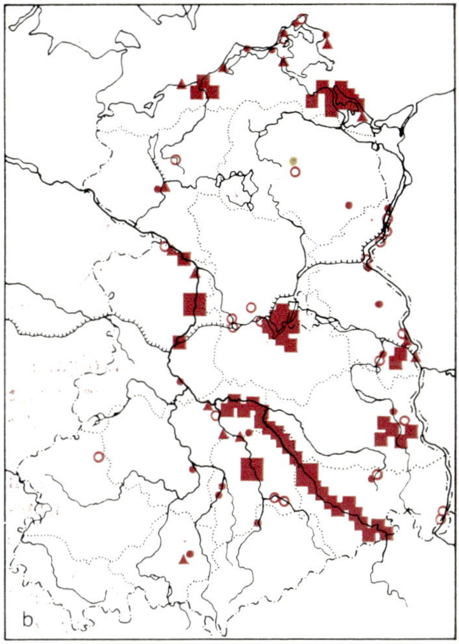


● 10 Ex. ○ 20 Ex. ▲ 50 Ex. ■ 100 Ex. ■ 1 000 Ex.

**Abb. 6/23**
Gänsesäger *(Mergus merganser)* – Verteilung des Mittwinterbestandes in der DDR in zwei unterschiedlich kalten Wintern (aus Rutschke 1985)
a – Januar 1983
b – Januar 1982

Anzahl auch auf geeigneten Binnengewässern Mitteleuropas. – Die Winterquartiere in Westeuropa sind mit denen am Schwarzen Meer ohne größere Lükken verbunden. Die in Großbritannien brütenden Gänsesäger sind Stand- oder Strichvögel und bleiben auf den Britischen Inseln. Im Hochwinter findet ein Einflug vom Kontinent her statt (Owen et al., 1986).

Hauptwinterquartiere nordwesteuropäischer Gänsesäger sind die küstennahen Gewässer Schwedens, Dänemarks und der Niederlande. An der dänischen Nordseeküste sind der Limfjord und andere Fjorde in Westjütland die wichtigsten winterlichen Aufenthaltsorte, an der dänischen Ostseeküste die Flachwasserbereiche südlich der Inseln Seeland, Møn, Falster und Lolland (Rüger et al., 1986).

In den flachen, inselreichen Abschnitten an der schwedischen Ostseeküste halten sich sowohl in milden wie in kalten Wintern größere oder kleinere Trupps überwinternder Gänsesäger auf (maximal 16 000). Allein an einem Rastplatz zählte Nilsson (1975) 4000 Individuen. – In den Niederlanden besitzt das IJsselmeer besondere Attraktivität. Im Winter 1977 wurden im nördlichen Teil 25 000 Gänsesäger vom Flugzeug aus gezählt. – In Mitteleuropa sind es vielfach die großen Flüsse, die im Winter bevorzugt werden. In der DDR stellen sich auf der Elbe und der Oder größere Trupps ein (Rutschke, 1985). – Drastisch zugenommen haben die Winterbestände auf den

Schweizer Voralpenseen. In den späten 60er Jahren wurden dort etwa 500 Vögel gezählt. Zu Anfang der 80er Jahre waren es bis zu 3500 (zit. nach RÜGER und OWEN, 1986). In Abhängigkeit von den Eisverhältnissen erfolgen auch im Winter kleinere und größere Wanderungen.

Die in den zentralen und östlichen Teilen der europäischen UdSSR und in Westsibirien brütenden Gänsesäger ziehen südwärts bis ans Schwarze und Kaspische Meer, überwintern jedoch auch auf den großen Stauseen an der Wolga, soweit diese nicht zufrieren und geeignete Ernährungsmöglichkeiten bieten. Große Konzentrationen gibt es in den flachen Buchten des nördlichen und westlichen Kaspischen Meeres, wo nach KRIWONOSSOV (1970) zwischen 5000 und 15 000 Gänsesäger überwintern. Nach SABINJEWSKI et al. (1984) befindet sich auch am Asowschen und Schwarzen Meer ein großes Überwinterungsgebiet. Sie geben für dieses Gebiet 14 000 Säger (nicht getrennt nach Arten) an. Demgegenüber haben der nordwestliche und westliche Teil der Schwarzmeerküste kaum Bedeutung, denn ARDAMATSKAJA (1984) zählte nur einige hundert, und auch von der rumänischen und bulgarischen Schwarzmeerküste sind größere Ansammlungen nicht bekannt.

Der Heimzug setzt bereits Ende Februar/Anfang März ein. Er beginnt mit dem Abzug von Brutpaaren und adulten Männchen. Die Ankunft an den Brutgewässern im Norden des Verbreitungsareals erfolgt nach dem Eisfreiwerden der Brutgewässer, jedoch kaum vor Mitte April. Dann sind auch die mittel- und westeuropäischen Überwinterungsplätze geräumt. Nur kleine Nachzüglertrupps und Einzeltiere bleiben bis in den Mai zurück.

## Gattung *Tadorna*

Zur Gattung *Tadorna* gehören 6 Arten, von denen zwei in der Palaearktis vorkommen. Im Aussehen weichen sie vom ententypischen Habitus ab. Sie sind größer und langbeiniger und ähneln in der äußeren Erscheinung Gänsen, weshalb für eine der beiden palaearktischen Arten der deutsche Name Rostgans *(Tadorna ferruginea)* obligatorisch gebraucht wird, und die andere als Brandgans oder als Brandente *(Tadorna tadorna)* bezeichnet wird.

Für die Zugehörigkeit zu den Enten sprechen neben Verhaltensmerkmalen und der Färbung anatomische Merkmale. Die Zuordnung zu dieser Gruppe scheint besser gerechtfertigt als ein Vergleich zu den Gänsen. In Gefangenschaft leicht züchtbar.

### Brandente

*Tadorna tadorna* (L.)
Shelduck
Tadorne de Belon
Пеганка

#### Kennzeichen, Beschreibung

Keine andere Ente ist so auffällig bunt und kontrastreich gefärbt wie die Brandente. Das gilt für alle Kleider, wenngleich das Prachtkleid des Erpels die anderen bei weitem übertrifft. Das Schwarz des Kopfes und des Halses (leicht schillernd) ist vom dominierenden Weiß durch einen breiten rostroten Ring getrennt, der von der Vorderbrust zum Vorderrücken reicht und beide verbindet.

Drei Farben bestimmen das Aussehen: Schwarz, Rostrot und Weiß. Sie bewirken eine Ähnlichkeit mit der Löffelente, doch Größe und Langbeinigkeit sowie Körperhaltung und der kurze Schnabel schließen Verwechslungen aus. Die weißen Schwanzfedern mit schwarzen Endbinden sowie ein schwarzes Längsband an den Seiten, das an der rostroten Brustbinde beginnt und schwanzwärts zieht, vervollkommnen den Kontrast des Gefieders. – Im Fluge sind die weißen Flügel mit grünem Spiegel neben der auffälligen Musterung sichere Erkennungsmerkmale.

Dem Schlichtkleid des Erpels fehlen die starken Farbkontraste. Das Schwarz am Kopf und Hals ist durch mattes Dunkelbraun ersetzt, das rostbraune ist Band farbschwächer.

Brutkleid des Weibchens weitgehend dem des Männchens entsprechend, doch blassere Farben (Schwarz ohne Schiller). Rostrotes Band und schwarzes Seitenband sind schmaler und farbschwächer ausgebildet.

Im Ruhekleid des Weibchens bleibt das Grundmuster erhalten. Kontraste noch weiter abgeschwächt.

**Stimme:** Die Art ist recht ruffreudig, was auf die nahe Verwandtschaft zu den Gänsen deutet. Die Erpel lassen zur Paarungszeit hohe, wie »tiju« oder »tju« klingende Rufe hören, denen in der Erregung ein trillerndes »tirrrr« angehängt sein kann. Diese Laute werden sowohl im Fluge als auch am Boden produziert. Besonders eindrucksvoll kommen sie mit den auffälligen Posen bei der Balz zur Geltung, wenn das Männchen das Weibchen vor sich hertreibt.

Stimmäußerungen der Männchen sind tiefer als die der Weibchen. Sie klingen je nach Situation (beim Schwimmen, Auffliegen oder bei Störungen) verschieden, etwa wie »ak-ak«, »ajok«, »arrek« und ähnlich.

## Brutverbreitung

Das Verbreitungsgebiet erstreckt sich in Form eines schmalen Gürtels durch die gesamte Palaearktis, im östlichen Teil stark aufgelockert. Im westlichen Teil zwei getrennte Populationen: eine im Küstengebiet der Nordsee und östlichen Ostsee. Das Areal der anderen Population reicht vom östlichen Mittelmeer über das Schwarze Meer bis nach China. – Neben diesen voneinander getrennten Populationen in Europa gibt es kleinere Ansiedlungen im westlichen Mittelmeergebiet, von denen aus in den 70er und 80er Jahren dieses Jahrhunderts Teile des südlichen Frankreichs, Italiens, Spaniens und Tunesien besiedelt wurden (WALMSLEY, 1984), so daß gegenwärtig in Europa drei Brutpopulationen unterscheidbar sind: eine nord-, eine südwest- und eine südosteuropäische.

Die nordwesteuropäische Population siedelt längs der Küste des Atlantiks und der Nordsee, beginnend in Nordfrankreich bis zum mittleren Norwegen. Zum Areal gehört das Küstengebiet Irlands und Großbritanniens (einschließlich Binnenlandvorkommen), im Osten das Küstengebiet der mittleren Ostsee (Halbinsel Zingst, Hiddensee und Binnenlandvorkommen in der DDR).

## Lebensraum

Brutplätze bevorzugt an flachen Sand- und Wattküsten, Flußmündungen und auf Inseln im Küstengebiet. Im mittel- und westeuropäischen Binnenland im Uferbereich der großen Flüsse, seltener an Seen oder anderen Gewässern, abgesehen von den salzigen und brackigen Steppengewässern in den westasiatischen Sowjetrepubliken. Nahrungssuche erfolgt in küstennahen Schlamm- und Schlickzonen. Im Wattenmeer bei Ebbe frei fallende Schlammflächen. Außerhalb der Brutzeit – insbesondere während der Mauser – auf Sandbänken oder über der Wasseroberfläche liegenden trockenen Flächen.

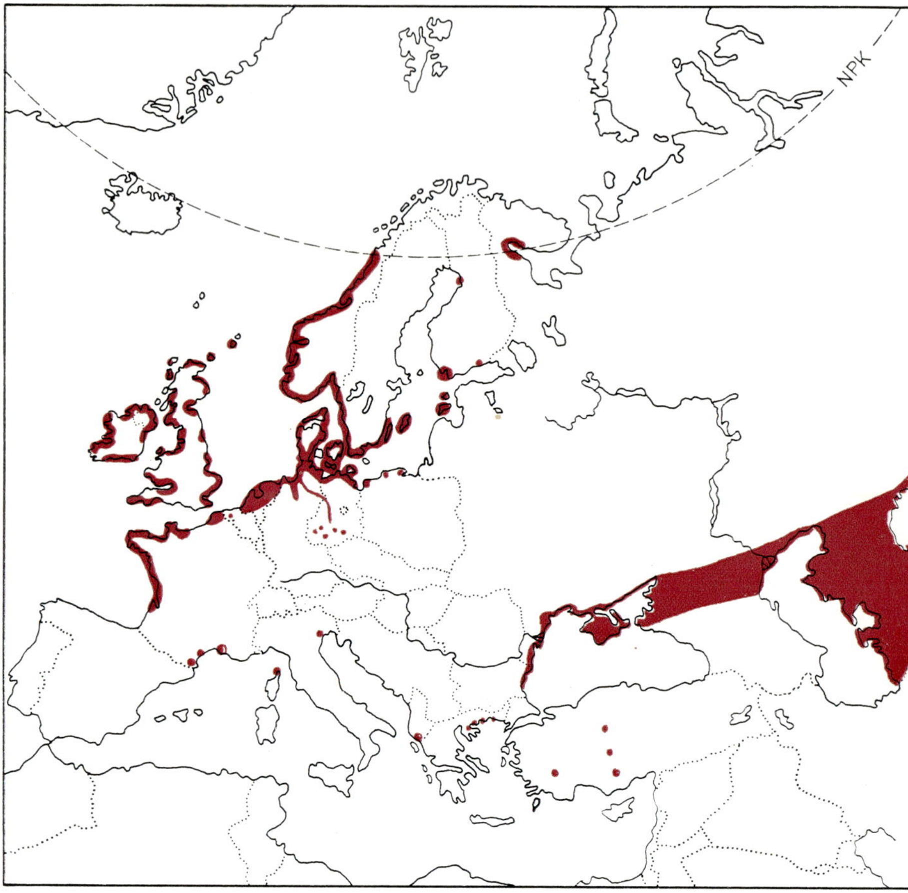


## Nahrung, Nahrungserwerb

Hauptbestandteil der Nahrung im Wattenmeer der Nordsee sind Muscheln, Schnecken, Würmer und Kleinkrebse. Pflanzliche Nahrung (Wasserpflanzen) tritt gegenüber tierischer zurück. Zur Nahrungssuche durchseiht der eingetauchte Schnabel – wirksam durch seitliche Kopfbewegungen unterstützt – Schlick und Schlamm. Dabei werden die jeweils dominierenden Kleinschnecken *(Hydrobia ulvae)* und Muscheln *(Macoma baltica, Cardium edule)* aufgenommen. Durch Trampeln mit den Füßen werden im Boden versteckte Muscheln freigelegt. Diese Trampelbewegungen

**Karte 41**
Brutverbreitung der Brandente
*(Tadorna tadorna)*

sind angeboren, denn sie werden schon von eintägigen Dunenjungen praktiziert. – In den Salzseen Mittelasiens spielt der Kleinkrebs *Artemia salina,* der an solchen Gewässern massenweise auftritt, als Nahrungskomponente eine wichtige Rolle. – Wichtigste Nahrungsquelle im Winter ist die Schnecke *Hydrobia ulvae* (OLNEY, 1965). Dementsprechend sammeln sich die Brandenten an Plätzen, wo diese Schnecke in großen Mengen vorkommt (BRYANT und LENG, 1975). Die

Nahrungsaufnahme ist zeitlich und von der Technik her eng mit der Biologie der Schnecke korreliert. Während der Ebbe ziehen sich die Schnecken in den Schlamm zurück. Wenn die Flut kommt, kehren sie zur Oberfläche zurück und sind dann leicht aufnehmbar. Diesem Rhythmus haben sich die Brandenten zeitlich angepaßt. – Sobald die wachsenden Schwingen größere Flüge ermöglichen, fliegen mausernde Brandenten nachts zu nahrungsreichen Plätzen, die mehrere Kilometer von den tagsüber genutzten Liegeplätzen entfernt sein können. Sie suchen insbesondere Schlickflächen mit ausgedehnten Molluskenbänken auf (Oelke, 1974). Am Tage nutzen sie weniger produktive, aber gut geschützte seewärts gelegene Sandflächen zur Nahrungssuche (Oelke, 1979).

## Brutbiologie

**Balz, Paarbildung:** Ende Februar/Anfang März verlassen die Paare die Winteransammlungen und suchen die potentiellen Brutgebiete auf. Zurück bleiben die noch nicht fortpflanzungsfähigen Tiere, die weiterhin gesellig leben. – Die intensive Balz, mit der schon vor dem Verlassen der Wintergemeinschaften begonnen wird, erreicht den Höhepunkt in der Zeit zwischen der Inbesitznahme des Nistplatzes und dem Brutbeginn. Typische Balzposen des Erpels sind das senkrechte Emporstrecken von Kopf und Hals, drehende Pumpbewegungen mit Kopf und Hals, ritualisierte Drohbewegungen. Diese und andere Balzbewegungen werden vom Weibchen mit Gesten, die sich in bestimmter Weise wiederholen, beantwortet. Abweichend von anderen Entenarten und auch vom Balzverhalten der Gänse finden sich mehrere Brutpaare an Balzplätzen – erhöhte Stellen mit guter Sichtmöglichkeit – zu gemeinsamer Balz zusammen. Dabei kommt es zu Attacken und Scheingefechten zwischen den Paaren. Neu ankommende Paare werden durch intensive Balzbewegungen lebhaft begrüßt und mit Scheindrohen und heftigem Gestikulieren in den Kreis der Anwesenden aufgenommen. – An den Balzplätzen finden sich auch unverpaarte, aber paarungswillige Tiere ein. – Ledige Weibchen werden zumeist von mehreren Männchen umworben, wobei die Flugbalz eine große Rolle spielt. Sobald ein Weibchen auffliegt, wird es von einer Gruppe Männchen, gelegentlich 6 bis 10, verfolgt. Das Weibchen sucht die dicht aufrückenden und neben ihr fliegenden Verfolger durch kurvenreiche Flugmanöver zu irritieren und abzuschütteln, so daß sich für den Zuschauer der Eindruck einer wilden Verfolgungsjagd ergibt. Deren Balzcharakter wird offenkundig, wenn der Flug vor der Landung in einen gemächlichen Gleitflug übergeht, den das Weibchen einleitet. – Begattungen finden nur auf dem Wasser statt. Ihnen gehen Bewegungsweisen voraus, wie sie auch bei anderen Entenarten vorkommen: Schnabeleintauchen, Scheinputzen, Flachwerden des Weibchens mit vorgestrecktem Kopf. – Balzverhalten zeigen die Paare bis in die Brutzeit hinein.

**Neststandort, Nest:** Paare, die bereits erfolgreich gebrütet haben, kehren in der Regel in das gleiche Gebiet zurück. In Einzelfällen wurde nachgewiesen, daß sogar die gleiche Bruthöhle benutzt wird. An der Suche eines geeigneten Nistplatzes beteiligen sich beide Gatten. Das Männchen ist der aktiv suchende, das Weibchen der letztlich den Platz bestimmende Teil.

Hat der Erpel einen potentiellen Brutplatz entdeckt, dann läuft es mit starr vorgestrecktem Hals, den Kopf dicht am Boden, auf diesen zu. Die Lage der Höhle wird dem Weibchen durch heftige Kopfbewegungen, bei denen Kopf und Hals vor- und zurückbewegt werden, so lange regelrecht »gezeigt«, bis das Weibchen in die Höhle schlüpft. Am Verhalten des Weibchens bei dessen Wiedererscheinen erkennt das Männchen, ob der Platz gefällt. Trifft das nicht zu, dann setzt es die Suche fort. Kurze Rundflüge im Nistgebiet zeigen an, daß die Wahl erfolgt ist. – Bevorzugte Plätze sind Erdhöhlen, verlassene Kaninchenbaue oder andere höhlenartige Vertiefungen an Deichen und Dämmen im ufernahen Bereich. Selbst in den Röhren bewohnter Fuchsbaue sind Nester nachgewiesen worden. Fehlen Nistgelegenheiten dieser Art, dann werden die Nester auch unter Gebüsch oder in hoher Vegetation offen angelegt. Zu enge Röhren oder enge Stellen werden durch Scharren ausgeweitet, eigene Höhlen jedoch nicht gebaut. Um die Höhlen gibt es bisweilen heftige Konkurrenz, sowohl zwischen brutwilligen Paaren als auch gegenüber Stockenten und im Bau ansässigen Kaninchen. – Das Nest selbst ist eine flache Mulde, die das Weibchen ausdreht und mit Dunen auspolstert.

**Eier, Gelege:** Eier mattglänzend, glattschalig, gelbweiß, stumpfoval. Durchschnittliche Größe 66×47 mm (maximale Länge 72,3 mm, minimale Länge 57,5 mm), Masse 75 bis 77 g (Makatsch, 1974). Vollgelege mit 7 bis 15 Eiern. Größere Gelege nicht selten, zumeist von mehreren Weibchen. Eiablage ab 3. Aprildekade bis Anfang Mai, also erst mehrere Wochen nach Inbesitznahme des Brutplatzes. Spätgelege nicht selten, zumeist von jungen Paaren. Nach Verlust des Geleges oder Störungen bei der Bebrütung in der Regel keine Nachgelege.

**Bebrütung, Jungenaufzucht:** Zwar brütet das Weibchen allein, das Männchen hält sich jedoch in der Nähe auf und begleitet es während der Brutpausen auf den Flügen zu den Nahrungsplätzen, von denen beide gemeinsam zum Nistplatz zurückkehren. – Partnerzusammenhalt ausgeprägter als bei Entenarten üblich. – Die Bebrütung beginnt nach Ablage des letzten Eies und dauert 27 bis 28 Tage. – Brutbeginn in Abhängigkeit von den Witterungsbedingungen vom Ende der ersten Junidekade bis Ende Juni. Zwischen dem Schlupf des ersten und des letzten Kükens vergehen 24 bis 36 Std. Die zuerst geschlüpften Jungen bleiben bei der weiterbrütenden Mutter bis alle geschlüpft und trocken sind. – Im Unterschied zu anderen Entenarten und übereinstimmend mit Gänsen bleibt das Männchen bei seiner Familie. Es begleitet Weibchen und Junge bereits auf dem Wege vom Nest zum Ufer, wo sich an bestimmten Stellen alle im Gebiet brütenden Paare mit ihrem Nachwuchs einfinden. In gut besetzten Brutgebieten kommt es zu größeren Ansammlungen. Dabei bleibt es nicht aus, daß Jungen zu anderen Eltern gelangen. Manche Brutpaare scheinen für Adoptionen geradezu prädestiniert. Unter ihre Obhut gelangen nicht selten 20 bis 40 Jungvögel. Damit wird das Entstehen regelrechter »Kindergärten« (engl. crêches) eingeleitet, die in Brandentenansiedlungen regelmäßig vorkommen. Bis zu 100 Jungvögel werden von wenigen Brutpaaren in Pflege genommen. Die Pflegeeltern führen die Jungen zu nahrungsreichen Plätzen und wachen über den Zusammenhalt. Mit dem Heranwachsen lockern sich die Bindungen zu den wenigen bei den Jungen verbliebenen Erwachsenen. Nach 7 bis 8 Wochen ist die Flugfähigkeit erreicht.

**Bestand, Bestandsveränderungen**

Da sich Brandenten außerhalb der Brutzeit an Mauserplätzen und an traditionellen Überwinterungsplätzen in oft großen Scharen sammeln, gibt es verläßliche Angaben über die Größe des Bestandes. Das gilt vor allem für die nordwesteuropäische Population, die von Atkinson-Willes (1976) auf 130 000 Individuen geschätzt wurde. Die Zählungen, die seither erfolgten, lassen auf kräftige Zunahme schließen. RÜGER et al. (1986) beziffern den Bestand mit 250 000 Tieren.

Über die im westlichen Mittelmeergebiet brütende Population gab es bis in die 70er Jahre nur ungenaue Angaben. Seither sind die Zählungen vollständiger, so daß zuverlässigere Schätzungen möglich sind. Nach RÜGER et al. (1986) überwintern in diesem Gebiet 10 000 bis 20 000 Individuen.

Die Überwinterungsplätze der südosteuropäischen Population liegen am östlichen Mittelmeer sowie am Schwarzen und Kaspischen Meer. Unter Nutzung verschiedener Quellen gelangen RÜGER et al. (1986) zu der Auffassung, daß die von ATKINSON-WILLES (1976) und SCOTT (1982) vorgenommenen Schätzungen (75 000 Individuen) zwar wenig fundiert, jedoch eher zu niedrig als zu hoch angegeben sind.

In Großbritannien ist der Brutbestand von 2500 bis 5000 Paaren Ende der 60er Jahre (ATKINSON-WILLES, 1970) auf gegenwärtig 12 000 Paare angestiegen (RHEINWALD, 1982). 1982 brüteten an der Nordseeküste (BRD) 1600 Paare, davon etwa 1000 auf den ostfriesischen Inseln, 1984 insgesamt 1070 an der niedersächsischen Nordseeküste (TAUX, 1984, 1986). – An der Ostseeküste der DDR brütet die Art nur zerstreut, und der Bestand liegt bei 250 Brutpaaren. Im Frühjahr werden bis zu 1000 Nichtbrüter beobachtet (NEHLS in KLAFS und STÜBS, 1987). – Von ihrem Siedlungsgebiet an der Nordseeküste aus ist die Brandente in den letzten Jahrzehnten längs der Weser und der Elbe in das Binnenland vorgedrungen. Weseraufwärts erreichte sie die Weserstaustufe Schlüsselburg (PEITZMEIER, 1979), elbaufwärts das Gebiet zwischen Dessau und Wittenberge (LIPPERT und DORNBUSCH, 1974). Am Unterlauf der Havel und selbst in Thüringen angesiedelt.

## Wanderungen, Überwinterung

(s. Karte 42)

Brandenten überwintern in großen Ansammlungen an bestimmten Plätzen der europäischen Meeresküsten. Je nach deren Lage werden unterschiedliche Wanderrichtungen eingeschlagen und -wege gewählt. Die auf den Britischen Inseln brütenden überwintern auch in britischen Küstengewässern. Überwinterungsplätze befinden sich im Wattenmeer der Nordsee vor der Küste der BRD und der Niederlande. An diese Plätze ziehen im Ostsee- und Nordseegebiet brütende, die teilweise auch bis an die französische Atlantikküste und in geringer Anzahl nach Großbritannien wandern.

Die am Schwarzen Meer brütenden ziehen an die südwestliche Schwarzmeerküste (Bulgarien) und in das östliche Mittelmeer. Noch weiter östlich beheimatete überwintern am Kaspischen Meer. – In der Camargue und an einigen anderen Plätzen des westlichen Mittelmeeres sammeln sich ansässige Brandenten. – Da beim Herbstzug im allgemeinen keine großen Strecken zurückgelegt werden, erfolgt die Wanderung zu den Winterrastplätzen erst im Oktober und November. Der Heimzug setzt auch nach milden Wintern bereits Ende Februar ein.

Besondere Aufmerksamkeit haben die frühsommerlichen Wanderungen zu den Mauserplätzen gefunden. Der berühmteste Mauserplatz befindet sich auf den Sandwattflächen des Großen Knechtsandes (insgesamt 300 km$^2$) in der Deutschen Bucht und benachbarten Plätzen (OELKE, 1981). In diesem Gebiet sammelt sich der überwiegende Teil der Nichtbrüter der gesamten Nordseepopulation einschließlich der der Britischen Inseln. Dem Mauserzug geht das Sammeln der noch nicht brutfähigen Tiere, zu denen auch die in der Brut gestörten gehören, voraus. Ab Ende Juni wandern sie zum Mauserplatz, der also aus ver-

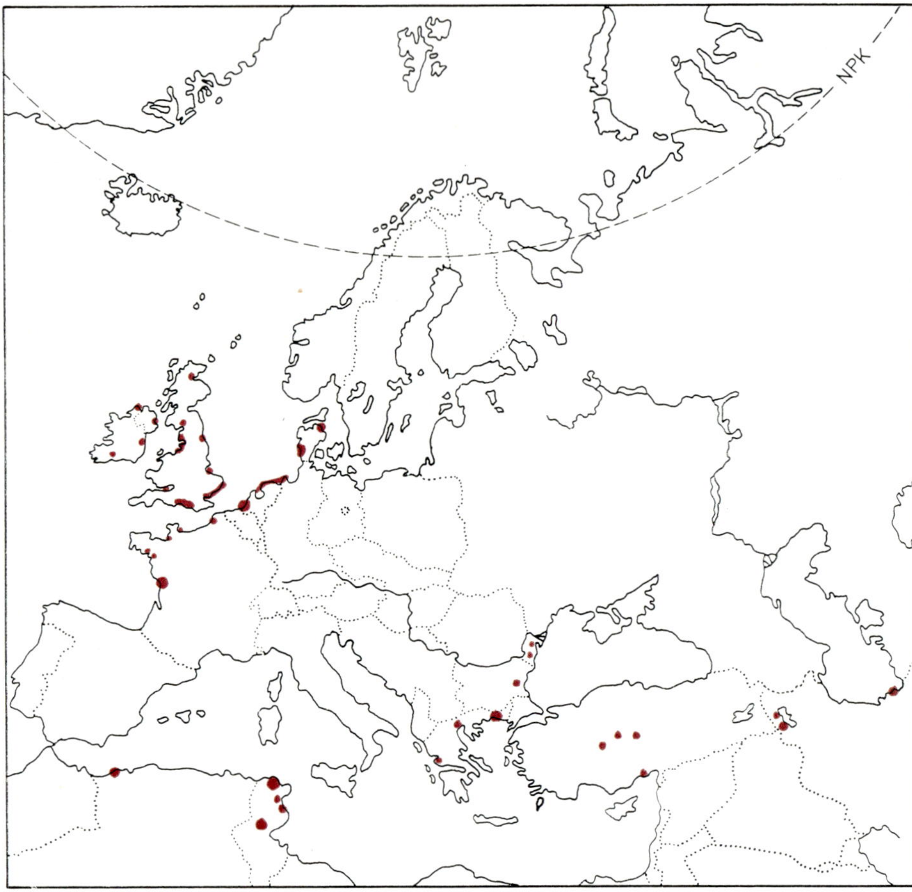


**Karte 42**
Überwinterungsgebiete der Brandente
*(Tadorna tadorna)*

schiedenen Richtungen angeflogen wird und sich rasch auffüllt. Am Großen Knechtsand sind die Maxima in der ersten Augusthälfte erreicht. Mitte der 60er Jahre sammelten sich dort 40 000 bis 60 000 Tiere, Ende der 70er Jahre 80 000 bis 100 000 (OELKE, 1981). – Schon in der zweiten Augusthälfte ist der Rückzug zu den Herkunftsgebieten voll im Gange, was jedoch in den Zahlen zunächst kaum auffällt, weil sich eine zeitlang Zu- und Abzug ausgleichen. Erst im September gehen die Mauserbestände rasch zurück. Im Oktober haben die mausernden Brandenten die Mauserplätze geräumt. – Die Bevorzugung der Mauserplätze in der Deutschen Bucht ergibt sich aus der Abgeschiedenheit, dem Fehlen natürlicher Feinde, dem Schutz, dem Nahrungsreichtum (Krebse, Muscheln, Grünalgen) und den günstigen klimatischen Bedingungen. Diskutiert werden außerdem entwicklungsgeschichtlich tradierte Verhaltensweisen (OELKE, 1981). Von der nordwesteuropäischen Population überwintern 40 bis 70 % auf den Britischen Inseln. Die Mehrzahl sammelt sich an wenigen Plätzen.

## Rostgans

*Tadorna ferruginea* (Pallas)
Ruddy Shelduck
Tadorne casarca
Огарь

### Kennzeichen, Beschreibung

Körperfärbung bei beiden Geschlechtern rostbraun. Kopf beim Männchen hellgelb, beim Weibchen noch heller weißlich bis weiß. Männchen im Prachtkleid mit schmalem schwarzem Halsring. An den Körperseiten werden beim schwimmenden und ruhenden Vogel seitlich die weißen Vorderflügel als weißer Längsstreifen sichtbar. Daran nach hinten anschließend bilden die Spitzen der schwarzen Schwingen einen schwarzen Längsstreifen. Im Fluge kontrastreiche Schwarz-Weiß-Musterung der Flügel (Spiegel dunkelgrün, wenig auffällig) voll wirksam (Flügelunterseite ebenfalls schwarzweiß gemustert), Schwanz schwarz. – Beim Männchen im Schlichtkleid Halsring nur angedeutet. – Jugendkleid dunkler und mit Grauanteilen. – Schnabel schwarz, Füße schwärzlich.

**Stimme:** Flugruf laut, gänseartig »gäng« oder »aäng«. Ansonsten kurze Rufe, bei Erregung Rufreihen, rasch klingend auf ä (gä, hä) oder o »ho-ho« und ähnlich.

### Brutverbreitung

Zentren der Brutverbreitung boreale Zone Mittelasiens, Steppen- und Wüstenzone und Bergregionen, auch mediterran. Das europäische Brutgebiet erstreckt sich vom Kaspischen Meer westwärts bis zum Schwarzen Meer (einschließlich Südukraine). Vereinzelte Brutvorkommen in der Türkei und in Griechenland, in Rumänien nur im Donaudelta.

### Lebensraum

Brütet an Salz- und Sodaseen in Zentralasien, auch an Süßwasserseen der steppenähnlichen Hochplateaus, im Pamir bis in die subalpine Zone, auch an brakkigen Küstengewässern und in Sümpfen. Überwintert an den Ufern großer übersichtlicher Seen (auf Sandbänken und in Lagunen).

### Nahrung, Nahrungserwerb

Nahrung überwiegend pflanzlich. Im Frühjahr und Sommer vor allem Gräser, im Herbst und Winter auch Getreidekörner und Pflanzensamen. Tierische Nahrung (Mollusken, Krebse, Würmer) wird nicht verschmäht, mengenmäßig nicht bedeutend. Nahrungssuche vor allem auf dem Lande: Gras zupfend nach Art von Gänsen. Im Seichtwasser auch schnatternd und gründelnd.

### Brutbiologie

**Balz, Paarbildung:** Paarbildung im zweiten Lebensjahr. Beim Eintreffen im Brutgebiet Verpaarung bereits erfolgt. Dauerehe häufiger als sonst bei Enten üblich. Brutterritorien werden intensiv verteidigt. – Balz unter Freilandbedingungen unzureichend beschrieben. Paarung auf dem Wasser, von lauten Rufen beider Partner begleitet.

**Neststandort, Nest:** Nistet in Gesteinshöhlen oder höhlenartigen Vertiefungen und Erdhöhlen, selbst in verlassenen Greifvogelnestern. Nest flache Mulde mit wenig pflanzlichem Material, aber viel Nestdunen ausgelegt.

**Eier, Gelege:** Rundoval, weiß, mattglänzend. Größe 67×47 mm (maximale Länge 72 mm, minimale Länge 61 mm). Vollgelege mit 8 bis 10 Eiern.

**Bebrütung, Jungenaufzucht:** Eiablage ab Mitte März, in Mittelsibirien nicht vor Mitte April. Brutdauer 28 bis 29 Tage. Weibchen brütet allein, das Männchen hält Wache. Aus Höhlen springen die Jungen wenige Stunden nach dem Schlupf. Familien zunächst für sich, später schließen sich die eines Brutgebietes zu einem größeren Verband zusammen.

### Bestand, Bestandsveränderungen

Die Rostgans war bis in die Mitte des vorigen Jahrhunderts im Vorland des Kaukasus, am Schwarzen Meer und in der nördlich anschließenden Steppenlandschaft weit verbreitet. Sie brütete in Rumänien, in Griechenland und in der Türkei. Dieser Teil ihres Vorkommensgebietes ist nahezu vollständig aufgegeben worden. Gegenwärtig brütet sie nur noch im Donaudelta und dessen Nähe in wenigen Paaren. In Griechenland tritt sie noch an einigen Stellen auf, auch in der westlichen Türkei nur zerstreut an einigen Plätzen an der Küste des Marmarameeres und im Göksu-Delta. – Im Südwesten der UdSSR blieben wenige lokale Vorkommen am Schwarzen Meer (Krim) erhalten. Die abnehmende Tendenz hält noch immer an. – Ein isoliertes, aber relativ stabiles Vorkommen existiert in Nordwestafrika. Dort brütende Tiere wandern auch nach Südspanien. Brutnachweise aus den Marismas des Guadalquivir liegen nicht vor.

### Wanderungen, Überwinterung

Ein Teil der Population wandert im Herbst südwärts nach Südwest- und Südasien (Pakistan, Indien, Iran, arabische Halbinsel) und nach Nordost- und dem mittleren Ostafrika (Ägypten, Sudan, Äthiopien). Zum Überwinterungsgebiet gehören auch das südliche Verbreitungsareal. Regelmäßig ziehen nordafrikanische Rostgänse nach Südspanien, vor allem in die Marismas des Guadalquivir.

Aus Mitteleuropa liegen aus älterer Zeit für Ungarn, die ČSSR, Polen, die beiden deutschen Staaten, Österreich und die Schweiz einzelne Beobachtungen vor. Da es keine jahreszeitliche Häufung gibt, die auf einen Einflug (Frühjahrszug) schließen läßt, dürfte es sich bei vielen Beobachtungen um Gefangenschaftsflüchtlinge handeln, zumal die Art oft gehalten wird. – Der angeblichen Brut bei Fürstenwalde/DDR (Nickel, 1985) ist Leipe (1986) zu Recht entgegengetreten.

## Seltene Brutvögel

Zu den als Brutvögeln in Europa seltenen Entenarten gehören vier Arten, die aus verschiedenen Verwandtschaftsgruppen stammen: die Marmelente *(Marmaronetta angustirostris)*, die Spatelente *(Bucephala islandica)*, die Kragenente *(Histrionicus histrionicus)* und die Weißkopf-Ruderente *(Oxyura leucocephala)*. Die Marmelente und die Weißkopf-Ruderente sind ohnehin Seltlinge. Ihr Areal erreicht jedoch auch Europa. Die Spatelente und die Kragenente sind häufige Arten, die ausgedehnte, Europa tangierende Areale bewohnen. – Da diesen Arten infolge ihrer Seltenheit nur geringe Bedeutung in Europa zukommt, erfolgt die Beschreibung in konzentrierter Form. Auf die Lebensweise wird nicht eingegangen. Dazu sei auf die Handbücher verwiesen: Bauer und Glutz von Blotzheim (1968, 1969) und Cramp und Simmons (1977).

## Marmelente

*Marmaronetta angustirostris* Ménétries

### Kennzeichen, Beschreibung

Wenig größer als die Knäkente und vom Habitus her den Gründelenten entsprechend. Vom Verhalten her eher den

Tauchenten zuzurechnen. Geschlechtsdimorphismus nur schwach ausgeprägt. Dem Männchen fehlen die bunten Farbtöne der Arten der Gattung *Anas*. Grundtönung des Gefieders graubraun, belebt durch schmutziggelbe oder grauweiße, runde oder tropfenförmige Flekken auf der Oberseite; Unterseite gebändert. Die Flecken fehlen an Kopf, Hals und Vorderbrust, die heller sind als der Rücken. Am Hinterkopf haubenartig verlängerte Federn. In Augenhöhe dunkler Längsstreifen, fast bis zum Hinterkopf reichend. Weibchen im Brutkleid dem Männchen sehr ähnlich, Federhaube jedoch nur angedeutet.

### Brutverbreitung

Ausgesprochen seltene Entenart. Areal stark aufgesplittert. Ein relativ geschlossenes Brutgebiet erstreckt sich über Teile Südwestasiens mit Ausläufern bis nördlich des Kaspischen Meeres, an die pakistanische Küste des Indischen Ozeans. Im östlichen Mittelmeer bis an die Küste Israels reichend. Zerstreute Vorkommen an nordafrikanischen Binnengewässern. Die marokkanischen stehen mit dem einzigen europäischen Brutvorkommen in Südspanien in den Marismas des Guadalquivir in Verbindung. – Bruten im Göksu-Delta auf Zypern, Kreta und in der Camargue ganz seltene Ausnahmen (Bauer und Glutz v. Blotzheim, 1968). – Die Marmelente brütete noch zu Anfang des Jahrhunderts in mehreren Tausend Paaren in Südspanien. Der Bestand ist auf kaum 100 Brutpaare abgesunken.

### Auftreten im übrigen Europa

Zur Zugzeit oder als Sommergast gelegentlich in Südosteuropa. In Südfrankreich mit einiger Regelmäßigkeit. Einige Nachweise stammen aus Ungarn, der ČSSR und aus der BRD (Bauer und Glutz v. Blotzheim, 1968). – Eine Beobachtung liegt aus Mecklenburg (DDR) vor (Müller in Klafs und Stübs, 1977).

## Spatelente

*Bucephala islandica* (Gmelin)

### Kennzeichen, Beschreibung

Die Spatelente bildet zusammen mit der Schellente *(Bucephala clangula)* und der Büffelkopfente *(Bucephala albeola)* die Gattung *Bucephala*. In Aussehen und Lebensweise sind die drei Arten sehr ähnlich, in der Brutverbreitung unterscheiden sie sich erheblich. – Die Spatelente ähnelt der Schellente und ist mit dieser verwechselbar. Bestes Erkennungsmerkmal ist die Halbmondform des weißen Flecks am Vorderkopf (bei der Schellente rundlich, kann aber bei nicht voll ausgefärbten ebenfalls unregelmäßig geformt sein). Ansonsten Kopf- und Körperform sowie die Schwarz-Weiß-Verteilung wie beim Schellerpel, Schulterpartie ausgenommen: Beim Spatelerpel überdeckt das Schwarz des Rückens, nur von einer Reihe weißer Flecken unterbrochen, auch die Flanken. Dieser Unterschied kann jedoch im Felde genauso wenig zur sicheren Unterscheidung dienen wie der weiße Zügelfleck. – Kleider des Weibchens und das Schlichtkleid des Männchens sind den entsprechenden der Schellente sehr ähnlich.

### Brutverbreitung

Schwerpunkt der Brutverbreitung im gebirgigen Teil des westlichen Nordamerika. Vorkommen in Nordostkanada weitab von diesem Verbreitungsareal und nur unzureichend bekannt. In Europa Brutvorkommen nur auf Island, vor allem im Nordosten. Der Brutbestand wird auf 800 Paare geschätzt.

### Auftreten im übrigen Europa

Spatelenten-Beobachtungen liegen aus allen west- und mitteleuropäischen Ländern vor. Da die Art nur auf Island brütet und dort auch überwintert, ist eher mit Verwechslungen mit Schellenten als mit sicheren Nachweisen zu rechnen. Das gilt weniger für Großbritannien und für Norwegen als für Mitteleuropa. Das Vorkommen in Mitteleuropa ist nur durch einen Beleg gesichert: Im März 1853 wurde ein Männchen adult bei Hiddensee (DDR) erlegt (BAUER und GLUTZ v. BLOTZHEIM, 1969).

## Kragenente

*Histrionicus histrionicus* (L.)

### Kennzeichen, Beschreibung

Kleinste in Europa vorkommende Entenart mit sehr kleinem Schnabel, ausgeprägtem Sexualdimorphismus und ungewöhnlich bunter Färbung des Erpels im Prachtkleid (»Harlekin«-Musterung). Grundtönung des Prachtkleides des Erpels dunkel bis schwärzlich. Weiße Abzeichen (drei allein an den Kopfseiten), dunkel blaugraue Farben auf dem Rükken und vorn seitlich sowie rostrote Körperseiten bewirken eine lebhafte, kontrastreiche Musterung. – Weibchen im Brutkleid dunkelbraun mit wenig hellerer Tönung an den Körperseiten. Helle, fast weiße Flecken am Kopf in Augenhöhe. Weiße Partien auch an Brust und Bauch.

### Brutverbreitung

Brutgebiet wie das der Spatelente in zwei Teilarealen gesondert. Das größere reicht von Ostsibirien zum Nordwesten Amerikas und erstreckt sich im westlichen gebirgigen Nordamerika weit südwärts, das andere befindet sich im östlichen Nordamerika und reicht von Brutplätzen im küstennahen nordöstlichen Kanada nach Südgrönland und Island. In Grönland kommt die Art relativ häufig im Südwesten, selten und unregelmäßig im Südosten vor. Auf Island ist diese Art ein häufig verbreiteter Brutvogel.

### Vorkommen in Europa außerhalb des Brutgebietes

Da die isländischen und grönländischen Brutvögel in Küstennähe überwintern, also von den im Lande gelegenen Brutplätzen lediglich bis zur Küste ziehen, in Mitteleuropa nur als Irrgast und auch in Großbritannien und Skandinavien ausgesprochen selten. Infolge der lebhaften Musterung und Färbung unverwechselbar, deshalb haben die Sichtbeobachtungen hohe Beweiskraft. Außerdem gibt es mehrere Belegexemplare sowohl aus dem vorigen als auch aus diesem Jahrhundert (Aufstellung bei BAUER und GLUTZ v. BLOTZHEIM, 1969). Der südöstlichste Nachweis stammt aus der ČSSR.

### Lebensraum

Brütet an Stromschnellen, Wasserfällen und anderen Flußabschnitten mit rasch und turbulent fließendem Wasser. Einzige Entenart, die sich dieses extreme Milieu, das ausgesprochen nahrungsarm ist, erschlossen hat. Außerhalb der Brutzeit bevorzugt sie die noch schwierigeren Brandungszonen felsiger Küstenabschnitte und der Küste vorgelagerte Klippen und Inseln. Diese Zone wird von allen anderen Entenarten gemieden.
Zur Gattung *Oxyura* (Ruderenten) gehören 6 Arten, die sich im Habitus, in anatomischen und zahlreichen Verhaltensmerkmalen recht deutlich von den anderen Gattungen der Enten unterscheiden, untereinander aber recht ähnlich sind. Sie sind auf allen 5 Kontinenten verbreitet. In Europa kam ursprünglich nur eine Art als Brutvogel vor: die Weißkopf-Ruderente *(Oxyura leucocephala)*. Neuerdings ist durch Ausbürgerung in Großbritannien eine stabile Population der Schwarzkopf-Ruderente *(Oxyura jamaicensis)* entstanden. – Ruderenten sind kleiner als die anderen europäischen Tauchenten und wirken kurz und gedrungen. Auffälligstes Merkmal sind die steifen, beim Schwimmen schräg emporgerichteten

schmalen Schwanzfedern (insgesamt 18). Die starke Anpassung an die aquatische Lebensweise ist u. a. an den weit schwanzwärts ansetzenden Hinterextremitäten erkennbar.

Vorzugsweise vegetarische Ernährungsweise. Dunenjunge schlicht gefärbt, mit kontrastreicher Gesichtsfärbung; Beine verhältnismäßig lang, Füße groß. Bei 3 Arten werden die Schwingen jährlich zweimal gewechselt. Doppelter Schwingenwechsel ist ansonsten nur von der Australischen Moschusente *(Biziura lobata)* bekannt.

## Weißkopf-Ruderente
*Oxyura leucocephala* (SCOPOLI)

### Kennzeichen, Beschreibung

Auffälligstes Merkmal ist der steife, schräg aufwärts gerichtete Schwanz, der sowohl Männchen als auch Weibchen auszeichnet. Beim Männchen im Prachtkleid sind weißer Kopf (Kopfplatte dunkel) und hell bleigrauer Schnabel weitere Erkennungsmerkmale. Übriger Körper einfarbig dunkel rostbraun mit schwacher Querwellung an den Körperseiten. – Beim Weibchen im Brutkleid hebt sich die helle Kopfseite nur wenig von der dunkelbraunen, teilweise hellbraunen Körperfärbung ab. Heller Kopffleck durch ein schmales dunkles Band geteilt.

### Brutverbreitung

Besiedelt ein vergleichsweise kleines geschlossenes Brutareal in Kasachstan, Kirgisien und Tadshikistan, das ostwärts bis nach Südsibirien, südwärts bis in den Norden des Iran reicht. Westlich davon in Ost- und Südeuropa vereinzelt inselartige Vorkommen: Kaukasus-Vorland, Asowsches und Schwarzes Meer (Donaudelta), Jugoslawien, Sizilien, Sardinien, Korsika, in Spanien in den Marismas des Guadalquivir. Eine kleine Population existiert im Küstengebiet Marokkos, Algeriens und Tunesiens.

### Brutbiologie

Über die Brutbiologie und das Balz- und Brutverhalten liegen nur wenige Freilandbeobachtungen vor. Eine ausführliche Beschreibung erfolgte durch MATTHEWS und EVANS (1974), nachdem es gelungen war, die Art in Gefangenschaft (Slimbridge/Großbritannien) zu züchten.

### Bestand, Bestandsveränderungen

Der Gesamtbestand der Art ist schwer schätzbar. MATTHEWS und EVANS (1974) beziffern ihn mit etwa 15 000 Individuen. Die in Nordafrika brütende Teilpopulation wurde gegen Ende der 60er Jahre auf einige Hundert Paare geschätzt (BAUER und GLUTZ v. BLOTZHEIM, 1969). In Südspanien brüten etwa 50 Paare, auf Sizilien, Sardinien und Korsika nur einige Paare und unregelmäßig. Das trifft auch für das Brutvorkommen in Jugoslawien (Vojwodina) zu. – In Ungarn hat die Art mindestens seit der Mitte des vorigen Jahrhunderts bis zu Anfang der 30er Jahre dieses Jahrhunderts regelmäßig gebrütet. Gegenwärtig wie in Rumänien und Bulgarien keine Brutvorkommen. Stark rückläufige Bestandsentwicklung auch am Asowschen Meer und im Vorland des Kaukasus. In den Steppen und Halbwüsten Kasachstans gegenwärtig 650 Brutpaare (KRIVENKO, 1984).

### Auftreten außerhalb der Brutzeit

Außerhalb der Brutzeit erscheinen einzeln oder in kleinen Trupps umherstreifende Tiere in Ost-, Mittel- und Südwesteuropa am ehesten im Winter. Nachweise gibt es aus nahezu allen europäischen Ländern mit einer Häufung in Südosteuropa. Mittel- und westeuropäische Sichtnachweise werden als Seltenheit gewertet und entsprechend publiziert. Überwinterungsgebiete in der Türkei an den Süßwasserseen Südwestanatoliens, wo bis zu 9000 Individuen festgestellt wurden (Koning, 1973). In Kasachstan und weiter südwestlich bis in das Vorland des Kaukasus bis zu 9000 Tiere (Krivenko, 1984) sind zur Brutzeit 900 Paare festzustellen.

## Gelegenheitsgäste (Irrgäste), Zooflüchtlinge

Nicht wenige Entenarten legen regelmäßig weite Wanderungen zurück, wobei es leicht geschehen kann (Witterungsbedingungen, Vergesellschaftung mit anderen Arten), daß einzelne Tiere oder kleine Gruppen in Gebiete gelangen, die außerhalb des üblichen Verbreitungsgebietes liegen. Wenn in Europa derartige Fremdlinge auftauchen, dann werden sie sorgsam registriert und in den Fachzeitschriften wird darüber berichtet. Für viele Ornithologen gehört die Feststellung von Seltenheiten zu den Höhepunkten ornithologischer Beobachtungstätigkeit.

In den letzten Jahrzehnten mehrten sich die Nachweise seltener Arten. Das hat verschiedene Ursachen. Die Anzahl versierter Ornithologen, ausgestattet mit hervorragenden Bestimmungsbüchern und optischer Ausrüstung und der zeitliche Aufwand für Geländebeobachtungen sind beträchtlich gestiegen. Zugenommen hat auch die Anzahl fremdländischer Arten, die von Züchtern und Liebhabern in zoologischen Gärten, Tierparks und Wildgehegen gehalten werden, von wo aus immer häufiger Tiere in das Freiland gelangen. Dadurch ist das Problem der Herkunft von Seltlingen zum Gegenstand oft leidenschaftlich geführter Diskussion geworden. Gefangenschaftsflüchtlinge werden unter »ferner liefen« abgetan. Raritäten von Wert sind nur echte Wildtiere. In vielen Fällen ist es jedoch nicht möglich, eine zweifelsfreie Entscheidung zu treffen. Aus den Beobachtungsumständen lassen sich jedoch Indizien gewinnen. Erscheinen nordamerikanische Enten im Herbst nach schweren Stürmen an der englischen Westküste, dann darf Verdriftung unterstellt werden.

Nachstehend sind jene Arten aufgeführt, die mehrfach in Europa beobachtet wurden.

### Nordamerikanische Pfeifente
*Anas americana* Gmelin

Die Nordamerikanische Pfeifente stimmt in Größe, Habitus und Aussehen weitgehend mit der europäischen überein, wirkt in der Körperfärbung jedoch dunkler, in der Kopffärbung heller als diese.

Berichte über das Auftreten einzelner Tiere in Europa sind seit einigen Jahrzehnten nicht ungewöhnlich, neuerdings erfolgen jährlich Beobachtungen, vor allem in Großbritannien. Feststellungen gehäuft in den Herbstmonaten. In Großbritannien lagen bis 1982 116 Beobachtungen vor, davon 84 seit 1957 (Owen et al., 1986). Bisher stärkster Einflug im Oktober 1981: 24 Tiere. Beobachtungen auf dem europäischen Kontinent äußerst selten. Über Erstnachweise in den Niederlanden und den Zweitnachweis in Finnland berichtete Thiede (1983).

### Sichelente
*Anas falcata* Georgi

Männchen der fast stockentengroßen Sichelente durch die kupfer- bis metallischgrün schillernde Schopfhaube und stark verlängerte sichelförmige Ellenbogenfedern unverkennbar. Brutvogel Mittel- und Ostsibiriens und der östlichen Mongolei. Nur wenige glaubhaft belegte Nachweise aus Europa (Lit. bei BAUER und GLUTZ v. BLOTZHEIM, 1968). Über einen Erstnachweis auf Malta berichtet THIEDE (1983).

## Gluckente (Baikalente)
*Anas formosa* GEORGI

Brutvogel Mittel- und Ostsibiriens. Seit Mitte des vorigen Jahrhunderts beliebte Zierentenart in westeuropäischen Ländern, was einerseits im prächtigen Aussehen der Erpel, andererseits in der leichten Züchtbarkeit begründet ist. – Da die Art besonders in Westeuropa gehalten wird, überrascht es kaum, daß dort die meisten Beobachtungen erfolgten. BAUER und GLUTZ v. BLOTZHEIM (1968) halten gelegentliche Einflüge nach Europa für erwiesen. Nach jahrelangen Diskussionen um das Problem Gefangenschafts- oder Wildvögel sind in Großbritannien einige Beobachtungen als Wildvogelnachweise anerkannt worden (Lit. bei THIEDE, 1984).

## Dunkelente
*Anas rubripes* BREWSTER

Die in Nordamerika beheimatete Dunkelente ist eng mit der Stockente verwandt. Sie gehört nicht zu den Arten, die größere Wanderungen zurücklegen. Dementsprechend gibt es nur wenige Nachweise in Europa, wobei die meisten Gefangenschaftsflüchtlinge sein dürften.

Insbesondere sind Frühjahrsbeobachtungen (Erstnachweis in Italien am 4. März 1978, THIEDE, 1983) zur Bewertung der europäischen Vorkommen von Bedeutung.

## Nordamerikanische Krickente
*Anas crecca carolensis* L.

Die nordamerikanische Unterart der Krickente stimmt in Aussehen und Verhalten weitgehend mit der Nominatform überein. Die Männchen im Prachtkleid sind geringfügig anders gemustert (weißer Fleck an der Brustseite anstelle des weißen Streifens am oberen Flügelrand und schwächere Umrandung der grünen Kopfseiten). In Großbritannien häuften sich Nachweise in den letzten beiden Jahrzehnten (bis 1957 nur 13, 1957 bis 1982 172 Nachweise, OWEN et al., 1986). Sie betreffen ausschließlich Männchen, weil die Weibchen beider Unterarten nicht unterscheidbar sind. Wenige Nachweise erfolgten auch auf dem europäischen Kontinent (BAUER und GLUTZ v. BLOTZHEIM, 1968). Die Erstnachweise für Norwegen und Frankreich stellte THIEDE (1986) zusammen.

## Buntflügelente
*Anas versicolor* VIEILLOT

Bei der Buntflügelente handelt es sich um eine sehr kleine, gedrungene Gründelente, die den südamerikanischen Kontinent bewohnt. Bei Sichtbeobachtungen handelt es sich deshalb wohl ausnahmslos um Gefangenschaftsflüchtlinge wie bei dem Nachweis in Norddeutschland (Hauke-Haien-Koog/BRD) vom 15. 4. bis 11. 5. 1979 (SCHMIDT-MOSER, 1980).

## Blauflügelente
*Anas discors* L.

Die im mittleren und östlichen Nordamerika beheimatete Blauflügelente erinnert in Größe und Habitus an die Knäkente. Das Männchen im Prachtkleid ist jedoch weniger auffallend gemustert. Die Art legt weite Wanderungen zurück, wobei einzelne Tiere gelegentlich nach Europa gelangen. Bis 1977 gab es 60 Nachweise in Großbritannien, den ersten bereits 1958. Seit Ende der 70er/ Anfang der 80er Jahre mehrten sich Nachweise kleiner Trupps, die nur zum Teil als Gefangenschaftsflüchtlinge gewertet werden (OWEN et al., 1986). Erstnachweis für die Schweiz 1978 (zit. bei THIEDE, 1983). Zwei DDR-Nachweise (KLAFS und STÜBS, 1987) liegen vor.

## Scheckente
*Polysticta stelleri* (PALLAS)

Die Scheckente ist neben der Prachteiderente die am auffälligsten gefärbte Meerente. Der weiße Kopf im Kontrast zum schwarzen Hals und Rücken, das weiße Längsband, das sich von der Vorderbrust seitlich nach hinten erstreckt und die kastanienbraunen Körperseiten verleihen dem Männchen im Prachtkleid ein buntes, scheckiges Aussehen. – Die Art brütet in Zentral- und Ostsibirien und Alaska und überwintert vorzugsweise im pazifischen Raum. – Kleine Kontingente der in Zentralsibirien brütenden Population kommen zur Überwinterung in das Gebiet der Halbinsel Kola und an die nordnorwegische Küste. Einzelne Tiere wandern weiter südwärts und dringen dabei gelegentlich bis in das Ostseegebiet und nach Mittel- und Westeuropa vor. – Die meisten Beobachtungen fallen in die Zeit zwischen November und April. Mauservögel erscheinen an der nordnorwegischen Küste auch bereits im Juli. Ende der 70er Jahre mehrten sich die Nachweise in Schweden, der DDR, Polen und Finnland, auch die Truppgröße nahm zu (in Finnland einmal 77 Tiere). Erstnachweis in Island 1981 (THIEDE, 1986), in den Niederlanden 1981 (zit. bei THIEDE, 1983) gepaart mit einem Eiderentenweibchen.

## Halsringente
*Aythya collaris* DONOVAN

Die im Aussehen und in der Lebensweise an die Reiherente erinnernde Halsringente hat in den letzten Jahrzehnten weite Teile des östlichen Nordamerikas besiedelt. Vor 1970 wurde sie äußerst selten in Europa beobachtet. Seitdem häuften sich die Nachweise in Irland und auf den Britischen Inseln. Eine während des Winteraufenthalts in Großbritannien beringte Halsringente wurde auf dem Heimzug in Grönland nachgewiesen (OWEN et al., 1986). Die Mehrzahl der nach Europa verschlagenen dürfte jedoch bleiben. Bei der großen Ähnlichkeit mit der Reiherente sind Hybridisationen und Ansiedlungen in Großbritannien zu erwarten. Der Erstnachweis in Schweden erfolgte 1975 (zit. bei THIEDE, 1981). Mitteleuropäische Nachweise wurden von BAUER und GLUTZ v. BLOTZHEIM (1969) zusammengestellt. Für Dänemark liegen 3 Nachweise vor.

## Brillenente
*Melanitta perspicillata* (L.)

Die im Norden Nordamerikas beheimatete Brillenente ist nur wenig kleiner als die Samtente und ähnelt dieser in Habitus und Färbung. Das Männchen im Prachtkleid ist an einem auffälligen weißen Nackenfleck leicht erkennbar. Brillenenten gelangen von ihren Überwinterungsplätzen im Nordatlantik regelmäßig nach Nordeuropa, so den Orkney-

Inseln, der Irischen See, den Britischen Inseln und vor die norwegische Küste. Bis in die südliche Nordsee dringen nur selten einzelne vor.

## Büffelkopfente
*Bucephala albeola* (L.)

Die etwa krickentengroße Büffelkopfente wirkt von der Musterung her wie eine verkleinerte Ausgabe der Schellente mit groß wirkendem Kopf (Federholle) und ausgedehntem weißem Kopffleck. Sie brütet in den Waldgebieten des zentralen und nördlichen Nordamerikas. Nach Europa gelangten bisher nur sehr selten einzelne Tiere, davon 6 nach Großbritannien (Owen et al., 1986) und eine nach Mitteleuropa (Bauer und Glutz v. Blotzheim, 1968).

## Kappensäger
*Mergus cucullatus* L.

Der dem Mittelsäger ähnelnde Kappensäger brütet in der Waldzone Nordamerikas. Wenige Nachweise liegen für die Britischen Inseln vor, letztmals im Dezember 1957.

## Baumente (Gelbe Pfeifgans)
*Dendrocygna bicolor* (Vieillot)

Beobachtungen dieser in den Tropen Amerikas und Afrikas und in subtropischen Gebieten beheimateten Art sind wohl durchgängig als Gefangenschaftsflüchtlinge zu werten, obwohl Thiede (1983) die Beobachtung von 11 Exemplaren im April 1977 südlich von Agadir (Marokko) in Beziehung zu europäischen Beobachtungen setzt.

## Witwenente (Witwenpfeifgans)
*Dendrocygna viduata* (L.)

Die vereinzelten Beobachtungen dieser in Südamerika beheimateten Art sind als Gefangenschaftsflüchtlinge zu werten.

## Brautente
*Aix sponsa* (L.)

Die Brautente gelangte schon im 17. Jahrhundert nach Europa und wurde als Park- und Menagerievogel gehalten. Das Männchen ist durch die lebhafte Färbung, insbesondere den metallischen Glanz der verlängerten Nackenfedern, grünschillernde Kopfseiten und die purpurnen Schulterfedern sowie die auffällige Musterung als Parkvogel überaus attraktiv und außerdem leicht zu züchten. Sie gehört gegenwärtig zu den am meisten gehaltenen Zierenten. Da sie ortstreu und winterhart ist, wird sie vielfach freifliegend gehalten, so daß einzelne Tiere relativ häufig nach außen gelangen.

Zu einer unbeabsichtigten Ansiedlung im Freiland kam es um 1900 in Dresden (Kolbe, 1979). Aus dem Dresdner Zoo entwichene Tiere siedelten sich auf Teichen in Dresden an. Um 1900 wurden 75 freifliegende Tiere gezählt. Einen planmäßigen Versuch zur Einbürgerung unternahm Heinroth (1910) in Berlin. Die Brautente besiedelte den in der Nähe des Berliner Zoos gelegenen Tiergarten und begann dort auch zu brüten. Die Überwinterung im Freien wurde durch Fütterung unterstützt. Die Population wuchs innerhalb weniger Jahre bis auf 130 Tiere, konnte sich aber infolge hoher Verluste in der Fortpflanzungszeit durch Predatoren (Ratten) nicht durchsetzen und erlosch bis 1930 (Niethammer, 1963).

Neuerdings sind von den im Zoo Berlin (West) gehaltenen Brautenten wieder einige ins Freie gelangt und haben erfolgreich gebrütet, ohne daß sich eine stabile Population entwickelt hat. Ein Auswilderungsversuch in der Nähe der Wasservogelzuchtanlage südwestlich von Berlin in den 70er Jahren blieb erfolglos (GRUMMT in RUTSCHKE, 1983).

## Mandarinente
*Aix galericulata* (L.)

Die Mandarinente gehört wie die Brautente zur Gruppe der Glanzenten. Sie ist noch farbenprächtiger als jene und ornamental auffällig gemustert. Insbesondere die rotbraunen verlängerten Kopf- und Wangenfedern und die wie Segel aufrecht stehenden braunroten Federn in den Rückenpartien machen sie zu einer auffälligen und unverkennbaren Erscheinung. Sie ist in Ostasien beheimatet, gelangte bereits im 18. Jahrhundert nach Europa und wurde aufgrund ihres prächtigen Aussehens, ihrer leichten Züchtbarkeit, Winterhärte und Robustheit sehr schnell zu einer häufig gehaltenen Art. Gegenwärtig gehört sie zusammen mit der Brautente zu den am häufigsten gehaltenen Zierenten.

Einen ersten spektakulären Versuch zu ihrer Einbürgerung unternahm HEINROTH zusammen mit dem Versuch, die Brautente einzubürgern. Vom Berliner Zoo aus siedelten sich freifliegende Tiere im Berliner Tiergarten an. Die kleine Population gedieh zeitweilig besser als die der Brautente, fiel aber Predatoren und der Not der Nachkriegszeit zum Opfer. Seit Beginn der 70er Jahre brüten wenige Paare wieder im Tiergarten Berlin. Sie stammen aus dem Zoo Berlin (West). Mitte der 70er Jahre lag der Bestand bei 45 bis 50 Tieren (GRUMMT in RUTSCHKE, 1983).

Dauerhaft und erfolgreich verlief der Einbürgerungsversuch in Großbritannien. Mit der Haltung freifliegender Tiere wurde dort wie in Deutschland zu Anfang dieses Jahrhunderts begonnen, und es wurden auch einzelne Paare in die freie Wildbahn gebracht, und zwar in ein Habitat, das dem im Heimatgebiet nahekommt. Obwohl in den letzten Jahren eine Zunahme stattfand, blieb die Population auf ein relativ kleines Gebiet in Südengland beschränkt, und die Populationsentwicklung wurde durch wiederholte Ergänzung mit Gefangenschaftstieren begünstigt. SHARROCK (1976) gibt den Bestand mit 300 bis 400 Paaren an. OWEN et al. (1986) schätzten die Population auf 1000 bis 1500 Individuen. Sie brütet vornehmlich in natürlichen Höhlen (bis 10 m Höhe), nimmt jedoch gelegentlich auch künstliche Nisthöhlen an.

In den letzten Jahren mehren sich die Meldungen über Beobachtungen von Mandarinenten in der freien Natur. Zu größeren Ansiedlungen ist es auf dem europäischen Festland bisher nicht gekommen. Seit 1968 ist sie Brutvogel in den Niederlanden. Ende der 70er Jahre wurde mit 3 bis 6 Paaren, die an verschiedenen Stellen brüteten, gerechnet (TEIXEIRA, 1979). Erste Bruten in der Schweiz erfolgten zu Anfang der 80er Jahre (zit. nach THIEDE, 1986), in Schweden je eine Brut 1977 und 1980. Sommerbeobachtungen gibt es auch aus Norwegen und der Estnischen SSR (zit. in THIEDE, 1984).

## Schwarzkopf-Ruderente
*Oxyura jamaicensis* GMELIN

Die Nominatform der in 3 Unterarten in Nord-, Mittel- und Südamerika vorkommenden Schwarzkopf-Ruderente bewohnt Nord- und Mittelamerika. In Habitus und Größe entspricht sie der in Spanien vorkommenden Weißkopf-Ruderente. Der wichtigste Unterschied betrifft die Kopffärbung (Name!).

Die Erstzüchtung gelang 1949 in Slimbridge (Wildfowl Trust/Großbritannien). In Slimbridge wird sie freifliegend gehalten. Dort begann sie ohne menschliches Zutun zu brüten. Überraschend war die Etablierung einer Freilandpopulation in Süd- und Mittelengland, die auf einen Trupp von 20 Tieren zurückgeht, die 1957 aus dem Wasservogelzoo Slimbridge entwichen sind (OWEN et al., 1986). Nach zunächst sehr allmählichem Anstieg kam es in der 2. Hälfte der 70er Jahre zu raschem Populationswachstum und Ausbreitung im mittleren England. Gegenwärtig liegen Brutnachweise von 228 Plätzen vor, und es wird mit über 1500 freilebenden Tieren gerechnet (OWEN et al., 1986). Offensichtlich bestehen gute Chancen für die weitere Ausbreitung, denn die jährliche Zuwachsrate ist hoch, und nur extrem kalte Winter bewirken größere Verluste.

Die Schwarzkopf-Ruderente ist extrem an die aquatische Lebensweise angepaßt. Die Nahrung wird ausschließlich tauchend erworben. Die Nester werden auf Schilfmatten in Ufernähe gebaut. Am Bau der Unterlage für das Nest beteiligt sich auch das Männchen. Der eigentliche Nestbau obliegt dem Weibchen. Die ökologische Differenzierung gegenüber der Tafel- und Reiherente, die in gleichen Biotopen vorkommen, ist hinreichend, um zwischenartliche Konkurrenz auszuschließen, so daß mit dauerhafter Ansiedlung und dem Erscheinen auf dem europäischen Kontinent zu rechnen ist. In Belgien erfolgten bereits 2 Nachweise (zit. in THIEDE, 1986). Falls eine Ausbreitung in Westeuropa erfolgt, stellt sich langfristig das Problem einer Hybridisation mit der Restpopulation der Weißkopf-Ruderente in Südspanien.

## Einbürgerung von Entenarten in Europa

Obwohl Enten jagdbares Wild sind, das zudem einen schmackhaften Braten liefert, ist bis zu Anfang dieses Jahrhunderts wohl nirgends in Europa versucht worden, die Palette der einheimischen Arten durch Ansiedlung fremder ergänzen zu wollen. Zwar gab es keinen Mangel an Plätzen mit zusagenden Lebensmöglichkeiten, doch der Formenreichtum gab keinen Anlaß zu Überlegungen dieser Art.

Die Situation ist anders als bei den Hühnervögeln, die in Europa nur lokal mit wenigen und zudem stark spezialisierten Arten vertreten sind. Deshalb fand der Fasan – ursprünglich für jagdliche Zwecke nur in eigens eingerichteten Fasanerien gehalten – eine ökologische Nische, als man begann, ihn auch in die freie Wildbahn auszubürgern.

Die Fasanerien, die zur Schau und zu Repräsentationszwecken bereits im 18. Jahrhundert an den europäischen Fürstenhöfen weit verbreitet waren, boten die Möglichkeit zur Haltung allerlei fremdländischen Geflügels. Mit dieser Mode, die zunächst aus der Jagdleidenschaft erwuchs, kamen auch exotische Entenarten nach Europa. Der höfische Geschmack des 18. Jahrhunderts, die Lust, sich mit farbenprächtigen Dingen zu umgeben, führte außerdem zur Entstehung von Menagerien, in denen Tiere fremder Länder gehalten wurden. Ein berühmtes Beispiel dafür ist die »Königliche Menagerie« auf der Pfaueninsel bei

Berlin, die auf Veranlassung König Friedrich Wilhelms III. eingerichtet und von dessen Sohn ausgebaut wurde. Dort wurden bereits zu Anfang des 19. Jahrhunderts neben Säugetieren und Vögeln aus verschiedensten Gruppen auch Wasservögel in großer Artenanzahl gehalten. Aus Menagerien dieser Art gingen die Tiergärten hervor, mit denen neben der Haltung der Weg für die Züchtung fremdländischer Arten gebahnt wurde.

Von den Tiergärten, die einem breiten Publikum Vorstellungen von der Formenfülle der Tierwelt zu vermitteln suchten, zu den Anlagen der Liebhaber für bestimmte Tiergruppen war es nur ein Schritt. Er wurde in diesem Jahrhundert getan, und in England und Frankreich entstanden an geeigneten Plätzen auch Anlagen mit artenreichen Beständen an Wasservögeln, insbesondere Entenarten. Zunächst waren es wenige, die über die notwendigen Mittel verfügten, um derart kostspielige Anlagen einzurichten. In den letzten Jahrzehnten hat sich die Haltung und Züchtung von Wassergeflügel allgemein mit zunehmender Tendenz verbreitet. Nationale und internationale Züchtergemeinschaften sind entstanden, der Handel mit Entenarten hat kommerzielle Bedeutung erlangt. Es ist ohne großen Aufwand möglich geworden, Entenarten von allen Kontinenten in entsprechenden Anlagen zu halten und die meisten auch zu züchten.

Da viele außereuropäische Arten das europäische Klima vertragen, gelangen immer mehr nach Europa. In Großbritannien befinden sich ausgedehnte Wasservogelzoos in Privathand, in denen zahlreiche Arten in nicht unbeträchtlicher Individuenanzahl freifliegend gehalten werden.

Mit dem allgemeinen Aufschwung der Wasserziergeflügelhaltung wandte sich das Interesse der Züchter zunehmend auch europäischen Arten zu. Die meisten gelten als schwer züchtbar, was unter anderem daran liegen dürfte, daß für die Zucht bestimmte Tiere häufig aus der freien Wildbahn entnommen werden. Sobald sie in einigen Generationen gehalten worden sind, gelingt die Zucht leichter. Aus der Gruppe der Gründelenten stellten sich gute Erfolge bei Spieß-, Löffel- und Pfeifenten ein. Die Zucht gelingt zwar am ehesten auf großen Naturteichen, doch auch auf kleinen künstlichen Anlagen. Die Tiere sind wie unter natürlichen Bedingungen bereits mit knapp einem Jahr fortpflanzungsfähig.

Ohne Schwierigkeiten züchtbar sind Krick- und Knäkenten. Bei letzterer gibt es jedoch Probleme mit der Überwinterung, was sicher damit zusammenhängt, daß sie unter natürlichen Bedingungen im tropischen Afrika überwintert.

Tauchenten lassen sich schwerer aufziehen als Gründelenten. Die Haltung ist an das Vorhandensein größerer Wasserflächen gebunden, und die Dunenjungen benötigen ein spezielles Aufzuchtfutter. Das trifft insbesondere für Berg- und Schellente zu.

Diese Situation bildet den Hintergrund für die sich in den letzten Jahren häufenden Meldungen über das Auftreten fremdländischer Entenarten in freier Wildbahn. Sie ist aber auch eine der Wurzeln für die Versuche, fremde Arten in Europa einbürgern zu wollen, wobei unterschiedliche Motivationen eine Rolle spielen.

Die Hoffnung, durch erfolgreiche Einführung einer neuen Art zu reicherer Jagdbeute zu gelangen, verband sich mit derartigen Absichten erst seit die Entenstrecke in einigen westeuropäischen Ländern rückläufig ist bzw. die Anzahl der Jäger zugenommen hat. Jagdliche Erwägungen haben trotzdem wohl nur gelegentlich hinter Einbürgerungsversuchen gestanden. Stärker motivierend sind die Berichte über den Rückgang und das Verschwinden bestimmter Arten und der

Gedanke, den Verlust durch Einführung neuer, sich möglicherweise besser anpassender Arten zu kompensieren. Eine andere Motivation liegt in der Freude an der Bereicherung der Natur durch weitere Formen, besonders solcher, die durch farbliche Schönheit und auffallende Musterung beeindrucken.

Gegner von Einbürgerungen führen vor allem das Argument der dadurch bewirkten Faunenfälschung ins Feld. Mit den Gefahren, die Einbürgerungen fremder Arten in sich bergen, hat sich WELLER (1969) am Beipiel der exotischen Arten, die im südlichen Nordamerika angesiedelt wurden, auseinandergesetzt. Zu bedenken ist die Möglichkeit der Konkurrenz mit angestammten Arten und deren Verdrängung. Ein Beispiel dafür ist der Siegeszug der Stockente *(Anas platyrhynchos)* in Neuseeland und Australien. Sie dominiert in Neuseeland über die ansässige Augenbrauenente *(Anas superciliosa)*. Hinzu kommt in diesem wie in vielen anderen Fällen die Gefahr der Hybridisation. Eine andere Gefahrenquelle bildet die Möglichkeit der Einschleppung von Krankheiten. Die einzubürgernde Art kann Träger von Krankheitskeimen sein, deren Virulenz erst bei Kontakt mit angestammten Arten zum Ausbruch kommt. Ein warnendes Beispiel sind die Schäden, die in der Avifauna von Hawaii auf diese Weise angerichtet wurden (WARNER, 1968).

Diese Argumente haben bewirkt, daß in der Mehrzahl der europäischen Länder Verordnungen oder Gesetze erlassen wurden, die die absichtliche Einbürgerung faunenfremder Tiere unter Kontrolle stellen. Doch inzwischen ist die Gefahr unbeabsichtigter Einbürgerung durch entflogene Park-, Volieren- oder Zuchtvögel mindestens ebenso groß geworden wie beabsichtigte Freilassungen, und es ist zu dauerhaften oder zeitweiligen, lokalen und ausgedehnten Ansiedlungen außereuropäischer Arten gekommen. Nicht alle Einbürgerungsversuche sind bekannt und dokumentiert. Vielfach erloschen die Ansiedlungen nach kurzdauernder Existenz.

## Bastardierung

Obwohl sich die Entenarten sowohl in der Färbung wie in der Lebensweise und im Verhalten teilweise beträchtlich unterscheiden, lassen sie sich relativ leicht miteinander kreuzen. Bastarde sind nicht nur von nahe miteinander verwandten Arten, sondern auch von offensichtlich fernerstehenden wie Stock- und Tafelente bekannt. In zoologischen Gärten, in denen viele Entenarten in gemeinsamen Anlagen gehalten werden, fällt es schwerer, Bastardierungen zu verhindern als zu erzielen. Von der Stockente sind Bastarde mit fast allen einheimischen Gründelenten und mit zahlreichen exotischen Arten bekannt. Es paaren sich sowohl Stockerpel mit artfremden Weibchen und Stockentenweibchen mit Männchen anderer Arten. In der Regel sind die Bastarde nicht fruchtbar. Es ist jedoch gelungen, auch mit Bastarden weiter zu züchten. Unter Freilandbedingungen kommen Kreuzungen zwischen artfremden Tieren naturgemäß weitaus seltener vor als in Gefangenschaft. Am ehesten sind sie in Gebieten mit hoher Siedlungsdichte und großem Artenspektrum zu erwarten.

# Literaturverzeichnis


Adley, F. F.; D. W. Brown: 1972 – Mercury concentrations in game bird, State of Washington: 1970 and 1972. – Pestic. Monit. J. 6, 91–93

Alerstam, T.; C.-A. Bauer; G. Roos: 1974 – Spring migration of the Eiders *Somateria mollissima* in Southern Scandinavia. – Ibis 116, 194–210

Alerstam, T.; S. Ulfstrand: 1974 – A radar study of winter bird movements in southern Scandinavia. – Ornis Scand. 5, 13–23

Alford, J. R.; E. G. Bolen: 1977 – Differential responses of male and female Pintail ducks to decoys. – J. Wildl. Manage. 41, 657–661

Alison, R. M.: 1976 – Oldsquaw brood behavior. – Bird Banding 47, 210–213

Allouche, L.; A. Tamisier: 1984 – Feeding convergence of Gadwall, Coot and the other herbivorous waterfowl species wintering in the Camargue: a preliminary approach. – Wildfowl 35, 135–142

Almkvist, B.; Å. Andersson; A. Jögi; M. K. Pirkola; M. Soikkeli; J. Virtanen: 1974 – The number of adult Eiders in the Baltic Sea. – Wildfowl 25, 89–94

Amat, J. A.: 1982 – The nesting biology of ducks in the Marismas of the Guadalquivir, south-western Spain. – Wildfowl 33, 94–104

–: 1983 – Pursuit flights of Mallard and Gadwall under different environmental conditions. – Wildfowl 34, 14–19

–: 1985 – Nest parasitism of Pochard *Aythya ferina* by Redcrested Pochard *Netta rufina*. – Ibis 127, 255–262

Anderson, D. R.; P. A. Skaptason; K. G. Fahey; Ch. J. Henny: 1974 – Population ecology of the Mallard. III. Bibliography of published research and management findings. – Fish & Wildl. Serv. 119

Anderson, D. R.; K. P. Burnham: 1976 – Population ecology of the Mallard. VI. The effect of exploitation on survival. – Fish & Wildl. Serv. 128

Andersson, G.: 1981 – Fiskars inverkan på sjöfågel och fågelsjöar. – Anser 20, 21–34

Andersson, Å.: 1978 – The nesting ecology of the Eider and the Velvet Scoter in the archipelago of Stockholm. – Proc. Symp. Sea Ducks 16.–17. Juni 1975, Stockholm

–: 1982 – The ecology of lakes created for waterfowl. – Managing Wetlands and their birds, IWRB Publ., 128–136

Andrussenko, N. N.: 1984 – Sostojanie ressursov vodoplavajuščich ptiz v Kurgaldschinskom sapovednike. – Sovremennoe sostojanie ressursov vodoplavajuščich ptiz. Moskva 1984, 113–115

Anker-Nilssen, T.; O. W. Røstad: 1981 – Undersøkelser av oljeskadede sjøfugler i forbindelse med oljekatastrofen i Skagerak desember 1980/januar 1981. – Viltrapport 16, 1–14

Araujo, J.: 1978 – Censo Español de aves acuaticas de Enero de 1975. – Ardeola 24, 121–205

Ardamatskaya, T.: 1970 – Wildfowl of the Ukrainian Black Sea Coastal region. – Proc. Intern. Reg. Meet. Conserv. Wildfowl Resources, Leningrad 1968

Armbruster, J. S.: 1982 – Wood duck displays and pairing chronology. – Auk 99, 116–122

Ardamatskaja, T. B.: 1984 – Dinamika čislennosti gnezdjaščichsja vodoplavajuščich ptic na ostrovach tendrovskogo i jagorlyščkogo zalinov Černogo morja. – Sovremennoe sostojanie resursov vodoplavajuščich ptic, Moskva, 78–80

Arntz, W. R.; D. Brunswig: 1976 – Studies on structure and dynamics of macrobenthos in the western Baltic carried out by the joint research programme »Interaction sea-sea bottom«. – Proc. 10th European Symp. Mar. Biol. Ostend 1975, 2, 17–42

Aschoff, J.; H. Pohl: 1970 – Der Ruheumsatz von Vögeln als Funktion der Tageszeit und der Körpergröße. – J. Orn. 111, 38–47

Asferg, T.: 1983 – Vildtudbyttet i de sidste tre år. – Dansk Vildforsk., Medd. 186, 61

Asplund, C.: 1981 – Time budgets of breeding Mallard in northern Sweden. – Wildfowl 32, 55–64

Atkinson-Willes, G. L.: 1970 – Wildfowl situation in England, Scotland and Wales. – Proc. Intern. Reg. Meet. Conserv. Wildfowl Resources, Leningrad 1968, 101–107

–: 1976 – The numerical distribution of ducks, swans and coots as a guide in assessing the importance of wetlands in midwinter. – Proc. Int. Conf. Conserv. Wetlands Waterfowl, Heiligenhafen 1974, 199–254

–: 1981 – Comments on the contents of the proposed atlas of palearctic waterfowl and some suggestions on mapping techniques. – Proc. Symp. Mapp. Waterfowl Distrib., Migr. Habitats, Aluschta 1976, Moskau 1981

–: 1982 – Some preliminary results of midwinter duck counts 1967 to 1976. – Proc. 2nd Techn. Meet. Western Palearctic Migr. Bird Manage., Paris 1979, IWRB Publ., 58–64

Bagge, P.: 1973 – Spring food of some diving waterfowl in the southwestern Finnish archipelago. – Oikos 15, 146–150

Baillie, St. R.; H. Milne: 1982 – The influence of female age on breeding in the Eider *Somateria mollissima*. – Bird Study 29, 55–66

Balat, F.: 1967 – Legefolge und Brutdauer bei der Stockente, *Anas platyrhynchos* L. – Zool. Listy 16, 167–172

Balat, F.: 1969a – Influence of repeated disturbance on the breeding success in the Mallard, *Anas platyrhynchos* Linn. – Zool. Listy 18, 247–252

Balat, F.: 1969b – Increase in weight of free-living Mallards *(Anas platyrhynchos)*, resulting from supplementary feeding. – Zool. Listy 18, 335–342

Balat, F.; Č. Folk: 1968 – Das Nisten und die Populationsdynamik der Schnatterente, *Anas strepera*, in der Tschechoslowakei. – Zool. Listy 17, 327–340

Barfknecht, R.: 1986 – Öko-ethologische Untersuchungen zur Einnischung verschiedener Entenarten am Bienener Altrhein (Niederrhein). – Diss., Univ. Köln

Barrett, R.: 1982 – Sjøfuglkatastrofen i Varangerfjorden – en forklaring op vurdering. – Vår Fuglefauna 5, 100–102

Bartonek, J. C.; C. W. Dane: 1964 – Numbered nasal discs for waterfowl. – J. Wildl. Manage. 28, 688–692

Barwell, C. K.: 1973 – Hints for duck hunters. – Ontario Fish Wildl. Rev. 12, (1–2)

Bauer, K.; U. Glutz v. Blotzheim: 1968 – Handbuch der Vögel Mitteleuropas, Bd. 2. – Frankfurt/M.

Bauer, K.; U. Glutz v. Blotzheim: 1969 – Handbuch der Vögel Mitteleuropas, Bd. 3; – Frankfurt/M.

Bauer, U.; A. Zintl: 1974 – Brutvorkommen und Brutbiologie des Gänsesägers *Mergus merganser* in Bayern. – Anz. orn. Ges. Bayern 13, 71–86

Bailey, R. O.: 1979 – Wild Mallard stocking in a large marsh habitat. – Canadian Field-Naturalist 93, 55–62

Beard, E. B.: 1964 – Duck brood behavior at the Seney National Wildlife Refuge. – J. Wildl. Manage. 28, 492–521

Bechstein, J. M.: 1791/95 – Gemeinnützige Naturgeschichte Deutschlands, Bd. 2 bis 4 Vögel. Leipzig

Becker, P. H.; A. Büthe; W. Heidmann: 1985 – Schadstoffe in Gelegen von Brutvögeln der deutschen Nordseeküste. I. Chlororganische Verbindungen. – J. Orn. 126, 29–51

Beintema, A. J.: 1980 – zit. in Hepburn (1984)

Bellrose, F. C.: 1957 – A spectacular waterfowl migration through central North America. – Biol. Notes N° 36, Illinois Nat. Hist. Surv., Urbana, Ill.

–: 1958 – Celestial orientation by wild Mallards. – Bird Band. 29, 75–90

–: 1959 – Lead poisoning as a mortality factor in waterfowl populations. – Ill. Nat. Hist. Surv. Bull. 27, 235–288

Belopolski, L. O.: 1968 – Opyt raboty zapovednika »Sem ostrovov« po isučeniju obyknovennoj gagi i nekotorye soobraženija po vosstanovleniju ee čislennosti na Barencom more. – In: E. Kumari (ed.) Obyknovennaja gaga v SSSR. Tallinn 1968

Bengtson, S.-A.: 1966 – Observations on the sexual behaviour of the Common Scoter on the breeding grounds, with special reference to courting parties. – Vår Fågelvärld 25, 202–226.

–: 1971 – Habitat selection of duck broods in Lake Myvatn area, North-east Iceland. – Ornis Scand. 2, 17–26

–: 1972 – Reproduction and fluctuation in size of duck populations at Lake Myvatn, Iceland. – Oikos 23, 35–58

–: 1975 – Food of ducklings of surface feeding ducks at Lake Myvatn, Iceland. – Ornis Fenn. 52, 1–4

Beretzk, P.: 1955 – Epidemic disease of wild birds on Lake Fehértó near Szeged. – Aquila 59–62, 468–469

Bergh, L. M. J. van den: 1983 – Watervogeltellingen in januari 1981, maart 1981 en januari 1982. – Limosa 56, 249–257

Bergh, L. M. J. van den: 1985 – Watervogeltelling in januari 1983. – Limosa 58, 23–26

Bergh, L. M. J. van den: 1986 – Watervogeltelling in januari 1984. – Limosa 59, 33–37

Bergman, G.: 1941 – Der Frühlingszug von *Clangula hyemalis* (L.) und *Oidemia nigra* (L.) bei Helsingfors. – Ornis Fenn. 18, 1–26

–: 1956 – Om kullsammanslagning hos skrakar, *Mergus serrator* och *M. merganser*. – Flora och Fauna 51, 97–110

–: 1957 – Zum Problem der gemischten Kolonien: Die Reiherente *(Aythya fuligula)* und die Lariden. – Vogelwarte 19, 15–25

–: 1964 – Zum Problem der gemischten Kolonien: Tonband- und Dressurversuche mit Limicolen und Anatiden. – Ornis Fenn. 41, 1–13

–: 1965 – Der sexuelle Größendimorphismus der Anatiden als Anpassung an das Höhlenbrüten. – Comm. Biologicae 28, 1–10

Bergman, G..; K. O. Donner: 1964 – An analysis of the spring migration of the Common Scoter and the Long-tailed Duck in southern Finland. – Acta Zool. Fenn. 105, 1–59

Bergmann, H.-H.; H.-W. Selb: 1982 – Stimmen der Vögel Europas. – München

Berndt, R.; G. Merker: 1956 – Die Reimsdorfer Grubenteiche der Braunschweigischen Kohlenbergwerke als neu entstandener Lebensraum für Sumpf- und Wasservögel. – Natur Jagd Niedersachsen (Weigertal-Festschrift), 118–129

Bezzel, E.: 1959 – Beiträge zur Biologie der Geschlechter bei Entenvögeln. – Anz. Orn. Ges. Bayern 5, 269–355

–: 1961 – Über Mischgelege bei Enten. – Vogelwelt 82, 97–101

–: 1964 – Zum Frühjahrszug der Knäk- und Löffelente *(Anas querquedula* und *A. clypeata)* in Südbayern. – Anz. Orn. Ges. Bayern 7, 145–152

–: 1965 – Balz und Paarbildung von Gänse- und Zwergsägern im Winterquartier nach Beobachtungen aus Südbayern. – Vogelwelt 86, 112–122

–: 1966 – Zur Ermittlung von Gelegegröße und Schlüpferfolg bei Entenvögeln. – Vogelwelt 87, 97–106

–: 1967 – Vergleichende Beobachtungen über die Nestansprüche einiger Entenarten. – Orn. Mitt. 19, 101–103

–: 1968 – Die »Balz« von Tafel- und Reiherente *(Aythya ferina* und *A. fuligula)*. – Vogelwelt 89, 102–111

–: 1969 – Die Tafelente. – NBB 405

–: 1972 – Ergebnisse der Schwimmvogelzählungen in Bayern von 1966/67 bis 1971/72. – Anz. orn. Ges. Bayern 11, 221–247

–: 1972a – Wildenten. – BLV Jagdbiologie, München

–: 1985 – Kompendium der Vögel Mitteleuropas. – Nonpasseriformes. – Aula Verl.

–: 1986 – Struktur und Dynamik binnenländischer Rastbestände von Schwimmvögeln in Mitteleuropa. – Verh. orn. Ges. Bayern 24, 155–207

Bezzel, E.; U. Engler: 1985 – Rastbestände von Schwimmvögeln in Südbayern (Enten, Bläßhuhn). – Anz. orn. Ges. Bayern 24, 39–58

Bianki, V. V.: 1968 – Dinamika čislennosti obyknovennoj gagi v Kandalakškom zapovednik. – In: E. Kumari (ed.) Obyknovennaja gaga v SSSR. Tallinn 1968

Bianki, V. V.; Y. V. Krasnov: 1976 – Summer passage of the Common Scoter across the White Sea. – In: Bird Migration (ed. E. Kumari), Tallinn, 106

Bischof, H.-J.: 1979 – A model of imprinting evolved from neurophysiological concepts. – Z. Tierpsychol. 51, 126–139

Bjärvall, A.: 1969 – Unusual cases of renesting Mallards. – Wils. Bull. 81, 94–96

Blums, P.; A. Mednis; A. Petrinš: 1985 – Age – related aspects of diving duck reproduction. – Acta XVIII Congr. Int. Orn. Moscow 1982, 1083–1084

Borkenhagen, P.: 1979 – Schrotbleivergiftungen bei Wasserwild. – Z. Jagdwiss. 25, 178–179

Bourget, A.; P. Dupius; W. R. Whitman: 1986 – Les eiders hivernant dans le golfe du Saint-Laurent effectifs et distribution. – Can. Wildl. Serv., Rep. Ser. 47, 94–99

Boyd, H.: 1984 – US Fish and Wildlife Service estimates of duck numbers in northwestern Ontario, 1955–73. – Occasional Paper N° 54, Can. Wildl. Serv. 10–13

–: 1985 – The reported kill of ducks and geese in Canada and the USA, 1974 – 82. – Occasional Paper 55, Can. Wildl. Serv., 1–20

Boyd, H.; J. Harrison: 1961 – First autumn dispersal of hand-reared mallards. – 13th Ann. Rep. WAGBI 1960–1961, 70–76

Bräger, St.: 1986 – Brutbiologie und Populationsdynamik einer Population der Schellente *(Bucephala clangula)* in Norddeutschland. – Vogelwelt 107, 1–18

Brakhage, G. K.: 1953 – Migration and mortality of ducks hand-reared and wild-trapped at Delta, Manitoba. – J. Wildl. Manage, 17, 465–477

Brandt, A. von: 1972 – Fish catching methods of the world. – London

Brehm, J.; M. P. D. Meijering: 1979 – Die Wasservögel als Glieder limnischer Ökosysteme. – Arch. Hydrobiol. 85, 426–436

Brown, J. L.: 1969 – Territorial behavior and population regulation in birds. – Wilson Bull. 81, 293–329

Bruchholz, S.: 1965 – Gelegeverluste bei Wildenten in der Lausitz. – Abh. Ber. Naturkundemus. Görlitz 40, 1–7

Bruggers, R. L.; W. B. Jackson: 1977 – Time budgets of Mandarin Ducks under semi-natural Conditions. – Wildfowl 28, 87–93

Bryant, D. M.; J. Leng: 1975 – Feeding distribution and behaviour of Shelduck in relation to food supply. – Wildfowl 26, 20–30

Bub, H.: 1967 – Vogelfang und Vogelberingung Teil II. – NBB 377

Burckhardt, D.: 1952 – Bericht über die Wasservogelzählung im Winter 1951/52. – Orn. Beob. 49, 137–170

–: 1954 – Bericht über die Wasservogelzählung im Winter 1952/53 und 1953/54. Orn. Beob. 51, 205–220

–: 1958 – Bericht über die Wasservogelzählungen in den Wintern 1954/55 bis 1956/57 und über die internationalen Wasservogelzählungen von 1952/53 bis 1956/57. – Orn. Beob. 55, 1–30

Buxton, N. E.: 1981 – The importance of food in the determination of the winter flock sites of the Shelduck. – Wildfowl 32, 79–87

Byers, S. M.; R. A. Montgomery: 1981 – Stress response of captive Mallards to nasal saddles. – J. Wildl. Manage. 45, 498–501

Campbell, L. H.: 1977 – Local variations in the proportion of adult males in flocks of Goldeneye wintering in the Firth of Forth. – Wildfowl 28, 77–80

Campbell, L. H.; H. Milne: 1977 – Goldeneye feeding close to sewer outfalls in winter. – Wildfowl 28, 81–85

Campredon, P.: 1981 – Hivernage an Canard siffleür *Anas penelope* L. en Camargue (France) stationnements et activités. – Alaŭda 49, 161–193

Carbonell, M.; J. Munoz Cobo: 1980 – Censo español de aves acuaticas, enero 1976. – Ardeola 25, 1978, 3–46

Chura, N. J.: 1961 – Food availability and preferences of juvenile Mallards. – Trans. N. Am. Wildl. Conf. 26, 121–134

Clausager, I.: 1979 – Breeding migration and hunting of some game species in Denmark. Kalø, Game Biology Station (zit. in Hepburn, 1984)

–: 1983 – Oil pollution in Danish waters. – Ornis Fennica, Suppl. 3, 110–111

Clausen, B.; C. Wolstrup: 1979 – Lead poisoning in game from Denmark. – Dan. Rev. Game Biol. 11 (2)

Cline, D. R.; R. J. Greenwood: 1972 – Effect of certain anesthetic agents on Mallard ducks. – J. Amer. Veterin. Med. Ass. 161, 624–633

Cramp, S.; K. E. L. Simmons: 1977 – Handbook of the Birds of Europe, the Middle East and North Africa. The Birds of the Western Palearctic. – Bd. 1. – Oxford

Creutz, G.: 1971 – Die Verlusthöhe bei Schofen der Stock- *(Anas platyrhynchos)* und Tafelente *(Aythya ferina)* und ihre Staffelung. – Beitr. Vogelkd. 17, 280–285

Curry-Lindahl, K.: 1964 – The situation of ducks, geese and swans in Norway, Sweden and Finland. – In: Swift, J. J. (ed.): Proc. 1st Europ. Meet. Wildf. Conserv., 3–13

Curry-Lindahl, K.: 1982 – Das große Buch vom Vogelzug. – Parey, Berlin und Hamburg

Curry-Lindahl, K.; L.-E. Esping; J. Höjer: 1970 – Status of wildfowl occurring in Sweden.
– Proc. Intern. Reg. Meet. Conserv. Wildfowl Resources, Leningrad 1968, 88–96

Dahlmann, G.: 1985 – Herkunft der Ölverschmutzungen an der deutschen Nordseeküste. – Seevögel 6 (Sonderband: Festschrift Vauk), 73–80

Dakhgan, A. M.; A. Bandak: 1970 – Status of wildfowl in Jordan. – Proc. Intern. Reg. Meet. Conserv. Wildfowl Resources, Leningrad 1968, 182–184

Dane, C. W.: 1968 – Age determination of blue-winged teal. – J. Wildl. Manage. 32, 267–274

Dane, Ch.; W. Steffen; P. Caldwell: 1973 – Maternal nesting behaviour by male Mallards. – Wildfowl 24, 158–161

Danell, K.; A. Anderson: 1975 – Blyhagelförekomst i andmager. – Stat. Naturvardsverk PM 583

Danell, K.; K. Sjöberg: 1977 – Seasonal emergence of chironomids in relation to egglaying and hatching of ducks in a restored lake (northern Sweden). – Wildfowl 28, 129–135

Dathe, H.; J. Profft: 1936 – Zur Frage des Geschlechtsverhältnisses bei ziehenden Reiher- und Tafelenten, *Nyroca fuligula* (L.) und *Nyroca f. ferina* (L.).– Mitt. Ver. Sächs. Orn. 5, 47–49

Davison, K. L.; J. L. Sell: 1974 – Dieldrin and DDT effects on reproduction and some hepatic mixed-function oxidases in the Mallard duck. – Arch. Environm. Contam. Toxicol. 2, 302–314

Davison, K. L.; J. L. Sell: 1974 – DDT thins shells of eggs from Mallard ducks maintained on ad libitum or controlled-feeding regiments. – Arch. Environm. Contam. Toxicol. 2, 222–231

Dementjev, G. P.; N. A. Gladkov: 1952 – Ptitsy Sovietskogo Sojusa, Bd. 4, – Moscow

Dennis, R.; H. Dow: 1984 – The establishment of a population of Goldeneyes breeding in Scotland. – Bird Study 31, 217–222

Dennis, D. G.; N. R. North: 1984 – Waterfowl densities in north-western Ontario during the 1979 breeding season. – Occasional paper № 54, Can. Wildl. Serv. 6–9

Deppe, H.-J.: 1985 – Entenkojen und Entenzug – Versuch einer Auswertung der Fangergebnisse nordfriesischer Entenkojen. – Vogelwelt 106, 1–24

Dierschke, V.: 1987 – Zum Schlafplatzverhalten der Schellente *(Bucephala clangula)* bei Schleimünde. – Corax 12, 123–135

Dittberner, H. und W.: 1987 – Zur Brutbiologie der Löffelente *(Anas clypeata)*. – Vogelwelt 108, 81–98

Dobrowolski, K. A.: 1973 – Role of birds in Polish wetland ecosystems. – Pol. Arch. Hydrobiol. 20, 217–221

Dobrowolski, K. A.; R. Halba; J. Nowicki: 1976 – The role of birds in eutrophication by import and export of trophic substances of various waters. – Limnologica (Berlin) 10, 543–549

Dobrynina, I. N.: 1985 – Characteristics of some bird species migrations according to the ringing data. – Acta XVIII Congr. Int. Orn. Moscow 1982, 1212

Doty, H. A.; R. J. Greenwood: 1974 – Improved nasal-saddle markers for Mallards. – J. Wildl. Manage. 38, 938–939

Doughty, R. W.: 1979 – Eider husbandry in the North Atlantic: trends and prospects. – Polar Rec. 19, 447–459

Dow, H.; S. Fredga: 1984 – Factors affecting reproductive output of the Goldeneye Duck. – J. Anim. Ecol. 53, 679–692
–: 1985 – Selection of nest sites by a hole-nesting duck, the Goldeneye *Bucephala clangula.*
– Ibis 127, 16–30

Drenckhahn, D.: 1970 – Untersuchungen am Regio olfactoria und Nervus olfactorius der Silbermöwe *(Larus argentatus)*. – Z. Zellforsch. 106, 119–142

Drent, R.; P. Swierstra: 1977 – Goose flocks and food finding: field experiments with Barnacle Geese in winter. – Wildfowl 28, 15–20

Drent, R.; B. Ebbinge; B. Weijand: 1978/79

– Balancing the energy budgets of arctic breeding goose throughout the annual cycle: a progress report. – Verh. orn. Ges. Bayern 23, 239–264

Duebbert, H. F.; J. T. Lokemoen: 1976 – Duck nesting in fields of undisturbed grass – legume cover. – J. Wildl. Manage. 40, 39–49

Dwyer, Th. J.: 1974 – Social behaviour of breeding Gadwalls in North Dakota. – Auk 91, 375–386

Dybbro, T.: 1978 – Oversigt over Danmarks fugle 1978. – København: Dansk Ornith. Foren.

Dzubin, A.: 1969 – Comments on carying capacity of small ponds for ducks and possible effects on Mallard production. – Saskatoon Wetlands Seminar. – Can. Wildl. Serv. Rep. Ser. 6, 138–160

Dzubin, A.; J. B. Gollop: 1972 – Aspects of Mallard breeding ecology in Canadian Parkland and grassland. – In: Population Ecology of Migratory Birds: A symposium, 113 –151

Eber, G.; J. Szijj: 1972 – Der Brutbestand der Entenvögel in der Bundesrepublik und die möglichen Folgen der frühen Jagderöffnung.
– Ber. Dtsch. Sekt. Int. Rat Vogelschutz 12, 36–39

Eber, G.; H. Niemeyer: 1982 – Dokumentation der Schwimmvogelzählung in der BRD von 1966/67 bis 1975/76. – Hrsg. vom Bundesministerium für Ernährung, Landwirtschaft und Forsten, Bonn

Eerden, M. R. van: 1984 – Waterfowl movements in relation to food stocks. – In: Coastal waders and wildfowl in winter (eds. P. P. Evans, J. D. Goss-Custard; H. G. Hale) Cambridge Univ. Press, Cambridge, 84–100

Eichler, W. D.: 1972 – Vögel als Quecksilberopfer. – Falke 19, 114–124

Eiserer, L.: 1980 – Long-term potential for imprinting in ducks and chickens. – J. exp. Anal. Behav. 33, 383–395

Elder, W. H.; M. W. Weller: 1954 – Duration of fertility in the domestic Mallard hen after isolation from the drake. – J. Wildl. Manage. 18, 495–502

Endler, B.: 1985 – Untersuchungen zur hormonalen Regulation der Mauser der Stockente *(Anas platyrhynchos* L.). – Diss. A, PH »Karl Liebknecht« Potsdam

Eriksson, M. O. G.: 1976 – Food and feeding habits of downy Goldeneye *Bucephala clangula* (L.) ducklings. – Ornis Scand. 7, 159–169
–: 1978 – Lake selection by Goldeneye ducklings in relation to the abundance of food. – Wildfowl 29, 81–85

Eriksson, M. O. G.: 1982 – Differences between old and newly established Goldeneye populations. – Orn. Fennica 59, 13–19
–: 1983 – The role of fish in the selection of lakes by nonpiscivorous ducks: Mallard, Teal and Goldeneye. – Wildfowl 34, 27–32
–: 1985 – Acidification of lakes: effects on waterbirds in Sweden. – Ambio 13, 260–262

Etienne, A.: 1964 – Der Einfluß von Testosteron auf das Verhalten junger Stockerpel *(Anas platyrhynchos* L.). – Z. Tierpsychol. 21, 822–836

Etienne, A.; H. Fischer: 1964 – Untersuchung über das Verhalten kastrierter Stockenten *(Anas platyrhynchos* L.) und dessen Beeinflussung durch Testosteron. – Z. Tierpsychol. 21, 348–358

Eygenraam, J. A.: 1957 – The sex ratio and production of the Mallard, *Anas platyrhynchos* L. – Ardea 45, 117–143

Fabricius, E.: 1937 – Några iakttagelser över viggens, *Nyroca fuligula* (L.), beroende av måsfåglarna såsom häckfagel iskärgården. – Ornis Fenn. 14, 115–125
–: 1964 – Crucial periods in the development of the following response in young nidifugous birds. – Z. Tierpsychol. 21, 326–337

Feiler, M.; B. Köhler: 1977 – Massensterben von Wasservögeln durch Botulismus auf der Potsdamer Havel im Sommer 1975. – Falke 24, 226–239

Ferguson, D. A.: 1972 – Waterfowl wintering, resting and breeding areas of the southwest Caspian lowlands. – Wildfowl 23, 5–24
–: 1968 – The breeding of the Common Scoter on Lower Lough Erne, Co. Fermanagh. – Irish Bird Rep. 15, 8–11

Festetics, A.: 1967 – Zur Ökologie der Reiherente *(Aythya fuligula),* eines neuen Brutvogels in Österreich.
– Vogelwelt 88, 43–59

Festetics, A.; B. Leisler: 1968 – Ökologische Probleme der Vögel des Neusiedlersee-Gebietes, besonders des WWF-Reservates Seewinkel, 1. und 2. Teil. – Wiss. Arb. Burgenland 40, 83–130

Fiala, V.: 1972 – Beitrag zur Populationsdynamik der Enten im Teichgebiet von Náměšť n. Osl.-Zool. Listy 21, 263–280

Fiala, V.: 1982 a – Bestände von *Anas crecca, A. querquedula, A. strepera* und *A. clypeata* in der Tschechischen Sozialistischen Republik. – Folia Zool. 31, 341–356

–: 1982 b – Der Jahreszyklus der Stockentenbestände *(Anas platyrhynchos)* in der Tschechischen Sozialistischen Republik. – Folia Zool. 31, 55–73

–: 1982 c – Bestände von *Aythya ferina* und *Aythya fuligula* in der Tschechischen Sozialistischen Republik. – Folia Zool. 31, 153–168

Fink, E.: 1965 – Geruchsorgan und Riechvermögen bei Vögeln. – Zool. Jb. Physiol. 71, 429–450

Fog, J.: 1964 – Dispersal and survival of released Mallards, *Anas platyrhynchos* L. – Danish Rev. Game Biol. 4 (3), 1–57

–: 1970 – Om andefugle contra elledninger. – Flora og Fauna 76, 141–144

–: 1971 – Survival and exploitation of Mallards *(Anas platyrhynchos)* released for shooting. – Dan. Rev. Game Biol. 6 (4), 1–12

Fog, M.: 1981 – Birds of the Waddensea. Final Rep. Sect. ›Birds‹ Wadden Sea Working Group (Eds. C. J. Smit; W. J. Wolff). Wigeon *(Anas penelope)*, 48–54

Fog, M.; J. Kraul: 1973 – Levels of polychlorinated biphenyls (PCB) and organochlorine insecticides in eggs from Eider *(Somateria mollissima)*. – Acta vet. scand. 14, 350–352

Folk, C.: 1971 – A study on diurnal activity rhythm and feeding habits of *Aythya fuligula*. – Acta sc. Nat. Brno 5, 1–39

Folk, C.; K. Hudeč; J. Toufar: 1966 – The weight of the Mallard, *Anas platyrhynchos*, and its changes in the course of the year. – Zool. Listy 15, 249–260

Folkestad, O.: 1973 – Midvinterteljingane av andefugl, rikser og vadfugl i Norge 8.–23. Januar 1972. – Sterna 12, 21–31

–: 1982 – The effect of mink predation on some seabird species. – Viltrapport 21, 42–49

Follestad, A.: 1986 – Seabird mapping in Norway and the work on consequences evalution, Seabird/oil. – Seevögel 7 (4), 51–56

Follestad, A.; B. H. Larsen; T. Nygård: 1986 – Sjøfuglundersøkelser langs kysten av Sør – og Nord-Trøndelag og sørlige deler av Nordland 1983–1986. – Viltrapport 41, Trondheim

Franck, K.: 1983 – Eiderente: Gut erholt ins Massensterben? Seevögel 4, VIII

Franzmann, N.-E.: 1983 a – The migration and survival of an Eider *Somateria m. mollissima* population in the southern Baltic. – Orn. Fenn. 3, 73–74

–: 1983 b – Ederfugle. – Jagt og natur, Dansk Vildtforsk. 1982–83, Medd. Nr. 186, 20–21

Fredga, G.; H. Dow: 1983 – Annual variation in the reproductive performance of Goldeneyes. – Wildfowl 34, 120–126

Friedrich, H.: 1961 – Die Moorente Brutvogel in Unterfranken. – Anz. orn. Ges. Bayern 6, 67–72

Frieling, H.: 1934 – Statistische Untersuchungen über das Geschlechtsverhältnis der Enten zur Zugzeit. – Vogelzug 5, 109–115

Friend, M.; M. A. Haegele; R. Wilson: 1973 – DDE: Interference with extra-renal salt excretion in the Mallard. – Bull. Environm. Contam. & Toxicol. 9, 49–53

Friend, M.; D. O. Trainer: 1974 – Response of different – age Mallards to DDT. – Bull. Environm. Contam. & Toxicol. 11, 49–56

Gardarsson, A.: 1967 – The waterfowl situation in Iceland. – In: Proc. 2nd Europ. Meet. Wildf. Conserv., 78–80

Gardarsson, A.: 1975 – Rit Landvernder 4. – Votlendi 100–134

–: 1978/79 – Population trends in diving ducks at Myvatn, Iceland, in relation to food. – Verh. orn. Ges. Bayern 23, 191–200

Geis, A. D.: 1963 – Role of hunting regulations in migratory bird management. – Trans. N. Am. Wildl. Nat. Resourc. Conf. 28, 164–171

Geis, A. D.; R. K. Martinson; D. R. Anderson: 1969 – Establishing hunting regulations and allowable harvest of Mallards in the United States. – J. Wildl. Mgmt. 33, 849–859

Geyr v. Schweppenburg, H.: 1929 – Das

»Reihen« der Stockenten. – Beitr. Fortpfl. Vögel 5, 169–173

Geyr v. Schweppenburg, H.: 1953 – Zum Reihen der Enten. – J. Orn. 94, 117–127

Gilmer, D. S.; I. J. Ball; L. M. Cowardin; J. H. Riechmann; J. R. Tester: 1975 – Habitat use and home range of Mallards breeding in Minnesota. – J. Wildl. Manage. 39, 781–789

Giøsaeter, J.; R. Saetre: 1974 – Predation of eggs of Capelin *(Mallotus villosus)* by diving ducks. – Astarte 7, 83–89

Godin, P. R.; D. E. Joyner: 1981 – Pond ecology and its influence on mallard use in Ontario, Canada. – Wildfowl 32, 28–34

Goethe, F.: 1981 – Birds of the Waddensea. Final Rep. Sect. ›Birds‹ Wadden Sea Working Group, Eds. C. J. Smit; W. J. Wolff. – Shelduck (Tad. tad.), 37–48

Goethe, F.; H. Heckenroth; H. Schumann: 1985 – Die Vögel Niedersachsens und des Landes Bremen. – Nat.schutz Landsch.pflege Niedersachsen Sonderreihe B, H. 2.2

Gorčkov, Y. A.: 1984 – Effektivnost rasmnoženia i čislennost vodoplavajuščich ptic Kuybyševskogo i Nižnekamskogo vodochranlišč. – Sovremennoe sostojanie ressursov vodoplavajuščich ptic. Moskva 1984, 41–42

Gorman, M. L.; H. Milne: 1972 – Creche behaviour in the Common Eider *Somateria m. mollissima* L. – Ornis Scand. 3, 21–25

Gorski, W.; S. Strawinski: 1986 – Winter and early spring distribution and numbers of some diving ducks on the Polish Baltic coast. – Vår Fågelv. Suppl. 11, 35–41

Gorski, W.; B. Wiatr: 1986 – Breeding distribution and conservation of diving ducks in NW Poland. – Vår Fågelv. Suppl. 11, 43–49

–: 1961 – The following-response and imprinting in wild and domestic ducklings of the same species *(Anas platyrhynchos)*. – Behav. 18, 205–228

Gottlieb, G.: 1968 – Species recognition in ground-nesting and hole-nesting ducklings. – Ecology 49, 87–95

Graziadei, P.; L. H. Bannister: 1967 – Some observations on the fine structure of the olfactory epithelium in the domestic duck. – Z. Zellforsch. 80, 220–228

Greenwood, R. J.: 1975 – Reproduction and development of four Mallard lines. – Prairie Nat. 7, 9–16

Grenquist, P.: 1965 – Changes in abundance of some duck and seabird populations of the coast of Finland 1949–1963. – Finn. Game Res. 27, 1–114

–: 1970 – Status of species of wildfowl occurring in Finland. – Proc. Intern. Reg. Meet. Conserv. Wilford Resources, Leningrad 1968, 83–87

Grice, D.; J. P. Rogers: 1965 – The wood duck in Massachusetts. – Massachusetts Div. Fish. Game, Boston

Grüll, A.: 1983 – Erstes gesichertes Auftreten von Wasservogel-Botulismus im Seewinkel, Burgenland. – Egretta 26, 51–65

Güntert, M.: 1986 – Gänsesäger *Mergus merganser* erstickt an zu großer Beute. – Orn. Beob. 83, 136–137

Haapanen, A.: 1968 – Project MAR in Finland. – Finlands Natur 27, 25–28

–: 1973 – Inland and coastal waterfowl census in Finland. A review. – Finn. Game Res. 33, 3–11

Haapanen, A.; L. Nilsson: 1979 – Breeding waterfowl populations in northern Fennoscandia. – Ornis Scand. 10, 145–219

Haapanen, A.; O. Paasivirta: 1973 – The waterfowl in eutrophic waters in south west Finland. – Finn. Game Res. 33, 13–26

Haartman, L. v.: 1937 – Till kännedom om viggens *(Nyroca fuligula* L). häckningspsykologii skärgården. – Ornis Fenn. 14, 105–134

–: 1973 – Changes in the breeding bird fauna of North Europe. In: D. S. Farner (ed.), Breeding Biology of Birds. – Nat. Acad. Sci., Washington

Hälterlein, B.: 1985 – Botulismus 1984 in der Wedeler Marsch. – Hamb. avifaun. Beitr. 20, 125–135

Hájek, V.: 1977 – Wasser- und Sumpfvogelvergiftungen auf den südmährischen Teichen. – Zprávy Moravskěho orn. sdruženi 19, 96–98

Håland, A.: 1983 – Temporary absence from the brood of female Mallard *Anas platyrhynchos*. – Ibis 125, 240–243

Hansen, S. G.: 1980 – Selection of nest-sites of the Goosander (M. m. m. L.) in Denmark. A further test of Hildéns theories concerning habitat selection in birds. – Danske Fugle 32, 177–192

Hanssen, O. J.: 1982 – Impact on the local breeding population of Common Eider, Red-breasted Merganser and Black Guillemot in the Østfold archepelago after an oil spill 1978 (I). – In: Negative Faktorer for Sjøfugl, Viltrapport 21, 51–56

Hartman, G.: 1985 – Foods of male Mallard, before and during moult, as determined by faecal analysis. – Wildfowl 36, 65–71

Hartwig, E.; S. Lüdtke: 1985/86 – Auswirkungen »schleichender« Verölung auf die Vogelwelt im Bereich der Nordseeinsel Sylt im Winter 1984/85. – Ang. Orn. 6, 1–16

Harradine, J.: 1981 – The duck production survey 1978/79–1980/81. – Publ. Brit. Assoc. Shooting and Conserv. (BASC) 1–29

Harradine, J.: 1985 – Duck shooting in the United Kingdom. – Wildfowl 36, 81–94

Harrison, J. G.: 1982 – Creating and improving inland wading bird habitat at Sevenoaks, England. – In: Scott, D. A. (Ed.) Managing Wetlands and their Birds, Publ. Int. Waterfowl Res. Bureau, 137–142

Hauri, R.: 1986 – Fischende Gänsesäger *Mergus merganser* und ihre Nutznießer. – Orn. Beob. 83, 72–73

Havlin, J.: 1966a – Breeding success of the Pochard and Tufted Duck in Czechoslovakia. – Bird Study 13, 306–310

–: 1966b – Nest sites of the European Pochard and Tufted Duck in Czechoslovakia. – Zool. Listy 15, 333–344

–: 1970 – Natural productivity of wildfowl on the Náměštske rybniky ponds (Czechoslovakia). – Zool. Listy 19, 343–364

–: 1971 – Differences in breeding success of the Pochard and Tufted Duck. – Zool. Listy 20, 85–95

–: 1982 – The results of stationary wing-tagging of waterfowl young. – Folia Zool. 31, 321–339

Havlin, J.; S. Havlinova: 1969 – Sex, age and weight in waterfowl found in hunter's bags. – Zool. Listy 18, 285–293

Heath, R. G.; J. W. Spann; J. F. Kreitzer: 1969 – Marked DDE impairment of Mallard reproduction in controlled studies. – Nature 224, 47–48

Heinroth, O.: 1911 – Beiträge zur Biologie, namentlich Ethologie und Psychologie der Anatiden. – Proc. Int. Orn. Congr. 5, 589–702

Heinroth, O.: 1910 – Beobachtungen bei einem Einbürgerungsversuch mit der Brautente. – J. Orn. 58, 101–156

Heinroth, O.; M. Heinroth: 1928 – Die Vögel Mitteleuropas, Bd. 3. – Berlin-Lichterfelde

Heinroth, O.; M. Heinroth: 1931 – Die Vögel Mitteleuropas, Bd. IV, Berlin

Heinz, G. H.: 1975 – Effects of methylmercury on approach and avoidance behavior of Mallard ducklings. – Bull. Environm. Contam. Toxicol. 13, 554–564

–: 1976 – Methylmercury: Second – generation reproductive and behavioral effects on Mallard ducks. – J. Wildl. Manage, 40, 710–715

Heinz, G. H.: 1979 – Methylmercury: reproductive and behavioural effects on three generations of Mallard Ducks. – J. Wildl. Manage. 43, 394–401

Heinz, G. H.; L. N. Locke: 1976 – Brain lesions in Mallard ducklings from parents fed methylmercury. – Avian Deseases 20, 9–17

Heise, G. A.: 1953 – Auditory thresholds in the pigeon. – Am. J. Psychol. 116, 1–19

Helbig, L.: 1966 – Die Anatiden in der Oberlausitzer Teichlandschaft (I). – Abh. Ber. Naturkundemuseum Görlitz 41, 1–20, H. 8

Hepburn, I. R.: 1984 – Migratory Bird Hunting in European Community Countries. A Compendium of Population and Hunting Data. – Fed. Hunting Assoc. EEC, Brüssel

Hepp, G. R.: 1984 – Dominance in wintering Anatinae: potential effects on clutch size and time of nesting. – Wildfowl 35, 132–134

Herre, W.; M. Röhrs: 1971 – Domestikation und Stammesgeschichte. – In: Die Evolution der Organismen, Bd. II/2 (Hrsg. Heberer), Stuttgart

Hess, E. H.: 1973 – Imprinting. – Van Nostrand Reinhold, N. Y.

Heusmann, A. W.: 1975 – Several aspects of the nesting biology of yearling wood ducks. – J. Wildl. Manage. 39, 503–507

Heyder, R.: 1956 – Die Vogelwelt Sachsens. – Leipzig

Hickey, J. J.: 1952 – Survival studies of banded birds. – U. S. Fish Wildl. Serv. Spec. Sci. Rep. Wildl. 15, 177 S.

Hill, D. A.: 1984 – Population regulation in the Mallard *(Anas platyrhynchos)*. – J. Anim. Ecol. 53, 191–202

–: 1984a – Factors affecting nest success in the Mallard and Tufted Duck. – Ornis Scand. 15, 115–122

HILDEN, O.: 1964 – Ecology of duck populations in the island group of Valassaaret, Gulf of Bothnia. – Ann. Zool. 1, 153–279

HOBUSCH, E.: 1985 – Das große Halali. – Berlin

HOCHBAUM, H. A.: 1944 – The Canvasback on a Prairie Marsh. – Harrisburg

HOERSCHELMANN, H.; H. G. SCHULZ: 1984 – Beobachtungen an einer städtischen Stockenten-Population, *Anas platyrhynchos* L. (Aves). – Zool. Anz. 213, 339–354

HOFER, A.: 1983 – Brutbiologie und Strategien der Jungenaufzucht von Enten *(Anatidae)* im Ismaninger Teichgebiet. – Anz. orn. Ges. Bayern 22, 57–93

HOFFMANN, L.: 1965 – Das Internationale Zentrum für Wasservogelforschung. – IRV, Dt. Sekt. 5, 43–51

HOLM, E. R.; M. L. SCOTT: 1954 – Studies on the nutrition of wild waterfowl. – N. Y. Fish & Game J. 1, 171–187

HOLT, G.: 1969 – Mercury residues in wild birds in Norway 1965–1967. – Nord. Vet.-Med. 21, 105–114

HOLT, G.; J. SAKSHAUG: 1968 – Organochlorine insecticide residues in wildbirds in Norway 1965–1967. – Nord. Vet.-Med. 20, 685–695

HÖLZINGER, J.: 1977 – Der Einfluß von Sulfitzellstoff-Abwässern und Schwermetallen auf das Ökosystem des Öpfinger Donaustausees. – J. Orn. 118, 329–415

HOPE JONES, P.; P. K. KINNEAR: 1979 – Moulting Eiders in Orkney and Shetland. – Wildfowl 30, 109–113

HORI, J.: 1969 – Social and population studies in the Shelduck. – Wildfowl 20, 5–22

HOUWINK, E.: 1979 – Report on the numbers and population trends, hunting pressure and effects of sale for certain bird species in the Netherlands, Belgium and Luxemburg (zit. in HEPBURN, 1984)

HOVETTE, C.: 1974 – Le saturnisme des Anatidés sauvages. – Inst. Techn. Avicult.

HUBER, F.: 1956 – Über die Tauchtiefen unserer Wasservögel. – Orn. Beob. 53, 5–9

–: 1967 – Migration of the Czechoslovakian populations of dabbling ducks of the genus *Anas*. – Zool. Listy 16, 365–378

HUDÉC, K.: 1970 – Status of the species of wildfowl occurring in the ČSSR. – In: Proc. Int. Regional Meet. Conserv. Wildfowl Resources, Moscow. (ed. Y. A. ISAKOV)

–: 1979 – Der Einfluß der Schwankungen des Wasserspiegels auf die Nester der Wasservögel. – Folia Zool. 28, 269–282

HUDÉC, K.; W. ČERNÝ: 1972 – Fauna ČSSR, Ptáci 1. – Naklad. Česk. Akad. VĚD Prag 1972

HUDÉC, K.; I. PELLANTOVA: 1985 – Massensterben der Wasservögel in der ČSSR. – Beitr. Vogelkd. 31, 81–92

HUMBURG, D. D.; H. H. PRINCE; R. A. BISHOP: 1978 – The social organization of a Mallard population in northern Iowa. – J. Wildl. Manage. 42, 72–80

HYYTIÄ, K.; E. KELLOMÄKI; J. KOISTINEN (Eds.): 1983 – Suomen lintuatlas. – Lintutieto, Helsinki

IMPEKOVEN, M.: 1963 – Verbreitung und Fluchtmigration von Krickenten in den kalten Wintern 1956 und 1962/63. Eine vergleichende Analyse von Rückmeldungen in la Tour du Valat (Südfrankreich) beringter Tiere. – Intern. Union Game Biol., Transact. VIth Congr. Bournemouth, 293–307

–: 1964 – Zugwege und Verbreitung der Knäkente, *Anas querquedula;* eine Analyse der europäischen Beringungsresultate. – Orn. Beob. 61, 1–34

ISAKOV, Y. A.: 1970a – Distribution and number of waterfowl populations on their breeding grounds in Europe and West Asia. – Proc. Int. Reg. Meet. Conserv. Wildfowl Resources, Leningrad, 1968, 19–23

–: 1970b – Status and distribution of waterfowl resources in the western part of the USSR. – Proc. Int. Reg. Meet. Conserv. Wildfowl Resources, Leningrad 1968, 24–45

–: 1970c – Wintering of waterfowl in the USSR. – Proc. Int. Reg. Meet. Conserv. Wildfowl Resources, Leningrad 1968, 239–254

JACOB, J.-P.: 1983 – Anatides nicheurs en Wallonie et en Brabant. – Aves 20, 65–91

JACOBY, H.; H. LEUZINGER: 1972 – Die Wandermuschel *(Dreissena polymorpha)* als Nahrung der Wasservögel am Bodensee. – Anz. orn. Ges. Bayern 11, 26–35

JEPSEN, P. U.; A. H. JOENSEN: 1973 – The distribution and numbers of Goldeneye *(Bucephala clangula)* moulting in Denmark. – Dan. Rev. Game Biol. 8, 1–8

–: 1976 – Feeding ecology of Goldeneye *(Bucephala clangula)* during the wing-feather

moult in Denmark. – Dan. Rev. Game Biol. 10, 1–23
–: 1978 – Sex – and age composition of Goldeneye *(Bucephala clangula)* populations during the non – breeding season in Denmark. – Natura Jutlandica 20, 137–146

JOENSEN, A. H.: 1968 – Wildfowl counts in Denmark in November 1967 and January 1968 – Methods and results. – Dan Rev. Game Biol. 5, 1–72
–: 1972 – Studies on oil pollution and seabirds in Denmark 1968–1971. – Dan. Rev. Game Biol. 6
–: 1973 – Ederfuglen *(Somateria mollissima)* som ynglefugl i Danmark. – Danske Vildtundersøgelser 20, 5–36
–: 1974 – Wildfowl populations in Denmark 1965–1973. A survey of non – breeding populations of Ducks, Swans and Coot and their shooting utilization. – Dan. Rev. Game Biol. 9, 1–206
–: 1976 – Moulting and wintering seaducks in Denmark. – In: Bird Migration (Ed. E. KUMARI) Tallinn.
–: 1978 – Statistics of duck hunting in Denmark 1966–1976. – Dan. Rev. Game Biol. 10, (7)

JOENSEN, A. H.; J. MADSEN: 1985 – Waterfowl and raptors wintering in wetlands of western Greece, 1983–85. – Natura Jutlandica 21, 169–200

JÖGI, A. I.: 1961 – Zug von Wasservögeln und Wetterlage (abstract). – Vogelwarte 22, 306

JÖGI, A.: 1971 – Zum Mauserzug der Schellente *(Bucephala clangula)* und Trauerente *(Melanitta nigra)* in der Estnischen SSR. – Orn. Mitt. 23, 65–67

JOHNSGARD, P. A.: 1973 – Proximate and ultimate determinants of clutch size in *Anatidae*. – Wildfowl 24, 144–149

JOHNSON, A.; H. HAFNER: 1970 – Winter wildfowl counts in south – east Europe and western Turkey. – Wildfowl 21, 22–36

JOHNSTON, T. D.; G. GOTTLIEB: 1981a – Visual preferences of imprinted ducklings are altered by the maternal call. – J. Comp. Physiol. Psychol. 95, 663–675
–: 1981b – Development of visual species identification in ducklings: What is the role of imprinting? – Anim. Behav. 29, 1082–1099

JORDAN, J. S.; F. C. BELLROSE: 1950 – Shot alloys and lead poisoning in waterfowl. – Trans. N. Am. Wildl. Conf. 15, 115–168

JOUANIN, C.: 1970 – Present status of different species of wildfowl occurring in France. – Proc. Int. Reg. Meet. Conserv. Wildfowl Resources, Leningrad 1968, 154–160

JOYNER, D. E.: 1983 – Parasitic egg laying in redheads and ruddy ducks in Utah: incidence and success. – Auk 100, 717–725

KALBE, L.: 1958/59 – Zur Verbreitung und Ökologie der Wirbeltiere an stillgelegten Braunkohlengruben im Süden Leipzigs. – Wiss. Z. Univ. Leipzig, math.-nat. Reihe 8, 431–462
–: 1965 – Gewässertypen und die Möglichkeit ihrer Besiedlung mit Entenvögeln. – Falke 12, 10–16, 42–44
–: 1969 – Die Auswirkungen von Hausentenhaltungen auf die Wasservogelwelt. – Beitr. Vogelkd. 14, 225–230
–: 1970 – Das Vorkommen des Gänsesägers, *Mergus merganser,* in der Mark Brandenburg. – Beitr. Vogelkd. 16, 205–218
–: 1974 – Möglichkeiten zur planmäßigen Gestaltung von Wasservogelhabitaten. – Beitr. Vogelkd. 20, 390–393
–: 1978 – Ökologie der Wasservögel. – NBB 518
–: 1982 – Erfahrungen und Ergebnisse bei der Gestaltung von Wasservogelhabitaten. – Beitr. Vogelkd. 28, 41–47
–: 1985 – Zur Ökologie von Teichwirtschaften. – Beitr. Vogelkd. 31, 104–108

KARPOVIČ, V. N.; V. D. KOCHANOV: 1968 – Čistlennost i sesonnoe razmešenie obyknovennoj gagi na Evropejskom Severe RSFSR i mery pe ee ochrane. – In: KUMARI, E. (Hrsg.) Obyknovennaja gaga v SSSR, Tallinn

KARPOVIČ, V.; B. KESTER: 1970 – Resources of Eider on the Murman and White Sea. – Proc. Intern. Reg. Meet. Conserv. Wildfowl Resources, Leningrad 1968, 58–59

KARPPANEN, E.; K. HENRIKSSON; M. HELMINEN: 1970 – Kvicksilverhalt hos fagelvilt i Finland. – Nord. Med. 84, 1097–1098

KEAR, J.: 1965 – Internal food reserves of hatching Mallard ducklings. – J. Wildl. Mgmt. 29, 523–528
–: 1970 – Studies on the development of young Tufted Duck. – Wildfowl 21, 123–132

KEITH, L. B.: 1961 – A study of waterfowl ecology on small impoundments in southeastern Alberta. – Wildl. Monogr. № 6

KEMPKEN, E.; J. THIERY: 1986 – Erstnachweis der Eiderente *(Somateria mollissima)* als Brutvogel auf Helgoland im Jahr 1986. – Seevögel 7, 50

KEVE, A.: 1969/70 – A Balaton uszorecei *(Anas* sp.) – Aquila 76/77, 117–138

KIRCHHOFF, K.: 1981 – Zur Verbreitung der überwinternden Meerenten auf der offenen Kieler und Lübecker Bucht (westliche Ostsee). – Corax 8, 197–207

–: 1982 – Wasservogelverluste durch die Fischerei an der schleswig-holsteinischen Ostseeküste. – Vogelwelt 103, 81–89

–: 1983 – Truppgröße überwinternder Wasservögel an der Ostseeküste Schleswig-Holsteins. – Corax 9, 205–210

KIRCHHOFF, K.; P. PROKOSCH; H. THIESSEN: 1983 – Wasservogelerfassung mit dem Flugzeug an der schleswig-holsteinischen Ostseeküste. – Corax 9, 154–177

KLAFFKE, O.: 1984 – Zur Phänologie der Bergente *(Aythya marila)* in Nordrhein-Westfalen. – Charadrius 20, 17–23

KLAFS, G.; J. STÜBS: 1977 – Avifauna der Deutschen Demokratischen Republik, Bd. 1. – Die Vogelwelt Mecklenburgs, 1. Aufl.

–: 1987 – Avifauna der Deutschen Demokratischen Republik, Bd. 1. – Die Vogelwelt Mecklenburgs, 3. Aufl.

KLIMA, M.: 1966 – A study of diurnal activity rhythm in the European Pochard, *Aythya ferina* (L.), in nature. – Zool. Listy 15, 317–332

KLINT, T.: 1978 – Significance of mother and sibling experience for mating preferences in the Mallard *(Anas platyrhynchos)*. – Z. Tierpsychol. 47, 50–60

KLOMP, O.: 1970 – The determination of clutch size in birds. A review. – Ardea 58, 1–124

KNORRE, D. v.; G. GRÜN; R. GÜNTHER; K. SCHMIDT: 1986 – Avifauna der Deutschen Demokratischen Republik, Bd. 3, Die Vogelwelt Thüringens. – Jena

KÖHLER, B.; M. FEILER; F. FRIEDRICHS; E. BÖTTCHER: 1977 – Ausbruch von Botulismus bei Wasservögeln. – Mh. Vet.-med. 32, 178–182

KOEMAN, J. H.: 1971 – The occurrence and toxicological implications of some chlorinated hydrocarbons in the Dutch coastal area in the period from 1965 to 1970. – Thesis 1971, 79–81

KOLBE, H.: 1979 – Zu Problemen aus Gehegen entflogener oder im Freiflug gehaltener Anatiden in der DDR. – Ziergefl. Exoten 1

KOLBE, H.: 1981 – Die Entenvögel der Welt. – Neumann Verl. Leipzig, Radebeul

KONING, F. J.: 1973 – Quantitative Angaben über die in der Türkei überwinternden Anatiden. – Bonn. Zool. Beitr. 24, 219–226

KOOPMANN, G.: 1985 – Was bedeutet das MARPOL-Abkommen für die Nordsee? – Seevögel 6 (Sonderband: Festschrift Vauk), 54–62

KOSKIMIES, J.; L. LAHTI: 1964 – Cold-hardiness of the newly hatched young in relation to ecology and distribution in ten species of European ducks. – Auk 81, 281–307

KORTEGAARD, L.: 1968 – Studies over den Toppede Skalleslugers *(Mergus serrator)* ynglebiologi i Vejlerne. – Dansk Orn. Foren. Tidsskr. 62, 37–67

–: 1974 – An ecological outline of a moulting area of Teal, Vejlerne, Denmark. – Wildfowl 25, 134–142

KORYAKIN, A. S.: 1985 – Behavioral regulation of nests distribution of the Common Eider *(Somateria mollissima)*. – Acta XVIII Congr. Int. Orn. Moscow 1982, 1126

KOT, H.; P. ZYSKA; A. DOMBROWSKI: 1986 – Liczebnosc i rozmieszczenie ptakow wodnych w Polsce w styczniu 1985 roku. – Sprawozdanie nr 1 z programmu badawczego »Zimowanie Ptakow Wodnych«, Siedlce 1986

KRAPU, G. L.: 1981 – The role of nutrient reserves in Mallard reproduction. – Auk 98, 29–38

KRAPU, G. L.; H. A. DOTY: 1979 – Age – related aspects of Mallard reproduction. – Wildfowl 30, 35–39

KRAPU, G. L.; G. A. SWANSON: 1975 – Some nutritional aspects of reproduction in prairie nesting Pintails. J. Wildl Manage. 39, 156–162

KRIVONOSSOV, G.: 1970 – The Volga Delta as a wildfowl haunt. – Proc. Int. Reg. Meet. Conserv. Wildfowl Resources, Leningrad, 1968

KRIVENKO, V. G.: 1984 – Sovremennaja čislennosť vodoplavajuščich ptic sredinnogo regiona SSSR. – Sovremennoe sostojanie resursov vodoplavajuščich ptic, Moskva, 8–11

KROSIGK, E. v.: 1980 – Europa-Reservat Ismaninger Teichgebiet. – Anz. orn. Ges. Bayern 19, 75–106

KULLAPERE, A.: 1985 – The dynamics of the Eider population in the eastern part of the Baltic area in last hundred years. – Acta XVIII Congr. Int. Orn. Moscow 1982, 1130–1131

KUMARI, E. (ed.): 1970 – Waterfowl in Estonia. – Tallinn.

–: 1979 – Moult and moult migration of waterfowl in Estonia. – Wildfowl 30, 90–98

–: 1980 – Moult and moult migration of waterfowl in the Baltic basin. – Acta orn. 17, 37–44

–: 1981 – State of wetlands and numbers of waterfowl in the northwest of the USSR. – Proc. Symp. Mapp. Waterfowl Distrib., Migr. Habitats, Aluschta, Moskau 1981

–: 1983 – Characteristics of seaduck movements in the Baltic. – Ornis Fenn., Suppl. 3, 39–40

KUMARI, E.; H. MICHELSONS; T. L. IVANAUSKAS: 1970 – Wildfowl in the Soviet Baltic region. – In: Proc. Int. Regional Meet. Conserv. Wildf. Resources, Moscow. (Ed. Y. A. ISAKOV)

KUX, Z.: 1963 – Beitrag zur Kenntnis der Verbreitung und Bionomie der Entenvögel *(Anatidae)* im Inundationsgebiet des Unterlaufs der Thaya und der anliegenden Teiche. – Acta mus. Morav. 48, 167–208

LACK, D.: 1967 – The significance of clutch size in waterfowl. – Wildfowl Trust Ann. Rep. 18, 125–128

–: 1968 – Ecological Adaptations for Breeding in Birds. – London: Methuen

LAMPIO, T.: 1976 – Protection of waterfowl in Europe. – Finn. Game Res. 34, 16–33

LAMPIO, T.: 1977 – Changes in the protection of waterfowl in Europe in 1969–1975. – Finn. Game Res. 36, 1–13

LAMPIO, T.: 1983 – Waterfowl hunting in Europe, North America and some african and asian countries in 1980–81. – IWRB Special Publ. No 3

LANDERS, J. L.; A. S. JOHNSON; P. H. MORGAN; W. P. BALDWIN: 1976 – Duck foods in managed tidal impoundments in South Carolina.

– J. Wildl. Manage. 40, 721–728

LANGFORD, W. A.; E. A. DRIVER: 1979 – Quantification of the relationship between Mallard nest initiation and temperature. – Wildfowl 30, 31–34

LAURSEN, K.: 1985 – Jagt på vandfugle i Vadehavet samt det øvrige Sydjylland. – Dansk. Vildtundersøgelser 39, 5–60

LAURSEN, K.; I. GRAM; L. J. ALBERTO: 1983 – Short – term effect of reclamation on numbers and distribution of waterfowl at Højer, Danish Wadden Sea. – 3rd Nordic Congress, Meddelelse nr. 182 Kalø

LEBRET, T.: 1950 – The sex-ratio and the proportion of adult drakes of Teal, Pintail, Shoveler, and Wigeon in the Netherlands, based on field counts made during autumn, winter and spring. – Ardea 38, 1–18

–: 1961 – The pair-formation in the animal cycle of the Mallard. – Ardea 49, 97–158

–: 1982 – Over de geslachtsverhouding bij Slobeenden *Anas clypeata* in najaar en winter. – Limosa 55, 73–78

LECKEBUSCH, Ch.: 1979 – Das Wasservogelsterben im spanischen Nationalpark Coto Doñana. – Die Welt d. Tiere 6, 28–37 (H. 4)

LEHNER, P. N.; A. EGBERT: 1969 – Dieldrin and eggshell thickness in ducks. – Nature 224, 1218

LEE, F. B.; A. D. KRUSE: 1973 – High survival and homing rate of hand – reared wild-strain Mallards. – J. Wildl. Manage. 37, 154–159

LEIPE, Th.: 1985 – Zur Nahrungsökologie der Eisente *(Clangula hyemalis)* im Greifswalder Bodden. – Beitr. Vogelkd. 31, 121–140

–: 1986 – Über die Ursachen der Nachtaktivität von Bergenten *(Aythya marila)* und Reiherenten *(Aythya fuligula)* am Greifswalder Bodden außerhalb der Brutzeit. – Mitt. Zool. Mus. Berlin 62, Suppl.: Ann. Orn. 10, 117–125

LEIPE, T.; SELLIN, D.: 1983 – Zum Vorkommen von Bergenten *(Aythya marila)* und Eisenten *(Clangula hyemalis)* auf dem Greifswalder Bodden. – Orn. Rbr. Mecklenbg. NF 26, 34–47

LENDREM, D. W.: 1983 – Sleeping and vigilance in birds. I. Field observations of the Mallard *(Anas platyrhynchos)*. – Anim. Behav. 31, 532–538

LEUZINGER, H.: 1972 – Zur Ökologie der Schellente *Bucephala clangula* am wichtigsten Überwinterungsplatz des nördlichen Alpenvorlandes. – Orn. Beob. 69, 207–235

LEUZINGER, H.; S. SCHUSTER: 1970 – Auswirkungen der Massenvermehrung der Wandermuschel *Dreissena polymorpha* auf die Wasservögel des Bodensees. – Orn. Beob. 67, 269–274

LEVEQUE, R.: 1966 – Sobre avifauna de Portugal en invierno. – Ardeola 11, 101–107

LINDUSKA, J. P. (ed.): 1964 – Waterfowl tomorrow. – Washington

LINSELL, S. E.: 1969 – Pre – dusk and nocturnal behaviour of Goldeneye, with notes on population composition. – Wildfowl 20, 75–77

LIPPENS, L.; H. WILLE: 1972 – Atlas des oiseaux de Belgique et d' Europe occidentale. – Tielt: Lannoo

LIPPERT, W.; M. DORNBUSCH: 1974 – Das Vorkommen der Brandgans, *Tadorna tadorna* (L.) im Bezirk Magdeburg und in benachbarten Gebieten. – Beitr. Vogelkd. 20, 132–150

LOGMINAS, V.; A. PETRAITIS: 1972 – Didziosios anties *(Anas platyrhynchos)* ekologija lietuvoje. – Lietuvos TSR Aukštuju Mokyklu Mokslo Darbai, Biologija XII, 233–239

LONGCORE, J. R.; F. B. SAMSON; T. W. WITTENDAE: 1971 – DDE thins eggshells and lowers reproductive success of captive black ducks. – Bull. Environm. Contam. Toxicol. 6, 485

LONGCORE, J. R.; F. B. SAMSON; J. F. KREITZER; J. W. SPANN: 1971 – Changes in mineral composition of eggshells from Black Ducks and Mallards fed DDE in the diet. – Bull. Environm. Contam. Toxicol. 6, 345–350

LORENZ, K.: 1935 – Der Kumpan in der Umwelt des Vogels (Der Artgenosse als auslösendes Moment sozialer Verhaltensweisen). – J. Orn. 83 (H. 2/3)

–: 1941 – Vergleichende Bewegungsstudien an Anatiden. – J. Orn. (Heinroth-Festschrift) 89, 194–293

LÜTTSCHWAGER, J.: 1955 – Lamellenzahl an Entenschnäbeln. – Bonn. zool. Beitr. 6, 90–94

MADSEN, F. J.: 1954 – On the food habits of the diving ducks in Denmark. – Dan. Rev. Game Biol. 2, 157–226

–: 1957 – On the food habits of some fish – eating birds in Denmark. – Dan. Rev. Game Biol. 3, 21–83

MAHÉO, R.: 1981 – The french ornithological atlas. – Proc. Symp. Mapp. Waterfowl Distrib., Migr. Habitats, Aluschta 1976, Moskau 1981

MAJEWSKI, P.: 1980 – Metoda oceny wieku zarodka kaczki krzyzówki *(Anas platyrhynchos* L.) przez zanurzanie jaj w wodzie. – Wiadomosci Ekol. 26, 151–158

MAJEWSKI, P.: 1983 – Evolution of the role of the Słonsk Reserve (Poland) for waterfowl. – Acta orn. 19, 227–235

MAJEWSKI, P.: 1986 – Breeding ecology of the Mallard on a flooded area of the Warta river mouth, Poland. – Wildfowl 37, 88–103

MAKATSCH, W.: 1974 – Die Eier der Vögel Europas. Bd. I. – R. Neumann Verl., Radebeul

MAKEPEACE, M.; I. J. PATTERSON: 1980 – Duckling mortality in the Shelduck, in relation to density, aggressive interaction and weather. – Wildfowl 31, 57–72

MARTINSON, R. K.; A. D. GEIS; R. I. SMITH: 1968 – Black Duck harvest and population dynamics in eastern Canada and the Atlantic flyway. In: P. BARSKE (ed.) The Black Duck: Evaluation, management and research. Brew Printing

MAUERSBERGER, G.: 1978 – Über Umfang, Modalitäten und Bedeutung des ökologischen Plastizitätsbereiches. – Ann. Orn. 2, 105–132

MATTHEIS, J.; H. ARFERT; N. JUNG: 1971 – Zur Kontamination von DDT und HCH in Wildvogeleiern. – Biol. Rdsch. 9, 335–337

MATTHEWS, G. V. T.: 1961 – ›Nonsense‹ orientation in Mallard and its relation to experiments in bird navigation. – Ibis 103 a, 211–230

MATTHEWS, G. V. T.; J. A. EYGENRAM; L. HOFFMANN: 1963 – Initial direction tendencies in the European Greenwinged Teal. – Wildfowl Trust Ann. Rep. 14, 120–123

MATTHEWS, G. V. T.; M. E. EVANS: 1974 On the behaviour of the White-headed Duck with especial reference to breeding. – Wildfowl 25, 56–66

MATTHEWS, G. V. T.; D. L. REVETT: 1982 – ›Nonsense‹ orientation of Pintail, Wigeon and Mallard from Nacton, Suffolk. – Wildfowl 33, 145–150

Mc ILHENNY, E. A.: 1940 – Sex ratio in wild birds. – Auk 57, 85–93

Mc KINNEY, F.: 1965 – Spacing and chasing in breeding ducks. – Wildfowl Trust Ann. Rep. 16, 92–106

Mc Kinney, F.; W. R. Siegfried; I. J. Ball: P. G. H. Frost: 1978 – Behavioral specialization for river life in the African Black Duck *(Anas sparsa* Eyton). – Z. Tierpsychol. 48, 349–400

Mednis, A.; P. N. Blum: 1976 – Otlov nasiživajuščich utok i ich ptencov (W: Kol'cevanie v izučenii migracii ptic fauny SSSR. Red. V. D. Iličev). – Nauka, Moskva, 157–161

Meek, E. R.; B. Little: 1977 – The spread of the Goosander in Britain and Ireland. – Brit. Birds 70, 229–237

Meek, E.; B. Little: 1980 – Goosander studies in the British Isles. – Danske Fugle 32, 132–146

Melde, M.: 1962 – Entenbeobachtungen an einigen Teichen der Westlausitz. – Falke 9, 147–153

Merikallio, E.: 1958 – Finnish birds, their distribution and numbers. – Fauna Fennica 5, 1–181

Metras, L.: 1984 – Migratory bird killed in Canada during the 1982 season. – Progr. Notes Can. Wildl. Serv. 143, 1–39

Michelson, H.; G. Lejinsch; W. Klimpinsch; J. Wiksne: 1966 – Ortstreue und Ansiedlung einiger Enten (vorwiegend *Aythya fuligula* u. *Anas clypeata)* gemäß den Daten des Wiederfanges alt- und jungberingter Weibchen. – Proc. Int. Conf. Wildf. Res. Conserv. Brno

Michelson, H.; A. Mednis: 1974 – Sezonnoe razmeščenie širokonoski i chochlatoj černeti po dannym kol'cevanija v Latviskoj SSR. – V kn.: Materialy konf. po izučeniju migracij i ochrany ptic Baltijskogo bassejna. Tartu 1974, 41–42

–: 1976 – Sezonnoe razmeščenie širokonoski i chochlatoj černeti po dannym kol'cevanija v Latviskoj SSR. – V kn.: Migracij ptic. Tallin, Valgus 1976, 83–87

–: 1976 – Seasonal distribution of the Shoveler and the Tufted Duck in the Latvian SSR according to ringing data. – In: Bird Migration (ed. E. Kumari), Tallinn

Mihelsons, H. A.; A. A. Mednis; P. N. Blums: 1986 – Regulatory mechanisms of numbers in breeding populations of migratory ducks. – Acta XVIII Congr. Int. Orn., II, Moscow, 797–802

Mihelsons, H. A.; P. N. Blums: 1976 – Sorsien populaatioekologiasta Latviasse suurisuuntaisen rengastustutkimuksen valossa. – Lintumies 11, 98–106

Mikula, E. J.; G. F. Martz; L. A. Ryel: 1977 – A comparison of lead and steel shot for waterfowl hunting. – Wildl. Soc. Bull. 5, 3–8

Miller, D. B.: 1985 – Maternal alarm calls of Mallard ducks *(Anas platyrhynchos):* Production and perception. – Acta XVIII Congr. Int. Orn. Moscow 1982, 1144

Mineev, Y. N.: 1981 – Waterfowl population distribution in the Bolshezemelskaya tundra. – Proc. Symp. Mapp. Waterfowl Distrib., Migr., Habitats, Aluschta 1976, Moskau 1981

Mlikovsky, J.; K. Buřič: 1983 – Die Reiherente. – NBB 556

Möckel, R.: 1984 – Der Winterbestand der Stockente auf der Zwickauer Mulde. – Hercynia N. F. 21, 144–161

Møller, H. S.: 1983 – Danish wetland bird population and their protection. – Ornis Fenn. Suppl. 3, 104–106

Moritz, G.: 1983 – Vom Mauserzug der Eiderente *(Somateria mollissima)* an der Ostseeküste Schleswig-Holsteins bei Schleimünde. – Seevögel 4, 57–64

Moskalev, V.: 1985 – On the migration and reproduction of the Mallard in the northwestern part of the RSFSR. – Comm. Baltic Commission Study Bird Migration 18, 85–105

Muller, H. D.; D. C. Lockman: 1972 – Fecundity and progeny growth following subacute insecticide ingestion by the Mallard. – Poultry Sc. 51, 239–241

Munro, J. A.: 1941 – Studies on waterfowl in British Columbia. Greater Scaup Duck, Lesser Scaup Duck. – Can. J. Res., Sect. D, 19, 113–138

Nankinov, D.: 1981 – Săstojanie na gnezdovata populacija na ljatnoto b'rne *(Anas querquedula* L.) w Bălgarija. – Regionalen simpoznum po proekt 8-mad – junesko 20.–24. X. 1980. Blagoevgrad, s'ornik materiali sofija, ban, 1981

Naumann, J. F.: 1820–1844 – Naturgeschichte der Vögel Deutschlands. – Köthen

Naumann, J. F.; C. R. Hennicke: 1897–1905 – Naumann, Naturgeschichte der Vögel Deutschlands. – Gera-Untermhaus

Nehls, H.-W.: 1983 – The Shelduck *Tadorna tadorna* project of the Zoological Garden

Rostock – artificial population enlargement and migration of released bird. – Ornis Fenn. Suppl. 3, 77–78
–: 1985 – Herkunft und Zug im Rostocker Zoo rastender Stockenten. – Jahresber. 85, Rostocker Zoo, 23–25
NEMCEV, V. V.: 1956 – Ochotnice – promyslovye vodoplavajuščie pticy rybinskogo vodochranilišča i puti ich chozajstvennogo osvojenija. – Trudy Darvinskogo gosud. zapovednika 3, 91–292
NEUBAUER, W.: 1974 – Versuche zur Bestandshebung der Schellente. – Beitr. Vogelkd. 20, 416–420
–: 1980 – Die Brutvorkommen des Gänsesägers *(Mergus m. merganser)* in der DDR. – Danske Fugle 32, 168–170
NEUHAUS, W.: 1957 – Über das Verhältnis der Riechschärfe zur Zahl der Riechrezeptoren. – Verh. Dtsch. Zool. Ges., Graz, 385–392
NEWTON, I.; C. R. G. CAMPBELL: 1975 – Breeding of ducks at Loch Leven, Kinross. – Wildfowl 26, 83–102
NICHOLSON, A. J.: 1954 – Compensatory reactions of populations to stress, and their evolutionary significance. – Austr. J. Zool. 2, 1–8
NIEMEYER, H.: 1975 – Parameter zur Kennzeichnung von Wasservogelbeständen im Winterhalbjahr, dargestellt am Beispiel der Internationalen Entenvogelzählungen von 1951–1961. – J. Orn. 116, 154–167
NIETHAMMER, G.: 1963 – Die Einbürgerung von Säugetieren und Vögeln in Europa. – Parey, Hamburg-Berlin
NIITTYLÄ, J.: 1980 – On the development of some Goosander *(Mergus m. merganser* L.) populations in Finland. A review. – Danske Fugle 32, 158–165
NILSSEN, A. T.: 1982 – Catastrophic oil spill in the Skagerak area. – In: Negative Faktorer for Sjøfugl, Viltrapport 21, 56–57, Trondheim
NILSSON, L.: 1965 – Studies on the preening behavior of the Goldeneye. – Vår Fågelvärld 24, 301–309
–: 1966 – The behaviour of the Goosander *(Mergus merganser)* in the winter. – Vår Fågelvärld 25, 148–160
–: 1967 – Knipans vinterndbredning, flyttning och könskvot i Sverige. – Fauna och Flora 2–3, 75–99
–: 1969a – Food consumption of diving ducks at the coast of south Sweden in relation to food resources. – Oikos 20, 128–135
–: 1969b – The migration of the Goldeneye in north-west Europe. – Wildfowl 20, 112–118
–: 1970a – Food-seeking activity of south Swedish diving ducks in the non – breeding season. – Oikos 21, 145–154
–: 1970b – Local and seasonal variation in sex-ratios of diving ducks in South Sweden during the non – breeding season. – Ornis Scand. 1, 115–128
–: 1971 – Flyttning, hemortstrohet samt livslängd hos svenska knipor. – Vår Fågelvärld 30, 180–184
–: 1972 – Habitat selection, food choice, and feeding habits of diving ducks in coastal waters of South Sweden during the non – breeding season. – Ornis Scand. 3, 55–78
–: 1974a – Census of breeding *Anatidae* in Northern Sweden, June 1974. – Report
–: 1974b – Tio års midvinterinventeringar av skånska andfåglar. – Anser 13, 65–70
–: 1975 – Midwinter distribution and numbers of Swedish Anatidae. – Ornis Scand. 6, 83–107
–: 1977 – Rast- och övervintringslokaler för änder, svanar och sothöns i södra Sverige. – Statens naturvårdsverk 1977
–: 1979 – Projektrapporter – Internationella sjöfågelinventeringarna i Sverige 1978–1979. – Vår Fågelvärld 38, 281–285
–: 1980 – Wintering diving duck populations and available food resources in the Baltic. – Wildfowl 31, 131–143
–: 1983a – September counts of ducks, swans and certain other waterfowl along the west coast of Skane, south Sweden, 1962–1982. – Anser 22, 231–238
–: 1983b – September and January counts as a measure of changes in south Swedish Mallard populations. – Wildfowl 34, 89–98
–: 1984 – The impact of hard winters on waterfowl populations of south Sweden. – Wildfowl 35, 71–80
–: 1985 – Bestandsdichte und Vergesellschaftung brütender Wasservögel Südschwedens in Beziehung zur Produktivität der Seen. – J. Orn. 126, 85–92
NOLTE, W.: 1927 – Zum Geruchsvermögen der Enten. – Zool. Anz. 71, 115–135
NOWAK, E.: 1970 – Wildfowl situation in

Poland. – Proc. Intern. Reg. Meet. Conserv. Wildfowl Resources, Leningrad 1968, 131–134
–: 1982 – Die Bonner Konvention. – Natur u. Landsch. 57, 89–92
NOWYSZ, W.; T. WESEŁOWSKI: 1972 – Ptaki Kostrzyńskiego Zbiornika Retencyjnego i okolic w sezonie legowym. – Not. przyr. 6, 3–31
NUDDS, Th. D.; C. D. ANKNEY: 1982 – Ecological correlates of territory and home range size in North American dabbling ducks. – Wildfowl 33, 58–62
NYGÅRD, T.: 1985 – The wintering population of coastal seabirds and waterfowl in Norway. – Seabird Report, Proc. sec. Intern. Conf. Seabird Group, S. 16–18
–: 1987 – Results of waterfowl censuses in Norway. – Baltic Birds V, Nordic-Baltic Waterfowl Survey Group Meeting Riga, 1987

ODHAM, G.; E. STENHAGEN: 1971 – On the chemistry of preen gland waxes of waterfowl. – Acc. Chem. Res. 4, 121–128
ODIN, C. R.: 1957 – California gull predation on waterfowl. – Auk 74, 185–202
OELKE, H.: 1969 – Die Bedeutung des Großen Knechtsandes als Mausergebiet der Brandgans *(Tadorna tadorna)* im Gebiet der Deutschen Bucht. – Landsch. u. Stadt 3, 104–115
–: 1974 – Radiotelemetrische Untersuchungen an Brandgänsen *(Tadorna tadorna)* im Mausergebiet Gr. Knechtsand (Sommer 1973). – J. Orn. 115, 181–191
–: 1979 – Wovon ernähren sich Brandgänse im Mausergebiet Großer Knechtsand (Elbe-Weser-Mündung)? – Beitr. Naturk. Niedersachsens 32, 125–128
–: 1981 – Die Brandgans *(Tadorna tadorna)* in Niedersachsen. – Beitr. Naturk. Niedersachsens 34, 148–156
OGILVIE, M. A.: 1964 – A nesting study of Mallard in Berkeley New Dekoy, Slimbridge. – Wildfowl Trust 15th Ann. Rep. 1962/63, 84–88
OLNEY, P. J. S.: 1960 – Lead poisoning in wildfowl. – Bull. Brit. Orn. Club 80, 35–40, 53–59
–: 1965a – The food and feeding habits of the Shelduck *Tadorna tadorna.* – Ibis 107, 527–532
–: 1965b – The autumn and winter feeding biology of certain sympatric ducks. – Trans. VI Congr. Int. Union Game Biol. 309–320
–: 1967 – The WAGBI – Wildfowl Trust Experimental Reserve – Pt. II. The feeding ecology of local Mallard and other wildfowl. – Wildfowl Trust Ann. Rep. 18, 47–55
–: 1968 – The food and feeding-habits of the Pochard, *Aythya ferina.* – Biol. Cons. 1, 71–76
OLNEY, P. J. S.; D. H. MILLS: 1963 – The food and feeding habits of Goldeneye *Bucephala clangula* in Great Britain. – Ibis 105, 293–300
OLSEN, P.; H. SETTLE; R. SWIFT: 1980 – Organochlorine residues in wings of ducks in south-eastern Australia. – Aust. Wildl. Res. 7, 139–147
ONNO, S.: 1970 – The numbers and distribution of the Estonian waterfowl during the nesting season. – Waterfowl in Estonia 1970, 18–46
OWEN, M.: 1971 – The selection of feeding site by White – fronted Geese in winter. – J. Appl. Ecol. 8, 905–917
–: 1973 – The winter feeding ecology of Wigeon at Bridgewater Bay, Sommerset. – Ibis 115, 227–243
OWEN, M.; W. A. COOK: 1977 – Variations in bodyweight winglength and condition of Mallard and their relationship to environmental changes. – J. Zool. London 183, 377–395
OWEN, M.; S. MONTGOMERY: 1978 – Body measurements of Mallard caught in Britain. – Wildfowl 29, 123–134
OWEN, M.; G. L. ATKINSON-WILLES; D. G. SALMON: 1986 – Wildfowl in Great Britain. – 2. Aufl., Cambridge Univ. Press, Cambridge

PAAKSPUU, V.: 1969 – Present-day status of ducks moulting in the Matsalu Bay. – In: Comm. Baltic Comm. Study Bird Migr. 6, 99–104
PAAKSPUU, V.; A. MERISTE: 1980 – On the arrival of migratory birds at the Matsalu State Nature reserve in the spring of 1978. – Loodusvaatlusi 1978 I, 12–17
PALMER, R. S.: 1973 – Icelandic eiders – a few observations. – Wildfowl 24, 154–157
–: 1976 – Handbook of North American birds, Bd. 3. – Yale Univ. Press, New Haven

PALUDAN, K.: 1962 – Ederfuglene i de danske farvande. – Danske Vildtundersøgelser 10 (87 S.)

PATTERSON, J. H.: 1976a – The role of environmental heterogeneity in the regulation of duck populations. – J. Wildlife Manage. 40, 22–32

PATTERSON, I. J.: 1976b – The role of social behaviour in limiting the size of wildfowl populations and their output of young. – Wildfowl 27, 141–142

–: 1977 – Aggression and dominance in winter flocks of Shelduck *Tadorna tadorna* (L.). – Anim. Behav. 25, 447–459

PATTERSON, I. J.; A. GILBOA; D. J. TOZER: 1982 – Rearing other peoples' young; broodmixing in the Shelduck *Tadorna tadorna*. – Anim. Behav. 30, 199–202

PEARCE, P. A.; I. M. PRICE; L. M. REYNOLDS: 1976 – Mercury in waterfowl from eastern Canada. – J. Wildl. Manage. 40, 694–703

PEDROLI, J.-C.: 1982 – Activity and time budget of Tufted Ducks on Swiss lakes during winter. – Wildfowl 33, 105–112

PEHRSSON, O.: 1983 – Hornborgasjön som vattenmagasin, fiskodling och åkermark – blir detta den 10 000-åriga fågelsjöns nästa utvecklingsskede? – Vår Fågelvärld 42, 161–180

PEITZMEIER, J.: 1979 – Avifauna von Westfalen. – 2. Aufl. Abh. Landesmus. Naturk. Münster 41, Münster

PERDECK, A. C.; C. CLASON: 1983 – Sexual differences in migration and winter quarters of ducks ringed in the Netherlands. – Wildfowl 34, 137–143

PETERSEN, W.: 1984 – Der Bestand im Rantumbecken/Sylt rastender Zugvogelarten vor dem Salzwassereinstau im Juli 1982. – Seevögel 5 (Sonderband), 45–55

PHILIPS, R. E.: 1964 – »Wildness« in the Mallard duck; effects of brain lesions and stimulation on »escape behavior« and reproduction. – J. Comp. Neurol. 122, 139–155

PIENKOWSKI, M. W.; P. R. EVANS: 1982 – Breeding behaviour, productivity and survival of colonial and non-colonial Shelducks *Tadorna tadorna*. – Ornis Scand. 13, 101–116

POSTON, H. J.: 1974 – Home range and breeding biology of the Shoveler. – Can. Wildlife Serv. Rep. Ser. 25, 1–49

POUNDER, B.: 1976 – Waterfowl at effluent discharges in Scottish coastal waters. – Scot. Birds 9, 5–36

PRETSCHER, P.: 1984 – Kleingewässer schützen und schaffen. – AID-Broschüre 141, Bonn

RAJALA, P.; T. ORMIO: 1970 – On the nesting of the Goldeneye in the Meltaus Game Research Area in northern Finland, 1959–1966. – Finn. Game Res. 31, 3–9

REED, A.: 1975 – Migration, homing, and mortality of breeding female Eiders *Somateria mollissima dresseri* of the St. Lawrence Estuary, Quebec. – Ornis Scand. 6, 41–47

REED, A. (Ed.): 1986 – Eiderducks in Canada. – Can. Wildl. Serv., Rep. Ser. № 47

REICHHOLF, J.: 1973 – Begründung einer ökologischen Strategie der Jagd auf Enten *(Anatidae)*. – Anz. orn. Ges. Bayern 12, 237–247

–: 1976 – Die Wasservogelfauna als Indikator für den Gewässerzustand. – Landschaft + Stadt 8, 125–129

–: 1979 – Die Schellente *Bucephala clangula* als Wintergast in Südbayern, speziell am unteren Inn. – Anz. orn. Ges. Bayern 18, 37–48

–: 1983 – Ausbrüche von Enten-Botulismus im Sommer 1982 in Bayern. – Anz.. orn. Ges. Bayern 22, 37–56

REICHHOLF, J.; H. REICHHOLF-RIEHM: 1982 – Die Stauseen am Unteren Inn – Ergebnisse einer Ökosystemstudie. – Ber. Akad. Naturschutz Landschaftspflege (ANL) 6, 47–89

REINEKING, B.: 1984 – Zum Seevogelsterben durch Ölpest an der deutschen Nordseeküste im Winter 1982/83. – Seevögel 5, 43–49

RENNO, O.: 1968 – Bird migration. – In: KUMARI, E. (Hrsg.) Bird Life in Matsalu Bay, Tallinn

REYNOLDS, L. M.: 1971 – Pesticide residue analysic in the presence of polychlorobiphenyles (PCB's). – Residue Rev. 34, 27–57

RHEINWALD, G.: 1982 – Brutvogelatlas der Bundesrepublik Deutschland. – Kartierung 1980. – Schriftenreihe DDA 6

RICHARDSON, W. J.: 1978 – Timing and amount of bird migration in relation to weather: a review. – Oikos 30, 224–272

RIEDER, W.: 1984 – Erster Nistkasten – Brutnachweis des Gänsesägers *(Mergus merganser)* am Traunsee, OÖ. – Egretta 27, 80–84

RIJNSDORP, A. D.: 1986 – Gewichtsverloop vam de Smient *Anas penelope* tijdens zijn verblijf in Nederland. – Limosa 59, 38

Ringleben, H.: 1961 – Futtertauchende Stockenten *(Anas platyrhynchos)*. – Orn. Mitt. 13, 186

Røv, N.: 1982 – Olje og sjøfugle Helgelandskysten 1981. – Vår Fuglefauna 5, 91–95

Ross, R. K.; D. G. Dennis; G. Butler: 1984 – Population trends of the five most common duck species breeding in southern Ontario, 1971–76. – Occasional Paper No 54, Can. Wildl. Serv. 22–25

Rudolph, W.: 1980 – Die Stockente *(Anas platyrhynchos* L.) – ein Beispiel der aktuellen Bedeutung von Stammarten für die Tierzüchtung. – Beitr. Vogelkd. 26, 107–112

Rüger, A.; C. Prentice; M. Owen: 1986 – Population estimates and trends in selected species of ducks, swans and coot from the January counts in the Western palearctic. – IWRB Special Publ. № 6

Rutschke, E.: 1958 – Die Bedeutung der Struktur, insbesondere der Oberflächenbeschaffenheit des Gefieders für die Wasserfestigkeit von Schwimmvögeln. – Verh. Dt. Zool. Ges. 24, 277–283

–: 1960 – Untersuchungen über Wasserfestigkeit und Struktur des Gefieders von Schwimmvögeln. – Zool. Jb., Syst. Ökol. Geogr. 87, 441–506

–: 1966 – Die submikroskopische Struktur schillernder Federn von Entenvögeln. – Z. Zellforsch. 73, 432–443

–: 1969 – Ergebnisse der ersten Mittwinterzählung der Wasservögel in der DDR. – Beitr. Vogelkd. 14, 242–268

–: 1975 – Zur Überwinterung der Stockente und des Höckerschwans in Berlin und im Industriebezirk Halle. – Falke 22, 41–46

–: 1979 – Bemerkungen zum gegenwärtigen Status einiger Wasservögel auf dem Hintergrund der Artbeschreibungen von Naumann. – Wiss. H. PH Köthen, H.1, 127–138

– (Hsg.): 1983 – Avifauna der Deutschen Demokratischen Republik. – Bd. 2, Die Vogelwelt Brandenburgs. – Jena

–: 1985 – Bestandssituation und Entwicklungstrends von Wasservogelpopulationen in der DDR. – Beitr. Vogelkd. 31, 7–34

Rutschke, E.; B. Endler; B. Rahmig: i. Dr. – Über die Mauser der Stockente *(Anas platyrhynchos* L.) und ihre Regulation durch Sexualhormone. – Mitt. Zool. Mus. Berlin 65, Suppl.: Ann. Orn.

Rutschke, E.; R. Lehmann: 1975 – Zur Fortpflanzungsbiologie der Tafelente *(Aythya ferina)* bei optimalen Ernährungsbedingungen. – Beitr. Vogelkd. 21, 439–446

Rutschke, E.; D. Reymann: 1977 – In: Rutschke, E. et al. (1977) Brutverbreitung und Herbst- und Winterbestände einiger Wasservogelarten in der DDR. – Potsdamer Forsch. Reihe B, 9, 5–137

Rutschke, E.; H. Litzbarski; G. Schwede: 1973 – Untersuchungen zur Siedlungsdichte, Bestandsentwicklung, Biologie und Ernährung der Tafelente im Teichgebiet Peitz nebst Bemerkungen über das Vorkommen der Art in der DDR. – Beitr. Jagd-Wildforsch. VIII, 257–308

Rylander, M. K.; E. G. Bolen: 1970 – Ecological and anatomical adaptations of north american tree ducks. – Auk 87, 72–90

Sabinjewski, B. W.; W. I. Sewastjanow; T. B. Ardamatskaja: 1984 – Materialny po sostojaniju zimovki vodoplavajuščich ptic na severe azovčernomorja v sezon 1983–1984 gg. – Sovremennoe sostojanie resursov vodoplavajuščich ptic, Moskva, 78–80

Salmon, D. G.: 1981 – Numbers of swans and ducks in Britain, 1976–77 to 1979–80. – Wildfowl 32, 171

Salomonsen, F.: 1968 – The moult migration. – Wildfowl 19, 5–24

Saurola, P.: 1976 – The role of the Finnish archipelago in the passage of the northern sea- and shorebirds. – Bird Migration (ed. E. Kumari), Tallinn, 41–44

Schadt, J. C.; W. E. Southern: 1972 – Effects of solar cues on basic directional preferences of young Mallards. – Bird-Band. 43, 47–53

Scherner, E. R.: 1973 – Ungewöhnliche Bruttermine von Stockenten *(Anas platyrhynchos)* und Ringeltaube *(Columba palumbus)*. – Orn. Mitt. 25, 246

Schifferli, A.: 1961 – Zugverhalten und »Auswanderung« (abmigration) der Stockente, *Anas platyrhynchos*, in der Schweiz. – Vogelwarte 21, 104–112

Schifferli, L.: 1982 – Waterfowl counts and duck wing analysis in Switzerland. – Proc. 2nd. Techn. Meet. Western Palearctic Migr. Bird Mgmt., Paris 1979

–: 1983 – Distribution and numbers of ducks wintering on Swiss waters, 1967–81, and possible factors affecting them. – First

Western Hemisphere waterfowl and waterbird symposium, Edmonton, Canada, 1982

SCHIFFERLI, A.; P. GEROUDET; R. WINKLER (eds.): 1980 – Atlas des oiseaux nicheurs de Suisse. – Sempach – Schweizerische Vogelwarte

SCHMEDEMANN, R.; E. HAASE: 1984 – Zur Wirkung von Sexualhormonen auf das Verhalten kastrierter Stockerpel *(Anas platyrhynchos* L.) (Anseriformes; *Anatidae).* II. Kampf- und Fluchtverhalten. – Zool. Anz., Jena 213, 355–373

SCHMIDT, G. A. J.: 1966 – Zum Vorkommen und Verhalten der Eisenten auf der westlichen Ostsee. – Corax 1, 216–250

–: 1976 – The overland-migration of waterfowl over Schleswig-Holstein. In: Bird Migration (ed. E. KUMARI), Tallinn, 87–99

–: 1983 – The moult migration of the Common Eider *Somateria mollissima* cross Schleswig-Holstein towards the North Sea. – Ornis Fenn., Suppl. 3, 48–50

SCHMIDT-MOSER, R.: 1980 – Hauke-Haien-Koog-Bericht 1979. – Seevögel 1, 1–21

–: 1986 – Die Vogelwelt im Hauke-Haien-Koog. Eine Auswertung der Vogelwarteberichte von 1971–1984. – Seevögel 7 (Sonderheft), 3–49

SCHUBERT, R.: 1986 – Lehrbuch der Ökologie. – Jena

SCHUSTER, L.: 1934 – Zwei Unzertrennliche: Zwergsäger und Schellente. – Dt. Waidwerk 39, 315

SCHUSTER, S.: 1976 – Die monatlichen Wasservogelzählungen am Bodensee 1961/62 bis 1974/75. – Orn. Beob. 73, 49–65, 209–224

SCHUTZ, F.: 1965 – Sexuelle Prägung bei Anatiden. – Z. Tierpsychol. 22, 50–103

–: 1971 – Prägung des Sexualverhaltens von Enten und Gänsen durch Sozialeindrücke während der Jugendphase. – J. Neuro-Visceral Relations, Suppl. X, 339–357

SCHWARTZKOPFF, J.: 1952 – Über den Gehörsinn der Vögel. – J. Orn. 93, 91–103

–: 1960 – Physiologie der höheren Sinne bei Säugern und Vögeln. – J. Orn. 101, 61–91

SCHWEDE, G.; E. RUTSCHKE: 1978 – Zum Nahrungstauchen der Stockente, *Anas platyrhynchos,* in intensiv fischereiwirtschaftlich genutzten Teichgebieten. – Beitr. Vogelkd. 24, 97–98

SCOTT, D. A.: 1980 – A preliminary inventory of wetlands of international importance for waterfowl in west Europe and northwest Africa. – IWRB Spec. Publ. № 2

–: 1982 – Problem in the management of waterfowl populations. In: M. SMART (Ed.) Proc. 2nd Tech. Meet. Western Palearctic Migr. Bird Mgmt., Paris 1979

SEYMOUR, N. R.: 1974 – Aerial pursuit flights in the Shoveler. – Can. J. Zool. 52, 1473–1480

–: 1985 – Comparision of the social systems of seven species of ducks in the genus *Anas.* – Acta XVIII Congr. Int. Orn. Moscow 1982, 1171

SEYMOUR, N. R.; R. D. TITMAN: 1978 – Changes in activity patterns, agonistic behavior, and territoriality of Black Ducks *(Anas rubripes)* during the breeding season in a Nova Scotia tidal marsh. – Can. J. Zool. 57, 1773–1785

SEZEN, I. Y.; E. GREUEL: 1984a – *Clostridium botulinum.* – Intoxikationen als Todesursache bei Vögeln in einem Feuchtbiotop. – Prakt. Tierarzt 2, 131–132

–: 1984b – Botulismus als Todesursache in Wasservogelpopulationen des Erftkreises. – Z. Jagdwiss. 30, 59–63

SHARROCK, J. T. R.: 1976 – The Atlas of Breeding Birds in Britain and Ireland. – BTO, Poser, Berkhamsted

SHARROCK, J. T. R. and the Rare Breeding Birds Panel: 1980 – Rare breeding birds in the United Kingdom in 1978. – Brit. Birds 73, 5–26

SIEGFRIED, W. R.: 1968 – The Black Duck in the South – western Cape. – Ostrich 39, 61–75

–: 1974 – Climbing ability of ducklings of some cavity – nesting waterfowl. – Wildfowl 25, 74–80

SJÖBERG, K.: 1980 – The Goosander – Relation to man. – Danske Fugle 32, 152–157

SOIKKELI, M.: 1976 – Flight survey of Eider drakes in the Baltic Sea. – In: Bird Migration (ed. E. KUMARI), Tallinn, 107–111

SOUDEK, S.: 1927 – The sense of smell in birds. – 10ieme Congr. Intern. Zool. Budapest 1, 755–765

SPINLER, H.: 1985 – Erfolgreiche Brut der Pfeifente *(Anas penelope)* 1984 am Altmühlsee. – Orn. Mitt. 37, 162–163

SPURR, E. B.; H. MILNE: 1976 – Factors affecting laying date in the Common Eider. –

Wildfowl 27, 107–109

Stastny, K.; A. Randik; K. Hudec: 1987 – Atlas hnizdniho rozsireni ptaku v ČSSR 1973/77. – Academia Praha

Stjernberg, T.: 1982 – The size of the breeding Eider population of the Baltic in the early 1980's. – Orn. Fenn. 59, 135–140

Stokes, A. W.; K. Immelmann: 1978 – Praktikum der Verhaltensforschung. – Fischer Verlag, Stuttgart – New York

Stott, R. S.; D. P. Olson: 1973 – Food – habitat relationship of sea ducks on the New Hampshire coastline. – Ecology 54, 996–1007

Stotts, V. D.; D. E. Davis: 1960 – The Black Duck in the Chesapeak Bay of Maryland: Breeding behavior and biology. – Chesapeak Sci. 1, 127–156

Street, M.: 1975 – Seasonal changes in the diet, body weight and condition of fledged Mallard in eastern England. – XII Congr. I.U.G.B.

–: 1977 – The food of Mallard ducklings in a wet gravel quarry, and its relation to duckling survival. – Wildfowl 28, 113–125

–: 1978 – The role of insects in the diet of Mallard ducklings – an experimental approach. – Wildfowl 29, 93–100

Stresemann, E.: 1940 – Zeitpunkt und Verlauf der Mauser bei einigen Entenarten. – J. Orn. 88, 288–333

Sudgen, L. G.; H. J. Poston: 1968 – A nasal marker for ducks. – J. Wildl. Manage. 32, 984–986

Suter, W.: 1982 a – Methodische Hinweise zum Zählen von Schellenten *Bucephala clangula*. – Orn. Beob. 79, 129

–: 1982 b – Vergleichende Nahrungsökologie von überwinternden Tauchenten *(Bucephala, Aythya)* und Bläßhuhn *(Fulica atra)* am Untersee – Ende/Hochrhein (Bodensee). – Orn. Beob. 79, 225–254

Swennen, C.: 1968 – Nest protection of Eiderducks and Shovelers by means of faeces. – Ardea 56, 248–258

–: 1978 – Geographical distribution of recoveries of Eiders *(Somateria mollissima)* ringed in the Dutch Wadden Sea area. – Proc. Symp. Sea Ducks, 16.–17. Juni 1975, Stockholm

Swennen, C.; P. Duiven; L. A. F. Reyrink: 1979 – Notes on the sex ratio in the Common Eider *Somateria mollissima* (L.). – Ardea 67, 54–61

Swift, J.: 1976 – Ducks, Ponds and People. – WAGBI-Cons. Publ. 1–112

Szabo, F.: 1970 – Status of wildfowl occurring in Hungary. – Proc. Intern. Reg. Meet. Conserv. Wildfowl Resources, Leningrad 1968, 139–142

Szijj, J.: 1965 – Ökologische Untersuchungen an Entenvögeln *(Anatidae)* des Ermatinger Beckens (Bodensee). – Vogelwarte 23, 24–71

–: 1973 – Breeding populations of *Anatidae* in the Federal Republic of Germany. – IWRB Bull. № 35, 14–15

–: 1977 – Federal Republic of Germany (report to XXIIIrd IWRB Board Meet.). – IWRB Bull. № 43/44, 23–24

–: 1981 – Ökologische Wertanalyse der Mündungsgebiete der Flüsse Louros und Arachtos am Amvrakischen Golf, Bd. 1 und 2. – Essen (Gesamthochschule)

–: 1983 – Ökologische Wertanalyse des Achelos-Deltas (Westgriechenland). – Essen (Gesamthochschule)

Tamisier, A.: 1972 – Etho – ecologie des Sarcelles d'hiver *Anas c. crecca* (L.) pendant leur hivernage en Camargue. – Thèse, Univ. Sci. Techn. Languedoc

Tamisier, A.: 1974 – Etho – ecological studies of Teal wintering in the Camargue (Rhône-Delta, France). – Wildfowl 25, 123–133

–: 1978/79 – The functional units of wintering ducks: a spatial integration of their comfort and feeding requirements. – Anz. orn. Ges. Bayern 23, 229–238

–: 1985 – Hunting as a key environmental parameter for the Western Palearctic duck populations. – Wildfowl 36, 95–103

Tamisier, A.; T. Saint-Gérand: 1981 – Stationnements d'oiseaux d'eau et chasse de nuit dans les départements côtiers de France. – Alauda 49, 81–93

Tamisier, A.; M.-C. Tamisier: 1981 – L'existance d'unités fonctinelles démontrée chez les Sarcelle d'hiver en Camargue par la biotélémétrie. – Rev. Ecol. (Terre et Vie) 35, 563–579

Taux, K.: 1984 – Brutvogelbestände an der Deutschen Nordseeküste im Jahre 1982 – Versuch einer Erfassung durch die Arbeitsgemeinschaft »Seevogelschutz«. – Seevögel 5 (Sonderband), 27–37

–: 1986 – Brutvogelbestände an der deutschen Nordseeküste im Jahre 1984 – Zweite Erfassung durch die Arbeitsgemeinschaft »Seevogelschutz«. – Seevögel 7, 21–31

Taylor, L. R.; R. A. J. Taylor: 1977 – Aggregation, migration and population mechanics. – Nature (Lond.) 265, 415–421

Teixeira, R. M.: 1979 – Atlas van de Nederlandse Broedvogels. – Vereniging tot Behoud van Natuurmonumenten in Nederland & Stichting Ornithologisch Veldonderzoek Nederland, Deventer

Temme, M.: 1974 – Zugbewegungen der Eiderente *(Somateria mollissima)* vor der Insel Norderney unter besonderer Berücksichtigung der Wetterverhältnisse. – Vogelwarte 27, 252–263

Thiede, W.: 1981 – Bemerkenswerte avifaunistische Feststellungen 1976/77 in Europa. – Vogelwelt 102, 71–80

–: 1983 – Bemerkenswerte faunistische Feststellungen 1978/79 in Europa. – Vogelwelt 104, 70–78

–: 1984 – Bemerkenswerte faunistische Feststellungen 1980/81 in Europa. – Vogelwelt 105, 187–198

–: 1986 – Bemerkenswerte faunistische Feststellungen 1982/83 in Europa. – Vogelwelt 107, 191–198

Thomas, G. J.: 1975 – Ingested lead pellets in waterfowl at the Quse Washes, England, 1968–73. – Wildfowl 26, 43–48

–: 1981 – Field feeding by dabbling ducks around the Quse Washes, England. – Wildfowl 32, 69–78

–: 1982 – Lead poisoning in waterfowl. – Managing Wetlands and their Birds, IWRB Publ. 260–268

Thomas, G. J.; M. Owen; P. Richards: 1977 – Grit in waterfowl at the Quse Washes, England. – Wildfowl 28, 136–138

Thomson, A. Landsbourough: 1931 – On »Abmigration« among the ducks. – Proc. VII. Intern. Orn. Congr. Amsterdam 1930, 382–391

Tinbergen, N.: 1964 – Instinktlehre. – Parey, Berlin-Hamburg

Titman, R.: 1973 – The role of the pursuit flight in the breeding biology of the Mallard. – Ph. D. Thesis, Univ. New Brunswick

Tomiałojc, L.: 1976 – Birds of Poland. A List of Species and their Distribution. – Warsaw

Tompa, F. S.: 1975 – Schweizerische Ringfunde handaufgezogener und wildaufgewachsener Stockenten *Anas platyrhynchos*. – Orn. Beob. 72, 135–144

Trauger, D. L.: 1971 – Population ecology of Lesser Scaup *(Aythya affinis)* in subarctic taiga. – Ph. D. Thesis, Iowa State Univ.

Tucker, R. K.; H. A. Haegele: 1970 – Eggshell thinning as influenced by Mallard of DDT exposure. – Bull. Environm. Contam. Toxicol. 5, 191–194

Ulfstrand, S.; G. Hogstedt: 1976 – Hur många fågler häckar i Sverige? – Anser 15, 1–32

Urban, S.; A. Schifferli: 1973 – Untersuchungen über die Auswirkungen von Pestizidverschmutzung auf Vögel im südlichen Ungarn. – Orn. Beob. 70, 1–18

Uspensky, S. M.: 1970 – Wildfowl in the arctic and subarctic zones of the USSR. – Proc. Int. Reg. Meet. Conserv. Wildfowl Resources, Leningrad, 1968

–: 1972 – Die Eiderenten. – NBB 452

Utschick, H.: 1976 – Die Wasservögel als Indikatoren für den ökologischen Zustand von Seen. – Verh. orn. Ges. Bayern 22, 395–438

Vader, W.; R. Barrett: 1982 – Negative factors affecting the seabird populations in Troms and Finnmark. – In: Negative Faktorer for Sjøfugl (S. Myrberget), Viltrapport 21, 6–10, Trondheim

Vauk, G.: 1984 – Oil pollution dangers on the German coast. – Mar. Poll. Bull. 15, 89–93

Vauk, G.; B. Reineking: 1980 – Ergebnisse weiterer sieben Jahre Ölpestbeobachtungen auf Helgoland (1973–1979). – Seevögel 1, 22–28

Vermeer, K.; F. A. J. Armstrong: 1972 – Mercury in Canadian prairie ducks. – J. Wildl. Manage. 36, 179–182

–: 1972 – Correlation between mercury in wings and breast muscles in ducks. – J. Wildl. Manage. 36, 1270–1272

Viksne, J. (ed.): 1983 – Ptitsy Latvii – territorialnojo razmeshtshenije i tshislennost. – Zinatne Publ. House, Riga

Voous, K. H.: 1962 – Die Vogelwelt Europas und ihre Verbreitung. – Parey Hamburg & Berlin

Wal, R. J. v. d.; P. J. Zomerdijk: 1979 –

The moulting of Tufted Duck and Pochard on the IJsselmeer in relation to moult concentrations in Europe. – Wildfowl 30, 99–108

Wall, W. v. d.: 1965 – »Gesellschaftsspiel« und Balz der Anatini. – J. Orn. 106, 65–80

Warner, R. E.: 1968 – The role of introduced diseases in the extinction of the endemic Hawaiian avifauna. – Condor 70, 101–120

Walmsley, J. G.: 1984 – Wintering Shelduck *(Tadorna tadorna)* in the west Mediterranean. – Proc. 1st Conf. Birds wintering Mediterranean Regions. Aulla, Italy, Febr. 1984

Weidmann, U.: 1958 – Verhaltensstudien an der Stockente *(Anas platyrhynchos* L.) II. Versuche zur Auslösung und Prägung der Nachfolge- und Anschlußreaktion. – Z. Tierpsychol. 15, 277–300

Weller, M. W.: 1969 – Potential dangers of exotic waterfowl introductions. – Wildfowl 20, 55–58

White, D. H.; M. T. Finlay: 1978 – Uptake and retention of dietary cadmium in Mallard ducks. – Environm. Res 17, 53–59

Wiemeyer, S. N.; R. D. Poorter: 1970 – DDE, thin eggshells of captive american Kestrels. – Nature 227, 737–738

Willi, P.: 1970 – Zugverhalten, Aktivität, Nahrung und Nahrungserwerb auf dem Klingnauer Stausee häufig auftretender Anatiden, insbesondere von Krickente, Tafelente und Reiherente. – Orn. Beob. 67, 141–216

Williams, M.: 1972 – Mortality and exploitation of Paradise Shelduck. – Wildfowl 23, 94–102

Williams, M. J.: 1974 – Creching behaviour of the Shelduck *Tadorna tadorna* (L.). – Ornis Scand. 5, 131–143

Wiltschko, R.: 1981 – Die Sonnenorientierung der Vögel. II Entwicklung des Sonnenkompaß und sein Stellenwert im Orientierungssystem. – J. Orn. 122, 1–22

Wium-Anderson, S.; N. E. Franzmann: 1974 – Dør andefugle af at spise blyhagl? – Feldorn. 16, 14

Woldhek, S.: 1979 – Bird killing in the Mediterranean. – Zeist, Netherlands: European Commitee Provention Mass Destruction Migratory Birds

Wolff, W. J.: 1966 – Migration of the Teal ringed in the Netherland. – Ardea 54, 230–270

Ydenberg, R. C.; H. H. T. Prins: 1984 – Why do birds roost communally? – In: Coastal waders and wildfowl in winter (P. R. Evans; J. D. Goss-Custard; W. G. Hale), Cambridge

Yeatman, L.: 1976 – Atlas des oiseaux nicheurs de France. – Paris: Societe Ornithologique de France/Ministre de la Qualite de la Vie – Environnement

Young, D. A.; D. A. Boag: 1982 – Changes in physical condition of male Mallards, *Anas platyrhynchos,* during moult. – Can. J. Zool. 60, 3220–3225

Ziemann, H.: 1986 – Zur Einschätzung des Phosphoreintrages in Gewässer durch Wasservögel, dargestellt am Beispiel der Talsperre Kelbra. – Acta ornithoecol. 1, 145–153

Zuppke, U.: 1985 – Das Mittelelbegebiet als Rastgebiet für durchziehende Gastvögel. – Hercynia N. F. 22, 412–429

Zuur, B.: 1982 – Zum Vorkommen von Bleischrotkörnern im Magen von Wasservögeln am Untersee. – Orn. Beob. 79, 97–103

Zuur, B.; W. Suter; A. Krämer: 1983 – Zur Nahrungsökologie auf dem Ermatinger Bekken (Bodensee) überwinternder Wasservögel. – Orn. Beob. 80, 247–262

Bildnachweis

Blössom 20, 25, 27, 28
Blums 43, 44, 45, 47
Crosby 31
Haraszthy 36, 37
Hoyer 1, 2, 11, 13, 14, 15, 18, 21, 23, 24, 40, 46
Hübner 3
Klimpinš 41, 42, 48
Kolbe 8, 9, 16, 19, 22, 26, 32, 33, 34
Ludwig 29, 30
Macháček 10, 12
Reinhard 4, 5, 6, 7, 35, 38, 39 – Titelfoto
Schernick 17

# Sachwortverzeichnis

Der Verweis auf Abbildungen der Farbtafeln ist mit * gekennzeichnet.